浙江沿岸生态环境及海湾环境容量

寿　鹿　曾江宁　等　编著

海洋出版社

2015 年 · 北京

图书在版编目（CIP）数据

浙江沿岸生态环境及海湾环境容量/寿鹿等编著. —北京：海洋出版社，2015.11
ISBN 978 - 7 - 5027 - 9271 - 8

Ⅰ.①浙…　　Ⅱ.①寿…　　Ⅲ.①沿岸生态学 – 研究 – 浙江省 ②海湾 – 环境容量 – 研究 – 浙江省　Ⅳ.①X321.255

中国版本图书馆 CIP 数据核字（2015）第 243710 号

责任编辑：张　荣
责任印制：赵麟苏

海洋出版社　出版发行

http：//www.oceanpress.com.cn

北京市海淀区大慧寺路 8 号　邮编：100081
北京画中画印刷有限公司印刷　　新华书店发行北京所经销
2015 年 11 月第 1 版　2015 年 11 月北京第 1 次印刷
开本：880mm×1230mm　1/16　印张：40.75
字数：1060 千字　定价：198.00 元
发行部：62132549　邮购部：68038093　总编室：62114335
海洋版图书印、装错误可随时退换

《浙江沿岸生态环境及海湾环境容量》
编 委 会

主 编：寿 鹿 曾江宁

编 委：薛斌 许雪峰 陈雷 潘建明

编写组成员：（按姓氏拼音排序）

鲍旭平 陈 锋 陈 雷 陈全震 杜 萍 高爱根

高钧璋 江志兵 廖一波 刘晶晶 刘小涯 刘亚林

吕宝强 潘建明 寿 鹿 孙维萍 王 琪 徐晓群

许雪峰 薛 斌 姚龙奎 姚炜民 姚炎明 于培松

曾江宁 张海娜 郑旻辉 邹 清

前　言
Foreword

　　人口日益增长和经济迅速发展造成的海洋环境与生态问题，引起了人类自身的关注。人类对海洋的开发利用是否超过了海洋自身的承受能力，或者尚有余力可承载更高强度的开发，尚无定论。浙江虽然是海洋大省，但海水水质超标、赤潮频发、渔业资源衰退等现象无不向我们警示着，浙江省的海洋资源与环境负荷已处于过载状态，海洋资源短缺、环境污染与生态破坏可能会成为今后海洋经济发展的主要限制性因素。浙江省迫切需要深入开展海洋承载能力及其动态变化的研究，实施海洋的可持续发展战略，来保障浙江省的海洋经济与海洋生态安全。为此，浙江省"908"专项办公室向国家海洋局第二海洋研究所和国家海洋局温州海洋环境监测中心站下达了"浙江省沿岸和港湾生态环境及其承载力综合评价（ZJ908 – 02 – 02）"的专项任务。

　　在"浙江省重点河口港湾环境综合基础调查（ZJ908 – 01 – 01 – 2）"和"椒江口临港化工业的海洋生态响应（ZJ908 – 01 – 01 – 3）"课题成果的基础上，编写组较为系统地总结了浙江省内宁波 – 舟山深水港、象山港、三门湾、乐清湾、椒江口、瓯江口等几个重点海湾与河口的海洋生态环境质量变化情况。通过环境容量表征了象山港、三门湾和乐清湾的生态环境承载力。分析了各重点海湾面临的生态压力，进而提出相应的生态保护与修复对策。结合浙江省海洋经济发展中面临的形势，评述了海岸带开发活动的环境与生态效应，给出了若干海洋可持续发展的建议。形成了《浙江省沿岸和港湾生态环境及其承载力综合评价报告》，2011 年 7 月 14 日浙江省"908"专项办组织专家对报告进行了审核验收，编写组对专家意见进行消化吸收后，对报告进行了针对性修改和重新编排，形成《浙江沿岸生态环境及海湾环境容量》书稿。

　　本书共分 4 章，主要内容依次是：概述；近海海洋环境质量变化趋势综合评价；重点海湾环境容量研究；重点海湾与海岸带生态修复对策。浙江省重点海湾之一的杭州湾环境容量研究工作纳入国家海洋局其他"908"专项"我国近岸典型海域环境质量评价和环境容量研究（908 – 02 – 02 – 03）"，故在本书中没有体现。

　　本书是在国家海洋局"908"专项办公室、浙江省"908"专项办公室等上级部门的领导下，由国家海洋局第二海洋研究所和国家海洋局温州海洋环境监测中心站组成的课题成员，经过共同努力、密切配合、广泛讨论、吸收和消化专家意见后，形成的集体智慧结晶。我们期望本书研究内容能为浙江海洋的深入研究提供阶段性历史资料，为海洋资源开发利用、海洋管理和环境保护等提供基本依据。

本书的完成得到了"浙江省沿岸和港湾生态环境及其承载力综合评价（ZJ908 – 02 – 02）"、海洋公益性行业专项"典型海湾生境与重要经济生物资源修复技术集成及示范（200805069）"和"典型海湾受损生境修复生态工程和效果评价技术集成与示范（201305043 – 3）"、国家海洋局第二海洋研究所基本科研业务费专项团队项目"近岸海域海洋生态系统完整性评估理论、方法研究与典型案例分析（JT0806）"等课题的支持。

本书研究过程中，得到浙江省海洋与渔业局余涛、顾子江、任迪康、袁声明、邵康星、陆建新、王琪，国家海洋局第二海洋研究所郑玉龙、孙煜华、黎明碧、冯旭文、傅斌、羊天柱、王小波、夏小明、陈建芳、王春生、林以安、王正方、吕海燕、金海燕、刘镇盛、管卫兵、孙东红、朱德弟，浙江大学蔡如星、孙志林等多位领导和专家的关心，他们提出的针对性建议对本书的编写有很大帮助，在此一并向对本书提供过帮助的领导、专家和学者表示感谢。

本书由曾江宁、寿鹿统稿。各章节的具体分工如下：第1章：1.1节，曾江宁；1.2节，寿鹿、姚炜民；1.3.1节，寿鹿、廖一波，1.3.2节，寿鹿、徐晓群；1.3.3节，寿鹿、薛斌、于培松；1.3.4节，寿鹿、杜萍；1.3.5节，鲍旭平、吕宝强；1.3.6节，姚炜民；1.4节，廖一波、曾江宁。第2章：2.1节，寿鹿、薛斌、徐晓群、廖一波、江志兵、杜萍；2.2节，薛斌、徐晓群、廖一波、江志兵、刘晶晶、杜萍、张海娜、郑旻辉、姚龙奎；2.3节，徐晓群、廖一波、江志兵、刘晶晶、杜萍、寿鹿；2.4节，于培松、廖一波、刘晶晶、杜萍、江志兵、寿鹿、王琪；2.5.1节，鲍旭平、陈锋；2.5.2节，郜钧璋、陈锋；2.6.1节，吕宝强；2.6.2节，郜钧璋、刘亚林、邹清；第3章：3.1节，许雪峰、薛斌、刘小涯、寿鹿、潘建明；3.2节，薛斌、许雪峰、潘建明、廖一波、于培松；3.3节，鲍旭平、姚炎明、陈雷。第4章：4.1节，徐晓群、寿鹿、刘晶晶、廖一波、孙维萍、曾江宁、陈全震；4.2节，廖一波、江志兵、徐晓群、杜萍、曾江宁、高爱根；4.3节，曾江宁、陈全震；4.4节，曾江宁、寿鹿、徐晓群、刘晶晶、廖一波、高爱根、陈全震。由于编写队伍水平有限，难免会有欠妥之处，恳请批评指正。

编　者

2011 年 10 月 25 日于杭州

CONTENTS 目　次

1　概述 ··· (1)

　1.1　目的 ··· (1)

　1.2　资料获取、处理和质量评价 ······················· (1)

　　1.2.1　资料来源 ··· (1)

　　1.2.2　资料的处理和质量评价 ························ (2)

　1.3　区域概况 ·· (2)

　　1.3.1　宁波－舟山深水港 ····························· (2)

　　1.3.2　象山港 ··· (5)

　　1.3.3　三门湾 ··· (7)

　　1.3.4　椒江口 ··· (10)

　　1.3.5　乐清湾 ··· (11)

　　1.3.6　瓯江口 ··· (14)

　1.4　环境与生态要素分析方法 ························· (17)

　　1.4.1　海水化学 ··· (17)

　　1.4.2　海洋沉积物 ··· (18)

　　1.4.3　海洋生物与生态 ·································· (18)

　1.5　海域水质、沉积物质量、生态评价方法及标准 ········· (19)

　　1.5.1　海域水质、沉积物质量 ····················· (19)

　　1.5.2　海洋生态评价 ······································ (20)

2　近海海洋环境质量变化趋势综合评价 ········· (21)

　2.1　宁波－舟山深水港海洋环境质量变化趋势综合评价 ········ (22)

　　2.1.1　海洋化学 ··· (22)

　　2.1.2　海洋生物与生态 ·································· (37)

　　2.1.3　小结 ·· (53)

2.2　象山港海洋环境质量变化趋势综合评价 …………………… (54)

　　2.2.1　海洋化学 ……………………………………………… (54)

　　2.2.2　海洋生物与生态 …………………………………… (74)

　　2.2.3　小结 ……………………………………………… (135)

2.3　三门湾海洋环境质量变化趋势综合评价 ………………… (136)

　　2.3.1　海洋化学 ………………………………………… (136)

　　2.3.2　海洋生物与生态 …………………………………… (148)

　　2.3.3　小结 ……………………………………………… (228)

2.4　椒江口海洋环境质量变化趋势综合评价 ………………… (229)

　　2.4.1　海洋化学 ………………………………………… (229)

　　2.4.2　海洋生物与生态 …………………………………… (245)

　　2.4.3　小结 ……………………………………………… (290)

2.5　乐清湾海洋环境质量现状与趋势 ………………………… (291)

　　2.5.1　海洋化学 ………………………………………… (291)

　　2.5.2　海洋生物与生态 …………………………………… (330)

　　2.5.3　小结 ……………………………………………… (350)

2.6　瓯江口海洋环境质量变化趋势综合评价 ………………… (351)

　　2.6.1　海洋化学 ………………………………………… (351)

　　2.6.2　海洋生物与生态 …………………………………… (370)

　　2.6.3　小结 ……………………………………………… (379)

3　重点海湾环境容量研究 ……………………………………… (381)

3.1　象山港 ……………………………………………………… (381)

　　3.1.1　数值模型简介 …………………………………… (381)

　　3.1.2　模拟流程及验证 …………………………………… (384)

　　3.1.3　海湾水交换及水体更新周期 ……………………… (396)

　　3.1.4　典型海湾污染物动力扩散模拟研究 ……………… (401)

　　3.1.5　象山港环境容量估算 ……………………………… (408)

3.2　三门湾 ……………………………………………………… (423)

　　3.2.1　水文特征 ………………………………………… (423)

　　3.2.2　水动力数学模型 …………………………………… (430)

　　3.2.3　扩散数学模型 …………………………………… (439)

　　3.2.4　三门湾环境容量计算 ……………………………… (441)

3.2.5　污染物总量控制 ……………………………………………（455）

3.3　乐清湾 ……………………………………………………………（458）

3.3.1　水动力模型的建立 …………………………………………（458）

3.3.2　纳潮量的计算与分析 ………………………………………（493）

3.3.3　水体交换能力数值计算与分析 ……………………………（494）

3.3.4　乐清湾污染源估算和预测 …………………………………（503）

3.3.5　乐清湾环境容量计算相关分析方法 ………………………（530）

3.3.6　乐清湾环境容量 ……………………………………………（561）

3.3.7　小结 …………………………………………………………（613）

4　重点海湾与海岸带生态修复对策 ……………………………………（616）

4.1　重点海湾的生态保护与修复对策 ………………………………（616）

4.1.1　象山港生态保护与修复对策 ………………………………（616）

4.1.2　三门湾生态保护与修复对策 ………………………………（619）

4.1.3　乐清湾生态保护与修复对策 ………………………………（622）

4.2　海岸带开发活动的环境与生态效应研究 ………………………（625）

4.2.1　浙江省海岸带基本状况 ……………………………………（625）

4.2.2　浙江省海岸带开发利用中存在的问题 ……………………（632）

4.2.3　典型海岸带开发活动对近岸海洋生态环境的影响分析

…………………………………………………………………（635）

4.3　浙江省海岸带及海洋开发利用原则 ……………………………（637）

4.4　海洋可持续发展建议 ……………………………………………（638）

参考文献 ……………………………………………………………………（640）

1 概　述

1.1　目的

改革开放以来，特别是"十一五"期间，浙江经济得以快速发展，其中海洋经济所占份额日益增加。在海洋与渔业发展态势总体趋好的同时，也存在着一些不容忽视的问题。①海洋经济总体实力相对较弱。浙江省海洋经济在国民经济中所占比重在沿海 11 个省、市、自治区中列第 8 位，排位靠后。②生态环境恶化形势依然严峻。浙江省近岸海域污染尚未得到有效控制，海洋生物生境不断遭受破坏，海洋资源开发与环境保护矛盾日益突出。③海洋资源有序开发压力较大。面对海洋经济发展的新形势、新问题，海洋环境保护、灾害防御、海岸保护、海域管理、海岛保护与开发、捕捞业机制体制改革、海洋产业转型升级、新能源开发、海水利用等诸多方面都迫切需要海洋资源保护与开发的规划体系进一步完善。

2011 年 2 月 25 日，国务院正式批复浙江海洋经济发展示范区规划，标志着浙江海洋经济正式上升为国家战略。这将对完善全国沿海经济发展战略布局、实施国家海洋战略、维护海洋权益发挥重要作用，也对拓展浙江省发展空间、培育海洋新兴产业、形成新的经济增长点、推进海洋开发和经济结构转型升级具有重要意义。浙江海洋经济发展示范区，不仅是今后一个时期拓展浙江省发展空间的主阵地，也是提高浙江省发展质量的一个战略平台。坚持以科学发展观为统领，以生态文明和生态省建设为龙头，把海洋环境保护与海洋开发利用摆在同等重要的位置，在海洋经济示范区的建设过程中，正确处理好海洋资源开发和海洋保护、海洋经济发展与环境资源承载能力、海洋经济建设与海岛民生保障等关系问题，是海洋生态文明建设的关键。

在推进浙江海洋经济发展试点上升为国家战略的进程中，国家海洋局第二海洋研究所和国家海洋局温州海洋环境监测中心站受浙江省"908"专项办委托，承担了"浙江省沿岸和港湾生态环境及其承载力综合评价"的任务。目的就是利用 ZJ908 – 01 – 01 项目对浙江省重点港湾的调查结果、其他调查结果和历史资料，分析评价宁波 – 舟山港、象山港、三门湾、乐清湾、椒江口、瓯江口的海洋环境质量现状、生态现状和面临的生态压力。结合海湾周边社会经济的发展状况、历史资料和实验生态学资料，评估浙江省重点海湾开发活动的环境与生态效应，提出开发利用建议，为进一步完善浙江省环重点海湾地区经济和社会发展规划、促进地区经济合理布局和产业结构调整提供科学依据。

1.2　资料获取、处理和质量评价

1.2.1　资料来源

本书的生物、化学以及物理海洋数据由三部分组成。

（1）"908"调查项目所获数据，区块涉及国家"908"ST04、ST05 区块以及浙江省重点河口港湾环境综合基础调查（ZJ908 - 01 - 01 - 2）、椒江口临港化工业的海洋生态响应（ZJ908 - 01 - 01 - 3）项目调查数据。其中：象山港、三门湾、乐清湾的水质、叶绿素 a、初级生产力、浮游植物、浮游动物、底栖生物调查共 4 个航次，调查时间为 2006 年 10 月、2007 年 1 月、4 月和 7 月，沉积物调查两个航次，调查时间为 2006 年 10 月，2007 年 4 月；象山港、三门湾、乐清湾和椒江口潮间带生物调查两个航次，调查时间为 2006 年 9—10 月和 2007 年 4—5 月。

（2）已有的科学调查研究和沿岸工程勘测活动报告。《宁海西店新城围填海工程数学模型试验》、《双盘涂围垦数值模拟报告》、《三门核电厂生态环境调查报告》、《中化兴中石油转运（舟山）有限公司 30 万吨级油码头工程环境影响报告书》、《舟山外钓岛光汇油库围填海工程海洋环境影响报告书》、《宁波大榭开发区万华工业园海域基础调查报告书》等海洋工程勘测和科研报告、环境影响报告等来源于国家海洋局第二海洋研究所。瓯江口生态环境调查资料来源于国家海洋局温州海洋环境监测中心站在 2007 年 4 月和 5 月对瓯江口进行的调查结果，其中水质、叶绿素 a、浮游植物、浮游动物调查两个航次，调查时间为 4 月 26—28 日（小潮期）和 5 月 1—4 日（大潮期）；沉积物于 4 月 26—28 日调查 1 次；生物体内残毒样品于 5 月 15—29 日调查 1 次；底栖生物于 4 月 26—27 日调查 1 次；潮间带生物于 5 月 16 日调查 1 次。

（3）基于前两个部分的补充调查，在对三门湾和象山港环境承载力评估及计算过程中，项目组成员针对本项目特点开展海域主要污染物排放的补充调查，共涉及环象山港 62 个站位，环三门湾 54 个站位，对海湾污染源情况和径流输入进行了调研。

1.2.2 资料的处理和质量评价

项目组针对项目特点在项目启动初期制定了质量保证计划，同时依靠国家海洋局第二海洋研究所和国家海洋局温州海洋环境监测中心站的质量保证体系，对资料数据来源的唯一性和可靠性进行了甄别，特设质量评估员，对数据来源进行了溯源。由于项目数据来源渠道广泛，在计量单位等方面存在不统一现象，对此项目制定了数据质量保证计划，同化了各区域各报告数据，并对标识、计量单位等进行了统一。

1.3 区域概况

浙江省沿岸和港湾生态环境及其承载力综合评价报告包括宁波-舟山深水港、象山港、三门湾、椒江口、乐清湾、瓯江口 6 个区块。

1.3.1 宁波-舟山深水港

1.3.1.1 区域自然环境

1）地理位置

宁波-舟山深水港位于浙江省北部沿海，杭州湾口外南侧。行政区划分属于宁波、舟山两市。港域依托的大陆海岸为穿山半岛，外围由金塘、册子、舟山、朱家尖、桃花、虾峙、元（悬）山、六横、佛渡、梅山等岛屿环抱。港域主要由金塘、册子、螺头、佛渡、清滋门、虾峙门、条帚门诸深水航道和峙头洋等组成，是我国为数不多的峡道型深水港域。地理范围位于29°24′—29°53′N；121°43′—122°23′E（佚名，2011）。

2）地形地貌

港域及周边的陆地地形、地貌以连绵起伏的低山丘陵为主体，其次为夹于低山丘陵之间的小平原；港域内水下地形、地貌以侵蚀的潮流冲刷沟槽为骨干，配套以淤积为主的淤泥质水道边滩。水下岸坡和水下浅滩在深水槽的出口处有冲淤变换脊槽发育。海岸类型以基岩岸为主，其次为淤泥质海岸和人工海岸；岸滩相对比较稳定，是淤涨型岸滩，外涨和增高速度均十分缓慢。港域及周边的地形地貌有继承性，但全新世海侵以来的冲淤改造作用明显。

3）地质构造

宁波－舟山深水港域位于华南褶皱系的华夏褶皱带东北端。其基底为前震旦纪的陈蔡群。加里东运动后与扬子准地台连成一片，长期隆起，古生界零星出露。印支运动后，构造活动相当活跃，以大规模的岩浆侵入和喷发为特征，形成了一系列断陷盆地，其内接受陆相沉积。新生代以来，差异升降运动显著，并伴有间歇性的玄武岩喷溢。

4）气候特征

宁波－舟山深水港域位于亚热带，季风环流影响深刻。根据宁波－舟山深水港域3个气象站（镇海、定海、普陀）的多年气候资料，本港域四季分明，气温适中，年平均气温16.1～16.3℃，无冰冻现象。降水量充沛，年平均降水量1 186.7～1 293.7 mm。降雪量极少，多年平均4～4.5 d。港域风力不大，平均为三级，以NM风（含WNM和NNW风）和SE风（含SSE和ESE风）为强风向、常风向。港域内大风日数较少，累年平均为47～56 d，镇海比沈家门多。雾多年平均镇海20.5 d，沈家门35.5 d。相对湿度平均78%～80%。蒸发量多年平均1 199.1～1 604.6 mm。累年最长无降水日达47 d。

5）陆域水文状况

汇入港域的较大河流为甬江，年均流量约4×10^9 m³，其余均为短小的山溪河流，径流量随降水量而变，季节差别很大。为解决用水困难，港域周围新建了很多水库，其中大中型水库有三溪浦、新路（岙）、虹桥等，还有许多小型水库500多处，总库容量在7×10^7 m³以上。

6）海洋水文

港域东部为正规半日潮，西部北仑港区为不正规半日潮，涨潮历时短于落潮历时，潮差大，平均潮差2.0 m，自东向西减小，北仑港1.71 m。潮流形式为往复流，大潮平均流速50～100 cm/s，实测最大流速370 cm/s，受地形影响，湍流和漩涡较多。年平均波高0.2～0.4 m，平均周期2.2～3.6 s，最大波高4.2 m。

7) 自然资源状况

宁波－舟山深水港区域是我国港口资源最优秀和最丰富的地区，港域内近岸水深10 m以上的深水岸线长约333 km，港口建设可用岸线约为223 km，其中尚未开发的深水岸线约为184 km。港口目前已建成各类泊位723个，吞吐能力超过2×10^8 t，2005年实际完成货物吞吐量2.68×10^8 t，居全国港口第二位，全球排名第四位；集装箱吞吐量520×10^4 TEU，居国内港口第四位，全球排名第十五位。经过近几年的发展，宁波－舟山港已初步形成了一干线四大基地，即集装箱远洋干线、国内最大的矿石中转基地、国内最大的原油转运基地、国内沿海最大的液体化工储运基地和华东地区重要的煤炭运输基地。成为上海国际航运中心的重要组成部分和深水外港，是国内发展最快的综合型大港。

1.3.1.2 区域社会环境

1) 社会经济简况

宁波－舟山深水港区隶属宁波市和舟山市，包括定海、普陀、镇海、北仑沿海共49个乡镇。港区总面积993 km²，岸线至理论深度基准面81.5 km²，理论深度基准面以深面积911.5 km²。截至2009年，社会总人口129.44万人（佚名，2011）。

2) 海洋开发利用状况

宁波－舟山海域位于我国沿海主通道与长江黄金水道交汇处，北距上海吴淞口130 n mile，距青岛433 n mile，距秦皇岛683 n mile，南距广州824 n mile，距厦门476 n mile。与香港、基隆、釜山、大阪、神户等大港间的国际航线均在1 000 n mile之内，至美洲、大洋洲、波斯湾、东非等地港口的距离均在5 000 n mile左右。

宁波港和舟山港历史悠久。唐代，宁波港（时称"明州"）为中国最大的开埠港；宋代，明州港与泉州港、广州港并列为中国三大对外贸易港口，是"海上丝绸之路"的重要出发点。新中国成立后进行了重建和大修；20世纪70年代初的"三年大建港"时期和改革开放初期，在宁波港掀起两次建港高潮，使宁波港得到迅速发展；90年代，随着国民经济的进一步发展，宁波港和舟山港都进入高速发展阶段。

宁波港历经由内河港到内河港、河口港共存，再到目前的内河港、河口港和海港共同发展的时期，成为我国大陆仅次于上海港的第二大港和举世闻名的深水港。舟山港则由一个渔港逐步发展成渔业和货物运输并重的港口，目前已成长为长江三角洲及长江沿线地区原油、矿石和煤炭等大宗散货转运基地之一。

宁波港陆上交通运输较便利。白沙、洪镇、北仑三条港区铁路支线与萧甬铁路相连，并通过浙赣、沪杭、宣杭线与全国铁路网连接；329国道、沪杭甬高速公路和同三线等公路干线与港口相通，可通往杭州、上海、台州、温州等广大地区。舟山跨海桥梁的通车实现了舟山本岛和宁波的陆路相连，增加了舟山港的交通便捷度。

作为浙江省港航强省建设的主阵地，宁波－舟山港承担起了浙江绝大部分的海运进出口任务。据浙江省港航管理局统计，宁波－舟山港2009年完成的5.7×10^8 t货物吞吐量占全省全年海港货物吞吐量的81.4%，其中外贸货物吞吐量2.4×10^8 t，占全省海港的92.3%；完

成集装箱吞吐量 $1\,043 \times 10^4$ TEU，占全省海港的 94%，略低于 2008 年水平，这表明宁波—舟山港集装箱量自 2008 年后首次突破 $1\,000 \times 10^4$ TEU 大关后，在金融危机的袭扰下，依然保持强劲发展势头，与沿海同类港口相比，其下降幅度最小。

1.3.2　象山港

1.3.2.1　区域自然环境

1）地理位置

象山港地处浙北沿海，南、西、北低山丘陵环抱，北部紧靠杭州湾，南临三门湾，东侧为舟山群岛，口外有六横等众多岛屿为屏障，地处宁波市东南沿海，东北通过佛渡水道、双屿门水道与舟山毗邻，东南通过牛鼻山水道与大目洋相通。地理范围位于 29°24′—29°48′N，121°23′—122°03′E。

2）地形地貌

象山港岸线曲折，海底地形复杂，港中有港，内含西泸港、黄墩港，铁港三个支港。象山港为一 NE—SW 走向的狭长形封闭海湾。纵深 60 km，口门宽 20 km，水深 7～8 m。港内较窄，宽 3～8 km，象山港主槽水深较深，一般为 10～20 m，最大水深可达 55 m，汉港及岸边较浅，有大片潮间滩地，低潮位时裸露的滩地面积可达港内总面积的 1/3。

3）地质构造

象山港位于华南皱褶系的华夏皱褶带上，为一走向 NE 的狭长海湾，在石沿港西－西店一带转为近 WE 向，石沿港东北至佛渡水道一带则属 NE 向的象山港向斜。轴向 45°～50°。全长约 60 km，向斜核部地层老，两翼地层新，岩性及产状大致对称。南北两侧晚侏罗世火山岩之对称性，反映了火山活动受基底 NE 向构造控制。象山港及其附近，晚侏罗世至白垩纪岩浆侵入和喷发活动强烈。新生代以来，以差异升降运动为主，在山间平原及沿海地区出露了第四纪沉积物。

4）气候特征

象山港港域属中亚热带季风气候，四季分明，气候温和湿润，气温年际变化小，湿度大，雨量充沛，风向风速季节变化明显。冬季，受西伯利亚冷高压控制，盛行偏北风，风速较大，天气以晴冷为主；春季，冷高压势力开始减弱，西太平洋副热带高压势力逐渐增强北进，锋面、气旋活动频繁，风速较大，风向多变，天气开始转暖，降水增多，形成春雨；春末夏初，冷热气团势力相当，形成静止峰，产生连绵降水天气，俗称梅雨；夏季，由于受西太平洋副热带高压控制，盛行偏南风，天气炎热，降水较少；夏秋之交，除局部地区有雷阵雨外，一般以晴热为主，但台风侵袭时，会带来大量降水，并伴有狂风，常造成很大的灾害。年平均气温 17.1℃，极端高温 37.4℃，极端低温 -4.6℃；年平均降水量为 1\,539.1 mm，日最大降水量 103.6 mm，最长连续降水日数 11 d；季风特征明显，平均风速 3.3 m/s，最大风速 22 m/s，最大瞬时风速 25 m/s，全年主导风向为 N 向，频率 19%。

5) 陆域水文

象山港流域总集水面积 1 445.4 km²，年均径流量 12.89 × 10⁴ m³。沿岸流入港湾的大溪流有 90 余条，极大部分为源近流短、河道坡降陡的山溪性河流，降水径流大部分直接流入象山港，加上降水年际年内分配不均匀，淡水资源的利用率较低。流入象山港较大的河流（集水面积大于 100 km²）有两条，一是鄞州区的大嵩江，集水面积 218.4 km²，多年平均径流量 1.28 × 10⁸ m³；二是宁海县的凫溪，集水面积 183 km²，多年平均径流量 1.45 × 10⁸ m³。

6) 海洋水文

象山港海域潮汐属非正规半日浅海潮。潮差较大，平均潮差达 3 m 以上，潮差由港口往港内逐渐递增，到湾顶达最大，平均潮差接近 4 m，最大潮差接近 7 m；涨落潮历时不对称，涨潮历时大于落潮历时，自港口往港内涨潮历时逐渐延长，落潮历时逐渐缩短，口门处涨落潮历时基本相等，而位于港底的强蛟镇涨落潮历时相差达 2 h 17 min。象山港是浙江台风影响较为严重的地区之一，台风影响主要集中在每年 7—9 月，台风来临时，常伴随狂风、暴雨及风暴潮，当风暴潮增水与天文大潮相遇时，潮位猛涨，产生特高潮位。象山港海域潮流属非规则半日浅海潮流，浅水效应较为明显，具体表现为涨、落潮流速不对称性及涨、落潮流历时不等。潮流运动明显受地形条件制约，均为往复流，流向基本上与岸线平行，旋转性不强。

7) 自然资源

象山港区域海洋生物、旅游、港口、滩涂等自然资源得天独厚。海洋生物资源具有全国性意义，《中国海湾志》记载港内浮游动物 167 余种，游泳生物 210 余种，潮间带生物 190 余种，是国家级意义的"大鱼池"，是浙江省乃至全国重要的海水增养殖基地和多种经济鱼类洄游、索饵和繁育场所，以及菲律宾蛤仔等经济贝类苗种自然产区。旅游资源十分丰富，山青、水静、景美，海岛风光宜人，海产水产丰富，渔乡风情万种，极具旅游开发价值。港口资源地位独特，可建港口岸线约 50 km，其中深水岸线 28 km，可形成近 1 × 10⁸ t 的吞吐能力。滩涂资源优势明显，海涂面积 1.71 × 10⁴ hm²，占全市海涂总量的 17.8%。森林资源丰富，共有林业用地 7.75 × 10⁴ hm²，占土地总面积的 56.7%，森林覆盖率达到 53.6%。潮汐能资源居全市之冠，黄墩港可建装机容量 5.9 × 10⁴ kW，年发电量 1.17 × 10⁸ kW·h 的中型潮汐能发电站。

1.3.2.2 区域社会环境

1) 社会经济简况

象山港区域隶属宁波市，范围跨北仑区、鄞州区、奉化市、宁海县和象山县 5 个县（市、区），包括郭巨镇、梅山乡、白峰镇、三山乡、柴桥镇、瞻岐镇、咸祥镇、塘溪镇、松岙镇、裘村镇、莼湖镇、西店镇、宁海城关镇、强蛟镇、大佳河镇、西周镇、墙头镇、大徐镇、咸祥镇、黄避岙乡、涂茨镇、丹城、爵溪 23 个乡镇，总面积 2 521.65 km²，其中陆域面积

1 958.36 km², 海域面积 391.76 km², 滩涂面积 171.53 km²。截至 2001 年, 社会总人口 80.17 万, 工农业总产值 98.56 亿元, 人均工农业总产值达 4.155 万元 (庞振刚等, 2004)。

2) 海洋开发利用状况

象山港是浙江省著名的三大半封闭海湾之一, 拥有丰富的水产、港口、航道、锚地、滩涂及旅游等优势资源, 具有海水增养殖、建港及滨海旅游等多种功能。

象山港有 40 km 岸段, 前沿水深条件良好, 航道、锚地资源丰富, 宜建港口。其中北港区有横山 – 西泽车渡。西港区建有乌沙山电厂, 强蛟港区建有国华宁海强蛟电厂, 双山港区建有奉化市桐照的 500 吨级码头。

根据 "908" 专项研究成果, 象山港理论基准面以上的海涂面积为 158 km², 约占象山港总面积的 30%。滩涂成片、大面积分布, 大部分滩涂处于稳定状态, 主要分布在铁港、西沪港、黄墩港三大支汊及梅山岛西端、三山至大嵩港岸段。绝大部分岸段沿岸滩涂已利用, 进行水产养殖。

象山港山清水秀, 两岸翠峦起伏, 港内波光粼粼, 岛上风光旖旎, 常年风平浪静、气候宜人, 是水上游乐、滨海垂钓和休闲渔业的天然胜地。强蛟镇北侧的横山岛, 有小普陀之称, 岛上翠竹掩映, 古木参天, 环境幽雅, 有宋代修建的镇福庵、普南禅院等景点, 是较完整的观光朝圣风景区。白石山、中央山、铜山等强蛟岛群风光优美, 其中国家先后拨款近 300 万元对中央山进行开发, 岛上建有国家动植物实验中心。此外, 象山港附近有南溪温泉、奉化溪口、鄞县天童寺、阿育王寺和东钱湖等著名旅游胜地。如将象山港滨海旅游加入到周围风景名胜旅游网络中, 其前景十分广阔。

1.3.3 三门湾

1.3.3.1 区域自然环境

1) 地理位置

三门湾居全国岸线之中心, 是浙江省三大半封闭性港湾之一, 位于浙江省海岸中段, 为浙东的门户。湾内长 40 km 以上, 宽约 10 km, 海岸线长 304 km, 海域面积达 775 km², 是浙江省第二大海湾, 地理范围位于 28°57′—29°22′N, 121°25′—121°58′E。

2) 地形地貌

三门湾大致呈 NW—SE 走向, 三面低山丘陵 (属凝灰岩组成的山体) 环抱。海湾受 NNE 和 NNW 两组断裂所控制, 历经各历史时期的地貌发育演变, 形成 6 个良好深水港汊和淤泥舌状滩地相间分布, 主要为岳井洋、胡陈港、沥洋港、蛇蟠北港、蛇蟠水道和健跳港, 宛如五指巨掌伸入浙东大陆, 构成了独特的港湾淤泥质地貌。岸线曲折, 岸线总长约 304 km, 其中人工和淤泥质海岸 112 km, 基岩及砂砾质海岸 186 km。总的来说, 三门湾具有内湾潮流港汊、舌装潮滩发育、外湾及口门地形平坦开阔的地貌特点, 以五屿门 (下洋涂) – 青门山 – 下万山连线为界可分为东西两大水域。

东水域: 主要由白礁水道 (岳井洋)、珠门港等组成。东水域具有独立性, 主要通过石浦港诸航门和珠门港与外部水域交换。水深一般 5~20 m，局部超过 50 m，滩涂主要由下洋涂和花岙岛西北涂。

西水域：五屿门至下万山一线以西，其西北部湾顶具有潮汐汊道与舌装滩涂相间排列的特点。主要滩涂有三山涂、双盘涂、蛇蟠涂、长塊涂、高泥塊涂等，主要港汊有沥洋港、青山港、旗门港、正屿港、海游港、健跳港等，以及汇聚沟通各个港汊和内外海域的蛇蟠水道、猫头水道和满山水道等。

3）地质构造

三门湾位于江山–绍兴深断裂东南侧的华南皱褶系的华夏皱褶带。湾内中生代火山岩火山碎屑岩广泛分布，中、上新统玄武岩局部发育，河口和海湾小平原则以第四纪陆相、滨海相碎屑堆积为主。

4）气候特征

三门湾位于亚热带季风气候区，受大陆与海洋气团交替控制，四季分明，降雨充沛，温暖湿润。日照充足，热量丰富，无霜期长。年平均日照 1 600 h，年平均太阳辐射总量 102.2 kcal/cm²，年平均无霜期为 244 d，最长达 272 d。内陆和沿海的年平均气温分别为 16.8℃和 17.2℃，其中 7—8 月气温最高。三门湾雨水充沛，年均降水量约 1 400 mm，降水量主要集中在 3—9 月，约占全年的 80%。该区域常风向为 NNW，次常风向为 SE，出现频率分别为 11.4% 和 9.3%。

台风是三门湾最严重的灾害性天气，每年 5—11 月都有可能受台风影响，其中 7—9 月为多发季节。根据近 40 年的热带气旋资料统计，对本区有影响的热带气旋有 169 个，平均每年 4.2 个。台风在带来丰沛的雨水、缓解伏旱的同时，伴随而来的狂风暴雨也常给养殖业带来灾害。

5）陆域水文

三门湾流域面积 3 160 km²，多年平均径流总量为 2.68×10^{10} m³，入湾河流 30 多条，其中三门县境内的地表径流可以概括为"五港八溪"，分别为旗门港、海游港、健跳港、浦坝港、洞港以及清溪、珠游溪、亭旁溪、头岙溪、园里溪、白溪、花桥溪、山场溪。三门湾北岸宁海县和象山县还有沥洋港、车岙港、胡陈港、石浦港，以及青溪、白溪、茶院溪、沥洋溪、车岙溪、西仓溪、中堡溪、大塘溪等。三门湾的河流都是入海的山溪性小河，源短流急，洪水暴涨暴落。这些河流以宁海县的青溪、白溪和三门县的珠游溪最大。

6）海洋水文

三门湾及其邻近水域潮汐属正规半日潮。外海潮波进入湾内后，受湾内地形影响，自湾口向湾内高潮位渐趋升高，低潮位渐趋降低。三门湾潮差普遍较大，月平均潮差在 4 m 以上，潮差自湾口向湾内逐渐增大，湾口处的檀头最大潮差仅 4.30 m，而湾中的巡检司、健跳均在 7 m 以上。三门湾涨潮历时略大于落潮历时，涨落潮历时差一般在 30 min 以内，夏季涨、落潮历时差较冬季大。潮流为非正规半日浅海潮流，运动形式为往复流。外海潮流自东海经湾口向西北进入湾内，在牛山嘴附近涨潮流过牛山矶头，沿岸经狗头门水道，大部分入健跳港，小部分出狗头山与猫儿屿之间的浅滩入猫头洋，落潮时基本上按原路返三门湾。

三门湾是浙江省沿海台风影响较为严重的地区，平均每年 1.71 次，台风来临时，常伴随狂风、暴雨及风暴潮，当风暴潮增水与天文大潮相遇时，潮位猛涨，产生特高潮位。健跳潮位站平均潮位 2.40 m，最高潮位 5.57 m，最低潮位 -3.60 m。

7）自然资源

三门湾是浙江省水产养殖资源最丰富的三大港湾之一，主要原因是港湾地理位置优越，属于半封闭港湾，并且港中有湾，湾中有港，岸线曲折，岛礁屏立，风浪较小，气候温暖，有利于各类生物的栖息繁衍，也为鱼、贝、虾、蟹的繁殖生长提供了绝好条件。海域水质良好，营养盐丰富，浮游生物含量高，为鱼、贝、虾、蟹类的增养殖提供了天然饵料。鱼、贝、虾、蟹种类繁多。潮间带经济品种有缢蛏、牡蛎、泥螺、泥蚶、对虾、弹涂鱼等，浅海常见经济品种有海鳗、梅童鱼、银鲳、鲻鱼、黑鲷、鳓鱼等。但由于长期遭到滥捕，渔获量大减，名贵鱼类减少。三门湾东侧的石浦港，西侧的健跳港，均为较大的海港。湾内还有海游、陈湖、沥洋、车岙、蟹钳等港。湾内海岸曲折，泥滩宽阔，其间嵌有蛇蟠山、青门山、下万山、满山等大小岛屿 40 余个，部分泥滩与岛屿之间已被围垦。湾内西部水域较深，东部水域较浅，一般水深 5～10 m，青门山以西水域水深达 10～25 m，满山东北水域水深仅 0.4～1 m。主要锚地有猫头、蛇蟠水道，可避 7～8 级风。

1.3.3.2 区域社会环境

1）社会环境简况

三门湾隶属宁波市和台州市，包括象山、宁海和三门 3 个县，沿海共 38 个乡镇。总面积 775 km²，岸线至理论深度基准面 295 km²，理论深度基准面以深面积 448 km²。总人口 150 万。2009 年，三门县实现生产总值 8.663 亿元，比上年增长 10.5%，人均国内生产总值（GDP）为 2 043 元。

2）海洋开发利用状况

三门县基础设施建设成绩显著，以道路和能源建设为突破口，海健公路改建完工，甬台温铁路、沿海疏港公路三门段有序推进；三门核电完成"四通一平"工程，已于 2009 年开工建设。宁海县的田湾山与下洋涂直线距离约 4 km，可开发 3.5 万～5 万吨级散杂货泊位 6 个，规划年吞吐量 900×10⁴ t。附近的象山石浦港口资源更为优越，可建深水岸线 10.6 km，可建设码头 40 多个，货物吞吐能力可达 4 000×10⁴ t。宁海县国家规划的沿海同三线高速公路已建成，纵贯宁海县境内，一级公路沿海南线、象西线公路横亘宁海县东西。这两条主干线分别贯穿宁海县经济发展速度较快的大部分地区，形成全新的由国道、省道主干线组合成的公路运输新框架。

1.3.4 椒江口

1.3.4.1 区域自然环境

1）地理位置

椒江是台州市最大，浙江省第三大河，主流发源于仙居县与缙云县交界的天堂尖，经仙居县、临海市至三江口，与永宁江汇合后称"椒江"，出牛头颈，入台州湾，主流全长197.7 km。椒江自三江口至牛头颈下游出海口长19.0 km，属河口段。椒江入海口位于浙江中部沿海，为典型的河口湾，呈喇叭形向外延伸。海域开阔，水深大多小于10 m，在口外发育有水深小于2 m 的拦门浅滩。椒江口海岸属淤泥质或人工海岸，以平直的淤涨型岸滩为主，潮滩分布连片完整，是浙江省海涂资源最为丰富的区域之一。

2）地形地貌

椒江河口平面形态呈藕节状，其形成受地貌条件的深刻影响，"X"形断裂造就了石仙妇强制性直角河湾，自此以下，由于受沿江基岩节点的限制，河道难以自由弯曲。而口外台州湾属强潮海区，潮差大，为容纳大的纳潮量，必须形成较大的河宽。

3）地质构造

椒江口陆域及口门诸岛出露地层单元有上侏罗统的磨石山群，上白垩统的圹上组及第四系。

4）气候特征

椒江口地处亚热带季风气候区，四季冷暖干湿分明，空气湿润，雨量充沛，年平均气温15.8 ~ 17.1℃，年均降雨量1 349.8 ~ 1 519.9 mm。椒江口沿海受风暴潮影响频繁且严重。风向季节变化明显。一年四季均可能遭到不同程度的灾害性天气袭击。

5）陆域水文

椒江径流量季节变化较大，最大洪峰流量历史上曾达 1.63×10^4 m³/s，最小流量却不足1 m³/s，年径流总量为 6.66×10^9 m³，汛期为5—10月，流量占全年的75%。

6）海洋水文

椒江口潮汐类型为不规则半日潮，涨、落潮平均历时分别为5.1 h 和7.5 h，平均潮差4 m 左右，最大潮差达6.3 m。涨、落潮平均流速为78 cm/s 和68 cm/s，向湾外流速渐缓。口内潮流以往复流为主，口外旋转流明显。椒江口属强潮混合型河口，涨潮时咸淡水混合均匀。

7）自然资源

港口、航道是椒江河口的优势资源，主要为海门港，为浙江省第三大港口。椒江口另一资源是滩涂资源，河口南北岸为滨海平原，是长期以来椒江口东移，人工围塘而成。目前仍以每年约 10 m 的速度向海推移。

1.3.4.2 区域社会环境

1）社会经济简况

椒江口北岸为临海市、南岸为椒江区。临海市辖 5 个街道、14 个镇，总人口 107.9 万人（2007 年末），2008 年实现生产总值 260 亿元。椒江区 1994 年设立，全区下辖 8 个街道、1 个海岛镇，至 2007 年末总人口为 49.51 万人，2007 年全年全部工业增加值 110.49 亿元。

2）海洋开发利用状况

临海和椒江沿海区域工业发达，主要由港口，修、造船厂，医药化工企业等组成。拥有万吨及以下泊位 46 个，并设有国际集装箱运输码头，为浙江省的三大港口之一，医化企业在椒江口两岸呈集群分布态势，是支柱产业之一。北岸还有 1979 年兴建的大型火电厂——台州电厂。

1.3.5 乐清湾

1.3.5.1 区域自然环境

1）地理位置

乐清湾为浙江省三大半封闭港湾之一，位于浙江南部，瓯江口北侧。地理范围为：自乐清市岐头山咀（27°59′09″N，120°57′55″E）起，经洞头县北小门岛、大乌星，至玉环县大岩头灯标（28°02′16″N，121°09′09″E）连线以北的全部海域。海岸线以下总面积约 463.6 km²，潮滩面积约 220.8 km²，海湾大陆岸线长约 184.7 km。

2）地形地貌

乐清湾东、北、西三面由低山丘陵环抱，向南开敞，形态狭长，呈葫芦状，为一典型半封闭海湾。湾口有大门岛、小门岛、鹿西岛等岛屿作屏障，湾内环境较隐蔽。湾内岛屿有西门岛、茅延岛等约 30 个。

乐清湾地形地貌比较复杂，按形态特征可分为内湾、中湾和外湾三部分。

内湾：分水山—茅埏岛—东山头连线以北海域。环境隐蔽、潮流汊道与舌状滩地相间，岛屿棋布，潮滩处于稳定或缓慢淤涨状态。滩涂主要有坞根—沙山南涂、苔山南—小青山—鹰公涂、西门岛—大横床涂、清江南北涂等。潮汐汊道主要有清江、东港、西港等，宽度一般在 0.5~1.0 km，水深一般为 1~2 m，局部大于 5.0 m，汊道均与溪流河口连接。2002 年 10 月漩门二期海堤合拢，漩门港水道功能丧失，漩门港南北涂也大部分成为"人工围涂"。

中湾：连屿—大、小乌山—打水湾连线和分水山—茅埏岛—东山头连线之间的海域，处于乐清湾颈部。其总特征是潮滩狭窄，岛屿众多，潮汐汊道发育。潮汐汊道是沟通内、外湾水沙交换的主要通道，水深一般 5 m，局部超过 10 m，有小规模的深槽存在。

外湾：连屿—大、小乌山—打水湾连线以南至湾口海域。地形开阔，西浅东深。西部分布着集中连片的滩涂，是乐清湾海涂资源的主要地段。潮滩处于不断的淤高涨宽中。东部潮流冲刷槽逼岸，水深一般大于 10 m，口门附近大岩头外侧的最大水深达 107 m，为大麦屿深水港址所在。

3）地质构造

乐清湾周围陆域和诸岛主要为上侏罗纪基岩构成的低山丘陵，滨海小平原主要由第四纪海积层所覆盖。

4）气候特征

乐清湾属亚热带季风气候区，四季分明，热量丰富，雨水充沛，地方小气候条件优越。但受季风气候不稳定影响，常有台风等灾害性天气出现。乐清湾多年平均气温 17.0 ~ 17.5℃，极端高温 36.6℃，极端低温 −5.6℃，气温年较差 20.3 ~ 21.1℃，严寒和酷暑期均不长。乐清湾多年平均降水量 1 191.7 ~ 1 506.8 mm，年内可分三个雨季及一个干季。第一个雨季包括 3—5 月的春雨期和 6—7 月初的梅雨期；第二个雨季为 7 月中旬到 8 月的夏雨期；第三个雨季是 9 月的秋雨期。7 月中旬至 8 月的降雨多为台风雨或雷雨，降水日数少，但降水强度大，因该阶段降水受台风这一不确定因素的影响较大，致使不同年份该时期降水量的变化也大。10 月到翌年 2 月为干季。乐清湾常受热带气旋侵袭，几乎每年都受台风影响。台风主要集中在 4—11 月，其中 7—9 月最多。

5）陆地水文

乐清湾流域总面积 1 470 km²，多年平均径流总量 1.03×10^{10} m³。沿岸入海水系发育，注入湾内的河溪约 30 条，主要有大荆溪、白溪、清江、坞根溪、横山溪、江厦河、芳清河、楚门河等，大多为流程短、河床坡降大的山溪性河流。

6）海洋水文

潮汐：乐清湾为强潮海湾，具有非正规半日浅海潮特征。潮差较大，多年平均潮差 4 m 以上，且湾顶大于湾口，湾顶最大潮差可达 8 m 以上（江厦）。湾内涨、落潮历时不等，涨潮历时长于落潮历时。

潮流：湾内潮流属往复流性质。大潮期涨、落潮平均流速分别为 17 ~ 73 cm/s 和 40 ~ 84 cm/s，是小潮期的 3 倍多。落潮流速一般大于涨潮流速。湾内不同区域或不同地貌单元流速相差较大。

波浪：由于山体和岛屿的屏障，除灾害性天气侵袭外，湾内波浪较弱，且以风浪为主。通过风速推算，湾内冬季可能出现的最大风浪波高为 1.4 ~ 2.8 m，夏季则为 1.8 ~ 2.8 m。

风暴潮：乐清湾沿岸是我国受台风暴潮威胁最严重和较频繁的地区之一。1949—2006 年共发生 90 次风暴潮灾害，其中增水 100 cm 以上的有 21 次。

7）海洋自然资源

港口资源：乐清湾拥有浙江南部沿海难得的深水岸线资源和锚地资源。乐清湾东岸（大麦屿及其附近）宜港岸线长 24.1 km，平均水深大于 10 m，其中水深大于 20 m 的岸线长

1 km，深水区宽 4.5 km；避风条件优越，锚泊水域面积达 40 km² 以上，其中水深在 20 m 以上的达 10 km²；港区水深稳定，航道水深 11 m 以上，是建设 3 万 ~ 10 万吨级泊位的理想港址。乐清湾西岸自蒲岐镇打水湾山至南塘镇东山有宜港岸线 9.5 km，其中 6 km 岸线水深大于 5 m。大鹅头至东山头之间有 3 km 岸线的前沿水深达 10 m，面积 2.5 km²，是建造万吨级以上深水码头的理想岸段，也是温州深水港的港址之一。

渔业资源：乐清湾渔业资源丰富。据海岸带调查等有关资料，曾捕捞鱼类有 190 种，其中有经济价值的鱼类 106 种；贝类有 58 种，其中有经济价值的 20 余种；甲壳类 60 种。然而近 20 多年来湾内渔业资源已严重衰退，一些种类灭绝或濒于灭绝。同时，乐清湾还是发展浅海滩涂养殖的理想区域，是主要的贝类苗种基地，蛏、蚶苗产量居全国第一。

浅海滩涂资源：乐清湾浅海宽广，滩涂稳定，0 ~ 20 m 水深浅海面积约 242.8 km²，其中岸线至平均海平面的海涂面积约 103.1 km²，而理论深度基准面以上海涂达 220.8 km²。滩涂宽阔平坦，涂质细软，是重要的增养殖场所和后备土地资源。

滨海旅游资源：乐清湾山海奇秀，风光独特。西有我国十大名山之一的北雁荡山，1982 年被国务院列为国家级首批重点风景名胜区。东北有江厦省级森林公园，林茂岩奇，景色秀雅。湾内诸岛如江岩岛、大乌山、小乌山等风情浓郁，常年风平浪静，是水上游乐、海滨垂钓和发展休闲渔业的天然胜地。

潮汐能资源：乐清湾潮汐能丰富。据推算，理论蕴藏量近 5.0×10^6 kW，占浙江全省的 17.2%。可开发装机容量 5.5×10^5 kW。连屿 – 打水湾山、分水山 – 鹰公岛 – 小青山，狗头门 – 西门山、清江以及江厦港中部均为优良的潮汐电站坝址。

1.3.5.2 区域社会环境

1）社会经济简况

乐清湾分别隶属温州市和台州市的三县（市）。其西及西北属温州市乐清市，东北属台州市温岭市，东侧属台州市玉环县。沿岸乡镇级行政建制 18 个，其中属乐清市的 10 个，属温岭市的 3 个，属玉环县的 5 个。至 2005 年乐清湾沿岸三县市总人口达到 271.92 万人，实现 GDP 为 696.59 亿元，人均 GDP 为 26 325 元。

2）海洋开发利用状况

乐清湾内已开发和规划开发的主要港口有东岸的大麦屿港、西岸的乐清湾港口区和东山港口区。此外，乐清湾内还有大荆、双屿、海山、沙山等码头，港口运输业初具规模。目前湾内大型泊位较少，仅大麦屿港有万吨级泊位 1 个。南岳沙港头现有 3 000 吨级滚装码头 1 座和 500 吨级渔港码头 1 座，南塘东山港区现有 3 000 吨级液化气专用码头 1 座和 500 吨级装卸码头两座。此外，南岳沙港头 5 000 吨级滚装码头工程、浙能乐清电厂 50 000 吨级和 3 000 吨级码头工程已投入使用。

近年来，乐清湾临港工业快速发展。临港工业类型主要有船舶工业、能源（电力）工业、水产品加工业以及能源石化、中转仓储等临港重工业。乐清市临港工业主要为船舶工业和能源（电力）工业。2005 年，乐清市全年造船 194 艘，造船完工总吨为 86.67×10^4 t，海洋船舶制造业产值达 26 亿元，占温州市 90% 以上，共有甲类船厂 13 家，成为浙江省重点造船基地之一。2010 年，浙能乐清电厂 4 台机组建成并全部投产。2004 年玉环县临港型工业产值 16.00 亿元，水产品加工向深加工、多元化方向发展，已成为全国最大的甲壳素生产基地和重要的虾糜加工及出口基地。以大麦屿港区为载体，能源石化、中转仓储等临港重工业也快速起步。华能玉环电厂已于 2006 年 11 月正式投入商业运行。温岭市乐清湾海域主要发展海水养殖业，临港型工业不在乐清湾分布。

江厦潮汐试验电站是我国第一座利用潮汐能发电的电站，年发电量 5.3×10^6 kW·h；海山潮汐电站也已建成，年发电量 4.2×10^5 kW·h。

1.3.6 瓯江口

1.3.6.1 区域自然环境

1) 地理位置

瓯江是浙江省第二大河流，发源于浙江南部庆元县百山祖锅冒尖，流经龙泉市、云和县、莲都区、青田县、永嘉县、鹿城区、龙湾区，从温州市流入东海，全长 388 km，流域面积 1.79×10^4 km²。该区域包括灵昆岛—浅滩围涂工程区—温州南口—洞头列岛及相应海域。

2) 地形地貌

瓯江口两岸陆地地貌以低山丘陵与河口堆积平原相间发育为特征，低山丘陵系雁荡山脉东侧余延部分，区域地势西高东低，根据地貌特点可分为 4 种类型：①侵蚀剥蚀中低山区；②剥蚀低山丘陵区；③山前倾斜平原及沟谷平原；④冲积平原、海积平原、冲海积平原和潮间浅滩。

3) 地质构造

瓯江口区域主要出露地层有白垩系朝川组凝灰岩，局部出露燕山晚期花岗斑岩，呈球状产出（为后期侵入岩脉）。上覆第四系上更新统、全新统冲海积覆盖层。

4) 气候特征

瓯江口区域属亚热带季风气候区，年平均气温适中，温暖湿润，雨量充沛，四季分明，光照充足。年平均气温 17.9℃，极端高温达 39.3℃，极端低温 -4.5℃；年降水量 1 100 ~ 2 200 mm，平均 1 800 mm。瓯江口夏季受热带高压控制，盛行偏南至西南风，冬季受北方冷高压控制，盛行北至东风；受季风气候影响，风向和风速季节性变化明显，且同时受海陆和周边复杂地形影响，差异较大。瓯江口海区以平流雾为主，一般发生在下半夜，日出后 2 ~ 3 h 消失，但雾的生消时间长短不一，累年最多雾日数为 52 d，累年最少雾日数为 10 d，瓯江口区域相对湿度全年平均值在 80% ~ 95% 之间，一年中相对湿度变化最高值在梅雨期的 6 月，达 88%，11 月至翌年 1 月相对湿度最低，在 75% 左右。

台风是温州市主要的灾害性天气。7—9 月是台风活动的频繁期，占总数的 84%，8 月最多占 39%。

5）陆域水文

瓯江是浙江省第二大河，发源于浙闽交界的洞宫山脉，源头海拔 1 170.5 m，自西向东，流经 18 个县市，出温州湾入东海。干流长 388 km，流域面积 17 859 km^2。下游河段青田市温溪镇至河口，长 78 km，为感潮河段。径流量在年内分配差异悬殊，上游来水有明显季节性，汛期（4—9 月）下泄水量占全年的 70% 左右。

灵昆岛河网纵横交错，河网全长约 70 km，河道宽度 5 ~ 15 m，正常水位时相应水面面积 0.54 km^2，蓄水量约 81 × 10^4 m^3；灵昆岛内现有水闸 4 座，分别为山下翻水站、三条浦水闸、跨浦水闸、双陡门水闸。

洞头列岛河流不发育，较大的岛屿上仅有少量季节性溪流沟谷，沟谷坡降较大，源短流急，呈辐射状独流入海。丰水期溪水暴涨，枯水期则呈干谷。为解决饮水问题，当地居民设有小型水坝蓄水，虽仍解决不了饮水紧张的矛盾，但起到了部分调节溪水流量的作用。

6）海域水文

瓯江口潮汐主要受东海前进潮波控制，并以 M$_2$ 分潮起支配作用，属正规半日浅海潮型。潮型判别系数（H$_{K1}$ + H$_{O1}$）/M$_2$ < 0.5（瓯江口外洞头为 0.3，河口口门附近的黄华为 0.25），浅水判别系数 H$_{M4}$/H$_{M2}$ = 0.01。海域潮汐日不等现象较为明显，一般从春分至秋分时段内夜潮大于日潮，从秋分至翌年春分日潮大于夜潮。本海区内，落潮历时大于涨潮历时，潮差大，是我国著名的强潮海区之一。河口潮差由温州湾经口门向内逐渐增大，至龙湾附近达到最大，然后向上游沿程递减，平均潮差由鹿西的 4.03 m 增至乌仙头的 4.25 m，至龙湾增至 4.37 m。南北方向差别不大。根据瓯江口附近测站潮流资料分析，瓯江口海域潮流性质为不规则半日浅海潮流。深水港区附近水域潮流运动形式明显为往复流特征，每天二涨二落，主流向基本与岸线平行。

7）海洋自然资源

瓯江口区域拥有丰富的港口岸线资源、滩涂资源、渔业资源、旅游资源等，是温州地区自然资源最为富集的地区之一。区内集内河、河口、深水港于一体，拥有良好建港条件的岸线长达 30 km 余，可建万吨级以上泊位的深水岸线达 15 km，特别是大小门岛、状元岙岛等地拥有可建 20 万 ~ 30 万吨级码头深水岸线 20 km，航道水深 15 ~ 25 m，可以靠泊国际上最大的集装箱船，是浙南闽北乃至金温铁路所涵盖地区建设内外贸海上口岸的最佳地点之一。龙湾区平原河网交错，土地肥沃，物产丰富，历来是温州的"鱼米之乡"。龙湾区山川秀丽，风景旅游资源丰富，历史文化古迹颇多。目前拥有瑶溪省级风景名胜区、灵昆瓯江旅游度假区、天柱市级风景名胜区、唐代名刹国安寺、宋代石塔、国家重点文物保护单位、省国防科学教育基地、市爱国主义基地永昌堡、市级爱国主义暨国防教育基地炮台山、号称"东海第一堤"的永强堤塘、"七 - 四"雷达站科技观光台等。

洞头县海洋资源丰富，主要表现在"渔、港、景、油、涂"等海岛海洋资源方面，具有许多得天独厚的优势。在"渔"方面，全县海域面积达 792 km^2。洞头渔场是浙江重要渔场，渔场面积达 4 800 km^2 以上，常年洄游的鱼、虾、蟹类达 300 多种，其中常见的鱼类有 40 多种，渔业生产历史悠久。现在正逐步形成以羊栖菜、紫菜、网箱养殖为特色的养殖基地。在"港"方面，水道纵横、港湾多，建港条件比较优越的主要有六大港址，具有良好建港条件的岸线长达 30 km 以上，其中可建万吨级以上泊位的深水岸线达 15 km，可建各种泊位数百个，泊位吨级包涵瓯江小型船舶至 10 万吨级以上的巨轮，且水域条件十分理想，集疏运条件相当好，横穿洞头列岛中部的北水道是巨轮进出温州港的咽喉，南面黑牛湾是瓯江口外靠近远洋航线的最大天然锚地，上述深水港群地处温州港的外延位置，是温州市建设深水大港不可多得的港址。在"景"方面，洞头是浙江省级风景旅游名胜区，气候冬暖夏凉，十分宜人，年平均气温 17.3℃，是理想的避暑胜地。洞头自然风景相当优美，共有 7 个景区，300多个景点，有"石奇、滩佳、礁美、洞幽"之特色，与温州的雁荡山、楠溪江形成了山、水、海旅游"金三角"。在"油"方面，洞头距正在开发的东海油田最近勘探点仅 10 km 左右，良好的区位优势，丰富的深水港口资源，决定了洞头在东海油田勘探及开发方面将发挥其重要作用。在小门岛上建有亚洲最大的天然液化石油气储运基地。在"涂"方面，浅海滩涂资源十分丰富，10 m 等深线以内浅海 26.6 万亩[①]，潮间带滩涂 10.16 万亩，发展浅海滩涂养殖潜力很大，也为滩涂围垦拓展国土面积提供了条件。另外，在对台贸易方面，洞头与台湾地理相近、语言相通、习俗相似、人缘相亲、民间贸易源远流长。目前设有活海鲜出口、对台贸易、劳务输出锚地，辟有对台专用港区。

1.3.6.2 区域社会环境

1) 社会经济简况

瓯江口区域隶属温州市，包括洞头县和龙湾区。区域面积 17 859 km²。其中洞头县总人口 12.45 万人，2009 年实现地区生产总值 33.34 亿元，人均 GDP 27 300 元。龙湾区总人口 32.49 万人，2009 年实现生产总值 210 亿元，人均 GDP 24 537 元。

2) 海洋开发利用状况

目前瓯江口区域已经建成了半岛工程一期工程，深水港工程的主体码头。"十五"规划以来，洞头县依托"三港经济"，立足海岛实际，坚持"构筑大交通、实施大渔业、启动大旅游、发展大经济"四大举措，加快海洋经济开发，大力发展海洋新兴产业、临港型工业、港口运输仓储业和海洋渔业、海洋旅游业，加大海洋资源开发和海岛基础建设步伐，实现了国民经济快速发展，产业结构逐步优化，基础设施日趋完善，海洋经济地位日益突出，海岛城市化、科教和环境保护等社会事业长足进步。已完成"十五"计划 GDP 增量预期目标，国内生产总值、人均国内生产总值超出计划预期进度的指标。第三产业增加值、财政总收入、固定资产投资、社会消费品零售总额等已提前实现"十五"计划预期目标的指标。具有海岛特色的产业经济发展取得了巨大的成绩。在渔业发展上，紧紧围绕"调整捕捞、主攻养殖、积极发展渔业二、三产业"的思路，积极实施"大渔业"战略，在优化渔业产业结构上取得明显进展，渔业生产、效益双提升，海水养殖规模效益提高，形成了"两菜一箱"的特色优

---

① 亩为非法定计量单位，1 亩 = 1/15 hm²。

势产业格局。积极发展外海捕捞，组建了开发南海渔场捕捞船队，开拓新渔场。在工业发展上，洞头县坚持合力扶工，走实业兴县之路，大力扶持临港产业，形成了医药、水产品加工、化工、建材、电子电器、机械汽配、鱼粉加工七大支柱行业；石化工业成为亮点，海洋医药、水产品加工、海洋化工、花岗岩加工等临港型工业进一步发展，并在周边地区形成一定的优势。在发展第三产业上，以"大旅游、大产业、大市场"为导向，加快旅游基础设施建设步伐，开发新型旅游精品，全面带动了餐饮、宾馆、交通运输等社会服务业的行业发展。

1.4　环境与生态要素分析方法

1.4.1　海水化学

用于本评价报告的海洋水体化学要素包括溶解氧、pH 值、悬浮物、化学需氧量、硝酸盐、亚硝酸盐、铵盐、活性磷酸盐、总有机碳、总氮、总磷、石油类、重金属（包括铜、铅、锌、镉、汞、砷、总铬）等。

海水化学的分析方法和质量控制按"908"专项《近海海洋化学调查技术规程》，同时参照国际上通用的样品保存和分析方法执行（表 1.4 – 1）。执行的规范如下：《海洋调查规范，第 4 部分：海水化学要素调查（GB/T 12763.4—2007）》和《海洋监测规范（GB 17378—2007）》；"908"专项《近海海洋化学调查技术规程》。

表 1.4 – 1　海水水质参数调查方法

调查参数	分析方法名称	仪器名称	检出限
溶解氧	碘量法	滴定管	5.3 μmol/L
pH 值	pH 计法	pH 计	—
悬浮物	重量法	电子天平	—
化学需氧量	碱性高锰酸钾法	电热板	—
硝酸盐	锌镉还原比色法	可见分光光度计	0.05 μmol/L
亚硝酸盐	萘乙二胺分光光度法	可见分光光度计	0.02 μmol/L
铵盐	次溴酸盐氧化法	可见分光光度计	0.03 μmol/L
活性磷酸盐	磷钼蓝分光光度法	可见分光光度计	0.02 μmol/L
总有机碳	非色散红外吸收法	总有机碳分析仪	0.1 mg/L
总氮	过硫酸钾氧化 – 铜镉柱还原法	可见分光光度计	0.03 μmol/L
总磷	过硫酸钾氧 – 抗坏血酸还原磷钼蓝法	可见分光光度计	0.02 μmol/L
石油类	紫外分光光度法	紫外分光光度计	3.5 μg/dm³
铜	无火焰原子吸收分光光度法	PE 原子吸收光谱仪	0.2 μg/dm³
铅	无火焰原子吸收分光光度法	PE 原子吸收光谱仪	0.03 μg/dm³
锌	火焰原子吸收分光光度法	PE 原子吸收光谱仪	3.1 μg/dm³
镉	无火焰原子吸收分光光度法	PE 原子吸收光谱仪	0.01 μg/dm³
汞	原子荧光法	原子荧光光度计	0.007 μg/dm³
砷	砷化氢 – 硝酸银分光光度法	分光光度计	0.4 μg/dm³
总铬	无火焰原子吸收分光光度法	PE 原子吸收光谱仪	0.4 μg/dm³

1.4.2 海洋沉积物

用于本评价报告的海洋沉积物化学要素包括：硫化物、有机质、石油类和 7 项重金属（包括汞、砷、铜、铅、锌、镉、总铬），共 10 项监测参数（表 1.4 – 2）。执行的规范：《海洋监测规范，第 5 部分：沉积物分析（GB 17378.5—2007）》；"908" 专项《近海海洋化学调查技术规程》。

表 1.4 – 2　海域沉积物调查项目分析方法

监测要素	监测方法名称	仪器名称	检出限（W）$/\times 10^{-6}$	规范性引用文件
石油类	环己烷萃取荧光光度法	荧光光度计	2	GB 17378.5—2007
硫化物	离子选择电极法	离子计	0.2	GB 17378.5—2007
有机碳	重铬酸钾氧化 – 还原容量法			GB 17378.5—2007
铜	无火焰原子吸收分光光度法	PE 原子吸收光谱仪	0.5	GB 17378.5—2007
铅	无火焰原子吸收分光光度法	PE 原子吸收光谱仪	1	GB 17378.5—2007
镉	无火焰原子吸收分光光度法	PE 原子吸收光谱仪	0.04	GB 17378.5—2007
锌	火焰原子吸收分光光度法	PE 原子吸收光谱仪	6	GB 17378.5—2007
汞	冷原子吸收分光光度法	测汞装置	0.005	GB 17378.5—2007
砷	氢化物 – 原子吸收分光光度法	PE 原子吸收光谱仪	3.0	GB 17378.5—2007
总铬	无火焰原子吸收分光光度法	PE 原子吸收光谱仪	2.0	GB 17378.5—2007

1.4.3 海洋生物与生态

用于本评价报告的海洋生物与生态要素包括叶绿素 a、初级生产力、浮游植物、浮游动物、大型底栖生物、潮间带生物等。执行的规范如下：《海洋调查规范，第 6 部分：海洋生物调查（GB/T 12763.6—2007）》；"908" 专项《近海海洋生物调查技术规程》。

表 1.4 – 3　海洋生物与生态参数调查方法

调查参数	分析方法	仪器名称
叶绿素 a	100 cm³ 水样经 Whatman GF/F 玻璃纤维膜负压过滤后，利用萃取荧光法测定叶绿素 a 浓度	Turner Designs Fluorometer, Model 10
初级生产力	同位素（^{14}C）示踪法	PACKARD 2050CA 型液体闪烁分析仪
浮游植物	浅水Ⅲ型浮游生物网	Olympus-VANOX-AHB；LB-2 显微镜
浮游动物	浅水Ⅰ型浮游生物网	尼康体视显微镜
大型底栖生物	0.1 m²	Van Veen 抓斗式采样器
潮间带生物	0.25 m×0.25 m 样方法	—

1.5 海域水质、沉积物质量、生态评价方法及标准

1.5.1 海域水质、沉积物质量

采用单项因子标准指数法进行海域水质、沉积物质量现状评价。单项评价因子 i 在第 j 取样点的标准指数：

$$S_{i,j} = C_{i,j} / C_{si}$$

式中：$C_{i,j}$——水质评价因子 i 在第 j 取样点所有实测浓度的均值，mg/L；

C_{si}——水质评价因子 i 的评价标准，mg/L。

DO 的标准指数为：

$$S_{DO.j} = |DO_f - DO_j| / (DO_f - DO_s) \qquad 当 DO_j \geqslant DO_s 时$$

$$S_{DO.j} = 10 - 9DO_j / DO_s \qquad 当 DO_j < DO_s 时$$

DO_f 根据 UNESCO 值进行计算（GB 12763.4—2007，海洋调查规范——海水化学要素观测）

式中：$S_{DO.j}$——饱和溶解氧在第 j 取样点的标准指数；

DO_f——饱和溶解氧浓度，mg/L；

DO_j——j 取样点水样溶解氧的实测浓度，mg/L；

DO_s——溶解氧的评价标准，mg/L。

pH 值的标准指数为：

$$S_{pH.j} = (7.0 - pH_j) / (7.0 - pH_{sd}) \qquad 当 pH_j \leqslant 7.0 时$$

$$S_{pH.j} = (pH_j - 7.0) / (pH_{su} - 7.0) \qquad 当 pH_j > 7.0 时$$

式中：$S_{pH.j}$——pH 在第 j 取样点的标准指数；

pH_j——j 取样点水样 pH 实测值的均值；

pH_{sd}——评价标准规定的下限值；

pH_{su}——评价标准规定的上限值。

水质标准、沉积物标准见表 1.5-1 和表 1.5-2。

表 1.5-1 国家海水水质标准 (GB 3097—1997) 单位：mg/dm^3

序号	项目	第一类	第二类	第三类	第四类
1	pH 值	7.8~8.5，同时不超出该海域 正常变动范围的 0.2pH 单位		6.8~8.8，同时不超出该海域 正常变动范围的 0.5pH 单位	
2	溶解氧 >	6	5	4	3
3	化学需氧量 ≤	2	3	4	5
4	活性磷酸盐 ≤	0.015	0.03	0.045	
5	无机氮 ≤	0.20	0.30	0.40	0.50
8	石油类 ≤	0.05		0.30	0.50
9	汞 ≤	0.000 05	0.000 2		0.000 5
10	砷 ≤	0.020	0.030	0.050	
11	铜 ≤	0.005	0.010	0.050	

续表

序号	项目	第一类	第二类	第三类	第四类
12	铅≤	0.001	0.005	0.010	0.050
13	锌≤	0.02	0.05	0.10	0.50
14	镉≤	0.001	0.005	0.010	
15	铬≤	0.05	0.10	0.20	0.50

注：按照海域的不同使用功能和保护目标，海水水质分为四类：

第一类　适用于海洋渔业水域，海上自然保护区和珍稀濒危海洋生物保护区。

第二类　适用于水产养殖区、海水浴场、人体直接接触海水的海上运动或娱乐区，以及与人类食用直接有关的工业用水区。

第三类　适用于一般工业用水区，滨海风景旅游区。

第四类　适用于海洋港口水域，海洋开发作业区。

表1.5-2　海洋沉积物质量标准（GB 18668—2002）　　　单位：$\times 10^{-6}$

序号	项目	第一类	第二类	第三类
1	硫化物≤	300.0	500.0	600.0
2	石油类≤	500.0	1 000.0	1 500.0
3	有机质（$\times 10^{-2}$）≤	2.0	3.0	4.0
4	汞≤	0.20	0.50	1.00
5	砷≤	20.0	65.0	93.0
6	铜≤	35.0	100.0	200.0
7	铅≤	60.0	130.0	250.0
8	锌≤	150.0	350.0	600.0
9	镉≤	0.50	1.50	5.00
10	铬≤	80.0	150.0	270.0

1.5.2　海洋生态评价

分析与阐述浮游动、植物，底栖生物种类组成及数量变化。采用 Shannon-Wiener 生物多样性指数（H'）进行生物多样性状况的评价：

$$H' = -\sum_{i=1}^{s}(N_i/N)\log_2(N_i/N)$$

均匀度（J）采用 Pielou 公式：$J = H'\log_2 S$

式中：S——样品中的种类总数；

　　　N——样品中的总个体数；

　　　N_i——样品中第 i 种的个体数。

2　近海海洋环境质量变化趋势综合评价

2010 年，浙江省近岸海域环境质量总体趋差，海洋环境形势依然严峻。一是浙江近岸海域海水污染问题依旧突出。近岸海域未达到清洁、较清洁海域面积较 2009 年有较大增加，严重污染和中度污染海域约占 60%，上升了 16 个百分点（图 2 - 1）。二是近岸海水中无机氮和活性磷酸盐超标严重，处于中度富营养化状态。"十一五"规划期间，浙江省近岸海域环境功能区水质达标率始终处于 20%，其中大部分海域还受到重金属铅的轻微污染。三是近岸海域生物多样性偏低，群落结构明显变化，生态系统趋向脆弱化。全省 91% 的入海排污口超标排放污染物，12 个重点入海排污口邻近海域生态环境质量等级处于极差和差的比例分别为16.7% 和 33.3%。杭州湾和乐清湾生态系统一直处于不健康和亚健康状态，底栖和潮间带生物数量和多样性不同程度地降低，使底栖生境破碎化程度加剧，影响物种的迁移、扩散和建群，以及生态系统的生态过程和景观结构的完整性。

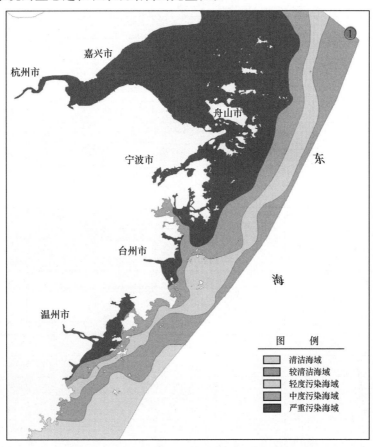

图 2 - 1　2010 年浙江省近岸海域水质状况分布示意图

注：2010 年浙江省监视监测海域面积为 42 400 km²

2.1 宁波－舟山深水港海洋环境质量变化趋势综合评价

宁波－舟山深水港港区总面积993 km²，前期调查项目未能覆盖整个港区。考虑季节可比性、调查参数的完整性，课题组选择了岙山岛、外钓山岛、大榭岛3个工程项目周边的海域作为代表来阐述本区块的海洋环境质量。

2.1.1 海洋化学

2.1.1.1 海水化学

1）质量现状

宁波－舟山深水港水质调查站位经纬度见表2.1－1，水质调查结果见表2.1－2及表2.1－3。

表 2.1－1 水质调查站位经纬度

站位	东经	北纬
A1	122°6′23″	29°56′38″
A2	122°7′51″	29°56′50″
A3	122°9′4″	29°57′11″
A4	122°9′53″	29°55′49″
A5	122°11′17″	29°55′48″
A6	122°6′00″	29°55′47″
A7	122°7′35″	29°55′57″
A8	122°9′4″	29°56′16″
A9	122°10′23″	29°54′54″
A10	122°12′3″	29°54′48″
A11	122°5′37″	29°54′33″
A12	122°7′18″	29°54′34″
A13	122°9′5″	29°54′47″
A14	122°11′3″	29°56′38″
A15	122°12′53″	29°56′50″
D1	121°55′16″	29°55′20″
D2	121°54′02″	29°57′00″
D3	121°56′15″	29°56′41″
D4	121°55′47″	29°57′17″
D5	121°56′56″	29°56′47″
D6	121°56′39″	29°57′13″
D7	121°56′07″	29°57′49″
D8	121°57′23″	29°57′08″
D9	121°56′51″	29°57′51″

续表

站位	东经	北纬
D10	121°56′36″	29°58′12″
D11	121°57′44″	29°57′22″
D12	121°57′26″	29°57′56″
D13	122°00′00″	29°59′04″
S01	121°53′44.42″	30°5′32.58″
S02	121°57′56.95″	30°6′37.82″
S03	121°54′25.24″	30°4′41.89″
S04	121°57′14.73″	30°5′14.92″
S05	121°57′44.67″	30°5′3.41″
S06	121°58′12.3″	30°4′54.2″
S07	121°57′1.12″	30°4′35.57″
S08	121°57′24.29″	30°4′23.99″
S09	121°57′46.4″	30°4′11.35″
S10	121°58′22.21″	30°3′52.39″
S11	121°56′47.42″	30°4′7.14″
S12	121°57′14.81″	30°3′58.71″
S13	121°57′41.14″	30°3′46.07″
S14	121°55′19.6″	30°3′42.82″
S15	121°56′21.77″	30°3′38.21″
S16	121°57′27.78″	30°3′32.07″
S17	121°58′23.05″	30°3′26.7″
S18	121°55′47.23″	30°2′49.85″
S19	121°56′44.8″	30°2′51.39″
S20	121°57′38.53″	30°2′52.16″
S21	121°58′25.35″	30°2′52.16″
S22	121°55′46.46″	30°1′40.77″
S23	121°57′7.06″	30°1′26.96″
S24	121°58′38.4″	30°1′12.37″
S25	121°59′59.76″	30°0′56.25″

表 2.1－2　水质调查结果 1

站位	层次	pH 值	溶解氧 /（mg/dm³）	化学需氧量 /（mg/dm³）	活性磷酸盐 /（mg/dm³）	无机氮 /（mg/dm³）
A1	表	7.98	6.58	1.08	0.043	1.05
	底	7.93	6.54	1.48	0.035	0.57
A2	表	7.93	6.72	1.00	0.044	0.79
	底	7.93	6.51	1.00	0.040	0.73

续表

站位	层次	pH 值	溶解氧 / (mg/dm³)	化学需氧量 / (mg/dm³)	活性磷酸盐 / (mg/dm³)	无机氮 / (mg/dm³)
A3	表	7.96	6.65	1.04	0.043	0.65
	底	7.97	6.49	1.28	0.043	0.72
A4	表	7.97	6.88	0.60	0.043	0.89
A5	表	7.96	6.78	0.80	0.042	0.81
A6	表	7.95	6.62	0.80	0.042	0.73
	底	7.93	6.59	0.88	0.040	0.71
A7	表	7.92	6.71	0.80	0.043	0.78
	底	7.98	6.34	0.92	0.086	0.86
A8	表	7.95	6.71	0.72	0.044	0.85
	底	7.97	6.69	0.64	0.039	0.58
A9	表	7.93	6.76	0.72	0.044	0.64
	底	7.96	6.88	0.96	0.042	0.77
A10	表	7.95	6.62	0.72	0.042	0.74
A11	表	7.96	6.68	0.68	0.041	0.91
	底	7.94	6.40	0.88	0.039	0.68
A12	表	7.92	6.73	0.60	0.043	0.82
	底	7.86	6.61	1.40	0.040	0.72
A13	表	8.02	6.74	0.68	0.045	0.80
	底	8.02	6.68	0.64	0.039	0.57
A14	表	8.04	6.92	0.88	0.045	0.71
	底	8.03	6.60	0.80	0.038	0.58
A15	表	8.03	6.59	0.52	0.044	0.63
	底	8.03	6.43	0.60	0.042	0.57
D1	表	8.04	7.35	0.55	0.043	0.67
	中	8.01	6.93	1.00	0.044	0.41
	底	8.01	7.92	0.84	0.048	0.68
D2	表	8.09	7.35	1.55	0.047	0.74
	中	8.03	6.73	1.78	0.060	0.57
	底	8.00	6.77	1.75	0.042	0.57
D3	表	8.07	7.63	0.97	0.051	0.73
	中	8.06	8.17	0.61	0.049	0.69
	底	8.07	7.63	0.81	0.056	0.65
D4	表	8.02	7.26	1.33	0.047	0.73
	中	7.95	6.85	1.07	0.044	0.59
	底	7.90	6.65	1.23	0.041	0.52
D5	表	8.13	7.88	1.49	0.052	0.76
	中	8.15	7.94	0.39	0.054	0.75
	底	8.11	7.92	0.71	0.049	0.59

续表

站位	层次	pH 值	溶解氧 / （mg/dm³）	化学需氧量 / （mg/dm³）	活性磷酸盐 / （mg/dm³）	无机氮 / （mg/dm³）
D6	表	8.07	6.75	1.10	0.051	0.68
	中	8.05	6.91	1.20	0.049	0.62
	底	8.03	7.39	1.26	0.041	0.58
D7	表	7.97	7.02	0.97	0.045	0.59
	中	7.96	7.26	1.16	0.045	0.63
	底	8.00	7.35	1.26	0.046	0.59
D8	表	8.10	6.88	0.68	0.048	0.68
	中	8.10	7.02	0.58	0.060	0.63
	底	8.07	6.93	0.49	0.060	0.69
D9	表	8.05	7.30	1.03	0.055	0.72
	中	7.97	7.18	0.65	0.049	0.57
	底	8.03	6.70	0.97	0.045	0.42
D10	表	7.99	7.30	1.39	0.047	0.67
	中	7.99	7.10	1.13	0.047	0.50
	底	7.96	7.71	0.61	0.048	0.68
D11	表	8.07	6.99	0.65	0.051	0.65
	中	8.09	6.84	0.52	0.054	0.49
D12	表	8.06	6.93	0.94	0.050	0.68
	中	8.04	6.76	1.23	0.047	0.71
	底	8.03	6.96	1.10	0.049	0.63
D13	表	8.04	6.98	0.97	0.043	0.61
	中	8.04	6.70	0.84	0.045	0.60
	底	8.08	6.61	0.81	0.042	0.60
S01	表	7.96	6.98	0.52	0.031	0.93
	中	7.95	6.83	0.45	0.032	0.94
	底	7.95	6.75	0.55	0.032	0.94
S02	表	7.99	6.76	0.70	0.033	0.56
	中	7.99	6.54	0.62	0.033	0.58
	底	7.99	6.71	0.68	0.033	0.67
S03	表	7.96	6.73	0.61	0.033	0.53
	中	7.96	6.70	0.62	0.029	0.62
	底	7.95	6.59	0.57	0.028	0.86
S04	表	7.98	6.64	0.61	0.033	0.89
	中	7.99	6.50	0.70	0.032	0.53
	底	7.99	6.59	0.78	0.032	0.82
S05	表	7.99	6.63	0.34	0.033	0.55
	中	7.99	6.41	0.70	0.032	0.76
	底	7.99	6.48	0.66	0.031	0.52

续表

站位	层次	pH 值	溶解氧 / （mg/dm³）	化学需氧量 / （mg/dm³）	活性磷酸盐 / （mg/dm³）	无机氮 / （mg/dm³）
S06	表	7.98	6.64	0.22	0.032	0.47
	中	7.98	6.64	0.34	0.032	0.78
	底	7.99	6.49	0.34	0.032	0.85
S07	表	7.98	6.63	0.78	0.027	0.49
	中	7.98	6.73	0.94	0.028	0.87
	底	7.98	6.58	0.97	0.026	0.86
S08	表	7.98	6.67	0.54	0.031	0.87
	中	7.98	6.51	0.66	0.031	0.86
	底	7.98	6.50	0.68	0.031	0.88
S09	表	7.98	6.67	0.54	0.032	0.49
	中	7.98	6.68	0.56	0.031	0.52
	底	7.98	6.68	0.52	0.032	0.57
S10	表	7.98	6.60	0.30	0.031	0.52
S11	表	7.98	6.69	0.58	0.030	0.52
	中	7.98	6.59	0.66	0.030	0.50
	底	7.98	6.57	0.58	0.028	0.46
S12	表	7.98	6.64	0.34	0.030	0.49
	中	7.98	6.70	0.38	0.030	0.51
	底	7.98	6.63	0.41	0.030	0.57
S13	表	7.97	6.49	0.46	0.030	0.52
	中	7.98	6.58	0.46	0.028	0.50
	底	7.98	6.59	0.58	0.030	0.78
S14	表	7.95	6.59	0.61	0.026	0.82
	中	7.95	6.53	0.70	0.031	0.85
	底	7.95	6.58	0.75	0.031	0.86
S15	表	7.95	6.70	0.57	0.029	0.82
	中	7.95	6.74	0.60	0.028	0.77
	底	7.95	6.78	0.67	0.026	0.64
S16	表	7.95	6.64	0.37	0.028	0.77
S17	表	7.95	6.53	0.53	0.031	0.58
	中	7.95	6.63	0.41	0.030	0.83
	底	7.95	6.58	0.42	0.028	0.56
S18	表	7.96	6.56	0.61	0.027	0.48
S19	表	7.96	6.61	0.57	0.028	0.56
	中	7.96	6.53	1.05	0.028	0.49
	底	7.96	5.55	1.03	0.028	0.56

站位	层次	pH值	溶解氧 / (mg/dm³)	化学需氧量 / (mg/dm³)	活性磷酸盐 / (mg/dm³)	无机氮 / (mg/dm³)
S20	表	7.96	6.67	0.44	0.030	0.42
	中	7.96	6.65	0.52	0.030	0.46
	底	7.96	6.52	0.61	0.030	0.49
S21	表	7.95	6.58	0.49	0.029	0.77
S22	表	7.96	6.44	0.65	0.026	0.75
	中	7.96	6.50	0.61	0.026	0.75
	底	7.96	6.53	0.66	0.026	0.46
S23	表	7.97	6.57	0.92	0.030	0.54
	中	7.96	6.64	0.85	0.030	0.88
	底	7.96	6.49	0.81	0.027	0.53
S24	表	7.97	6.62	0.41	0.030	0.52
	中	7.97	6.50	0.65	0.028	0.47
	底	7.96	6.42	1.01	0.028	0.77
S25	表	7.98	6.60	0.25	0.028	0.53
	中	7.98	6.49	0.53	0.027	0.47
	底	7.97	6.47	1.13	0.027	0.45

表 2.1 – 3   水质调查结果 2

	石油类/ (mg/dm³)	铜/ (μg/dm³)	铅/ (μg/dm³)	锌/ (μg/dm³)	镉/ (μg/dm³)
A1	0.208	4.10	6.68	8.52	0.235
A2	0.053	3.50	2.58	6.81	0.126
A3	0.025	6.06	2.95	7.85	0.154
A4	0.020	4.78	2.61	8.43	0.133
A5	0.021	4.94	2.47	11.22	0.126
A6	0.373	2.94	1.51	14.40	0.148
A7	0.024	4.63	1.48	13.52	0.125
A8	0.018	4.10	1.44	14.85	0.126
A9	0.016	3.70	1.65	15.92	0.121
A10	0.041	4.85	1.32	12.54	0.116
A11	0.038	6.00	1.45	16.52	0.098
A12	0.082	4.42	1.21	11.65	0.053
A13	0.014	3.52	0.84	10.68	0.064
A14	0.015	4.36	1.36	8.23	0.058
A15	0.019	2.82	1.26	8.94	0.092
D1	0.006	4.10	6.68	8.52	0.650
D3	0.013	4.63	2.95	8.94	0.470
D6	0.009	3.50	2.58	6.81	0.260

续表

	石油类/（mg/dm³）	铜/（μg/dm³）	铅/（μg/dm³）	锌/（μg/dm³）	镉/（μg/dm³）
D8	0.010	6.36	2.61	17.81	0.210
S01	0.019	1.13	0.52	9.73	0.070
S02	0.015	1.18	0.52	9.25	0.082
S03	0.016	1.17	0.57	9.79	0.081
S04	0.012	1.16	0.53	9.01	0.080
S05	0.016	1.12	0.56	8.92	0.078
S06	0.018	1.15	0.54	8.97	0.079
S07	0.013	1.08	0.52	8.93	0.072
S08	0.014	1.09	0.5	8.95	0.068
S09	0.017	1.13	0.52	9.15	0.076
S10	0.016	1.19	0.55	9.78	0.073
S11	0.012	1.13	0.57	9.12	0.081
S12	0.018	1.20	0.59	9.94	0.068
S13	0.017	1.14	0.54	10.05	0.075
S14	0.020	1.20	0.60	9.80	0.105
S15	0.018	1.16	0.62	9.84	0.087
S16	0.020	1.16	0.66	10.18	0.101
S17	0.015	1.27	0.65	9.86	0.102
S18	0.021	1.21	0.68	9.01	0.076
S19	0.020	1.23	0.62	9.58	0.072
S20	0.021	1.22	0.60	9.95	0.067
S21	0.018	1.29	0.70	10.18	0.090
S22	0.018	1.20	0.57	8.97	0.064
S23	0.018	1.16	0.59	9.93	0.066
S24	0.015	1.25	0.61	9.97	0.076
S25	0.022	1.24	0.63	10.01	0.092

　　从表2.1-2和表2.1-3可以看出以下特征。

　　pH 值：宁波－舟山深水港海域夏、秋季节的 pH 值变化范围为 7.86～8.15，最低值出现在靠近穿山半岛的 A12 站底层，受陆地冲淡水的影响，该站位底层的 pH 值为 7.86，表层 pH 值也只有 7.92，pH 值的最高值出现在大榭岛附近的 D5 站中层，该站位表中底层的 pH 值均超过了 8.10。

　　溶解氧：该海域夏、秋季节的溶解氧变化范围为 5.55～8.17 mg/dm³，平均值为 6.77 mg/dm³。最高值出现在靠近大榭岛的 D3 站中层，真光层浮游植物光合作用是促使溶解氧升高的原因；最低值出现在外钓山西部的 S19 站底部，水深较深引起层化可能是引起溶解氧较低的原因。

　　化学需氧量（COD）：该海域夏、秋季节 COD 的变化范围为 0.22～1.78 mg/dm³，平均值为 0.77 mg/dm³。受陆源物质输入的影响，靠近陆地的站位较高，特别是吞山南部离岛较近的站位，相对而言，离岛较远水动力作用较强的站位较低。

活性磷酸盐：宁波－舟山深水港海域夏、秋季节的活性磷酸盐变化范围为 0.026～0.086 mg/dm^3，平均值为 0.038 mg/dm^3。

无机氮：无机氮的来源有多种，入海河流输入、工业以及农业生活污水排放均能增加海域的无机氮浓度，陆源物质输入是增加无机氮浓度负荷的主要原因。无机氮浓度的高值区主要出现在离岸较近的岙山岛南部海域以及金塘岛西侧海域，最高值为 1.05 mg/dm^3；而低值区主要出现在册子岛东南海域，最低值为 0.41 mg/dm^3。

石油类：工业和船舶排放是宁波－舟山深水港石油类污染的主要来源。根据对该海域 44 个站位表层海水石油类的测定结果分析，夏、秋季节海域石油类的变化范围为 0.006～0.373 mg/dm^3，平均值为 0.033 mg/dm^3。最高值出现在 A6 站，该站位地处主要航道，来往船只排污对石油类的含量产生重要的影响。

重金属：调查海域海水中铜、铅、锌、镉的变化范围分别为 1.09～6.36 μg/dm^3、0.50～6.68 μg/dm^3、6.81～17.81 μg/dm^3、0.053～0.650 μg/dm^3；平均值分别为 2.56 μg/dm^3、1.37 μg/dm^3、10.25 μg/dm^3、0.122 μg/dm^3。受海域周边工业排放等影响，重金属的高值站位均出现在大榭岛北部、岙山南部离岸较近的区域，水动力条件较强的水域表层海水中重金属含量较低。

2）质量评价

宁波－舟山深水港海域水质评价结果见表 2.1-4 和表 2.1-5，总体来说，该海域的 pH 值波动范围不大，均符合一类海水水质标准；该海域夏、秋季节水体溶解氧，除 S19 站底部站位符合二类海水水质标准外，其余站位各层均符合一类海水水质标准；各站位各层海水夏、秋季节的化学需氧量，均能达到一类标准要求；活性磷酸盐的高值区出现在穿山半岛和岙山岛中间的海域，而北部金塘岛附近海域活性磷酸盐含量则相对较低，除金塘岛附近海域部分站位符合二、三类海水水质标准外，其余大部分站位均符合四类或者劣四类海水水质标准，四类海水约占总样品量的 48.5%，劣四类海水样品约占总样品数的 20.5%；陆源物质输入是增加无机氮浓度负荷的主要原因，该海域所有站位的无机氮均达到或者超过四类海水水质标准，其中劣四类海水占总样品量的 77.3%；大部分测站能满足一类和二类海水水质要求，三类站位占 15.9%，四类海水水质站位占总数的 2.3%；调查海域海水中重金属中铜在 A3、A11 和 D8 站为二类海水水质，其余站位均符合一类海水水质标准要求，锌和镉所有站位均能满足一类海水水质标准要求，而铅为三类海水的占全部站位的 6.8%，二类海水水质占全部站位的 31.8%，其余站位均能满足一类海水水质要求。总体而言，宁波－舟山深水港海域为劣四类海水水质，主要污染物为无机氮，其次为活性磷酸盐，这与《海洋环境质量公报》的结论是相符的（国家海洋局，2011）。

表 2.1-4　水质评价结果 1

站位	层次	pH 值	溶解氧	化学需氧量	活性磷酸盐	无机氮
A1	表	一类	一类	一类	四类	劣四类
	底	一类	一类	一类	四类	劣四类
A2	表	一类	一类	一类	四类	劣四类
	底	一类	一类	一类	四类	劣四类

续表

站位	层次	pH 值	溶解氧	化学需氧量	活性磷酸盐	无机氮
A3	表	一类	一类	一类	四类	劣四类
	底	一类	一类	一类	四类	劣四类
A4	表	一类	一类	一类	四类	劣四类
A5	表	一类	一类	一类	四类	劣四类
A6	表	一类	一类	一类	四类	劣四类
	底	一类	一类	一类	四类	劣四类
A7	表	一类	一类	一类	四类	劣四类
	底	一类	一类	一类	劣四类	劣四类
A8	表	一类	一类	一类	四类	劣四类
	底	一类	一类	一类	四类	劣四类
A9	表	一类	一类	一类	四类	劣四类
	底	一类	一类	一类	四类	劣四类
A10	表	一类	一类	一类	四类	劣四类
A11	表	一类	一类	一类	四类	劣四类
	底	一类	一类	一类	四类	劣四类
A12	表	一类	一类	一类	四类	劣四类
	底	一类	一类	一类	四类	劣四类
A13	表	一类	一类	一类	四类	劣四类
	底	一类	一类	一类	四类	劣四类
A14	表	一类	一类	一类	四类	劣四类
	底	一类	一类	一类	四类	劣四类
A15	表	一类	一类	一类	四类	劣四类
	底	一类	一类	一类	四类	劣四类
D1	表	一类	一类	一类	四类	劣四类
	中	一类	一类	一类	四类	四类
	底	一类	一类	一类	劣四类	劣四类
D2	表	一类	一类	一类	劣四类	劣四类
	中	一类	一类	一类	劣四类	劣四类
	底	一类	一类	一类	四类	劣四类
D3	表	一类	一类	一类	劣四类	劣四类
	中	一类	一类	一类	劣四类	劣四类
	底	一类	一类	一类	劣四类	劣四类
D4	表	一类	一类	一类	劣四类	劣四类
	中	一类	一类	一类	四类	劣四类
	底	一类	一类	一类	四类	劣四类
D5	表	一类	一类	一类	劣四类	劣四类
	中	一类	一类	一类	劣四类	劣四类
	底	一类	一类	一类	劣四类	劣四类

续表

站位	层次	pH 值	溶解氧	化学需氧量	活性磷酸盐	无机氮
D6	表	一类	一类	一类	劣四类	劣四类
	中	一类	一类	一类	劣四类	劣四类
	底	一类	一类	一类	四类	劣四类
D7	表	一类	一类	一类	四类	劣四类
	中	一类	一类	一类	四类	劣四类
	底	一类	一类	一类	劣四类	劣四类
D8	表	一类	一类	一类	劣四类	劣四类
	中	一类	一类	一类	劣四类	劣四类
	底	一类	一类	一类	劣四类	劣四类
D9	表	一类	一类	一类	劣四类	劣四类
	中	一类	一类	一类	劣四类	劣四类
	底	一类	一类	一类	四类	四类
D10	表	一类	一类	一类	劣四类	劣四类
	中	一类	一类	一类	劣四类	四类
	底	一类	一类	一类	劣四类	劣四类
D11	表	一类	一类	一类	劣四类	劣四类
	中	一类	一类	一类	劣四类	四类
D12	表	一类	一类	一类	劣四类	劣四类
	中	一类	一类	一类	劣四类	劣四类
	底	一类	一类	一类	劣四类	劣四类
D13	表	一类	一类	一类	四类	劣四类
	中	一类	一类	一类	四类	劣四类
	底	一类	一类	一类	四类	劣四类
S01	表	一类	一类	一类	四类	劣四类
	中	一类	一类	一类	四类	劣四类
	底	一类	一类	一类	四类	劣四类
S02	表	一类	一类	一类	四类	劣四类
	底	一类	一类	一类	四类	劣四类
	底	一类	一类	一类	四类	劣四类
S03	表	一类	一类	一类	四类	劣四类
	中	一类	一类	一类	二类	劣四类
	底	一类	一类	一类	二类	劣四类
S04	表	一类	一类	一类	四类	劣四类
	中	一类	一类	一类	四类	劣四类
	底	一类	一类	一类	四类	劣四类
S05	表	一类	一类	一类	四类	劣四类
	中	一类	一类	一类	四类	劣四类
	底	一类	一类	一类	四类	劣四类

续表

站位	层次	pH 值	溶解氧	化学需氧量	活性磷酸盐	无机氮
S06	表	一类	一类	一类	四类	四类
	中	一类	一类	一类	四类	劣四类
	底	一类	一类	一类	四类	劣四类
S07	表	一类	一类	一类	二类	四类
	中	一类	一类	一类	二类	劣四类
	底	一类	一类	一类	二类	劣四类
S08	表	一类	一类	一类	四类	劣四类
	中	一类	一类	一类	四类	劣四类
	底	一类	一类	一类	四类	劣四类
S09	表	一类	一类	一类	四类	四类
	中	一类	一类	一类	四类	劣四类
	底	一类	一类	一类	四类	劣四类
S10	表	一类	一类	一类	四类	劣四类
S11	表	一类	一类	一类	二类	劣四类
	中	一类	一类	一类	二类	四类
	底	一类	一类	一类	二类	四类
S12	表	一类	一类	一类	二类	四类
	中	一类	一类	一类	二类	劣四类
	底	一类	一类	一类	二类	劣四类
S13	表	一类	一类	一类	二类	劣四类
	中	一类	一类	一类	二类	四类
	底	一类	一类	一类	二类	劣四类
S14	表	一类	一类	一类	二类	劣四类
	中	一类	一类	一类	四类	劣四类
	底	一类	一类	一类	四类	劣四类
S15	表	一类	一类	一类	二类	劣四类
	中	一类	一类	一类	二类	劣四类
	底	一类	一类	一类	二类	劣四类
S16	表	一类	一类	一类	二类	劣四类
S17	表	一类	一类	一类	四类	劣四类
	中	一类	一类	一类	二类	劣四类
	底	一类	一类	一类	二类	劣四类
S18	表	一类	一类	一类	二类	四类
S19	表	一类	一类	一类	二类	劣四类
	中	一类	一类	一类	二类	四类
	底	一类	二类	一类	二类	劣四类
S20	表	一类	一类	一类	二类	四类
	中	一类	一类	一类	二类	四类
	底	一类	一类	一类	二类	四类

续表

站位	层次	pH 值	溶解氧	化学需氧量	活性磷酸盐	无机氮
S21	表	一类	一类	一类	二类	劣四类
S22	表	一类	一类	一类	二类	劣四类
	中	一类	一类	一类	二类	劣四类
	底	一类	一类	一类	二类	四类
S23	表	一类	一类	一类	二类	劣四类
	中	一类	一类	一类	二类	劣四类
	底	一类	一类	一类	二类	劣四类
S24	表	一类	一类	一类	二类	劣四类
	中	一类	一类	一类	二类	四类
	底	一类	一类	一类	二类	劣四类
S25	表	一类	一类	一类	二类	劣四类
	中	一类	一类	一类	二类	四类
	底	一类	一类	一类	二类	四类

表 2.1 – 5　水体评价结果 2

站位	石油类	铜	铅	锌	镉
A1	三类	一类	三类	一类	一类
A2	三类	一类	二类	一类	一类
A3	一类	二类	二类	一类	一类
A4	一类	一类	二类	一类	一类
A5	一类	一类	二类	一类	一类
A6	四类	一类	二类	一类	一类
A7	一类	一类	二类	一类	一类
A8	一类	一类	二类	一类	一类
A9	一类	一类	二类	一类	一类
A10	一类	一类	二类	一类	一类
A11	一类	二类	二类	一类	一类
A12	三类	一类	二类	一类	一类
A13	一类	一类	一类	一类	一类
A14	一类	一类	二类	一类	一类
A15	一类	一类	二类	一类	一类
D1	三类	一类	三类	一类	一类
D3	三类	一类	二类	一类	一类
D6	三类	一类	二类	一类	一类
D8	三类	二类	三类	一类	一类
S01	一类	一类	一类	一类	一类
S02	一类	一类	一类	一类	一类

续表

站位	石油类	铜	铅	锌	镉
S03	一类	一类	一类	一类	一类
S04	一类	一类	一类	一类	一类
S05	一类	一类	一类	一类	一类
S06	一类	一类	一类	一类	一类
S07	一类	一类	一类	一类	一类
S08	一类	一类	一类	一类	一类
S09	一类	一类	一类	一类	一类
S10	一类	一类	一类	一类	一类
S11	一类	一类	一类	一类	一类
S12	一类	一类	一类	一类	一类
S13	一类	一类	一类	一类	一类
S14	一类	一类	一类	一类	一类
S15	一类	一类	一类	一类	一类
S16	一类	一类	一类	一类	一类
S17	一类	一类	一类	一类	一类
S18	一类	一类	一类	一类	一类
S19	一类	一类	一类	一类	一类
S20	一类	一类	一类	一类	一类
S21	一类	一类	一类	一类	一类
S22	一类	一类	一类	一类	一类
S23	一类	一类	一类	一类	一类
S24	一类	一类	一类	一类	一类
S25	一类	一类	一类	一类	一类

2.1.1.2 沉积物化学

1）质量现状

对该海域的沉积化学调查结果表明：该海域沉积物中有机碳的含量变化范围为 $(0.47 \sim 0.92) \times 10^{-2}$，平均值为 0.72×10^{-2}，沉积物中硫化物的含量变化范围为 $(2.18 \sim 50.51) \times 10^{-6}$，平均值为 9.53×10^{-6}，硫化物最高的站位出现在岙山南部的 A9 站，最低站出现在金塘岛东侧的 S14 站；沉积物中石油类的含量变化范围为 $(11.45 \sim 34.65) \times 10^{-6}$，平均值为 22.38×10^{-6}，石油类最高的站位出现在 A3 站，最低站出现在 A7 站；调查海域沉积物中铜、铅、锌、镉的变化范围分别为 $(16.3 \sim 31.5) \times 10^{-6}$、$(7.6 \sim 30.2) \times 10^{-6}$、$(30.7 \sim 88.8) \times 10^{-6}$、$(0.09 \sim 0.24) \times 10^{-6}$、平均值分别为 25.2×10^{-6}、22.6×10^{-6}、64.9×10^{-6}、0.17×10^{-6}。

表 2.1 − 6 沉积物调查结果

站位	有机碳 /×10⁻²	硫化物 /×10⁻⁶	石油类 /×10⁻⁶	铜 /×10⁻⁶	铅 /×10⁻⁶	锌 /×10⁻⁶	镉 /×10⁻⁶
A1	0.57	3.40	32.26	23.3	16.2	41.0	0.12
A2	0.92	29.01	22.28	16.3	15.7	35.1	0.13
A3	0.83	3.50	34.65	16.6	7.8	30.7	0.19
A4	0.68	13.48	31.03	16.4	11.2	32.5	0.15
A5	0.64	11.68	25.33	16.9	7.6	34.4	0.16
A7	0.47	38.06	11.45	23.1	15.2	40.8	0.12
A8	0.64	8.48	21.92	18.5	17.5	42.5	0.09
A9	0.87	50.51	12.25	19.1	9.5	48.7	0.09
S01	0.74	2.91	19.82	27.1	26.9	84.3	0.21
S02	0.67	3.83	23.52	31.2	30.2	88.8	0.24
S04	0.73	3.56	16.78	31.5	30.0	82.3	0.21
S06	0.76	4.00	19.91	31.0	29.8	81.5	0.20
S09	0.81	3.27	30.35	27.0	28.8	75.7	0.22
S10	0.68	4.05	22.72	28.2	27.9	71.6	0.19
S13	0.67	3.86	25.48	28.0	27.2	72.5	0.18
S14	0.70	2.18	18.20	28.5	27.0	80.0	0.19
S16	0.70	3.20	20.00	27.3	26.8	75.2	0.20
S17	0.75	4.85	21.08	28.6	26.4	78.2	0.18
S19	0.68	3.08	17.55	28.0	28.3	77.0	0.18
S21	0.84	5.28	23.58	29.4	29.1	86.6	0.20
S23	0.76	3.35	18.75	28.7	28.5	83.2	0.19
S25	0.74	4.15	27.48	29.8	29.4	85.4	0.19

2）质量评价

对调查海域沉积物中的各项参数进行评价，评价结果见表2.1 − 7，所有站位有机碳均能满足一类海洋沉积物标准；所有站位的硫化物均能达到一类海洋沉积物标准；各站位的石油类均能达到一类海洋沉积物标准；所有站位沉积物中的铜、铅、锌、镉含量均能达到一类海洋沉积物标准。

表 2.1 − 7 沉积物评价结果

站位	有机碳	硫化物	石油类	铜	铅	锌	镉
A1	一类	一类	一类	一类	一类	一类	一类
A2	一类	一类	一类	一类	一类	一类	一类
A3	一类	一类	一类	一类	一类	一类	一类
A4	一类	一类	一类	一类	一类	一类	一类
A5	一类	一类	一类	一类	一类	一类	一类
A7	一类	一类	一类	一类	一类	一类	一类
A8	一类	一类	一类	一类	一类	一类	一类

站位	有机碳	硫化物	石油类	铜	铅	锌	镉
A9	一类	一类	一类	一类	一类	一类	一类
S01	一类	一类	一类	一类	一类	一类	一类
S02	一类	一类	一类	一类	一类	一类	一类
S04	一类	一类	一类	一类	一类	一类	一类
S06	一类	一类	一类	一类	一类	一类	一类
S09	一类	一类	一类	一类	一类	一类	一类
S10	一类	一类	一类	一类	一类	一类	一类
S13	一类	一类	一类	一类	一类	一类	一类
S14	一类	一类	一类	一类	一类	一类	一类
S16	一类	一类	一类	一类	一类	一类	一类
S17	一类	一类	一类	一类	一类	一类	一类
S19	一类	一类	一类	一类	一类	一类	一类
S21	一类	一类	一类	一类	一类	一类	一类
S23	一类	一类	一类	一类	一类	一类	一类
S25	一类	一类	一类	一类	一类	一类	一类

2.1.1.3 主要污染物质来源（化学需氧量、氮、磷）

化学需氧量（COD）受船只污水排放和陆源工厂排放影响较为明显，从对宁波－舟山深水港的调查数据中可以看出：该海域的化学需氧量平面分布呈现近岸高、离岸低的分布特征，特别是靠近舟山岛的岙山海域、宁波北仑－大榭岛中间海域，化学需氧量含量明显高于其他海域。在垂直分布上，中层和底层海水化学需氧量值高于表层，总无机氮和活性磷酸盐的平面分布除了受陆源工业生活污水排放影响外，还受到沿岸上升流以及附近海域外来海水的影响，宁波－舟山深水港地处浙闽沿岸流上升区边缘，同时受到钱塘江冲淡水影响，无机氮和活性磷酸盐含量平面分布与COD相似，均呈现近岸高、离岸低的趋势，岙山海域、北仑海域近岸含量较高，而在金塘岛北部海域受陆源污染和钱塘江冲淡水的双重影响，活性磷酸盐与无机氮呈现上升的趋势。

2.1.1.4 海洋环境质量及其变化分析

20世纪80年代至21世纪初本专项研究结果统计见表2.1－8。

表2.1－8　海水环境质量变化统计

	20世纪80年代四季	20世纪90年代	21世纪初夏秋
pH值	8.0~8.4		7.86~8.15
溶解氧/（mg/dm³）	6.43~7.36（6.98）*		5.55~8.17（6.77）*
化学需氧量/（mg/dm³）			0.22~1.78（0.77）*
活性磷酸盐/（mg/dm³）	0.015~0.038（0.025）*	0.01~0.04	0.026~0.086（0.038）*
无机氮/（mg/dm³）	0.11~0.68（0.33）*		0.41~1.05（0.66）*

注："*"表示括号内为平均值。

pH 值：宁波 – 舟山深水港海域夏、秋季节的 pH 值变化范围为 7.86 ~ 8.15，20 世纪 80 年代对该海域 3 个站位调查测定 pH 值在四季的变化范围为 8.0 ~ 8.4，丰水期的 pH 值低于枯水期（中国海湾志编纂委员会，1992），本次评价采用数据的调查期正值丰水期，同时受到甬江口和其他陆地冲淡水的影响，海水 pH 值相对较低。

溶解氧：该海域夏、秋季节的溶解氧变化范围为 (5.55 ~ 8.17) mg/dm³，平均值为 6.77 mg/dm³。20 世纪 80 年代对该海域 3 个站位的调查测定夏、秋季节溶解氧的变化范围为 6.43 ~ 7.36 mg/dm³，平均值为 6.98 mg/dm³（中国海湾志编辑委员会，1992），近 30 年来溶解氧总体变化幅度不大。

化学需氧量：该海域夏、秋季节化学需氧量的变化范围为 0.22 ~ 1.78 mg/dm³，平均值为 0.77 mg/dm³，受陆源物质输入的影响，靠近陆地的站位 COD 较高，数值模拟和实测资料都显示化学需氧量呈现由西北向东南方向递减的趋势，工业发展和陆源排放对海域化学需氧量增加产生了重要的影响。

活性磷酸盐：根据海湾志 20 世纪 80 年代的记录，宁波 – 舟山深水港海域 3 个站位的活性磷酸盐夏、秋季节的变化范围为 0.015 ~ 0.038 mg/dm³，平均值为 0.025 mg/dm³；90 年代该海域活性磷酸盐的含量范围在 0.01 ~ 0.04 mg/dm³ 之间，而 21 世纪初该海域夏、秋季节的活性磷酸盐变化范围为 0.026 ~ 0.086 mg/dm³，平均值为 0.038 mg/dm³。近 30 多年来该海域的活性磷酸盐浓度增加主要是受到了陆地污染源特别是径流输入的影响。

无机氮：无机氮的来源有多种，入海河流输入、工业以及农业生活污水排放均能增加海域的无机氮浓度，20 世纪 80 年代对该海域 3 个站位的调查测定，在夏、秋季节无机氮的变化范围为 0.11 ~ 0.68 mg/dm³，平均值为 0.33 mg/dm³。而近几年夏、秋季节在该海域测得的数据以及文献资料（金卫红，2006），无机氮的平均浓度达到了 0.6 mg/dm³ 左右，几乎是 20 世纪 80 年代的两倍，陆源物质输入如甬江和钱塘江径流输入是无机氮浓度负荷增加的主要原因。

2.1.2　海洋生物与生态

2.1.2.1　浮游植物

1）浮游植物种类组成

（1）大榭岛

大榭岛附近海域采集到的浮游植物样品，经显微观察、鉴定，共有浮游植物 4 门 32 属 72 种。其中，硅藻门 22 属 55 种，占 76.4%；甲藻门 6 属 12 种，占 16.7%；蓝藻门 3 属 4 种，占 5.5%；绿藻门各 1 属 1 种，占 1.4%。

（2）岙山岛

舟山岙山岛海域采集到的浮游植物样品，经显微观察、鉴定，共有浮游植物 4 门 26 属 60 种。其中，硅藻门 19 属 46 种，占 76.6%；甲藻门 5 属 12 种，占 20.0%；蓝藻门和金藻门各 1 属 1 种，各占 1.7%。

（3）外钓岛

2009 年 7 月，舟山外钓岛附近海域采集到的浮游植物样品，经显微观察、鉴定，共有浮游植物 2 门 22 属 46 种。其中，硅藻门 14 属 35 种，占 76.1%；甲藻门 8 属 11 种，占 23.9%。

2）浮游植物优势种分析

（1）大榭岛

浮游植物和赤潮生物优势种为中肋骨条藻（*Skeletonema costatum*），平均细胞丰度为 1.06×10^5 个/m³，占总细胞丰度的 45.4%，站位出现频率为 69.2%。其次为琼氏圆筛藻（*Coscinodiscus jonesianus*），平均细胞丰度为 5.5×10^4 个/m³，占总细胞丰度的 23.5%，站位出现频率为 100%。

（2）岙山岛

岙山岛邻近海域浮游植物主要优势种为中肋骨条藻，出现频率为 100%，平均细胞丰度为 5.84×10^6 个/m³，占总细胞丰度的 96.5%。

（3）外钓岛

外钓岛浮游植物主要优势种为虹彩圆筛藻、辐射圆筛藻、琼氏圆筛藻和星脐圆筛藻。

3）浮游植物细胞丰度

（1）大榭岛

大榭岛附近海域浮游植物细胞丰度在 $1.15 \times 10^4 \sim 9.825 \times 10^5$ 个/m³，平均细胞丰度为 2.337×10^5 个/m³。调查区浮游植物细胞丰度密集区位于站 D10，细胞丰度为 9.825×10^5 个/m³；最低丰度位于站 D4，细胞丰度为 1.15×10^4 个/m³。

（2）岙山岛

舟山岙山岛邻近海域浮游植物细胞丰度在 $161 \times 10^4 \sim 1435 \times 10^4$ 个/m³，平均细胞丰度为 604.97×10^4 个/m³。调查区浮游植物细胞丰度高值区位于 A4、A8 和 A7 站，细胞丰度为 $1071.5 \times 10^4 \sim 1435 \times 10^4$ 个/m³；丰度低值区位于 A5、A9、A10 和 A13 站，细胞丰度为 $161 \times 10^4 \sim 243.8 \times 10^4$ 个/m³（图 2.1 - 1）。

（3）外钓岛

大潮期间，舟山外钓岛附近海域浮游植物细胞丰度在 $5.53 \times 10^5 \sim 7.7 \times 10^6$ 个/m³，平均细胞丰度为 1.69×10^6 个/m³。调查区浮游植物细胞丰度高值区位于 S16 站，细胞丰度为 7.70×10^6 个/m³；最低丰度位于 S06 站，细胞丰度为 0.55×10^6 个/m³。

小潮期间，舟山外钓岛附近海域浮游植物细胞丰度在 $5.98 \times 10^5 \sim 2.49 \times 10^6$ 个/m³，平均细胞丰度为 1.35×10^6 个/m³。调查区浮游植物细胞丰度高值区位于 S06 站，细胞丰度为 2.49×10^6 个/m³；最低丰度位于 S19 站，细胞丰度为 0.60×10^6 个/m³。

4）浮游植物多样性指数

（1）大榭岛

调查区浮游植物多样性指数值比较高，在 $0.97 \sim 3.00$，平均值在 2.27 ± 0.54。低值区位于 D12 站，出现 20 个种类，优势种中肋骨条藻的细胞丰度达 3.41×10^5 个/m³；高值区位于 D6 站，出现 26 个种类，优势种中肋骨条藻和琼氏圆筛藻的细胞丰度分别为 2.7×10^4 个/m³ 和 1.5×10^4 个/m³。

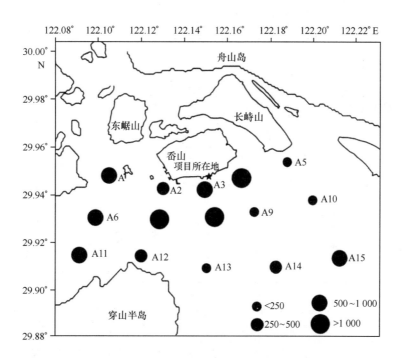

图 2.1 – 1　岙山岛邻近海域浮游植物丰度的分布（×10⁴个/m³）

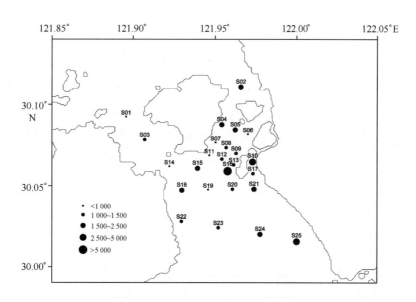

图 2.1 – 2　外钓岛邻近海域丰水期大潮浮游植物丰度的分布（×10³个/m³）

（2）岙山岛

舟山岙山岛附近海域浮游植物多样性指数值均较低，多样性指数在 0.12 ~ 0.70，平均值在 0.32。低值区位于 A8 站，优势种明显，优势种为中肋骨条藻；高值区位于 A10 站，优势种为中肋骨条藻。丰水期由于水温较高，加之长江和钱塘江入海富含营养盐的冲淡水影响，适合中肋骨条藻的生长，所以造成浮游植物多样性指数偏低。

（3）外钓岛

调查区浮游植物多样性指数值属于中等偏低水平。大潮期间在 1.91 ~ 2.55，平均值为

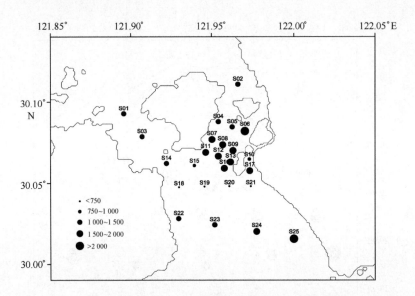

图 2.1 – 3　外钓岛邻近海域丰水期小潮浮游植物丰度的分布（×10³个/m³）

2.23，低值区位于 S18 站，高值区位于 S12 站；小潮期间在 1.65 ~ 2.65，平均值 2.18，低值区位于 S15 站，高值区位于 S25 站。

5）小结

宁波 – 舟山深水港海域浮游植物种类秋季大榭岛附近为 4 门 32 属 72 种，峧山岛附近为 4 门 26 属 60 种，夏季外钓岛附近为 2 门 22 属 46 种。秋季海域优势种为中肋骨条藻，夏季为辐射圆筛藻、虹彩圆筛藻等。浮游植物细胞丰度秋季大榭岛附近海域为 2.337 × 10⁵个/m³，峧山岛附近海域为 604.97 × 10⁴个/m³，夏季外钓岛附近海域为 1.52 × 10⁴个/m³。多样性指数平均值秋季大榭岛附近海域为 2.27，峧山附近海域仅为 0.32，夏季外钓岛附近海域为 2.21。

2.1.2.2　浮游动物

1）浮游动物种类组成与分布

2005 年 10 月峧山附近海区共鉴定出浮游动物 9 大类 29 种。其中，桡足类种数最多，有 9 种，占 31.0%；水螅水母 6 种，占 20.7%；十足类 3 种，占 10.3%；毛颚动物、多毛类和浮游幼虫各两种，占 6.9%；糠虾类、磷虾类和栉水母各 1 种，占 3.4%；其他动物有两种，占 6.9%。

2009 年 7 月外钓岛附近海区共有浮游动物 12 大类 42 种。其中，桡足类和浮游幼体种类数最多，各 10 种，占总数的 23.8%；其次为毛颚动物 4 种，占总数的 9.5%，其余各类群种类较少。大小潮浮游动物种类数差异不大，小潮期为 41 种，大潮期为 40 种。

2003 年 10 月大榭岛附近海区共出现浮游动物 37 种。其中，水螅水母类 9 种，占 24.3%；浮游幼虫 8 种，各占 21.6%；桡足类 7 种，各占 18.9%；毛颚类 3 种，占 8.1%；管水母类、栉水母类和糠虾类各两种，各占 5.4%；磷虾类、端足类、樱虾类和多毛类各 1 种，各占 2.7%。

2）浮游动物优势种

2003 年 10 月，大榭岛附近海域主要浮游动物由百陶箭虫、背针胸刺水蚤、真刺唇角水蚤、瓜水母、中华假磷虾、针刺拟哲水蚤、长额刺糠虾等沿岸低盐及广温低盐性种类组成。

2005 年 10 月，岙山附近海域浮游动物优势种为球形侧腕水母、百陶箭虫、精致真刺水蚤、真刺唇角水蚤等，该 4 种各站位的出现率在 73% 以上。

2009 年 7 月，外钓岛附近海域主要浮游动物优势种为背针胸刺水蚤、百陶箭虫等。

3）浮游动物丰度与生物量

2003 年 10 月，大榭岛附近海域浮游动物的生物量在 12.86 ~ 100 mg/m³，平均生物量为 36.15 mg/m³，其中站 D2 的生物量 100 mg/m³，低值区位于 D6、D5、D12、D13 和 D9 站，生物量小于 20 mg/m³（图 2.1 - 4）。

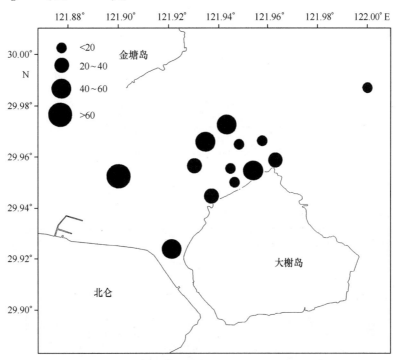

图 2.1 - 4　大榭岛附近海域浮游动物生物量平面分布（mg/m³）

2003 年 10 月，大榭岛附近海域浮游动物的总个体丰度在 4 ~ 39.61 个/m³，平均丰度为 17.39 个/m³，最高丰度分布在 D2 站，其丰度大于 30 个/m³；最低丰度分布在 D11 站，其丰度小于 10 个/m³（图 2.1 - 5）。

2005 年 10 月，岙山附近海域浮游动物生物量平均值为 47.7 mg/m³，最高值分布在 A6 站，达 71.8 mg/m³；最低值为 A5 站，19.7 mg/m³（图 2.1 - 6）。

2005 年 10 月，岙山附近海域浮游动物丰度最高值为 16.3 个/m³，出现在调查海域 A10 站；最低为 2.77 个/m³，出现在调查海域 A6 站（图 2.1 - 7）。

2009 年 7 月，外钓岛附近海区浮游动物生物量和密度统计值如表 2.1 - 8 所示。图 2.1 - 8 至图 2.1 - 11 分别为调查海域浮游动物的生物量和密度分布图。

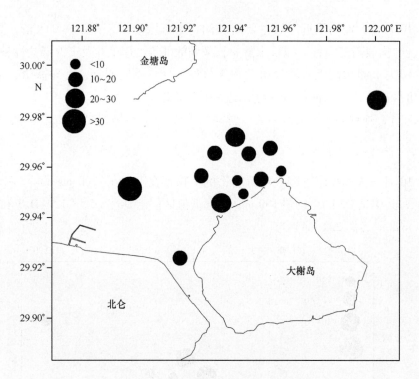

图2.1-5 大榭岛附近海域浮游动物丰度平面分布（个/m³）

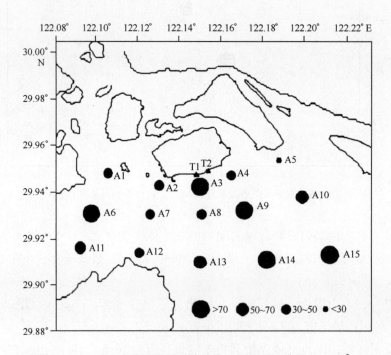

图2.1-6 岙山岛附近海域浮游动物生物量平面分布（mg/m³）

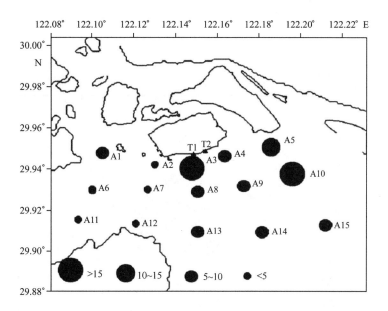

图 2.1-7 岙山岛附近海域浮游动物丰度平面分布（个/m³）

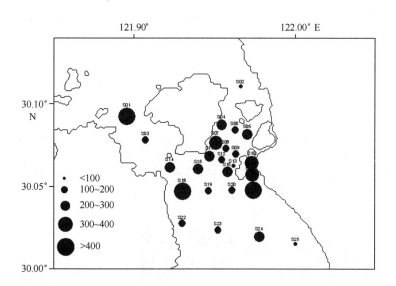

图 2.1-8 外钓岛附近海域夏季大潮浮游动物生物量平面分布（mg/m³）

表 2.1-8 调查海区浮游动物生物量和密度

调查时间	特征值	生物量/（mg/m³）	密度/（个/m³）
大潮	最大值	602.8	1 104.2
	最小值	37.3	10.2
	平均值	227.8	150.4
小潮	最大值	700.0	416.7
	最小值	11.3	20.4
	平均值	170.8	114.4

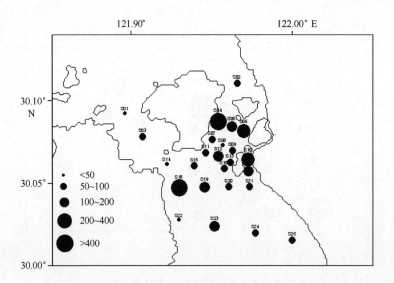

图 2.1 - 9　外钓岛附近海域小潮浮游动物生物量平面分布（mg/m³）

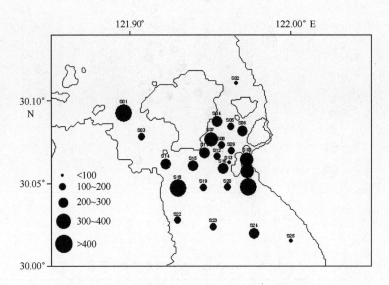

图 2.1 - 10　外钓岛附近海域大潮浮游动物丰度平面分布（个/m³）

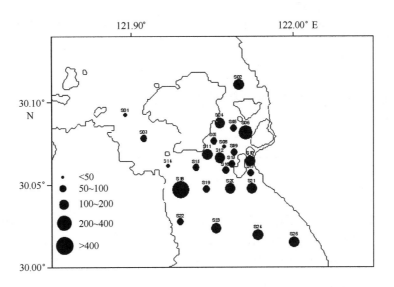

图 2.1-11 外钓岛附近海域小潮浮游生物丰度平面分布（个/m³）

4）浮游动物生物多样性指数

2003 年 10 月，大榭岛附近海域浮游动物多样性指数值（H'）在 1.98～2.75，整个调查海区分布较均匀，平均值为 2.35（表 2.1-9）。多样性指数最高值分布在 D11 站，出现 7 个种类，优势种不明显；最低值分布在 D2 站，出现 11 个种类，主要优势种为百陶箭虫、背针胸刺水蚤和瓜水母。各测站浮游动物多样性指数较高，个体分布相对较均匀。

2005 年 10 月，岙山附近海区浮游动物种类多样性指数较低，平均为 2.21，变化范围为：1.92～2.53，各站浮游动物种类多样性指数变化幅度较小，优势种较明显，导致种类多样性指数和均匀度均较低。分析调查结果，优势种在浮游动物总个体数中占绝对优势，必然影响其他类群的分布。浮游动物均匀度的变化范围为：0.26～0.46，均匀度的平均值为 0.39，浮游动物分布相对比较均匀（表 2.1-10）。

表 2.1-9 2003 年大榭岛附近海域浮游动物多样性指数（H'）的分布

站位	D1	D2	D3	D4	D5	D6	D7
H'	2.28	1.98	2.01	2.57	2.19	2.07	2.19
站位	D8	D9	D10	D11	D12	D13	平均值
H'	2.37	2.58	2.40	2.75	2.54	2.65	2.35

2009 年 7 月，外钓岛附近海区浮游动物种类多样性指数平均值为 1.66，变化范围为 1.46～1.86，变化幅度较小。均匀度的变化范围为 0.50～0.73，均匀度的平均值为 0.60，分布较为均匀。

表 2.1 - 10　2005 年 10 月岙山附近海域浮游动物多样性指数（H'）和均匀度（J）

站位	A1	A2	A3	A4	A5	A6	A7	A8
H'	2.14	2.26	2.18	1.92	2.07	2.14	2.17	2.53
J	0.33	0.34	0.31	0.83	0.46	0.36	0.33	0.37
站位	A9	A10	A11	A12	A13	A14	A15	平均
H'	2.23	2.40	1.46	2.51	2.53	2.25	2.39	2.21
J	0.39	0.46	0.26	0.44	0.35	0.32	0.34	0.39

5）小结

宁波 - 舟山深水港浮游动物优势类群为桡足类和浮游幼体，优势种为真刺唇角水蚤、背针胸刺水蚤等。秋季浮游动物大榭岛附近海域生物量平均值为 36.15 mg/m³，丰度平均值为 17.39 个/m³，岙山附近海域生物量平均值为 47.7 mg/m³，丰度平均值为 7.8 个/m³；夏季外钓岛附近海域浮游动物生物量平均值为 199.3 mg/m³，丰度平均值为 132.4 个/m³。生物多样性指数（H'）秋季大榭岛附近海域为 2.35，岙山附近海域为 2.21；夏季外钓岛附近为 1.66。

2.1.2.3　底栖生物

1）底栖生物种类组成

（1）大榭岛

大榭岛以北海域共鉴定出 14 种大型底栖生物。各类群分别为：多毛类 6 种，软体类 6 种，甲壳类 1 种，其他类 1 种。多毛类和软体类是构成该海域大型底栖生物种类的主要类群，二者占全区总种数的 85.7%。

（2）岙山岛

岙山岛以南海域共鉴定出 11 种大型底栖生物，其中，多毛类最多（6 种），其次是软体动物（4 种），其他类最少，仅为 1 种。多毛类和软体类是构成该海域大型底栖生物的主要类群，可占总种数的 90%。

（3）外钓岛

经调查该海域大型底栖生物共有 20 种。各类群分别为：多毛类 12 种，软体动物 1 种，其他类 7 种。多毛类是该海域的主要类群，可占总种数的 60.0%。

2）底栖生物优势种

（1）大榭岛

大榭岛邻近海域大型底栖生物的主要优势种有西方似蛰虫、奇异稚齿虫、多鳃卷吻沙蚕、红带织纹螺、纵肋织纹螺、凸镜蛤等。

（2）岙山岛

岙山岛邻近海域大型底栖生物的主要优势种有多鳃卷吻沙蚕、奇异稚齿虫、缩头节节虫、红带织纹螺、秀丽织纹螺、日本胡桃蛤等。

（3）外钓岛

外钓岛邻近海域大型底栖生物以多毛类动物的种类分布为主，如双鳃内卷齿蚕、不倒翁虫、后指虫等。

3）底栖生物数量组成

（1）大榭岛

调查海域大型底栖生物平均生物量为 2.48 g/m²，平均栖息密度为 34 个/m²（表 2.1 - 11）。多毛类生物量位居首位，约占总生物量的 67%；其次是软体类（占 27%）；甲壳类和其他类的生物量较低。

表 2.1 - 11 大型底栖生物数量组成

项目	多毛类	软体类	甲壳类	其他类	合计
生物量/（g/m²）	1.67	0.66	0.12	0.03	2.48
栖息密度/（个/m²）	21	10	1	2	34

栖息密度组成仍以多毛类动物居多，约占总栖息密度的 62%；软体类居第二位（占 29%）；甲壳类和其他类的栖息密度较低。

（2）岙山岛

调查海域大型底栖生物平均生物量为 2.18 g/m²，平均栖息密度为 33 个/m²。各类群的数量组成见表 2.1 - 12。多毛类、软体动物生物量占很大比例，分别占总生物量的 48.6% 和 47.7%；其他类生物量则很低，仅为 3.7%。

栖息密度多毛类动物最大，约占总密度的 75.8%；其次是软体动物，约占 15.2%；其他类的栖息密度则较低。

表 2.1 - 12 大型底栖生物数量组成

项目	多毛类	软体动物	其他类	合计
生物量/（g/m²）	1.06	1.04	0.08	2.18
密度/（个/m²）	25	5	1	33

（3）外钓岛

该海域大型底栖生物平均生物量为 2.13 g/m²，平均栖息密度为 53 个/m²。各类群大型底栖生物数量组成见表 2.1 - 13，其中多毛类居首位，约占总生物量的 54%；其他类居其次，占 42%；软体动物最低。栖息密度为多毛类动物最大，约占总栖息密度的 81%；其次为其他类，约占 17%；软体动物的栖息密度最低。

表 2.1 - 13 邻近海域底栖生物类群数量组成

项目	多毛类	软体动物	其他类	合计
生物量/（g/m²）	1.16	0.08	0.89	2.13
栖息密度/（个/m²）	43	1	9	53

4）底栖生物生物量分布

（1）大榭岛

调查海域各站之间的生物量分布不均，位于北侧近岸海域的生物量较高，达 10.42 g/m²

（DX11 站），组成生物量的主要种类为西方似蛰虫（7.61 g/m²），占该站的 73.0%；其次是位于调查海域中部的生物量相对较高，为 5.81 g/m²（DX06 站），构成该站高生物量的主要种类也为西方似蛰虫；其他站位的生物量则普遍很低，一般生物量在 3 g/m²以内，其中 DX04 站最低，仅为 0.21 g/m²。

（2）嵊山岛

调查海域较高生物量出现在 AS09 站，达 23.85 g/m²，主要贡献者为秀丽织纹螺和奇异稚齿虫，分别达 12.13 g/m²和 11.31 g/m²；其他站位生物量分布普遍较低，在 5 g/m²以下。此外，AS14 站未见大型底栖生物分布，AS07、AS11、AS12、AS13 站位未采到沉积物样品。

（3）外钓岛

调查海域大型底栖生物量普遍较低，有 3 个站未见分布，全海域生物量为 00.00 ~ 13.47 g/m²，平均生物量为 2.13 g/m²。各站位的大型底栖生物量呈现不均匀分布特点。其中，WD08 号站生物量最高，为 13.47 g/m²，构成该站高生物量的种类为丁香珊瑚，其他站位的生物量分布一般都在 5 g/m²以内。

5）底栖生物栖息密度分布

（1）大榭岛

栖息密度分布趋势与生物量相似，密度较高的区域主要位于调查海域中部和北侧，高达 90 个/m²（DX06、DX11 站），前者分布种为西方似蛰虫，后者除西方似蛰虫外尚有异蚓虫、红带织纹螺；此外，在大榭与北仑之间（DX02 站）及调查区中部沿岸（DX05 站）和北侧（DX09 站）的栖息密度也相对较高，可达 20 ~ 30 个/m²；其他站位的密度都在 10 个/m²以内。

（2）嵊山岛

调查海域大型底栖生物栖息密度分布在 10 ~ 330 个/m²之间，高密度分布区与高生物量分布区相同，均出现在 AS09 站，达 330 个/m²，其中奇异稚齿虫达 150 个/m²，缩头节节虫达 140 个/m²，织纹螺达 40 个/m²，其他站位都在 40 个/m²以内。

（3）外钓岛

调查海域大型底栖生物栖息密度分布虽呈不均匀的分布趋势，但各站间的差异明显小于生物量分布。最大栖息密度站位为 WD08 和 WD21 号站，均达到 130 个/m²，前者高密度主要构成者为后指虫，达 110 个/m²；后者则主要为丁香珊瑚，达 120 个/m²；其他站位的栖息密度在 10 ~ 60 个/m²不等。

6）底栖生物多样性指数

（1）大榭岛

根据各站位的物种多样性统计，位于调查北侧近岸海域的大型底栖生物多样性指数 H' 值最高（2.20）；其次是位于大榭与北仑之间和中部的近岸海域（1.58）；北侧中部相对较低（0.81）。均匀度指数 J 值在大榭与北仑之间海域相对较高（1.00）；北侧的近岸和中部海域稍低（0.81 ~ 0.95）。

（2）外钓岛

根据各站的物种多样性 H' 值统计，本区底栖生物的多样性 H' 值在 0 ~ 1.52 之间，其中 S09 站 H' 值最高，达 1.52。均匀度指数 J 在 0.00 ~ 1 之间。

2.1.2.4 潮间带生物

宁波-舟山深水港区潮间带采样断面与站位信息见表2.1-14。

表2.1-14 宁波-舟山深水港区潮间带调查站位

地点	站位	经度	纬度	底质类型
大榭岛	S1	121°56′17″	29°56′33″	岩礁
	S2	121°57′21″	29°57′06″	泥沙滩
峃山岛	S1	122°8′55″	29°56′49″	岩礁
	S2	122°9′15″	29°56′55″	岩礁
外钓岛	S1	121°57′42.1″	30°3′16″	岩礁
	S2	121°57′49.74″	30°3′8.3″	岩礁
	S3	121°58′3.07″	30°3′13.3″	泥沙滩
	S4	121°58′8.5″	30°3′27.75″	泥沙滩

1) 潮间带生物种类组成

根据2003—2009年间的3次调查,本区潮间带生物共鉴定出74种,其中藻类10种、多毛类15种、软体动物26种、甲壳类19种、其他类4种(图2.1-12)。

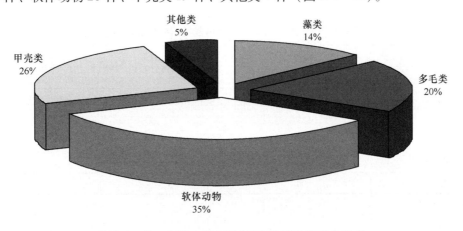

图2.1-12 宁波-舟山深水港潮间带生物种类组成

2) 潮间带生物优势种分布

结合本次潮间带生物种类的出现率和数量,本区主要分布种为粗糙滨螺、粒结节滨螺、短滨螺、齿纹蜒螺、单齿螺、僧帽牡蛎、鳞笠藤壶、多鳃卷吻沙蚕、长吻吻沙蚕、索沙蚕、齿纹蜒螺、单齿螺、史氏背尖贝、隆背大眼蟹、日本大眼蟹、粗腿厚纹蟹等种类。

3) 潮间带生物的数量组成与水平分布

(1) 大榭岛

大榭岛潮间带平均生物量为429.18 g/m²。其中贝类居第一(318.81 g/m²),藻类位居第二（104.88 g/m²），其他几类生物量很低。

各断面不同类群的生物量组成见表2.1-15，从表2.1-15中可见，岩相断面生物量高达849.85 g/m²，组成生物量的主要类群为贝类（635.53 g/m²），其次为藻类（209.76 g/m²）。相比之下，泥沙滩断面的生物量则很低，仅为8.50 g/m²，各类生物的生物量分布普遍很低。

表2.1-15 大榭岛潮间带生物各类群生物量组成 单位：g/m²

类别	岩相断面	泥沙相断面	平均
藻类	209.76	—	104.88
多毛类	1.53	3.24	2.39
贝类	635.53	2.09	318.81
甲壳类	3.03	2.64	2.84
其他类	—	0.53	0.27
合计	849.85	8.50	429.18

潮间带生物平均栖息密度为328个/m²。栖息密度仍以贝类居第一位（259个/m²），其他类群密度很低（表2.1-16）。断面的栖息密度也呈较大差异，岩相断面的栖息密度高达（608个/m²）；其中贝类最高（583个/m²），约占断面总栖息密度的96%。相比之下，泥沙相断面栖息密度较低（47个/m²），除多毛类和甲壳类栖息密度分布略大外，其他两类密度分布则很低。

表2.1-16 大榭岛潮间带生物各类群栖息密度组成 单位：个/m²

类别	岩相断面	泥沙相断面	平均
藻类	—		
多毛类	9	16	13
贝类	583	7	259
甲壳类	16	17	17
其他类	—	7	4
合计	608	47	328

（2）虾山岛

虾山岛两条潮间带断面的平均生物量为81.51 g/m²，平均栖息密度为217个/m²。生物量和栖息密度组成中贝类占显著优势。T1断面生物量为72.65 g/m²，T2断面为90.37 g/m²，生物量以贝类分布为主，分别占各断面生物量的90%左右。从生物量分布看，位于民用码头的T2断面有较大个体的藤壶分布，故该断面生物量略高于T1断面。T1断面栖息密度为200个/m²，T2断面栖息密度233个/m²，两条断面都呈现较低的密度分布特征，滨螺占较大密度比例，两条断面分别达100个/m²左右，其他种类栖息密度普遍较低。

（3）外钓岛

外钓岛潮间带生物数量组成见表2.1-17，外钓岛潮间带生物平均生物量为15.85 g/m²，平均栖息密度为64个/m²。生物量组成中软体动物最高，其次为甲壳动物，其他两个类群生物量很低。栖息密度多毛类和软体动物最大，另两类生物栖息密度则很低。

表 2.1-17　外钓岛潮间带生物量和栖息密度组成

项目	多毛类	软体动物	甲壳动物	其他类	合计
生物量/（g/m²）	0.46	12.60	2.73	0.06	15.85
栖息密度/（个/m²）	29	29	5	1	64

表 2.1-18 为采样断面生物量和栖息密度分布，生物量由大到小依次为 S03 断面、S02 断面、S01 断面、S04 断面。栖息密度由大到小依次为 S01 断面、S03 断面、S04 断面、S02 断面。

表 2.1-18　外钓岛潮间带生物量和栖息密度分布

项目	S01	S02	S03	S04	平均
平均生物量/（g/m²）	9.87	18.86	27.58	7.08	15.85
栖息密度/（个/m²）	112	40	61	43	64

4）潮间带生物的垂直分布

（1）大榭岛

由表 2.1-19 和表 2.1-20 可见，C2 断面生物量和栖息密度垂直分布均为低潮区大于中潮区。C1 断面生物量垂直分布由大到小依次为中潮区、低潮区、高潮区，栖息密度由大到小依次为高潮区、中潮区、低潮区。

表 2.1-19　大榭岛潮间带生物量垂直分布　　　　单位：g/m²

类别	C1			C2	
	高潮	中潮	低潮	中潮	低潮
藻类	—	30.78	598.5	—	—
多毛类	—	4.58	—	0.70	10.86
贝类	85.83	1 782.68	38.08	0.33	7.39
甲壳类	4.5	4.58	—	3.51	
其他类	—	—	—	0.71	
合计	90.33	1 822.60	636.58	5.25	18.25

表 2.1-20　大榭岛潮间带生物栖息密度垂直分布　　　　单位：个/m²

类别	C1			C2	
	高潮	中潮	低潮	中潮	低潮
藻类	—	—	—	—	—
多毛类	—	25	—	12	28
贝类	1 000	725	25	1	24
甲壳类	25	25		22	
其他类	—	—	—	9	
合计	1 025	775	25	45	52

（2）岙山岛

表2.1-21为岙山岛两条断面的数量垂直分布，T1、T2断面生物量垂直分布总体呈现由大到小依次为中潮区、低潮区、高潮区的分布特征，但在T1断面低潮区有一些较大个体的中国不等蛤分布，故该断面生物量由高潮区向低潮区延伸生物量呈较明显增长。而T2断面中潮区除具有T1断面的种类外，尚有藤壶的分布，因而出现中潮区生物量要高于上、下两个潮区。

T1断面栖息密度垂直分布由大到小依次为高潮区、中潮区、低潮区；T2断面则出现栖息密度由大到小依次为中潮区、高潮区、低潮区的分布特征，这与T1断面高潮区有较多粒结节滨螺、短滨螺分布和T2断面中潮区存在一定量的藤壶、黑荞麦蛤分布有关。

表2.1-21　岙山岛潮间带生物量垂直分布

潮区	T1断面		T2断面		两条断面平均	
	生物量 / (g/m²)	栖息密度 / (个/m²)	生物量 / (g/m²)	栖息密度 / (个/m²)	生物量 / (g/m²)	栖息密度 / (个/m²)
高潮区	7.4	300	10.1	250	8.75	275
中潮区	89.05	200	248.5	400	168.78	300
低潮区	121.5	100	12.5	50	67	75
平均	72.65	200	90.37	233	81.51	217

（3）外钓岛

表2.1-22为生物量垂直分布。从表2.1-22中可见，4条断面的平均生物量分布由大到小依次为中潮区（25.63 g/m²）、低潮区（19.89 g/m²）、高潮区（2.02 g/m²）。断面生物量分布显示：S01、S03和S04断面中潮区生物量高于高低潮区；S02从上至下明显呈增加趋势。

表2.1-22　外钓岛潮间带生物量垂直分布　　　　　　　　　　单位：g/m²

潮区	S01	S02	S03	S04	平均
高潮区	0.00	3.47	4.62	0.00	2.02
中潮区	21.39	22.30	46.90	11.94	25.63
低潮区	8.22	30.79	31.22	9.31	19.89

表2.1-23为潮间带生物栖息密度垂直分布。从表2.1-23中可见，3条断面的平均栖息密度分布由小到大依次为高潮区（22个/m²）、中潮区（64个/m²）、低潮区（106个/m²）。各断面生物栖息密度分布为：S01断面从高到低栖息密度逐渐增加；S02断面潮区间栖息密度相差不大；S03和S04断面中潮区大于高低潮区。

表2.1-23　外钓岛潮间带生物栖息密度垂直分布　　　　　　单位：个/m²

潮区	S01	S02	S03	S04	平均
高潮区	0	32	56	0	22
中潮区	40	32	88	96	64
低潮区	296	56	40	32	106

5）潮间带生物多样性指数

（1）大榭岛

表 2.1－24 显示了大榭岛两条潮间带断面的生态学参数，结果显示：多样性指数为 C2 > C1，均匀度指数为 C1 > C2，表明生物多样性指数低的潮间带，其生物的分布相对均匀。

表 2.1－24　大榭岛各潮间带断面生态学参数

断面	C1	C2
多样性指数（H'）	1.63	1.93
均匀度（J）	0.88	0.85

（2）外钓岛

表 2.1－25 为 4 条潮间带断面的生态学参数，统计显示：潮间带生物多样性指数由大到小依次为 S03 断面、S04 断面、S01 断面、S02 断面。均匀度指数都在 1 以内，变化趋势由高到低依次为 S03 断面、S02 断面、S04 断面、S01 断面。

表 2.1－25　外钓岛各潮间带断面生态学参数

断面	项目	S01 断面	S02 断面	S03 断面	S04 断面
多样性指数（H'）	范围	0～1.72	0～1.15	0.60～1.77	0～1.91
	平均值	0.74	0.57	1.14	1.10
均匀度（J）	范围	0～0.72	0.81～1	0.86～0.96	0～1
	平均值	0.48	0.88	0.91	0.64

2.1.3　小结

通过对调查数据分析，结果表明：目前宁波－舟山深水港海域符合劣四类海水水质标准，主要污染物为无机氮，其次为活性磷酸盐，海域沉积物能达到一类沉积物质量标准。在化学需氧量和营养盐的平面分布上，受陆源物质输入特别是径流输入的影响，均呈现化学需氧量和氮磷营养盐浓度梯度由西北向东南方向递减的趋势。

历史数据比较发现：近 30 多年来该海域的活性磷酸盐浓度增加主要是受到了陆地污染源特别是径流输入的影响。目前海域无机氮几乎是 20 世纪 80 年代的 2 倍，陆源物质输入如甬江和钱塘江径流输入是无机氮浓度负荷增加的主要原因。

宁波－舟山深水港海洋生物群落多样性指数分别为浮游植物细胞 0.12～3.0，浮游动物 1.46～2.75，底栖生物 0～2.35，潮间带生物 0～1.93（表 2.1－26）。根据蔡立哲（2002）多样性指数评价污染程度标准，宁波－舟山海区受到轻度到重度不等的污染。

表 2.1－26　宁波－舟山深水港生物与生态信息一览

类型	生物量	密度	优势种	多样性指数
浮游植物	$2\,099.53 \times 10^3$ 个/m³		中肋骨条藻、辐射圆筛藻、虹彩圆筛藻等	0.12～3.0
浮游动物	94.4 mg/m³	52.5 个/m³	真刺唇角水蚤、背针胸刺水蚤等	1.46～2.75

续表

类型	生物量	密度	优势种	多样性指数
底栖生物	2.26 g/m²	40 个/m²	奇异稚齿虫、红带织纹螺等，夏季为双鳃内卷齿蚕、不倒翁虫	0 ~ 2.35
潮间带生物	175.5 g/m²	203 个/m²	粗糙滨螺、粒结节滨螺等	0 ~ 1.93

2.2 象山港海洋环境质量变化趋势综合评价

用于评价象山港海洋环境质量的站位图见图 2.2 - 1。

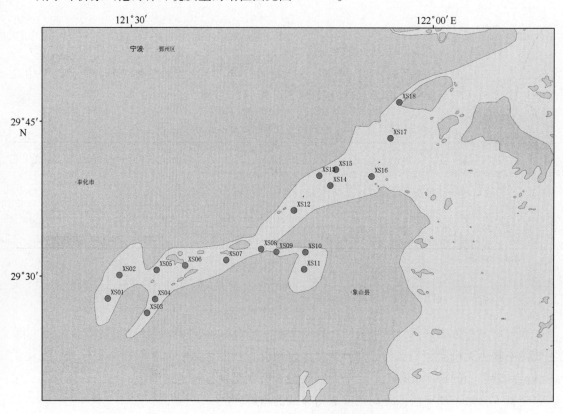

图 2.2 - 1 象山港海域评价站位

2.2.1 海洋化学

2.2.1.1 海水化学

1）质量现状

象山港海水化学调查结果见表 2.2 - 1 和表 2.2 - 2。

表 2.2-1　象山港海水化学调查结果

季节	项目	溶解氧 /（mg/dm³）	pH 值	总碱度 /（mmol/dm³）	悬浮物 /（mg/dm³）	石油类 /（mg/dm³）
春季	范围	8.58~9.27	7.99~8.12	2.26~2.65	2~78	0.043~0.166
	均值	8.86	8.05	2.44	15	0.086
夏季	范围	5.77~7.93	7.78~7.96	2.09~2.28	12~81	0.030~0.092
	均值	6.58	7.88	2.17	20	0.057
秋季	范围	5.09~7.30	7.91~8.05	2.30~2.64	4~78	0.053~0.164
	均值	5.75	7.98	2.46	19	0.121
冬季	范围	8.70~10.27	8.04~8.13	1.84~2.72	4~304	0.024~0.133
	均值	9.33	8.08	2.22	47	0.069
四季	范围	5.09~10.27	7.78~8.13	1.84~2.72	2~304	0.024~0.166
	均值	7.64	8.00	2.33	25	0.083

季节	项目	活性硅酸盐 /（mg/dm³）	活性磷酸盐 /（mg/dm³）	硝酸盐 /（mg/dm³）	亚硝酸盐 /（mg/dm³）	铵盐 /（mg/dm³）
春季	范围	1.028~1.829	0.022~0.084	0.515~0.909	0.002~0.064	0.004~0.072
	均值	1.261	0.037	0.671	0.015	0.011
夏季	范围	0.820~1.320	0.019~0.108	0.288~0.848	0.006~0.118	0.001~0.026
	均值	0.968	0.047	0.472	0.036	0.009
秋季	范围	1.208~1.951	0.037~0.108	0.671~1.039	0.001~0.036	0.006~0.045
	均值	1.590	0.063	0.834	0.016	0.012
冬季	范围	1.046~1.707	0.036~0.142	0.722~1.049	0.000~0.042	0.007~0.061
	均值	1.328	0.066	0.881	0.010	0.027
四季	范围	0.820~1.951	0.019~0.142	0.288~1.049	0.000~0.118	0.001~0.072
	均值	1.295	0.053	0.72	0.019	0.015

季节	项目	总氮 /（mg/dm³）	总磷 /（mg/dm³）	溶解态氮 /（mg/dm³）	溶解态磷 /（mg/dm³）	总有机碳 /（mg/dm³）
春季	范围	0.858~1.478	0.041~0.141	0.798~1.377	0.035~0.124	1.41~2.97
	均值	1.068	0.063	0.997	0.052	1.71
夏季	范围	0.738~1.085	0.048~0.149	0.696~0.976	0.037~0.112	1.35~2.00
	均值	0.921	0.074	0.875	0.057	1.63
秋季	范围	0.783~1.369	0.053~0.132	0.761~1.121	0.041~0.113	1.17~2.36
	均值	0.998	0.082	0.934	0.069	1.49
冬季	范围	0.978~2.268	0.051~0.155	0.902~1.467	0.038~0.145	1.17~3.57
	均值	1.299	0.084	1.138	0.069	1.55
四季	范围	0.738~2.268	0.041~0.155	0.696~1.467	0.035~0.145	1.17~3.57
	均值	1.074	0.076	0.987	0.062	1.59

表 2.2 −2 象山港表层海水重金属调查结果

季节	项目	汞 / (μg/dm³)	砷 / (μg/dm³)	铜 / (μg/dm³)	铅 / (μg/dm³)	锌 / (μg/dm³)	镉 / (μg/dm³)	总铬 / (μg/dm³)
春季	范围	0.025 ~ 0.056	3.53 ~ 9.53	0.89 ~ 1.95	0.37 ~ 0.83	3.29 ~ 8.24	0.027 ~ 0.088	0.25 ~ 0.83
	均值	0.039	6.13	1.28	0.52	6.18	0.057	0.54
夏季	范围	0.012 ~ 0.056	2.00 ~ 6.81	0.86 ~ 2.57	0.24 ~ 0.83	3.13 ~ 7.64	0.021 ~ 0.080	0.52 ~ 0.75
	均值	0.028	3.83	1.56	0.57	5.32	0.052	0.65
秋季	范围	0.032 ~ 0.057	3.11 ~ 9.78	1.07 ~ 1.89	0.51 ~ 0.78	3.85 ~ 8.98	0.036 ~ 0.124	0.32 ~ 0.81
	均值	0.044	6.44	1.35	0.62	6.10	0.070	0.55
冬季	范围	0.034 ~ 0.071	2.91 ~ 7.45	0.85 ~ 2.18	0.30 ~ 0.71	5.12 ~ 11.71	0.057 ~ 0.172	0.47 ~ 0.90
	均值	0.044	4.63	1.43	0.45	7.46	0.082	0.65
四季	范围	0.012 ~ 0.071	2.00 ~ 9.78	0.85 ~ 2.18	0.30 ~ 0.71	3.13 ~ 11.71	0.021 ~ 0.172	0.47 ~ 0.90
	均值	0.039	5.26	1.41	0.54	6.27	0.065	0.60

从表 2.2 −1 和表 2.2 −2 可以看出以下情况。

（1）溶解氧

溶解氧四季变化范围在 5.09 ~ 10.27 mg/dm³，平均值为 7.64 mg/dm³。从四季变化情况看，秋季溶解氧最低，平均值为 5.75 mg/dm³；冬季溶解氧最高，平均值为 9.33 mg/dm³；春季和夏季溶解氧平均值分别为 8.86 mg/dm³ 和 6.58 mg/dm³。四季溶解氧最高值 10.27 mg/dm³ 出现在冬季 XS03 站的表层水中，最低值 5.09 mg/dm³ 出现在秋季 XS02 站的底层水中。

从分布情况看，春季溶解氧的分布趋势是港内高、港口低，表层和底层水的最低值都出现在西沪港内。夏季溶解氧分布是港内低、港口高，表层水含量高于底层水，最低值位于港内的 XS05 站，而底层水最低值在 XS03 站。秋季溶解氧的分布是港口附近含量最高，港内除 XS08 站较高外，其他水域含量均低于 6.0 mg/dm³。冬季溶解氧含量普遍较高，港顶部最高，其他大部分水域含量也基本在 9.0 mg/dm³ 以上。

（2）pH 值

pH 值四季变化范围在 7.78 ~ 8.13，平均值为 8.00。从四季变化情况看，夏季 pH 值最低，平均值为 7.88；冬季 pH 值最高，平均值为 8.08；春季和秋季 pH 值平均值分别为 8.05 和 7.98。四季 pH 值最高值 8.13 出现在冬季 XS03 站的表层水中；最低值 7.78 出现在夏季 XS03 站的底层水中。

从分布情况看，春季 pH 值的分布呈现两侧高、中间低的特点，低值集中在 XS08 和 XS14 站位之间，而港口附近则最高。夏季 pH 值分布则是从港口向港内逐渐降低，表层水和底层水差异不大，最低值位于港内 XS05 站。秋季 pH 值的分布也是港内低，港口高，最低值位于港内 XS03 站。冬季 pH 值的最高值位于港内的 XS03 站，表层水低值位于 XS12 站位附近，而底层水低值则位于 XS02 站和 XS05 站。

（3）总碱度

总碱度四季变化范围在 1.84 ~ 2.72 mmol/L，平均值为 2.33 mmol/L。从四季变化情况看，夏季总碱度最低，平均值为 2.17 mmol/L；秋季总碱度最高，平均值为 2.46 mmol/L；春季和冬季总碱度平均值分别为 2.44 mmol/L 和 2.22 mmol/L。四季总碱度最高值 2.72 mmol/L 出现在冬季 XS18 站的表层和 5 m 层水中；最低值 1.84 mmol/L 出现在冬季 XS10 站的 5 m 层水中。

从分布情况看，春季总碱度的分布是从港口向港内逐渐降低，底层水含量略高于表层水，最低值位于港内的 XS03 站。夏季总碱度的分布也是港内低，港口高，表层水和底层水差异不大。秋季表层水总碱度最高值在西沪港内，而底层水最高值则在 XS14 站，总碱度的总体分布趋势仍是港内低，港口高。冬季总碱度分布呈明显的从港内向港口逐渐升高的趋势，西沪港内含量较低。

（4）总氮

总氮四季变化范围在 0.738～2.268 mg/dm³，平均值为 1.074 mg/dm³。从四季变化情况看，夏季总氮最低，平均值为 0.921 mg/dm³；冬季总氮最高，平均值为 1.299 mg/dm³；春季和秋季总氮平均值分别为 1.068 mg/dm³ 和 0.998 mg/dm³。四季总氮最高值 2.268 mg/dm³ 出现在冬季 XS17 站的底层水中；最低值 0.738 mg/dm³ 出现在夏季 XS11 站的表层水中。

从分布情况看，春季表层水总氮高值位于港内 XS03 站，底层水高值则位于 XS12 站，而港口大部分水域含量较低。夏季总氮最高值位于港内的 XS03 站，而最低值则位于西沪港内。秋季总氮的高值集中在 XS06 站和 XS07 站，表层水低值在西沪港内，而底层水低值则位于港口附近。冬季表层水总氮高值在西沪港水道上，而港口附近底层水则出现明显的高值，大大高于表层水含量。

（5）总磷

总磷四季变化范围在 0.041～0.155 mg/dm³，平均值为 0.076 mg/dm³。从四季变化情况看，春季总磷最低，平均值为 0.063 mg/dm³；冬季总磷最高，平均值为 0.084 mg/dm³；夏季和秋季总磷平均值分别为 0.074 mg/dm³ 和 0.082 mg/dm³。四季总磷最高值 0.155 mg/dm³ 出现在冬季 XS01 站的表层和底层水中，最低值 0.041 mg/dm³ 出现在春季 XS13 站的 5 m 层水中。

从分布情况看，春季总磷的高值集中在港顶部的小部分水域，而在其他水域含量较低且分布较为均匀。夏季总磷的分布趋势与春季相似，高值仍集中在港顶部水域。秋季总磷的分布也是从港内向港口逐渐降低，与春季和夏季不同的是，秋季总磷的高值分布区有所扩大，从港顶部延伸到 XS06 站附近。冬季总磷的高值集中在港顶部，而低值则位于 XS14 站到 XS16 站，总体趋势仍是港内高，港口低。

（6）硝酸盐

硝酸盐四季变化范围在 0.288～1.049 mg/dm³，平均值为 0.720 mg/dm³。从四季变化情况看，夏季硝酸盐最低，平均值为 0.472 mg/dm³；冬季硝酸盐最高，平均值为 0.881 mg/dm³；春季和秋季硝酸盐平均值分别为 0.671 mg/dm³ 和 0.834 mg/dm³。四季硝酸盐最高值 1.049 mg/dm³ 出现在冬季 XS09 站的表层水中，最低值 0.288 mg/dm³ 出现在夏季 XS11 站的表层水中。

从分布情况看，春季硝酸盐低值位于港口附近水域，而最高值则集中在西沪港 XS10 站，表层水含量要高于底层水。夏季硝酸盐低值集中在西沪港水域，而在港口附近水域较高，底层水含量要明显高于表层水。秋季硝酸盐最高值位于 XS12 站的底层水中，明显高于其他水域，最低则位于港口 XS17 站。冬季硝酸盐存在多个高值区，分别位于港内 XS03 站、西沪港口 XS09 站的表层水以及 XS12 站的底层水中，均达到 1 mg/dm³ 以上，低值则位于西沪港内。

（7）亚硝酸盐

亚硝酸盐四季变化范围在 0.000～0.118 mg/dm³，平均值为 0.019 mg/dm³。从四季变化情况看，冬季亚硝酸盐最低，平均值为 0.010 mg/dm³；夏季亚硝酸盐最高，平均值为

0.036 mg/dm³；春季和秋季亚硝酸盐平均值分别为 0.015 mg/dm³ 和 0.016 mg/dm³。四季亚硝酸盐最高值 0.118 mg/dm³ 出现在夏季 XS03 站的表层和底层水中；最低值 0.000 mg/dm³ 则出现在冬季 XS17 站的底层水中。

从分布情况看，亚硝酸盐四季分布均呈现出从港内向港口逐渐降低的趋势，高值均集中在港顶部的小部分水域，夏季含量明显高于其他 3 个季节。而在港区其他大部分水域亚硝酸盐含量较低且分布均匀。

（8）铵盐

铵盐四季变化范围在 0.001 ~ 0.072 mg/dm³，平均值为 0.015 mg/dm³。从四季变化情况看，夏季铵盐最低，平均值为 0.009 mg/dm³；冬季铵盐最高，平均值为 0.027 mg/dm³；春季和秋季铵盐平均值分别为 0.011 mg/dm³ 和 0.012 mg/dm³。四季铵盐最高值 0.072 mg/dm³ 出现在春季 XS03 站的表层水中；最低值 0.001 mg/dm³ 出现在夏季 XS06 站的表层和 10 m 层水中。

从分布情况看，春季铵盐高值集中在港顶部的 XS03 站附近，其他大部分水域含量较低且分布均匀。夏季表层水铵盐在港内含量较低，而在 XS07、XS12 ~ XS16 站之间含量较高，底层水则是在西沪港内出现高值，总体分布趋势是港内低，港口高。秋季铵盐仅在港顶部的 XS03 站位出现较高值，其他水域含量较低且分布均匀。冬季铵盐分布从港内向港口逐渐降低，含量递减分布趋势明显。

（9）活性磷酸盐

活性磷酸盐四季变化范围在 0.019 ~ 0.142 mg/dm³，平均值为 0.053 mg/dm³。从四季变化情况看，春季活性磷酸盐最低，平均值为 0.037 mg/dm³；冬季活性磷酸盐最高，平均值为 0.066 mg/dm³；夏季和秋季活性磷酸盐平均值分别为 0.047 mg/dm³ 和 0.063 mg/dm³。四季活性磷酸盐最高值 0.142 mg/dm³ 出现在冬季 XS01 站的表层和底层水中；最低值 0.019 mg/dm³ 出现在夏季 XS18 站的表层水中。

从分布情况看，春季活性磷酸盐分布明显从港内向港口逐渐降低，高值主要集中在港顶部的小部分水域。夏季活性磷酸盐分布趋势与春季相似，高值集中在 XS01 站附近，其他大部分水域含量均较低。秋季和冬季活性磷酸盐含量较高，高值从湾顶部一直延伸到 XS07 站，湾口附近含量略低，但也高于春季和夏季。

（10）活性硅酸盐

活性硅酸盐四季变化范围在 0.820 ~ 1.951 mg/dm³，平均值为 1.295 mg/dm³。从四季变化情况看，夏季活性硅酸盐最低，平均值为 0.968 mg/dm³；秋季最高，平均值为 1.590 mg/dm³；春季和冬季活性硅酸盐平均值分别为 1.261 mg/dm³ 和 1.328 mg/dm³。四季活性硅酸盐最高值 1.951 mg/dm³ 出现在秋季 XS02 站的底层水中；最低值 0.820 mg/dm³ 出现在夏季 XS04 站的表层水中。

从分布情况看，春季表层水活性硅酸盐在 XS15 站和西沪港内存在高值，低值则位于 XS06 站，底层水在港口 XS16 站存在明显高值，其他水域分布较为均匀。夏季表层水活性硅酸盐高值在港内 XS05 站，底层水高值则位于 XS03 站，其他大部分水域含量较低。秋季活性硅酸盐含量普遍较高，最高位于港顶部 XS01 ~ XS05 站之间，在港中部和西沪港含量相对较低。冬季活性硅酸盐也较高，最高位于港口处，而港内含量相对较低。

（11）溶解态磷

溶解态磷四季变化范围在 0.035 ~ 0.145 mg/dm³，平均值为 0.062 mg/dm³。从四季变化情况看，春季溶解态磷最低，平均值为 0.052 mg/dm³；秋季和冬季溶解态磷最高，平均值均为

0.069 mg/dm³；夏季溶解态磷平均值均为 0.057 mg/dm³。四季溶解态磷最高值 0.145 mg/dm³ 出现在冬季 XS01 站的表层水中；最低值 0.035 mg/dm³ 出现在春季的多个站位中。

从分布情况看，溶解态磷四季分布均呈明显的从港内向港口逐渐降低的趋势，高值均集中在港顶部的小部分水域，秋季和冬季含量相对较高，表层水和底层水含量差异也不大，港区大部分水域含量均较低且分布较为均匀。

（12）溶解态氮

溶解态氮四季变化范围在 0.696～1.467 mg/dm³，平均值为 0.987 mg/dm³。从四季变化情况看，夏季溶解态氮最低，平均值为 0.875 mg/dm³；冬季溶解态氮最高，平均值为 1.138 mg/dm³；春季和秋季溶解态氮平均值分别为 0.997 mg/dm³ 和 0.934 mg/dm³。四季溶解态氮最高值 1.467 mg/dm³ 出现在冬季 XS03 站的表层水中，最低值 0.696 mg/dm³ 出现在夏季 XS11 站的表层水中。

从分布情况看，春季表层水溶解态氮最高在港顶部 XS03 站，底层水最高位于港顶部 XS04 站和西沪港内，而港口水域含量均较低。夏季表层水溶解态氮除在西沪港内存在明显低值外，其他水域分布较为均匀，底层水则是在 XS07 站和 XS12 站附近含量较低，其他水域略高。秋季溶解态氮高值位于港内的 XS06 站，而在港口附近较低。冬季溶解态氮总体分布趋势是港内高，港口低，含量明显高于其他季节。

（13）悬浮物

悬浮物四季变化范围在 2～304 mg/dm³，平均值为 25 mg/dm³。从四季变化情况看，春季悬浮物最低，平均值为 15 mg/dm³；冬季悬浮物最高，平均值为 47 mg/dm³；夏季和秋季悬浮物平均值分别为 20 mg/dm³ 和 19 mg/dm³。四季悬浮物最高值 304 mg/dm³ 出现在冬季 XS18 站的底层水中；最低值 2 mg/dm³ 出现在春季 XS06 站的表层水中。

从分布情况看，春季悬浮物仅在港口 XS17 站和 XS18 站含量略高，其他水域含量较低，表层水含量低于底层水。夏季表层水悬浮物高值出现在 XS13 站和西沪港内，而底层水高值则出现在 XS17 站，其他大部分水域含量较低。秋季悬浮物高值仍集中在港口的 XS17 站附近，其他水域含量较低。冬季悬浮物的高值位于港口的 XS18 站，港区内含量普遍较低。

（14）总有机碳

总有机碳四季变化范围在 1.17～3.57 mg/dm³，平均值为 1.59 mg/dm³。从四季变化情况看，秋季总有机碳最低，平均值为 1.49 mg/dm³；春季总有机碳最高，平均值为 1.71 mg/dm³；夏季和冬季总有机碳平均值分别为 1.63 mg/dm³ 和 1.55 mg/dm³。四季总有机碳最高值 3.57 mg/dm³ 出现在冬季 XS18 站的 5 m 层；最低值 1.17 mg/dm³ 出现在秋季 XS12 站的表层。

从分布情况看，春季表层水总有机碳含量是港内高，港口低，而底层水则是在港口 XS18 站出现高值，其他大部分水域分布较为均匀。夏季总有机碳总体分布趋势是港内高，港口低，低值位于 XS13 站。秋季总有机碳的分布趋势则是港内低，港口高，港内大部分水域含量较为均匀。冬季总有机碳的分布明显呈港内低，港口高的趋势，高值位于 XS18 站，港内大部分水域含量均匀。

（15）石油类

石油类四季变化范围在 0.024～0.166 mg/dm³ 之间，平均值为 0.083 mg/dm³。从四季变化情况看，夏季石油类最低，平均值为 0.057 mg/dm³；秋季石油类最高，平均值为 0.121 mg/dm³；春季和冬季石油类平均值分别为 0.086 mg/dm³ 和 0.069 mg/dm³。四季石油类最高值 0.166 mg/dm³ 出现在春季 XS03 站的表层水中；最低值 0.024 mg/dm³ 出现在冬季 XS15 站的表层水中。

从分布情况看，春季表层水大部分水域石油类含量低于 0.1 mg/dm³，仅在港顶部的 XS03

站出现高值。夏季石油类含量普遍较低，高值出现在西沪港内。秋季石油类含量较高，最高值位于港中部的 XS09 站，港顶部含量较低。冬季石油类在港顶部的 XS03 站和港口的 XS18 站较高，其他水域含量较低。

（16）汞

汞含量四季变化范围在 0.012 ~ 0.071 μg/dm³，平均值为 0.039 μg/dm³。从四季变化情况看，海水表层汞夏季浓度较低，平均值为 0.028 μg/dm³；秋冬季较高，平均值为 0.044 μg/dm³；春季平均值为 0.039 μg/dm³。春季海水表层汞浓度港内较大，港口 XS05 站、西沪港内 XS10 站海域出现大于 0.045 μg/dm⁻³ 的相对高值区，向港外呈现高 - 低 - 相对高的发展趋势。夏季的分布趋势则与春季相反，港内浓度低，XS02 站和 XS08 站邻近海域出现小于 0.015 μg/dm³ 的低值区，大于 0.050 μg/dm³ 的高值区位于港口的 XS16 站邻近海域。秋季汞浓度分布较均衡，大部分在 0.032 ~ 0.057 μg/dm³ 之间，在西沪港内的 XS11 站及湾口的 XS17 站出现大于 0.050 μg/dm³ 的局部高值区。冬季浓度相对较高，分别在港内与港口分布大于 0.060 μg/dm³ 的高值区，表层海水汞浓度大致呈现高 - 低 - 高的分布趋势，港中部浓度基本上在 0.034 ~ 0.071 μg/dm³。

（17）砷

砷含量四季变化范围为 2.00 ~ 9.78 μg/dm³，平均值为 5.26 μg/dm³。从四季变化情况看，夏季浓度较低，平均值为 3.83 μg/dm³；秋季浓度较高，平均值为 6.44 μg/L；春季和冬季浓度平均值分别为 6.13 μg/L 和 4.63 μg/L。春季浓度除西沪港内较高，普遍大于 8.0 μg/dm³，其他港湾海域的砷浓度大部分在 3.0 ~ 7.0 μg/dm³，从港湾中部向内外呈现高 - 低 - 高的分布趋势。夏季港湾砷浓度为 6.0 ~ 7.0 μg/dm³ 的高值区也分布于西沪港内，相对的中部浓度也稍高，在悬山与缸爿山之间的海域及港口分布浓度小于 3.0 μg/dm³ 的低值区。秋季浓度最高，港湾中部从悬山至大小列山北的大片海域浓度大于 9.0 μg/dm³，向港内外浓度递减，整个港湾砷浓度基本都大于 5.0 μg/dm³。冬季西沪港内出现浓度小于 3.0 μg/dm³ 的低值区，港内及大小列岛周边海域出现大于 6.0 μg/dm³ 的高值区，由高值区向港口浓度大致呈梯度递减。

（18）铜

铜含量四季变化范围在 0.85 ~ 2.57 μg/dm³，平均值为 1.41 μg/dm³。从四季变化情况看，春季含量最低，平均值为 1.28 μg/dm³；夏季浓度高，平均值为 1.56 μg/dm³；秋季和冬季平均值分别为 1.35 μg/dm³ 和 1.43 μg/dm³。春季西沪港口浓度较高，局部大于 1.60 μg/dm³，港口及悬山海域浓度较低，小于 1.10 μg/dm³，中部及港内浓度相对较高，在 1.30 ~ 1.60 μg/dm³，分别向港口浓度递减。夏季浓度最高，大部分海域都大于 1.50 μg/dm³，港内及大小列岛海域分布大于 2.00 μg/dm³ 的高值区，港口及悬山西南浓度相对较低，小于 1.30 μg/dm³。秋季西沪港内浓度较高，于西沪港口出现浓度大于 1.80 μg/dm³ 的高值区，向西北浓度递减；东岸浓度大都在 1.30 ~ 1.40 μg/dm³ 之间，西岸在 1.20 ~ 1.30 μg/dm³。冬季港口的小昌门沿岸海域出现大于 2.00 μg/dm³ 高值区，此外西沪港口浓度也较高，大于 0.18 μg/dm³；港内悬山以西分布浓度为小于 1.00 μg/dm³ 的低值区；整体上，港口及西沪港以西中部海域浓度相对较高。

（19）铅

铅含量四季变化范围在 0.24 ~ 0.71 μg/dm³，平均值为 0.54 μg/dm³；从四季变化情况看，冬季含量最低，平均值为 0.45 μg/dm³，秋季含量最高，平均值为 0.62 μg/dm³；春季与夏季表层海水铅浓度的平均值分别为 $0.52~\mu g/dm^3$ 和 $0.57~\mu g/dm^3$。春季与冬季铅浓度具有较相似的分布,港口顶浓度高,大于 $0.60~\mu g/dm^3$;春季浓度普遍在 $0.45 \sim 0.55~\mu g/dm^3$;冬季除了在小昌门西南沿岸部分海域浓度小于 $0.40~\mu g/dm^3$,港湾大部分浓度在 $0.40 \sim 0.50~\mu g/dm^3$。夏季浓度等值线分布较密,浓度梯度大;港内西南端、西沪港内、大小列岛与小昌门之间海域的铅浓度高达 $0.70~\mu g/dm^3$ 以上,向周围浓度迅速递减;悬山西出现最低浓度,小于 $0.40~\mu g/dm^3$,沿岸向东北至缸爿山一带形成浓度小于 $0.40~\mu g/dm^3$ 的低值区。秋季浓度最高,铅浓度大都高于 $0.60~\mu g/dm^3$;相对低值区在悬山与缸爿山之间及邻近海域,分布浓度小于 $0.55~\mu g/dm^3$;大于 $0.80~\mu g/dm^3$ 的高值区分布在西沪港口,西沪港内浓度相对较高。

(20)锌

锌含量四季变化范围在 $3.13 \sim 11.71~\mu g/dm^3$,平均值为 $6.27~\mu g/dm^3$。从四季变化情况看,夏季浓度最低,平均值为 $5.32~\mu g/dm^3$;冬季浓度明显高于其他三季,平均值为 $7.46~\mu g/dm^3$;春季和秋季锌浓度的平均值相近,分别为 $6.18~\mu g/dm^3$ 和 $6.10~\mu g/dm^3$。

春季在港口及缸爿山西南海域浓度相对较高,大于 $7.50~\mu g/dm^3$;悬山以西及西沪港内浓度低,小于 $5.00~\mu g/dm^3$。夏季在港口形成浓度小于 $3.50~\mu g/dm^3$ 的浓度低值区,向港湾中部浓度递增。与春季相似,悬山以西及西沪港内浓度相对较低。秋季浓度分布与夏季相似,但湾内浓度比夏季高,且于缸爿山西南形成浓度高于 $8.00~\mu g/dm^3$ 的高值区。冬季锌浓度很高,整个海湾普遍大于 $6.00~\mu g/dm^3$,西沪港以南港湾内的浓度高于以北港湾,缸爿山西南及港湾东南分布大于 $9.00~\mu g/dm^3$ 的高值区;小于 $5.50~\mu g/dm^3$ 的浓度最低值位于小列岛邻近海域。

(21)镉

镉含量四季变化范围为 $0.021 \sim 0.172~\mu g/dm^3$,平均值为 $0.065~\mu g/dm^3$。从四季变化情况看,春季和夏季海水表层镉含量较低,平均值分别为 $0.057~\mu g/dm^3$ 和 $0.052~\mu g/dm^3$;冬季最高,平均值为 $0.082~\mu g/dm^3$;秋季平均值为 $0.070~\mu g/dm^3$。春季和秋季表层海水镉浓度分布趋势基本一致,秋季浓度稍高;从港口向内浓度大致呈现梯度递增的趋势,春季在港湾内出现 $0.088~\mu g/dm^3$ 的最低值,而秋季却出现浓度大于 $0.100~\mu g/dm^3$ 的高值区。夏季浓度最低,小于 $0.030~\mu g/dm^3$ 的低值区位于缸爿山以西邻近海域,大部分浓度在 $0.040 \sim 0.060~\mu g/dm^3$。

(22)总铬

总铬含量四季变化范围在 $0.25 \sim 0.90~\mu g/dm^3$,平均值为 $0.60~\mu g/dm^3$。从四季变化情况看,春季和秋季含量最低,平均值分别为 $0.54~\mu g/dm^3$ 和 $0.55~\mu g/dm^3$;夏季和冬季含量较高,平均值均为 $0.65~\mu g/dm^3$。春季小昌门至三山沿岸一带浓度较高,大于 $0.70~\mu g/dm^3$,向东岸浓度递减,出现小于 $0.30~\mu g/dm^3$ 的最低值。夏季浓度梯度较小,大部分在 $0.60 \sim 0.75~\mu g/dm^3$ 之间,港口浓度相对较低,局部小于 $0.55~\mu g/dm^3$。秋季总铬浓度缸爿山以内明显高于以外港湾,内港湾浓度在 $0.60 \sim 0.80~\mu g/dm^3$ 之间,外港湾在 $0.40 \sim 0.50~\mu g/dm^3$,港外顶端局部小于 $0.40~\mu g/dm^3$。冬季分布与秋季相似,$0.60~\mu g/dm^3$ 等值线向北扩展到大小列岛以东,港口出现最低值 $0.47~\mu g/dm^3$。

2)质量评价

象山港海域海水化学溶解氧四个季节所有样品符合一类海水水质标准的占 81%,其余 19% 符合二类海水水质标准。其中,春季、夏季和冬季所有样品均符合一类海水水质标准。秋季则有 75% 的样品符合二类海水水质标准,25% 符合一类海水水质标准。

　　pH 值四个季节所有样品 99% 分别符合一类和二类海水水质标准，1% 符合三类和四类海水水质标准。春、秋和冬三季所有样品均符合一类和二类海水水质标准，夏季 96% 的样品符合一类和二类海水水质标准，其余 4% 符合三类和四类海水水质标准。

　　活性磷酸盐四个季节所有样品均符合二类和三类海水水质标准、符合四类和劣四类的海水分别占 9% 、40% 和 51% 。其中，秋季和冬季污染较为严重，分别有 65% 和 76% 的样品为劣四类海水，其余均均符合四类海水水质标准。春季水质最好，有 31% 的样品符合二类和三类海水水质标准，样品中符合四类和劣四类占 53% 和 16% 。夏季样品主要为四类和劣四类海水，分别占 48% 和 44% 。

　　无机氮四个季节所有样品中劣四类海水占 88% ，三类和四类海水分别占 1% 和 11% 。其中，春季、秋季和冬季所有样品均符合劣四类海水，夏季水质略好，分别有 4% 和 48% 的样品符合三类和四类海水水质标准，其余为劣四类海水。

　　石油类四个季节所有样品中一类和二类和三类海水分别占 24% 和 76% 。其中，秋季所有样品均符合三类海水水质标准。春季、夏季和冬季三类海水样品分别占 89% 、56% 和 61% ，其余为一类和二类海水。

　　从以上评价结果可以看出，象山港海域主要污染物是无机氮，其次是活性磷酸盐。夏季水质相对最好，其他三个季节污染均较为严重。

　　表层海水砷、铜、铅、锌、镉、总铬浓度在整个调查区域全年均符合一类海水水质标准。表层海水汞浓度春秋各有 4 个站符合二类海水水质标准，占总站位的 22.2% ；夏季只 XS16 站的汞含量超一类海水水质标准 0.05 μg/L，为 0.56 μg/L；冬季有 3 个站位样品符合二类海水水质标准。

　　象山港监测站各样品隶属的水质类别见表 2.2-3 和表 2.2-4。

表 2.2-3　象山港海水化学（不含重金属）水质类别

季节	站位	水层	溶解氧	pH 值	活性磷酸盐	无机氮	悬浮物	石油类
春季	XS11	表	一类	一类、二类	四类	劣四类	三类	三类
		底	一类	一类、二类	二类、三类	劣四类	一类、二类	
	XS10	表	一类	一类、二类	四类	劣四类	一类、二类	三类
		5 m	一类	一类、二类	四类	劣四类	一类、二类	
		10 m	一类	一类、二类	四类	劣四类	三类	
		底	一类	一类、二类	四类	劣四类	三类	
	XS09	表	一类	一类、二类	四类	劣四类	一类、二类	一类、二类
		底	一类	一类、二类	四类	劣四类	三类	
	XS12	表	一类	一类、二类	四类	劣四类	一类、二类	三类
		5 m	一类	一类、二类	四类	劣四类	一类、二类	
		10 m	一类	一类、二类	四类	劣四类	三类	
		底	一类	一类、二类	二类、三类	劣四类	三类	
	XS14	表	一类	一类、二类	四类	劣四类	一类、二类	三类
		5 m	一类	一类、二类	四类	劣四类	一类、二类	
		10 m	一类	一类、二类	四类	劣四类	三类	
		底	一类	一类、二类	四类	劣四类	三类	
	XS15	表	一类	一类、二类	四类	劣四类	一类、二类	一类、二类
		5 m	一类	一类、二类	二类、三类	劣四类	一类、二类	
		10 m	一类	一类、二类	二类、三类	劣四类	三类	
		底	一类	一类、二类	二类、三类	劣四类	三类	

续表

季节	站位	水层	溶解氧	pH 值	活性磷酸盐	无机氮	悬浮物	石油类
春季	XS13	表	一类	一类、二类	二类、三类	劣四类	一类、二类	三类
		5 m	一类	一类、二类	二类、三类	劣四类	三类	
		底	一类	一类、二类	二类、三类	劣四类	三类	
	XS08	表	一类	一类、二	四类	劣四类	一类、二类	三类
		5 m	一类	一类、二类	四类	劣四类	一类、二类	
		10 m	一类	一类、二类	四类	劣四类	一类、二类	
		底	一类	一类、二类	四类	劣四类	一类、二类	
	XS07	表	一类	一类、二类	四类	劣四类	一类、二类	三类
		5 m	一类	一类、二类	四类	劣四类	一类、二类	
		10 m	一类	一类、二类	四类	劣四类	一类、二类	
		底	一类	一类、二类	四类	劣四类	一类、二类	
	XS06	表	一类	一类、二类	四类	劣四类	一类、二类	三类
		5 m	一类	一类、二类	四类	劣四类	一类、二类	
		10 m	一类	一类、二类	四类	劣四类	一类、二类	
		底	一类	一类、二类	四类	劣四类	一类、二类	
	XS05	表	一类	一类、二类	四类	劣四类	一类、二类	三类
		5 m	一类	一类、二类	四类	劣四类	一类、二类	
		10 m	一类	一类、二类	四类	劣四类	一类、二类	
		底	一类	一类、二类	四类	劣四类	三类	
	XS02	表	一类	一类、二类	劣四类	劣四类	一类、二类	三类
		5 m	一类	一类、二类	劣四类	劣四类	一类、二类	
		底	一类	一类、二类	劣四类	劣四类	一类、二类	
	XS01	表	一类	一类、二类	劣四类	劣四类	一类、二类	三类
		底	一类	一类、二类	劣四类	劣四类	三类	
	XS04	表	一类	一类、二类	劣四类	劣四类	一类、二类	三类
		5 m	一类	一类、二类	劣四类	劣四类	一类、二类	
		10 m	一类	一类、二类	劣四类	劣四类	一类、二类	
		底	一类	一类、二类	劣四类	劣四类	一类、二类	
	XS03	表	一类	一类、二类	劣四类	劣四类	一类、二类	三类
	XS16	表	一类	一类、二类	二类、三类	劣四类	一类、二类	三类
		5 m	一类	一类、二类	二类、三类	劣四类	三类	
		10 m	一类	一类、二类	二类、三类	劣四类	三类	
		底	一类	一类、二类	二类、三类	劣四类	三类	
	XS17	表	一类	一类、二类	二类、三类	劣四类	一类、二类	三类
		5 m	一类	一类、二类	二类、三类	劣四类	三类	
		底	一类	一类、二类	二类、三类	劣四类	三类	
	XS18	表	一类	一类、二类	二类、三类	劣四类	三类	三类
		5 m	一类	一类、二类	二类、三类	劣四类	三类	
		底	一类	一类、二类	二类、三类	劣四类	三类	

续表

季节	站位	水层	溶解氧	pH 值	活性磷酸盐	无机氮	悬浮物	石油类
夏季	XS11	表	一类	一类、二类	四类	三类	三类	三类
	XS10	表	一类	一类、二类	四类	四类	三类	一类、二类
		5 m	一类	一类、二类	四类	四类	三类	
		底	一类	一类、二类	四类	四类	三类	
	XS09	表	一类	一类、二类	四类	四类	三类	一类、二类
		5 m	一类	一类、二类	四类	四类	三类	
		10 m	一类	一类、二类	四类	劣四类	三类	
		底	一类	一类、二类	四类	四类	三类	
	XS08	表	一类	一类、二类	劣四类	四类	三类	一类、二类
		5 m	一类	一类、二类	劣四类	四类	三类	
		10 m	一类	一类、二类	劣四类	劣四类	三类	
		底	一类	一类、二类	劣四类	劣四类	三类	
	XS07	表	一类	一类、二类	劣四类	劣四类	三类	一类、二类
		5 m	一类	一类、二类	劣四类	劣四类	三类	
		10 m	一类	一类、二类	劣四类	四类	三类	
		底	一类	一类、二类	劣四类	四类	三类	
	XS06	表	一类	一类、二类	劣四类	四类	三类	一类、二类
		5 m	一类	一类、二类	劣四类	劣四类	三类	
		10 m	一类	一类、二类	劣四类	四类	三类	
		底	一类	一类、二类	劣四类	劣四类	三类	
	XS05	表	一类	三类类、四类	劣四类	四类	三类	三类
		5 m	一类	一类、二类	劣四类	四类	三类	
		底	一类	一类、二类	劣四类	四类	三类	
	XS02	表	一类	一类、二类	劣四类	四类	三类	三类
	XS01	表	一类	一类、二类	劣四类	三类	三类	三类
		5 m	一类	一类、二类	劣四类	四类	三类	
		底	一类	一类、二类	劣四类	劣四类	三类	
	XS04	表	一类	一类、二类	劣四类	劣四类	三类	三类
		5 m	一类	一类、二类	劣四类	劣四类	三类	
		底	一类	一类、二类	劣四类	劣四类	三类	
	XS03	表	一类	一类、二类	劣四类	劣四类	三类	三类
		底	一类	三类类、四类	劣四类	劣四类	三类	
	XS12	表	一类	一类、二类	四类	四类	三类	一类、二类
		5 m	一类	一类、二类	四类	劣四类	三类	
		10 m	一类	一类、二类	四类	四类	三类	
		底	一类	一类、二类	四类	四类	三类	
	XS18	表	一类	一类、二类	二类、三类	劣四类	三类	三类
		底	一类	一类、二类	二类、三类	劣四类	三类	

季节	站位	水层	溶解氧	pH 值	活性磷酸盐	无机氮	悬浮物	石油类
夏季	XS17	表	一类	一类、二类	四类	劣四类	三类	三类
		底	一类	一类、二类	二类、三类	劣四类	三类	
	XS16	表	一类	一类、二类	四类	四类	三类	三类
		5 m	一类	一类、二类	四类	劣四类	三类	
		10 m	一类	一类、二类	四类	劣四类	三类	
		底	一类	一类、二类	四类	劣四类	三类	
	XS15	表	一类	一类、二类	二类、三类	四类	三类	一类、二类
		5 m	一类	一类、二类	四类	四类	三类	
		底	一类	一类、二类	四类	四类	三类	
	XS14	表	一类	一类、二类	四类	劣四类	三类	三类
		5 m	一类	一类、二类	四类	劣四类	三类	
		10 m	一类	一类、二类	四类	劣四类	三类	
		底	一类	一类、二类	四类	劣四类	三类	
	XS13	表	一类	一类、二类	四类	四类	三类	一类、二类
		5 m	一类	一类、二类	四类	四类	三类	
		底	一类	一类、二类	四类	劣四类	三类	
秋季	XS08	表	一类	一类、二类	劣四类	劣四类	一类、二类	三类
		5 m	一类	一类、二类	劣四类	劣四类	一类、二类	
		10 m	一类	一类、二类	劣四类	劣四类	一类、二类	
		底	二类	一类、二类	劣四类	劣四类	一类、二类	
	XS09	表	一类	一类、二类	劣四类	劣四类	一类、二类	三类
		5 m	二类	一类、二类	劣四类	劣四类	一类、二类	
		10 m	二类	一类、二类	劣四类	劣四类	一类、二类	
		底	二类	一类、二类	劣四类	劣四类	一类、二类	
	XS11	表	二类	一类、二类	四类	劣四类	一类、二类	三类
	XS10	表	二类	一类、二类	劣四类	劣四类	一类、二类	三类
		5 m	二类	一类、二类	劣四类	劣四类	一类、二类	
		底	二类	一类、二类	劣四类	劣四类	三类	
	XS12	表	二类	一类、二类	劣四类	劣四类	一类、二类	三类
		5 m	二类	一类、二类	劣四类	劣四类	一类、二类	
		10 m	二类	一类、二类	劣四类	劣四类	一类、二类	
		底	二类	一类、二类	劣四类	劣四类	三类	
	XS13	表	二类	一类、二类	四类	劣四类	三类	三类
		5 m	二类	一类、二类	四类	劣四类	三类	
		底	二类	一类、二类	四类	劣四类	三类	
	XS15	表	一类	一类、二类	四类	劣四类	三类	三类
		5 m	二类	一类、二类	四类	劣四类	三类	
		底	一类	一类、二类	四类	劣四类	三类	

季节	站位	水层	溶解氧	pH 值	活性磷酸盐	无机氮	悬浮物	石油类
	XS16	表	二类	一类、二类	四类	劣四类	三类	三类
		5 m	二类	一类、二类	四类	劣四类	三类	
		10 m	二类	一类、二类	四类	劣四类	三类	
		底	二类	一类、二类	四类	劣四类	三类	
	XS14	表	二类	一类、二类	四类	劣四类	三类	三类
		5 m	二类	一类、二类	四类	劣四类	三类	
		10 m	二类	一类、二类	四类	劣四类	三类	
		底	二类	一类、二类	四类	劣四类	三类	
	XS17	表	一类	一类、二类	四类	劣四类	三类	三类
		5 m	一类	一类、二类	四类	劣四类	三类	
		底	一类	一类、二类	四类	劣四类	三类	
	XS18	表	一类	一类、二类	四类	劣四类	三类	三类
		5 m	二类	一类、二类	四类	劣四类	三类	
		底	二类	一类、二类	四类	劣四类	三类	
	XS07	表	二类	一类、二类	劣四类	劣四类	三类	三类
		5 m	一类	一类、二类	劣四类	劣四类	三类	
		10 m	一类	一类、二类	劣四类	劣四类	一类、二类	
		底	二类	一类、二类	劣四类	劣四类	三类	
秋季	XS06	表	二类	一类、二类	劣四类	劣四类	一类、二类	三类
		5 m	二类	一类、二类	劣四类	劣四类	一类、二类	
		10 m	一类	一类、二类	劣四类	劣四类	一类、二类	
		底	二类	一类、二类	劣四类	劣四类	一类、二类	
	XS05	表	二类	一类、二类	劣四类	劣四类	一类、二类	三类
		5 m	一类	一类、二类	劣四类	劣四类	一类、二类	
		底	二类	一类、二类	劣四类	劣四类	三类	
	XS02	表	二类	一类、二类	劣四类	劣四类	一类、二类	三类
		5 m	二类	一类、二类	劣四类	劣四类	一类、二类	
		底	二类	一类、二类	劣四类	劣四类	一类、二类	
	XS01	表	二类	一类、二类	劣四类	劣四类	一类、二类	三类
		5 m	二类	一类、二类	劣四类	劣四类	一类、二类	
		底	二类	一类、二类	劣四类	劣四类	三类	
	XS04	表	二类	一类、二类	劣四类	劣四类	一类、二类	三类
		5 m	二类	一类、二类	劣四类	劣四类	三类	
		10 m	二类	一类、二类	劣四类	劣四类	一类、二类	
		底	一类	一类、二类	劣四类	劣四类	三类	
	XS03	表	二类	一类、二类	劣四类	劣四类	三类	三类
		5 m	二类	一类、二类	劣四类	劣四类	三类	
		底	二类	一类、二类	劣四类	劣四类	三类	

季节	站位	水层	溶解氧	pH 值	活性磷酸盐	无机氮	悬浮物	石油类
冬季	XS08	表	一类	一类、二类	劣四类	劣四类	三类	三类
		5 m	一类	一类、二类	劣四类	劣四类	三类	
		10 m	一类	一类、二类	劣四类	劣四类	三类	
		底	一类	一类、二类	劣四类	劣四类	三类	
	XS07	表	一类	一类、二类	劣四类	劣四类	三类	一类、二类
		5 m	一类	一类、二类	劣四类	劣四类	三类	
		10 m	一类	一类、二类	劣四类	劣四类	三类	
		底	一类	一类、二类	劣四类	劣四类	三类	
	XS06	表	一类	一类、二类	劣四类	劣四类	三类	三类
		5 m	一类	一类、二类	劣四类	劣四类	三类	
		10 m	一类	一类、二类	劣四类	劣四类	三类	
		底	一类	一类、二类	劣四类	劣四类	三类	
	XS05	表	一类	一类、二类	劣四类	劣四类	一类、二类	一类、二类
		5 m	一类	一类、二类	劣四类	劣四类	三类	
		10 m	一类	一类、二类	劣四类	劣四类	三类	
		底	一类	一类、二类	劣四类	劣四类	三类	
	XS02	表	一类	一类、二类	劣四类	劣四类	三类	三类
		底	一类	一类、二类	劣四类	劣四类	一类、二类	
	XS01	表	一类	一类、二类	劣四类	劣四类	三类	三类
		底	一类	一类、二类	劣四类	劣四类	三类	
	XS04	表	一类	一类、二类	劣四类	劣四类	三类	三类
		5 m	一类	一类、二类	劣四类	劣四类	三类	
		10 m	一类	一类、二类	劣四类	劣四类	一类、二类	
		底	一类	一类、二类	劣四类	劣四类	三类	
	XS03	表	一类	一类、二类	劣四类	劣四类	一类、二类	三类
		底	一类	一类、二类	劣四类	劣四类	一类、二类	
	XS09	表	一类	一类、二类	劣四类	劣四类	三类	三类
		5 m	一类	一类、二类	劣四类	劣四类	三类	
		底	一类	一类、二类	劣四类	劣四类	三类	
	XS10	表	一类	一类、二类	劣四类	劣四类	三类	三类
		5 m	一类	一类、二类	劣四类	劣四类	三类	
		底	一类	一类、二类	劣四类	劣四类	三类	
	XS11	表	一类	一类、二类	劣四类	劣四类	三类	一类、二类
		5 m	一类	一类、二类	劣四类	劣四类	三类	
		底	一类	一类、二类	劣四类	劣四类	三类	
	XS18	表	一类	一类、二类	四类	劣四类	劣四类	三类
		5 m	一类	一类、二类	四类	劣四类	劣四类	
		底	一类	一类、二类	四类	劣四类	劣四类	

续表

季节	站位	水层	溶解氧	pH 值	活性磷酸盐	无机氮	悬浮物	石油类
冬季	XS17	表	一类	一类、二类	四类	劣四类	劣四类	三类
		底	一类	一类、二类	四类	劣四类	劣四类	
	XS16	表	一类	一类、二类	四类	劣四类	三类	一类、二类
		5 m	一类	一类、二类	四类	劣四类	三类	
		10 m	一类	一类、二类	四类	劣四类	三类	
		底	一类	一类、二类	四类	劣四类	三类	
	XS15	表	一类	一类、二类	四类	劣四类	三类	一类、二类
		5 m	一类	一类、二类	四类	劣四类	三类	
		底	一类	一类、二类	四类	劣四类	三类	
	XS14	表	一类	一类、二类	四类	劣四类	三类	一类、二类
		5 m	一类	一类、二类	四类	劣四类	三类	
		10 m	一类	一类、二类	劣四类	劣四类	三类	
		底	一类	一类、二类	劣四类	劣四类	三类	
	XS13	表	一类	一类、二类	劣四类	劣四类	三类	一类、二类
		5 m	一类	一类、二类	劣四类	劣四类	三类	
		底	一类	一类、二类	劣四类	劣四类	三类	
	XS12	表	一类	一类、二类	劣四类	劣四类	三类	三类
		5 m	一类	一类、二类	劣四类	劣四类	三类	
		10 m	一类	一类、二类	劣四类	劣四类	一类、二类	
		底	一类	一类、二类	劣四类	劣四类	三类	

表 2.2-4　象山港表层海水中汞水质类别

站位	春	夏	秋	冬
XS01	二类	一类	一类	一类
XS02	一类	一类	一类	一类
XS03	二类	一类	一类	一类
XS04	一类	一类	一类	一类
XS05	二类	一类	一类	二类
XS06	一类	一类	一类	二类
XS07	一类	一类	一类	一类
XS08	一类	一类	一类	一类
XS09	一类	一类	一类	一类
XS10	二类	一类	二类	一类
XS11	一类	一类	二类	一类
XS12	一类	一类	一类	一类
XS13	一类	一类	二类	一类
XS14	一类	一类	一类	一类
XS15	一类	一类	一类	一类
XS16	一类	二类	一类	一类
XS17	一类	一类	二类	二类
XS18	一类	一类	一类	一类

2.2.1.2 沉积物化学

1）质量现状

象山港沉积物化学调查结果见表2.2-5和表2.2-6。

表2.2-5 象山港表层沉积物化学调查结果

季节	项目	硫化物 /×10⁻⁶	有机碳 /%	总氮 /%	总磷 /%	氧化还原电位 /mV	石油类 /×10⁻⁶
春季	范围	1.98~20.23	0.62~0.76	0.043~0.059	0.016~0.022	51~169	1.08~26.05
	均值	9.00	0.69	0.049	0.019	117	13.00
秋季	范围	0.95~19.11	0.31~0.89	0.024~0.067	0.011~0.035	116~205	11.88~74.83
	均值	10.04	0.63	0.046	0.023	165	28.11
两季	范围	0.95~20.23	0.31~0.89	0.024~0.067	0.011~0.035	51~205	1.08~74.83
	均值	9.52	0.66	0.047	0.021	141	20.56

表2.2-6 象山港表层沉积物重金属调查结果   单位：×10⁻⁶

季节	项目	汞	铜	铅	锌	镉	总铬	砷
春季	范围	0.030~0.067	29~57	20~35	87~134	0.13~0.24	72~102	10.0~17.0
	均值	0.050	36	29	109	0.17	88	13.4
秋季	范围	0.029~0.079	25~82	37~54	85~182	0.08~0.30	44~82	12.0~20.0
	均值	0.055	43	43	116	0.16	54	15.3
两季	范围	0.029~0.079	25~82	20~54	85~182	0.08~0.30	44~102	10.0~20.0
	均值	0.053	40	36	113	0.17	71	14.4

2）质量评价

象山港海域沉积物评价结果见表2.2-7。

表2.2-7 象山港春、秋季表层沉积物重金属质量类别

站位	汞		砷		铜		铅		锌		镉		总铬	
	春	秋	春	秋	春	秋	春	秋	春	秋	春	秋	春	秋
XS01	一类	一类	一类	一类	一类	一类	一类	一类	一类	一类	一类	一类	一类	一类
XS03	一类	一类	一类	一类	二类	二类	一类	一类	一类	一类	一类	一类	一类	二类
XS05	一类	一类	一类	一类	一类	二类	一类	一类	一类	一类	一类	一类	一类	一类
XS07	一类	一类	一类	一类	一类	二类	一类	一类	一类	一类	一类	一类	一类	一类
XS09	一类	一类	一类	一类	二类	二类	一类	一类	一类	一类	一类	一类	一类	一类
XS10	一类	一类	一类	一类	二类	二类	一类	一类	一类	一类	一类	一类	一类	一类
XS13	一类	一类	一类	一类	二类	二类	一类	一类	一类	一类	一类	一类	一类	一类
XS15	一类	一类	一类	一类	二类	二类	一类	一类	一类	一类	一类	一类	一类	一类
XS17	三类	二类	一类	一类	一类	二类	一类	一类	一类	一类	一类	一类	一类	一类

象山港海域春、秋两季所有表层沉积物样品中硫化物、有机碳和石油类均达到一类海洋沉积物质量标准。汞、砷、铅、锌、镉含量在整个调查区域两季均达到一类标准。总铬含量除秋季 XS03 站样品属于二类海洋沉积物外，两个季节样品均达到一类海洋沉积物质量标准。铜含量 XS03、XS09、XS10 站较高，两个季节的含量均达到二类沉积物质量标准；总体上春季 33.3%、秋季 77.8% 的站位沉积物样品中铜含量达到二类沉积物质量标准，其余能达到一类沉积物质量标准。

2.2.1.3　主要污染物质入海通量（化学需氧量、氮、磷）

环象山港地区的主要污染源可分为径流污染源、养殖污染源以及工业污染源。

1）工业污染源

根据宁波市环保局 2009 年的监测数据，环象山港地区主要工业企业以食品制造、水产加工和造纸行业为主，年化学需氧量排放量为 432.6 t（表 2.2 – 8）。

表 2.2 – 8　年化学需氧量排放量

行政县	乡镇	企业	化学需氧量排放量/t
奉化	松岙镇	多家食品公司	84.0
	裘村镇	三友精细化工等	26.7
	桐照村	冷冻厂、修船厂	29.6
象山	爵溪街道	象山爵溪污水处理有限公司	341.3
		宁波福民线带有限公司	2.1
		宁波福甬印花有限公司	1.1
	墙头镇	象山新光针织印染有限公司	49.9
		宁波富红染整有限公司	23.7
		宁波恒通印染有限公司	22.0
	丹城县	宁波天韵食品有限公司	26.4
		浙江一漂印染有限公司	21.2
		宁波健洋食品有限公司	6.2
		宁波华毅水产食品有限公司	2.5
		象山县食品公司	1.1
		宁波国晨阳水产食品有限公司	1.3
	西周镇	宁波威霖住宅设施有限公司	2.4
		宁波九洲食品有限公司	0.1
		宁波三友印染有限公司	47.3
		象山利达特种印花厂	0.5

续表

行政县	乡镇	企业	化学需氧量排放量/t
宁海	城关镇	宁海建工金源污水处理有限公司	329.4
		宁波盛绵针织制衣有限公司	31.1
		重庆啤酒集团宁波大梁山有限公司	26.0
		宁波双龙清洁用品有限公司	9.9
		宁海县一驰文具有限公司	8.7
		宁波赞扬文具有限公司	8.5
		宁海县梅林镇山下纸制品厂	7.8
		宁波洁丽高日用品有限公司	2.4
		宁海县城关莲头山印染织厂	1.7
		宁海县梅林镇振兴造纸厂	1.7
	城关镇	宁波爱文易成文具有限公司	1.0
		宁波金时家居用品有限公司	0.4
		宁海县宁化麦芽有限公司	0.3
	深圳镇	宁波金波金属制品有限公司	0.2
		宁海县大里造纸厂	1.6
		宁海县天明纸业有限公司	0.7
		宁海县欣兵造纸厂	2.3
		宁海县春杰造纸厂	1.2
		宁海县喜美厨具有限公司	1.7
		宁海县双轮金属制品厂	0.3
		宁波金海雅宝化工有限公司	4.0
		宁海县深圳岩头里造纸厂	2.1
		宁波喜吉尔金属制品有限公司	0.2
		宁波三省纸业有限公司	53.9
	西店镇	宁波双林汽车部件股份有限公司	0.7
		浙江爱妻电器有限公司	0.3
		宁波伟书文具有限公司	0.2

2) 径流污染源

象山港主要入海河流的年径流量（黄秀清，2008）以及本底浓度监测结果见表2.2-9，得出象山港入海径流的入海通量为化学需氧量（COD_{Mn}）1 688.93 t/a，总氮为1 528.17 t/a，总磷为173.31 t/a。

表2.2-9 象山港入海通量

名称	站位	径流量/（m³/a）	COD_{Mn}/（mg/dm³）	总氮浓度/（mg/dm³）	总磷浓度/（mg/dm³）
珠溪	X03	3.83×10^7	1.90	1.870	0.177
东塘河	X04	6.39×10^7	1.90	1.870	0.177

续表

名称	站位	径流量 / (m³/a)	COD$_{Mn}$ / (mg/dm³)	总氮浓度 / (mg/dm³)	总磷浓度 / (mg/dm³)
黄避岙水系	X08	4.51×10^7	1.90	1.870	0.177
蔡仓溪	X14	2.41×10^7	1.42	1.003	0.069
墙头溪	X15	2.59×10^7	1.90	1.870	0.177
淡港	X19	5.59×10^7	3.14	1.760	0.099
西周港	X20	3.41×10^7	0.38	1.120	0.073
下沈港	X22	4.26×10^7	2.41	3.605	0.600
石门溪	X27	3.22×10^7	1.09	1.327	0.159
汶溪 + 颜公河	X31	9.73×10^7	2.77	2.692	0.372
凫溪	X39	1.61×10^8	1.25	1.056	0.201
紫溪	X41	1.21×10^7	1.78	2.373	0.335
下陈江	X47	1.13×10^7	1.90	1.870	0.177
黄贤溪	X53	9.80×10^6	1.05	1.139	0.105
峻壁溪	X56	4.71×10^7	1.9	1.870	0.177
大嵩江	X68	1.03×10^8	3.74	2.580	0.177

3）养殖污染源

象山港是浙江省重要的鱼、虾、贝、藻类养殖基地，主要养殖品种包括紫菜、蛏子、梭子蟹、白虾、对虾、大黄鱼、红鱼、鲈鱼等，根据宁波市养殖水域养殖滩涂规划以及调查数据，可以得出象山港主要行政区划的养殖面积（表 2.2 - 10）。

表 2.2 - 10　象山港海水养殖面积和养殖种类　　　　　　　　　　　　单位：hm²

县市	镇村	养殖面积	养殖种类
奉化	莼湖镇	6 560	虾、蟹、贝混养
		70	白对虾池塘养殖
		3 300	大黄鱼、红鱼、鲈鱼
		1 000	泥蚶、蛏子
	裘村镇	4 275	虾、蟹、贝混养
		500	弹涂鱼围网养殖
		1 000	泥蚶、蛏子
		1 640	白对虾池塘养殖
		7 000	褶牡蛎延绳式养殖
	松岙镇	5 750	虾、蟹、贝混养
		650	白对虾池塘养殖
象山	贤庠镇	609	凡纳滨对虾
	其他乡镇	795	虾类
	西周镇	591	虾类

续表

县市	镇村	养殖面积	养殖种类
宁海	西店镇	20 000	贝、虾、蟹
		1 500	牡蛎
		200/1 000 箱	网箱鱼类
	强蛟镇	300	贝、虾、蟹
		1 300/6 500 箱	网箱鱼类
		1 500	牡蛎
		2 200	贝类
		5 000	虾、蟹、鱼、贝
	大佳何镇	4 600	虾、蟹、贝
		1 400	牡蛎
		2 500	贝类
	桥头胡村	1 500	虾、蟹、贝
		8 700	贝类

通过对养殖区面积及养殖产量估计，结合经验常数（黄秀清，2008）：投入的饲料约有80%的氮被鱼类直接摄食，摄食的部分中仅有约25%的氮用于鱼类生长，还有65%用于液态排泄、10%作为粪便排出体外。其他研究认为有52%～95%的氮进入水体。综上所述，鱼类对饵料中氮和磷的真正利用率为24%，未利用的氮、磷最终有51%溶解在水中，25%以颗粒态沉于底部。根据鱼类网箱养殖产量2009年的统计数据计算，鱼类养殖排放入象山港的排放量为化学需氧量4 595.43 t/a，总氮724.83 t/a，总磷156.96 t/a，网箱类养殖的年污染物排放量见表2.2 – 11。

表 2.2 – 11　网箱类养殖的年污染排放量　　　　　　　　　　　单位：t/a

行政区划	化学需氧量	总氮	总磷
莼湖镇	11.4	2.8	0.3
裘村镇	267.6	65.6	6.6
松岙镇	106.1	26.0	2.6
贤庠镇	99.4	24.4	2.4
其他乡镇	129.7	31.8	3.2
西周镇	96.5	23.6	2.4

综合上述三个污染源入海通量数据，象山港污染物的入海通量为化学需氧量7 427.6 t/a，总氮2 427.2 t/a，总磷347.7 t/a。

2.2.1.4　海洋环境质量及其变化分析

通过《中国海湾志》（中国海湾志编纂委员会，1992）、《象山港养殖生态和网箱养鱼的养殖容量研究与评价》（宁修仁，胡锡钢等，2002）中的历史数据以及浙江省"908"专项数据的分析，对象山港环境质量变化趋势总结如下。

1）化学需氧量

象山港 1982—2010 年化学需氧量的各月份含量分布范围及平均值见表 2.2 - 12。

表 2.2 - 12　1982—2010 年化学需氧量分布范围及平均值　　　单位：mg/dm³

时间	化学需氧量变化范围	平均值
1982 - 12	0.47 ~ 2.38	1.35
1983 - 05	0.30 ~ 2.16	1.20
1983 - 07	0.54 ~ 0.86	0.71
1983 - 10	0.55 ~ 2.25	1.13
2000 - 01	0.46 ~ 1.74	0.93
2000 - 04	0.53 ~ 2.91	1.13
2000 - 07	0.48 ~ 1.72	1.00
2000 - 10	0.51 ~ 1.78	0.84
2010 - 01	0.38 ~ 2.41	0.93

从表 2.2 - 12 中可以看出，象山港近 30 年来化学需氧量的平均含量未出现显著性的变化，化学需氧量平均值一直维持在 1 左右。

2）无机氮和活性磷酸盐

对象山港近 20 年来各个季节无机氮和活性磷酸盐的含量分析统计和趋势变化分析，无机氮和活性磷酸盐含量均呈现逐步上升的趋势，无机氮的平均含量由 20 世纪 80 年代的 0.3 mg/dm³ 上升到 2000 年的 0.6 mg/dm³，至 2006—2007 年则升高到 0.75 mg/dm³；磷酸盐的平均含量也是由 80 年代的 0.024 mg/dm³ 上升到了 2000 年的 0.043 mg/dm³，2006—2007 年象山港的活性磷酸盐上升为 0.054 mg/dm³，尽管在过去的 20 多年里，象山港海水中氮和磷含量呈上升的趋势，但是这种上升趋势增加的幅度在逐渐减小。

2.2.2　海洋生物与生态

2.2.2.1　叶绿素 a 与初级生产力

1）叶绿素 a

（1）叶绿素 a 浓度的平面和垂直分布

象山港海域大面观测站四季叶绿素 a 浓度的分布范围为 0.20 ~ 8.09 μg/dm³，大小相差 1 个数量级，平均值 1.66 μg/dm³。最小值与最大值分别出现在冬季 XS15 站的表层水和夏季 XS03 站的表层水。四个季节表层平均叶绿素 a 浓度为（1.98 ±0.20）μg/dm³，5 m 层平均叶绿素 a 浓度为（1.52 ±0.14）μg/dm³，10 m 层平均叶绿素 a 浓度为（1.37 ±0.14）μg/dm³，底层平均叶绿素 a 浓度为（1.58 ±0.14）μg/dm³。从区域分布看，湾顶区域（XS01 ~ XS06 站）表层的叶绿素 a 浓度高于湾中（XS07 ~ XS12 站）和湾口区域（XS13 ~ XS18 站）；底层叶绿素 a 浓度与表层浓度分布呈相似趋势，由湾顶到湾口叶绿素 a 浓度分布呈逐渐降低趋势（表2.2-13）。

表2.2-13 象山港海域平均叶绿素 a 浓度 单位：μg/dm³

海 区	表 层		底 层	
	平均值±标准误	样本数 n	平均值±标准误	样本数 n
湾 口	1.24±0.21	24	1.01±0.13	24
湾 中	1.77±0.31	24	1.33±0.15	22
湾 顶	2.95±0.39	24	2.43±0.33	22
全海湾	1.98±0.20	72	1.57±0.15	68

（2）叶绿素 a 浓度的季节变化

象山港海域叶绿素 a 浓度季节变化明显，从高到低依次为冬季、秋季、春季、夏季（表2.2-14）。

表2.2-14 象山港海域叶绿素 a 浓度季节变化 单位：μg/dm³

时 序	项目	表 层	底 层
春季	均值	2.24	1.93
	分布范围	0.83~4.77	0.47~5.27
夏季	均值	3.04	2.23
	分布范围	1.53~8.09	1.33~5.53
秋季	均值	1.78	1.28
	分布范围	0.62~7.99	0.64~2.77
冬季	均值	0.88	0.92
	分布范围	0.20~3.62	0.22~5.27
四季	均值	1.98	1.57
	分布范围	0.20~8.09	0.22~5.53

春季海水温度回升，光合浮游生物的生长繁殖速率加快，海区叶绿素 a 浓度明显增高，平均浓度比冬季高1倍以上，表层叶绿素 a 变幅范围为0.83~4.77 μg/dm³。高浓度出现在湾顶区域的 XS04 站，低值位于湾口区域的 XS18 站，呈现湾口到湾顶叶绿素 a 浓度逐渐升高的趋势（图2.2-1a）。底层叶绿素 a 变幅范围为0.47~5.27 μg/dm³。高浓度出现在湾顶区域的 XS06 站，低值位于湾中区域的 XS11 站，依然呈现湾口到湾顶叶绿素 a 浓度逐渐升高的趋势（图2.2-2a）。

夏季海水温度升高进一步促进了光合浮游生物的生长繁殖，全海湾均处在相对高叶绿素 a 浓度范围，表层叶绿素 a 浓度分布范围为1.53~8.09 μg/dm³，最大值出现在湾顶区域的 XS03 站，最小值出现在湾中区域的 XS08 站，表层叶绿素 a 浓度呈现湾顶区域高于湾中和湾口的特征，而湾口和湾中分布则相对均匀（图2.2-1b）。底层叶绿素 a 浓度分布范围为1.33~5.53 μg/dm³，最大值出现在湾顶区域的 XS01 站，最小值出现在湾中区域的 XS08 站，表层叶绿素 a 浓度呈现湾顶区域高于湾中和湾口的特征，而湾口和湾中则分布相对均匀（图2.2-2b）。

秋季表层浓度的变幅范围为 0.62 ~ 7.99 μg/dm³，最大值出现在西沪港内的 XS11 站，最小值出现在湾口水域的 XS14 站，表层浓度分布呈现从湾中向湾顶和口门两端逐渐减小的趋势（图 2.2 – 1c）。底层浓度的变幅范围稍小，在 0.64 ~ 2.77 μg/dm³，最大值依然出现在西沪港内的 XS11 站，最小值出现在湾口水域的 XS16 站，底层浓度分布依然呈现从湾中向湾顶和口门两端逐渐减小的趋势（图 2.2 – 2c）。

冬季表层浓度的变幅范围为 0.20 ~ 3.62 μg/dm³，最大值出现在湾顶的 XS04 站，最小值出现在湾口水域的 XS15 站，表层浓度分布呈现从湾顶到湾口逐渐减小的趋势（图 2.2 – 1d）。底层浓度的变幅范围稍大，在 0.22 ~ 5.27 μg/dm³，最大值出现在湾顶的 XS03 站，最小值出现在湾口水域的 XS17 站，依然呈现从湾顶到湾口逐渐减小的趋势（图 2.2 – 2d）。

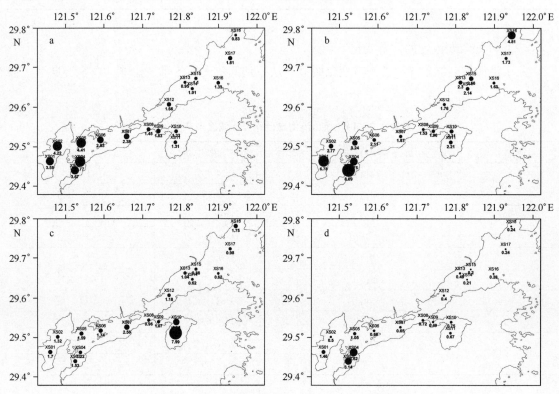

图 2.2 – 1　象山港海域表层叶绿素 a 浓度平面分布
a. 春季；b. 夏季；c. 秋季；d. 冬季

2）初级生产力

（1）初级生产力平面分布

象山港观测站初级生产力（以碳计）在 0.383 ~ 18.237 mg/（m³·h）。表层潜在初级生产力为 0.386 ~ 34.491 mg/（m³·h），平均值为（10.016±9.812）mg/（m³·h）。高生产力随季节差异出现在不同的区位，春季出现在港顶部 XS05 站（图 2.2 – 3a），夏季出现在湾口梅山岛附近 XS18 站（图 2.2 – 3b），秋季出现在西沪港的 XS10 站（图 2.2 – 3c），冬季初级生产力低，尤其在港口的 XS18 站仅 0.386 mg/（m³·h）（图 2.2 – 3d）。

（2）初级生产力垂直分布

象山港中西部海水清澈，透明度大都在 1.0 m 以上，最大值为 1.8 m。湖头渡以东的港

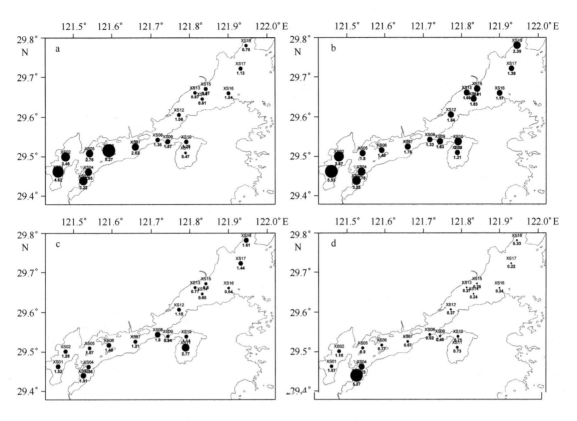

图 2.2-2　象山港海域底层叶绿素 a 浓度平面分布
a. 春季；b. 夏季；c. 秋季；d. 冬季

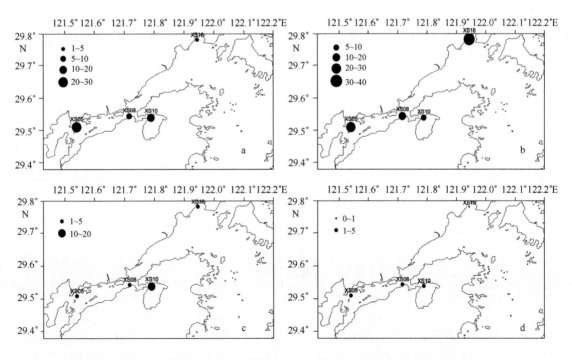

图 2.2-3　象山港观测站表层初级生产力［mg/（m³·h）］（以碳计）
a. 春季；b. 夏季；c. 秋季；d. 冬季

口区透明度较低，大都在0.5 m以下，最低透明度仅为0.2 m。因此，阳光入射海面时经反射、散射等衰减至1%的深度，一般不超过5 m。在1%入射光强的初级生产力观测水层在5 m以内。从观测站表层、10%入射光强水层和1%水层的分布看，潜在生产力下降显著，尽管深度仅数米之差，但下层水的生产力均较低（图2.2－4）。

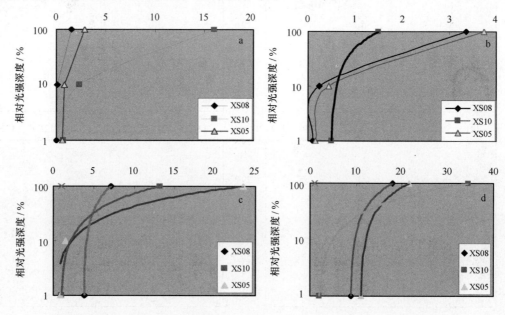

图2.2－4　象山港观测站潜在生产力垂直分布［mg/（m³·h）］（以碳计）

a. 春季；b. 夏季；c. 秋季；d. 冬季

（3）季节变化

象山港四季分明，春季、夏季、秋季和冬季观测站表层平均水温分别为16.0℃、30.26℃、25.40℃和10.58℃。初级生产力季节变化明显，夏季生产力最高，春季次之，秋季居第三位，冬季最低（表2.2－15）。

表2.2－15　象山港观测站表层光合浮游生物参数季节变化

季　节	初级生产力 /［mg/（m³·h）］ （以碳计）	透明度 /m	叶绿素a /（mg/m³）	生产力指数 /［mg/（m³·h）］ （叶绿素a）
春　季	11.575 ±9.037	1.16 ±0.37	1.90 ±1.16	5.50 ±1.81
夏　季	18.783 ±10.402	0.87 ±0.25	3.02 ±1.66	6.22 ±1.72
秋　季	5.652 ±6.917	0.97 ±0.43	2.55 ±2.89	2.10 ±0.48
冬　季	2.246 ±1.580	0.86 ±0.51	0.76 ±0.36	2.67 ±1.34
年平均	9.564 ±7.225	0.96 ±0.41	2.06 ±0.98	4.12 ±2.04

春季象山港水温增高，光合浮游生物活性增强，水体透明度增高，除了港口区测站透明度较小外，港内测站的透明度均高于1.0 m，达到4个季度月的最大平均透明度（1.16 ±0.37）m。真光层增厚使得下层的光合浮游生物更加适宜生长繁衍，初级生产力明显增高。表层初级生产力为2.562～23.446 mg/（m³·h），平均值为（11.575 ±9.037）mg/（m³·h），

大大高于冬季和秋季。从观测站叶绿素 a 浓度分布来看，平均浓度高于冬季而比秋季低，但生产力指数春季却比秋季和冬季高 1 倍以上，平均生产力指数达到 (5.50 ± 1.81) mg/ (mg·h) (叶绿素 a)，尤其在港顶部的 XS05 站，既有较高的生物现存量，叶绿素 a 浓度高达 3.49 mg/m³，又有较大的光合作用碳同化能力 [6.72 mg/ (mg·h)]，初级生产力达到 23.446 mg/ (m³·h)。而港口 XS18 站的初级生产力在 4 个观测站中最低 (图 2.2 - 3)。港湾水浅，初级生产力随深度变化降幅较快，XS05 站表层出现高的初级生产力 23.446 mg/ (m³·h)，但当光强衰减至表面光强 10% 水平，即水深 3 m 时，初级生产力仅为 1.554 mg/ (m³·h)，比表层降低 93.4%；当光衰减至表面光强 1% 水平，即水深 4.5 m 时，初级生产力仅为 0.834 mg/ (m³·h)，比表层生产力下降了 96.4%，比 3 m 层下降了 46% (图 2.2 -4a)。

夏季象山港水温进一步升高，观测站表层水温在 30℃ 以上。港顶部 XS05 站表层的最高水温达到 32.6℃。高温对于港内光合浮游生物的碳同化能力影响不明显，表现为夏季初级生产力出现 4 个季度月中的最大值 (表 2.2 - 15)。夏季港内表层初级生产力在 6.690 ~ 34.491 mg/ (m³·h)，平均值为 (18.783 ± 10.402) mg/ (m³·h)，达到秋季、冬季和春季港内初级生产力的总和。港内光合浮游生物量高，观测站平均叶绿素 a 浓度为 (3.02 ± 1.66) mg/m³，生产力指数达到 6.22 mg/ (mg·h) (叶绿素 a)。2007 年 7 月下旬象山港表现为高生物现存量和高初级生产力。在潮流相对平缓的港区中西部，透明度较深，表层水温比港口区高 2 ~ 4℃，现存生物量和初级生产力不及港口 XS18 站高 (图 2.2 - 4b)。XS18 站为夏季港内最高生产力站位，该站透明度为 0.7 m，表层水温为 28.2℃，叶绿素 a 浓度为 5.87 mg/m³，初级生产力为 34.491 mg/ (m³·h)，已有赤潮发生的迹象；而在光强衰减至表面光强 1%，水深 2.2 m 的水层，叶绿素 a 浓度 (2.62 mg/m³)、初级生产力 [1.983 mg/ (m³·h)] 和初级生产力指数 [0.76 mg/ (mg·h) (叶绿素 a)] 均大大降低，表明高生物量和高生产力仅出现在表层较薄水层，或许处在浮游生物旺发的起始阶段；而西沪港 XS10 站出现该航次港内最低的透明度 (0.5 m)，水体比较混浊，表层叶绿素 a 浓度和初级生产力均为该航次的最低值，分别为 1.99 mg/m³ 和 6.690 mg/ (m³·h)，但初级生产力指数并不低，为 3.36 mg/ (mg·h) (叶绿素 a)。

秋季象山港中部和顶部海水清澈，观测站透明度为 1.0 ~ 1.5 m，真光层深度均在 3.0 m 以上；而梅山岛附近的港口区水体较混浊，透明度在 0.3 ~ 0.4 m，梅山岛附近的 XS18 站水深较浅，透明度为 0.3 m。秋季表层潜在初级生产力为 1.503 ~ 15.995 mg/ (m³·h)，平均初级生产力为 (5.652 ± 6.917) mg/ (m³·h)。XS08 站位于港区中部主干道上，水体交换能力较强，潜在生产力相对较低 [垂直平均生产力为 0.383 mg/ (m³·h)]。潜在初级生产力的最大值出现在湾中部的内湾——水体交换比较缓慢的西沪港内 XS10 站 (图 2.2 -5)。秋季港内透明度平均值为 (0.97 ± 0.43) m，观测站表层叶绿素 a 浓度在 0.86 ~ 6.86 mg/m³，初级生产力与生物现存量之间具有紧密的相关性，生产力指数不高，在 1.55 ~ 2.64 mg/ (mg·h) (叶绿素 a)，平均值为 (2.10 ± 0.48) mg/ (mg·h) (表 2.2 -15)。港口区 XS18 站真光层浅 (1 m)，潜在初级生产力观测仅采集表层水样，表现出最低生产力水平。港中部的 XS08、西沪港 XS10 站以及港顶部鱼排养殖区附近的 XS05 站，海水比较清澈，透明度均大于 1.0 m，但表面光强衰减至 1% 的真光层深度也在 5.0 m 以内，真光层底部的潜在初级生产力明显下降，平均值仅占表层生产力的 13% 左右 (图 2.2 -4c)。

冬季浙江沿海水温明显下降，象山港表层平均水温为 10.58℃，比秋季下降 15℃ 左右；透明度较浅，真光层变薄，潜在初级生产力下降，表层初级生产力为 0.386 ~ 3.738 mg/ (m³·h)，平均值为（2.246 ± 1.580）mg/（m³·h），比秋季下降了约60%；平均现存生物量（叶绿素a浓度）同样下降了约70%，初级生产力指数略高于秋季（表2.2 – 15）。这种现象说明港湾内水温10℃左右的海水，同样适宜光合浮游植物的生长繁殖，光合作用碳转化的能力并没有减弱，只是参与进行光合作用的浮游植物数量降低，也许仅是生物周期性的变化使得观测时期海湾内初级生产力下降。从4个观测站的结果来看，湾中部西沪港的XS10站和湾口区的XS18站初级生产力下降显著，特别是XS10站的初级生产力比秋季降低了约90%，而港中部XS08站和港顶部的XS05站潜在初级生产力还略高于秋季（图2.2 – 3）。从垂向分布看，冬季湾中部以西各观测站的初级生产力与秋季分布趋势大体一致，均表现出表层生产力较高，随深度增加、光强减弱，初级生产力明显下降。表面光强衰减至1%的下层水，冬季初级生产力水平与秋季近似，均在0.5 mg/（m³·h）以下（图2.2 – 4b）。而冬季湾口区XS18站透明度仅0.3 m，表层初级生产力极低（图2.2 – 5）。

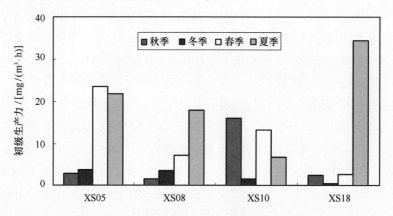

图2.2 – 5　象山港观测站不同季节初级生产力分布

3）小结

（1）象山港海域四季叶绿素a浓度分布范围为0.20 ~ 8.09 μg/dm³，平均值1.66 μg/dm³。四个季节表层平均叶绿素a浓度为（1.98 ± 0.20）μg/dm³；5 m层平均叶绿素a浓度为（1.52 ± 0.14）μg/dm³；10 m层平均叶绿素a浓度为（1.37 ± 0.14）μg/dm³；底层平均叶绿素a浓度为（1.58 ± 0.14）μg/dm³。海域叶绿素a浓度的总体分布趋势呈现由湾口到湾顶逐渐升高的趋势。海域叶绿素a浓度呈明显的季节变化，变化趋势由大到小依次为表层夏季（2.23 μg/dm³）、春季（2.24 μg/dm³）、秋季（1.78 μg/dm³）、冬季（0.88 μg/dm³）；底层由大到小依次为夏季（3.04 μg/dm³）、春季（1.93 μg/dm³）、秋季（1.28 μg/dm³）、冬季（0.92 μg/dm³）。

（2）象山港观测站初级生产力在0.383 ~ 18.237 mg/（m³·h）。表层潜在初级生产力为0.386 ~ 34.491 mg/（m³·h），平均值为（10.016 ± 9.812）mg/（m³·h）。初级生产力季节变化明显，夏季最高，春季次之，秋季再次，冬季最低。表层初级生产力春季为2.562 ~ 23.446 mg/（m³·h），平均值为（11.575 ± 9.037）mg/（m³·h）；夏季6.690 ~ 34.491 mg/（m³·h），平均值为（18.783 ± 10.402）mg/（m³·h）；秋季1.503 ~ 15.995 mg/（m³·h），平均为（5.652 ± 6.917）mg/（m³·h）；冬季为0.386 ~ 0.738 mg/（m³·h），平均值为（2.246 ± 1.580）mg/（m³·h）。

2.2.2.2 浮游植物

1）种类组成

春、夏、秋、冬季象山港海域共鉴定出浮游植物 54 属 116 种（含变种、变型）。其中硅藻门种类数最多，35 属 87 种；甲藻门次之，12 属 21 种；蓝藻门 4 属 4 种；裸藻和绿藻门各 1 属 1 种，金藻门 1 属 2 种。

春季象山港海域共鉴定出浮游植物 47 种（含变种、变型），其中硅藻门最多，为 15 属 36 种；甲藻门次之，5 属 9 种；裸藻和金藻门各 1 属 1 种。硅藻中圆筛藻属种类数最多，共有 10 种；海链藻属种类数次之，共有 5 种。甲藻中以原多甲藻属种类最多，为 6 种。

夏季象山港海域共鉴定出浮游植物 63 种（含变种、变型），其中硅藻门最多，为 23 属 43 种；甲藻门次之，为 8 属 15 种；裸藻和金藻门各 1 属 1 种；蓝藻 3 属 3 种。硅藻中海链藻属种类数最多，共有 6 种；圆筛藻属种类数次之，为 5 种。甲藻中以原多甲藻属种类最多，有 5 种；角藻次之，有 4 种。

秋季象山港海域共鉴定出浮游植物 62 种（含变种、变型），其中硅藻门最多，22 属 45 种；甲藻门次之，8 属 15 种；蓝藻门最少，2 属 2 种。硅藻中以圆筛藻属种类数最多，共有 8 种；角毛藻属和斜纹藻属种类数次之，均为 4 种。甲藻中以原多甲藻属种类为主，共有 5 种。

冬季象山港海域共鉴定出浮游植物 61 种（含变种、变型），其中硅藻门最多，22 属 47 种；甲藻门次之，6 属 10 种；蓝藻门 1 属 2 种；裸藻和绿藻门各 1 属 1 种。硅藻中以圆筛藻属种类数最多，共有 11 种；菱形藻属和斜纹藻属种类数次之，均为 5 种。甲藻中以原多甲藻属种类为主，共有 5 种。

2）群落生态类型

近岸低盐类群：其种类多是本区的优势种，出现的种类数和丰度普遍较高，代表种类有中肋骨条藻、琼氏圆筛藻、大洋角管藻等，其他种类还有中华盒形藻、拟弯角毛藻、窄隙角毛藻、布氏双尾藻和尖刺伪菱形藻等。

外海高盐类群：各种在本区的丰度和出现频率普遍较低，主要出现在温度较高的夏季和秋季，代表种类有笔尖形根管藻、翼鼻状藻和太阳漂流藻。

海洋广布性类群：在本区中的比例仅次于近岸低盐类群，主要代表种有辐射圆筛藻、星脐圆筛藻和垂缘角毛藻等。

3）细胞丰度

（1）浮游植物网样

网采浮游植物春季平均细胞密度为（323.89±599.30）×10^3个/m³，其中 XS15 站细胞密度最低（62.00×10^3个/m³），XS01 站细胞密度最高（2 680.00×10^3个/m³），丰度高值区位于港底部，低值区位于西沪港和港口（图 2.2-6）；夏季平均细胞密度为（654.22±484.09）×10^3个/m³，其中 XS06 站细胞密度最低（69.00×10^3个/m³），XS18 站细胞密度最高（1 621.00×10^3个/m³），丰度高值区位于西沪港和港口，低值区位于港中部（图 2.2-7）；秋季平均细胞密度为（1 413.61±3 606.70）×10^3个/m³，其中 XS07 和 XS16 站细胞密度最低（均为 56.00×10^3个/m³），

XS10 站细胞密度最高（13 772.00 ×10³个/m³），丰度高值区位于西沪港，低值区位于港中部和港口（图 2.2 - 8）；冬季平均细胞密度为（78.94 ±108.04）×10³个/m³，其中 XS12 站细胞密度最低（7.00 ×10³个/m³），XS03 站细胞密度最高（450.00 ×10³个/m³），丰度高值区位于港底部，低值区位于港中部和港口（图 2.2 - 9）。

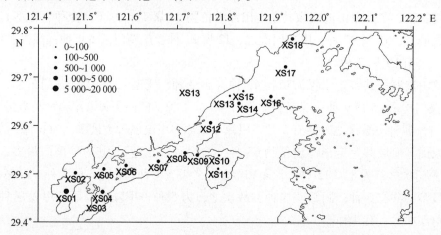

图 2.2 - 6　春季网采浮游植物丰度分布（×10³ 个/m³）

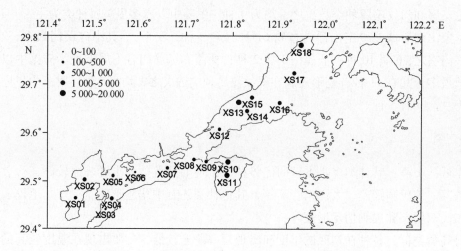

图 2.2 - 7　夏季网采浮游植物丰度分布（×10³ 个/m³）

（2）浮游植物水样

①表层

浮游植物表层水样春季平均细胞密度为（38.66 ±106.95）×10³个/dm³，其中 XS12 站细胞密度最低（1.20 ×10³个/dm³），XS02 站细胞密度最高（453.60 ×10³个/dm³），丰度高值区位于港底部，低值区位于港中部和港口（图 2.2 - 10）；夏季平均细胞密度为（264.61 ±715.19）×10³个/dm³，其中 XS08 和 XS12 站细胞密度最低（均为 1.40 ×10³个/dm³），XS01 站细胞密度最高（2 662.90 ×10³个/dm³），丰度高值区位于港底部，低值区位于港中部（图 2.2 - 11）；秋季平均细胞密度为（38.63 ±80.73）×10³个/dm³，其中 XS01 站细胞密度最低（2.00 ×10³个/dm³），XS11 站细胞密度最高（272.10 ×10³个/dm³），丰度高值区位于西沪港，低值区位于港底部（图 2.2 - 12）；冬季平均细胞密度为（9.78 ±12.48）×10³个/dm³，

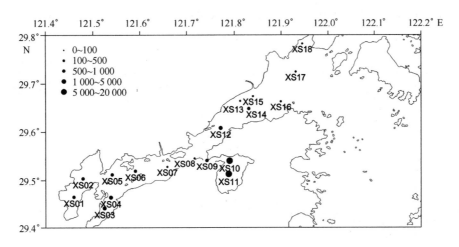

图 2.2 – 8 秋季网采浮游植物丰度分布（×10³ 个/m³）

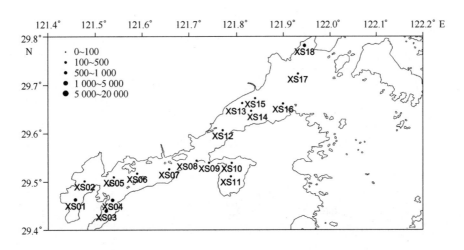

图 2.2 – 9 冬季网采浮游植物丰度分布（×10³ 个/m³）

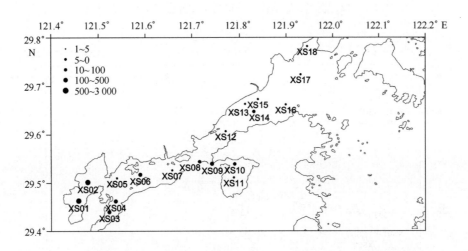

图 2.2 – 10 春季表层水体浮游植物丰度分布（×10³ 个/m³）

其中 XS13 站细胞密度最低（1.00×10^3 个/dm^3），XS03 站细胞密度最高（50.50×10^3 个/dm^3），丰度高值区位于港底部，低值区位于港口（图 2.2 – 13）。

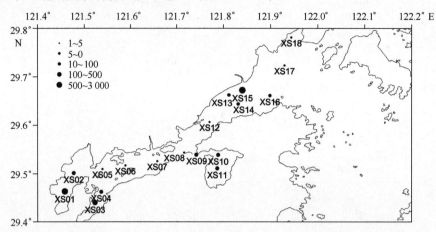

图 2.2 – 11　夏季表层水体浮游植物丰度分布（$\times 10^3$ 个/dm^3）

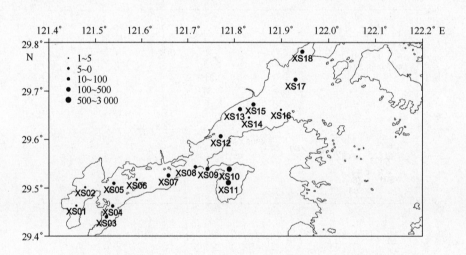

图 2.2 – 12　秋季表层水体浮游植物丰度分布（$\times 10^3$ 个/dm^3）

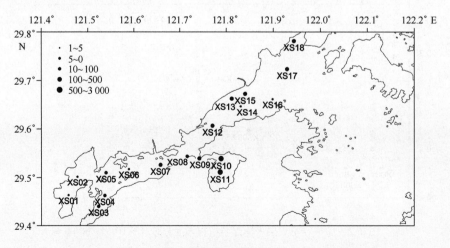

图 2.2 – 13　冬季表层水体浮游植物丰度分布（$\times 10^3$ 个/dm^3）

②底层

浮游植物底层水样春季平均细胞密度为（27.21±40.56）×10³ 个/dm³，其中 XS17 站细胞密度最低（1.90×10³ 个/dm³），XS06 站细胞密度最高（453.60×10³ 个/dm³），丰度高值区位于港底部，低值区位于港中部和港口（图 2.2 - 14）；夏季平均细胞密度为（76.36±227.08）×10³ 个/dm³，其中 XS06 站细胞密度最低（2.50×10³ 个/dm³），XS01 站细胞密度最高（920.90×10³ 个/dm³），丰度高值区位于港底部，低值区位于港中部和港口（图 2.2 - 15）；秋季平均细胞密度为（14.29±39.29）×10³ 个/dm³，其中 XS15 站细胞密度最低（1.50×10³ 个/dm³），XS10 站细胞密度最高（272.10×10³ 个/dm³），丰度高值区位于西沪港，低值区位于港底部（图 2.2 - 16）；冬季平均细胞密度为（8.56±13.79）×10³ 个/dm³，其中 XS13 站细胞密度最低（1.00×10³ 个/dm³），XS03 站细胞密度最高（50.40×10³ 个/dm³），丰度高值区位于港底部，低值区位于港中部和港口（图 2.2 - 17）。

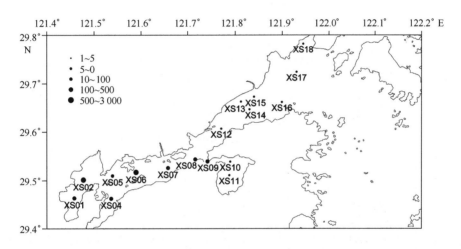

图 2.2 - 14　春季底层水体浮游植物丰度分布（×10³ 个/dm³）

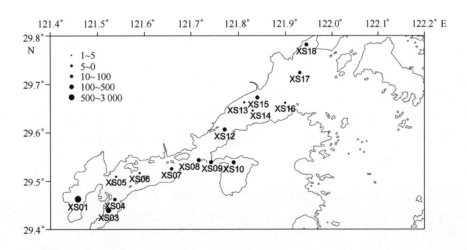

图 2.2 - 15　夏季底层水体浮游植物丰度分布（×10³ 个/dm³）

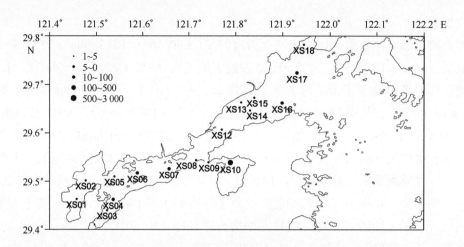

图 2.2 - 16　秋季底层水体浮游植物丰度分布（×10³ 个/dm³）

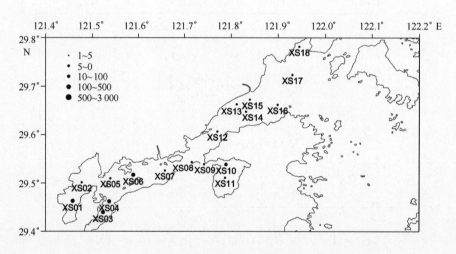

图 2.2 - 17　冬季底层水体浮游植物丰度分布（×10³ 个/dm³）

4）优势种及其数量分布

（1）网样

象山港网采浮游植物春、冬季优势种（优势度 $Y \geqslant 0.02$）均为琼氏圆筛藻和中肋骨条藻，夏、秋季优势种均为琼氏圆筛藻和大洋角管藻。各优势种在不同季节的优势度（Y）和站位出现频率见表 2.2 - 16。

表 2.2 - 16　象山港浮游植物网样优势种的优势度（Y）和出现频率（%）

优势种	春季		夏季		秋季		冬季	
	优势度	频率	优势度	频率	优势度	频率	优势度	频率
大洋角管藻	—	—	0.171	61	0.272 4	50	—	—
琼氏圆筛藻	0.278 2	100	0.507 2	100	0.034 5	100	0.133	100
中肋骨条藻	0.057 4	17	—	—	—	—	0.272 4	44

①春季

春季浮游植物网样优势种琼氏圆筛藻的平均细胞密度为（90.11±63.56）×10³个/m³，丰度高值区位于港底部和港中部，低值区位于西沪港和港口（图2.2-18）；另一优势种中肋骨条藻的平均细胞密度为（147.00±529.42）×10³个/m³，丰度高值区位于港底部，低值区位于港中部、西沪港和港口（图2.2-19）。

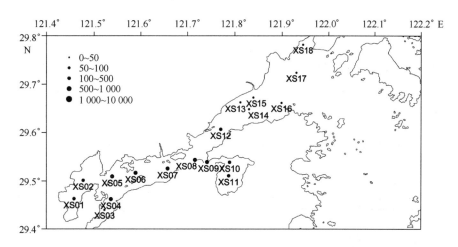

图2.2-18　象山港春季浮游植物网样优势种琼氏圆筛藻的丰度分布（×10³个/dm³）

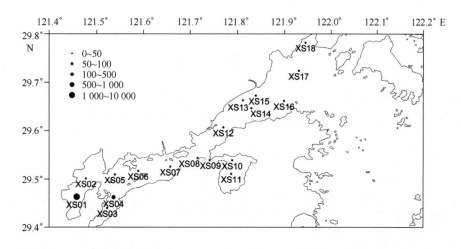

图2.2-19　象山港春季浮游植物网样优势种中肋骨条藻的丰度分布（×10³个/dm³）

②夏季

夏季浮游植物网样优势种琼氏圆筛藻的平均细胞密度为（331.83±408.63）×10³个/m³，丰度高值区位于港口，低值区位于黄墩港和港中部（图2.2-20）；另一优势种大洋角管藻的平均细胞密度为（183.33±289.42）×10³个/m³，丰度高值区位于港底部和西沪港，低值区位于港中部和港口（图2.2-21）。

③秋季

秋季浮游植物网样优势种琼氏圆筛藻的平均细胞密度为（48.72±116.72）×10³个/m³，丰度高值区位于西沪港，低值区位于港底部和港中部（图2.2-22）；另一优势种大洋角管藻

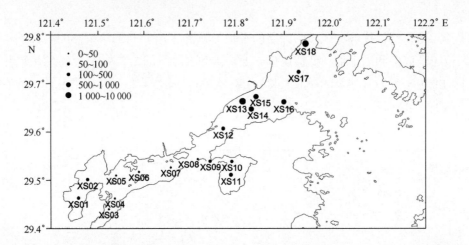

图 2.2 – 20 象山港夏季浮游植物网样优势种琼氏圆筛藻的丰度分布（×10³ 个/dm³）

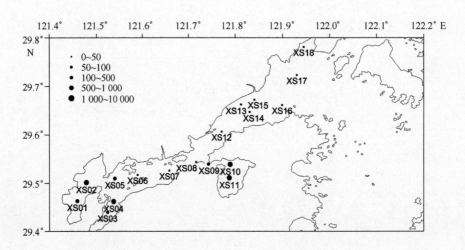

图 2.2 – 21 象山港夏季浮游植物网样优势种大洋角管藻的丰度分布（×10³ 个/dm³）

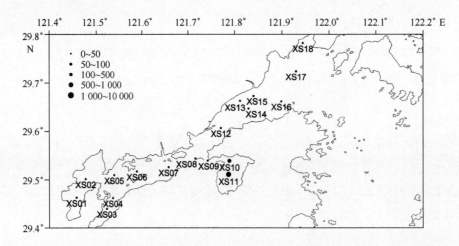

图 2.2 – 22 象山港秋季浮游植物网样优势种琼氏圆筛藻的丰度分布（×10³ 个/dm³）

的平均细胞密度为（824.33 ± 2204.87）× 10^3 个/m³，丰度高值区位于港底部和西沪港，低值区位于港中部和港口（图 2.2 – 23）。

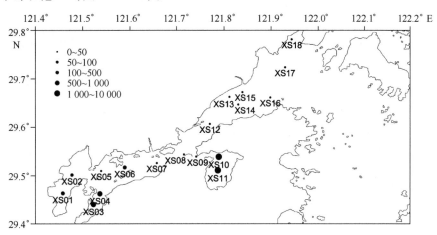

图 2.2 – 23　象山港秋季浮游植物网样优势种大洋角管藻的丰度分布（× 10^3 个/dm³）

④冬季

冬季浮游植物网样优势种琼氏圆筛藻的平均细胞密度为（48.72 ± 116.72）× 10^3 个/m³，丰度高值区位于港口，低值区位于港中部和西沪港（图 2.2 – 24）；另一优势种中肋骨条藻的平均细胞密度为（48.39 ± 94.72）× 10^3 个/m³，丰度高值区位于港底部，低值区位于港中部和港口（图 2.2 – 25）。

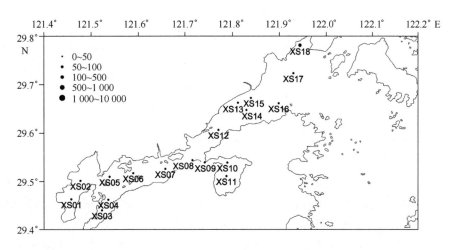

图 2.2 – 24　象山港冬季浮游植物网样优势种琼氏圆筛藻的丰度分布（× 10^3 个/dm³）

（2）水样

①表层

象山港表层水体浮游植物优势种四季累积出现大洋角管藻、线形圆筛藻、小细柱藻、菱形藻、中肋骨条藻、尖刺伪菱形藻、密集海链藻、海链藻、泰晤士扭鞘藻和原多甲藻孢囊 10 种（表 2.2 – 17）。

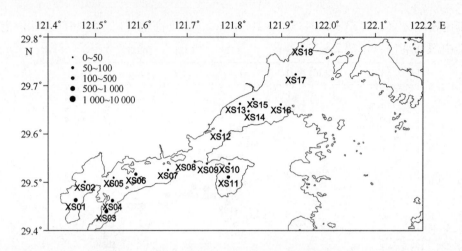

图 2.2 – 25　象山港冬季浮游植物网样优势种中肋骨条藻的丰度分布（×10³ 个/dm³）

表 2.2 – 17　象山港调查海域四季表层水体浮游植物优势种的优势度（Y）和出现频率（%）

优势种	春季		夏季		秋季		冬季	
	优势度	频率	优势度	频率	优势度	频率	优势度	频率
大洋角管藻	—	—	0.068 8	22	0.070 5	39	—	—
线形圆筛藻	—	—	—	—	0.038 8	61	—	—
小细柱藻	—	—	0.047 3	22	—	—	—	—
菱形藻	—	—	—	—	—	—	0.032 3	61
中肋骨条藻	0.284 9	39	0.121 5	33	—	—	—	—
尖刺伪菱形藻	—	—	—	—	0.073 7	39	—	—
密集海链藻	—	—	—	—	—	—	0.059 7	33
海链藻	0.058 9	67	—	—	—	—	—	—
泰晤士扭鞘藻	—	—	—	—	0.028 0	22	—	—
原多甲藻孢囊	—	—	—	—	0.033 0	61	—	—

春季

春季表层水体浮游植物优势种有中肋骨条藻和海链藻，其优势度分别为 0.284 9 和 0.058 9，出现频率分别为 39% 和 67%，平均细胞密度分别为（28.32 ±92.88）×10³个/dm³ 和（3.42 ± 5.99）×10³个/dm³。中肋骨条藻丰度高值区位于港底部，低值区位于港口（图 2.2 – 26）；海链藻丰度高值区位于港底部，低值区位于港口（图 2.2 – 27）。

夏季

夏季表层水体浮游植物优势种有大洋角管藻、小细柱藻和中肋骨条藻，其优势度分别为 0.068 8、0.047 3 和 0.121 5；出现频率分别为 22%、22% 和 33%；平均细胞密度为（81.83 ± 337.04）×10³个/dm³、（56.30 ±235.53）×10³个/dm³ 和（96.40 ±391.28）×10³个/dm³。大洋角管藻（图 2.2 – 28）和小细柱藻（图 2.2 – 29）丰度高值区均位于港底部和西沪港，低值区均位于港中部和港口；中肋骨条藻丰度高值区位于港底部和西沪港，低值区位于港中部（图 2.2 – 30）。

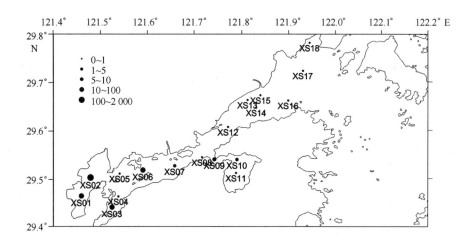

图 2.2－26 象山港春季浮游植物表层水样优势种中肋骨条藻的丰度分布 （×10³ 个/dm³）

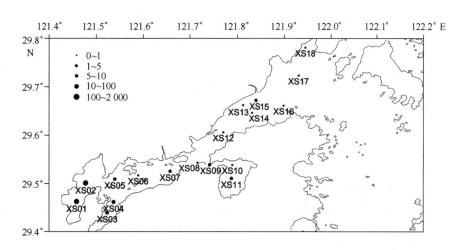

图 2.2－27 象山港春季浮游植物表层水样优势种海链藻的丰度分布 （×10³ 个/dm³）

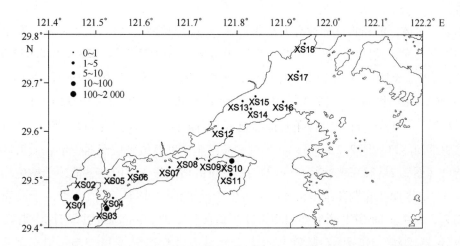

图 2.2－28 象山港夏季浮游植物表层水样优势种大洋角管藻的丰度分布 （×10³ 个/dm³）

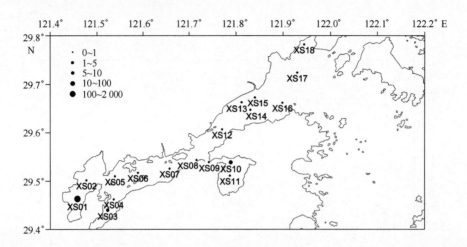

图 2.2 – 29 象山港夏季浮游植物表层水样优势种小细柱藻的丰度分布 （×10³ 个/dm³）

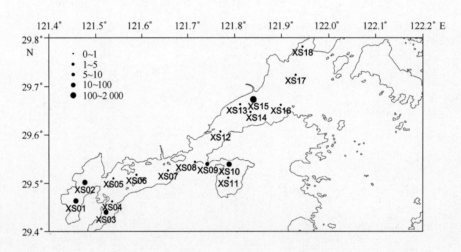

图 2.2 – 30 象山港夏季浮游植物表层水样优势种中肋骨条藻的丰度分布 （×10³ 个/dm³）

秋季

秋季表层水体浮游植物优势种有大洋角管藻、线形圆筛藻、尖刺伪菱形藻、泰晤士扭鞘藻和原多甲藻孢囊，其优势度分别为 0.070 5、0.038 8、0.073 7、0.028 0 和 0.033 0，出现频率分别为 39%、61%、39%、22% 和 61%，平均细胞密度为 （7.01 ± 19.12）×10³ 个/dm³、（2.46 ± 5.96）×10³ 个/dm³、（7.32 ± 19.12）×10³ 个/dm³、（7.32 ± 19.11）×10³ 个/dm³ 和（4.86 ± 11.28）×10³ 个/dm³。大洋角管藻细胞密度高值区位于西沪港和黄墩港，低值区位于铁港、港中部和港口 （图 2.2 – 31）；线形圆筛藻细胞密度高值区位于西沪港，低值区位于港中部和港口 （图 2.2 – 32）；尖刺伪菱形藻细胞密度高值区位于西沪港，港顶部站位均未检出（图 2.2 – 33）；泰晤士扭鞘藻细胞密度高值区位于西沪港和港口，低值区均位于港底部和港中部 （图 2.2 – 34）；原多甲藻孢囊细胞密度高值区位于西沪港，低值区均位于港底部 （图 2.2 – 35）。

冬季

冬季表层水体浮游植物优势种有菱形藻和密集海链藻，其优势度分别为 0.032 3 和

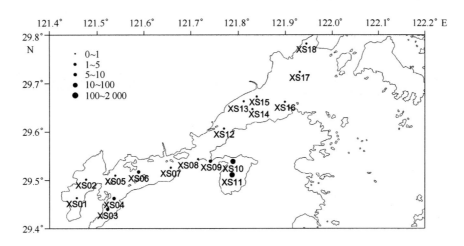

图 2.2 - 31　象山港秋季浮游植物表层水样优势种大洋角管藻的丰度分布（×10³ 个/dm³）

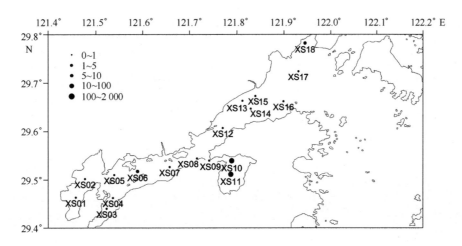

图 2.2 - 32　象山港秋季浮游植物表层水样优势种线形圆筛藻的丰度分布（×10³ 个/dm³）

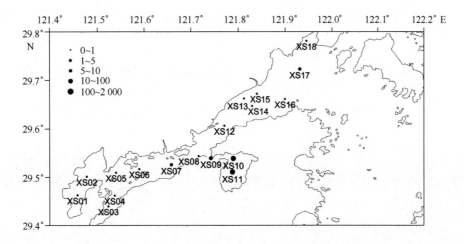

图 2.2 - 33　象山港秋季浮游植物表层水样优势种尖刺伪菱形藻的丰度分布（×10³ 个/dm³）

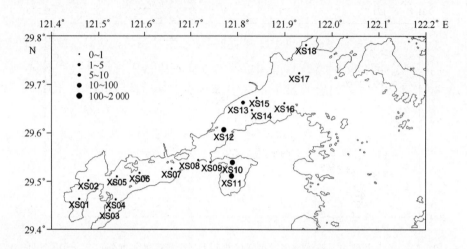

图 2.2 - 34　象山港秋季浮游植物表层水样优势种泰晤士扭鞘藻的丰度分布（×10³ 个/dm³）

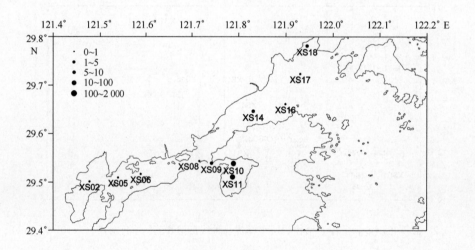

图 2.2 - 35　象山港秋季浮游植物表层水样优势种原多甲藻孢囊的丰度分布（×10³ 个/dm³）

0.059 7，出现频率分别为 61% 和 33%；平均细胞密度分别为（0.52 ± 0.57）×10³ 个/dm³ 和（1.75 ± 4.36）×10³ 个/dm³。菱形藻细胞密度高值区位于西沪港，低值区位于港中部和港口（图 2.2 - 36）；密集海链藻细胞密度高值区位于西沪港和黄墩港，低值区位于铁港、港中部和港口（图 2.2 - 37）。

　　②底层

　　象山港底层水体浮游植物优势种四季累积出现条纹小环藻、大洋角管藻、小细柱藻、中肋骨条藻、海链藻和原多甲藻孢囊 6 种（表 2.2 - 18）。

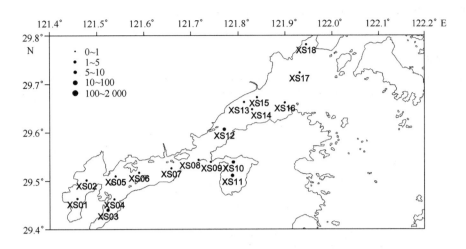

图 2.2-36 象山港冬季浮游植物表层水样优势种菱形藻的丰度分布（×10³ 个/dm³）

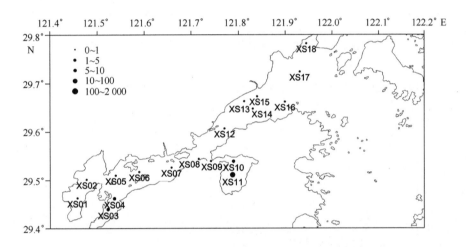

图 2.2-37 象山港冬季浮游植物表层水样优势种密集海链藻的丰度分布（×10³ 个/dm³）

表 2.2-18 象山港调查海域四季底层水体浮游植物优势种的优势度（Y）和出现频率（%）

优势种	春季		夏季		秋季		冬季	
	优势度	频率	优势度	频率	优势度	频率	优势度	频率
大洋角管藻	—	—	0.080 1	19	0.032 4	35	0.025 4	11
条纹小环藻	—	—	—	—	—	—	0.022 5	44
小细柱藻	—	—	0.052 1	19	—	—	—	—
中肋骨条藻	0.181 2	29	—	—	—	—	0.069 6	28
海链藻	0.068 0	59	—	—	—	—	—	—
原多甲藻孢囊	—	—	—	—	0.046 7	59	—	—

春季

春季底层水体浮游植物优势种有中肋骨条藻和海链藻，其优势度分别为 0.181 2 和 0.068 0；出现频率分别为 29% 和 59%；平均细胞密度分别为（16.76 ± 31.98）×10³ 个/dm³

和（3.15±4.88）×10³个/dm³。中肋骨条藻细胞密度高值区位于铁港和港中部，低值区位于黄墩港、西沪港和港口（图2.2-38）；海链藻细胞密度高值区位于港底部，低值区位于西沪港和港口（图2.2-39）。

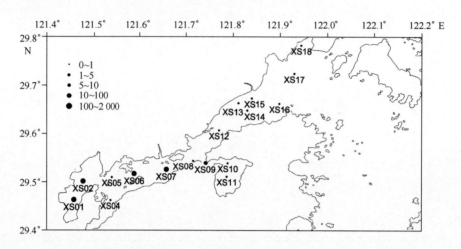

图2.2-38 象山港春季浮游植物底层水样优势种中肋骨条藻的丰度分布（×10³个/dm³）

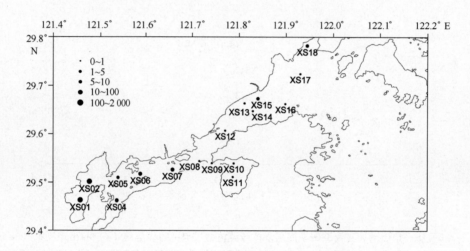

图2.2-39 象山港春季浮游植物底层水样优势种海链藻的丰度分布（×10³个/dm³）

夏季

夏季底层水体浮游植物优势种有大洋角管藻和小细柱藻，其优势度分别为0.080 1和0.052 1；出现频率均为19%；平均细胞密度分别为（32.63±124.69）×10³个/dm³和（21.21±82.89）×10³个/dm³。大洋角管藻（图2.2-40）和小细柱藻（图2.2-41）细胞密度高值区均位于港底部和西沪港，低值区均位于港中部和港口。

秋季

秋季底层水体浮游植物优势种有大洋角管藻和原多甲藻孢囊，其优势度分别为0.032 4和0.046 7；出现频率分别为35%和59%；平均细胞密度分别为（1.31±3.67）×10³个/dm³和（1.14±3.01）×10³个/dm³。大洋角管藻细胞密度高值区位于港底部和西沪港，低值区位于港中部和港口（图2.2-42）；原多甲藻孢囊密度高值区位于西沪港（图2.2-43）。

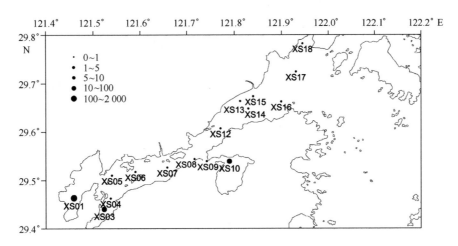

图 2.2－40　象山港夏季浮游植物底层水样优势种大洋角管藻的丰度分布（×10³ 个/dm³）

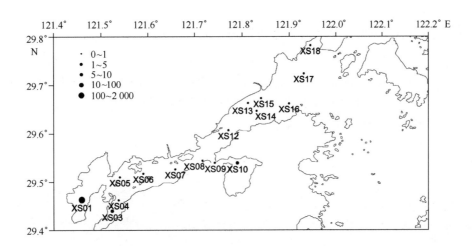

图 2.2－41　象山港夏季浮游植物底层水样优势种小细柱藻的丰度分布（×10³ 个/dm³）

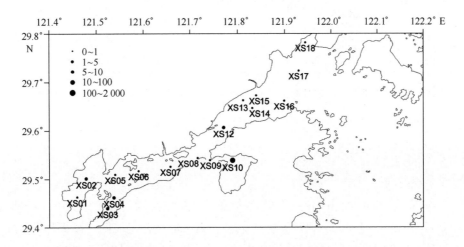

图 2.2－42　象山港秋季浮游植物底层水样优势种大洋角管藻的丰度分布（×10³ 个/dm³）

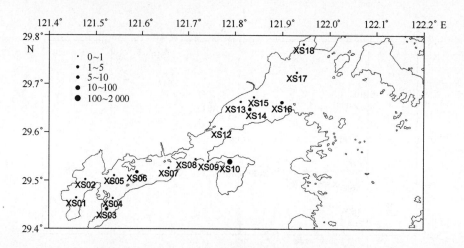

图 2.2 – 43　象山港秋季浮游植物底层水样优势种原多甲藻孢囊的丰度分布（×10³ 个/dm³）

冬季

冬季底层水体浮游植物优势种有大洋角管藻、条纹小环藻和中肋骨条藻，其优势度分别为 0.025 4、0.022 5 和 0.069 6；出现频率分别为 11%、44% 和 28%；平均细胞密度分别为（0.43 ± 0.80）× 10³ 个/dm³、（1.96 ± 6.32）× 10³ 个/dm³ 和（2.14 ± 4.80）× 10³ 个/dm³。大洋角管藻细胞密度高值区位于港底部（图 2.2 – 44）；条纹小环藻（图 2.2 – 45）和中肋骨条藻（图 2.2 – 46）细胞密度高值区位于黄墩港。

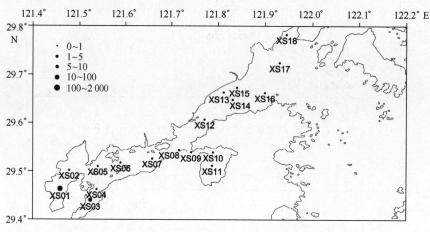

图 2.2 – 44　象山港冬季浮游植物底层水样优势种大洋角管藻的丰度分布（×10³ 个/dm³）

5）浮游植物多样性指数

（1）浮游植物网样

网采浮游植物 Shannon-Wiener 多样性指数春季平均为 1.17 ± 0.40，XS08 站最低（0.56），XS17 站最高（1.82），高值区位于港口，其余区域普遍较低（图 2.2 – 47）；夏季平均 1.11 ± 0.38，XS02 站最低（0.62），XS08 站最高（1.91），高值区位于港中段，其余区域普遍较低（图 2.2 – 48）；秋季平均为 1.46 ± 0.40，XS06 站最低（0.59），XS07 站最高（1.98），高值区位于港口和港中段，其余区域多样性指数普遍较低（图 2.2 – 49）；冬季平均

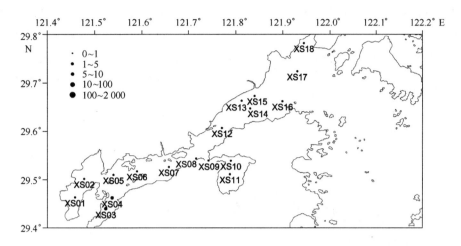

图 2.2－45 象山港冬季浮游植物底层水样优势种条纹小环藻的丰度分布（×10³ 个/dm³）

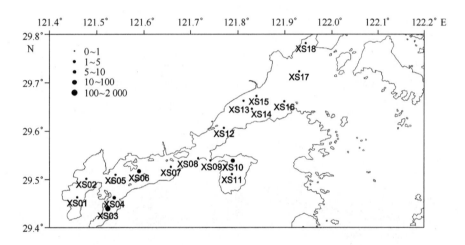

图 2.2－46 象山港冬季浮游植物底层水样优势种中肋骨条藻的丰度分布（×10³ 个/dm³）

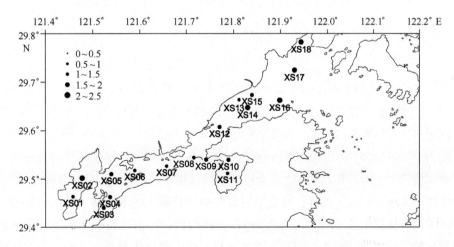

图 2.2－47 象山港春季网采浮游植物 Shannon-Wiener 多样性指数的分布（×10³ 个/dm³）

（1.17 ±0.47），XS01 站最低（0.32），XS18 站最高（2.09），高值区位于港口，其余区域普遍较低（图 2.2 - 50）。

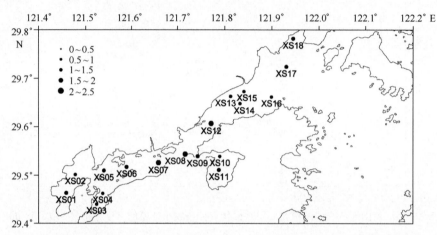

图 2.2 - 48　象山港夏季网采浮游植物 Shannon-Wiener 多样性指数的分布

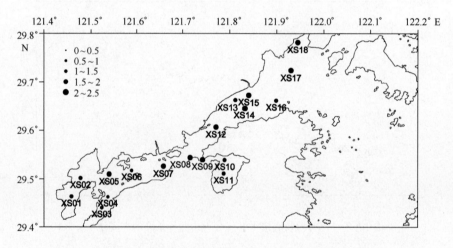

图 2.2 - 49　象山港秋季网采浮游植物 Shannon-Wiener 多样性指数的分布

（2）浮游植物水样

①表层

春季表层水样浮游植物 Shannon-Wiener 多样性指数平均为 1.15 ±0.38，XS15 站多样性指数最低（0.64），XS09 站多样性指数最高（1.84），多样性指数高值区位于西沪港口门处和黄墩港，其余区域多样性指数普遍较低（图 2.2 - 51）；夏季表层水样浮游植物 Shannon-Wiener 多样性指数平均为 1.36 ±0.55，XS15 站多样性指数最低（0.08），XS03 站多样性指数最高（2.41），多样性指数高值区位于港口和黄墩港，其余区域多样性指数普遍较低（图 2.2 - 52）；秋季表层水样浮游植物 Shannon-Wiener 多样性指数平均为 1.46 ±0.40，XS18 站多样性指数最低（0.54），XS10 和 XS11 站多样性指数最高（均为 2.09），多样性指数高值区位于西沪港和黄墩港，其余区域多样性指数普遍较低（图 2.2 - 53）；冬季表层水样浮游植物 Shannon-Wiener 多样性指数平均为 1.15 ±0.41，XS11 站多样性指数最低（0.36），XS18 站多样性指数最高（1.93），多样性指数高值区位于西沪港口门处，其余区域多样性指数普遍较低（图 2.2 - 54）。

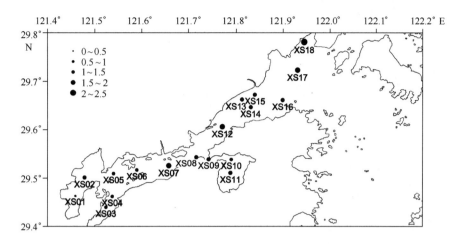

图 2.2－50　象山港冬季网采浮游植物 Shannon-Wiener 多样性指数分布

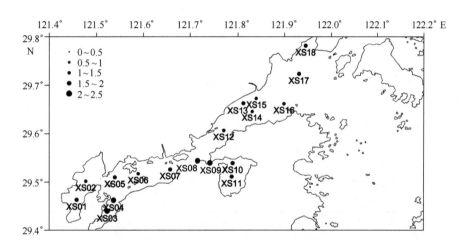

图 2.2－51　象山港春季表层水体浮游植物 Shannon-Wiener 多样性指数分布

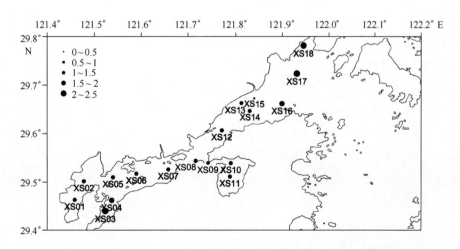

图 2.2－52　象山港夏季表层水体浮游植物 Shannon-Wiener 多样性指数分布

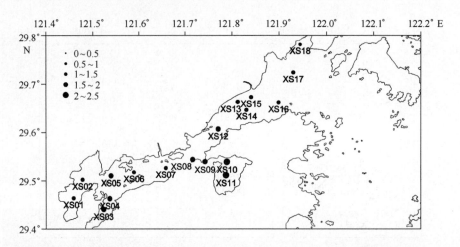

图 2.2-53　象山港秋季表层水体浮游植物 Shannon-Wiener 多样性指数分布

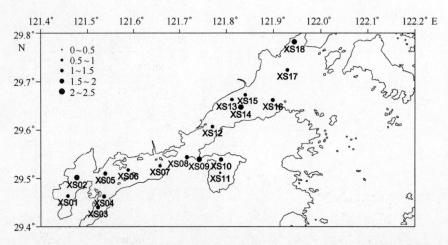

图 2.2-54　象山港冬季表层水体浮游植物 Shannon-Wiener 多样性指数分布

②底层

底层水样浮游植物 Shannon-Wiener 多样性指数春季平均为 1.11 ± 0.28，XS08 站最低（0.75），XS8 站最高（1.65），高值区位于港底（图 2.2-55）；夏季平均为 1.45 ± 0.45，XS09 站多样性指数最低（0.52），XS03 站最高（2.21），高值区位于港口，其余区域普遍较低（图 2.2-56）；秋季底层平均为 1.25 ± 0.35，XS07 最低（0.88），XS04 站最高（1.82），高值区位于港底和西沪港，其余区域普遍较低（图 2.2-57）；冬季平均为 1.05 ± 0.42，XS01 站最低（0.37），XS03 站最高（1.97），高值区位于黄墩港，其余区域普遍较低（图 2.2-58）。

6）浮游植物均匀度指数

（1）网采浮游植物

网采浮游植物均匀度指数春季平均为 0.69 ± 0.22，XS06 站最低（0.34），XS14 站均匀度指数最高（0.97），高值区主要位于港口，其余区域普遍较低（图 2.2-59）；夏季平均为 0.51 ± 0.18，XS16 站最低（0.29），XS08 站最高（0.74），高值区主要位于港中段和铁港，

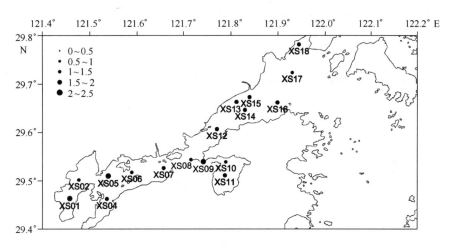

图 2.2 – 55　象山港春季底层水体浮游植物 Shannon-Wiener 多样性指数分布

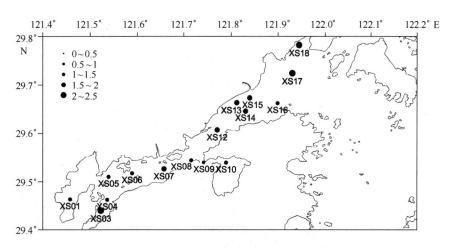

图 2.2 – 56　象山港夏季底层水体浮游植物 Shannon-Wiener 多样性指数分布

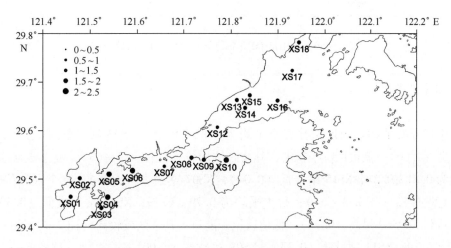

图 2.2 – 57　象山港秋季底层水体浮游植物 Shannon-Wiener 多样性指数分布

其余区域普遍较低（图 2.2 – 60）；秋季平均为 0.68 ± 0.18，XS06 站最低（0.27），XS07 站最高（0.90），高值区主要位于港底、港中段和港口，其余区域普遍较低（图 2.2 – 61）；冬季网采浮游植物平均为 0.70 ± 0.23，XS01 站最低（0.23），XS07 站和 XS12 站最高（0.98），高值区主要位于港口和港中段，其余区域普遍较低（图 2.2 – 62）。

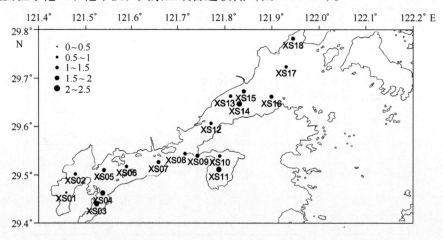

图 2.2 – 58　象山港冬季底层水体浮游植物 Shannon-Wiener 多样性指数分布

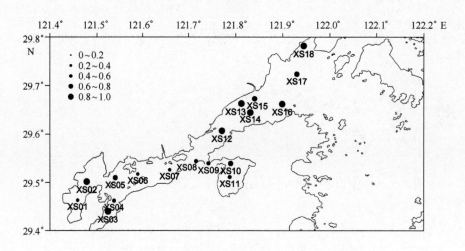

图 2.2 – 59　象山港春季网采浮游植物均匀度指数分布

（2）水采浮游植物

①表层

表层水样浮游植物均匀度指数春季平均为 0.81 ± 0.21，XS02 站最低（0.27），XS1 和 XS5 站最高（1.00），低值区位于铁港，其余区域均较高（图 2.2 – 63）；夏季表层水样浮游植物平均为 0.81 ± 0.21，XS15 站最低（0.04），XS07 站最高（0.99），除个别站位较低外，其余站位普遍较高（图 2.2 – 64）；秋季平均为 0.79 ± 0.19，XS18 站均最低（0.30），XS1 站、XS2 站和 XS05 站最高（0.96），低值区位于港口，其余区域较高（图 2.2 – 65）；冬季平均为 0.77 ± 0.19，XS11 站最低（0.33），XS08 站最高（1.00），除个别站位较低外，其余站位普遍较高（图 2.2 – 66）。

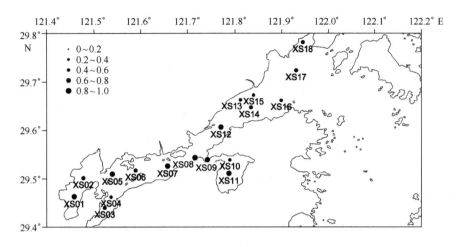

图 2.2－60　象山港夏季网采浮游植物均匀度指数分布

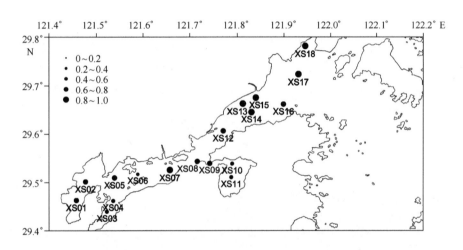

图 2.2－61　象山港秋季网采浮游植物均匀度指数分布

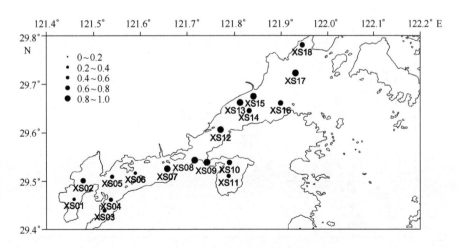

图 2.2－62　象山港春季网采浮游植物均匀度指数分布

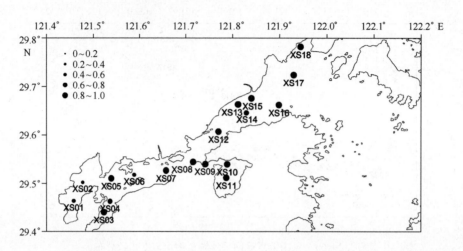

图 2.2 – 63　象山港春季表层水样浮游植物均匀度指数分布

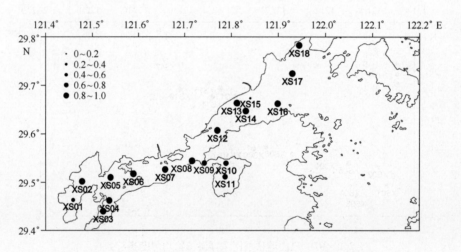

图 2.2 – 64　象山港夏季表层水样浮游植物均匀度指数分布

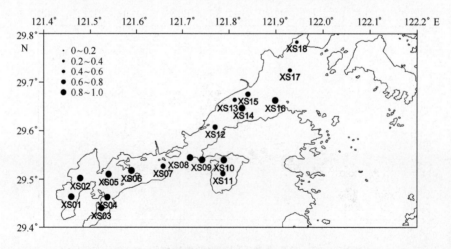

图 2.2 – 65　象山港秋季表层水样浮游植物均匀度指数分布

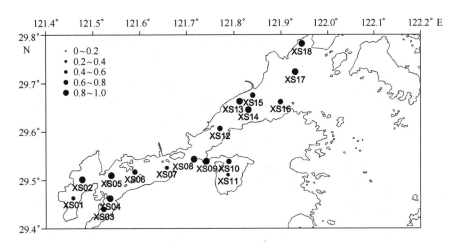

图 2.2 – 66　象山港冬季表层水样浮游植物均匀度指数分布

②底层

底层水样浮游植物均匀度指数春季平均为 0.75 ± 0.22，XS02 站最低（0.39），XS12 站最高（0.97），低值区位于港中段偏港底一侧，其余区域普遍较高（图 2.2 – 67）；夏季平均0.83 ± 0.19，XS09 站最低（0.32），XS07 站和 XS17 站最高（0.96），低值区位于铁港，其余区域普遍较高（图 2.2 – 68）；秋季平均 0.88 ± 0.15，XS17 站最低（0.49），XS15 站最高（1.00），除个别站位较低外，其余站位普遍较高（图 2.2 – 69）；冬季平均 0.78 ± 0.20，XS01 站最低（0.34），XS05 站和 XS11 站最高（0.96），低值区位于铁港和港中段偏港底一侧，其余区域普遍较高（图 2.2 – 70）。

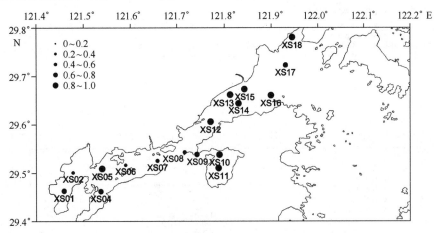

图 2.2 – 67　象山港春季底层水样浮游植物均匀度指数分布

7）聚类分析和多维尺度分析

春季网样浮游植物聚类分析（图 2.2 – 71）和多维尺度分析（MDS）（图 2.2 – 72）结果表明：各站位浮游植物可明显的分为 5 个区，Ⅰ 区（包括 XS05 站、XS02 站、XS01 站和XS04 站等，主要位于象山港港底）、Ⅱ 区（包括 XS03 站、XS06 站和 XS07 等站，主要位于港中段向港底一侧）、Ⅲ 区（包括 XS08 站、XS09 站和 SM10 站等，主要位于西沪港港口处）、

107

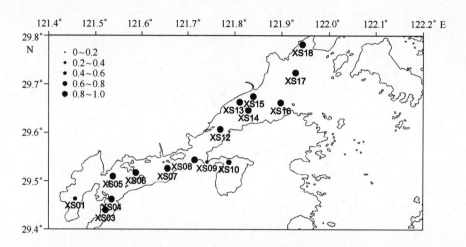

图 2.2 – 68　象山港夏季底层水样浮游植物均匀度指数分布

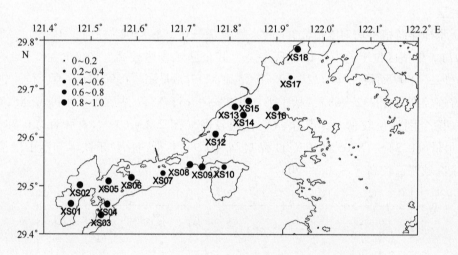

图 2.2 – 69　象山港秋季底层水样浮游植物均匀度指数分布

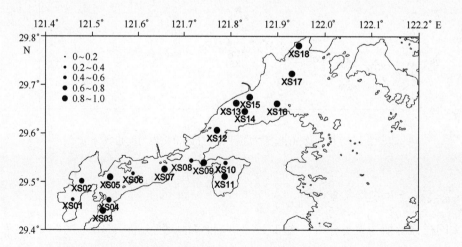

图 2.2 – 70　象山港冬季底层水样浮游植物均匀度指数分布

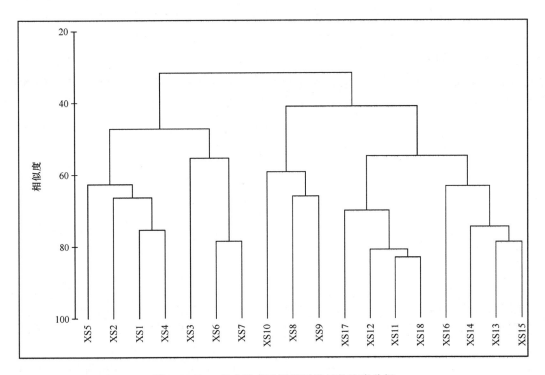

图 2.2 - 71　象山港春季网样浮游植物聚类分析

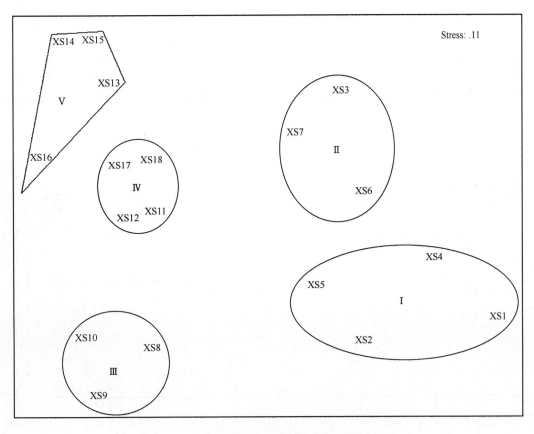

图 2.2 - 72　象山港春季网样浮游植物多维尺度分析

Ⅳ区（包括 XS11 站、XS12 站、XS17 站和 XS18 站等，主要位于西沪港、港中段向港口一侧及港口向梅山岛一侧）和Ⅴ区（括 XS16 站、XS14 站、XS13 站和 XS15 站等，象山港港口）。

夏季网样浮游植物聚类分析（图2.2－73）和多维尺度分析（MDS）（图2.2－74）结果表明：各站位浮游植物也可明显地分为 5 个区，Ⅰ区（包括 XS14 站、XS13 站、XS18 站、XS17 站、XS16 站和 XS15 站等，位于象山港港口）、Ⅱ区（包括 XS07 站和 XS08 站，位于港中段）、Ⅲ区（包括 XS03 站、XS06 站、XS10 站、XS04 站、XS05 站、XS01 站和 XS02 站等，主要位于象山港港底及港中段向港底一侧）和Ⅳ区（包括 XS09 站和 XS11 站，位于西沪港）。

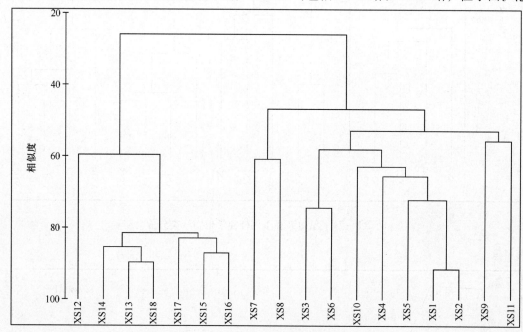

图2.2－73　象山港夏季网样浮游植物聚类分析

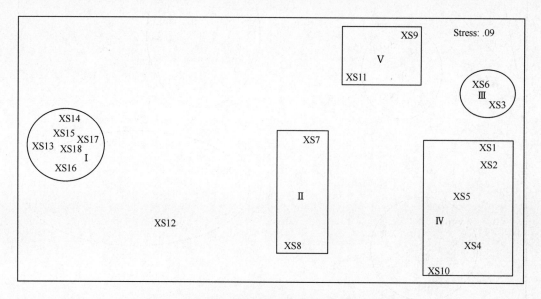

图2.2－74　象山港夏季网样浮游植物多维尺度分析

秋季网样浮游植物聚类分析（图2.2－75）和多维尺度分析（MDS）（图2.2－76）结果表明：各站位浮游植物可明显的分为4个区，Ⅰ区（包括 XS16 站、XS135 站、XS17 站、XS18 站、XS13 站和 XS14 等站，位于港口）、Ⅱ区（包括 XS107 站和 XS11 站，位于西沪港）、Ⅲ区（包括 XS12 站、XS07 站和 XS08 等站，主要位于港中段）和Ⅳ区（包括 XS09 站、XS03 站、XS05 站、XS03 站、XS04 站、XS01 站和 XS02 站，主要位于港底）。

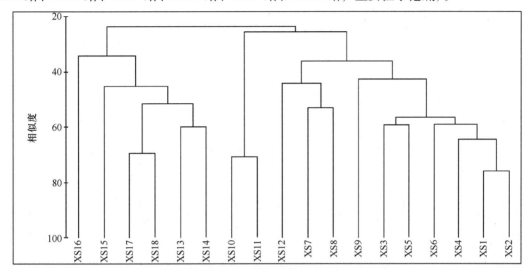

图2.2－75　象山港秋季网样浮游植物聚类分析

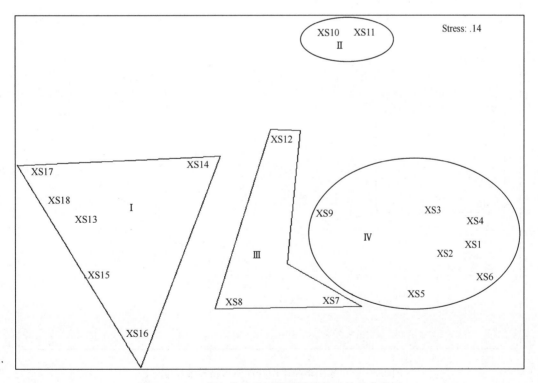

图2.2－76　象山港秋季网样浮游植物多维尺度分析

冬季网样浮游植物聚类分析（图2.2－77）和多维尺度分析（MDS）（图2.2－78）结果表明：各站位浮游植物可明显的分为5个区，Ⅰ区（包括 XS17 站和 XS18 等站，位于港口向

梅山岛一侧)、Ⅱ区（包括 XS08 站、XS13 站、XS14 站、XS16 站、XS12 站和 XS15 等站，主
要位于港口)、Ⅲ区（包括 XS01 站和 SM03 等站，主要位于港底)、Ⅳ区（包括 XS04 站、
XS05 站、XS06 站、XS02 站和 XS11 等站，主要位于港中段向港底一侧）和Ⅴ区（括 XS07
站、XS09 站和 XS10 等站，主要位于西沪港港口)。

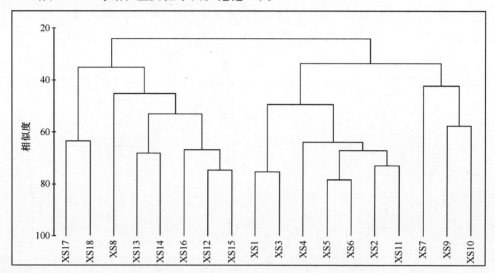

图 2.2 - 77　象山港冬季网样浮游植物聚类分析

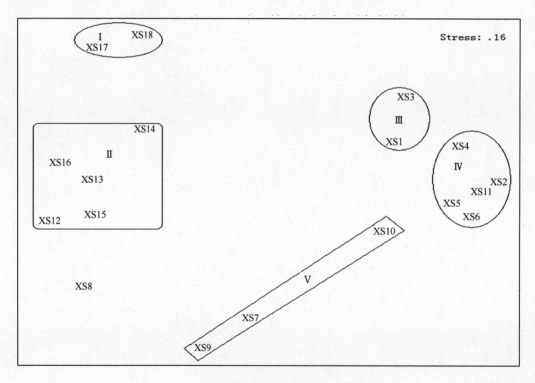

图 2.2 - 78　象山港冬季网样浮游植物多维尺度分析

8）典范对应分析（CCA）

春季浮游植物网样种类和环境因子的 CCA 分析（图 2.2 – 79）表明：①水温、氮磷比、DO、磷酸盐和盐度是影响浮游植物种类分布的主要环境因子；②星脐圆筛藻、琼氏圆筛藻、辐射圆筛藻和苏氏圆筛藻等圆筛藻属与氮磷比和盐度密切相关，布氏双尾藻、洛伦菱形藻、弯菱形藻、厚甲原多甲藻和扁平原多甲藻与硅酸盐呈负相关，爱氏辐环藻、细弱圆筛藻、艾稀斜纹藻、中肋骨条藻、细弱海链藻和海链藻等与磷酸盐和温度及 DO 密切相关。

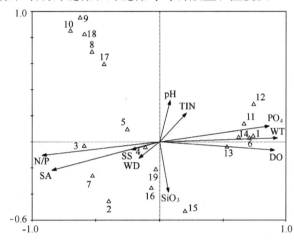

图 2.2 – 79　象山港春季网样浮游植物和环境因子典范对应分析

WT. 温度；SA. 盐度；DO. 溶解氧；pH. pH 值；$NO_3 – N$. 硝酸盐；$NO_2 – N$. 亚硝酸盐；$NH_3 – N$. 铵盐；PO_4. 磷酸盐；SiO_3. 硅酸盐；TIN. 总无机氮；SS. 悬浮物；WD. 水深；N/P. 氮磷比

1. 爱氏辐环藻；2. 中华盒形藻；3. 星脐圆筛藻；4. 琼氏圆筛藻；5. 辐射圆筛藻；·6. 细弱圆筛藻；7. 苏氏圆筛藻；8. 布氏双尾藻；9. 洛伦菱形藻；10. 弯菱形藻；11. 艾稀斜纹藻；12. 中肋骨条藻；13. 细弱海链藻；14. 海链藻；15. 裸甲藻；16. 夜光藻；17. 厚甲原多甲藻；18. 扁平原多甲藻；19. 原多甲藻孢囊

夏季浮游植物网样种类和环境因子的 CCA 分析（图 2.2 – 80）表明：①水温、氮磷比和磷酸盐是影响浮游植物种类分布的主要环境因子；②优势种琼氏圆筛藻位于两轴中部，说明琼氏圆筛藻在调查海域分布较多；③大洋角管藻和小细柱藻与温度密切相关，波罗的海布纹藻、长海毛藻和裸甲藻与盐度密切相关，叉分原多甲藻与原多甲藻孢囊与磷酸盐密切相关，星脐圆筛藻、有翼圆筛藻、琼氏圆筛藻、虹彩圆筛藻、辐射圆筛藻、太阳漂流藻和双鞭藻等与氮磷比密切相关。

秋季浮游植物网样种类和环境因子的 CCA 分析（图 2.2 – 81）表明：①氮磷比、磷酸盐和水温是影响浮游植物种类分布的主要环境因子；②线形圆筛藻和大洋角管藻与水温密切相关，垂缘角毛藻、短角藻、纺锤角藻、三角角藻、夜光藻和双鞭藻与盐度和磷酸盐密切相关，苏氏圆筛藻与氮磷比密切相关，中华盒形藻、琼氏圆筛藻、辐射圆筛藻、有棘圆筛藻和海链藻与悬浮物和 DO 密切相关。

冬季浮游植物网样种类和环境因子的 CCA 分析（图 2.2 – 82）表明：①氮磷比、磷酸盐和水温是影响浮游植物种类分布的主要环境因子；②优势种琼氏圆筛藻接近于两轴中部，说

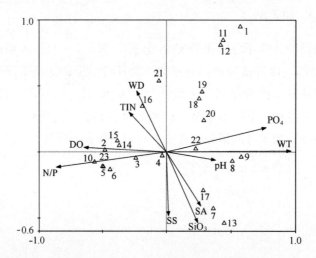

图 2.2 - 80　象山港夏季网样浮游植物和环境因子的典范对应分析

1. 爱氏辐环藻；2. 星脐圆筛藻；3. 有翼圆筛藻；4. 琼氏圆筛藻；5. 虹彩圆筛藻；
6. 辐射圆筛藻；7. 波罗的海布纹藻；8. 大洋角管藻；9. 小细柱藻；10. 太阳漂流藻；
11. 宽角斜纹藻；12. 宽角斜纹藻拉丁变种；13. 长海毛藻；14. 纺锤角藻；15. 三角
角藻；16. 具尾鳍藻；17. 裸甲藻；18. 厚甲原多甲藻；19. 扁平原多甲藻；20. 叉
分原多甲藻；21. 海洋原多甲藻；22. 原多甲藻孢囊；23. 双鞭藻

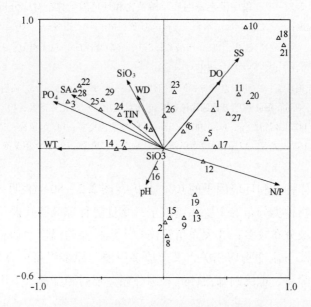

图 2.2 - 81　象山港秋季网样浮游植物和环境因子的典范对应分析

1. 中华盒形藻；2. 旋链角毛藻；3. 垂缘角毛藻；4. 洛氏角毛藻；5. 有翼圆筛
藻；6. 琼氏圆筛藻；7. 线形圆筛藻；8. 具边圆筛藻；9. 小眼圆筛藻；10. 辐射
圆筛藻；11. 有棘圆筛藻；12. 苏氏圆筛藻；13. 布氏双尾藻；14. 大洋角管藻；
15. 尖刺伪菱形藻；16. 中肋骨条藻；17. 泰晤士扭鞘藻；18. 海链藻；19. 菱形
海线藻；20. 长海毛藻；21. 伏氏海毛藻；22. 短角藻；23. 叉角藻；24. 纺锤
角藻；25. 三角角藻；26. 具尾鳍藻；27. 球形翼藻；28. 夜光藻；29. 双鞭藻

明琼氏圆筛藻在调查海域分布较多；③星脐圆筛藻、弯菱形藻和海链藻与水温和硅酸盐密切相关，中肋骨条藻与磷酸盐密切相关，洛伦菱形藻、美丽斜纹藻、伏氏海毛藻和长海毛藻与氮磷比和悬浮物密切相关，短楔形藻、长菱形藻、裸甲藻、夜光藻、东海原甲藻和原多甲藻孢囊与盐度密切相关。

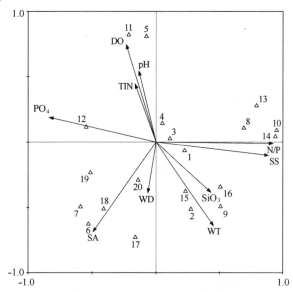

图 2.2－82　象山港冬季网样浮游植物和环境因子的典范对应分析

1. 中华盒形藻；2. 星脐圆筛藻；3. 琼氏圆筛藻；4. 线形圆筛藻；5. 布氏双尾藻；
6. 短楔形藻；7. 长菱形藻；8. 洛伦菱形藻；9. 弯菱形藻；10. 美丽斜纹藻；11. 尖刺伪菱形藻；12. 中肋骨条藻；13. 伏氏海毛藻；14. 长海毛藻；15. 海链藻；16. 纺锤角藻；17. 裸甲藻；18. 夜光藻；19. 东海原甲藻；20. 原多甲藻孢囊

9）小结

象山港海域共鉴定出浮游植物 54 属 116 种（含变种、变型），由大到小依次为夏季（63 种）、秋季（62 种）、冬季（61 种）、春季（47 种）。

网采浮游植物全年平均细胞密度为 617.67×10^3 个/m³，由大到小依次为秋季、夏季、春季、冬季。春季高值区位于港底部，低值区位于西沪港和港口；夏季丰度高值区位于西沪港和港口，低值区位于港中部；秋季丰度高值区位于西沪港，低值区位于港中部和港口；冬季高值区位于港底部，低值区位于西沪港和港口。

浮游植物表层水样全年平均细胞密度为 87.92×10^3 个/dm³，由大到小依次为夏季、春季、秋季、冬季。春季丰度高值区位于港底部，低值区位于港中部和港口；夏季丰度高值区位于港底部，低值区位于港中部；秋季丰度高值区位于西沪港，低值区位于港底部；冬季丰度高值区位于港底部，低值区位于港口。

浮游植物底层水样全年平均细胞密度为 30.86×10^3 个/dm³，由大到小依次为夏季、春季、秋季、冬季。春季丰度高值区位于港底部，低值区位于港中部和港口；夏季丰度高值区位于港底部，低值区位于港中部和港口；秋季丰度高值区位于西沪港，低值区位于港底部；冬季丰度高值区位于港底部，低值区位于港中部和港口。

网采浮游植物春、冬季优势种（优势度 $Y \geqslant 0.02$）均为琼氏圆筛藻和中肋骨条藻，夏、秋季优势种均为琼氏圆筛藻和大洋角管藻。

表层水样浮游植物优势种四季累积出现线形圆筛藻、大洋角管藻、小细柱藻、菱形藻、中肋骨条藻、尖刺伪菱形藻、密集海链藻、海链藻、泰晤士扭鞘藻和原多甲藻孢囊 10 种。

底层水样浮游植物优势种四季累积出现条纹小环藻、大洋角管藻、小细柱藻、中肋骨条藻、海链藻和原多甲藻孢囊 6 种。

网采浮游植物 Shannon-Wiener 多样性指数全年平均为 0.32 ~ 2.09，由高到低依次为秋季、春季、冬季、夏季。春季高值区位于港口，其余区域普遍较低；夏季高值区位于港中段，其余区域普遍较低；秋季高值区位于港口和港中段，其余区域多样性指数普遍较低；冬季高值区位于港口，其余区域普遍较低。

表层水样浮游植物 Shannon-Wiener 多样性指数全年平均为 0.36 ~ 2.09，由高到低依次为秋季、夏季、春季、冬季。春季多样性指数高值区位于西沪港口门处和黄墩港，其余区域多样性指数普遍较低；夏季高值区位于港口和黄墩港，其余区域多样性指数普遍较低；秋季高值区位于西沪港和黄墩港，其余区域多样性指数普遍较低；冬季高值区位于西沪港口门处，其余区域多样性指数普遍较低。

底层水样浮游植物 Shannon-Wiener 多样性指数全年平均为 0.37 ~ 1.97，由高到低依次为夏季、秋季、春季、冬季。春季多样性指数高值区位于港顶；夏季高值区位于港口，其余区域多样性指数普遍较低；秋季高值区位于港底和西沪港，其余区域普遍较低；冬季高值区位于黄墩港，其余区域多样性指数普遍较低。

2.2.2.3 浮游动物

1）浮游动物种类组成

象山港四季共鉴定出 14 大类 70 种浮游动物，其中桡足类 27 种，浮游幼虫（包括仔鱼）13 种，十足类 5 种，水螅水母、管水母、毛颚类各 4 种，尾索动物 3 种，软体动物、端足类、涟虫类各两种，糠虾类、栉水母、磷虾类、环节动物各 1 种。

2）浮游动物优势种

象山港四季累计出现浮游动物优势种（优势度 $Y \geqslant 0.02$）13 种，不同季节优势种及主导优势种各不相同。冬、春季区内以腹针胸刺水蚤占绝对优势，其他优势种优势度较低；夏、秋季各优势种间优势度差异不明显（表 2.2 – 19）。

表 2.2 – 19　象山港浮游动物四季优势种及其优势度

种名	春	夏	秋	冬
中华哲水蚤（*Calanus sinicus*）				0.024
汤氏长足水蚤（*Calanopia thompsoni*）			0.145	
背针胸刺水蚤（*Centropages dorsispinatus*）		0.043		
腹针胸刺水蚤（*Centropages abdomindalis*）	0.59			0.492

续表

种名	春	夏	秋	冬
太平洋纺锤水蚤（*Acartia pacifica*）		0.035		
长尾住囊虫（*Oikopleura longicauda*）				0.042
百陶箭虫（*Sagitta bedoti*）		0.025	0.181	
拿卡箭虫（*Sagitta nagae*）		0.021		
鱼卵（fish egg）	0.036			
仔鱼（fish larva）	0.02			
短尾类（Brachyura Larvae）	0.184	0.293	0.203	
歪尾类（Anomura Larvae）		0.099		
长尾类（Macrura larvae）			0.149	

3）浮游动物丰度与生物量

象山港全年浮游动物湿重生物量平均值为 62.4 mg/m³，除冬季在港顶和港中部交界处（XS05 站和 XS06 站）有一明显的高值区外，其余各季节水平分布相对均匀（图 2.2 – 83）。区内全年浮游动物丰度平均值为 79.4 个/m³，冬、春季的高值区分布在港顶区域，夏、秋季则分布在港口区域（图 2.2 – 84）。

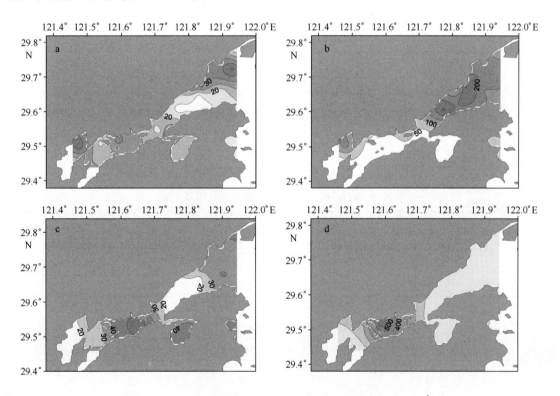

图 2.2 – 83　象山港浮游动物湿重生物量的季节分布（mg/m³）
a. 春季；b. 夏季；c. 秋季；d. 冬季

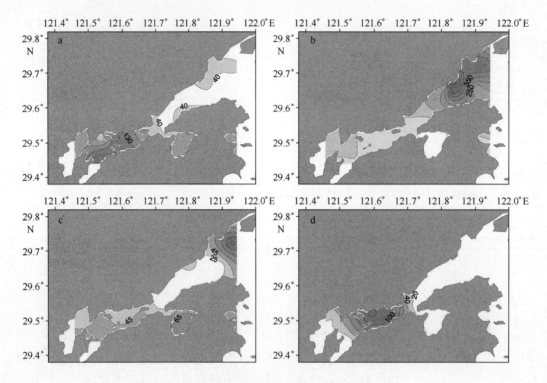

图 2.2－84　象山港浮游动物丰度分布（个/m³）
a. 春季；b. 夏季；c. 秋季；d. 冬季

4）浮游动物生物多样性指数

象山港浮游动物多样性指数夏季、秋季较高，冬季、春季较低，其中最高值出现在夏季，多样性指数达 3.68；最低值出现在冬季，多样性指数为 0.00。均匀度指数平均值同样为夏季和秋季较高，冬季和春季较低，最高值出现在冬季，均匀度指数为 1，最低值同样出现在春季，均匀度指数仅为 0.13（表 2.2－20）。

表 2.2－20　浮游动物生物多样性指数

指数	特征值	春	夏	秋	冬
Shannon-Wiener 指数（H'）	最小值	0.30	0.81	1.87	0.00
	最大值	2.66	3.68	3.45	2.52
	平均值	1.84	2.77	2.57	1.25
均匀度指数（J）	最小值	0.13	0.32	0.56	0.15
	最大值	0.88	0.95	0.90	1.00
	平均值	0.64	0.79	0.74	0.67

5）群落结构聚类分析和 MDS 排序分析

象山港浮游动物群落相似性聚类分析结果见图 2.2－85。图中 18 个站位的生物群落种类组成根据 Bray－Curtis 相似性系数关联起来，各站位浮游动物群落之间的相似性都较低。由

图 2.2 - 86 中 MDS 排序图中呈现的不同程度分离的点阵可以看出，该结果与群落分类聚类分析结果基本上一致，进一步验证了聚类分析的结果。

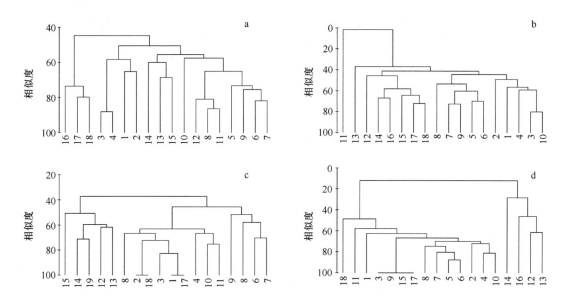

图 2.2 - 85　象山港浮游动物种类相似性聚类分析
a. 春季；b. 夏季；c. 秋季；d. 冬季

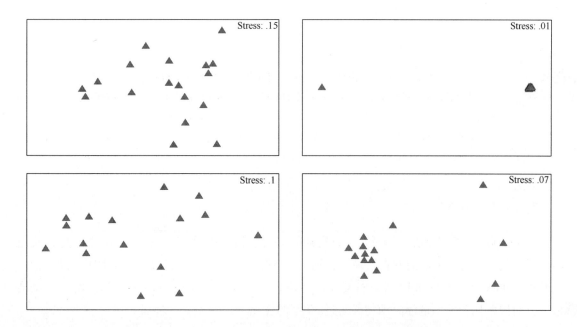

图 2.2 - 86　象山港站位种类相似性多维排序尺度
a. 春季；b. 夏季；c. 秋季；d. 冬季

6）典范对应分析（CCA）

四季浮游动物各类群和环境因子的CCA分析（图2.2-87）表明：①水温是影响浮游动物群落分布最主要的环境因子，其次为盐度、溶解氧、无机氮、水深、叶绿素a和浮游植物细胞密度等参数与浮游动物群落分布的相关性较小；②除鱼卵外，其他类群均分布于两轴中部，说明海区鱼卵分布较少，其他类群都相对较多；③桡足类与温度和盐度均呈负相关。

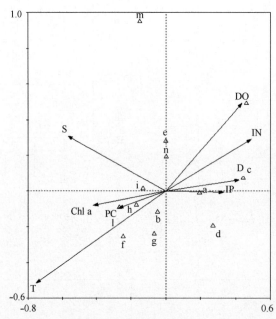

图2.2-87　象山港浮游动物和环境因子的典范对应分析

a. 桡足类；b. 毛颚动物；c. 有尾类；d. 水螅水母；e. 栉板水母；f. 十足类；g. 糠虾类；h. 磷虾类；i. 浮游幼体；j. 涟虫类；k. 软体动物；l. 仔鱼；m. 鱼卵；n. 端足类
T. 温度；S. 盐度；DO. 溶解氧；IN. 无机氮；IP. 活性磷酸盐；D. 水深；Chl a. 叶绿素a；PC. 浮游植物细胞密度

7）变化趋势分析

象山港近30年的浮游动物研究，收集到的资料包括：1980年3月至1981年3月，象山港内6个定点站每月1次的调查结果；分别于2000年4月、7月、10月和2001年1月进行四季调查；2001年于8月和12月进行夏季、冬季调查；选择历史资料中的相关数据与本文结果进行对照，比较象山港浮游动物群落近30年的变化。

浮游动物全港生物量和丰度的历史数据如表2.2-21所示，本次调查冬季生物量特别高，在全年处于最高值，也高于同期其他调查时期的数据。冬季浮游动物群落生物量显著升高的现象与历史相比发生了明显改变，这一方面是冬季采样时正处于腹针胸刺水蚤旺发期；另一方面湾中和湾顶区受电厂温排水影响，引起浮游动物生物量增加。

表 2.2 – 21 历年象山港全港浮游动物生物量和丰度

年份	生物量				丰度				来源
	春	夏	秋	冬	春	夏	秋	冬	
1980—1981	年均 115.06；5—8 月 > 200；9 月锐减到 100，10 月下跌到 75；至翌年 1 月降到 35.01；至 2 月回升到 90；3 月又下跌，后随水温上升而上升				年均 285.06，未分季节的均值				中国海湾志编纂委员会，1993
2000	111.14	155.26	40.80	10.43	440.49	157.31	106.49	40.57	宁修仁等，2002
2001		450.5		28.68		376.78		29.59	黄秀清等，2008
2006—2007	25.09	98.58	29.22	114.73	72.72	160.02	42.22	27.79	本文

8）小结

（1）四季共鉴定出 14 大类 70 种浮游动物，优势种 13 种。

（2）生物量平均值为 62.4 mg/m³，除冬季外，其余各季节水平分布相对均匀。浮游动物丰度平均值为 79.4 个/m³，冬季、春季的高值区分布在港顶区域，夏季、秋季则分布在港口区域。

（3）多样性指数和均匀度指数均表现为夏季、秋季较高，冬季、春季较低。

（4）各站位浮游动物群落之间的相似性都较低，水温是影响浮游动物群落分布最主要的环境因子。

（5）与历史数据相比，本次调查冬季浮游动物生物量显著上升。

2.2.2.4 大型底栖生物

1）大型底栖生物物种组成及其水平分布和季节变化

（1）大型底栖生物物种组成

根据 2006 年 11 月至 2007 年 7 月 4 个季节象山港调查数据，象山港共发现大型底栖生物 205 种，其中软体动物最多为 62 种，以下依次为多毛类 47 种、甲壳动物 37 种、其他类 33 种、棘皮动物 26 种。软体动物、多毛类和甲壳动物占总种数的 71%（图 2.2 – 88）。

（2）大型底栖生物种数水平分布

象山港湾顶部或内港区域大型底栖生物种类分布相对较多，其中象山港湾顶部黄墩港口和铁港口水域种类数多，该水域种类可达 30 种以上，主要分布种有：叶须虫、滑指矶沙蚕、织纹螺、毛蚶、凸镜蛤、角偏顶蛤、中国不等蛤、菲律宾蛤仔、细鳌虾、洼颚倍棘蛇尾、正环沙鸡子等。此外，黄墩港和铁港的港内水域种类分布也多达 20～25 种，以上这些水域的沉积物大多含砂量较高，底质以贝壳砂为主。而湾口水域及航道区域种类分布相对偏少，一般仅在 15 种上下。底栖拖网中的样品个体较大，有些为经济物种，具附着、固着或穴居性的生

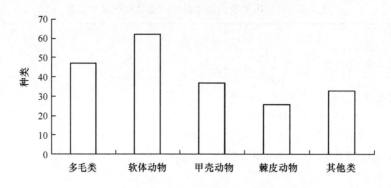

图 2.2 - 88　象山港大型底栖生物物种组成

活特点。值得提及的是，冬季象山港调查中，在西沪港西侧岸边水域（8 号站附近，水深 20 ~ 25 m），发现红色的软珊瑚，这在以往极为少见（图 2.2 - 89）。

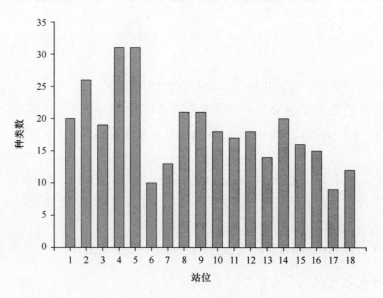

图 2.2 - 89　象山港大型底栖物种水平分布

（3）大型底栖生物种数季节变化

象山港大型底栖生物种数季节分布变化见表 2.2 - 22。由表 2.2 - 22 中可见，种数季节变化由大到小依次为夏季（104 种）、春季（83 种）、秋季（81 种）、冬季（64 种）。各类群种数季节变化为，多毛类种数以夏季最多（33 种），冬季最少（10 种）；软体动物种数与多毛类相同，即夏季最多（31 种），冬季最少（20 种）；甲壳动物以夏季最多（19 种），春季、秋季最少（均为 11 种）；棘皮动物则以秋季最多（16 种），冬季最少（8 种）；其他类与棘皮动物相似，秋季最多（16 种），春季最少（11 种）。从中可知，多毛类、软体动物和甲壳动物夏季种数均多于其他季节，棘皮动物和其他类种数则冬季多于其他季节。

表 2.2 – 22　象山港大型底栖生物种数季节变化（定量加定性）

季节	多毛类	软体动物	甲壳动物	棘皮动物	其他类	总种数
春季	21	29	11	11	11	83
夏季	33	31	19	12	10	104
秋季	16	22	11	16	16	81
冬季	10	20	13	8	13	64
合计	46	62	37	26	34	205

2）大型底栖生物栖息密度及其水平分布和季节变化

（1）大型底栖生物栖息密度组成

象山港大型底栖生物的栖息密度年均为 56 个/m²。在各类群栖息密度组成中，软体动物栖息密度最大（21 个/m²），占 37%；多毛类其次（19 个/m²），占 34%；依次为棘皮动物（12 个/m²），占 21%；甲壳动物和其他类的栖息密度明显低于前几类，两者仅占 8%。各类群栖息密度组成见图 2.2 – 90。

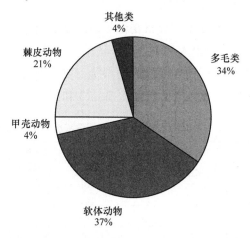

图 2.2 – 90　象山港大型底栖生物密度百分比组成

（2）大型底栖生物栖息密度水平分布

由图 2.2 – 91 可见，高密度区位于象山港湾顶部，即黄墩港和铁港的交汇处——奉化铜照鱼排养殖区外侧水域，该区内大型底栖生物栖息密度分布显著高于其他水域，年均接近 200 个/m²（175 个/m²），四季分布范围在 70～277 个/m²，高栖息密度的贡献者主要为软体动物的织纹螺、凸镜蛤、棘皮动物的蛇尾等物种，夏、秋两季分布量尤为明显，以上物种夏季分别达 30 个/m²、10 个/m² 和 140 个/m²；秋季达 95 个/m²、80 个/m² 和 20 个/m²。另一个相对较高的栖息密度区位于象山港的湾口北侧水域，年平均接近 100 个/m²，四季分布在 45～155 个/m² 之间，该水域的主要物种为多毛类动物，其中厚指虫夏季达 140 个/m²，双鳃内卷齿蚕和不倒翁虫分别达 20 个/m² 和 40 个/m²。栖息密度相对较低的水域出现于象山港湾口及湾中的航道水域，在 20 个/m² 上下，种类以多毛类居多。其他水域栖息密度 30～90 个/m² 不等。

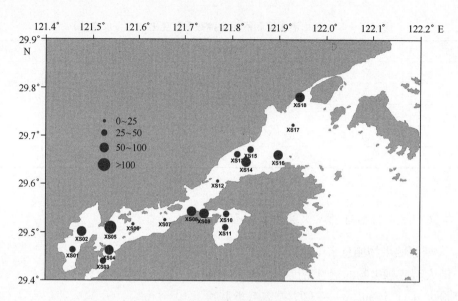

图 2.2-91　象山港大型底栖生物密度水平分布（ind/m³）

（3）大型底栖生物栖息密度季节变化

象山港大型底栖生物栖息密度季节分布变化明显，夏季栖息密度最大（74 个/m²），冬季最小（29 个/m²），季节变化趋势由大到小夏季、秋季、春季、冬季。各类群栖息密度分布变化为多毛类夏季最大，冬季最小；软体动物春季最大、冬季最小；棘皮动物夏季最大、冬季最小；甲壳动物和其他类四季变化不明显（表 2.2-23 和图 2.2-92）。

表 2.2-23　象山港大型底栖生物栖息密度季节分布变化　　　　　　　单位：个/m²

季节	多毛类	软体动物	甲壳动物	棘皮动物	其他类	合计
春季	17	27	1	11	1	58
夏季	29	23	3	16	3	74
秋季	22	24	3	13	2	63
冬季	10	8	1	6	4	29
平均	19	21	2	12	2	56

3）大型底栖生物数量组成及其水平分布和季节变化

（1）大型底栖生物生物量组成

象山港大型底栖生物生物量年均为 21.38 g/m²。各生物类群生物量组成中软体动物生物量最高（10.53 g/m²），约占象山港总生物量的 49%。其次是棘皮动物（5.92 g/m²），占 28%。其他类居第 3 位（2.33 g/m²），占 11%。多毛类和甲壳动物生物量较低，两者仅占 12%。生物量组成见图 2.2-93。

（2）大型底栖生物生物量水平分布

象山港底栖生物生物量分布不均匀，高生物量区与栖息密度分布相同，均位于象山港湾顶黄墩港和铁港的交汇处——奉化铜照鱼排养殖区外侧水域，该水域生物量显著高于其他水域，年均高达 100 个/m² 以上。除春季略低（18.80 g/m²）外，另外三季可达 102.80 ~

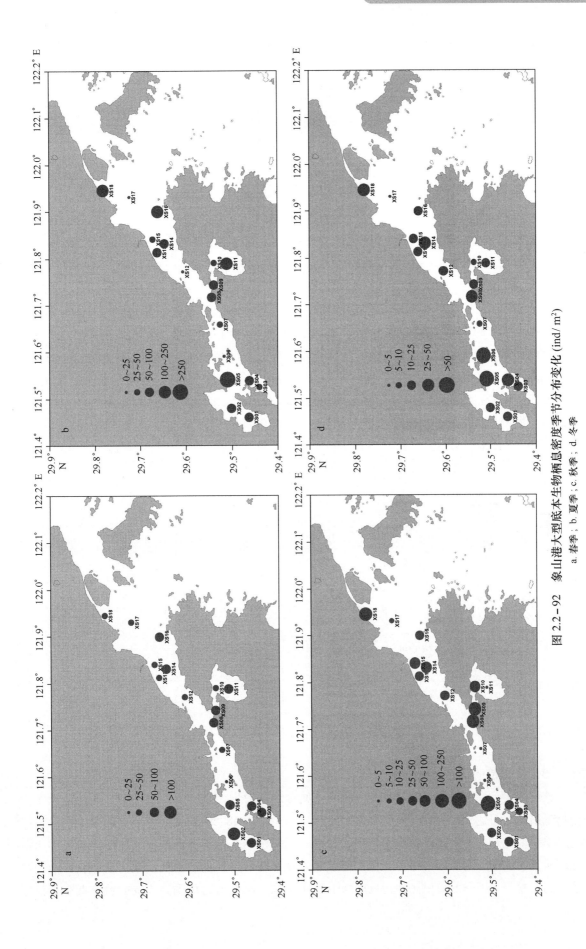

图 2.2-92 象山港大型底本生物栖息密度季节分布变化 (ind/m²)

a. 春季；b. 夏季；c. 秋季；d. 冬季

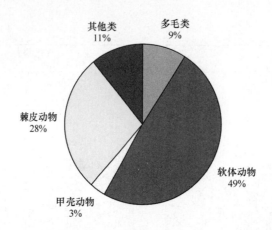

图 2.2 - 93　象山港大型底栖生物年均生物量百分比组成

216.50 g/m² 的分布范围，生物量主要构成种有毛蚶、织纹螺、凸镜蛤、近辐蛇尾、光滑倍棘蛇尾、棘刺锚参等物种。另外相对较高生物量的分布区一个位于黄墩港和铁港内；另一个位于中部的西沪港顶，生物量一般都在 15～35 g/m² 之间。生物量最低水域位于湾口内鄞州海带场外侧水域，属于航道区，生物量仅在 5.00 g/m² 以内，与高生物量区比较相差悬殊。象山港其他水域生物量一般都在（5～15）g/m² 分布范围。综上所述，象山港大型底栖生物生物量呈现由外向内、内湾多于一般水域的分布特征（图 2.2 - 94）。

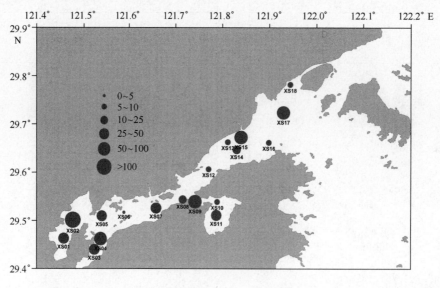

图 2.2 - 94　象山港大型底栖生物年均生物量水平分布（g/m²）

（3）大型底栖生物生物量季节变化

象山港大型底栖生物生物量季节分布变化见表 2.2 - 24。表 2.2 - 24 中显示，象山港秋季生物量最高，可达 25.44 g/m²；最低季节出现于冬季，为 18.50 g/m²；春、夏两季生物量接近，季节变化趋势由大到小依次为秋季、春季、夏季、冬季，四季生物量总体变化趋势不明显。从各类群的生物量季节分布变化看：多毛类春季略高，其他三季低且较接近；软体动物秋季高，夏、冬两季低；甲壳动物秋季高于另外三季；棘皮动物夏季高，春、秋季低；其他类则春季高，秋季最低。

表 2.2-24　象山港大型底栖生物生物量季节分布变化　　　　　单位：g/m²

季节	多毛类	软体动物	甲壳动物	棘皮动物	其他类	合计
春季	3.11	10.72	0.19	3.07	3.91	21.01
夏季	1.56	7.75	0.28	8.96	2.00	20.56
秋季	1.22	16.14	2.27	4.89	0.92	25.44
冬季	1.59	7.51	0.16	6.73	2.50	18.50
平均	1.87	10.53	0.73	5.92	2.33	21.38

4）生物多样性分析

象山港大型底栖生物生物多样性分析结果表明，多样性指数 H' 和均匀度指数 J 在各站和各季节差别较大，形成一定的时空分布格局（图 2.2-95）。

生物多样性指数 H' 春季在 0.64～2.27 之间，湾内 XS01～XS04 等站位均较高，最高出现在 XS02 站，最低出现在湾内 XS06 站；夏季在 0.94～2.62 之间，最高出现在湾内 XS04 站，最低出现在湾中 XS09 站；秋季在 0.00～1.95 之间，最高出现在湾中 XS12 站，最低出现在 XS06 站、XS07 站和 XS11 站；冬季在 0.00～2.05 之间，最高出现在湾内 XS05 站，最低出现在湾口 XS17 站。

均匀度指数 J 春季在 0.72～1.00 之间，最高出现在湾中 XS10、XS12 和湾口 XS17 站，最低出现在湾中 XS11 站、XS13 站和湾口 XS18 站；夏季在 0.68～1.00 之间，最高出现在湾内 XS06 站、湾中 XS12 站和湾口 XS17 站，最低出现在湾中 XS09 站和湾口 XS18 站；秋季在 0.31～1.00 之间，最高出现在湾内 XS04 站、XS06 站、XS07 站，湾中 XS11 站、XS12 站和湾口 XS17 站，最低出现在湾口 XS18 站；冬季在 0.60～1.00 之间，最高出现在湾内 XS01 站、XS02 站、XS07 站，湾中 XS10 站、XS11 站和湾口 XS15 站、XS16 站、XS17 站，最低出现在湾内 XS06 站（表 2.2-25）。

表 2.2-25　象山港大型底栖生物生物多样性分析结果

季节	生物多样性指数/H'		均匀度指数/J	
	最小值	最大值	最小值	最大值
春季	0.64	2.27	0.72	1.00
夏季	0.94	2.62	0.68	1.00
秋季	0.00	1.95	0.31	1.00
冬季	0.00	2.05	0.60	1.00

5）群落结构聚类分析和 MDS 排序分析

象山港大型底栖生物种类相似性聚类分析结果见图 2.2-96。图中 18 个站位的生物群落种类组成根据 Bray-Curtis 相似性系数关联起来，各站位栖息的大型底栖生物群落之间的相似性都较低。由图 2.2-97 中 MDS 排序图中呈现的不同程度分离的点阵可以看出，该结果与群落分类聚类分析结果基本上一致，进一步验证了聚类分析的结果。

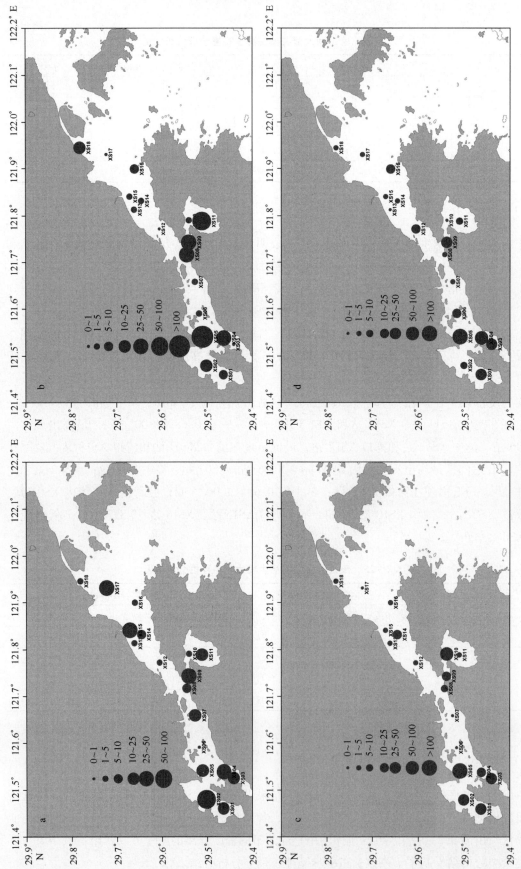

图 2.2-95　象山港大型底栖生物生物量季节分布变化 (g/m²)
a. 春季；b. 夏季；c. 秋季；d. 冬季

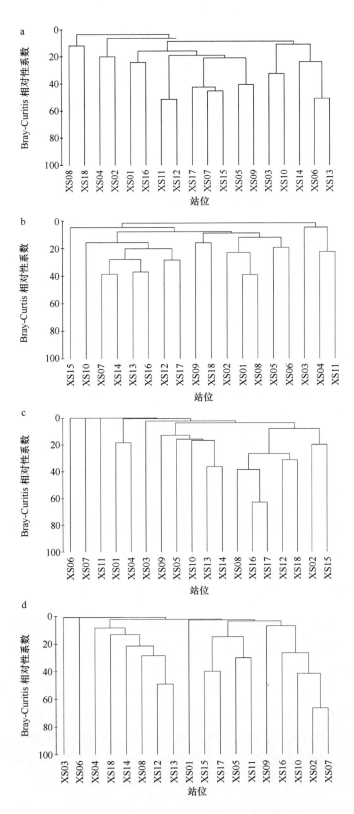

图 2.2 – 96 象山港大型底栖生物种类相似性聚类分析

a. 春季；b. 夏季；c. 秋季；d. 冬季

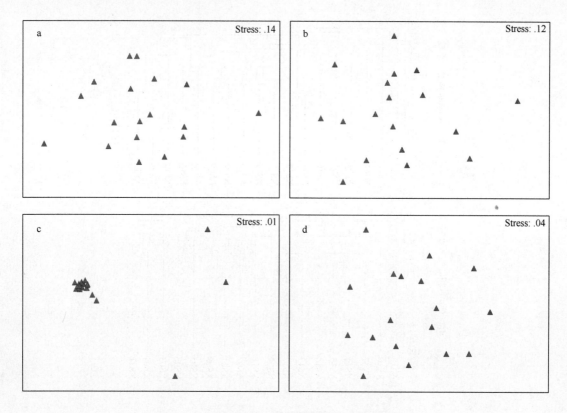

图 2.2 - 97　象山港站位种类相似性多维排序尺度
a. 春季；b. 夏季；c. 秋季；d. 冬季

6）群落稳定性分析

从象山港 4 个季度航次的丰度/生物量比较曲线来看，生物量曲线均在丰度曲线之上，说明从总体来看污染还尚未给象山港海域的大型底栖生物带来明显的影响（图 2.2 - 98）。

7）变化趋势分析

历史资料表明，象山港在 20 世纪 80 年代，大型底栖生物量年平均为 9.32 g/m^2，生物密度为 91.6 个/m^2。季节变化比较明显，夏季生物量最高，为 24.22 g/m^2，生物密度为 104 个/m^2。主要种类为大个体棘皮动物，占生物量的 87.15%，但生物密度仅占 23.1%。秋季生物量较低，为 4.11 g/m^2，生物密度为 122 个/m^2，个体细小的多毛类占优势，为 76.23%。冬季生物量和生物密度均最低，分别为 2.24 g/m^2 和 32 个/m^2。春季生物量为 6.73 g/m^2，生物密度为 108 个/m^2，主要为软体动物，占生物量的 86.67% 和生物密度的 50.0%（表 2.2 - 26）。

而本次调查结果表明，象山港大型底栖生物生物量年平均为 21.38 g/m^2，栖息密度年平均为 56 个/m^2。可见，象山港大型底栖生物生物量较历史有明显的增加，而栖息密度却相对减少。

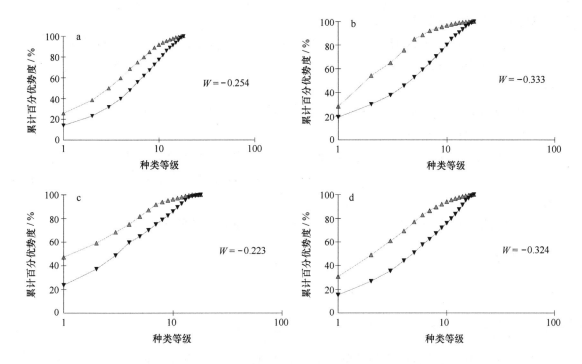

图 2.2 - 98　象山港大型底栖生物丰度/生物量比较曲线
a. 春季；b. 夏季；c. 秋季；d. 冬季

表 2.2 - 26　各类群底栖生物生物量和生物密度的分布

类别	春季		夏季		秋季		冬季		平均值	
	生物量 /(g/m²)	密度 /(个/m²)	生物量 /(g/m²)	密度 /(个/m²)	生物量 /(g/m²)	密度 /(个/m²)	生物量 /(g/m²)	密度 /(个/m²)	生物量 /(g/m²)	密度 /(个/m²)
多毛类	0.77	43	2.06	56	0.98	93	0.30	16	1.03	52.2
软体动物	5.82	54	0.55	12	0.13	5	0.08	4	1.64	18.6
甲壳动物	0.07	9	0.41	10	0.18	11	—	—	0.16	7.8
棘皮动物	—	—	21.10	24	0.79	11	0.34	4	5.56	9.8
鱼 类	0.03	1	—	—	2.01	1	—	—	0.51	0.4
其 他	0.04	1	0.10	2	0.02	1	1.52	8	0.42	2.8
合计	6.73	108	24.22	104	4.11	122	2.24	32	9.32	91.6

8）小结

象山港共发现大型底栖生物 205 种，软体动物最多为 62 种，其次为多毛类 47 种、甲壳动物 37 种、其他类 33 种、棘皮动物 26 种。

湾顶部或内港区域大型底栖生物种类分布相对较多，湾口水域及航道区域种类分布相对偏少。

种数季节变化由大到小依次为夏季（104 种）、春季（83 种）、秋季（81 种）、冬季（64 种）。

象山港大型底栖生物的栖息密度年均为 56 个/m²。高密度区位于象山港湾顶部，即黄墩港和铁港的交汇处。季节变化趋势由大到小依次为夏季、秋季、春季、冬季。

象山港大型底栖生物生物量年均为 21.38 g/m²。高生物量区与栖息密度分布相同，均位于象山港湾顶黄墩港和铁港的交汇处。季节变化趋势由大到小依次为秋季、春季、夏季、冬季。

象山港大型底栖 Shannon-Wiener 生物多样性指数（H'）在 0.00~2.62 之间，均匀度指数（J）在 0.31~1.00 之间，平面分布和季节差异较大。

聚类分析结果表明各站位栖息的大型底栖生物群落之间的相似性都较低。

从丰度/生物量比较曲线来看，污染还尚未给象山港海域的大型底栖生物带来明显的影响。

象山港大型底栖生物生物量较历史有明显的增加，而栖息密度却相对减少。

2.2.2.5 潮间带生物

1) 种类分布

（1）种类组成

象山港春、秋两季潮间带生物共鉴定出种类 96 种，其中，藻类 1 种，多毛类 22 种，软体类 48 种，甲壳类 22 种，其他类 3 种。多毛类、软体类、甲壳类占调查潮间带生物总种数的 96%（图 2.2-99），三者是构成调查区域潮间带生物的主要类群。

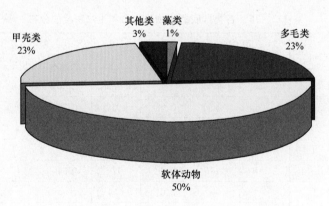

图 2.2-99　象山港潮间带生物类群百分比组成

（2）优势种分布

根据象山潮间带生物春、秋两季调查种类的出现率和数量，象山港潮间带生物的主要优势种是粗糙滨螺、短滨螺、脆壳理蛤、珠带拟蟹守螺、双鳃内卷齿蚕、不倒翁虫、日本刺沙蚕、江户明樱蛤、彩虹明樱蛤、短拟沼螺、齿纹蜓螺等种类。

2) 数量组成与分布

（1）数量组成

从表 2.2-27 和表 2.2-28 可以看出，象山港潮间带生物平均生物量为 40.95 g/m²，平均生物密度为 122 个/m²。生物量中软体动物所占比重最高，达到 49.83%；密度则为多毛类动物所占比重最高，达到 52.46%。生物量春季低于秋季（29.00 g/m² < 52.87 g/m²），生物

密度则春季高于秋季（145 个/m² > 100 个/m²）。

表 2.2 – 27 象山港潮间带生物各类群生物量组成 单位：g/m²

季节	藻类	多毛类	软体动物	甲壳类	其他类	合计
春季	0.03	21.25	6.29	1.38	0.05	29.00
秋季	0.02	1.73	34.50	16.24	0.38	52.87
平均值	0.03	11.49	20.40	8.81	0.22	40.95

表 2.2 – 28 象山港潮间带生物各类群生物密度组成 单位：个/m²

季节	多毛类	软体类	甲壳类	其他类	合计
春季	84	53	7	1	145
秋季	43	37	18	2	100
平均值	64	45	12	1	122

（2）数量分布

①水平分布

象山港潮间带生物水平分布情况见表 2.2 – 29。结果表明：生物量和生物密度水平分布差异较大，且存在明显的季节变异；不同底质潮间带生物的数量分布也不一样，即存在生境差异，岩礁底质的缸爿山生物量分布为各条断面最高，但是密度却较低；春晓镇泥滩底质密度最高，生物量却较低。

表 2.2 – 29 象山港潮间带生物数量水平分布

断面	地点	底质	生物量/（g/m²）			生物密度/（个/m²）		
			春季	秋季	平均值	春季	秋季	平均值
岸 P023	春晓镇	泥滩	7.31	27.23	17.27	269	75	172
岸 P030	西店	泥滩	11.83	43.52	27.67	33	93	63
岸 P036	乌沙	泥滩	13.96	8.85	11.41	164	48	106
岸 P038	大徐镇	泥滩	9.27	66.32	37.79	172	165	169
岸 P040	西泽	泥滩	18.01	41.23	29.62	231	77	154
岛 P060	缸爿山	岩礁	141.55	69.36	105.45	115	35	75
岛 P064	梅山岛	泥滩	1.07	113.63	57.35	24	200	112

②垂直分布

象山港潮间带生物垂直分布情况见表 2.2 – 30。结果表明：生物量和生物密度垂直分布差异较小。平均生物量由大到小依次为中潮区（66.30 g/m²）、低潮区（45.27 g/m²）、高潮区（11.24 g/m²）；平均生物密度由大到小依次为中潮区（180 个/m²）、低潮区（117 个/m²）、高潮区（67 个/m²）。从不同季节来看，各个潮区的生物量春季小于秋季，而生物密度则是除高潮区外春季大于秋季。

表 2.2 – 30　潮间带生物数量垂直分布

项目	季节	高潮区	中潮区	低潮区
生物量/（g/m²）	春季	5.78	52.30	28.91
	秋季	16.70	80.31	61.62
	平均值	11.24	66.30	45.27
生物密度/（个/m²）	春季	45	262	125
	秋季	89	98	110
	平均值	67	180	117

③不同底质类型潮间带生物分布情况

象山港不同底质类型（岩礁和泥滩）的潮间带生物分布情况见表2.2 – 31。结果表明：高潮区潮间带生物平均生物量和密度均为岩礁（13.32 g/m²，91 个/m²）大于泥滩（12.03 g/m²，65 个/m²）；中潮区平均生物量为岩礁（233.40 g/m²）大于泥滩（38.45 g/m²），平均密度为泥滩（188 个/m²）大于岩礁（133 个/m²）；低潮区平均生物量为岩礁（76.12 g/m²）大于泥滩（40.13 g/m²），平均密度为泥滩（126 个/m²）大于岩礁（68 个/m²）。

表 2.2 – 31　象山港不同底质类型潮间带生物数量统计

底质	季节	高潮区		中潮区		低潮区	
		生物量/（g/m²）	密度/（个/m²）	生物量/（g/m²）	密度/（个/m²）	生物量/（g/m²）	密度/（个/m²）
岩礁	春季	6.04	46	258.72	160	152.24	136
	秋季	20.60	136	208.08	106	0	0
	平均值	13.32	91	233.40	133	76.12	68
泥滩	春季	5.14	42	17.89	279	8.36	123
	秋季	18.92	88	59.01	97	71.89	128
	平均值	12.03	65	38.45	188	40.13	126

3）潮间带生物的多样性

表2.2 – 32为象山港潮间带各断面的多样性和均匀度指数。统计显示：象山港潮间带生物的多样性指数在0.00 ~ 2.21之间，春晓镇多样性指数高于其他各断面，均匀度指数在0 ~ 1之间，多样性指数春季大于秋季，均匀度指数春季小于秋季。

表 2.2 – 32　象山港潮间带生物多样性指数

站位	春季		秋季	
	多样性	均匀度	多样性	均匀度
岸 P023 – 高潮区	0.80	0.73	0.64	0.58
岸 P023 – 中潮区	2.21	0.78	1.70	0.87
岸 P023 – 低潮区	1.11	0.69	1.79	1.00
岸 P030 – 高潮区	0.64	0.92	1.59	0.89

站位	春季		秋季	
	多样性	均匀度	多样性	均匀度
岸 P030 - 中潮区	1.59	0.89	1.56	0.97
岸 P030 - 低潮区	1.10	1.00	1.04	0.75
岸 P036 - 高潮区	1.06	0.97	0.33	0.47
岸 P036 - 中潮区	2.05	0.86	1.10	1.00
岸 P036 - 低潮区	2.02	0.79	1.61	1.00
岸 P038 - 高潮区	1.77	0.99	2.02	0.97
岸 P038 - 中潮区	1.54	0.67	0.71	0.51
岸 P038 - 低潮区	0.88	0.54	2.18	0.88
岸 P040 - 高潮区	0.30	0.44	0.56	0.81
岸 P040 - 中潮区	1.65	0.66	0.00	—
岸 P040 - 低潮区	0.80	0.45	0.00	—
岛 P060 - 高潮区	0.64	0.92	0.00	—
岛 P060 - 中潮区	1.75	0.90	2.03	0.97
岛 P060 - 低潮区	1.68	0.94	0.00	—
岛 P064 - 高潮区	0.50	0.72	1.19	0.86
岛 P064 - 中潮区	1.39	1.00	1.62	0.78
岛 P064 - 低潮区	0.00	—	1.83	0.71

4）小结

象山港春、秋两季潮间带生物共鉴定出种类 96 种，多毛类、软体类、甲壳类是构成调查区域潮间带生物的主要类群，主要优势种是粗糙滨螺、短滨螺、脆壳理蛤、珠带拟蟹守螺、双鳃内卷齿蚕、不倒翁虫、日本刺沙蚕、江户明樱蛤、彩虹明樱蛤、短拟沼螺、齿纹蜒螺等种类。

象山港潮间带平均生物量为 40.94 g/m²，平均生物密度为 122 个/m²。生物量中软体动物所占比重最高；密度则为多毛类动物所占比重最高。

象山港潮间带生物生物量和生物密度水平分布差异较大，且存在明显的季节变异；不同底质潮间带生物的数量分布存在生境差异。生物量和生物密度垂直分布差异较小。

象山港潮间带生物的 Shannon-Wiener 多样性指数在 0.00 ~ 2.21 之间，春季大于秋季；均匀度指数在 0 ~ 1 之间，春季小于秋季。

2.2.3　小结

象山港海域主要污染物是无机氮，其次是活性磷酸盐，表层沉积物基本达到一类沉积物质量标准。

从表 2.2 - 33 可知，象山港叶绿素 a 年平均值为 1.66 μg/dm³，初级生产力年均值为（10.016 ± 9.812）mg/（m³·h），群落多样性指数分别为浮游植物细胞 0.32 ~ 2.09，浮游动物 0.30 ~ 3.68，底栖生物 0.00 ~ 2.62，潮间带生物 0.00 ~ 2.21。根据蔡立哲（2002）多样性指数评价污染程度标准，象山港海区受到轻度到重度不等的污染。

表 2.2 – 33　象山港生物与生态信息一览

类别	生物量	密度	优势种	多样性指数
叶绿素 a	年平均值 1.66 $\mu g/dm^3$			
初级生产力	年平均值 (10.016 ± 9.812) mg/ ($m^3 \cdot h$)			
浮游植物	617.67×10^3 个/m^3		琼氏圆筛藻、中肋骨条藻、大洋角管藻	0.32 ~ 2.09
浮游动物	62.4 mg/m^3	79.4 个/m^3	球型侧腕水母、中华哲水蚤、真刺唇角水蚤、针刺拟哲水蚤、太平洋纺锤水蚤、真刺水蚤、汤氏长足水蚤、背针胸刺水蚤、微刺哲水蚤、腹针胸刺水蚤、三叶针尾涟虫、钩虾、中华假磷虾、宽尾刺糠虾、百陶箭虫、肥胖箭虫、仔鱼、短尾类、长尾类、桡足幼体	0.30 ~ 3.68
底栖生物	21.38 g/m^2	56 个/m^2	不倒翁虫、双鳃内卷沙蚕、织纹螺、轮双眼钩虾、白沙箸等	0.00 ~ 2.62
潮间带生物	40.94 g/m^2	122 个/m^2	珠带拟蟹守螺、双鳃内卷齿蚕、长吻吻沙蚕、锯眼泥蟹、可口革囊星虫、弧边招潮、日本刺沙蚕、彩虹明樱蛤、短拟沼螺、齿纹蜒螺	0.00 ~ 2.21

2.3　三门湾海洋环境质量变化趋势综合评价

用于评价三门湾海洋环境质量的站位见图 2.3 – 1。

2.3.1　海洋化学

2.3.1.1　海水化学

1）质量现状

三门湾海水环境调查共 4 个季节航次，调查时间为 2006 年 10 月至 2007 年 7 月，在三门湾使用船只为"宏浦 123"。调查站位见图 2.3 – 1。

水体化学主要调查参数包括：悬浮颗粒物、溶解氧、pH 值、总碱度、硝酸盐、亚硝酸盐、氨氮、活性磷酸盐、活性硅酸盐、总氮、总磷、总有机碳、石油类、化学需氧量、重金属（铜、铅、锌、镉、铬、汞、砷）。采样层次为表层、10 m、30 m、底层（如果水深小于 10 m，加采 5 m 层），其中重金属只调查表层海水。

三门湾海水化学调查结果见表 2.3 – 1。

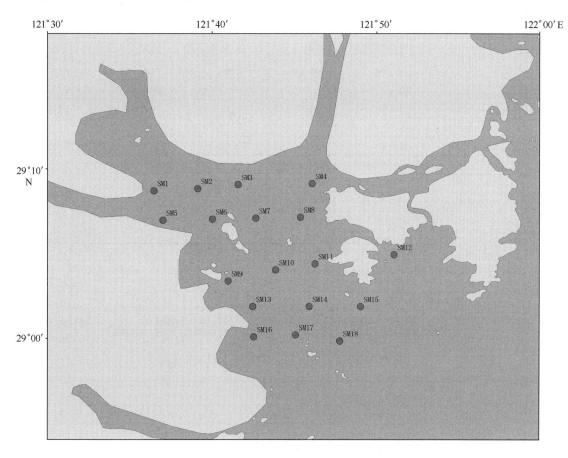

图 2.3 - 1 三门湾调查站位

表 2.3 - 1 三门湾海水化学调查结果（不含重金属）

季节	项目	悬浮颗粒物 / （mg/dm³）	溶解氧 / （mg/dm³）	pH 值	总碱度 / （mmol/L）	活性硅酸盐 / （mg/dm³）
春季	范围	72 ~ 800	8.36 ~ 8.91	7.99 ~ 8.07	2.18 ~ 3.36	0.930 ~ 1.412
	均值	366	8.65	8.03	2.78	1.111
夏季	范围	29 ~ 1 000	6.00 ~ 7.26	7.80 ~ 8.01	2.09 ~ 3.27	0.647 ~ 0.970
	均值	182	6.47	7.91	2.35	0.853
秋季	范围	64 ~ 1 242	6.61 ~ 7.36	7.96 ~ 8.08	2.61 ~ 3.62	1.413 ~ 2.908
	均值	402	7.03	8.04	3.04	1.872
冬季	范围	112 ~ 1 118	9.30 ~ 9.92	8.07 ~ 8.16	2.51 ~ 3.82	1.149 ~ 2.191
	均值	530	9.53	8.13	3.13	1.299
四季	范围	29 ~ 1 242	6.00 ~ 9.92	7.80 ~ 8.16	2.09 ~ 3.82	0.647 ~ 2.908
	均值	367	7.87	8.02	2.82	1.291
季节	项目	活性磷酸盐 / （mg/dm³）	硝酸盐 / （mg/dm³）	亚硝酸盐 / （mg/dm³）	铵氮 / （mg/dm³）	总氮 / （mg/dm³）
春季	范围	0.022 ~ 0.025	0.545 ~ 0.812	0.001 ~ 0.015	0.005 ~ 0.014	0.881 ~ 1.387
	均值	0.023	0.619	0.008	0.012	1.139

续表

季节		项目	活性磷酸盐 / (mg/dm³)	硝酸盐 / (mg/dm³)	亚硝酸盐 / (mg/dm³)	铵氮 / (mg/dm³)	总氮 / (mg/dm³)
夏季	范围		0.022~0.034	0.304~0.574	0.006~0.069	0.001~0.015	0.642~0.978
	均值		0.030	0.384	0.018	0.006	0.770
秋季	范围		0.032~0.045	0.529~0.883	0.001~0.013	0.004~0.031	0.851~1.293
	均值		0.040	0.690	0.003	0.009	1.055
冬季	范围		0.033~0.041	0.469~0.937	0.001~0.011	0.007~0.110	1.135~2.247
	均值		0.038	0.680	0.004	0.021	1.396
四季	范围		0.022~0.045	0.304~0.937	0.001~0.069	0.001~0.110	0.642~2.247
	均值		0.033	0.592	0.008	0.012	1.082

季节		项目	总磷 / (mg/dm³)	总有机碳 / (mg/dm³)	石油类 / (mg/dm³)	化学需氧量 / (mg/dm³)
春季	范围		0.062~0.132	2.17~7.07	0.059~0.228	0.46~1.38
	均值		0.088	4.38	0.124	0.93
夏季	范围		0.042~0.095	1.70~8.21	0.038~0.151	0.25~1.12
	均值		0.065	2.86	0.096	0.56
秋季	范围		0.060~0.138	1.52~10.91	0.050~0.130	—
	均值		0.104	4.54	0.078	—
冬季	范围		0.065~0.244	2.26~10.43	0.026~0.104	0.50~2.52
	均值		0.101	5.37	0.053	1.33
四季	范围		0.042~0.244	1.52~10.91	0.026~0.228	0.25~0.52
	均值		0.090	4.26	0.088	0.89

（1）悬浮颗粒物

悬浮颗粒物四季变化范围在29~1 242 mg/dm³之间，平均值为367 mg/dm³。从四季变化情况看，夏季最低，平均值为182 mg/dm³；冬季最高，平均值为530 mg/dm³；春季和秋季平均值分别为366 mg/dm³和402 mg/dm³。四季最高值1 242 mg/dm³出现在秋季SM10站位的底层水中，最低值29 mg/dm³出现在夏季SM05站位的表层水中。

从分布情况看，春季表层水中悬浮颗粒物含量在湾内两侧较低，在青门山东侧和南部湾口含量较高，而底层水则是在高塘岛西侧出现一个高值中心，湾内西部水域含量较低。夏季表层水悬浮颗粒物的分布南高北低，而底层水则是从湾内中央水域的高值中心向四周逐渐降低。秋季高值集中在湾内中央水域，四周含量较低，底层水含量明显高于表层水。冬季分布趋势是西低东高，高值位于花岙岛西侧水域。

（2）溶解氧

溶解氧四季变化范围在6.00~9.92 mg/dm³，平均值为7.87 mg/dm³。从四季变化情况看，夏季最低，平均值为6.47 mg/dm³；冬季最高，平均值为9.53 mg/dm³；春季和秋季平均值分别为8.65 mg/dm³和7.03 mg/dm³。四季最高值9.92 mg/dm³出现在冬季SM09站的表层水中，最低值6.00 mg/dm³出现在夏季SM05站位的表层水中。

从分布情况看，春季呈现出从西北向东南方向逐渐升高的趋势，最低值出现在蛇蟠岛的东南侧，最高值则位于南部湾口水域。夏季湾内西侧含量较低，东侧含量较高，最低值也出现在蛇蟠岛的东南侧，而花岙岛附近含量较高。秋季湾内中心位置含量较高，向四周逐渐降低，最低值仍然位于蛇蟠岛的东南侧。冬季湾内均较高，呈现两侧含量高，中间含量低的特点，最高值出现在健跳江口和花岙岛西侧，最低值则位于蛇蟠岛的东南侧和南部湾口水域。

（3）pH值

pH值四季变化范围为7.80～8.16，平均为8.02。从四季变化情况看，夏季pH值最低，冬季pH值最高，平均为8.13；春季和秋季pH值平均分别为8.03和8.04。四季pH值最高8.16出现在冬季SM15站位的底层水和SM18站位中，最低7.80出现在夏季SM09站位的表层水中。

从分布情况看，春季pH值分布的特点是西低东高，最低值在蛇蟠岛的东南侧，而最高值则位于花岙岛的西北侧。夏季分布从西到东存在明显的经度梯度，最低值位于健跳江口，最高值在花岙岛附近。秋季pH值分布呈现从西北向东南逐渐增高的趋势，最低值位于蛇蟠岛东南侧，最高值在花岙岛附近。冬季花岙岛南侧pH值较高，表层水pH值最低在蛇蟠岛东南侧，底层最低值则在健跳江口。

（4）总碱度

总碱度四季变化范围在2.09～3.82 mmol/L，平均值为2.82 mmol/L。从四季变化情况看，夏季最低，平均值为2.35 mmol/L；冬季最高，平均值为3.13 mmol/L；春季和秋季平均值分别为2.78 mmol/L和3.04 mmol/L。四季最高值3.82 mmol/L出现在冬季SM11站位的底层水中，最低值2.09 mmol/L出现在夏季SM07站位的表层水中。

从分布情况看，春季分布特点为北高南低，最高值在湾内北部水域，最低值位于湾口附近。夏季表层水在青门山东西两侧各存在一个低值和高值中心，而底层水则在湾内中央水域存在一个高值中心，向四周逐渐降低。秋季表层水呈现从湾内中央水域向四周逐渐降低的趋势，而底层水则是湾内西部较低，北部和花岙岛南侧较高。冬季分布呈西低东高的特点，健跳江口含量较低，而花岙岛西侧较高。各个季节底层水含量都要高于表层。

（5）活性硅酸盐

活性硅酸盐四季变化范围在0.647～2.908 mg/dm³，平均值为1.291 mg/dm³。从四季变化情况看，夏季最低，平均值为0.853 mg/dm³；秋季最高，平均值为1.872 mg/dm³；春季和冬季平均值分别为1.111 mg/dm³和1.299 mg/dm³。四季最高值2.908 mg/dm³出现在秋季SM11站位的表层水中，最低值0.647 mg/dm³出现在夏季SM12站位的表层水中。

从分布情况看，表层水含量春季在蛇蟠岛东南侧最高，高塘岛西侧和花岙岛西南侧含量也较高，最低值出现在青门山附近；而底层水则呈现出从湾内中央水域向四周逐渐降低的分布趋势，最低值位于高塘岛西侧。夏季分布特征为西高东低，花岙岛附近存在明显低值。秋季表层水最高值在花岙岛西侧，底层水高值在花岙岛西侧和健跳江口，而低值出现在湾内中央和北部水域，此外花岙岛东侧底层也较低。冬季表层水分布较为均匀，变化不大，仅在湾口西南部较高，而底层水则在健跳江口含量较高，湾内西部较低。

（6）活性磷酸盐

活性磷酸盐四季变化范围在0.022～0.045 mg/dm³，平均值为0.033 mg/dm³。从四季变化情况看，春季最低，平均值为0.023 mg/dm³；秋季最高，平均值为0.040 mg/dm³；夏季和冬季平均值分别为0.030 mg/dm³和0.038 mg/dm³。四季最高值0.045 mg/dm³出现在秋季SM13站位的表层水中，最低值0.022 mg/dm³出现在春季和夏季的多个站位中。

从分布情况看，春季表层水活性磷酸盐高值位于蛇蟠岛东南侧，湾内西部含量较低，在青门山西北侧也存在一个低值，而底层水高值位于蛇蟠岛东南侧，低值位于健跳江口和湾内西部。夏季的分布呈明显的从西向东逐渐降低的趋势，低值出现在花岙岛附近。秋季也呈西高东低的分布趋势，表层水低值出现在花岙岛南侧，而底层水低值出现在花岙岛西侧。冬季分布则是湾内西南部较高，而东部和北部含量较低。

（7）硝酸盐

硝酸盐四季变化范围在 0.304～0.937 mg/dm³，平均值为 0.592 mg/dm³。从四季变化情况看，夏季最低，平均值为 0.384 mg/dm³；秋季最高，平均值为 0.690 mg/dm³；春季和冬季平均值分别为 0.619 mg/dm³ 和 0.680 mg/dm³。四季最高值 0.937 mg/dm³ 出现在冬季 SM15 站的表层水中，最低值 0.304 mg/dm³ 出现在夏季 SM11 站的表层水中。

从分布情况看，春季表层水硝酸盐在蛇蟠岛东南侧较高，湾内其他大部分水域分布较为均匀，而底层水则是明显的西高东低渐变的分布特征。夏季表层水硝酸盐仅在蛇蟠岛东南侧和花岙岛南侧小部分水域较高，其他水域分布较为均匀，而底层水高值出现在蛇蟠岛东南侧和湾内中央水域，湾北部和南部含量较低。秋季总体上呈现西高东低的趋势，表层水中以花岙岛周边含量为低，而底层水低值则出现在高塘岛西侧。冬季高值集中在花岙岛的南侧，而表层水低值位于高塘岛西侧，底层水低值则出现在南部湾口处。

（8）亚硝酸盐

亚硝酸盐四季变化范围在 0.001～0.069 mg/dm³，平均值为 0.008 mg/dm³（表2.3-1）。从四季变化情况看，秋季最低，平均值为 0.003 mg/dm³；夏季最高，平均值为 0.018 mg/dm³；春季和冬季平均值分别为 0.008 mg/dm³ 和 0.004 mg/dm³。四季最高值 0.069 mg/dm³ 出现在夏季 SM05 站的表层水中，最低值 0.001 mg/dm³ 则出现在春季、秋季和冬季的多个站位中。

从分布情况看，春季分布趋势明显，从湾内西部向东部逐渐降低，表层水和底层水分布趋势一致且数值差异不大。夏季高值集中在蛇蟠岛东南侧水域，而湾内大部含量较低且分布均匀。秋季分布趋势与夏季相似，高值集中在湾内西北部，而东部花岙岛附近含量较低。冬季高值也位于湾内北部和蛇蟠岛东南侧水域，而南部湾口处附近含量较低。

（9）铵氮

铵氮的四季变化范围在 0.001～0.110 mg/dm³，平均值为 0.012 mg/dm³。从四季变化情况看，夏季最低，平均值为 0.006 mg/dm³；冬季最高，平均值为 0.021 mg/dm³；春季和秋季平均值分别为 0.012 mg/dm³ 和 0.009 mg/dm³。四季最高值 0.110 mg/dm³ 出现在冬季 SM05 站的表层水中，最低值 0.001 mg/dm³ 出现在夏季 SM05 站的表层水中。

从分布情况看，春季高值集中在蛇蟠岛东南侧的小部分水域，而湾内大部分水域含量较低且分布均匀，表层水与底层水分布一致。夏季呈现出西低东高的分布特征，表层水高值在花岙岛西侧，而底层水高值位于高塘岛西侧。秋季分布特征与春季相似，高值集中在湾内西北部，其他大部分水域含量较低且分布均匀。冬季分布趋势为西高东低，底层水中含量非常高，高值位于湾内西部水域。

（10）总氮

总氮四季变化范围在 0.642～2.247 mg/dm³，平均值为 1.082 mg/dm³。从四季变化情况看，夏季最低，平均值为 0.770 mg/dm³；冬季最高，平均值为 1.396 mg/dm³；春季和秋季平均值分别为 1.139 mg/dm³ 和 1.055 mg/dm³。四季最高值 2.247 mg/dm³ 出现在冬季 SM04 站的表层水中，最低值 0.642 mg/dm³ 出现在夏季 SM04 站的 5 m 层水中。

从分布情况看，春季表层水高值位于蛇蟠岛东南侧，湾内西部含量则较低，而底层水的高值则位于湾内西北部和南部水域，低值出现在高塘岛的西侧。夏季在湾内中央水域含量较低，表层水高值位于蛇蟠岛东南侧，而底层水高值则位于花岙岛南侧。秋季在湾内的西南部含量较低，表层水的高值位于湾内西北部和南部湾口水域，而底层水的高值则处于蛇蟠岛东南侧和青门山东侧水域。冬季表层水在高塘岛西侧出现高值，其他水域含量较低；而底层水则在西南部出现低值，高值位于湾中央和南部湾口水域。

（11）总磷

总磷四季变化范围在 0.042 ~ 0.244 mg/dm³，平均值为 0.090 mg/dm³。从四季变化情况看，夏季最低，平均值为 0.065 mg/dm³；秋季最高，平均值为 0.104 mg/dm³；春季和冬季平均值分别为 0.088 mg/dm³ 和 0.101 mg/dm³。四季最高值 0.244 mg/dm³ 出现在冬季 SM10 站的底层水中；最低值 0.042 mg/dm³ 出现在夏季 SM07 站的 5 m 层水中。

从分布情况看，春季表层水高值位于高塘岛西侧的小部分水域，其他部分含量较低且分布均匀；底层水高值则位于蛇蟠岛东南侧和青门山东侧水域，低值位于西南部水域。夏季在南部湾口附近含量较高，而底层水在蛇蟠岛东南侧和湾内中央水域含量也较高，低值则出现于湾北部和高塘岛西侧水域。秋季的分布呈现出以湾内中央水域为高值中心，向四周逐渐降低的分布特点，底层水含量高于表层水。冬季表层分布西低东高，而底层水则是湾内中央水域高，四周含量较低。

（12）总有机碳

总有机碳四季变化范围在 1.52 ~ 10.91 mg/dm³，平均值为 4.26 mg/dm³。从四季变化情况看，夏季最低，平均值为 2.86 mg/dm³；冬季最高，平均值为 5.37 mg/dm³；春季和秋季平均值分别为 4.38 mg/dm³ 和 4.54 mg/dm³。四季最高值 10.91 mg/dm³ 出现在秋季 SM11 站的底层水中；最低值 1.52 mg/dm³ 出现在秋季 SM08 站的表层水中。

从分布情况看，春季底层水含量明显高于表层水，在花岙岛西侧水域表层水含量最低，而底层水含量则最高，差异显著。夏季表层水高值位于南部湾口水域，湾内北部含量较低，而底层水则是湾内中央水域最高，四周含量较低。秋季的分布呈现出以湾内中央水域为高值中心，向四周逐渐降低的变化趋势。冬季分布西低东高，在花岙岛西侧水域存在明显的高值中心。

（13）石油类

石油类四季变化范围在 0.026 ~ 0.228 mg/dm³，平均值为 0.088 mg/dm³。从四季变化情况看，冬季最低，平均值为 0.053 mg/dm³；春季最高，平均值为 0.124 mg/dm³；夏季和秋季平均值分别为 0.096 mg/dm³ 和 0.078 mg/dm³。四季最高值 0.228 mg/dm³ 出现在春季 SM07 站的表层水中；最低值 0.026 mg/dm³ 出现在冬季 SM17 站的表层水中。

从分布情况看，春季高值位于湾内北部水域，而在南部水域含量较低。夏季则是在湾内中央水域存在一个低值中心，蛇蟠岛东南侧、湾内北部和东南部水域含量均较高。秋季高值位于健跳江口附近，低值位于湾内北部水域。冬季高值也出现在健跳江口附近，高塘岛西侧、湾内西北部和西南部水域含量较低。

（14）化学需氧量

三门湾表层海水中化学需氧量的含量范围为 0.25 ~ 2.52 mg/dm³，平均值为 0.89 mg/dm³。从季节变化情况来看，夏季含量最低平均值为 0.56 mg/dm³；冬季含量最高，平均值为 1.33 mg/dm³。这可能是因为海水中化学需氧量的降解与温度相关，温度越高，降解速率越高，海水中化学需氧量的含量相对就较低。

化学需氧量春、秋季分布较为相似，分布均匀且沿岸都具有较高的化学需氧量含量；夏季变化普遍较小；而冬季则具有从东北向西南逐渐降低的分布趋势，这可能与冬季盛行的西北风向相关。

（15）氮/磷比值

三门湾海域4个季节表层海水中无机氮与活性磷酸盐的比值（N/P）在11.0～33.8。从四季变化情况看，春季最高，夏季最低，N/P的平均值分别为27.9、13.2；秋冬季节变化不大，分别为17.4、19.1。表层海水中的N/P比值具有较为明显的季节差异，但是从平面分布来看，区域差异性不大，分布较为均匀。

2）质量评价

三门湾海水化学溶解氧4个季节所有样品均达到一类海水水质标准；化学需氧量的含量基本上也都符合一类海水水质标准，冬季只有SM08站的化学需氧量含量属于二类海水水质标准；pH值也均符合一类和二类海水水质标准。

磷酸盐4个季节所有样品均符合二类、三类和四类海水水质标准，分别占33%和67%。其中，秋季和冬季所有样品均为劣四类海水，而春季所有样品均符合二类和三类海水水质标准。夏季二类、三类海水和四类海水样品分别占31%和69%。

无机氮4个季节所有样品达到三类海水水质标准、四类和劣四类的海水样品分别占14%、8%和78%。其中，春季、秋季和冬季所有样品均符合劣四类海水水质，污染非常严重。而夏季样品中三类、四类和劣四类海水样品分别占55%、31%和14%。

石油类4个季节所有样品均为一类、二类海水和三类海水，分别占14%和86%。其中，春季和秋季所有样品均符合三类海水水质标准。夏季94%的样品为三类海水水质，另6%分别为一类和二类。冬季一类、二类和三类海水水质样品分别占50%。

从以上评价结果可以看出，三门湾海域水体主要污染物为无机氮，其次为活性磷酸盐，其中又以无机氮污染最为严重。全年当中，以夏季水质最好，其他季节污染均较为严重。

根据海水水质标准GB 3097—1997，表层海水砷、铜、铅、锌、镉、总铬浓度在整个调查区域全年均符合一类海水水质标准。表层海水汞浓度4个季节多数符合一类水质，夏季38.9%的站位水质属于二类和三类水质标准；冬季较少，27.8%的站位水质符合二类和三类海水水质标准；春秋季占33.3%。超标站位主要分布于南部的湾口，特别是SM16、SM17、SM18站位，它们4个季节的水质均属于二类和三类海水水质标准。

2.3.1.2 沉积物化学

1）质量现状

沉积物化学调查包括硫化物、有机碳、总氮、总磷、氧化还原电位、石油类、重金属（包括汞、砷、铜、铅、锌、镉、总铬）共13项监测参数。

三门湾沉积物化学调查共分为春、秋两个季节进行，每个季节调查站位为9个（见图2.3－2）。

三门湾沉积物化学调查结果见表2.3－2。

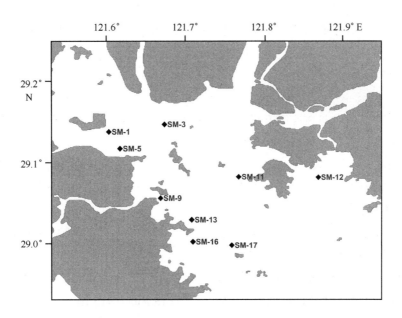

图 2.3 - 2　三门湾沉积物化学调查站位

表 2.3 - 2　三门湾表层沉积物化学（不含重金属）调查结果

季节	项目	硫化物 /×10⁻⁶	有机碳 /%	总氮 /%	总磷 /%	氧化还原电位 /mV	石油类 /×10⁻⁶
春季	范围	2.12~20.05	0.59~0.72	0.036~0.060	0.015~0.022	85~189	4.08~19.83
	均值	7.30	0.65	0.046	0.018	129	13.59
秋季	范围	2.07~19.08	0.48~0.75	0.039~0.062	0.016~0.027	123~223	15.03~45.04
	均值	7.38	0.61	0.048	0.020	161	25.31
两季	范围	2.07~20.05	0.48~0.75	0.036~0.062	0.015~0.027	85~223	4.08~45.04
	均值	7.34	0.63	0.047	0.019	145	19.45

（1）硫化物

表层沉积物中硫化物含量两季变化范围在 2.07×10^{-6} ~ 20.05×10^{-6}，平均值为 7.34×10^{-6}。春季和秋季含量差异不大，平均值分别为 7.30×10^{-6} 和 7.38×10^{-6}。

从平面分布看，春、秋两季的高值都位于健跳江口和湾西北部，而湾中部和西部含量则较低。两季最高值 20.05×10^{-6} 出现在春季健跳江口的 SM09 站，最低值 2.07×10^{-6} 出现在秋季南部湾口处的 SM17 站。

（2）有机碳

表层沉积物中有机碳含量两季变化范围在 0.48% ~ 0.75%，平均值为 0.63%。春季和秋季含量差异不大，平均值分别为 0.65% 和 0.61%。

从平面分布看，两季的最高值都位于湾中部花岙岛的西侧 SM11 站，分别为 0.72% 和 0.75%；而最低值都位于湾西部的 SM12 站，分别为 0.59% 和 0.48%。

（3）总氮

表层沉积物中总氮含量两季变化范围在 0.036% ~ 0.062%，平均值为 0.047%。春季和秋季含量差异很小，平均值分别为 0.046% 和 0.048%。

从平面分布看，春季的高值位于南部湾口和湾西北部，秋季的高值则位于南部湾口和湾中部。两季最高值 0.062% 出现在秋季湾中部花岙岛西侧的 SM11 站，最低值 0.036% 出现在春季湾北部的 SM03 站。

（4）总磷

表层沉积物中总磷含量两季变化范围在 0.015% ~ 0.027%，平均值为 0.019%。春季和秋季含量差异很小，平均值分别为 0.018% 和 0.020%。

从平面分布看，两季总磷分布总体变化不大，高值都位于湾西北部的蛇蟠岛东南侧。两季最高值 0.027% 出现在秋季湾西北部的 SM01 站，最低值 0.015% 出现在春季的 SM03 和 SM12 站。

（5）氧化还原电位

表层沉积物中氧化还原电位两季变化范围在 85 ~ 223 mV，平均值为 145 mV。春季较低，平均值为 129 mV；秋季较高，平均值为 161 mV。

从平面分布看，春季和秋季的高值都集中在南部湾口和湾西部地区。两季最高值 223 mV 出现在秋季湾西部的 SM12 站，最低值 85 mV 出现在春季的 SM13 站。

（6）石油类

表层沉积物中石油类含量两季变化范围在 $(4.08 ~ 45.04) \times 10^{-6}$，平均值为 19.45×10^{-6}。春季含量较低，平均值为 13.59×10^{-6}；秋季较高，平均值为 25.31×10^{-6}。

从平面分布看，秋季各站位含量都明显高于春季。两季最高值 45.04×10^{-6} 出现在秋季湾西部的 SM12 站；最低值 4.08×10^{-6} 出现在春季健跳江口的 SM09 站。

2）质量评价

三门湾海域春、秋两季所有表层沉积物样品中硫化物、有机碳和石油类均符合一类沉积物质量标准。砷、铅、锌、镉的含量在整个调查区域两季均达到一类沉积物质量标准。

2.3.1.3　主要污染物质入海通量（化学需氧量、氮、磷）

1）入海直排污染源

三门湾沿岸乡镇分别属于宁波市的象山县和宁海县以及台州市的三门县，各乡镇工矿企业就近向本区域附近的河流海塘排放污水最终汇入三门湾。由于经济发展以及当地政策等多种因素的影响，各乡镇的污水处理厂还处在开工或者招标阶段，所以企业污水多以直排或者经简单处理后排放。本项目通过现场调查和走访收集资料，分别对各县乡镇企业进行了归类整理，遴选并列举了重要的排污企业及排放量。

（1）宁海县

根据三门湾流域特征和地形条件，宁海县环三门湾地区共下辖 6 个乡镇，一市镇、越溪乡、茶院乡、力洋镇、胡陈镇、长街镇。根据实地调查和宁海县环境监察大队 2008 年度统计数据，该区域主要排污企业、排污量及主要污染因子主要以食品企业，文具加工企业为主。目前越溪乡、一市镇两个乡镇已开展集中式污水处理站建设，基本完成了污水收集管道主干网铺设；茶院乡污水处理厂正在建设中。

（2）象山县

环三门湾地区企业主要集中在石浦港沿岸，以船舶制造及相关附属工业排放废水和旅游业宾馆饭店排放的污水为主。象山县下辖环三门湾乡镇包括：定塘镇、鹤浦镇、石浦镇、泗洲头镇、新桥镇、晓塘乡和高塘岛乡，根据现场调查和环境监察大队统计数据，主要排污企业以食品加工和宾馆餐饮排放的化学需氧量为主。值得注意的是，石浦港沿岸的近10家大型船舶制造企业并没有纳入到环境排污费的收费范围中，而在调查过程中，也发现了部分船厂和船坞存在偷排直排废水进入三门湾的现象。

（3）三门县

作为环三门湾地区最大的县，三门县一共有大型企业159家，30家企业被台州市环保局列入"十一五"期间环境保护重点监管、重点监控企业名单，其中重点监管企业12家，重点监控企业18家。根据环保监察大队以及环保局的统计数据，环三门湾地区厂矿企业排放的化学需氧量为：432.6 t/a。

2）海水养殖污染源

三门湾围塘养殖的主要品种有对虾、青蟹、梭子蟹、白虾、蛏子、泥蚶、文蛤、杂色蛤、青蛤等。滩涂养殖的主要品种有平涂养殖的蛏子、毛蚶、泥蚶、牡蛎、泥螺、文蛤等；滩涂养殖的紫菜；低坝高网养殖的对虾、青蟹、梭子蟹、白虾、贝类。近年来滩涂蓄水养殖发展也较快。浅海养殖的主要品种有坛紫菜和延筏式养蛎。三门湾内水产苗种生产品种齐全，育苗企业规模较大，其中，三门县共有12家苗种生产企业；宁海主要有3家；象山主要有3家。生产品种有中国对虾、日本对虾、凡纳滨对虾、三疣梭子蟹、青蟹、中华绒螯蟹、泥蚶、青蛤、毛蚶等。

海洋养殖是三门县的传统支柱产业和重要基础产业之一，具有优越的发展条件和悠久的开发历史，在三门县渔业经济中占比例较大。全县浅海面积39 333 hm²，浅海可养面积3 333 hm²；滩涂面积14 000 hm²，滩涂可养面积9 333 hm²。2005年，全县养殖面积为15 931 hm²，其中海水养殖14 018 hm²，具体是浅海869 hm²，滩涂7 652 hm²，围塘5 497 hm²，淡水养殖1 913 hm²。

宁海县环三门湾地区的乡镇主要有梭子蟹、凡纳滨对虾等4个主推品种单独养殖和梭子蟹与贝类混养、凡纳滨对虾半封闭精养等养殖技术模式，同时利用高涂蓄水养蚶和养蛏，低坝高网养殖等多项高涂开发技术拓展了养殖空间，使得三门湾近10万亩被大米草覆盖的高滩涂面得到了有效的开发利用。另外2006年以来，内塘规模化养殖面积已达3 600 hm²，完成池塘标准化改造800 hm²，滩涂养殖超过1 333 hm²，形成对虾、青蟹、缢蛏、弹涂鱼等多个养殖品种。

象山县环三门湾地区养殖主要集中在石浦港沿岸以及三门湾西南部的南田湾、花岙岛和珠门港沿岸海域，养殖种类包括紫菜、梭子蟹、对虾、蛏子等。

根据3个县的养殖面积及养殖主要品种，估算出三门湾主要养殖污染入海通量为：化学需氧量为7 477.96 t/a；总氮为3 666.45 t/a；总磷为124.22 t/a。

3）入海河流污染源

三门县主要河流有7条，为清溪、珠游溪、亭旁溪、头岙溪、白溪、花桥溪和山场溪，分别注入旗门港、海游港、健跳港、浦坝港和洞港。溪流总长110.9 km，其中三门县境内97.5 km，流域面积562.58 km²，年径流深929.5 mm，年径流量9.085×10⁹ m³。宁海县区域主要河流有白溪、青溪、中堡溪、虎溪、西仓溪、力洋溪、茶院溪和东岙溪，分别流入白峤港、旗门港、胡陈港、毛屿港，溪流县境内总长 81 km，流域面积 688.81 km²，年径流量 12.38×10¹⁰ m³。象山县区域主要河流有大塘港、九龙港、叶荫港、樊岙港等，河流总长 58.2 km，流域面积 388.76 km²，年径流深 735.9 mm，年径流量 3.63×10⁹ m³。全区域的年径流深为 878.5 mm，年径流量为 2.509×10¹⁰ m³。除清溪和白溪外，汇入三门湾集水面积 10 km² 以上的独立入海溪流有 8 条。

根据不同溪流的径流量，选择所在流域面积累积占三门湾入湾溪流流域面积 93% 以上的 5 条溪流：清溪、白溪、珠游溪、中堡溪和茶院溪作为地表径流的主要来源，并在 5 条径流的入湾口进行了化学参数的现场实测（表 2.3-3）。

表 2.3-3　5 条径流入湾口水体化学参数

溪流	流域面积 /km²	主流长 /km	年径流量 /×10⁸ m³	总氮 /（mg/dm³）	总磷 /（mg/dm³）	化学需氧量 /（mg/dm³）
白溪	627	66.5	6.90	0.10	1.35	0.88
清溪	183	28.0	3.89	0.11	1.81	0.95
珠游溪	365	32.6	4.02	0.09	2.07	1.34
中堡溪	78.8	14.0	0.80	0.10	2.00	1.33
茶院溪	67.5	18.5	0.90	0.10	1.47	1.03

通过上述径流量及化学数据的分析计算，三门湾主要径流入海通量：化学需氧量为 17 145.3 t/a；总氮为 27 600.3 t/a；总磷为 1 636.29 t/a。

4）三门核电

浙江三门核电厂位于浙江省东南部沿海，台州地区三门县健跳镇境内，厂址濒临三门湾，北、东、南三面环海，西面靠猫头山，猫头山嘴呈东西走向，三面环海，向东偏北呈半岛状，深入猫头水道。三门核电厂规划建设总规模为 6 台百万千瓦级（6×1 200 MW）机组，一期工程为两台百万机组。排水口温度比取水口温度升高 10℃；冬季循环冷却水量为 72.6 m³/s，排水温度比取水温度升高 16.7℃。

温水排入受纳海域后，在水动力条件的作用下，经过稀释扩散的散热过程，温水水团的温度迅速降低，与此同时，排放口附近一定范围内的海洋环境水体水温则有不同程度的增温。三门核电工程海域本身温差大、季节变化明显，这样的温差环境实际上锻炼和培育了这一带生物对温度变化的抗性。根据海域温排水预测结果，三门核电一期工程实施后，1℃ 最大温升包络面积为 8.34 km²，对照上面所分析的因素，升温 1℃ 对三门湾广温性浮游植物种影响不大，而 4℃ 最大温升包络面积为 1.40 km²、面积较小，主要集中于核电厂排水口附近区域。因此，认为温排水对三门湾海域中海水水质变化，浮游生物及初级生产力的影响不大。

综合上面的结果，三门湾地区径流、海水养殖以及工厂企业排放这三类污染源综合的入海排放量合计为：化学需氧量为 25 055.9 t/a；总氮为 31 266.8 t/a；总磷为 1 760.5 t/a。

2.3.1.4　海洋环境质量及其变化分析

根据《中国海湾志》及相关文献（中国海湾志编纂委员会，1992；宁修仁等，2005）及浙江"908"专项记载的数据，对三门湾海水中营养盐及化学需氧量近 20 年的变化趋势进行分析。数据均采用枯水季冬季海水中各要素表层和底层的平均值。从图 2.3 – 3 来看，磷酸盐、亚硝酸盐和铵盐含量近 20 年变化不明显，硝酸盐含量呈较为明显上升趋势，而化学需氧量的含量却稍有下降。海水中磷的来源主要是海域周边居民生活污水的排放及农业施肥的径流携带，而硝酸盐则以海水养殖为主要来源。随着近几年国家对农业化肥施用的控制、不含磷洗涤剂的使用以及入海前污水处理的加强等措施，磷的污染得到了一定程度的控制。但是，由于养殖规模的不断扩大，养殖所产生氮的含量也大大增加，因此可能造成了近 20 年三门湾海水中氮含量呈现出上升的趋势。为了三门湾海洋经济的可持续发展，创造更好的海洋环境，建议今后在养殖规模、饵料投放等方面进行必要的控制。

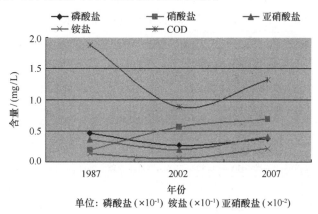

图 2.3 – 3　三门湾近 10 年海水中营养盐和化学需氧量含量变化趋势

对三门湾表层沉积物中有机质、氮、磷及硫化物含量近 20 年的变化趋势进行分析。从图 2.3 – 4 来看，表层沉积物中总氮和总磷的含量略有下降，而有机质和硫化物含量具有上升的变化趋势。通过对三门湾典型海域近 50 年来沉积记录研究发现（杨丹等，2011）：20 世纪 80 年代至 21 世纪初，三门湾营养要素的沉积通量呈上升趋势，富营养化严重，而 21 世纪初至今，碳氮的埋藏通量有下降的趋势。

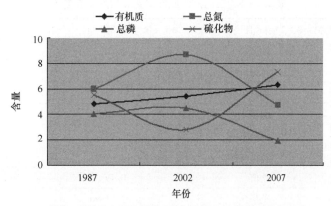

图 2.3 – 4　三门湾表层沉积物环境质量变化

2.3.2 海洋生物与生态

2.3.2.1 叶绿素 a 与初级生产力

1）叶绿素 a 浓度的平面和垂直分布

三门湾海域大面观测站四季叶绿素 a 浓度的分布范围为 0.31~5.94 μg/dm³，大小相差 1个数量级，平均值 1.90 μg/dm³。最小值与最大值分别出现在冬季 SM14 站的底层水和夏季 SM12 站的表层水。4 个季节表层平均叶绿素 a 浓度为（1.84±0.14）μg/dm³，5 m 层平均叶绿素 a 浓度为（1.71±0.18）μg/dm³，10 m 层平均叶绿素 a 浓度为（1.59±0.46）μg/dm³，底层平均叶绿素 a 浓度为（2.05±0.16）μg/dm³。从区域分布看，湾顶区域（SM01~SM06）表层的叶绿素 a 浓度高于湾中（SM07~SM11）和湾口区域（SM12~SM18）；底层叶绿素 a 浓度与表层浓度分布相似，由湾顶到湾口叶绿素 a 浓度分布呈现逐渐降低的趋势（表2.3-4）。

表2.3-4　三门湾海域平均叶绿素 a 浓度　　　　　　　　　　单位：μg/dm³

海　区	表　层		底　层	
	平均值±标准误	样品数	平均值±标准误	样品数
湾　口	1.70±0.23	28	1.87±0.27	25
湾　中	1.79±0.26	20	2.14±0.35	18
湾　顶	2.06±0.22	24	2.22±0.22	17
全海湾	1.84±0.14	72	2.05±0.16	60

2）叶绿素 a 浓度的季节变化

三门湾海域叶绿素 a 浓度季节变化明显，由小到大依次为冬季、春季、秋季、夏季（表2.3-5）。

表2.3-5　三门湾海域叶绿素 a 浓度季节变化　　　　　　　　单位：μg/dm³

季　节	项　目	表　层	底　层
春　季	均值	1.26	1.21
	范围	1.04~1.67	0.87~1.44
夏　季	均值	3.29	3.45
	范围	1.74~5.94	2.31~5.88
秋　季	均值	2.04	2.47
	范围	1.10~4.48	1.49~3.74
冬　季	均值	0.79	0.66
	范围	0.33~1.90	0.31~1.13
四　季	均值	1.84	1.57
	范围	0.33~5.94	0.31~5.88

春季海水温度回升，光合浮游生物的生长繁殖速率加快，海区叶绿素 a 浓度相对升高。

表层叶绿素 a 变化范围为 $1.04 \sim 1.67$ μg/dm³，高浓度出现在湾顶海域的 SM01 站，低值位于湾口区域的 SM09 站，整个海域浓度分布比较均匀（图 2.3 – 5a）。底层叶绿素 a 变化范围为 $0.87 \sim 1.44$ μg/dm³，高浓度出现在湾中区域的 SM09 站，低值位于湾顶区域的 SM04 站，底层浓度分布也相对均匀，但是变化幅度稍高于表层（图 2.3 – 6a）。

夏季海水温度升高进一步促进了光合浮游生物的生长繁殖，全海湾均处在相对高叶绿素 a 浓度范围。表层叶绿素 a 浓度分布范围为 $1.74 \sim 5.94$ μg/dm³，最大值出现在湾口海域的 SM12 站，最小值也出现在湾口区域，位于 SM16 站，表层叶绿素 a 浓度呈现从西北到东南逐渐降低的趋势（图 2.3 – 5b）。底层叶绿素 a 浓度分布范围为 $2.31 \sim 5.88$ μg/dm³，最大值出现在湾中区域的 SM10 站，最小值出现在湾口区域的 SM14 站，底层叶绿素 a 浓度依然呈现从西北到东南逐渐降低的趋势（图 2.3 – 6b）。

秋季表层浓度的变化范围为 $1.10 \sim 4.48$ μg/dm³，最大值出现在湾中区域的 SM10 站，最小值出现在湾口水域的 SM13 站，表层浓度分布呈现从湾中向湾顶和口门两端逐渐减小的趋势（图 2.3 – 5c）。底层浓度的变化范围稍小，为 $1.49 \sim 3.74$ μg/dm³，最大值依然出现在湾口水域的 SM15 号站，最小值也出现在湾口水域，位于 SM13 站，底层浓度分布相对比较均匀，湾口水域略大于湾顶和湾中（图 2.3 – 6c）。

冬季表层浓度的变化范围为 $0.33 \sim 1.90$ μg/dm³，最大值出现在湾顶的 SM05 站，最小值出现在湾口水域的 SM18 站，表层浓度分布比较均匀，湾顶区域略大于湾口和湾中水域（图 2.3 – 5d）。底层浓度的变化范围相对更小，为 $0.31 \sim 1.13$ μg/dm³，最大值出现在湾顶的 SM04 站，最小值出现在湾口水域的 SM14 站，底层浓度分布均匀，湾顶略高于湾中与湾口海域（图 2.3 – 6d）。

3）初级生产力

（1）初级生产力平面分布

三门湾海水浑浊，4 个观测航次均为浑水，各观测站透明度在 $0.1 \sim 0.6$ m，平均值为 (0.24 ± 0.11) m，透明度在 $0.1 \sim 0.3$ m 的观测站占 82%，展现出三门湾海水浑浊状态占据优势的环境特征。由于海水浑浊，透明度小，真光层深度不及 1.0 m，浮游植物光合作用过程主要表现在水深 1.0 m 的表层。因此，三门湾初级生产力的现场观测，仅采集表层海水进行培养、测定。三门湾表层潜在初级生产力为 $0.200 \sim 22.078$ mg/(m³·h)，年平均值为 (5.425 ± 7.485) mg/(m³·h)。初级生产力最高值出现在夏季的 SM08 站，最低值同样出现在冬季的 SM08 站。湾内初级生产力的分布与悬浮物浓度分布密切关联。如 SM08 站位于湾中部，水体相对较清澈，当夏季和秋季透明度出现 0.4 m 的相对高值时，初级生产力均出现最大值，夏季、秋季分别为 8.712 mg/(m³·h) 和 22.078 mg/(m³·h)（图 2.3 – 7b，图 2.3 – 7c）；当冬季和春季透明度仅为 0.2 m 时，初级生产力出现 0.200 mg/(m³·h) 和 0.377 mg/(m³·h) 的低值（图 2.3 – 7d，图 2.3 – 7a）。SM08 站的叶绿素 a 浓度（春季、夏季、秋季和冬季分别为 0.94 mg/m³、3.50 mg/m³、2.06 mg/m³ 和 0.83 mg/m³）和生产力指数（叶绿素 a）[0.40 mg/(mg·h)、6.31 mg/(mg·h)、4.23 mg/(mg·h) 和 0.24 mg/(mg·h)]的高值和低值分布与初级生产力的分布特征基本一致。

（2）初级生产力季节变化

三门湾为 NW—SE 走向的半封闭海湾，湾口开阔，观测站位春、夏、秋、冬四季表层平

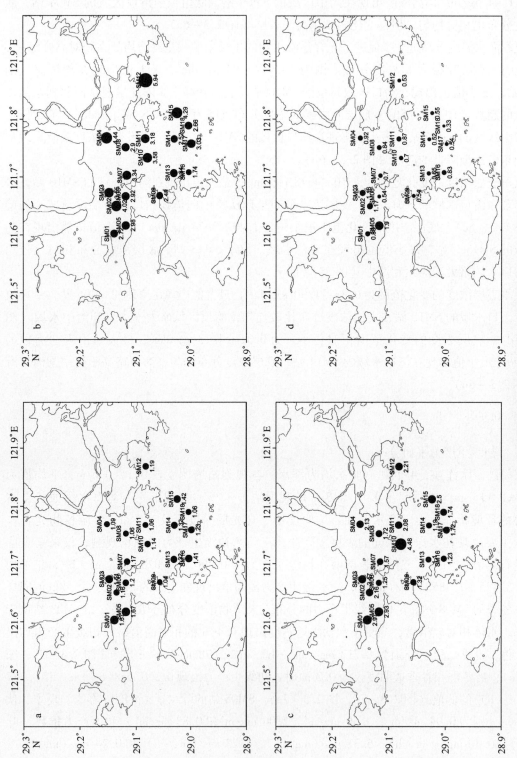

图 2.3 – 5 三门湾海域表层叶绿素 a 浓度平面分布（μg/dm³）

a. 春季；b. 夏季；c. 秋季；d. 冬季

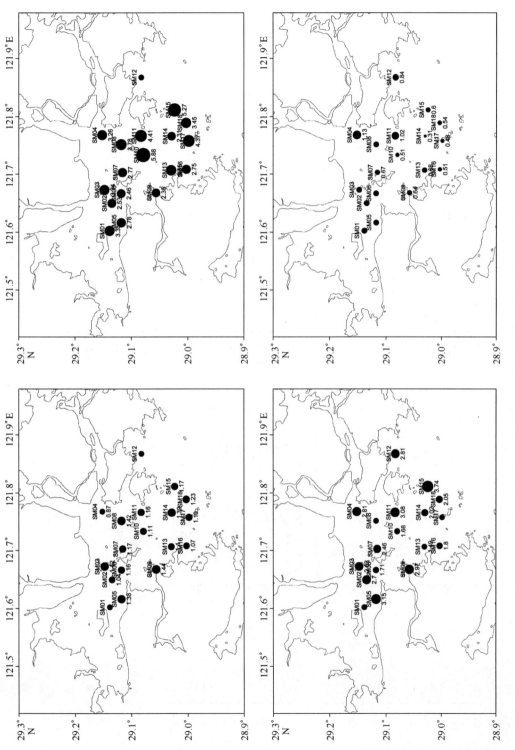

图 2.3 - 6　三门湾海域底层叶绿素 a 浓度平面分布（μg/dm³）

a. 春季；b. 夏季；c. 秋季；d. 冬季

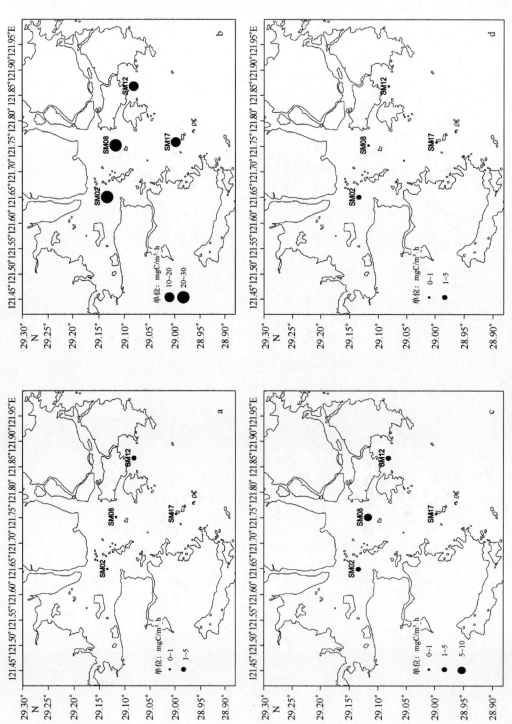

图 2.3 - 7　三门湾观测站表层初级生产力［mg/（m³·h）］

a. 春季；b. 夏季；c. 秋季；d. 冬季

均水温分别为 14.5℃、28.1℃、24.8℃和 10.0℃。观测站位潜在初级生产力较低，而且季节变化明显，由大到小依次为夏季、秋季、春季、冬季，与水温变化趋势吻合。

2007 年春季，随着水温的升高（观测站平均水温比冬季高 4.5℃），浮游生物开始复苏，活性增强。但受高悬浮物海水对浮游植物的影响，初级生产力仍处在较低水平（图 2.3 – 7a，图 2.3 – 8），表层初级生产力为 0.248 ~ 4.000 mg/(m³·h)，平均值为 (1.322 ± 1.794) mg/(m³·h)，比冬季高近 1 倍，而大大低于秋季和夏季（表 2.3 – 5）。最高值出现在三门湾口东侧南田岛附近的 SM12 站，该站水温略高于其他测站，叶绿素 a 浓度为 1.18 μg/dm³，生产力指数为 3.39 mg/(mg·h)。口门中心区 SM17 站初级生产力最低，叶绿素 a 浓度和生产力指数同样出现最低值。

2007 年夏季三门湾海水升温较快，观测站白天表层平均水温达到 28.9℃。海水透明度比春、冬季航次提高近 1 倍左右。水温升高和海水变清澈促进湾内光合浮游生物碳同化能力的提高，表现为初级生产力出现全年 4 个航次中的最大值，而且各观测站的生产力变幅小，相对均匀（图 2.3 – 7b 和图 2.3 – 8）。湾内表层初级生产力在 11.646 ~ 22.078 mg/(m³·h)，平均值为 (16.551 ± 5.460) mg/(m³·h)，相当于秋季、冬季和春季湾内初级生产力总和的 3 倍（表 2.3 – 6）。从区域分布看，湾内生产力（SM02 站和 SM08 站）比湾口区（SM12 站和 SM17 站）高近一倍，SM08 站出现最大值，SM17 站出现最小值。夏季，三门湾内初级生产力、光合浮游生物量和初级生产力指数 4 个航次的现场观测值均较象山港和乐清湾的均匀。观测站平均叶绿素 a 浓度为 (3.82 ± 0.96) μg/dm³，初级生产力指数达到 (4.54 ± 1.74) mg/(mg·h)，各项参数平均值的标准差仅占平均值的 1/3 左右（表 2.3 – 6）。

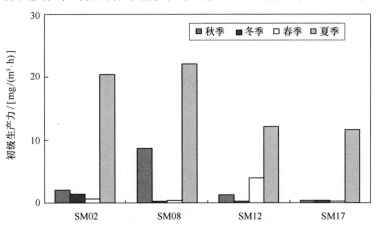

图 2.3 – 8　三门湾观测站不同季节初级生产力分布

表 2.3 – 6　三门湾观测站表层光合浮游生物参数季节变化

季节	初级生产力 / [mg/(m³·h)]	透明度 /m	叶绿素 a / (μg/dm³)	生产力指数（叶绿素 a） / [mg/(mg·h)]
春季	1.322 ± 1.794	0.19 ± 0.08	1.22 ± 0.49	1.11 ± 1.52
夏季	16.551 ± 5.460	0.36 ± 0.09	3.82 ± 0.96	4.54 ± 1.74
秋季	3.092 ± 3.804	0.23 ± 0.10	2.05 ± 0.49	1.48 ± 1.85
冬季	0.736 ± 0.647	0.19 ± 0.05	1.27 ± 1.00	0.58 ± 0.29
年平均	5.425 ± 7.485	0.24 ± 0.11	2.09 ± 1.22	1.93 ± 1.78

三门湾秋季表层水温略有下降，潜在初级生产力比夏季明显降低，分布范围为 0.391 ~ 8.712 mg/(m³·h)，平均值为 （3.092 ± 3.804） mg/(m³·h)，高于春季和冬季。湾中部的 SM08 站是秋季航次湾内海水最清澈的观测站 （透明度为 0.4 m），初级生产力出现 8.712 mg/m³·h （以碳计） 的最大值。该站同样有较高的生物现存量 （叶绿素 a 浓度为 2.06 μg/dm³） 和较高的初级生产力指数 ［4.23 mg/(mg·h)］ （图 2.3 − 7c）。湾口区 SM17 站透明度仅为 0.1 m，高悬浮物浓度的海水影响光合浮游生物的生存与繁殖，初级生产力也最低 ［0.391 mg/(m³·h)］。其他各观测站的生产力均比 SM17 站高数倍，而叶绿素 a 浓度不为倍数减少，因而 SM17 站的生产力指数也最低 ［0.29 mg/(mg·h)］。秋季三门湾平均生产力指数为 （1.48 ± 1.85） mg/(mg·h) （表 2.3 − 6）。

三门湾冬季观测站表层水温下降较快，平均水温为 10.04℃，低于北部的象山港 （10.58℃），同样低于南部的乐清湾 （10.52℃）；比秋季水温 （24.8℃） 降低了 14.76℃。透明度低，真光层薄 （透明度 0.1 ~ 0.2 m 的观测站占 88%），低温与浑浊海水抑制光合浮游生物的生长繁殖，呈现出低叶绿素 a 浓度、低初级生产力和低生产力指数的分布特征，湾内 SM02 站和该航次增加的 SM10 站初级生产力在 1.0 mg/(m³·h) 以上，其他各站均低于 0.50 mg/(m³·h)。冬季初级生产力分布范围仅为 0.200 ~ 1.527 mg/(m³·h) （图 2.3 − 7d 和图 2.3 − 8），生产力指数仅为 0.24 ~ 0.90 mg/(mg·h)，平均值为 （0.58 ± 0.29） mg/(mg·h) （表 2.3 − 6）。

（3）小结

①三门湾海域四季叶绿素 a 浓度分布范围为 0.31 ~ 5.94 μg/dm³，平均值 1.90 μg/dm³。4 个季节表层平均叶绿素 a 浓度为 （1.84 ± 0.14） μg/dm³，5 m 层平均叶绿素 a 浓度为 （1.71 ± 0.18） μg/dm³，10 m 层平均叶绿素 a 浓度为 （1.59 ± 0.46） μg/dm³，底层平均叶绿素 a 浓度为 （2.05 ± 0.16） μg/dm³。三门湾海域叶绿素 a 浓度的总体分布趋势呈现湾顶区域高于湾中和湾口区域。三门湾海域叶绿素 a 浓度呈明显的季节变化，变化趋势由大到小依次为表层夏季 （3.29 μg/dm³）、秋季 （2.04 μg/dm³）、春季 （1.26 μg/dm³）、冬季 （0.79 μg/dm³）；底层夏季 （3.45 μg/dm³）、秋季 （2.47 μg/dm³）、春季 （1.21 μg/dm³）、冬季 （0.66 μg/dm³）。

②三门湾表层潜在初级生产力为 0.200 ~ 22.078 mg/(m³·h)，年平均值为 （5.425 ± 7.485） mg/(m³·h)。观测站位潜在初级生产力较低，而且季节变化明显，由大到小依次为夏季、秋季、春季、冬季。春季表层初级生产力为 0.248 ~ 4.000 mg/(m³·h)，平均值为 （1.322 ± 1.794） mg/(m³·h)；夏季表层初级生产力为 11.646 ~ 22.078 mg/(m³·h)，平均值 （16.551 ± 5.460） mg/(m³·h)；秋季表层初级生产力为 0.391 ~ 8.712 mg/(m³·h)，平均值为 （3.092 ± 3.804） mg/(m³·h)；冬季初级生产力分布范围仅为 0.200 ~ 1.527 mg/(m³·h)，平均值为 （0.736 ± 0.647） mg/(m³·h)。

2.3.2.2　浮游植物

1）种类组成

春、夏、秋、冬四季调查海域共鉴定出浮游植物 51 属 124 种 （含变种、变型），具体种类名录见表 2.3 − 7。其中硅藻种类数最多，有 39 属 103 种；甲藻次之，为 9 属 17 种；蓝藻 1 属 2 种；裸藻和隐藻各 1 属 1 种。

春季调查海域共鉴定出浮游植物85种（含变种、变型），其中硅藻最多，为28属71种；甲藻次之，为6属12种；裸藻和隐藻各1属1种。硅藻中圆筛藻属种类数最多，共有18种；斜纹藻属种类数次之，共有8种。甲藻中以原多甲藻属种类最多，为6种（表2.3-7）。

夏季调查海域共鉴定出浮游植物91种（含变种、变型），其中硅藻最多，为26属72种；甲藻次之，为9属16种；蓝藻、裸藻和隐藻各1属1种。硅藻中以圆筛藻属种类数最多，共有18种；斜纹藻属种类数次之，为9种。甲藻中以原多甲藻属种类最多，为6种；角藻次之，为3种（表2.3-7）。

秋季调查海域共鉴定出浮游植物81种（含变种、变型），其中硅藻最多，为28属74种；甲藻次之，为2属5种；裸藻和隐藻各1属1种。硅藻中以圆筛藻属种类数最多，共有17种；斜纹藻属种类数次之，为9种；角毛藻属共有7种。甲藻中以原多甲藻属种类为主，共有4种（表2.3-7）。

表2.3-7　三门湾调查海域四季浮游植物种类数分布　　　　单位：种

类群	春	夏	秋	冬	四季
硅藻	71	72	74	60	103
甲藻	12	16	5	5	17
蓝藻	0	1	0	2	2
隐藻	1	1	1	1	1
裸藻	1	1	1	1	1
总计	85	91	81	69	124

冬季调查海域共鉴定出浮游植物69种（含变种、变型），其中硅藻最多，为25属60种；甲藻次之，为4属5种；蓝藻1属2种；裸藻和隐藻各1属1种（表2.3-7）。

2）群落生态类型

近岸低盐类群：其种类多是本区的优势种，出现的种类数和丰度普遍较高，代表种类有中肋骨条藻、琼氏圆筛藻、洛氏角毛藻、纺锤角藻和三角角藻等，其他种类还有中华盒形藻、拟旋链角毛藻、窄隙角毛藻、布氏双尾藻和尖刺伪菱形藻等。

外海高盐类群：各种在本区的丰度和出现频率普遍较低，主要出现在温度较高的夏季和秋季，代表种类有笔尖形根管藻、粗根管藻、翼鼻状藻和太阳漂流藻。

海洋广布性类群：在本区中的比例仅次于近岸低盐类群，主要代表种有派格棍形藻、辐射圆筛藻、星脐圆筛藻、中心圆筛藻和垂缘角毛藻等。

3）细胞丰度

（1）浮游植物网样

网采浮游植物春季平均细胞密度为（1301.94±971.86）×10³个/m³，其中SM17站细胞密度最低（365.00×10³个/m³），SM12站细胞密度最高（3667.00×10³个/m³），丰度高值区集中在湾中部，即SM10~SM12站附近，其余区域丰度较低（图2.3-9）；夏季平均细胞密度为（8 305.61 ± 8 444.31）× 10^3 个/m^3，其中 SM09 站细胞密度最低（577.00 × 10^3 个/m^3），SM15 站细胞密度最高（27 765.00 × 10^3 个/m^3），丰度低值区位于湾口，其余调查海域丰度较高（图2.3-10）；秋季平均细胞密度为（1 595.89 ± 1 073.62）× 10^3 个/m^3，其中 SM01 站细胞密度最低（357.00 × 10^3 个/m^3），SM11 站细胞密度最高（3 927.00 × 10^3 个/m^3），丰度低值区位于湾底与湾口西侧，其余调查海域丰度普遍较高（图2.3-11）；冬季网采平均细胞密度为（1 379.89 ± 1 313.60）× 10^3 个/m^3，其中 SM09 站细胞密度最低（123.00 × 10^3 个/m^3），SM06 站细胞密度最高（5 712.00 × 10^3 个/m^3），丰度高值区集中在湾底部，即 SM06 站和 SM07 站附近海域，其余区域丰度较低（图2.3-12）。

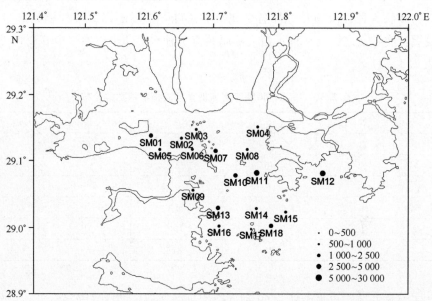

图 2.3-9　三门湾春季网采浮游植物丰度分布（× 10^3 个/m^3）

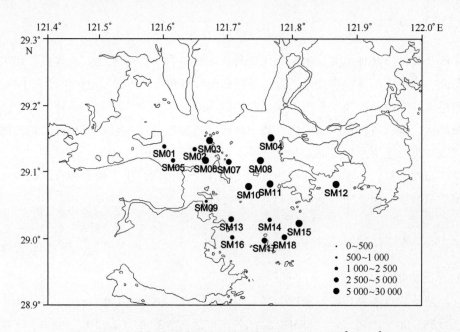

图 2.3-10　三门湾夏季网采浮游植物丰度分布（× 10^3 个/m^3）

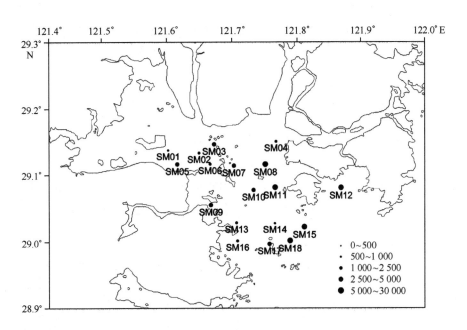

图 2.3 - 11 三门湾秋季网采浮游植物丰度分布（×10³ 个/m³）

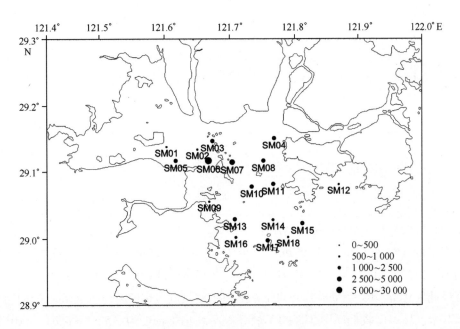

图 2.3 - 12 三门湾冬季网采浮游植物丰度分布（×10³ 个/m³）

（2）浮游植物水样

①表层

浮游植物表层水样春季平均细胞密度为 $(3.18 \pm 1.70) \times 10^3$ 个/dm^3，其中 SM13 站细胞密度最低（1.20×10^3 个/dm^3），SM12 站细胞密度最高（8.00×10^3 个/dm^3），丰度高值区位于 SM06 站和 SM12 站附近海域，其余区域丰度较低（图 2.3 – 13）；夏季平均细胞密度为 $(22.26 \pm 33.90) \times 10^3$ 个/dm^3，其中 SM16 站细胞密度最低（1.20×10^3 个/dm^3），SM4 站细胞密度最高（114.40×10^3 个/dm^3），丰度高值区位于湾底东侧，其余区域丰度较低（图 2.3 – 14）；秋季平均细胞密度为 $(10.27 \pm 12.43) \times 10^3$ 个/dm^3，其中 SM02 站细胞密度最低（1.20×10^3 个/dm^3），SM04 站细胞密度最高（53.10×10^3 个/dm^3），丰度高值区位于湾底，其余区域丰度较低（图 2.3 – 15）；冬季平均细胞密度为 $(3.65 \pm 2.51) \times 10^3$ 个/dm^3，其中 SM09 站和 SM17 站细胞密度最低（1.60×10^3 个/dm^3），SM05 站细胞密度最高（11.40×10^3 个/dm^3），丰度高值区位于 SM04 站、SM05 站和 SM07 站附近海域，其余区域丰度较低（图 2.3 – 16）。

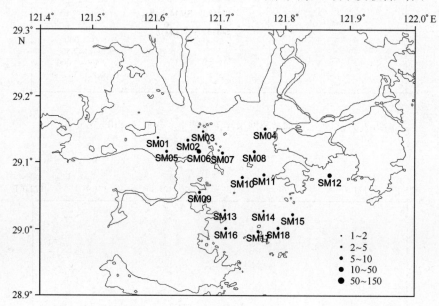

图 2.3 – 13　三门湾春季表层水体浮游植物丰度分布（$\times 10^3$ 个/dm^3）

②底层

浮游植物底层水样春季平均细胞密度为 $(2.63 \pm 1.04) \times 10^3$ 个/dm^3，其中 SM04 站和 SM13 站细胞密度最低（均为 1.20×10^3 个/dm^3），SM11 站细胞密度最高（4.30×10^3 个/dm^3），丰度分布较均匀（图 2.3 – 17）；夏季平均细胞密度为 $(13.41 \pm 18.08) \times 10^3$ 个/dm^3，其中 SM14 站细胞密度最低（1.20×10^3 个/dm^3），SM04 站细胞密度最高（61.30×10^3 个/dm^3），丰度高值区湾底部，其余区域丰度较低（图 2.3 – 18）；秋季平均细胞密度为 $(5.82 \pm 6.03) \times 10^3$ 个/dm^3，其中 SM11 站细胞密度最低（1.10×10^3 个/dm^3），SM05 站细胞密度最高（25.20×10^3 个/dm^3），丰度高值区位于湾口与湾中部西侧，其余区域丰度较低（图 2.3 – 19）；冬季平均细胞密度为 $(3.54 \pm 0.95) \times 10^3$ 个/dm^3，其中 SM09 站细胞密度最低（1.10×10^3 个/dm^3），SM04 站细胞密度最高（4.50×10^3 个/dm^3），丰度分布较均匀（图 2.3 – 20）。

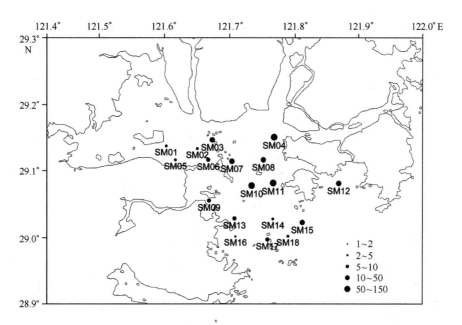

图 2.3 – 14　三门湾夏季表层水体浮游植物丰度分布（ ×10³ 个/dm³）

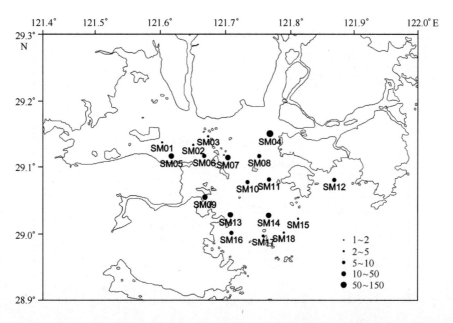

图 2.3 – 15　三门湾秋季表层水体浮游植物丰度分布（ ×10³ 个/dm³）

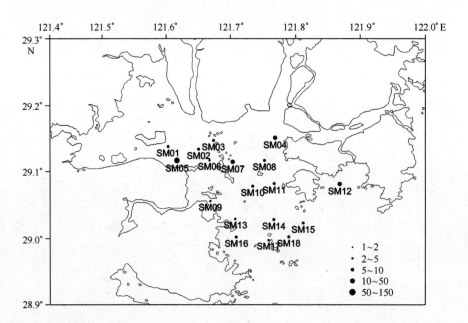

图 2.3 – 16 三门湾冬季表层水体浮游植物丰度分布（×10³ 个/dm³）

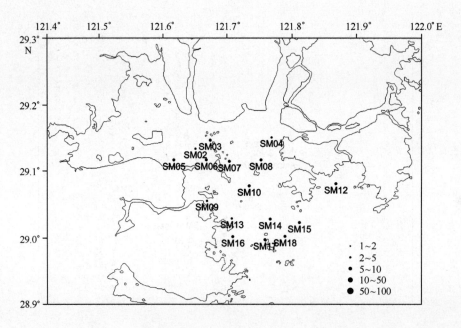

图 2.3 – 17 三门湾春季底层水体浮游植物丰度分布（×10³ 个/dm³）

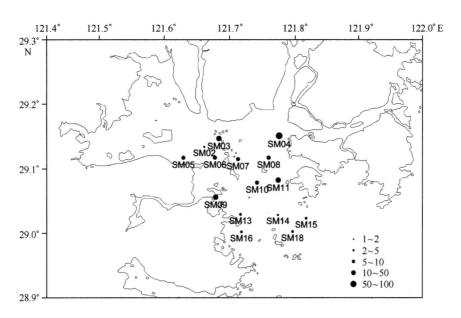

图 2.3 - 18　三门湾夏季底层水体浮游植物丰度分布（×10³ 个/dm³）

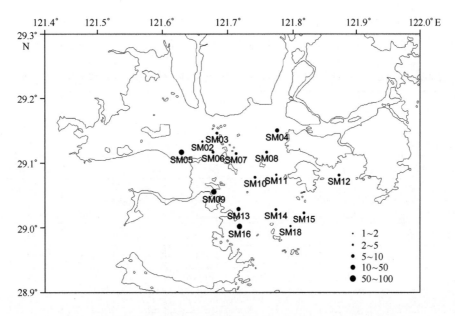

图 2.3 - 19　三门湾秋季底层水体浮游植物丰度分布（×10³ 个/dm³）

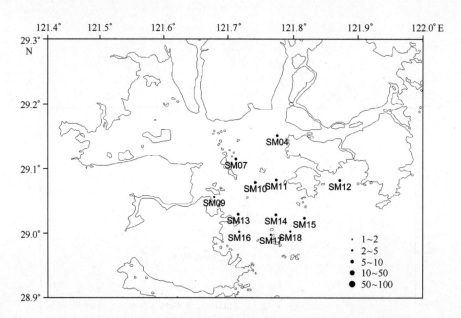

图2.3-20　三门湾冬季底层水体浮游植物丰度分布（×10³ 个/dm³）

4）优势种及其数量分布

（1）网样

三门湾春、夏、秋、冬季网采浮游植物优势种（优势度 $Y \geqslant 0.02$）有洛氏角毛藻、拟旋链角毛藻、蛇目圆筛藻、星脐圆筛藻、中心圆筛藻、琼氏圆筛藻、辐射圆筛藻、洛伦菱形藻、美丽菱形藻、中肋骨条藻、长海毛藻、纺锤角藻和三角角藻等（表2.3-8）。

表2.3-8　三门湾调查海域四季浮游植物网样优势种的优势度（Y）和出现频率（%）

优势种	春季		夏季		秋季		冬季	
	优势度	频率	优势度	频率	优势度	频率	优势度	频率
洛氏角毛藻	—	—	—	—	0.03	45	—	—
拟旋链角毛藻	—	—	0.15	61	—	—	—	—
蛇目圆筛藻	0.06	100	—	—	—	—	—	—
星脐圆筛藻	0.18	100	—	—	0.05	72	0.11	94
中心圆筛藻	0.03	100	—	—	—	—	0.04	72
琼氏圆筛藻	0.46	100	0.22	100	0.41	100	0.47	100
辐射圆筛藻	0.04	100	0.02	89	—	—	0.03	72
洛伦菱形藻	0.04	89	—	—	—	—	—	—
美丽菱形藻	0.02	89	—	—	—	—	—	—
中肋骨条藻	—	—	0.03	33	—	—	0.03	22.2
长海毛藻	0.03	89	—	—	—	—	—	—
纺锤角藻	—	—	0.07	100	—	—	—	—
三角角藻	—	—	0.15	100	—	—	—	—

①春季

春季调查海域网采浮游植物优势种有蛇目圆筛藻、星脐圆筛藻、琼氏圆筛藻、中心圆筛藻、辐射圆筛藻、洛伦菱形藻、美丽菱形藻和长海毛藻共8种（表2.3–8）。其中：圆筛藻属为浮游植物群落中的优势类群，圆筛藻属中又以琼氏圆筛藻占据绝对优势，优势度达0.46；星脐圆筛藻其次，优势度为0.18；蛇目圆筛藻再次，优势度为0.06；美丽菱形藻优势度最低，仅为0.02。圆筛藻属的种类在18个调查站位均有出现，而其余优势种在16个调查站位有分布，出现频率为89%。

蛇目圆筛藻平均细胞密度为（42.17 ± 51.84）× 10^3 个/m^3，丰度高值区位于湾底部（图2.3–21）；星脐圆筛藻平均细胞密度为（83.39 ± 117.52）× 10^3 个/m^3，丰度高值区位于湾中部，其余区域丰度较低（图2.3–22）；中心圆筛藻平均细胞密度为（23.50 ± 36.87）× 10^3 个/m^3，丰度高值区位于湾中部，其余区域丰度较低（图2.3–23）；琼氏圆筛藻平均细胞密度为（113.06 ± 100.74）× 10^3 个/m^3，丰度高值区集中于调查海域西侧边缘，其余区域丰度较低（图2.3–24）；辐射圆筛藻平均细胞密度为（32.22 ± 42.79）× 10^3 个/m^3，丰度高值区位于湾底部，其余区域丰度较低（图2.3–25）；洛伦菱形藻平均细胞密度为（41.72 ± 59.39）× 10^3 个/m^3，丰度高值区位于湾中部，其余区域丰度较低（图2.3–26）；美丽菱形藻平均细胞密度为（25.94 ± 40.18）× 10^3 个/m^3，丰度高值区位于SM01和SM16站邻近海域，其余区域丰度较低（图2.3–27）；长海毛藻平均细胞密度为（29.17 ± 36.23）× 10^3 个/m^3，丰度高值区位于湾口，其余区域丰度较低（图2.3–28）。

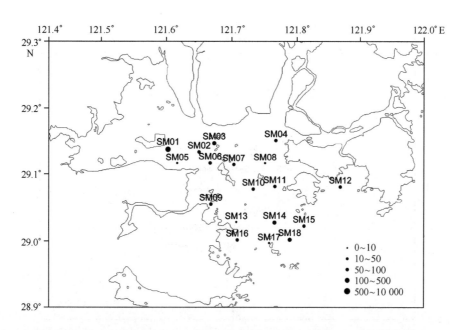

图2.3–21 三门湾春季网样优势种蛇目圆筛藻的丰度分布（× 10^3 个/dm^3）

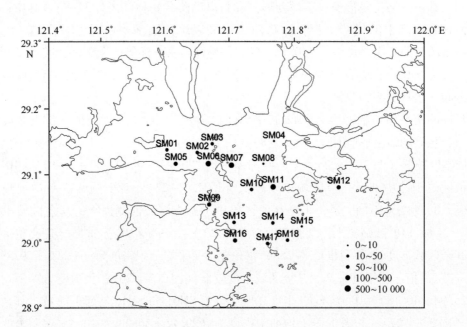

图 2.3 - 22　三门湾春季网样优势种星脐圆筛藻的丰度分布（ ×10³ 个/dm³）

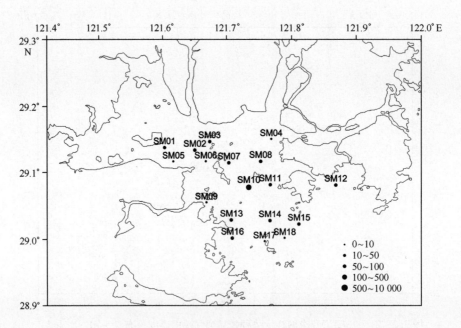

图 2.3 - 23　三门湾春季网样优势种中心圆筛藻的丰度分布（ ×10³ 个/dm³）

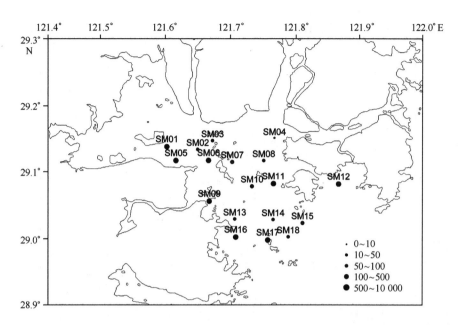

图 2.3 – 24　三门湾春季网样优势种琼氏圆筛藻的丰度分布（×10³ 个/dm³）

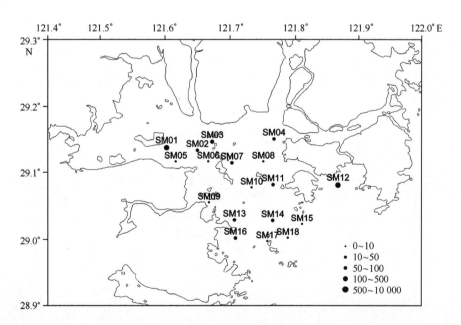

图 2.3 – 25　三门湾春季网样优势种辐射圆筛藻的丰度分布（×10³ 个/dm³）

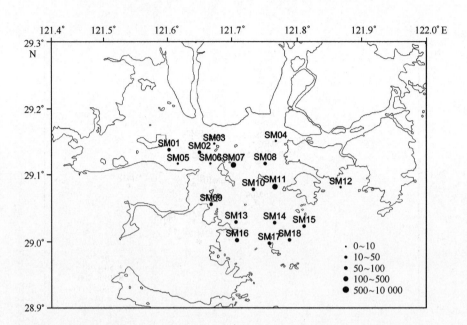

图 2.3 - 26　三门湾春季网样优势种洛伦菱形藻的丰度分布（×10³ 个/dm³）

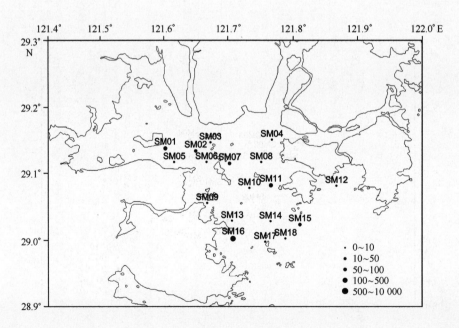

图 2.3 - 27　三门湾春季网样优势种美丽菱形藻的丰度分布（×10³ 个/dm³）

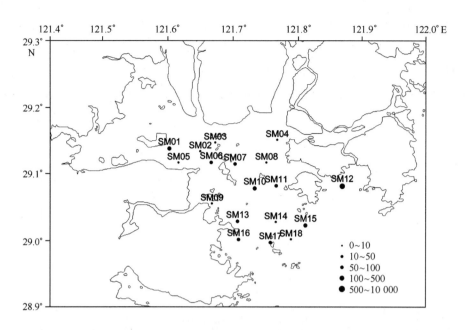

图 2.3 - 28　三门湾春季网样优势种长海毛藻的丰度分布（×10³ 个/dm³）

②夏季

夏季调查海域网采浮游植物优势种有拟旋链角毛藻、琼氏圆筛藻、辐射圆筛藻、中肋骨条藻、纺锤角藻和三角角藻共 6 种（表 2.3 - 8）。其中：琼氏圆筛藻为第一优势种，优势度达 0.22；纺锤角、拟旋链角毛藻其次，优势度为 0.15；辐射圆筛藻优势度最低，仅为 0.02。琼氏圆筛藻、纺锤角藻和三角角藻在各站位均有出现。

拟旋链角毛藻平均细胞密度为（710.33 ± 2 321.53）×10³ 个/m³，丰度高值区位于湾口中部和湾底东侧，其余区域丰度较低（图 2.3 - 29）；琼氏圆筛藻平均细胞密度为（764.56 ± 1 060.05）×10³ 个/m³，丰度低值区位于湾中部和底西侧，其余区域丰度较高（图 2.3 - 30）；

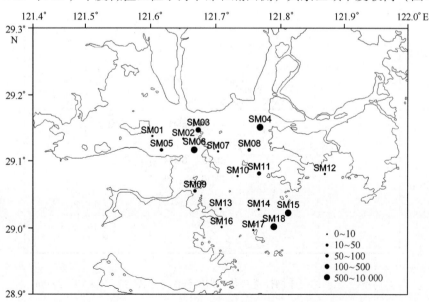

图 2.3 - 29　三门湾夏季网样优势种拟旋链角毛藻的丰度分布（×10³ 个/dm³）

辐射圆筛藻平均细胞密度为（115.28±356.18）×10³个/m³，丰度高值区位于SM03站，其余区域丰度较低（图2.3-31）；中肋骨条藻平均细胞密度为（244.06±642.93）×10³个/m³，丰度高值区位于湾底东部，其余区域丰度较低（图2.3-32）；纺锤角藻平均细胞密度为（271.83±419.48）×10³个/m³，丰度低值区位于调查海域西侧边缘，其余区域丰度较高（图2.3-33）；三角角藻平均细胞密度为（417.06±581.01）×10³个/m³，丰度低值区位于调查海域西侧边缘，其余区域丰度较高（图2.3-34）。

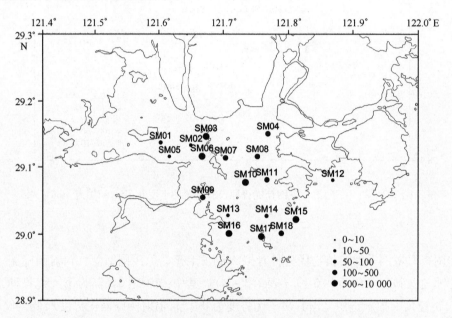

图2.3-30　三门湾夏季网样优势种琼氏圆筛藻的丰度分布（×10³个/dm³）

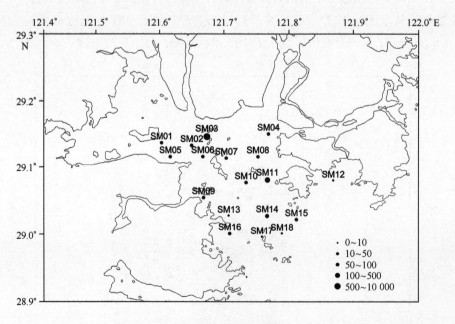

图2.3-31　三门湾夏季网样优势种辐射圆筛藻的丰度分布（×10³个/dm³）

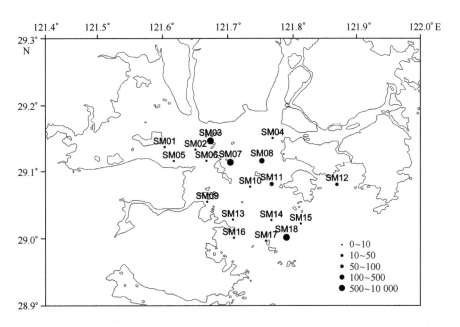

图 2.3 – 32　三门湾夏季网样优势种中肋骨条藻的丰度分布（×10³ 个/dm³）

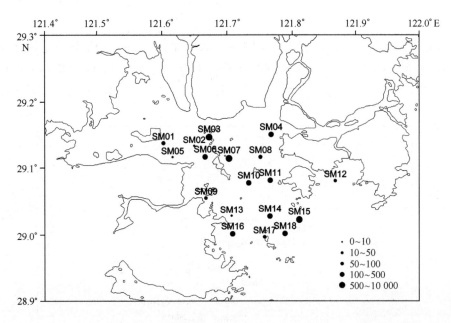

图 2.3 – 33　三门湾夏季网样优势种纺锤角藻的丰度分布（×10³ 个/dm³）

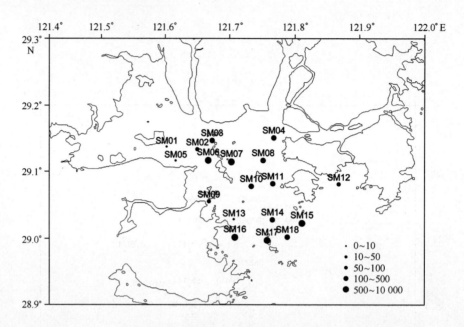

图 2.3 - 34　三门湾夏季网样优势种三角角藻的丰度分布（×10³ 个/dm³）

③秋季

秋季调查海域网采浮游植物优势种仅有洛氏角毛藻、星脐圆筛藻和琼氏圆筛藻 3 种（表 2.3 - 8）。其中：琼氏圆筛藻为绝对优势种，优势度达 0.41，且在各站位均有分布；星脐圆筛藻其次，优势度为 0.05，出现频率为 72%；洛氏角毛藻最低，仅为 0.03，出现频率也最低，为 45%。

洛氏角毛藻平均细胞密度为（180.11 ± 140.40）× 10³ 个/m³，丰度高值区位于调查海域东部，其余区域丰度较低（图 2.3 - 35）；星脐圆筛藻平均细胞密度为（40.06 ± 68.14）× 10³ 个/m³，丰度高值区位于湾口和湾底东部，其余区域丰度较低（图 2.3 - 36）；琼氏圆筛藻平均细胞

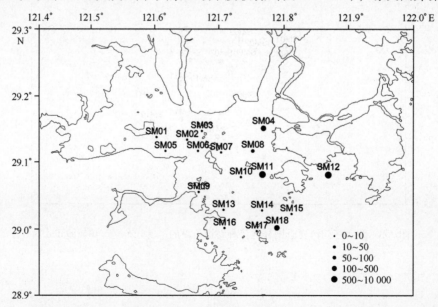

图 2.3 - 35　三门湾秋季网样优势种洛氏角毛藻的丰度分布（×10³ 个/dm³）

密度为（369.28±406.27）×10³ 个/m³，丰度低值区位于湾中部，其余区域丰度较高（图2.3-37）。

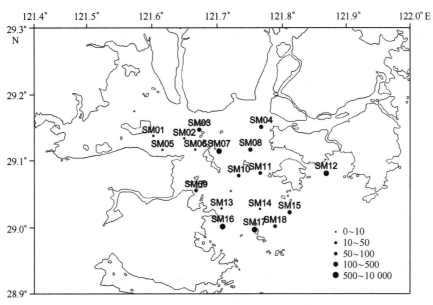

图2.3-36　三门湾秋季网样优势种星脐圆筛藻的丰度分布（×10³ 个/dm³）

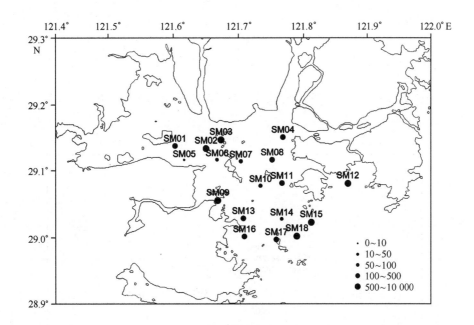

图2.3-37　三门湾秋季网样优势种琼氏圆筛藻的丰度分布（×10³ 个/dm³）

④冬季

冬季调查海域网采浮游植物优势种有星脐圆筛藻、中心圆筛藻、琼氏圆筛藻、辐射圆筛藻和中肋骨条藻共5种（表2.3-8）。其中：琼氏圆筛藻为绝对优势种，优势度达0.47，且在各站位均有分布；星脐圆筛藻其次，优势度为0.11，出现频率为94%；中心圆筛藻再次，优势度为0.04，出现频率为72%；辐射圆筛藻优势度最低，为0.03，出现频率为72%。

　　星脐圆筛藻平均细胞密度为（108.33 ± 140.40）× 10^3 个/m³，丰度高值区位于湾中部和湾口西侧，其余区域丰度较低（图 2.3 – 38）；中心圆筛藻平均细胞密度为（40.06 ± 68.14）× 10^3 个/m³，丰度高值区位于湾口，其余区域丰度较低（图 2.3 – 39）；琼氏圆筛藻平均细胞密度为（369.28 ± 406.27）× 10^3 个/m³，丰度低值区位于湾底西侧与湾口东侧，其余区域丰度较高（图 2.3 – 40）；辐射圆筛藻平均细胞密度为（30.89 ± 32.87）× 10^3 个/m³，丰度高值区位于湾口（图 2.3 – 41），其余区域丰度较低；中肋骨条藻平均细胞密度为（84.44 ± 280.88）× 10^3 个/m³，丰度高值区位于湾底西部，其余区域丰度较低（图 2.3 – 42）。

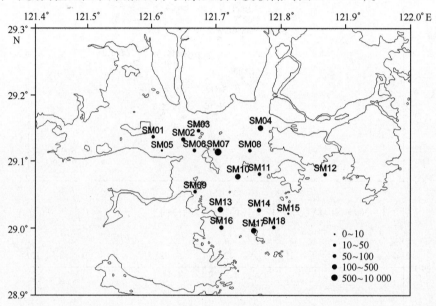

图 2.3 – 38　三门湾冬季网样优势种星脐圆筛藻的丰度分布（× 10^3 个/dm³）

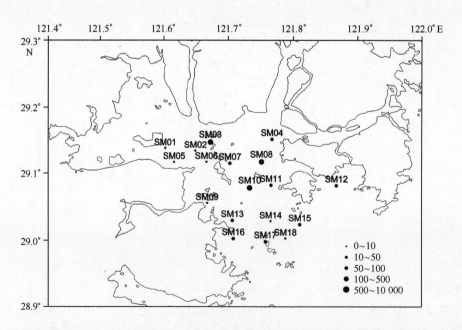

图 2.3 – 39　三门湾冬季网样优势种中心圆筛藻的丰度分布（× 10^3 个/dm³）

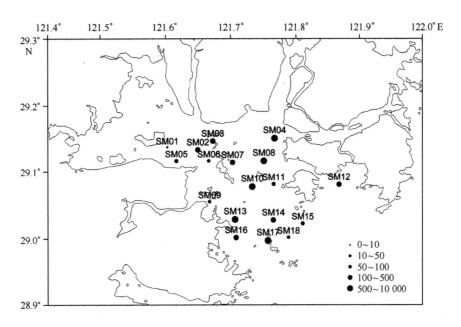

图 2.3 - 40 三门湾冬季网样优势种琼氏圆筛藻的丰度分布（×10³ 个/dm³）

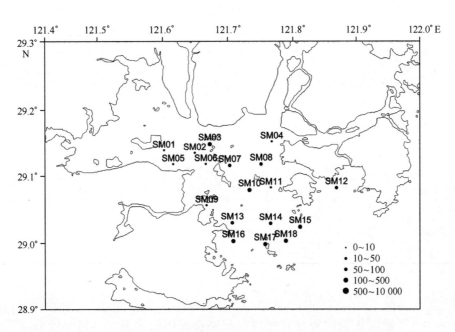

图 2.3 - 41 三门湾冬季网样优势种辐射圆筛藻的丰度分布（×10³ 个/dm³）

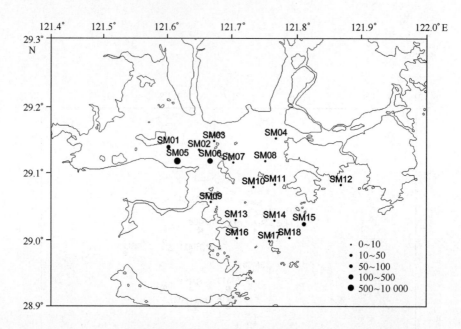

图 2.3 - 42　三门湾冬季网样优势种中肋骨条藻的丰度分布（×10³ 个/dm³）

（2）水样

①表层

三门湾表层水体浮游植物优势种四季共出现蛇目圆筛藻、琼氏圆筛藻、辐射圆筛藻、具槽帕拉藻、中肋骨条藻、纺锤角藻、三角角藻和厚甲原多甲藻共 8 种（表2.3 - 9）。

表2.3 - 9　三门湾四季表层水体浮游植物优势种的优势度（Y）和出现频率（%）

优势种	春季		夏季		秋季		冬季	
	优势度	频率	优势度	频率	优势度	频率	优势度	频率
蛇目圆筛藻	0.04	61	—	—	—	—	0.02	39
琼氏圆筛藻	0.21	89	0.04	94	0.17	100	0.20	94
辐射圆筛藻	—	—	—	—	—	—	0.03	44
具槽帕拉藻	—	—	—	—	—	—	0.20	56
中肋骨条藻	—	—	0.09	17	0.23	100	—	—
纺锤角藻	—	—	0.02	56	—	—	—	—
三角角藻	—	—	0.06	61	—	—	—	—
厚甲原多甲藻	—	—	0.02	78	—	—	—	—

春季

春季表层水体浮游植物优势种有蛇目圆筛藻和琼氏圆筛藻，其优势度分别为 0.04 和 0.21，出现频率分别为 61% 和 89%。

蛇目圆筛藻平均细胞密度为 （0.23 ± 0.25）×10³个/dm³，丰度低值区位于湾口，其余区域丰度较低（图 2.3 - 43）；琼氏圆筛藻平均细胞密度为 （0.74 ± 0.56）×10³个/dm³，丰度低值区位于湾中部，其余区域丰度较高（图 2.3 - 44）。

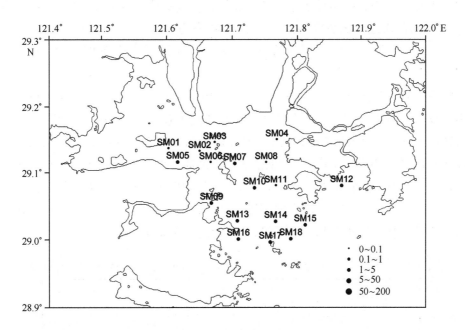

图 2.3 – 43　三门湾春季表层水样优势种蛇目圆筛藻的丰度分布（×10³ 个/dm³）

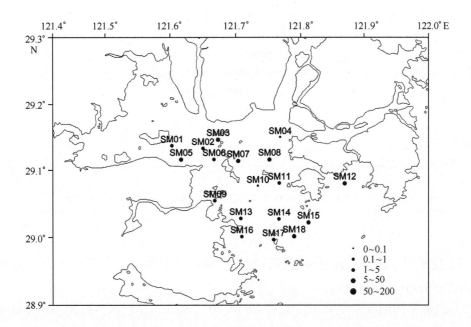

图 2.3 – 44　三门湾春季表层水样优势种琼氏圆筛藻的丰度分布（×10³ 个/dm³）

夏季

夏季表层水体浮游植物优势种有琼氏圆筛藻、中肋骨条藻、纺锤角藻、三角角藻和厚甲原多甲藻5种。其中：中肋骨条藻为第一优势种，优势度为0.09，但出现频率最低，仅为17%；三角角藻次之，优势度为0.06，出现频率为61%；琼氏圆筛藻居第三位，优势度为0.04，出现频率为94%；厚甲原多甲藻优势度最低，优势度为0.02，出现频率为78%。

琼氏圆筛藻平均细胞密度为 $(0.96 \pm 0.86) \times 10^3$ 个/dm³，丰度低值区位于湾底西部，其余区域丰度较高（图2.3-45）；中肋骨条藻平均细胞密度为 $(12.34 \pm 29.67) \times 10^3$ 个/dm³，丰度低值区位于湾底部西侧和湾口，其余区域丰度较高（图2.3-46）；纺锤角藻平均细胞密度为 $(0.99 \pm 1.37) \times 10^3$ 个/dm³，丰度低值区位于湾底西侧与湾口，其余区域丰度较高（图2.3-47）；三角角藻平均细胞密度为 $(2.31 \pm 2.46) \times 10^3$ 个/dm³，丰度低值区位于湾口，其余区域丰度较高（图2.3-48）；厚甲原多甲藻平均细胞密度为 $(0.74 \pm 0.85) \times 10^3$ 个/dm³，丰度低值区位于调查海域西南部，其余区域丰度较高（图2.3-49）。

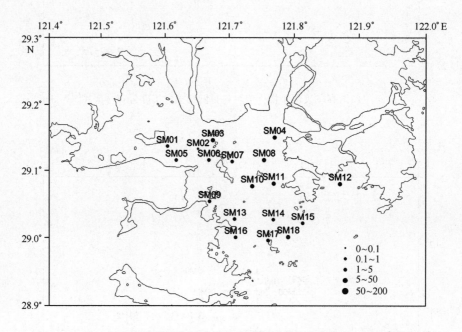

图2.3-45　三门湾夏季表层水样优势种琼氏圆筛藻的丰度分布（$\times 10^3$ 个/dm³）

秋季

秋季表层水体浮游植物优势种有琼氏圆筛藻和中肋骨条藻，其优势度分别为0.17和0.23，两者在各站位均有分布。

琼氏圆筛藻平均细胞密度为 $(1.71 \pm 2.26) \times 10^3$ 个/dm³，丰度高值区位于调查海域北部，其余区域丰度较低（图2.3-50）；中肋骨条藻平均细胞密度为 $(4.71 \pm 6.33) \times 10^3$ 个/dm³，丰度高值区位于调查海域中部和西部，其余区域丰度较低（图2.3-51）。

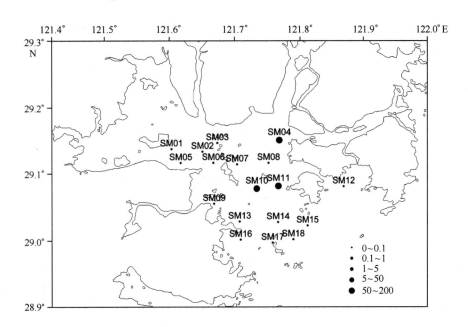

图 2.3 – 46 三门湾夏季表层水样优势种中肋骨条藻的丰度分布（×10³ 个/dm³）

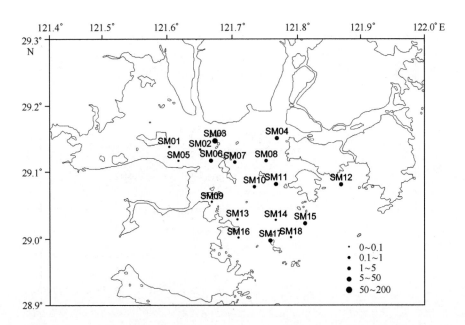

图 2.3 – 47 三门湾夏季表层水样优势种纺锤角藻的丰度分布（×10³ 个/dm³）

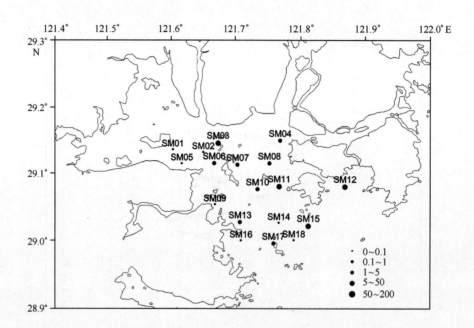

图 2.3 - 48　三门湾夏季表层水样优势种三角角藻的丰度分布（×10³ 个/dm³）

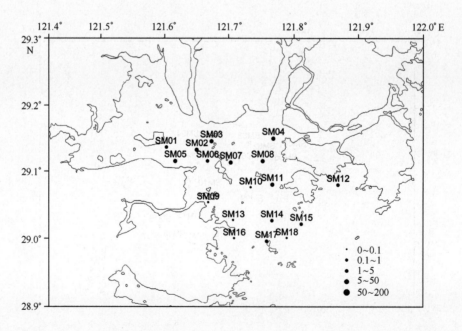

图 2.3 - 49　三门湾夏季表层水样优势种厚甲原多甲藻的丰度分布（×10³ 个/dm³）

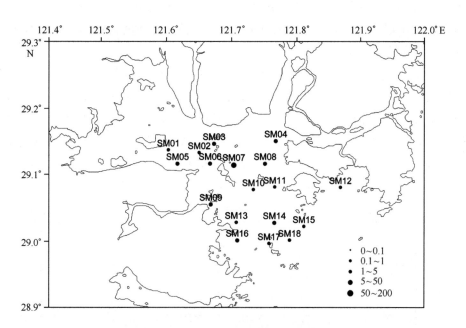

图 2.3 - 50 三门湾秋季表层水样优势种琼氏圆筛藻的丰度分布（×10^3 个/dm^3）

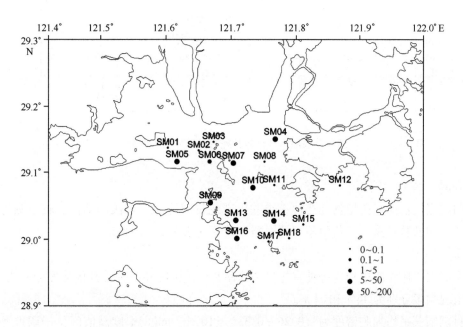

图 2.3 - 51 三门湾秋季表层水样优势种中肋骨条藻的丰度分布（×10^3 个/dm^3）

冬季

冬季表层水体浮游植物优势种有蛇目圆筛藻、琼氏圆筛藻、辐射圆筛藻和具槽帕拉藻4种。其中：具槽帕拉藻为第一优势种，优势度为0.20，出现频率为56%；琼氏圆筛藻次之，优势度为0.20，出现频率为94%；辐射圆筛藻居第三位，优势度为0.03，出现频率为44%；蛇目圆筛藻优势度最低，为0.02，出现频率为39%。

蛇目圆筛藻平均细胞密度为 $(0.21 \pm 0.30) \times 10^3$ 个/dm³，丰度高值区位于湾中部，其余区域丰度较低（图2.3-52）；琼氏圆筛藻平均细胞密度为 $(0.76 \pm 0.81) \times 10^3$ 个/dm³，丰度高值区位于调查海域中部和西部，其余区域丰度较低（图2.3-53）；辐射圆筛藻平均细胞密度为 $(0.23 \pm 0.30) \times 10^3$ 个/dm³，丰度高值区位于调查海域北部，其余区域丰度较低（图2.3-54）；具槽帕拉藻平均细胞密度为 $(1.33 \pm 1.67) \times 10^3$ 个/dm³，丰度高值区位于调查海域中部和西部，其余区域丰度较低（图2.3-55）。

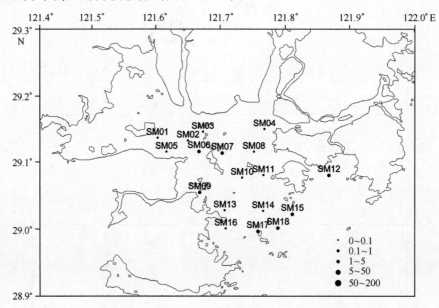

图2.3-52　三门湾冬季表层水样优势种蛇目圆筛藻的丰度分布（$\times 10^3$ 个/dm³）

②底层

三门湾底层水体浮游植物优势种4季共出现蛇目圆筛藻、琼氏圆筛藻、辐射圆筛藻、具槽帕拉藻、中肋骨条藻、三角角藻和裸甲藻7种等（表2.3-10）。

春季

春季底层水体浮游植物优势种有蛇目圆筛藻和琼氏圆筛藻两种，其优势度分别为0.09和0.18，出现频率分别为44%和61%。

蛇目圆筛藻平均细胞密度为 $(0.26 \pm 0.33) \times 10^3$ 个/dm³，丰度高值区位于调查海域中部和西南部，其余区域丰度较低（图2.3-56）；琼氏圆筛藻平均细胞密度为 $(0.67 \pm 0.64) \times 10^3$ 个/dm³，丰度低值区位于调查海域中部，其余区域丰度较高（图2.3-57）。

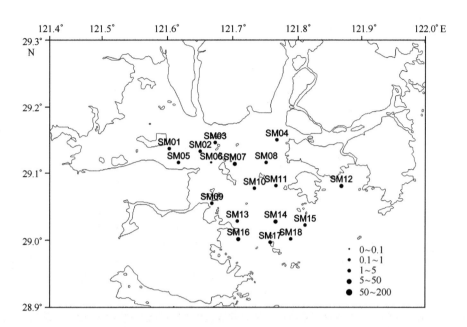

图 2.3 – 53 三门湾冬季表层水样优势种琼氏圆筛藻的丰度分布 （×10³ 个/dm³）

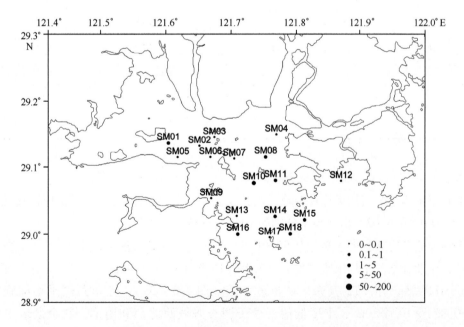

图 2.3 – 54 三门湾冬季表层水样优势种辐射圆筛藻的丰度分布 （×10³ 个/dm³）

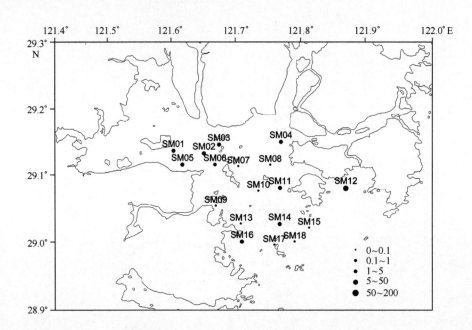

图 2.3 – 55　三门湾冬季表层水样优势种具槽帕拉藻的丰度分布（×10³ 个/dm³）

表 2.3 – 10　三门湾调查海域四季底层水体浮游植物优势种的优势度（*Y*）和出现频率（%）

优势种	春季		夏季		秋季		冬季	
	优势度	频率	优势度	频率	优势度	频率	优势度	频率
蛇目圆筛藻	0.09	44	—	—	—	—	0.08	39
琼氏圆筛藻	0.18	61	0.07	100	0.08	89	0.29	94
辐射圆筛藻	—	—	—	—	0.05	78	0.02	22
具槽帕拉藻	—	—	—	—	—	—	0.10	22
中肋骨条藻	—	—	0.11	17	0.32	44	—	—
三角角藻	—	—	0.03	50	—	—	—	—
裸甲藻	—	—	—	—	—	—	0.02	22

夏季

夏季底层水体浮游植物优势种有琼氏圆筛藻、中肋骨条藻和三角角藻 3 种，其优势度分别为 0.07、0.11 和 0.03，出现频率分别为 100%、17% 和 50%。

琼氏圆筛藻平均细胞密度为（0.92 ± 0.83）×10³ 个/dm³，各站位丰度分布较均匀（图 2.3 – 58）；中肋骨条藻平均细胞密度为（7.25 ± 16.91）×10³ 个/dm³，丰度高值区位于 SM04、SM09 和 SM11 站邻近海域，其余区域丰度较低（图 2.3 – 59）；三角角藻平均细胞密度为（0.82 ± 0.82）×10³ 个/dm³，丰度低值区位于调查海域西北部和南部，其余区域丰度较高（图 2.3 – 60）。

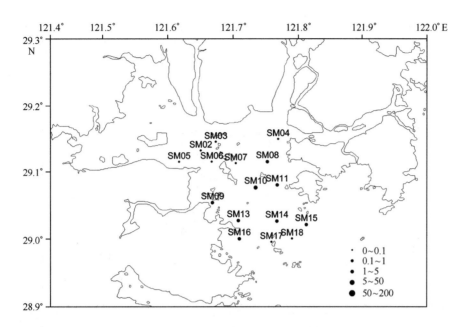

图 2.3 – 56　三门湾春季底层水样优势种蛇目圆筛藻的丰度分布（×10³ 个/dm³）

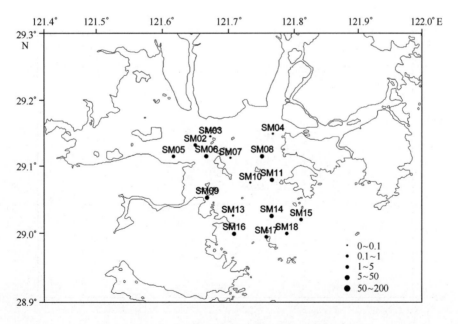

图 2.3 – 57　三门湾春季底层水样优势种琼氏圆筛藻的丰度分布（×10³ 个/dm³）

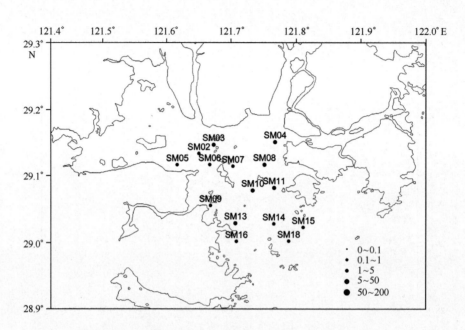

图 2.3 – 58　三门湾夏季底层水样优势种琼氏圆筛藻的丰度分布（×10³ 个/dm³）

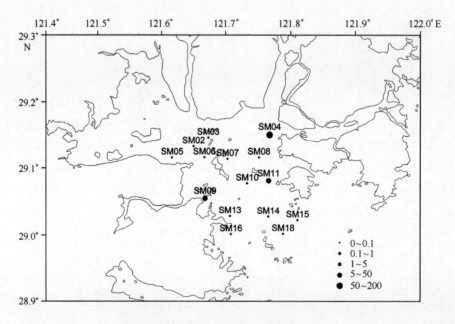

图 2.3 – 59　三门湾夏季底层水样优势种中肋骨条藻的丰度分布（×10³ 个/dm³）

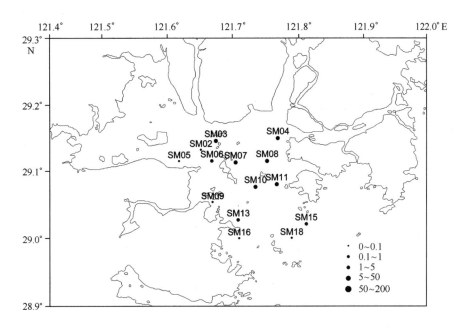

图 2.3 – 60　三门湾夏季底层水样优势种三角角藻的丰度分布（×10³ 个/dm³）

秋季

秋季底层水体浮游植物优势种有琼氏圆筛藻、辐射圆筛藻和中肋骨条藻 3 种，其优势度分别为 0.08、0.05 和 0.32，出现频率分别为 89%、78% 和 44%。

琼氏圆筛藻平均细胞密度为（0.48 ± 0.39）×10³ 个/dm³，丰度低值区位于调查海域中部，其余区域丰度较高（图 2.3 – 61）；辐射圆筛藻平均细胞密度为（0.41 ± 0.32）×10³ 个/dm³，丰度低值区位于调查海域西部，其余区域丰度较高（图 2.3 – 62）；中肋骨条藻平均细胞密度为（3.78 ± 6.35）×10³ 个/dm³，丰度高值区位于调查海域西部，其余区域丰度较低（图 2.3 – 63）。

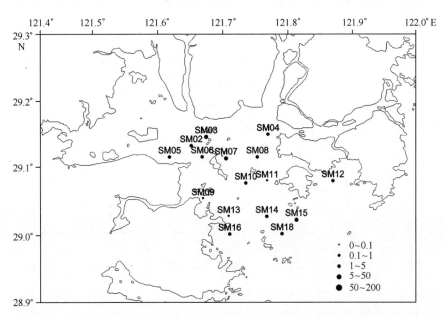

图 2.3 – 61　三门湾秋季底层水样优势种琼氏圆筛藻的丰度分布（×10³ 个/dm³）

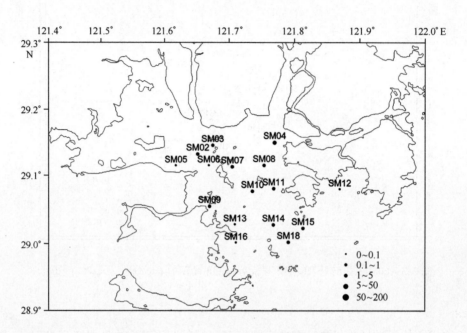

图 2.3 - 62　三门湾秋季底层水样优势种辐射圆筛藻的丰度分布（×10³ 个/dm³）

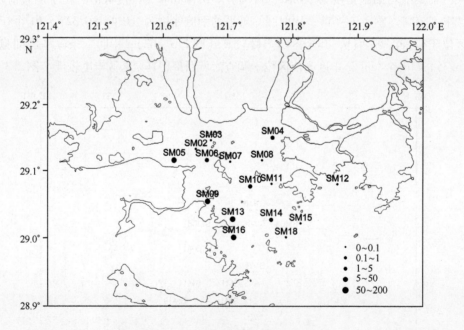

图 2.3 - 63　三门湾秋季底层水样优势种中肋骨条藻的丰度分布（×10³ 个/dm³）

冬季

冬季底层水体浮游植物优势种有蛇目圆筛藻、琼氏圆筛藻、辐射圆筛藻、具槽帕拉藻和裸甲藻5种。其中：琼氏圆筛藻为第一优势种，优势度达0.29，出现频率为94%；具槽帕拉藻次之，优势度为0.10，但出现频率仅为22%；裸甲藻优势度最低，仅为0.02，出现频率为22%。

蛇目圆筛藻平均细胞密度为（0.33±0.32）×10³个/dm³，丰度高值区位于调查海域南部，其余区域丰度较低（图2.3-64）；琼氏圆筛藻平均细胞密度为（0.78±0.53）×10³个/dm³，各站位丰度分布较均匀（图2.3-65）；辐射圆筛藻平均细胞密度为（0.18±0.26）×10³个/dm³，丰度高值区位于SM04、SM10、SM12和SM13站邻近海域，其余区域丰度较低（图2.3-66）；具槽帕拉藻平均细胞密度为（0.78±1.24）×10³个/dm³，丰度高值区位于调查海域东部，其余区域丰度较低（图2.3-67）；裸甲藻平均细胞密度为（0.18±0.26）×10³个/dm³，丰度低值区位于调查海域西部，其余区域丰度较高（图2.3-68）。

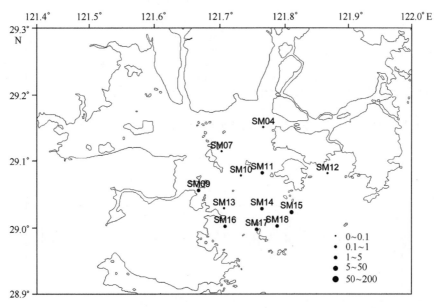

图2.3-64 三门湾冬季底层水样优势种蛇目圆筛藻的丰度分布（×10³个/dm³）

5）多样性指数

（1）浮游植物网样

网采浮游植物Shannon-Wiener多样性指数春季平均为1.76±0.25，SM08站最低（1.44），SM09站最高（2.33），低值区位于调查区域东南部，其余区域普遍较高（图2.3-69）；夏季平均为1.72±0.24，SM06站多样性指数最低（1.10），SM12和SM18站最高（2.10），除个别站位较低外，其余站位普遍较高（图2.3-70）；秋季平均为1.61±0.41，SM02站多样性指数最低（0.74），SM08站最高（2.50），低值区位于调查区域西部，其余区域普遍较高（图2.3-71）；冬季平均为1.47±0.38，SM05站最低（0.32），SM11站最高（1.96），低值区位于调查区域中部和西南部，其余区域普遍较高（图2.3-72）。

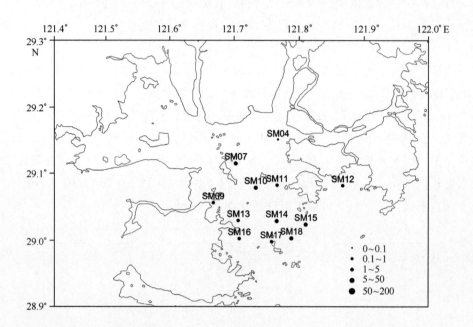

图 2.3 – 65 三门湾冬季底层水样优势种琼氏圆筛藻的丰度分布（×10³ 个/dm³）

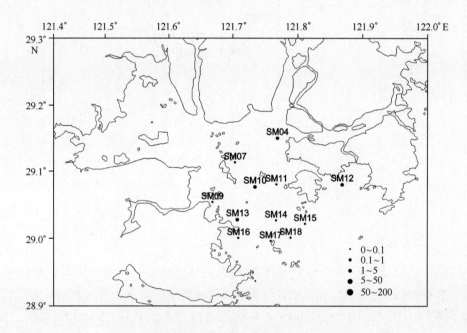

图 2.3 – 66 三门湾冬季底层水样优势种辐射圆筛藻的丰度分布（×10³ 个/dm³）

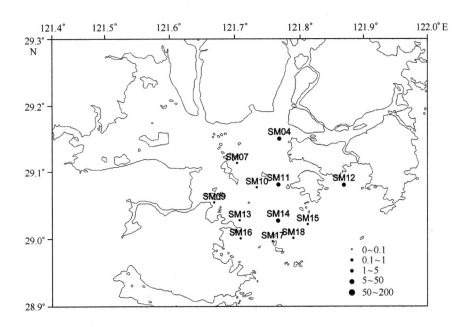

图 2.3 – 67　三门湾冬季底层水样优势种具槽帕拉藻的丰度分布（×10³ 个/dm³）

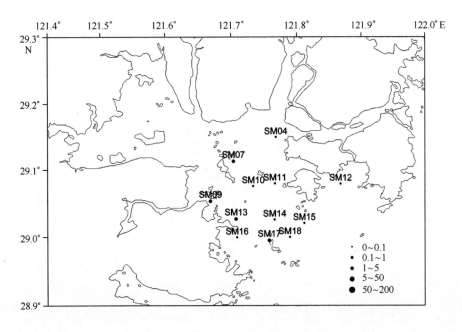

图 2.3 – 68　三门湾冬季底层水样优势种裸甲藻的丰度分布（×10³ 个/dm³）

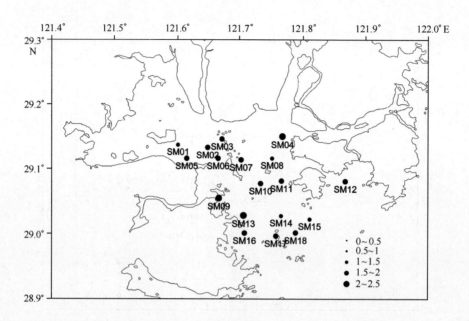

图 2.3 – 69 三门湾春季网采浮游植物 Shannon-Wiener 多样性指数分布

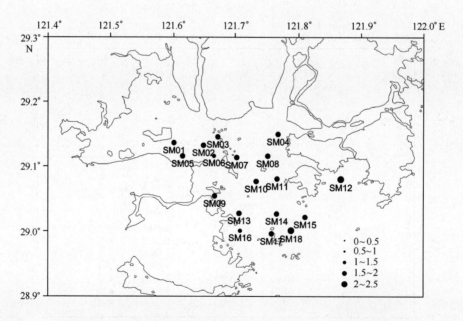

图 2.3 – 70 三门湾夏季网采浮游植物 Shannon-Wiener 多样性指数分布

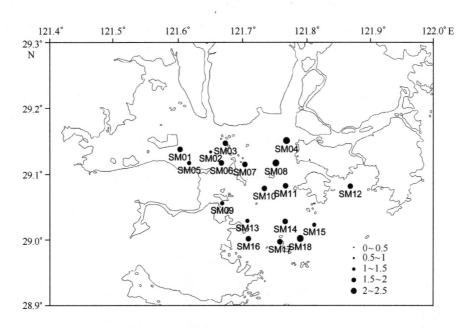

图 2.3 - 71 三门湾秋季网采浮游植物 Shannon-Wiener 多样性指数分布

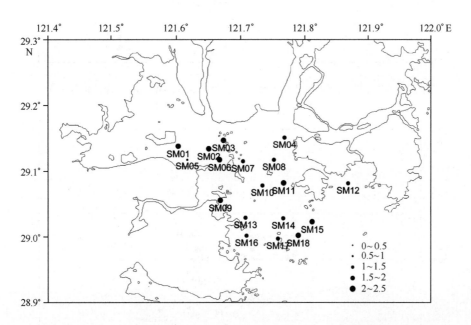

图 2.3 - 72 三门湾冬季网采浮游植物 Shannon-Wiener 多样性指数分布

（2）浮游植物水样

①表层

表层水样浮游植物春季 Shannon-Wiener 多样性指数平均为 1.15 ± 0.31，SM03 站最低（0.64），SM05 站最高（1.76），低值区位于调查区域中部和东南部，其余区域普遍较高（图 2.3 - 73）；夏季平均为 1.50 ± 0.45，SM04 站多样性指数最低（0.55），SM07 站最高（2.12），低值区位于调查区域中部和西南部，其余区域普遍较高（图 2.3 - 74）；秋季平均为 1.05 ± 0.38，SM10 站最低（0.62），SM04 站最高（2.03），高值区位于调查区域东北部，其余区域普遍较低（图 2.3 - 75）；冬季平均为 1.04 ± 0.25，SM08 站最低（0.67），SM05 站最高（1.51），高值区位于调查区域西北部和南部，其余区域普遍较低（图 2.3 - 76）。

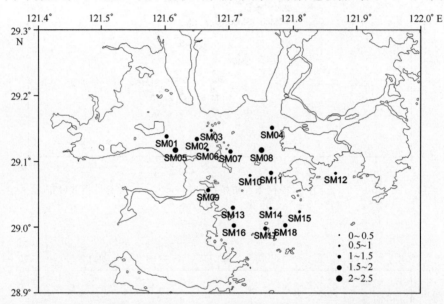

图 2.3 - 73　三门湾春季表层水体浮游植物 Shannon-Wiener 多样性指数分布

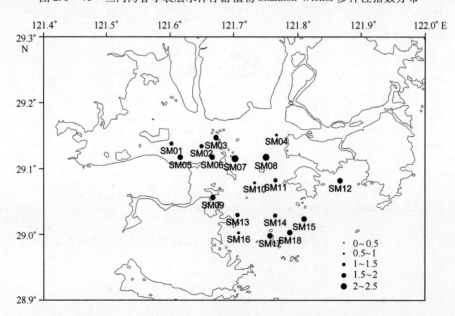

图 2.3 - 74　三门湾夏季表层水体浮游植物 Shannon-Wiener 多样性指数分布

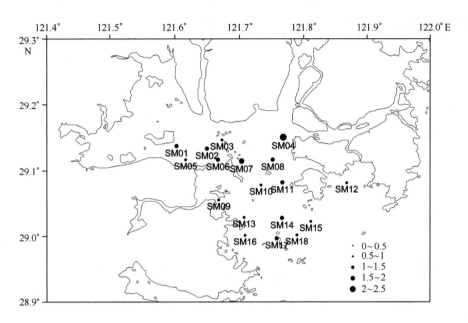

图 2.3 - 75   三门湾秋季表层水体浮游植物 Shannon-Wiener 多样性指数分布

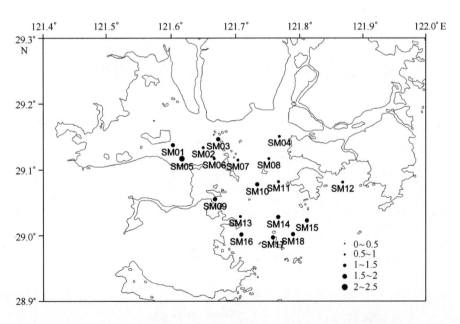

图 2.3 - 76   三门湾冬季表层水体浮游植物 Shannon-Wiener 多样性指数分布

②底层

底层水样浮游植物 Shannon-Wiener 多样性指数春季平均为 1.11±0.22，SM09 站最低（0.83），SM08 站最高（1.73），低值区位于调查区域西南部，其余区域普遍较高（图 2.3 - 77）；夏季平均为 1.40±0.57，SM09 站最低（0.45），SM07 站最高（2.33），多样性指数低值区位于调查区域西部和南部，其余区域普遍较高（图 2.3 - 78）；秋季平均为 0.95±0.42，SM05 站最低（0.22），SM15 站最高（1.61），高值区位于调查区域北部和东南部，其余区域普遍较低（图 2.3 - 79）；冬季平均为 1.49±0.25，SM04 站最低（0.68），SM13 站最高（1.61），高值区位于调查区域西南部，其余区域普遍较低（图 2.3 - 80）。

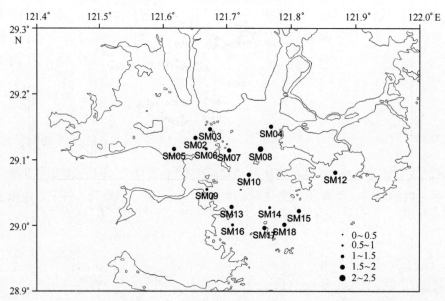

图 2.3 - 77　三门湾春季底层水体浮游植物 Shannon-Wiener 多样性指数分布

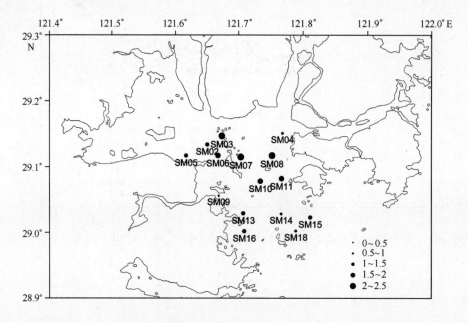

图 2.3 - 78　三门湾夏季底层水体浮游植物 Shannon-Wiener 多样性指数分布

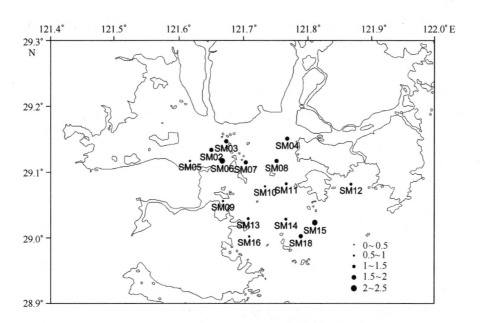

图 2.3 - 79　三门湾秋季底层水体浮游植物 Shannon-Wiener 多样性指数分布

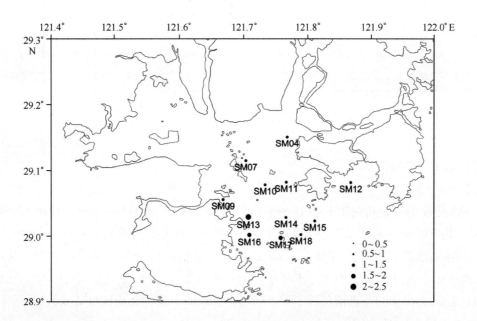

图 2.3 - 80　三门湾冬季底层水体浮游植物 Shannon-Wiener 多样性指数分布

6）均匀度指数

（1）网采浮游植物

网采浮游植物均匀度指数春季平均为 0.70 ± 0.08，SM11 站最低（0.56），SM09 站最高（0.84），低值区位于调查区域东南部，其余区域普遍较高（图 2.3 – 81）；夏季平均为 0.62 ± 0.09，SM06 站最低（0.39），SM01 站最高（0.75），低值区位于调查区域中部和东北部，其余区域普遍较高（图 2.3 – 82）；秋季平均为 0.69 ± 0.15，SM02 站最低（0.74），SM01 站最高（0.91），低值区位于调查区域西侧，其余区域普遍较高（图 2.3 – 83）；冬季平均为 0.68 ± 0.16，SM14 站最低（0.41），SM01 站和 SM09 站最高（0.91），低值区位于调查区域中部，其余区域普遍较高（图 2.3 – 84）。

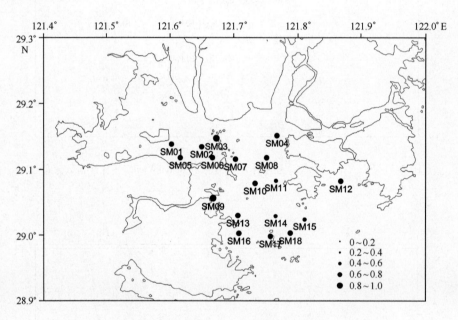

图 2.3 – 81　三门湾春季网采浮游植物均匀度指数分布

（2）水采浮游植物

表层

表层水样浮游植物均匀度指数春季平均为 0.85 ± 0.12，SM12 站最低（0.61），SM01 和 SM05 站最高（0.98），从图 2.3 – 85 可知，调查区域均匀度指数普遍较高；夏季平均为 0.81 ± 0.21，SM04 站最低（0.24），SM16 站最高（1.00），低值区位于调查区域东北部，其余区域普遍较高（图 2.3 – 86）；秋季表层水样平均为 0.72 ± 0.16，SM12 站最低（0.44），SM01 站和 SM02 站最高（1.00），低值区位于调查区域中部偏向一侧，其余区域普遍较高（图 2.3 – 87）；冬季平均为 0.82 ± 0.14，SM8 站最低（0.58），SM05 站最高（1.00），从图 2.3 – 88 可知，除个别站位较低外，其余站位普遍较高。

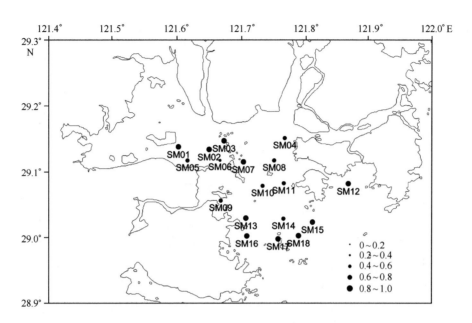

图 2.3 - 82　三门湾夏季网采浮游植物均匀度指数分布

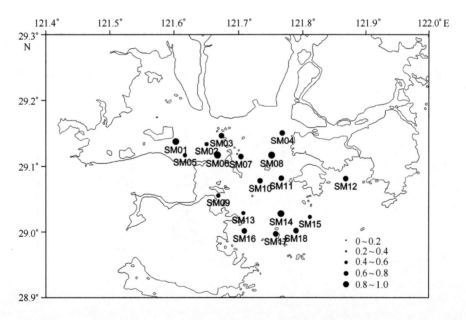

图 2.3 - 83　三门湾秋季网采浮游植物均匀度指数分布

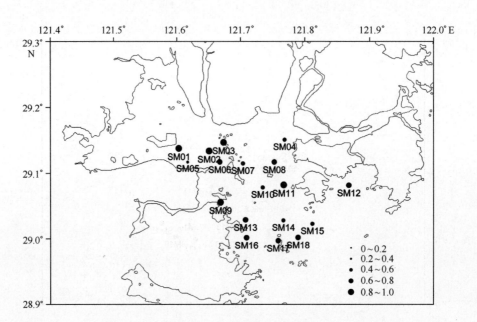

图 2.3 – 84　三门湾冬季网采浮游植物均匀度指数分布

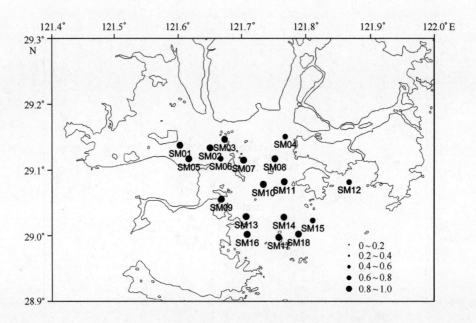

图 2.3 – 85　三门湾春季表层水样浮游植物均匀度指数分布

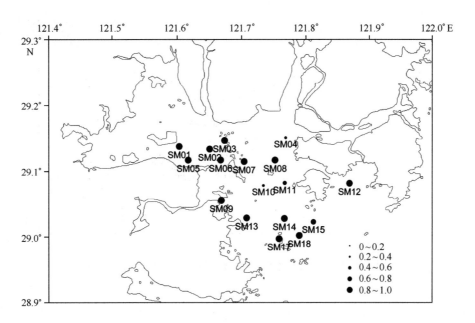

图 2.3 − 86　三门湾夏季表层水样浮游植物均匀度指数分布

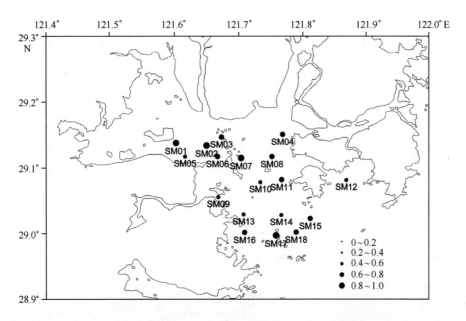

图 2.3 − 87　三门湾秋季表层水样浮游植物均匀度指数分布

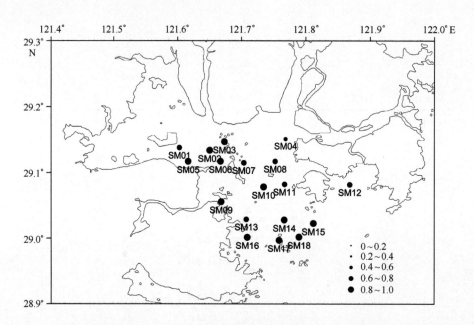

图 2.3 - 88　三门湾冬季表层水样浮游植物均匀度指数分布

②底层

底层水样浮游植物均匀度指数春季平均为 0.89 ± 0.09，SM18 站最低（0.71），SM2 站最高（1.00），从图 2.3 - 89 可知，除个别站位较低外，其余站位普遍较高；夏季平均为 0.80 ± 0.23，SM04 站最低（0.23），SM14 站最高（1.00），从图 2.3 - 90 可知，除个别站位较低外，其余站位普遍较高；秋季平均为 0.72 ± 0.26，SM05 站最低（0.20），SM02 站最高（1.00），低值区主要位于调查区域西侧，其余区域普遍较高（图 2.3 - 91）；冬季平均为 0.82 ± 0.14，SM4 站最低（0.62），SM13、SM16 和 SM17 站最高（1.00），从图 2.3 - 92 可知，除个别站位较低外，其余站位普遍较高。

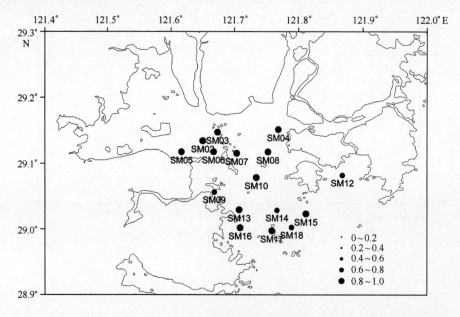

图 2.3 - 89　三门湾春季底层水样浮游植物均匀度指数分布

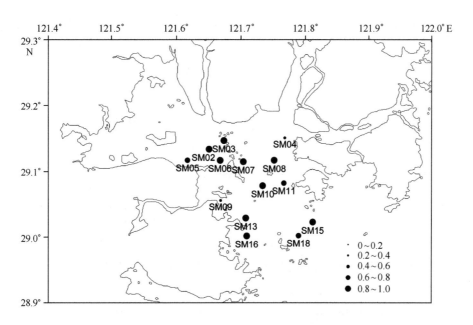

图 2.3 – 90 三门湾夏季底层水样浮游植物均匀度指数分布

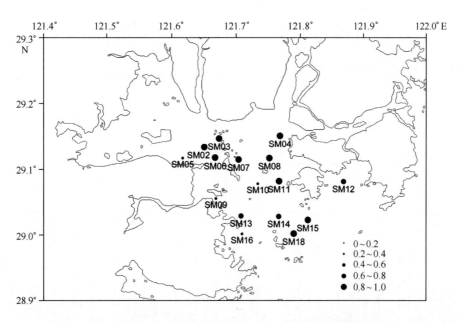

图 2.3 – 91 三门湾秋季底层水样浮游植物均匀度指数分布

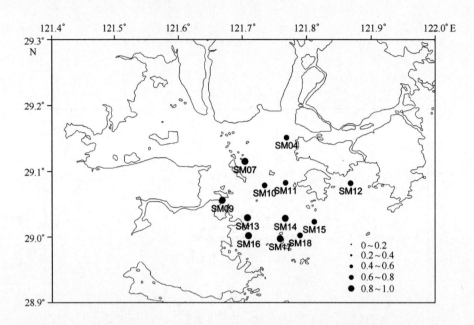

图2.3-92 三门湾冬季底层水样浮游植物均匀度指数分布

7) 聚类分析和多维尺度分析

春季网样浮游植物聚类分析（图2.3-93）和多维尺度分析（MDS）（图2.3-94）结果表明：不同站位浮游植物群落总体相似度较高，除相距较远（相似度较低）的SM12站、SM08站和SM03站外，其余站位可分为两个区，Ⅰ区（包括SM07、SM11、SM13和SM18等站，主要位于调查区域北侧）和Ⅱ区（包括SM04、SM01、SM05、SM06、SM12、SM14、SM15、SM16、SM17、SM09和SM10等站）。

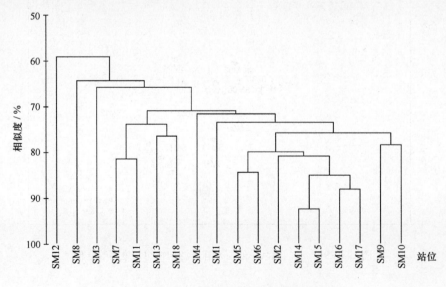

图2.3-93 三门湾春季网样浮游植物聚类分析

夏季网样浮游植物聚类分析（图2.3-95）和MDS（图2.3-96）结果表明：不同站位浮游植物群落总体相似度较高，可分为3个区，Ⅰ区（包括SM01、SM02、SM09、SM14、

SM13 和 SM16 等站，主要位于调查区域西侧）、Ⅱ区（包括 SM15、SM03、SM04、SM05 和 SM06 等站）和Ⅲ区（包括 SM17、SM18、SM12、SM07、SM10、SM08 和 SM11 等站，主要位于调查区域中部和南部）。

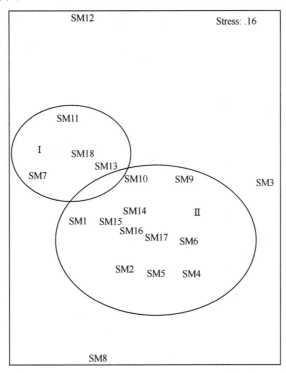

图 2.3 - 94　三门湾春季网样浮游植物多维尺度分析

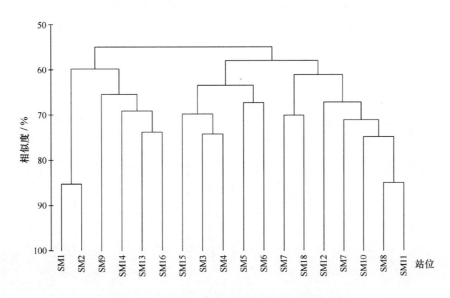

图 2.3 - 95　三门湾夏季网样浮游植物聚类分析

秋季网样浮游植物聚类分析（图 2.3 - 97）和 MDS（图 2.3 - 98）结果表明：各站位浮游植物群落可明显分为 3 个区，Ⅰ区（包括 SM14、SM02、SM05、SM01 和 SM06 等站，主要位于调查区域西北部）、Ⅱ区（包括 SM17、SM07、SM09、SM13 和 SM16 等站，主要位于调查区域西南部）和Ⅲ区（包括 SM10、SM18、SM12、SM04、SM08、SM03、SM11 和 SM15 等站，主要位于调查区域中部和东部）。

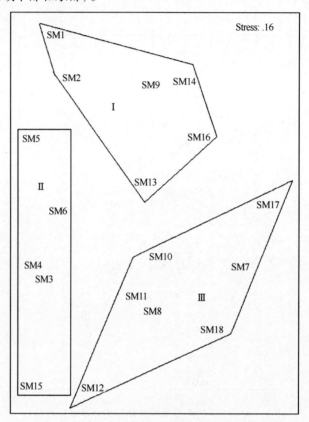

图 2.3-96　三门湾夏季网样浮游植物多维尺度分析

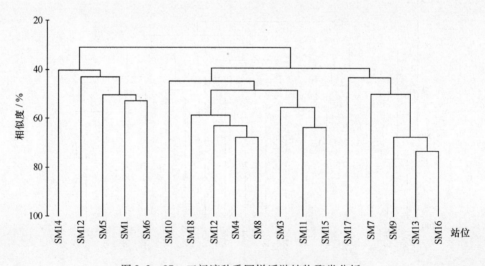

图 2.3-97　三门湾秋季网样浮游植物聚类分析

冬季网样浮游植物聚类分析（图 2.3-99）和 MDS（图 2.3-100）结果表明：除相距较远（相似度较低）的 SM05 站和 SM06 站外，其余站位可分为两个区，Ⅰ区（包括 SM02、SM01 和 SM09 等站，主要位于调查区域西北部）和Ⅱ区（剩余站位）。

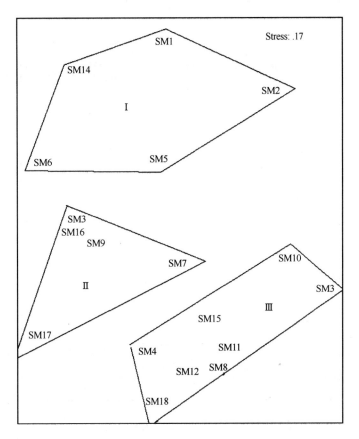

图 2.3 - 98　三门湾秋季网样浮游植物多维尺度分析

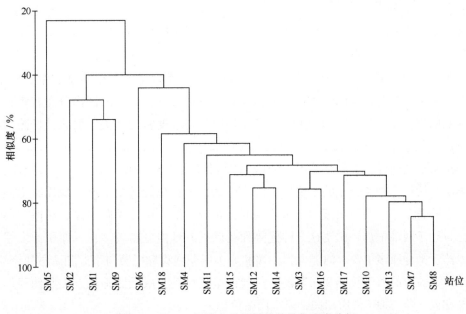

图 2.3 - 99　三门湾冬季网样浮游植物聚类分析

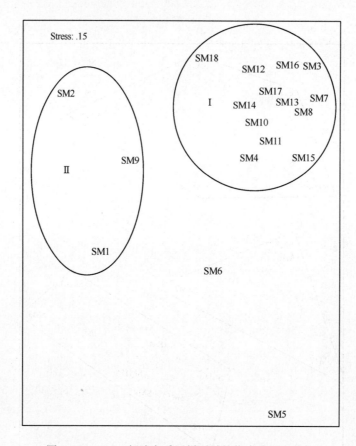

图 2.3 – 100　三门湾冬季网样浮游植物多维尺度分析

8）典范对应分析（CCA）

春季浮游植物网样种类和环境因子的 CCA 分析（图 2.3 – 101）表明：①总无机氮、氮磷比和盐度是影响浮游植物种类分布的主要环境因子；②优势种蛇目圆筛藻、星脐圆筛藻、中心圆筛藻、琼氏圆筛藻、辐射圆筛藻、洛伦菱形藻、美丽菱形藻和长海毛藻等分布较近，且趋于两轴中部，与各环境因子密切相关，说明这些优势种在调查海区内分布较多；③具槽帕拉藻和美丽斜纹藻与盐度密切相关，扁平原多甲藻与温度密切相关，肘状针杆藻与各营养盐因子密切相关。

夏季浮游植物网样种类和环境因子的 CCA 分析（图 2.3 – 102）表明：①磷酸盐、DO 和水温是影响浮游植物种类分布的主要环境因子；②优势种拟旋链角毛藻、琼氏圆筛藻、辐射圆筛藻、中肋骨条藻、纺锤角藻和三角角藻的分布较分散，但琼氏圆筛藻、纺锤角藻和三角角藻的分布趋于两轴中部，说明这三种优势种在调查海区内分布较多；③厚甲原多甲藻、扁平原多甲藻、叉分原多甲藻、海洋原多甲藻和原多甲藻孢囊等甲藻与水温和磷酸盐密切相关，布氏双尾藻、波罗的海布纹藻和扭鞘藻与氮磷比呈负相关，威氏圆筛藻、尖刺伪菱形藻、中肋骨条藻和夜光藻与 DO 密切相关，但水温呈负相关。

秋季浮游植物网样种类和环境因子的 CCA 分析（图 2.3 – 103）表明：①总无机氮、氮磷比和盐度是影响浮游植物种类分布的主要环境因子；②有翼圆筛藻、弯菱形藻和扭鞘藻与氮磷比密切相关，蛇目圆筛藻、琼氏圆筛藻和布氏双尾藻与总无机氮和磷酸盐密切相关，距

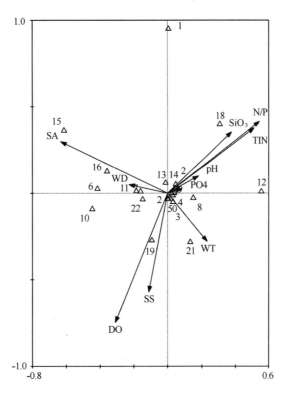

图 2.3－101　三门湾春季网样浮游植物和环境因子典范对应分析

WT. 温度；SA. 盐度；DO. 溶解氧；pH. pH 值；NO_3-N. 硝酸盐；NO_2-N. 亚硝酸盐；NH_3-N. 铵盐；PO_4. 磷酸盐；SiO_3. 硅酸盐；TIN. 总无机氮；SS. 悬浮物；WD. 水深；N/P. 氮磷比

1. 爱氏辐环藻；2. 中华盒形藻；3. 蛇目圆筛藻；4. 星脐圆筛藻；5. 中心圆筛藻；6. 离心列圆筛藻；7. 琼氏圆筛藻；8. 虹彩圆筛藻；9. 辐射圆筛藻；10. 苏氏圆筛藻；11. 布氏双尾藻；12. 波罗的海布纹藻；13. 洛伦菱形藻；14. 美丽菱形藻；15. 具槽帕拉藻；16. 美丽斜纹藻；17. 尖刺伪菱形藻；18. 肘状针杆藻；19. 伏氏海毛藻；20. 长海毛藻；21. 扁平原多甲藻；22. 原多甲藻孢囊

端根管藻、粗根管藻、刚毛根管藻和菱形海线藻等与盐度密切相关，扁面角毛藻、长海毛藻、扁平原多甲藻和叉分原多甲藻等与温度密切相关，纺锤角藻和三角角藻与氮磷比密切负相关。

　　冬季浮游植物网样种类和环境因子的 CCA 分析（图 2.3－104）表明：①磷酸盐、悬浮物和总无机氮是影响浮游植物种类分布的主要环境因子；②离心列海链藻、布氏双尾藻、洛伦菱形藻和美丽菱形藻与磷酸盐和总无机氮密切相关，洛氏角毛藻和中肋骨条藻与盐度密切相关，蛇目圆筛藻、辐射圆筛藻和伏氏海毛藻与悬浮物密切相关。

　　9）小结

　　（1）三门湾海域共鉴定出浮游植物 51 属 124 种（含变种、变型），由大到小依次为夏季（91 种）、春季（85 种）、秋季（81 种）、冬季（69 种）。

　　（2）网采浮游植物全年平均细胞密度为 3 145.83×10^3 个/m³，由大到小依次为夏季、秋季、冬季、春季。春季高值区位于调查海域中部，其余区域丰度较低；夏季丰度低值区位于调查海域西北角，其余调查海域丰度较高；秋季丰度低值区位于调查海域西侧，其余调查海域丰度普遍较高；冬季高值区集中调查海域偏北一侧，其余区域丰度较低。

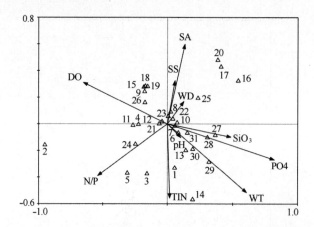

图 2.3 – 102　三门湾夏季网样浮游植物和环境因子典范对应分析

1. 爱氏辐环藻；2. 窄隙角毛藻；3. 洛氏角毛藻；4. 拟旋链角毛藻；5. 聚生角毛藻；6. 蛇目圆筛藻；7. 星脐圆筛藻；8. 有翼圆筛藻；9. 中心圆筛藻；10. 琼氏圆筛藻；11. 具边圆筛藻；12. 虹彩圆筛藻；13. 辐射圆筛藻；14. 苏氏圆筛藻；15. 威氏圆筛藻；16. 布氏双尾藻；17. 波罗的海布纹藻；18. 尖刺伪菱形藻；19. 中肋骨条藻；20. 扭鞘藻；21. 叉角藻；22. 纺锤角藻；23. 三角角藻；24. 具尾鳍藻；25. 球形翼藻；26. 夜光藻；27. 厚甲原多甲藻；28. 扁平原多甲藻；29. 叉分原多甲藻；30. 海洋原多甲藻；31. 原多甲藻孢囊

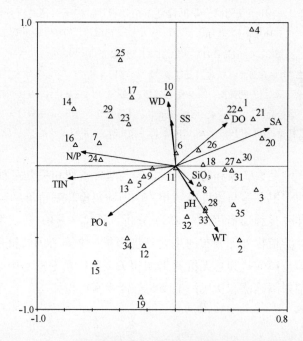

图 2.3 – 103　三门湾秋季网样浮游植物和环境因子典范对应分析

1. 中华盒形藻；2. 扁面角毛藻；3. 洛氏角毛藻；4. 拟旋链角毛藻；5. 蛇目圆筛藻；6. 星脐圆筛藻；7. 有翼圆筛藻；8. 中心圆筛藻；9. 琼氏圆筛藻；10. 虹彩圆筛藻；11. 辐射圆筛藻；12. 苏氏圆筛藻；13. 布氏双尾藻；14. 波罗的海布纹藻；15. 洛伦菱形藻；16. 弯菱形藻；17. 美丽菱形藻；18. 宽角斜纹藻；19. 尖刺伪菱形藻；20. 距端根管藻；21. 粗根管藻；22. 刚毛根管藻；23. 中肋骨条藻；24. 扭鞘藻；25. 肘状针杆藻；26. 菱形海线藻；27. 伏氏海毛藻；28. 长毛毛藻；29. 叉角藻；30. 纺锤角藻；31. 三角角藻；32. 扁平原多甲藻；33. 叉分原多甲藻；34. 原多甲藻孢囊；35. 铁氏束毛藻

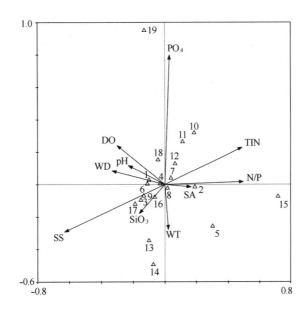

图 2.3 – 104　三门湾冬季网样浮游植物和环境因子典范对应分析

1. 中华盒形藻；2. 洛氏角毛藻；3. 蛇目圆筛藻；4. 星脐圆筛藻；5. 有翼圆筛藻；6. 中心圆筛藻；7. 离心列海链藻；8. 琼氏圆筛藻；9. 辐射圆筛藻；10. 布氏双尾藻；11. 洛伦菱形藻；12. 美丽菱形藻；13. 美丽斜纹藻；14. 距端根管藻；15. 中肋骨条藻；16. 肘状针杆藻；17. 伏氏海毛藻；18. 长海毛藻；19. 纺锤角藻

（3）浮游植物表层水样全年平均细胞密度为 9.84×10^3 个/dm^3，由大到小依次为夏季、秋季、冬季、春季。春季丰度高值区位于调查海域西北侧和东南侧，其余区域丰度较低；夏季丰度高值区位于调查海域东部及东北部，其余区域丰度较低；秋季丰度高值区位于调查海域西部及东北部，其余区域丰度较低；冬季丰度高值区位于湾北部，其余区域丰度较低。

（4）浮游植物底层水样全年平均细胞密度为 6.35×10^3 个/dm^3，由大到小依次为夏季、秋季、冬季、春季。春季丰度分布较均匀；夏季丰度高值区位于调查海域西北部和东北部，其余区域丰度较低；秋季丰度高值区位于调查海域西部，其余区域丰度较低；冬季丰度分布较均匀。

（5）网采浮游植物优势种有洛氏角毛藻、拟旋链角毛藻、蛇目圆筛藻、星脐圆筛藻、琼氏圆筛藻、辐射圆筛藻、中心圆筛藻、洛伦菱形藻、美丽菱形藻、中肋骨条藻、长海毛藻、纺锤角藻和三角角藻等。

（6）表层水体浮游植物优势种四季累积出现蛇目圆筛藻、琼氏圆筛藻、辐射圆筛藻、具槽帕拉藻、中肋骨条藻、纺锤角藻、三角角藻和厚甲原多甲藻共 8 种。

（7）底层水体浮游植物优势种四季累积出现蛇目圆筛藻、琼氏圆筛藻、辐射圆筛藻、具槽帕拉藻、中肋骨条藻、三角角藻和裸甲藻共 7 种。

（8）网采浮游植物 Shannon-Wiener 多样性指数全年平均为 1.64，由大到小依次为秋季、春季、冬季、夏季。春季低值区位于调查区域中部和东南部，其余区域普遍较高；夏季除个别站位较低外，其余站位普遍较高；秋季低值区位于调查区域西部，其余区域普遍较高；冬季低值区位于调查区域中部和西南部，其余区域普遍较高。

（9）表层水样浮游植物 Shannon-Wiener 多样性指数全年平均为 1.19，由大到小依次为夏季、春季、秋季、冬季。春季多样性指数低值区位于调查区域中部和东南部，其余区域普遍较高；夏季低值区位于调查区域中部和西南部，其余区域普遍较高；秋季高值区位于调查区

浙江沿岸生态环境及海湾环境容量

域东北部，其余区域普遍较低；冬季高值区位于调查区域西北部和南部，其余区域普遍较低。

（10）底层水样浮游植物 Shannon-Wiener 多样性指数全年平均为 1.24，由高到低依次为春季、夏季、冬季、秋季。春季多样性指数低值区位于调查区域西南部，其余区域普遍较高；夏季低值位于调查区域西部和南部，其余区域普遍较高；秋季高值区位于调查区域北部和东南部，其余区域普遍较低；冬季高值区位于调查区域西南部，其余区域普遍较低。

（11）网样浮游植物聚类分析和多维尺度分析（MDS）表明：不同站位浮游植物群落总体相似度较高。

（12）浮游植物网样种类和环境因子的 CCA 分析结果表明：总无机氮、氮磷比和盐度是影响春季和秋季浮游植物种类分布的主要环境因子；磷酸盐、DO 和水温是影响夏季浮游植物种类分布的主要环境因子；磷酸盐、悬浮物和总无机氮是影响冬季浮游植物种类分布的主要环境因子。

2.3.2.3 浮游动物

1）浮游动物种类组成与分布

三门湾四季共鉴定出 15 大类 98 种浮游动物，其中桡足类 41 种，浮游幼虫（包括仔鱼）14 种，水螅水母 7 种，管水母、端足类、十足类、糠虾类、毛颚类、软体动物、环节动物各 4 种，有孔虫 3 种，涟虫类、栉水母各两种，磷虾和介形类各 1 种。

2）浮游动物优势种

三门湾四季共出现浮游动物优势种（优势度 $Y \geq 0.02$）20 种，不同季节的优势种及主导优势种各不相同。春季区内优势种少，腹针胸刺水蚤占绝对优势，其他优势种优势度较低；夏、秋季优势种多，各优势种间优势度差异不明显；冬季区内腹针胸刺水蚤和三叶针尾涟虫优势度较高（表2.3－11）。

表2.3－11　三门湾浮游动物四季优势种及其优势度

优势种	春	夏	秋	冬
球型侧腕水母	—		0.041	—
中华哲水蚤	0.084	—	—	0.033
真刺唇角水蚤	0.021	0.025		
针刺拟哲水蚤	—		0.020	—
太平洋纺锤水蚤	—		0.027	
海洋真刺水蚤	—		0.12	
汤氏长足水蚤				
背针胸刺水蚤	—		0.027	—
微刺哲水蚤	—		0.12	
腹针胸刺水蚤	0.63	—	—	0.28
三叶针尾涟虫	—	—	—	0.21
钩虾	—	—	—	0.045

	春	夏	秋	冬
中华假磷虾	—	0.038	—	—
宽尾刺糠虾	—	0.031	—	—
百陶箭虫	—	0.055	0.257	—
肥胖箭虫	—	0.041	—	—
仔鱼	—	0.022	—	—
短尾类	0.06	—	—	—
长尾类	—	0.037	0.051	—
桡足幼体	—	0.035	—	—

3）浮游动物丰度与生物量

三门湾全年浮游动物湿重生物量平均值为 136.4 mg/m³，春季和冬季分布趋势类似，从湾口向湾中部和湾顶逐渐增大；夏季在整个海湾内分布较为均匀；秋季生物量湾口较高，湾顶较低。三门湾浮游动物丰度分布与生物量类似，丰度全年平均值为 147.3 个/m³，冬、春季从湾口向湾顶增大，夏季湾内整体较高，秋季呈现湾口较高，湾顶稍低，湾中部最低的格局（图 2.3 – 105 和图 2.3 – 106）。

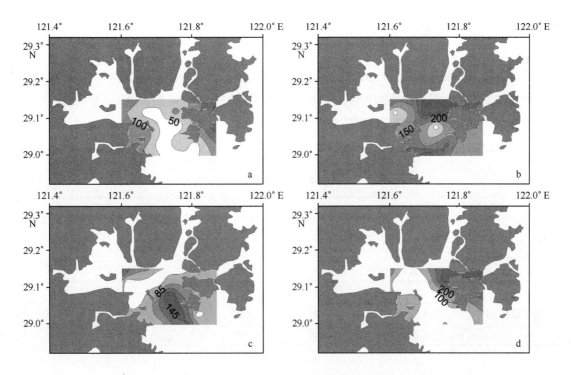

图 2.3 – 105　三门湾浮游动物湿重生物量季节分布（mg/m³）

a. 春季；b. 夏季；c. 秋季；d. 冬季

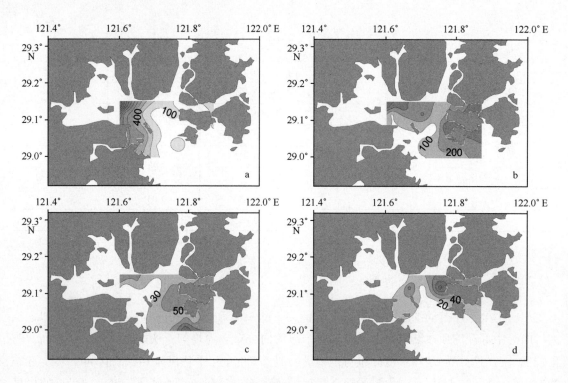

图 2.3 – 106　三门湾浮游动物丰度分布（个/m³）

a. 春季；b. 夏季；c. 秋季；d. 冬季

4）浮游动物生物多样性指数

三门湾海域浮游动物多样性指数（H'）平均值夏季和秋季较高，冬季和春季较低，其中最高出现在夏季，多样性指数为 4.03，最低出现在春季，最小值仅为 0.08。均匀度指数春季较低，夏季、秋季和冬季都相对较高，均大于 0.7（表 2.3 – 12）。春季腹针胸刺水蚤旺发是造成海区浮游动物多样性和均匀度指数极低的主要原因。

表 2.3 – 12　浮游动物生物多样性指数

指数	特征值	春	夏	秋	冬
Shannon-Wiener 多样性指数（H'）	最小值	0.08	2.53	2.57	0.31
	最大值	1.32	4.03	3.89	3.11
	平均值	0.74	3.39	3.22	1.83
均匀度指数（J）	最小值	0.03	0.60	0.66	0.31
	最大值	0.51	0.93	0.93	0.96
	平均值	0.29	0.79	0.82	0.71

5）浮游动物群落结构聚类分析和 MDS 排序分析

三门湾不同浮游动物群落种类相似性聚类分析结果见图 2.3 – 107。图中 18 个取样站位的生物群落种类组成根据 Bray-Curtis 相似性系数关联起来，各站位浮游动物群落之间的相似性都较低。由图 2.3 – 108 中 MDS 排序图中呈现的不同程度分离的点阵可以看出，该结果与群落分类聚类分析结果基本上一致，进一步验证了聚类分析的结果。

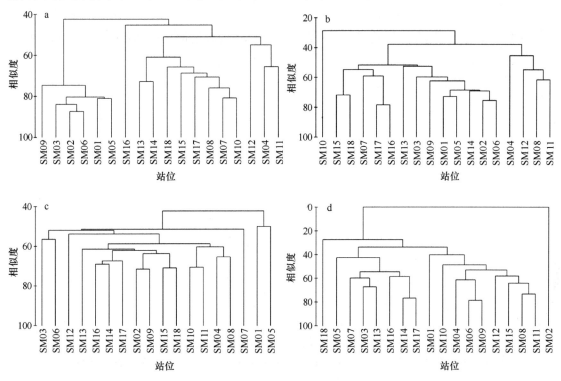

图 2.3 – 107　三门湾浮游动物群落相似性聚类分析

a. 春季；b. 夏季；c. 秋季；d. 冬季

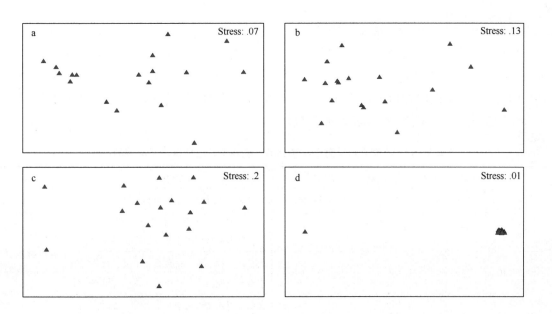

图 2.3 – 108　三门湾浮游动物群落相似性 MDS 分析

a. 春季；b. 夏季；c. 秋季；d. 冬季

6）浮游动物群落与环境因子的典范对应分析（CCA）

四季浮游动物群落和环境因子的 CCA 分析（图 2.3－109）表明：①温度、盐度、溶解氧、叶绿素 a 和总无机氮是影响浮游动物群落分布的主要环境因子；②端足类和涟虫类距离两轴中心较远，其他类群均离轴中心较近，说明大部分类群在调查海区分布都较多，端足类和涟虫则相对较少，这可能与其营底栖的生活方式有关；③桡足类与水温和盐度关系密切，且均呈负相关。

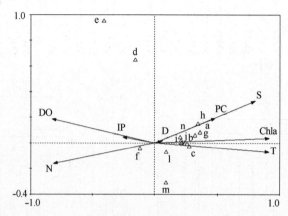

图 2.3－109　三门湾四季浮游动物和环境因子典范对应分析

a. 水螅水母；b. 管水母；c. 栉水母；d. 端足目；e. 涟虫目；f. 桡足类；g. 介形类；h. 磷虾目；i. 糠虾目；j. 毛颚动物；k. 尾索动物；l. 软体动物；m. 环节动物；n. 幼体；T. 温度；S. 盐度；D. 水深；N. 无机氮；IP. 活性磷酸盐；DO：溶解氧；PC. 浮游植物细胞密度

7）变化趋势分析

根据历史资料，三门湾 1981—1982 年间浮游动物生物量年平均为 119.3 mg/m³，生物密度为 145.7 个/m³。2002—2003 年浮游动物生物量年平均为 171.70 mg/m³，生物密度为 161.80 个/m³。本次调查结果，浮游动物生物量年平均为 136.4 mg/m³，生物密度为 147.3 个/m³，与历史调查基本一致（表 2.3－13）。

表 2.3－13　不同年份浮游动物种类数、生物量、密度以及优势种的比较

日期	种类数	生物量/（mg/m³）	密度/（个/m³）	优势种	来源
1982－05	57	71.93	145.73	腹针胸刺水蚤、真刺唇角水蚤、捷氏歪水蚤	浙江省海岸带和海涂资源综合调查报告
1982－07	33	237.6	194.2	中华哲水蚤、平滑真刺水蚤、瘦尾胸刺水蚤、肥胖箭虫、中华假磷虾、长尾类幼虫	
1982－10	23	123.4	212.1	太平洋纺锤水蚤、精致真刺水蚤、背针胸刺水蚤、海龙箭虫、短尾类幼体、长尾类幼体	
1982－12	14	19.05	30.70	针刺拟哲水蚤、真刺唇角水蚤、海龙箭虫、中华假磷虾	
1982 年全年		119.3	145.7		

续表

日期	种类数	生物量/（mg/m³）	密度/（个/m³）	优势种	来源
2003 – 05	48	133.31	153.28	中华哲水蚤、真刺唇角水蚤、短尾类溞状幼体	乐清湾、三门湾养殖生态和养殖容量研究与评价
2002 – 08	89	378.31	383.68	驼背隆哲水蚤、丹氏纺锤水蚤、短尾类溞状幼体	
2002 – 11	37	138.20	63.37	中华哲水蚤、驼背隆哲水蚤、太平洋纺锤水蚤	
2003 – 02	15	36.98	46.85	腹针胸刺水蚤、捷氏歪水蚤、三叶针尾涟虫	
2003 年全年	108	171.70	161.80		
2007 – 04	29	77.5	229.2	中华哲水蚤、真刺唇角水蚤、腹针胸刺水蚤、短尾类幼体	
2007 – 07	54	170.1	213.8	真刺唇角水蚤、汤氏长足水蚤、中华假磷虾、宽尾刺糠虾、百陶箭虫、肥胖箭虫、仔鱼、长尾类幼体、桡足类幼体	
2006 – 10	58	90.9	47.2	球型侧腕水母、针刺拟哲水蚤、太平洋纺锤水蚤、海洋真刺水蚤、背针胸刺水蚤、微刺哲水蚤	
2007 – 01	26	147.2	26.8	中华哲水蚤、腹针胸刺水蚤、三叶针尾涟虫、钩虾	
2007 年全年	98	136.4	147.3		

8）小结

（1）四季共鉴定出 15 大类 98 种浮游动物，优势种 20 种。

（2）湿重生物量平均值为 136.4 mg/m³，丰度平均值为 147.3 个/m³。

（3）多样性指数为夏季和秋季较高，冬季和春季较低；均匀度指数为春季较低，夏季、秋季和冬季都相对较高。

（4）各站位浮游动物群落之间的相似性都较低，温度、盐度、溶解氧、叶绿素 a 和总无机氮是影响浮游动物群落分布的主要环境因子。

（5）本次调查浮游动物生物量与历史相比变化不大。

2.3.2.4　大型底栖生物

1）三门湾大型底栖生物物种组成和分布

（1）大型底栖生物物种组成

根据 2006 年 10 月至 2007 年 7 月 4 个季节三门湾调查数据，三门湾共获大型底栖生物 215 种，其中软体动物 59 种，多毛类 53 种，甲壳动物 51 种，其他类 35 种，棘皮动物 17 种。软体动物、多毛类和甲壳动物占本次三门湾调查总种数的 76%（图 2.3 – 110）。

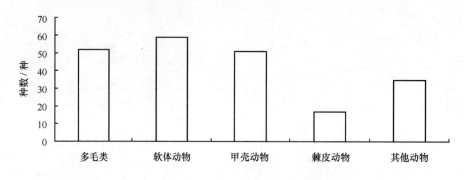

图 2.3 – 110　三门湾大型底栖生物物种组成

（2）大型底栖生物种类数水平分布

三门湾大型底栖生物种类水平分布中，位于湾顶水域底栖生物种类分布相对较多，一般在 25～35 种，其中高塘岛西北侧水域种类分布最多，四季达 36 种，其中主要分布种有双鳃内卷齿蚕、异足索沙蚕、奇异稚齿虫、后指虫、织纹螺、凸镜蛤、小荚蛏、近辐蛇尾等。种类最少则位于三门湾湾口花岙岛（大甲山小岛）西南侧水域，四季仅在 10～15 种。其他水域种类大多在 15～20 种不等（图 2.3 – 111）。

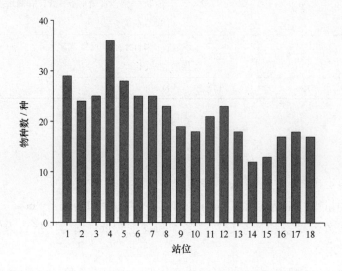

图 2.3 – 111　三门湾大型底栖物种水平分布

（3）大型底栖生物种数季节变化

三门湾大型底栖生物种数季节变化由大到小依次为秋季（131 种）、夏季（99 种）、冬季（71 种）、春季（57 种）。生物类群种数季节变化为多毛类秋季最多（32 种），春季最少（18 种）；软体动物秋季最多（38 种），春季最少（20 种）；甲壳动物夏季最多（34 种），春季最少（8 种）；棘皮动物秋季最多（13 种），春季最少（5 种）；其他类秋季最多（23 种），春季最少（6 种）。各生物类群种数季节变化中，除甲壳动物夏季种数最多外，其他各类群生物种数季节分布均以秋季出现最多（表 2.3 – 14）。

表 2.3 – 14 三门湾大型底栖生物种数季节变化（定量 + 定性） 单位：种

季节	多毛类	软体动物	甲壳动物	棘皮动物	其他生物	总种数
春季	18	20	8	5	6	57
夏季	27	22	34	7	9	99
秋季	32	38	25	13	23	131
冬季	19	21	14	6	11	71
合计	52	59	51	17	35	214

2）三门湾大型底栖生物栖息密度及其水平分布和季节变化

（1）大型底栖生物栖息密度组成

三门湾大型底栖生物年均栖息密度为 72 个/m²。各生物类群栖息密度中多毛类居第 1（41 个/m²）、占 57%，软体动物居第 2（13 个/m²）、占 18%，另外几个类群生物的栖息密度组成较低，各生物类群栖息密度组成见图 2.3 – 112。

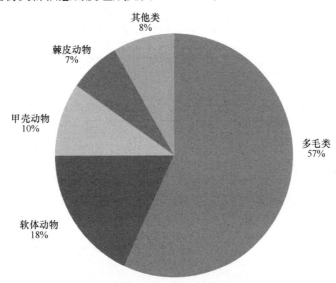

图 2.3 – 112 三门湾大型底栖生物密度百分比组成

（2）大型底栖生物栖息密度水平分布

三门湾大型底栖生物栖息密度水平分布见图 2.3 – 113，从图 2.3 – 113 中可见，高密度区位于湾顶水域，栖息密度可达 100 个/m² 以上，构成该水域栖息密度的主要物种为多毛类的不倒翁虫、双鳃内卷沙蚕、软体动物的织纹螺、甲壳动物的轮双眼钩虾、腔肠动物的白沙箸等，其中轮双眼钩虾在春、冬季高塘岛北侧水域达 100 个/m² 和 140 个/m²；夏季三门核电站北侧水域白沙箸可达 100 个/m²；其他几种都在 10 ~ 90 个/m² 不等。低栖息密度水域主要位于健跳港出海口的南侧一带，大型底栖生物分布范围在 30 ~ 60 个/m² 之间。

（3）大型底栖生物栖息密度季节变化

三门湾大型底栖生物栖息密度季节分布以夏季为最大（114 个/m²），并呈现明显高于其他三季的分布特征。虽最低季节——秋季仅为 50 个/m²，但该数值与春季、冬季比较，春、

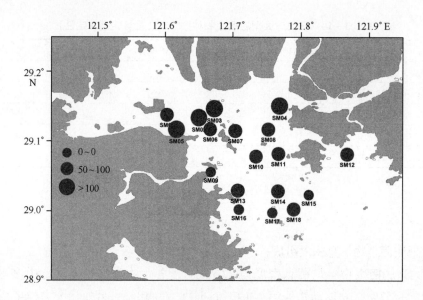

图 2.3 – 113 三门湾大型底栖生物密度水平分布

秋、冬 3 个季节变化差异不明显。类群栖息密度变化中，多毛类夏季最大、秋季最小；软体动物与此相同；甲壳动物冬季大、秋季小；棘皮动物夏季大、冬季小；其他类夏秋两季大、春季小（表 2.3 – 15 和图 2.3 – 114）。

表 2.3 – 15 三门湾大型底栖生物栖息密度季节分布变化   单位：个/m²

季节	多毛类	软体动物	甲壳动物	棘皮动物	其他类	合计
春季	42	13	8	4	0.27	66
夏季	67	21	8	9	9	114
秋季	26	8	3	4	9	50
冬季	28	11	11	3	6	58
平均	41	13	7	5	6	72

3） 三门湾大型底栖生物数量组成及其水平分布和季节变化

（1） 大型底栖生物生物量组成

三门湾大型底栖生物的年均生物量为 19.05 g/m²。生物量组成中，软体动物居首位（7.77 g/m²）、占 41%，棘皮动物居第 2 位（7.45 g/m²）、占 39%，其他类居第 3 位（1.89 g/m²）、占 10%，各生物量组成及百分比见图 2.3 – 115。

（2） 大型底栖生物生物量水平分布

三门湾大型底栖生物生物量水平分布见图 2.3 – 116，图 2.3 – 116 中显示，高生物量区主要位于三门湾的湾顶水域，生物量达 50 g/m² 上下，最高可达 70.08 g/m²，生物量的主要构成物种为紫纹芋参、棘刺锚参、滩栖阳遂足、棒锥螺、西格织纹螺等，这些物种的最高生物量紫纹芋参冬季高达 178.15 g/m²，棘刺锚参冬季 34.05 g/m²，滩栖阳遂足春季 16.31 g/m²，棒锥螺冬季达 178.10 g/m²，西格织纹螺秋季为 11.75 g/m²。另一个较高生物量区位于田湾岛东侧水域，棘刺锚参在该水域夏、秋季可达 33.56 ~ 64.70 g/m²，海仙人掌冬季达 47.40 g/m²。

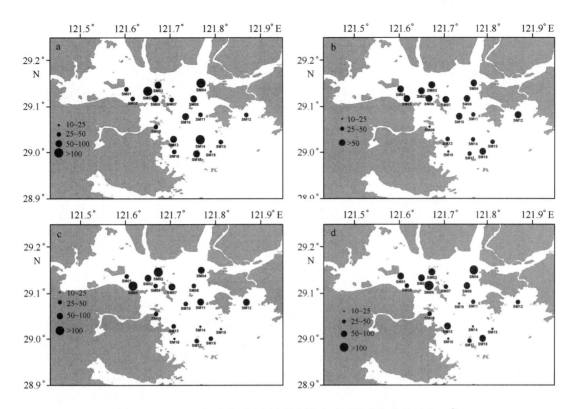

图 2.3 – 114　三门湾大型底栖生物栖息密度季节分布变化（个/m²）

A. 春季；B. 夏季；C. 秋季；D. 冬季

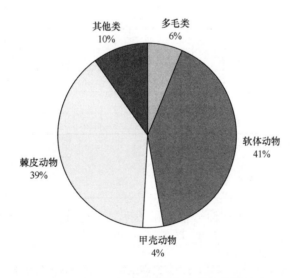

图 2.3 – 115　三门湾大型底栖生物生物量组成

低生物量区位于湾口至湾中的中间水域，生物量仅在 2 g/m² 以下，种类以多毛类为主。三门湾其他水域生物量在 3 ~ 20 g/m² 的分布范围。由此可见，三门湾大型底栖生物生物量呈现不均匀的分布特征。

（3）大型底栖生物生物量季节变化

三门湾大型底栖生物生物量为冬季生物量最高，可达 36. 16 g/m²，春季生物量最低，为

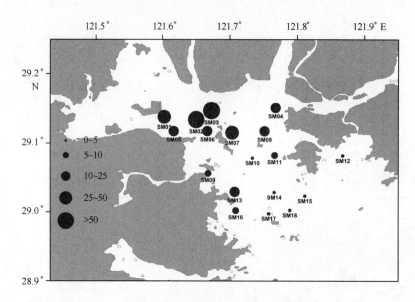

图 2.3 – 116　三门湾大型底栖生物生物量水平分布（g/m²）

9.31 g/m²，季节变化趋势由大到小依次为冬季、秋季、夏季、春季，四季生物量分布变化明显。各类群生物量季节分布变化中多毛类春、夏季高，秋、冬季低；软体动物秋季分布与多毛类刚巧相反，秋冬高、春夏低；甲壳动物秋季高于另外三季；棘皮动物冬季明显高于其他三季；其他类则与前者呈相似的分布趋势（表 2.3 – 16 和图 2.3 – 117）。

表 2.3 – 15　三门湾大型底栖生物生物量季节分布变化 　　　　　　　　　　单位：g/m²

季节	多毛类	软体动物	甲壳动物	棘皮动物	其他类	合计
春季	1.86	2.15	0.34	4.96	0.01	9.31
夏季	1.24	4.09	0.53	4.57	1.23	11.65
秋季	0.89	9.14	1.62	6.49	0.91	19.06
冬季	0.96	15.72	0.25	13.8	5.43	36.16
平均	1.24	7.77	0.69	7.45	1.89	19.05

4）三门湾大型底栖生物多样性分析

三门湾大型底栖生物生物多样性分析结果表明，多样性指数（H'）和均匀度指数（J）在各站和各季节差别较大（表 2.3 – 17）。

表 2.3 – 17　三门湾大型底栖生物生物多样性分析结果

季节	生物多样性指数（H'）		均匀度指数（J）	
	最小值	最大值	最小值	最大值
春季	0.69	2.30	0.73	1.00
夏季	0.86	2.55	0.44	0.98
秋季	0.95	2.44	0.75	1.00
冬季	0.69	2.24	0.56	1.00

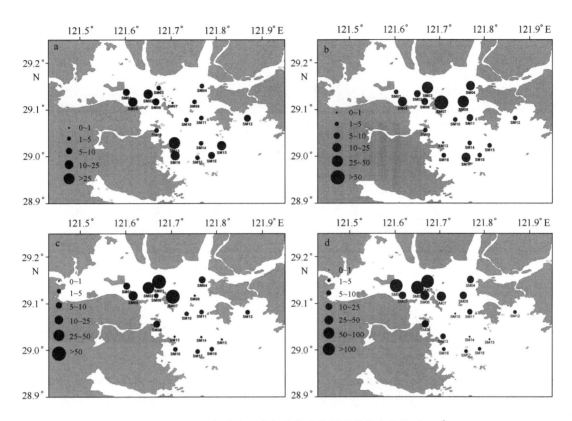

图 2.3 – 117 三门湾大型底栖生物生物量季节分布变化（g/m²）

a. 春季；b. 夏季；c. 秋季；d. 冬季

多样性指数（H'）：春季在 0.69 ~ 2.30 之间，最高出现在 SM06 站，最低出现在湾口的 SM18 站；夏季在 0.86 ~ 2.55，最高出现在 SM06 站，最低出现在湾口的 SM12 站；秋季在 0.95 ~ 2.44，最高出现在 SM04 站，最低出现在 SM16 站；冬季在 0.69 ~ 2.24，最高出现在湾底的 SM01 站，最低出现在湾口的 SM14 站和 SM15 站。

均匀度指数（J）春季在 0.73 ~ 1.00 之间，最高出现在湾底的 SM01 站和湾口的 SM18 站，最低出现在湾底 SM04 站；夏季在 0.44 ~ 0.98，最高出现在湾中的 SM09 站，最低出现在湾口的 SM12 站；秋季在 0.75 ~ 1.00，最高出现在 SM01 站和 SM10 站，最低出现在 SM05 站；冬季在 0.56 ~ 1.00，最高出现在湾口的 SM14 站和 SM15 站，最低出现在湾底 SM04 站位。

5）三门湾大型底栖生物群落结构聚类分析和 MDS 排序分析

三门湾不同大型底栖生物种类相似性聚类分析结果见图 2.3 – 118。在图 2.3 – 118 中 18 个取样站位的生物群落种类组成根据 Bray-Curtis 相似性系数关联起来，各站位栖息的大型底栖生物群落之间的相似性都较低。由图 2.3 – 119 中 MDS 排序图中呈现的不同程度分离的点阵可以看出，该结果与群落分类聚类分析结果基本上一致，进一步验证了聚类分析的结果。

6）三门湾大型底栖生物群落稳定性分析

从三门湾 4 个季度航次的丰度/生物量比较曲线来看，生物量曲线均在丰度曲线之上，说明从总体来看污染还尚未给三门湾海域的大型底栖生物带来明显的影响（图 2.3 – 120）。

221

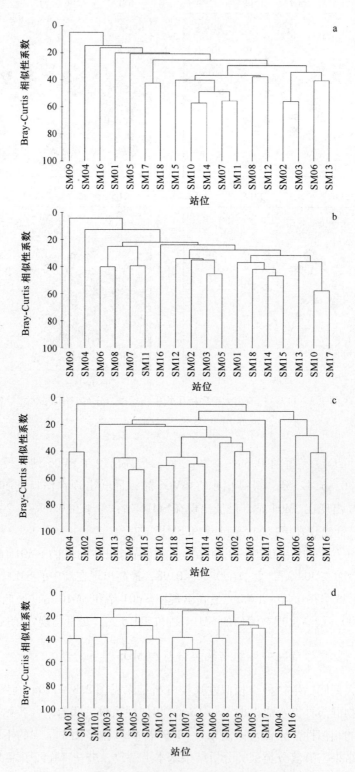

图 2.3 - 118　三门湾大型底栖生物种类相似性聚类分析

a. 春季；b. 夏季；c. 秋季；d. 冬季

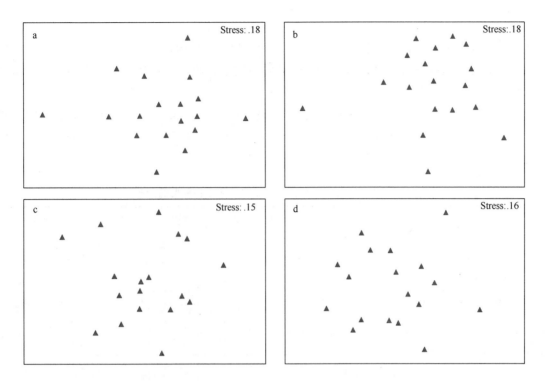

图 2.3 - 119 三门湾站位种类相似性多维排序尺度

a. 春季；b. 夏季；c. 秋季；d. 冬季

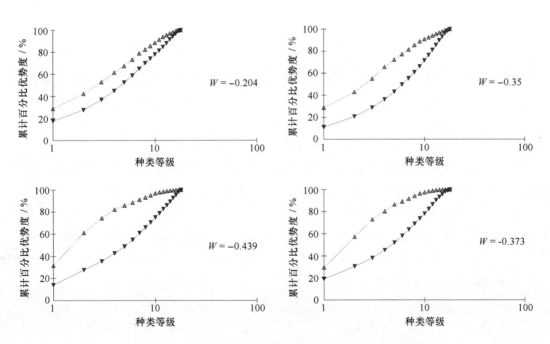

图 2.3 - 120 三门湾大型底栖生物丰度/生物量比较曲线

a. 春季；b. 夏季；c. 秋季；d. 冬季

7）三门湾大型底栖生物变化趋势分析

根据历史资料，三门湾1981—1982年间底栖生物量年平均为 7.06 g/m²，生物密度为110个/m²。12月生物量最高，为12.13 g/m²；10月生物量最低，为1.18 g/m²；7月，由于采到一个海仙人掌，生物量相对也较高，达 11.25 g/m²；5月生物量为 3.67 g/m²。

本次调查结果，三门湾大型底栖生物年均栖息密度72个/m²。三门湾大型底栖生物的年均生物量为 19.05 g/m²。可见，三门湾大型底栖生物平均生物量较历史有显著增加，而平均生物密度却明显减少。

表 2.3-18　各类群底栖生物生物量和生物密度的分布

类别	1981 年 12 月		1982 年 5 月		1982 年 7 月		1982 年 10 月		平均值	
	生物量 / (g/m²)	密度 / (个/m²)	生物量 / (g/m²)	密度 / (个/m²)	生物量 / (g/m²)	密度 / (个/m²)	生物量 / (g/m²)	密度 / (个/m²)	生物量 / (g/m²)	密度 / (个/m²)
多毛类	0.82	43	0.59	35	0.23	43	0.15	20	0.45	35
软体动物	7.04	170	1.21	24	0.17	10	0.35	3	2.19	52
甲壳动物	3.73	10	0.01	3	0.92	28	0.23	8	1.22	12
棘皮动物	/	/	/	/	/	/	0.18	3	0.05	1
鱼类	/	/	/	/	0.20	3	0.28	5	0.12	2
其他	0.53	23	1.86	4	9.73	5	/	/	3.03	8
合计	12.12	246	3.67	66	11.25	89	1.19	39	7.06	110

8）小结

（1）三门湾共发现大型底栖生物 215 种，软体动物最多为 59 种，其次为多毛类 53 种、甲壳动物 51 种、其他类 35 种、棘皮动物 17 种。湾顶水域底栖生物种类分布相对较多，湾口花岙岛（大甲山小岛）西南侧水域种类最少。种数季节变化由大到小依次为秋季（131 种）、夏季（99 种）、冬季（71 种）、春季（57 种）。

（2）三门湾大型底栖生物的栖息密度年均为 72 个/m²。高密度区位于湾顶水域，低栖息密度水域主要位于健跳港出海口的南侧一带。夏季最高，其余季节差异较小。

（3）三门湾大型底栖生物生物量年均为 19.05 g/m²。高生物量区与栖息密度分布相同，均位于三门湾的湾顶水域。季节变化趋势由大到小依次为冬季、秋季、夏季、春季。

（4）三门湾大型底栖 Shannon-Wiener 生物多样性指数（H'）在 0.69～2.55，均匀度指数（J）在 0.44～1.00，平面分布和季节差异较大。

（5）聚类分析结果表明，各站位栖息的大型底栖生物群落之间的相似性都较低。

（6）从丰度/生物量比较曲线来看，污染尚未给三门湾海域的大型底栖生物带来明显的影响。

（7）三门湾大型底栖生物生物量较历史有明显的增加，而栖息密度却相对减少。

2.3.2.5 潮间带生物

1）种类分布

（1）种类组成

三门湾春、秋两季潮间带生物共有 78 种，其中，多毛类 13 种，软体类 35 种，甲壳类 21 种，棘皮动物 3 种和其他类 6 种。多毛类、软体类、甲壳类占调查潮间带生物总种数的 88.5%（图 2.3－121），三者是构成调查区域潮间带生物的主要类群。

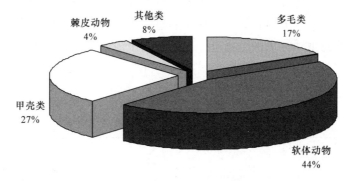

图 2.3－121　三门湾潮间带生物类群百分比组成

（2）优势种分布

根据三门湾潮间带生物春、秋两季调查种类的出现率和数量，三门湾潮间带生物的主要优势种是珠带拟蟹守螺、双鳃内卷齿蚕、长吻吻沙蚕、锯眼泥蟹、可口革囊星虫、弧边招潮、日本刺沙蚕、彩虹明樱蛤、短拟沼螺、齿纹蜒螺等种类。

2）数量组成与分布

（1）数量组成

三门湾潮间带生物平均生物量为 40.34 g/m^2，平均生物密度为 119 个/m^2。生物量中软体动物所占比重最高，达到 57.06%；密度则为多毛类动物所占比重最高，达到 43.70%。生物量和密度均为春季低于秋季（29.99 g/m^2 < 50.70 g/m^2；77 个/m^2 < 160 个/m^2）（表 2.3－19 和表 2.3－20）。

表 2.3－19　三门湾潮间带生物各类群生物量组成　　　　　　　　　　单位：g/m^2

季节	多毛类	软体动物	甲壳类	棘皮动物	其他类	合计
春季	4.67	19.93	4.44	0.17	0.78	29.99
秋季	1.15	26.11	21.06	1.87	0.5	50.7
平均值	2.91	23.02	12.75	1.02	0.64	40.34

表2.3-20　三门湾潮间带生物各类群生物密度组成　　　　单位：个/m²

季节	多毛类	软体类	甲壳类	棘皮动物	其他类	合计
春季	27	32	13	0	4	77
秋季	56	18	56	9	1	160
平均值	52	25	34	5	3	119

（2）数量分布

①水平分布

三门湾潮间带生物水平分布情况见表2.3-21。由表2.3-21可知，三门湾潮间带生物的生物量和生物密度水平分布差异较大，且存在明显的季节变异；不同底质的潮间带生物的数量分布也不一样，岩礁底质断面的生物量分布显著高于泥滩断面，密度与泥滩断面则无显著差异，生物量和密度最高的为南田岛断面，达到97.66 g/m²和225个/m²，生物量和密度最低的为赤头断面，分别为2.02 g/m²和17个/m²（表2.3-21）。

表2.3-21　三门湾潮间带生物数量水平分布

断面	地点	底质	生物量/（g/m²）			生物密度/（个/m²）		
			春季	秋季	平均值	春季	秋季	平均值
岸 P053	月兰	泥滩	6.91	48.72	27.82	40	136	88
岸 P055	毛屿	泥滩	34.17	51.87	43.02	161	53	107
岸 P057	西白芨	泥滩	63.02	36.80	49.91	71	64	68
岸 P059	头岙	泥滩	10.77	24.16	17.47	82	315	199
岸 P062	赤头	泥滩	4.03	0.00	2.02	34	0	17
岸 P065	草头	泥滩	17.24	45.79	31.52	48	115	82
岛 P084	蛇蟠岛	岩礁	53.36	53.36	53.36	81	77	79
岛 P091	南田岛	岩礁	50.43	144.88	97.66	93	357	225

②垂直分布

三门湾潮间带生物垂直分布情况见表2.3-22。从表2.3-22可知，三门湾潮间带生物量和生物密度垂直分布差异较小。平均生物量由大到小依次为中潮区（61.67 g/m²）、低潮区（33.32 g/m²）、高潮区（17.66 g/m²）；平均生物密度由大到小依次为中潮区（190个/m²）、低潮区（90个/m²）、高潮区（44个/m²）。从不同季节看，各潮区生物量和栖息密度均为春季小于秋季。

表2.3-22　三门湾潮间带生物数量垂直分布

项目	季节	高潮区	中潮区	低潮区
生物量/（g/m²）	春季	4.91	45.36	22.93
	秋季	30.41	77.97	43.71
	平均值	17.66	61.67	33.32
生物密度/（个/m²）	春季	31	119	79
	秋季	57	260	102
	平均值	44	190	90

③不同底质类型潮间带生物分布情况

三门湾不同底质类型（岩礁和泥滩）的潮间带生物分布情况见表2.3－23。从表2.3－23可知，高潮区潮间带生物平均生物量为泥滩（20.93 g/m²）大于岩礁（7.84 g/m²），平均密度为岩礁（45 个/m²）大于泥滩（44 个/m²）；中潮区平均生物量和密度均为岩礁（106.12 g/m²，279 个/m²）大于泥滩（46.85 g/m²，160 个/m²）；低潮区的平均生物量和密度均为岩礁（79.01 g/m²，133 个/m²）大于泥滩（18.09 g/m²，77 个/m²）。

表 2.3－23 三门湾不同底质类型潮间带生物数量统计

底质	季节	高潮区		中潮区		低潮区	
		生物量 /（g/m²）	密度 /（个/m²）	生物量 /（g/m²）	密度 /（个/m²）	生物量 /（g/m²）	密度 /（个/m²）
岩礁	春季	4.72	54	48.44	138	35.42	70
	秋季	10.96	36	163.80	420	122.60	196
	平均值	7.84	45	106.12	279	79.01	133
泥滩	春季	4.97	24	44.34	113	18.77	82
	秋季	36.89	64	49.36	207	17.41	71
	平均值	20.93	44	46.85	160	18.09	77

3）潮间带生物多样性

表2.3－24为三门湾潮间带各断面的多样性和均匀度指数，统计显示：三门湾潮间带生物的多样性指数在0～2.34之间，春季赤头的多样性指数高于其他各断面，均匀度指数在0.24～1之间，多样性指数春季小于秋季，均匀度指数两季差异不大。

表 2.3－24 三门湾潮间带生物多样性指数

站位及潮区	春季		秋季	
	多样性	均匀度	多样性	均匀度
岸 P053 － 高潮区	0.00	—	1.31	0.81
岸 P053 － 中潮区	1.07	0.77	1.29	0.80
岸 P053 － 低潮区	1.56	0.71	0.69	1.00
岸 P055 － 高潮区	1.79	1.00	0.69	1.00
岸 P055 － 中潮区	1.43	0.69	1.31	0.95
岸 P055 － 低潮区	1.96	0.85	1.15	0.83
岸 P057 － 高潮区	0.69	1.00	1.27	0.91
岸 P057 － 中潮区	0.56	0.35	1.22	0.88
岸 P057 － 低潮区	1.10	1.00	0.64	0.92
岸 P059 － 高潮区	0.88	0.80	0.00	—
岸 P059 － 中潮区	1.86	0.96	0.39	0.24
岸 P059 － 低潮区	1.56	0.87	0.64	0.40
岸 P062 － 高潮区	0.67	0.97	0.00	—

续表

站位及潮区	春季		秋季	
	多样性	均匀度	多样性	均匀度
岸 P062－中潮区	2.19	0.95	0.00	—
岸 P062－低潮区	2.34	0.94	0.00	—
岸 P065－高潮区	0.00	—	0.00	—
岸 P065－中潮区	1.82	0.93	2.09	0.87
岸 P065－低潮区	1.42	0.88	1.28	0.92
岛 P084－高潮区	0.39	0.57	0.56	0.81
岛 P084－中潮区	0.99	0.71	2.25	0.94
岛 P084－低潮区	0.54	0.49	1.15	0.83
岛 P091－高潮区	0.64	0.92	0.50	0.72
岛 P091－中潮区	0.87	0.54	0.45	0.28
岛 P091－低潮区	1.07	0.77	0.69	0.43

4）小结

（1）三门湾春、秋两季潮间带生物共鉴定出种类 78 种，多毛类、软体类、甲壳类是构成调查区域潮间带生物的主要类群，主要优势种是珠带拟蟹守螺、双鳃内卷齿蚕、长吻吻沙蚕、锯眼泥蟹、可口革囊星虫、弧边招潮、日本刺沙蚕、彩虹明樱蛤、短拟沼螺和齿纹蜒螺等。

（2）三门湾潮间带生物平均生物量为 40.34 g/m^2，平均生物密度为 119 个/m^2。生物量中软体动物所占比重最高，达到 57.06%；密度则为多毛类动物所占比重最高，达到 43.70%。生物量和密度均为春季低于秋季（29.99 g/m^2 < 50.70 g/m^2；77 个/m^2 < 160 个/m^2）。

（3）三门湾潮间带生物生物量和生物密度水平分布差异较大，且存在明显的季节变异；不同底质潮间带生物的数量分布存在生境差异，岩礁底质断面的生物量分布显著高于泥滩断面。生物量和生物密度垂直分布差异较小。

（4）三门湾潮间带生物的 Shannon-Wiener 多样性指数在 0 ~ 2.34 之间，春季大于秋季；均匀度指数在 0.24 ~ 1 之间，春季小于秋季。

2.3.3　小结

通过对浙江省"908"专项获取的海水化学参数进行分析和评价，目前三门湾海域水体主要污染物为无机氮，其次为活性磷酸盐，营养盐超标是制约三门湾水体的主要因素。而通过全年四季调查的结果表明，三门湾海域夏季水质最好，其他季节污染均较为严重。海水中氮磷的来源主要是海域周边居民生活污水的排放、农业施肥的径流携带以及海水养殖。

对三门湾海水中营养盐及化学需氧量含量近 20 年的变化趋势进行分析。磷酸盐、亚硝酸盐和铵盐含量近 20 年变化不明显，硝酸盐含量呈较为明显的上升趋势，而化学需氧量的含量却稍有下降。养殖规模的不断扩大带来的氮负荷也大大增加，可能造成了近 20 年三门湾海水中氮含量呈现出上升的趋势。三门湾典型海域近 50 年来沉积记录研究表明：20 世纪 80 年代至21世纪初，三门湾营养要素的沉积通量呈上升趋势，富营养化严重，而21世纪初至今，碳氮的埋藏通量有下降的趋势。

三门湾叶绿素a年平均值为1.90 μg/dm^3，初级生产力年均值为（5.425±7.485）mg/（m^3·h），群落多样性指数分别为浮游植物细胞0.55~2.12，浮游动物0.08~4.03，底栖生物0.69~2.55，潮间带生物0~2.34（表2.3–25）。根据蔡立哲（2002）多样性指数评价污染程度标准，三门湾海区受到轻度到重度不等的污染。

表2.3–25　三门湾生物与生态信息一览

类别	生物量	密度	优势种	多样性指数
叶绿素a	年平均值1.90 μg/dm^3			
初级生产力	年平均值（5.425±7.485）mg/（m^3·h）			
浮游植物	3 145.83×10^{3}个/m^3		洛氏角毛藻、拟旋链角毛藻、蛇目圆筛藻、星脐圆筛藻、中心圆筛藻、琼氏圆筛藻、辐射圆筛藻、洛伦菱形藻、美丽菱形藻、中肋骨条藻、长海毛藻、纺锤角藻、三角角藻	0.55~2.12
浮游动物	136.4 mg/m^3	147.3个/m^3	球型侧腕水母、中华哲水蚤、真刺唇角水蚤、针刺拟哲水蚤、太平洋纺锤水蚤、真刺水蚤、汤氏长足水蚤、背针胸刺水蚤、微刺哲水蚤、腹针胸刺水蚤、三叶针尾涟虫、钩虾、中华假磷虾、宽尾刺糠虾、百陶箭虫、肥胖箭虫、仔鱼、短尾类幼体、长尾类幼体、桡足类幼体	0.08~4.03
底栖生物	19.05 g/m^2	72个/m^2	不倒翁虫、双鳃内卷沙蚕、织纹螺、轮双眼钩虾、白沙箸等	0.69–2.55
潮间带生物	40.34 g/m^2	119个/m^2	珠带拟蟹守螺、双鳃内卷齿蚕、长吻吻沙蚕、锯眼泥蟹、可口革囊星虫、弧边招潮、日本刺沙蚕、彩虹明樱蛤、短拟沼螺、齿纹蜒螺	0~2.34

2.4　椒江口海洋环境质量变化趋势综合评价

用于评价椒江口海域海洋环境质量的站位见图2.4–1。

2.4.1　海洋化学

2.4.1.1　海水化学

1）海域环境现状调查结果

（1）溶解氧

2009年春季和秋季对椒江口23个站位的溶解氧进行了测定。溶解氧春季变化范围是3.42~9.42 mg/dm^{3}平均值为7.17 mg/dm^3，秋季的变化范围是5.15~8.03 mg/dm^3，平均值

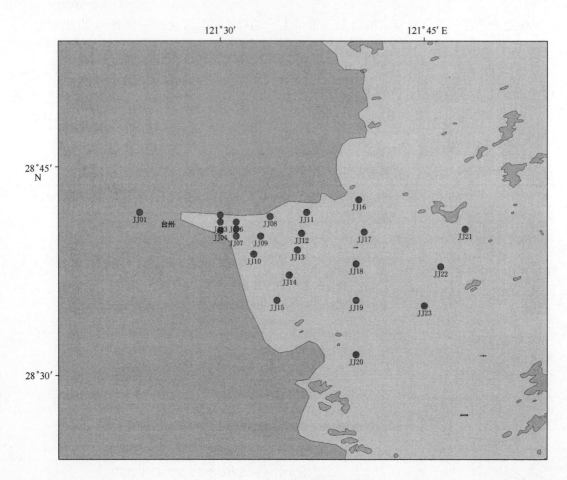

图 2.4 - 1　椒江口海域评价站位图

为 6.95 mg/dm³（图 2.4 - 2）；春季的溶解氧变化范围以及平均值均高于秋季，这可能与春季初级生产力水平较高有直接关系。在表层溶解氧的平面分布上，春秋两季都表现出相似的分布趋势，河口区水动力条件交换作用较强，溶解氧浓度较高，而在两个季节均在 121.6°N，28.65°E 海域出现一个低值区，受地形影响强烈，该区域水深大多小于 2 m，强烈的水动力条件将大量生源物质带到表层，有机物的增加削弱了表层溶解氧的浓度，同时北岸化工企业污染物排放也会减弱水体溶解氧的浓度。

（2）pH 值

2009 年春季和秋季对椒江口 23 个站位的 pH 值进行测定，pH 值春季的变化范围是 7.64 ~ 8.22，平均值为 7.91，秋季的变化范围是 7.74 ~ 8.09，平均值为 7.93（图 2.4 - 3）。在表层 pH 值的平面分布上，受河口冲淡水影响，春秋两季 pH 值分布的总体趋势是从西向东随着离岸距离的增加 pH 值逐渐增加，但是在靠近河口北岸 121.6°E，28.65°N 海域春秋两季均出现了一个低值区，该区中心的 pH 值小于 7.8。对春秋两个季节的平面分布进行比较，可以看出枯水期（春季）pH 值的变化梯度较丰水期（秋季）更加明显，因此可以认为枯水期的 pH 值受河流径流变化影响更为显著。

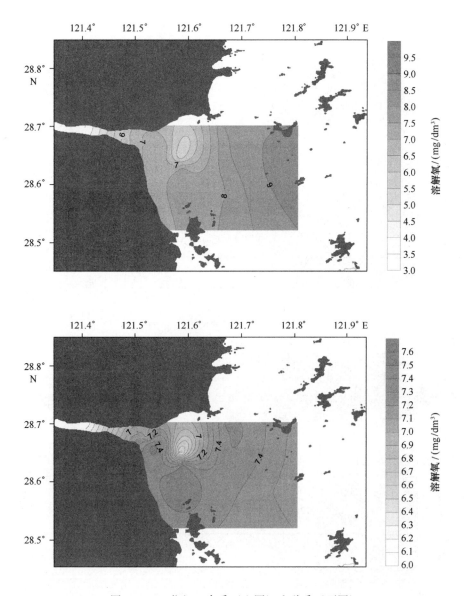

图 2.4 – 2　椒江口春季（上图）和秋季（下图）
表层海水溶解氧平面分布

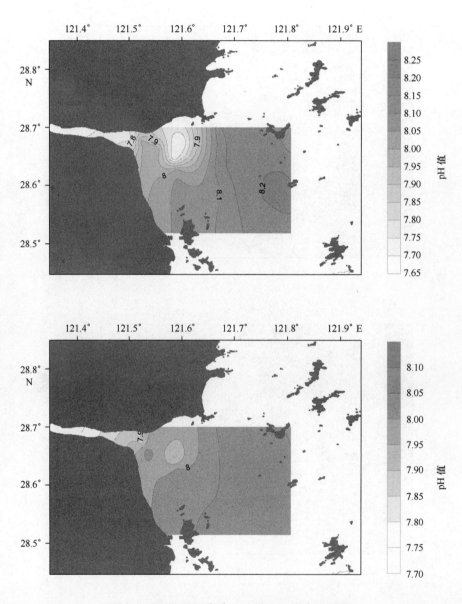

图 2.4 – 3　椒江口春季（上图）和秋季（下图）
表层海水 pH 值平面分布

（3）硝酸盐

春季椒江口硝酸盐含量的变化范围是 $0.178 \sim 2.337 \ \mathrm{mg/dm^3}$平均值为$0.997 \ \mathrm{mg/dm^3}$（图 2.4 -4）；秋季的硝酸盐含量变化范围是 $0.594 \sim 2.670 \ \mathrm{mg/dm^3}$，平均值为 $1.360 \ \mathrm{mg/dm^3}$。在表层硝酸盐含量的平面分布上，总体来说从河口到外海呈逐渐递减的趋势，但是在靠近河口北岸水深较浅处存在一个高值中心，中心的硝酸盐浓度可以达到 $1.5 \ \mathrm{mg/dm^3}$ 以上，硝酸盐浓度含量增高主要是受陆源排放和地形的双重影响，在河口的站位受工业和农业陆源污染物影响浓度值较高，而在台州湾北部的近岸，受地形抬升和水动力条件影响，底部硝酸盐通过扰动再迁移到表层，使得该区域也出现一个高值中心。

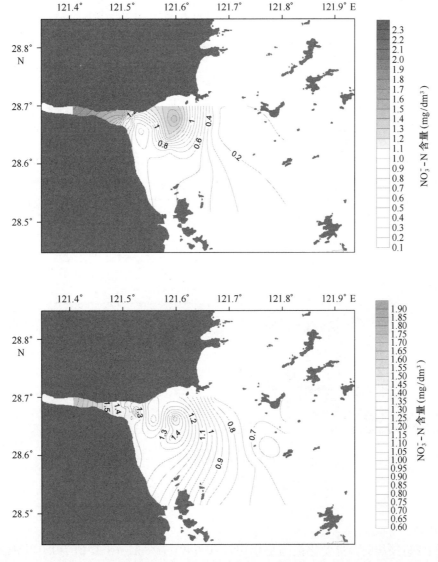

图 2.4 - 4　椒江口春季（上图）和秋季（下图）
表层海水硝酸盐含量平面分布

（4）亚硝酸盐

春季椒江口亚硝酸盐含量的变化范围是 $0.001 \sim 0.016 \ \mathrm{mg/dm^3}$平均值为 $0.008 \ \mathrm{mg/dm^3}$（图 2.4 - 5）；秋季的硝酸盐含量变化范围是 $0.002 \sim 0.010 \ \mathrm{mg/dm^3}$，平均值为 $0.008 \ \mathrm{mg/dm^3}$。

春季的亚硝酸盐含量平面高值区主要有两个，一个出现在河口台州湾北岸，该区域受河口北部的陆源污染物影响较为明显；另外一个高值区出现在口门外大茶花岛附近海域。秋季亚硝酸盐含量表层平面分布的高值区主要出现在椒江河口和口门区台州湾北岸，主要受陆源排放污染物影响。

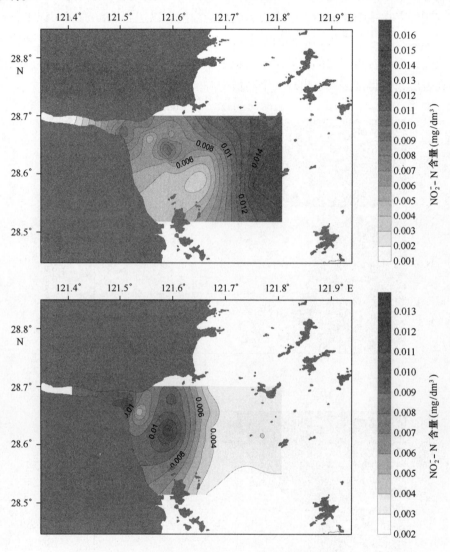

图 2.4 – 5　椒江口春季（上图）和秋季（下图）
表层海水亚硝酸盐含量平面分布

（5）铵盐

　　春季椒江口铵盐的含量变化范围是 0.012 ~ 0.149 mg/dm³，平均值为 0.049 mg/dm³（图 2.4 – 6）；秋季铵盐的含量变化范围是 0.006 ~ 0.150 mg/dm³，平均值为 0.039 mg/dm³，春季和秋季表层海水的铵盐呈现出相似的变化趋势，总体来说由内陆向外海逐渐递减，但是在口门台州湾水深小于 2 m 的海域出现一个高值区，该区的铵盐含量普遍高于 0.05 mg/dm³，强水动力条件使得底部扰动释放一部分营养盐到表层，同时该区域受陆源排放物质影响也比较明显。

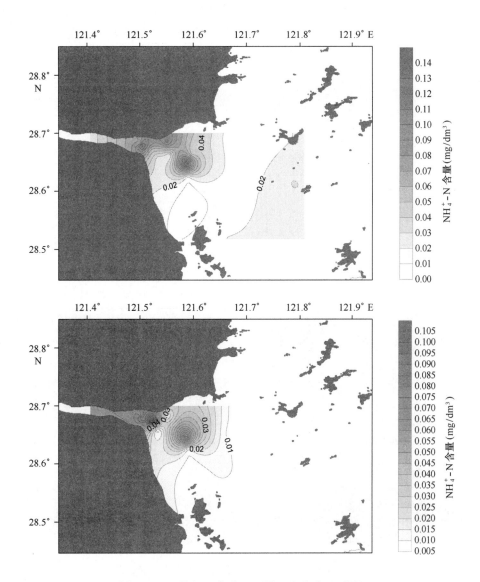

图 2.4 - 6　椒江口春季（上图）和秋季（下图）
表层海水铵盐含量平面分布

（6）活性磷酸盐

　　春季椒江口磷酸盐的含量变化范围是 0.02 ~ 0.23 mg/dm³，平均值为 0.12 mg/dm³（图 2.4 - 7）；秋季磷酸盐的含量变化范围是 0.04 ~ 0.21 mg/dm³，平均值为 0.12 mg/dm³。在平面分布上，表层海水的磷酸盐和氨盐有着相似的分布趋势，从河口向外逐渐浓度降低，而在口门台州湾海域 121.6°E，28.65°N 出现一个高值区，区域硝酸盐含量受陆源排放影响明显，两个季节相比，春季各个站位的磷酸盐含量均较高，这可能与枯水期有关，而秋季各个站位间磷酸盐的含量差别比较大。

（7）硅酸盐

　　春季椒江口硅酸盐的含量变化范围是 0.8 ~ 4.3 mg/dm³，平均值为 2.0 mg/dm³（图 2.4 - 8）；秋季硅酸盐的含量变化范围是 1.4 ~ 4.8 mg/dm³，平均值为 2.5 mg/dm³。平面分布上，表层硅酸盐的含量与磷酸盐有着相似的地方，从河口向外海浓度逐渐降低，高值区都出现在

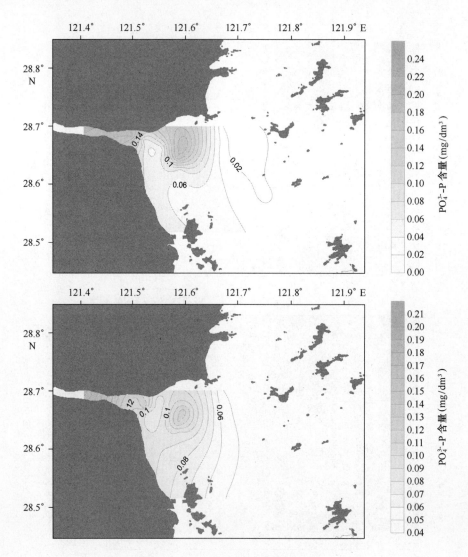

图2.4－7　椒江口春季（上图）和秋季（下图）
表层海水磷酸盐含量平面分布

口门河道内和台州湾北部海域，两个季节相比较，春季的硅酸盐含量变化范围和平均值均低于秋季，可能与春季浮游植物旺发消耗了一部分硅酸盐有关。

2）评价结果

根据《海水水质标准》（GB 3097—1997），对椒江口海域的海水水质质量进行评价，调查海域春季的 pH 值除 JJ01、JJ02、JJ03、JJ04、JJ11、JJ12、JJ13 站符合三类海水水质标准外，其余站位均符合一类海水水质标准，秋季所有站位均符合一类海水水质标准。海水中的溶解氧除 JJ01 站春季为四类海水水质，秋季为二类海水水质，JJ11、JJ12、JJ13 站春季为二类海水水质外，其余站位春秋季节均符合一类海水水质标准。活性磷酸盐春季和秋季均有大量站位超过四类海水水质标准，春季的超标率为 63.2%，秋季的超标率为 77.5%。海水中无机氮含量春季有 57.9% 的站位超过四类海水水质标准，而秋季所有站位海水中无机氮的含量均超过四类海水水质标准。

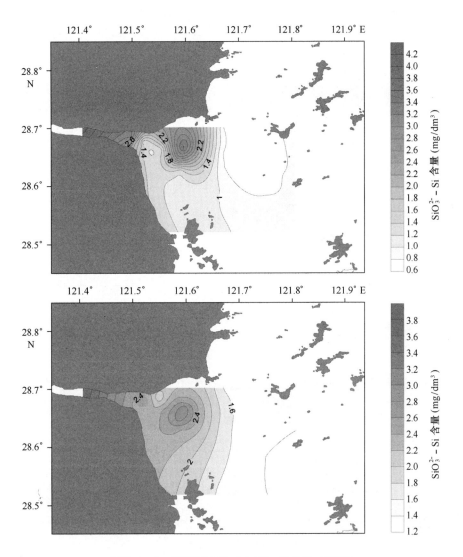

图 2.4 – 8　椒江口春季（上图）和秋季（下图）
表层海水硅酸盐含量平面分布

2.4.1.2　沉积物化学

1）调查结果

（1）硫化物

春季表层沉积物硫化物的含量变化范围是 $0.34 \times 10^{-6} \sim 17.45 \times 10^{-6}$，平均值为 3.80×10^{-6}（图 2.4 – 9），最大值出现在 JJ01 站，最小值出现在 JJ20 站。秋季表层沉积物硫化物的含量变化范围是 $0.22 \times 10^{-6} \sim 71.68 \times 10^{-6}$，平均值为 6.94×10^{-6}，最大值出现在 JJ05 站，最小值出现在 JJ20 站。硫化物变化主要受到陆源污染物有机质的影响，从春秋两季可以看出，受到陆源排放的污染物影响，在口门区以及河道内的沉积物站位硫化物含量较高，这是因为口门和河道区有机物质大量堆积，导致底部沉积物降解不完全，硫化物含量增高。

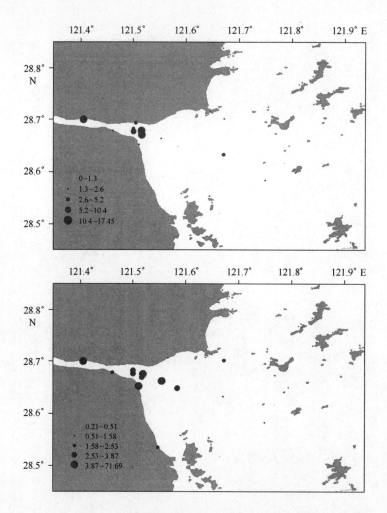

图 2.4 – 9　椒江口春季（上图）和秋季（下图）
表层沉积物中硫化物含量分布（×10⁻⁶）

（2）有机质

春季表层沉积物有机质的含量变化范围是 0.52% ~ 1.53%，平均值为 0.97%（图 2.4 – 10），最大值出现在 JJ03 站，最小值出现在 JJ02 站。秋季表层沉积物有机质的含量变化范围是 0.59% ~ 1.63%，平均值为 1.08%，最大值出现在 JJ03 站，最小值出现在 JJ02 站。有机质的含量水平与陆源污染物排放有着密切关系，春秋两季的沉积物有机质含量水平高的站位多集中在河道以及椒江口两岸的潮滩区域，陆源污染物堆积，使得有机质含量较外海的站位高，而海洋浮游生物活动产生的碎屑物质在沉积物中的堆积作用相对不明显。

（3）氧化还原电位（Eh）

春季表层沉积物 Eh 值变化范围是 75 ~ 288 mV，平均值为 148.45 mV（图 2.4 – 11），最大值出现在 JJ04 站，最小值出现在 JJ03 站。秋季表层沉积物 Eh 值变化范围是 45 ~ 298 mV，平均值为 155.75 mV，最大值出现在 JJ03 站，最小值出现在 JJ20 站，从春秋两季的氧化还原电位分布可以看出，椒江口沿岸以及河道内还是以弱氧化环境为主。

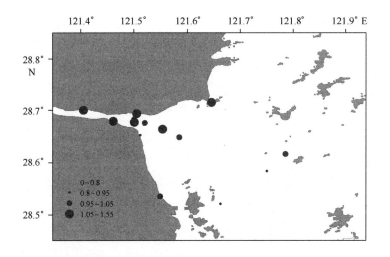

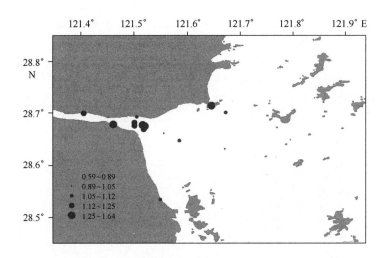

图 2.4 – 10　椒江口春季（上图）和秋季（下图）
表层沉积物中有机质含量分布（%）

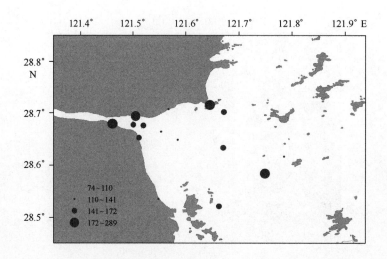

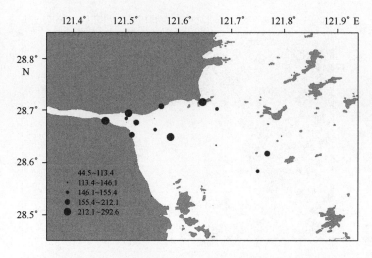

图2.4 – 11 椒江口春季（上图）和秋季（下图）
表层沉积物中 Eh 分布（mV）

（4）多环芳烃

春季表层沉积物多环芳烃的含量变化范围是 $67.9 \times 10^{-9} \sim 167.9 \times 10^{-9}$，平均值为 114.51×10^{-9}（图2.4－12），最大值出现在 JJ05 站，最小值出现在 JJ13 站。秋季表层沉积物多环芳烃的含量变化范围是 $76.3 \times 10^{-9} \sim 164.7 \times 10^{-9}$，平均值为 115.99×10^{-9}，最大值出现在 JJ01 站，最小值出现在 JJ09 站。多环芳烃含量受到工厂影响显著，表现为口门高于河口区，口门区一方面厂矿企业排放大量污水产生大量污染物将多环芳烃带入到海洋沉积物中，另一方面椒江口电厂及化工厂工业生产中化石燃料燃烧产生大量废气也可能是沉积物中多环芳烃的主要来源。

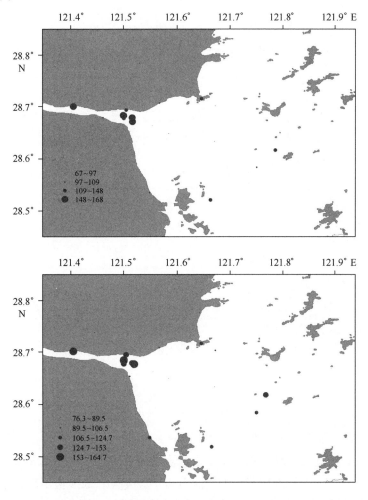

图2.4－12　椒江口春季（上图）和秋季（下图）
表层沉积物中多环芳烃含量分布（$\times 10^{-9}$）

（5）苯胺

春季表层沉积物多环芳烃的含量变化范围是 $0.23 \times 10^{-6} \sim 0.53 \times 10^{-6}$，平均值为 0.34×10^{-6}（图2.4－13），最大值出现在 JJ20 站，最小值出现在 JJ13 站。春季表层沉积物多环芳烃的含量变化范围是 $0.16 \times 10^{-6} \sim 0.44 \times 10^{-6}$，平均值为 0.27×10^{-6}，最大值出现在 JJ20 站，最小值出现在 JJ13 站。苯胺受冲淤作用影响，外海海域高于口门区，一方面陆源排污排放到台州湾的污染物在台州湾外部因为冲淤作用大量堆积；另一方面由于还原物质的存在，部分硝基

苯也会转化成苯胺，增加了部分站位沉积物中苯胺的浓度。

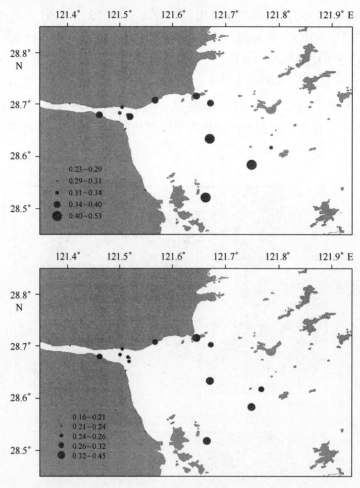

图2.4－13　椒江口春季（上图）和秋季（下图）
表层沉积物中苯胺含量分布（×10⁻⁶）

（6）硝基苯

春季表层沉积物硝基苯的含量变化范围是 $0.04 \times 10^{-6} \sim 0.24 \times 10^{-6}$，平均值为 0.09×10^{-6}（图2.4－14），最大值出现在JJ18站，最小值出现在JJ07站。春季表层沉积物硝基苯的含量变化范围是 $0.01 \times 10^{-6} \sim 0.27 \times 10^{-6}$，平均值为 0.07×10^{-6}，最大值出现在JJ18站，最小值出现在JJ07站。硝基苯含量范围波动较大，并且总体来说外部站位含量远大于内部站位。引起浓度分布差别较大的主要因素可能是椒江口复杂的水文环境。椒江在雨季时主要受雨水影响，大量悬浮高浓度悬沙区外移，大量泥沙被带出河口外，河口内河床发生冲刷，河口外则淤积。在枯水期潮流起主导作用，高浓度悬沙区内移，河口内河床表现为逐潮淤积的缓变，淤积泥沙来自口外拦门沙及浅滩，河口外海床逐渐冲刷。所以河口内河床表现为"洪冲潮淤"，洪峰下泄时大量冲刷抵偿逐潮淤积来实现冲淤平衡；河口外海床表现为"洪淤枯冲"与河口内相反，而本次采样时间为5月，沉积物主要受椒江水流影响，在河口外淤积导致了河口外沉积物中硝基苯含量大于河口内。

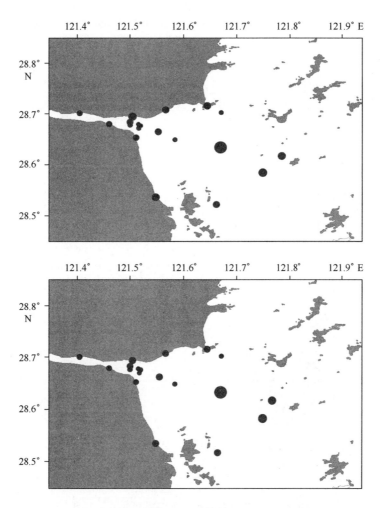

图 2.4 − 14   椒江口春季（上图）和秋季（下图）
表层沉积物中硝基苯含量分布（×10⁻⁶）

（7）粒度

椒江口及潮滩的沉积物类型主要为粉砂和泥质沉积物，春季沉积物中值粒径范围为
6.25 ~ 19.08 μm，平均值为 9.14 μm；秋季沉积物中值粒径范围为 6.26 ~ 19.74 μm，平均值
为 9.04 μm，潮滩沉积物的粒径比河口沉积物粗，这可能跟水动力条件下的分选作用有关
（图 2.4 − 15）。

2）评价结果

根据《海洋沉积物质量标准》，对椒江口海域的沉积物环境质量进行评价，结果表明，
调查海域沉积物中的硫化物和有机碳均能达到一类海洋沉积物标准。

2.4.1.3   主要污染物入海通量（氮、磷、化学需氧量）

椒江是浙江省的第三大河流，入台州湾。椒江水系是台州市最大的水系，总评价河段长
为 550.15 km，由椒江主干流（永安溪、灵江、椒江干流）和始丰溪、永宁江两条支流组成。
椒江口两岸是中国经济发展最为迅速的地区之一，医药化工行业、港口海运、船舶修造及水

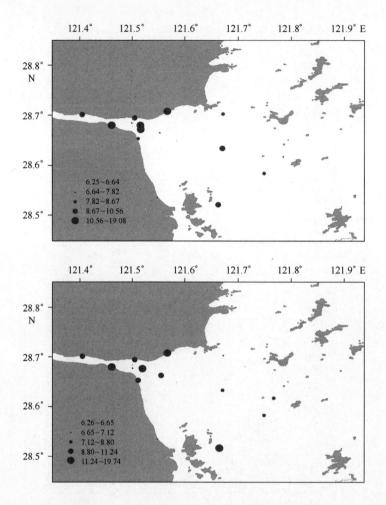

图 2.4 – 15　椒江口春季（上图）和秋季（下图）
表层沉积物中值粒径分布（μm）

产品加工等多种临海临港工业及滨海旅游业成为椒江口经济发展的重要支撑，同时为椒江口带来了巨大的污染负荷，根据台州市环保局的监测资料显示，2008 年椒江口水系总体水质为三类水。椒江水系中，永安溪水质最好，属二类水；始丰溪和灵江属三类水；椒江属四类水；水质最差的是永宁江，属劣五类水。本项目经过对椒江口水体浓度本底值测量结合年径流量数据，得出椒江口的化学需氧量入海通量 96 472.2 t/a，无机氮的入海通量 64 159.7 t/a，磷酸盐的入海通量 5 954.5 t/a。

2.4.1.4　海洋环境质量及其变化分析

根据国家海洋局第二海洋研究所 2006 年 4 月和 2008 年 6 月在椒江口海域的调查，该海域在 2006 年 4 月 pH 值变化范围为 7.80 ~ 8.20，2008 年 6 月 pH 值变化范围为 7.76 ~ 8.21，6 月丰水期受椒江河流输入的影响，pH 值总体较低。而 1989 年 8 月在椒江口的 pH 值也只有 7.98，因此冲淡水对椒江口门区有着重要影响，近些年来未有较大幅度的变化。

椒江口海水中的溶解氧在 2006 年 4 月的变化范围为 3.95 ~ 8.76 mg/dm³，平均值为 7.14 mg/dm³；2008 年 6 月椒江口溶解氧的变化范围为 3.01 ~ 4.46 mg/dm³，平均值为 4.13 mg/dm³。

近几年椒江口溶解氧的均值总体变动不大，而在夏季溶解氧则大幅降低，这主要取决于海水中生物活动以及营养物质的丰富程度。

海水中的化学需氧量在 2006 年 4 月的变化范围为 1.03～3.79 mg/dm^3，平均值为 1.87 mg/dm^3；2008 年 6 月的变化范围为 1.08～2.53 mg/dm^3，平均值为 1.84 mg/dm^3。根据《中国海湾志第六分册》1989 年对椒江口所在的台州湾的化学需氧量测定数据，该区域 5 月的测值为 0.54～0.89 mg/dm^3，平均值为 0.71 mg/dm^3，可以看出近 20 年来椒江口的化学需氧量呈现上升的趋势，这与沿岸工业活动的增加和经济的不断发展有密切的关系。

海水中的活性磷酸盐在 2006 年 4 月的变化范围为 0.022～0.169 mg/dm^3，平均值为 0.098 mg/dm^3；2008 年 6 月活性磷酸盐的变化范围为 0.030～0.201 mg/dm^3，平均值为 0.155 mg/dm^3。1989 年 5 月在该海域测得的磷酸盐含量为 0.001～0.030 mg/dm^3，平均值为 0.007 mg/dm^3，近 20 年来椒江口海域的磷酸盐浓度有大幅增加，这与工农业污水排放、陆源污染物输入有密切关系。

海水中的无机氮在 2006 年 4 月变化范围为 0.46～3.06 mg/dm^3，平均值为 1.63 mg/dm^3；2008 年 6 月椒江口无机氮的变化范围为 0.18～3.79 mg/dm^3，平均值为 2.50 mg/dm^3。

海水中的石油类在 2006 年 4 月变化范围为 0.021～0.055 mg/dm^3，平均值为 0.030 mg/dm^3，2008 年 6 月椒江口石油类的变化范围为 0.022～0.051 mg/dm^3，平均值为 0.035 mg/dm^3，近年来海水中的石油类没有明显变化。

在 2006—2008 年的海域调查中，椒江口海域沉积物中有机碳的变化范围为 0.39%～0.65%，平均值为 0.56%，而在《中国海湾志第六分册》中，根据 1989 年的数据测定，该海域有机质为 0.46%～0.66%，平均值为 0.56%，有机质含量未发生明显变化。硫化物的变化范围为 0.4×10^{-6}～165.7×10^{-6}，平均值为 77.3×10^{-6}；油类的变化范围为 57.2×10^{-6}～119.1×10^{-6}，平均值为 89.1×10^{-6}；重金属铜在沉积物中的含量变化范围为 12.57×10^{-6}～33.20×10^{-6}，平均值为 26.77×10^{-6}；铅的含量变化范围为 9.65×10^{-6}～43.89×10^{-6}，平均值为 30.56×10^{-6}；锌的含量变化范围为 103.3×10^{-6}～149.5×10^{-6}，平均值为 124.7×10^{-6}；镉的含量变化范围为 0.10×10^{-6}～0.24×10^{-6}，平均值为 0.14×10^{-6}，近 20 年来沉积物中重金属含量略有上升趋势。

2.4.2 海洋生物与生态

2.4.2.1 叶绿素 a 与初级生产力

1）叶绿素 a 浓度的平面和垂直分布

椒江口海区两个季节大面观测站叶绿素 a 浓度的分布范围为 0.80～7.85 μg/dm^3，大小相差 1 个数量级。最小值与最大值分别出现在秋季 JJ20 站的表层水和春季 JJ15 的表层水。两个季度表层平均叶绿素 a 浓度为（2.46±1.92）μg/dm^3，高于中层平均浓度（1.54±0.70）μg/dm^3 和底层平均浓度（2.32±1.55）μg/dm^3。从区域分布来看，河口区域的叶绿素 a 浓度要大于近海区域和河道内。春季表、底层叶绿素 a 浓度分布见图 2.4－16 和图 2.4－17；秋季表、底层叶绿素 a 浓度分布见图 2.4－18 和图 2.4－19。

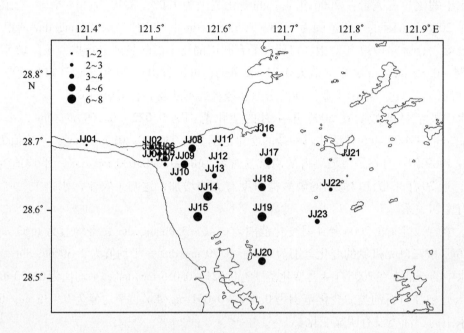

图 2.4 - 16　春季表层叶绿素 a 浓度的平面分布（μg/dm³）

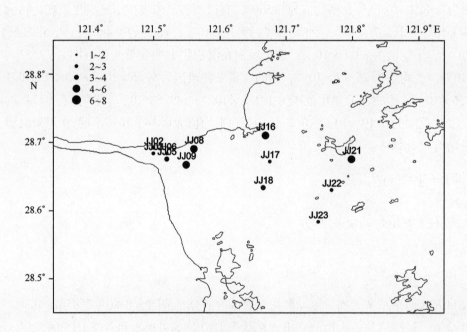

图 2.4 - 17　春季底层叶绿素 a 浓度的平面分布（μg/dm³）

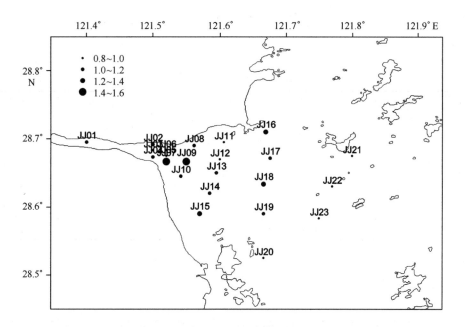

图 2.4 - 18　秋季表层叶绿素 a 浓度的平面分布 （μg/dm³）

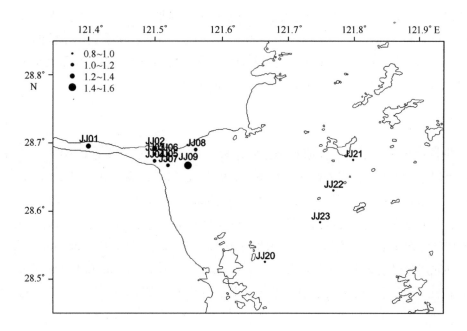

图 2.4 - 19　秋季底层叶绿素 a 浓度的平面分布 （μg/dm³）

2）叶绿素 a 浓度的季节变化

椒江口海域叶绿素 a 浓度季节变化明显，春季显著高于秋季（表 2.4 - 1）。春季表层浓度的分布范围为 1.30 ~ 7.85 μg/dm³，平均值为 3.85 μg/dm³。中层浓度的分布范围为 2.19 ~ 2.74 μg/dm³，平均值为 2.32 μg/dm³。底层浓度的分布范围较表层小，在 2.09 ~ 5.69 μg/dm³，平均值为 3.56 μg/dm³。秋季水温下降，叶绿素 a 浓度明显降低，表层浓度的分布范围为 0.80 ~ 1.55 μg/dm³，平均值为 1.07 μg/dm³。中层浓度的分布范围为 0.88 ~ 1.36 μg/dm³，平均值为 1.07 μg/dm³。底层浓度的分布范围较表层小，在 0.84 ~ 1.50 μg/dm³，平均值为 1.09 μg/dm³。

表 2.4 - 1　椒江口海域叶绿素 a 浓度的季节变化

单位：μg/dm³

季　节	项目	表　层	中　层	底　层	水　柱
春　季	平均值	3.85	2.32	3.56	3.80
	分布范围	1.30 ~ 7.85	2.19 ~ 2.74	2.09 ~ 5.69	1.70 ~ 7.85
秋　季	平均值	1.07	1.07	1.09	1.09
	分布范围	0.80 ~ 1.55	0.88 ~ 1.36	0.85 ~ 1.55	0.84 ~ 1.50
两　季	平均值	2.46	1.70	2.33	2.45
	分布范围	0.80 ~ 7.85	0.88 ~ 2.74	0.85 ~ 5.69	0.84 ~ 7.85

3）初级生产力

由于椒江口未进行初级生产力的现场调查，考虑到三门湾与椒江口邻近，且水体性质相近，透明度也较低，故考虑用三门湾的平均生产力指数和椒江口的表层叶绿素 a 浓度换算成椒江口表层初级生产力。三门湾春、秋季表层水体的平均生产力指数分别为 1.11 [mg/(mg·h)] 和 1.48 [mg/(mg·h)]（叶绿素 a），而椒江口春、秋季表层水体的叶绿素 a 浓度分别为 3.85 μg/dm³ 和 1.07 μg/dm³，两种分别相乘，得到椒江口春、秋季表层水体初级生产力分别为 4.274 mg/(m³·h) 和 1.584 mg/(m³·h)。

4）小结

（1）椒江口海区两个季节大面观测站叶绿素 a 浓度的分布范围为 0.80 ~ 7.85 μg/dm³，两个季度表层平均叶绿素 a 浓度为（2.46 ± 1.92）μg/dm³，高于中层平均浓度（1.54 ± 0.70）μg/dm³ 和底层平均浓度（2.32 ± 1.55）μg/dm³。从区域分布来看，河口区域的叶绿素 a 浓度要大于近海区域和河道内。椒江口海域叶绿素 a 浓度春季显著高于秋季。春季表层、中层和底层叶绿素 a 浓度平均值分别为 3.85 μg/dm³、2.32 μg/dm³ 和 3.56 μg/dm³；秋季表层、中层和底层叶绿素 a 浓度平均值分别为 1.07 μg/dm³、1.07 μg/dm³ 和 1.09 μg/dm³。

（2）椒江口春、秋季表层水体初级生产力估算分别为 4.274 mg/(m³·h) 和 1.584 mg/(m³·h)。

2.4.2.2　浮游植物

1）种类组成

春、秋季椒江口海域共鉴定出浮游植物 30 属 57 种（含变种、变型），其中硅藻门种类数最多，21 属 41 种；甲藻门次之，6 属 13 种；蓝藻、裸藻和绿藻门各 1 属 1 种（表 2.4 - 2）。

春季椒江口共鉴定出浮游植物 48 种（含变种、变型），其中硅藻门最多，20 属 36 种；甲藻门次之，5 属 11 种；裸藻门 1 属 1 种。硅藻中圆筛藻属种类数最多，共有 9 种。甲藻中以角藻属和原多甲藻属种类最多，均为 4 种（表 2.4 - 2）。

秋季调查海域共鉴定出浮游植物28种（含变种、变型），其中硅藻门最多，12属22种；甲藻门次之，4属4种；裸藻和蓝藻门各1属1种。硅藻中以圆筛藻属种类数最多，共有10种（表2.4-2）。

表2.4-2　椒江口调查海域四季浮游植物种类数分布　　　　　　　　　单位：种

类群	春季	秋季	两季
硅藻	36	22	41
甲藻	11	4	13
蓝藻	0	1	1
绿藻	0	1	1
裸藻	1	0	1
总计	48	28	57

2）群落生态类型

近岸低盐类群：其种类多是本区的优势种，出现的种类数和丰度均较高，代表种类有中肋骨条藻、琼氏圆筛藻、洛氏角毛藻、纺锤角藻和三角角藻等，其他种类还有中华盒形藻、布氏双尾藻和尖刺伪菱形藻等。

外海高盐类群：各种在本区的丰度和出现频率均较低，代表种类有三叉角藻和叉角藻。

海洋广布性类群：在本区中的比例仅次于近岸低盐类群，主要代表种有辐射圆筛藻、星脐圆筛藻、中心圆筛藻和悬垂角毛藻等。

3）细胞丰度

（1）浮游植物网样

网采浮游植物春季平均细胞密度为（$15\ 856.30 \pm 425.64$）$\times 10^3$个/m^3，其中JJ18站细胞密度最低（$1\ 700.00 \times 10^3$个/m^3），JJ08站细胞密度最高（$209\ 046.00 \times 10^3$个/m^3），丰度高值区集中在椒江口内和口门处，低值区位于外侧海域（图2.4-20）；秋季平均细胞密度为（$19\ 668.39 \pm 14\ 112.56$）$\times 10^3$个/$m^3$，其中JJ08站细胞密度最低（$7\ 745.00 \times 10^3$个/$m^3$），JJ19站细胞密度最高（$67\ 376.00 \times 10^3$个/$m^3$），丰度高值区集中在JJ16～JJ19站断面（图2.4-21）。

（2）浮游植物水样

①表层

浮游植物表层水样春季平均细胞密度为（204.66 ± 745.47）$\times 10^3$个/dm^3，其中JJ20站细胞密度最低（6.40×10^3个/dm^3），JJ10站细胞密度最高（$3\ 613.60 \times 10^3$个/dm^3），丰度高值区位于椒江口门外向南一侧海域（图2.4-22）；秋季平均细胞密度为（29.04 ± 39.70）$\times 10^3$个/dm^3，其中JJ18站和JJ20站细胞密度最低（均为5.60×10^3个/dm^3），JJ01站细胞密度最高（151.20×10^3个/dm^3），丰度高值区位于椒江口内、口门处及JJ16站附近海域（图2.4-23）。

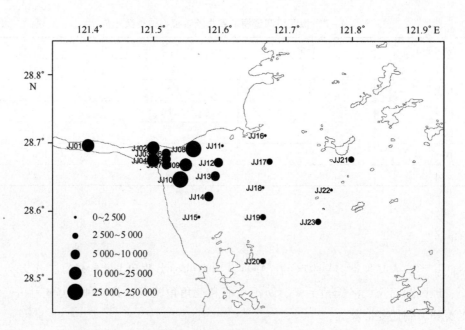

图 2.4 - 20　春季椒江口网采浮游植物的丰度分布（×10³ 个/m³）

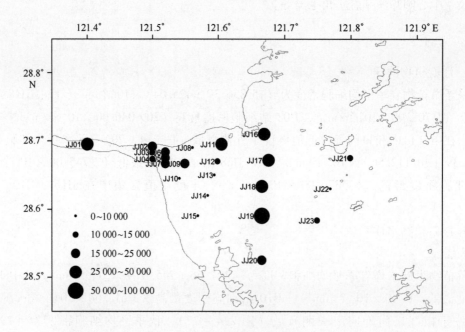

图 2.4 - 21　秋季椒江口网采浮游植物的丰度分布（×10³ 个/m³）

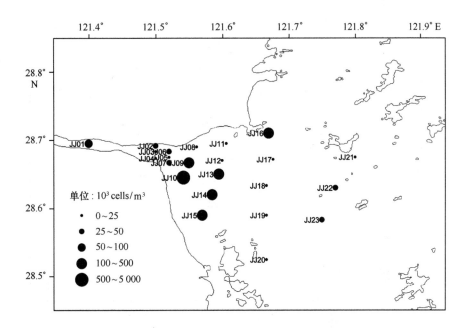

图 2.4 - 22　春季椒江口表层水体浮游植物的丰度分布（×10³ 个/dm³）

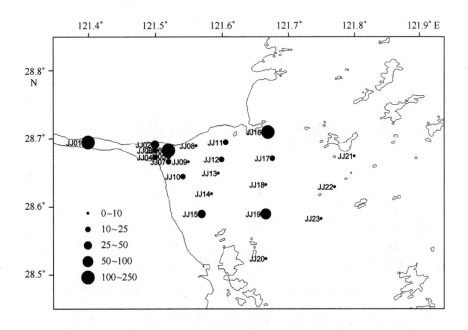

图 2.4 - 23　秋季椒江口表层水体浮游植物的丰度分布（×10³ 个/dm³）

②底层

浮游植物底层水样春季平均细胞密度为（21.80 ± 17.74）×10³个/dm³，其中 JJ21 站细胞密度最低（均为 6.40 ×10³个/dm³），JJ16 站细胞密度最高（67.20 ×10³个/dm³），丰度高值区位于 JJ01 和 JJ16 站位附近海域（图 2.4 - 24）；秋季平均细胞密度为（29.39 ± 44.86）×10³个/dm³，其中 JJ20 ~ JJ23 站细胞密度最低（均为 4.80 ×10³个/dm³），JJ16 站细胞密度最高（135.20 ×10³个/dm³），丰度高值区位于椒江口内及口门处（图 2.4 - 25）。

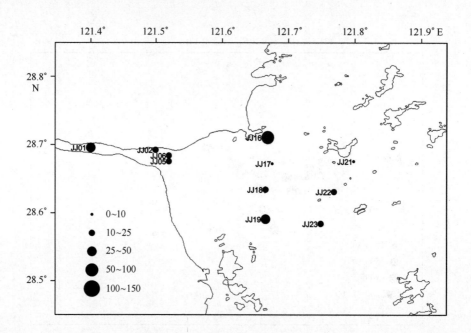

图 2.4 – 24　春季椒江口底层水体浮游植物的丰度分布（×10³ 个/dm³）

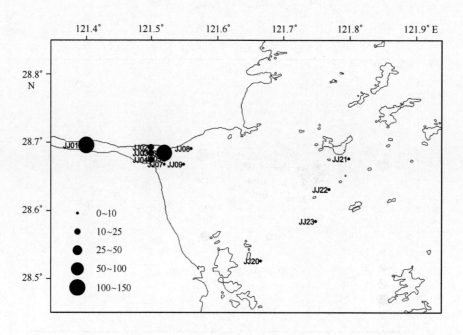

图 2.4 – 25　秋季椒江口底层水体浮游植物的丰度分布（×10³ 个/dm³）

4）优势种及其数量分布

（1）网样

椒江口网采浮游植物优势种春、秋季（优势度 $Y \geqslant 0.02$）有星脐圆筛藻、中心圆筛藻、琼氏圆筛藻、虹彩圆筛藻、辐射圆筛藻和中肋骨条藻共6种（表2.4 – 3）。

表2.4-3 椒江口春、秋季浮游植物网样优势种的优势度（Y）和出现频率（%）

优势种	春季		秋季	
	优势度	出现频率	优势度	出现频率
星脐圆筛藻	0.07	100	0.22	100
中心圆筛藻	–	–	0.03	91
琼氏圆筛藻	0.12	100	0.25	100
虹彩圆筛藻	0.12	100	0.35	100
辐射圆筛藻	–	–	0.11	100
中肋骨条藻	0.24	39	0.04	70

①春季

椒江口网采浮游植物春季优势种有星脐圆筛藻、琼氏圆筛藻、虹彩圆筛藻和中肋骨条藻4种（表2.4-3）。其中，中肋骨条藻为第1优势种，优势度达0.24；琼氏圆筛藻次之，优势度为0.12；虹彩圆筛藻其次，优势度为0.12；星脐圆筛藻优势度最低，仅为0.07。除中肋骨条藻在调查海域各站位的出现频率为39%外，其余各优势种在各站位均有分布。

星脐圆筛藻的平均细胞密度为（1 062.83 ± 1 291.24）×10³个/dm³，从图2.4-26可知，细胞数量高值区集中于椒江口口门处（JJ08～JJ14站），低值区位于外侧海域（JJ16～JJ23站）；琼氏圆筛藻的平均细胞密度为（1 965.74 ± 2 720.52）×10³个/dm³。从图2.4-27可知，细胞数量高值区集中于椒江口口门处（JJ08～JJ10站）；虹彩圆筛藻的平均细胞密度为（1 843.43 ± 2 666.03）×10³个/dm³。从图2.4-28可知，细胞数量高值区集中于椒江口口门处（JJ02～JJ10站），低值区位于外侧海域（JJ16～JJ23站）；中肋骨条藻的平均细胞密度为（9 587.17 ± 37 667.83）×10³个/dm³。从图2.4-29可知，细胞数量高值区集中于椒江口内及口门处（JJ01～JJ10站），低值区位于外侧海域（JJ11～JJ23站）。

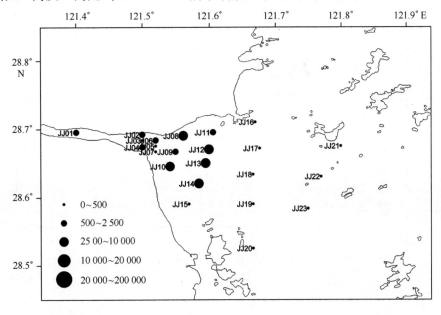

图2.4-26 椒江口春季网样优势种星脐圆筛藻的丰度分布（×10³个/m³）

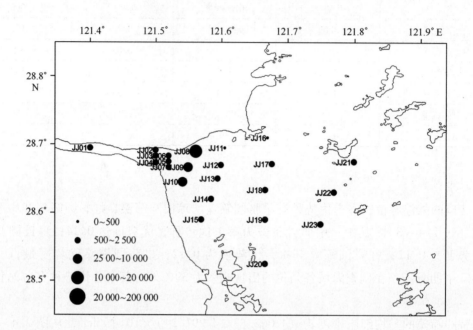

图2.4－27　椒江口春季网样优势种琼氏圆筛藻的丰度分布（×10³ 个/m³）

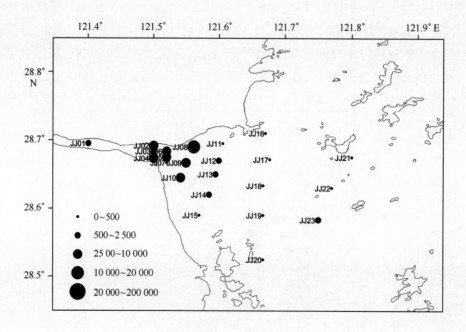

图2.4－28　椒江口春季网样优势种虹彩圆筛藻的丰度分布（×10³ 个/m³）

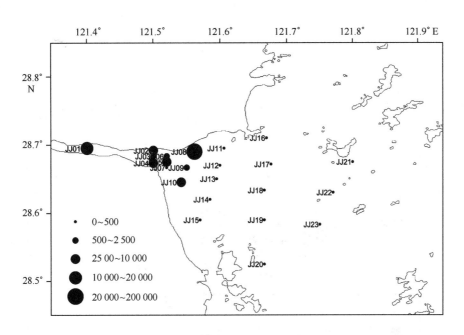

图 2.4 – 29　椒江口春季网样优势种中肋骨条藻的丰度分布（$\times 10^3$ 个/m^3）

②秋季

秋季调查海域网采浮游植物优势种有星脐圆筛藻、中心圆筛藻、琼氏圆筛藻、虹彩圆筛藻、辐射圆筛藻和中肋骨条藻共 6 种（表 2.4 – 3）。其中，虹彩圆筛藻为第 1 优势种，优势度达 0.35；琼氏圆筛藻次之，优势度为 0.25；星脐圆筛藻再次，优势度为 0.22；中心圆筛藻优势度最低，仅为 0.03。除中心圆筛藻和中肋骨条藻在调查海域各站位的出现频率分别为 91% 和 70% 外，其余各优势种在各站位均有分布。

星脐圆筛藻的平均细胞密度为（4 272.17 ± 3 151.97）$\times 10^3$ 个/dm^3，细胞数量高值区集中于椒江口内、口门处及 JJ16 ~ JJ20 站断面（图 2.4 – 30），低值区位于外侧海域（JJ21 ~ JJ23 站）；中心圆筛藻的平均细胞密度为（734.52 ± 1 005.12）$\times 10^3$ 个/dm^3，细胞数量高值区集中于口门处及 JJ17 ~ JJ20 站断面（图 2.4 – 31）；琼氏圆筛藻的平均细胞密度为（4 281.22 ± 3 580.79）$\times 10^3$ 个/dm^3，细胞数量高值区集中于 JJ176 ~ JJ19 站（图 2.4 – 32）；虹彩圆筛藻的平均细胞密度为（6 840.87 ± 6 359.82）$\times 10^3$ 个/dm^3，细胞数量低值区位于最外侧的 JJ21 ~ JJ23 站断面（图 2.4 – 33）；辐射圆筛藻的平均细胞密度为（2 144.17 ± 1 587.96）$\times 10^3$ 个/dm^3，细胞数量高值区位于椒江口内（JJ01 站）、口门处（JJ05 ~ JJ07 站）及 JJ17 ~ JJ19 站断面（图 2.4 – 34）；中肋骨条藻的平均细胞密度为（710.22 ± 1 360.67）$\times 10^3$ 个/dm^3，细胞数量高值区集中于 JJ16 站和 JJ19 站附近（图 2.4 – 35）。

（2）水样

①表层

椒江口表层水体浮游植物优势种两季共出现星脐圆筛藻、琼氏圆筛藻、虹彩圆筛藻、辐射圆筛藻和中肋骨条藻 5 种（表 2.4 – 4）。

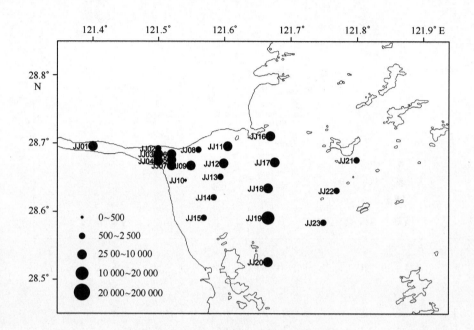

图 2.4 - 30　椒江口秋季网样优势种星脐圆筛藻的丰度分布（×10³ 个/m³）

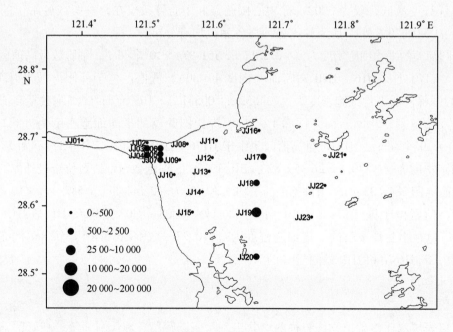

图 2.4 - 31　椒江口秋季网样优势种中心圆筛藻的丰度分布（×10³ 个/m³）

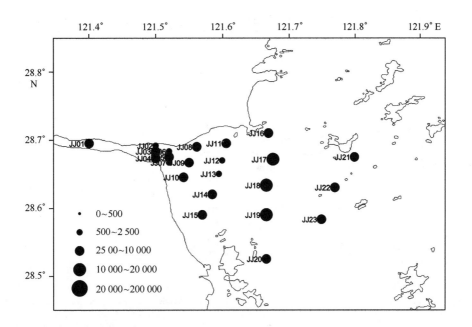

图 2.4 - 32 椒江口秋季网样优势种琼氏圆筛藻的丰度分布（×10³ 个/m³）

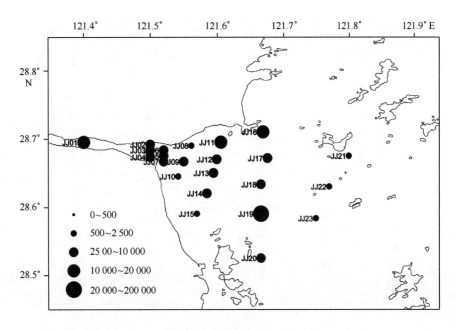

图 2.4 - 33 椒江口秋季网样优势种虹彩圆筛藻的丰度分布（×10³ 个/m³）

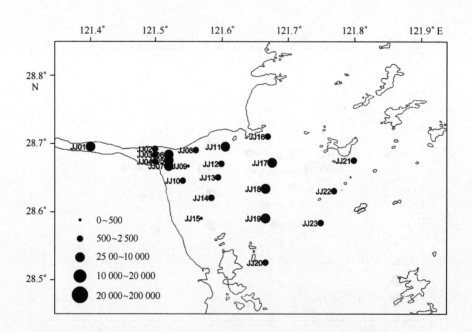

图 2.4 - 34　椒江口秋季网样优势种辐射圆筛藻的丰度分布（×10³ 个/m³）

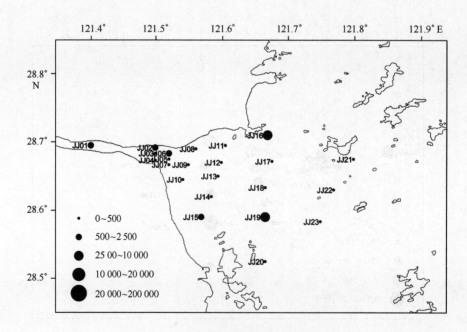

图 2.4 - 35　椒江口秋季网样优势种中肋骨条藻的丰度分布（×10³ 个/m³）

表 2.4－4　椒江口春、秋季表层水体浮游植物优势种的优势度（Y）和出现频率（％）

优势种	春季		秋季	
	优势度	出现频率	优势度	出现频率
星脐圆筛藻	—	—	0.04	96
琼氏圆筛藻	—	—	0.07	100
虹彩圆筛藻	—	—	0.09	100
辐射圆筛藻	—	—	0.04	100
中肋骨条藻	0.55	61	0.55	74

春季

春季表层水体浮游植物优势种仅有中肋骨条藻 1 种，且为绝对优势种，其优势度高达 0.55，出现频率为 61％。中肋骨条藻的平均细胞密度为（185.25 ± 191.22）× 10^3 个/dm^3，细胞数量高值区集中于椒江口内和椒江口口门附近，低值区位于外侧海域（图 2.4－36）。

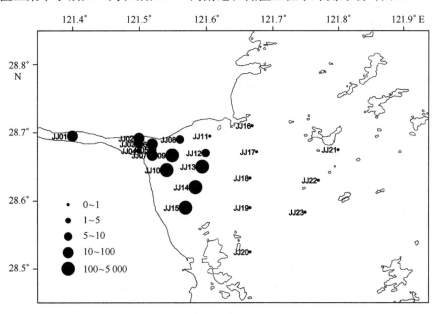

图 2.4－36　椒江口春季表层水样优势种中肋骨条藻的丰度分布（× 10^3 个/dm^3）

秋季

秋季表层水体浮游植物优势种有星脐圆筛藻、琼氏圆筛藻、虹彩圆筛藻、辐射圆筛藻和中肋骨条藻 5 种。其中，中肋骨条藻仍为该海域的绝对优势种，优势度达 0.55；虹彩圆筛藻次之，优势度为 0.09；辐射圆筛藻优势度最低，仅为 0.04。除星脐圆筛藻和中肋骨条藻在调查海域各站位的出现频率分别为 96％和 74％外，其余优势种在各站位均有分布。

星脐圆筛藻的平均细胞密度为（1.22 ± 0.76）× 10^3 个/dm^3，细胞数量高值区集中于椒江口内和椒江口口门附近，低值区位于外侧海域（图 2.4－37）；琼氏圆筛藻的平均细胞密度为（1.91 ± 0.63）× 10^3 个/dm^3，细胞数量分布较均匀（图 2.4－38）；虹彩圆筛藻的平均细胞密度为（2.57 ± 1.72）× 10^3 个/dm^3，细胞数量分布较均匀（图 2.4－39）；辐射圆筛藻的平均细胞密度为（1.11 ± 0.79）× 10^3 个/dm^3，细胞数量高值区位于椒江口口门处（图 2.4－40）；中肋骨条藻的平均细胞密度为（21.70±39.16）×10³个/dm³，细胞数量高值区位于椒江口内及口门处（图2.4－41）。

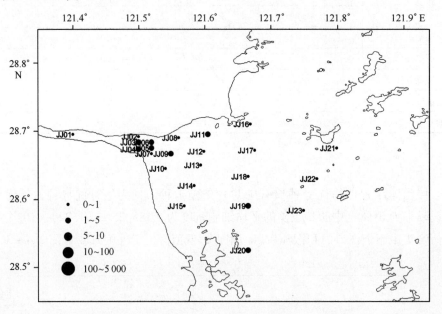

图2.4－37　椒江口秋季表层水样优势种星脐圆筛藻的丰度分布（×10³ 个/dm³）

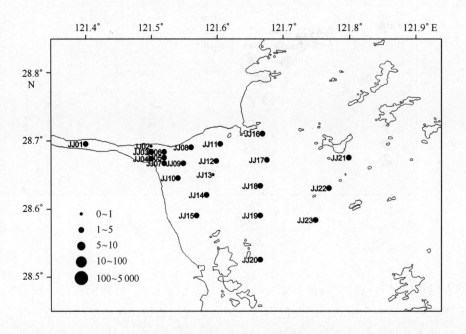

图2.4－38　椒江口秋季表层水样优势种琼氏圆筛藻的丰度分布（×10³ 个/dm³）

②底层

春、秋季底层水体浮游植物优势种共有星脐圆筛藻、琼氏圆筛藻、虹彩圆筛藻、辐射圆筛藻、弯菱形藻、中肋骨条藻、海链藻、裸甲藻和原多甲藻孢囊9种（表2.4－5）。

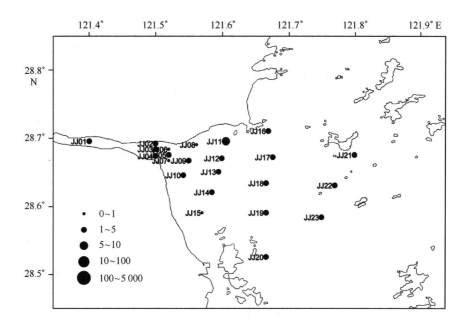

图 2.4 – 39　椒江口秋季表层水样优势种虹彩圆筛藻的丰度分布（×10³ 个/dm³）

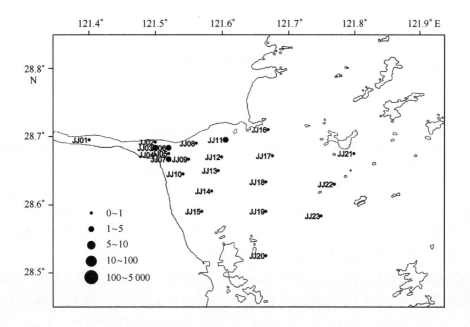

图 2.4 – 40　椒江口秋季表层水样优势种辐射圆筛藻的丰度分布（×10³ 个/dm³）

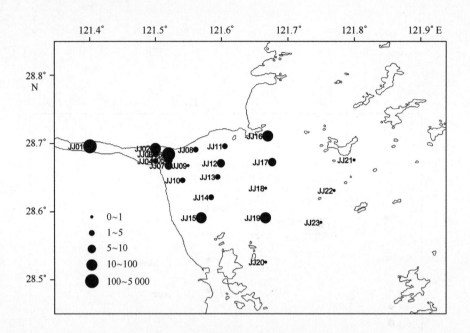

图 2.4 - 41　椒江口秋季表层水样优势种中肋骨条藻的丰度分布（×10³ 个/dm³）

表 2.4 - 5　椒江口调查海域春、秋季底层水体浮游植物优势种的优势度（Y）和出现频率（%）

优势种	春季		秋季	
	优势度	出现频率	优势度	出现频率
星脐圆筛藻	—	—	0.04	92
琼氏圆筛藻	—	—	0.04	92
虹彩圆筛藻	—	—	0.05	100
辐射圆筛藻	—	—	0.05	100
弯菱形藻	0.10	91	—	—
中肋骨条藻	0.11	36	0.48	62
海链藻	0.13	73	—	—
裸甲藻	0.04	73	—	—
原多甲藻孢囊	0.06	55	—	—

春季

春季底层水体浮游植物优势种有弯菱形藻、中肋骨条藻、海链藻、裸甲藻和原多甲藻孢囊 5 种。其中，海链藻优势度最高，为 0.13；中肋骨条藻次之，为 0.11；弯菱形藻居第三位，优势度为 0.10；裸甲藻优势度最低，仅为 0.04。

弯菱形藻的平均细胞密度为（2.45 ± 4.54）×10³ 个/dm³，细胞数量高值区位于椒江口外侧海域（图 2.4 - 42）；中肋骨条藻的平均细胞密度为（6.62 ± 11.39）×10³ 个/dm³，细胞数量高值区位于椒江口内及口门处（图 2.4 - 43）；海链藻的平均细胞密度为（4.00 ± 7.05）×10³ 个/dm³，细胞数量高值区位于椒江口外侧海域（图 2.4 - 44）；裸甲藻的平均细胞密度为（1.16 ± 1.36）×10³ 个/dm³，细胞数量高值区位于椒江口外侧的南部海域（图 2.4 - 45）；原多甲藻孢囊的平均细胞密度为（2.25 ± 3.05）×10³ 个/dm³，细胞数量高值区位于椒江口外侧海域（图 2.4 - 46）。

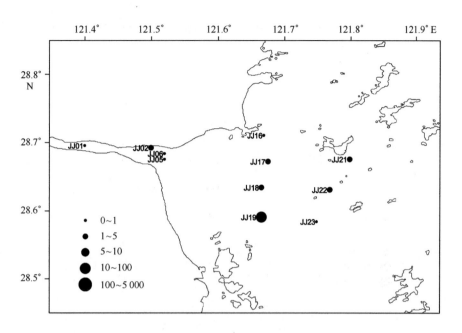

图 2.4 - 42 椒江口春季底层水样优势种弯菱形藻的丰度分布（×10³ 个/dm³）

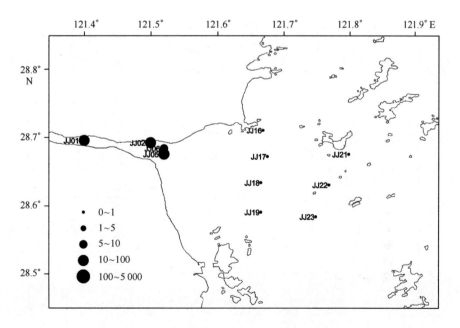

图 2.4 - 43 椒江口春季底层水样优势种中肋骨条藻的丰度分布（×10³ 个/dm³）

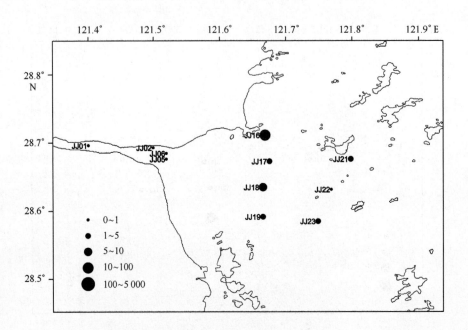

图 2.4 - 44　椒江口春季底层水样优势种海链藻的丰度分布（×10³ 个/dm³）

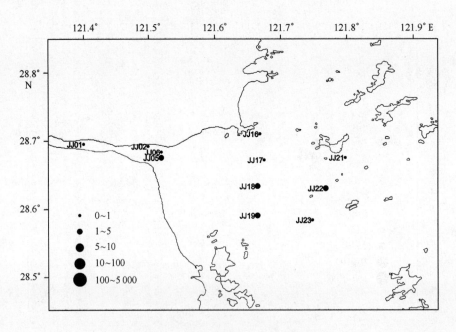

图 2.4 - 45　椒江口春季底层水样优势种裸甲藻的丰度分布（×10³ 个/dm³）

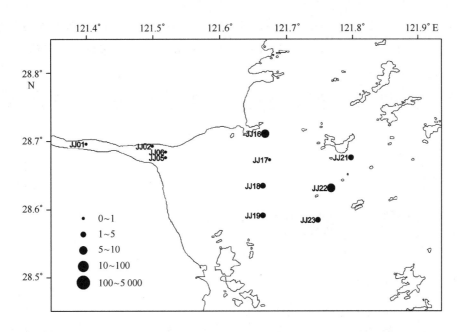

图 2.4 - 46　椒江口春季底层水样优势种原多甲藻孢囊的丰度分布（×10³ 个/dm³）

秋季

秋季底层水体浮游植物优势种有星脐圆筛藻、琼氏圆筛藻、虹彩圆筛藻、辐射圆筛藻和中肋骨条藻 5 种。其中，中肋骨条藻为绝对优势种，优势度高达 0.48；虹彩圆筛藻和辐射圆筛藻其次，优势度为 0.05；星脐圆筛藻优势度最低，仅为 0.04。

星脐圆筛藻的平均细胞密度为 （1.11 ± 0.50）×10³ 个/dm³，细胞数量高值区位于椒江口口门处 （图 2.4 - 47）；琼氏圆筛藻的平均细胞密度为 （1.29 ± 0.67）×10³ 个/dm³，细胞数量高值区位于椒江口内及口门处 （图 2.4 - 48）；虹彩圆筛藻的平均细胞密度为 （1.45 ± 0.79）×10³ 个/dm³，细胞数量高值区位于椒江口内及口门处 （图 2.4 - 49）；辐射圆筛藻的平均细胞

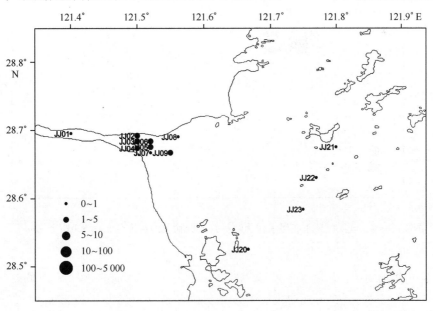

图 2.4 - 47　椒江口秋季底层水样优势种星脐圆筛藻的丰度分布（×10³ 个/dm³）

265

密度为（1.43 ± 0.89）× 10^3 个/dm^3，细胞数量高值区位于椒江口口门处及外侧海域（图 2.4 -
50）；中肋骨条藻的平均细胞密度为（23.11 ± 44.56）× 10^3 个/dm^3，细胞数量高值区位于椒江
口内及口门处（图 2.4 - 51）。

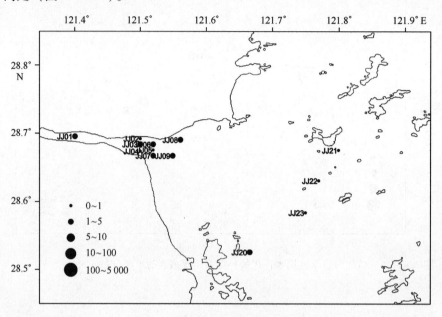

图 2.4 - 48　椒江口秋季底层水样优势种琼氏圆筛藻的丰度分布（× 10^3 个/dm^3）

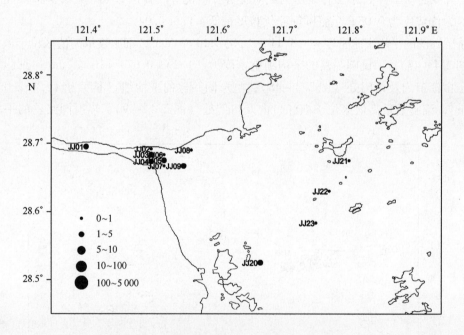

图 2.4 - 49　椒江口秋季底层水样优势种虹彩圆筛藻的丰度分布（× 10^3 个/dm^3）

5）多样性指数

（1）浮游植物网样

网采浮游植物 Shannon-Wiener 多样性指数春季平均为 1.48 ± 0.39，JJ08 站最低（0.54），

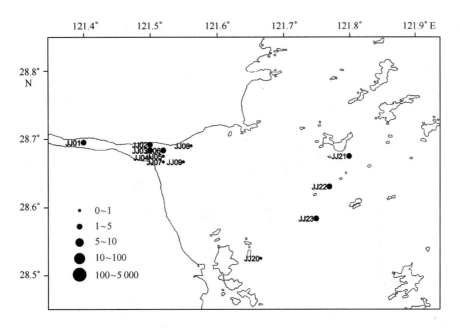

图 2.4 – 50　椒江口秋季底层水样优势种辐射圆筛藻的丰度分布（×10³ 个/dm³）

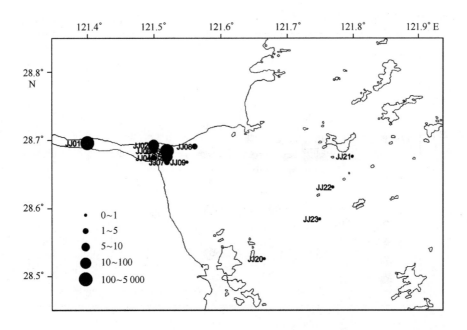

图 2.4 – 51　椒江口秋季底层水样优势种中肋骨条藻的丰度分布（×10³ 个/dm³）

JJ10 站最高（2.02），高值区位于近口门向南一侧及椒江口外侧海域（图 2.4 – 52）；秋季平均为 1.43 ±0.10，JJ09 站最低（1.27），JJ06 站和 JJ19 站最高（1.63），高值区位于椒江口口门及椒江口外侧向南海域（图 2.4 – 53）。

（2）浮游植物水样

①表层

表层水样浮游植物 Shannon-Wiener 多样性指数春季平均为 0.91 ±0.56，JJ10 站最低（0.03），JJ16 站最高（2.07），高值区位于 JJ11 站和 JJ16 ~ JJ19 站附近海域（图 2.4 – 54）；

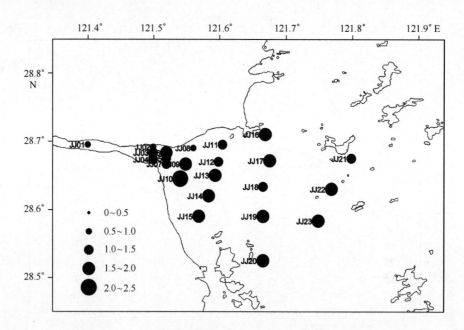

图 2.4 - 52　春季网采浮游植物 Shannon-Wiener 多样性指数分布

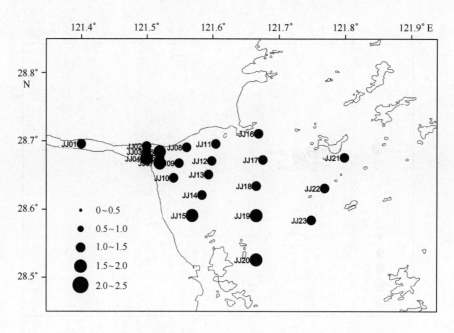

图 2.4 - 53　秋季网采浮游植物 Shannon-Wiener 多样性指数分布

秋季平均为 1.16 ± 0.42，JJ01 站最低 (0.27)，JJ03 站最高 (1.66)，高值区位于椒江口口门处 (图 2.4 - 55)。

②底层

底层水样浮游植物 Shannon-Wiener 多样性指数春季平均为 1.11 ± 0.41，JJ01 站最低 (0.46)，JJ16 站最高 (1.59)，高值区位于椒江口外向北侧海域 (图 2.4 - 56)；秋季平均为 1.26 ± 0.49，JJ01 站最低 (0.27)，JJ03 站最高 (1.81)，高值区位于椒江口口门处及口门外向南侧海域 (图 2.4 - 57)。

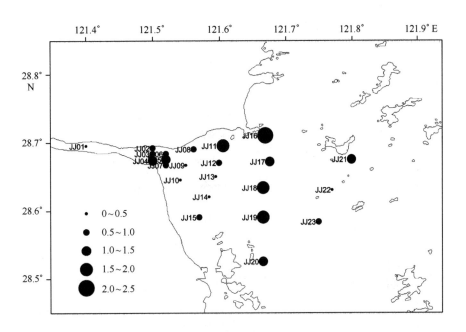

图 2.4 – 54　春季表层水体浮游植物 Shannon-Wiener
多样性指数分布

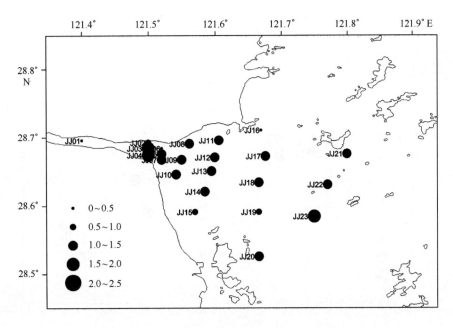

图 2.4 – 55　秋季表层水体浮游植物 Shannon-Wiener
多样性指数分布

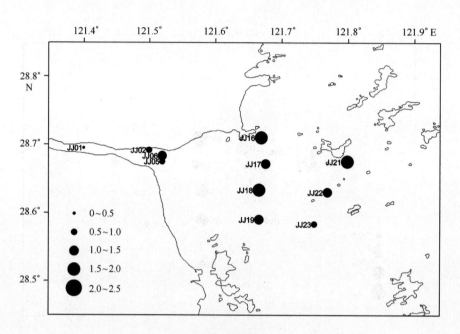

图 2.4 - 56　春季底层水体浮游植物 Shannon-Wiener
多样性指数分布

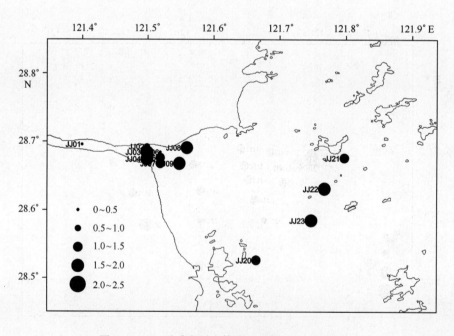

图 2.4 - 57　秋季底层水体浮游植物 Shannon-Wiener
多样性指数分布

6）均匀度指数

（1）网采浮游植物

网采浮游植物均匀度指数春季平均为 0.62 ± 0.13，JJ08 站最低（0.25），JJ10 站最高（0.81），从图 2.4 – 58 可知，除个别站位外，其余站位普遍较高；秋季平均为 0.69 ± 0.07，JJ09 站最低（0.58），JJ15 站最高（0.84），从图 2.4 – 59 可知，除个别站位外，其余站位也普遍较高。

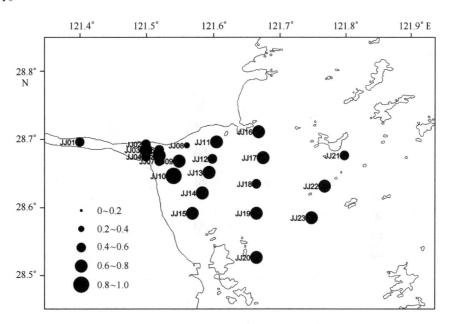

图 2.4 – 58　春季网采浮游植物均匀度指数分布

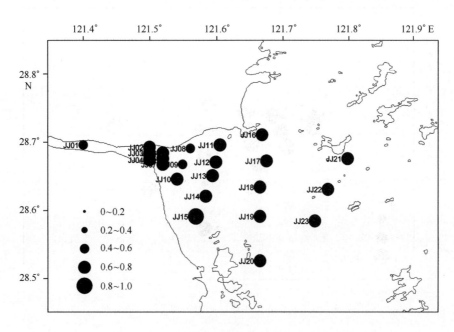

图 2.4 – 59　秋季网采浮游植物均匀度指数分布

（2）水采浮游植物

①表层

表层水样浮游植物均匀度指数春季平均为 0.57±0.30，JJ14 站最低（0.11），JJ19 站最高（0.95），从图 2.4-60 可知，除椒江口口门内及近椒江口口门向南一侧海域较低外，其他调查海域均较高；秋季平均为 0.73±0.27，JJ01 站最低（0.14），JJ23 站最高（0.95），从图 2.4-61 可知，除椒江口口门内及 JJ15、JJ16 和 JJ19 站较低外，其他调查海域均较高。

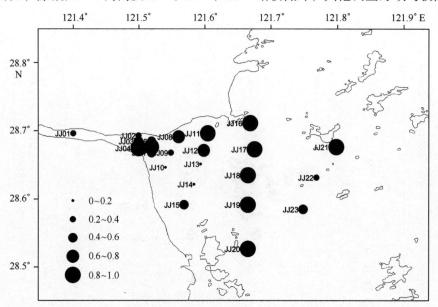

图 2.4-60　春季表层水体浮游植物均匀度指数分布

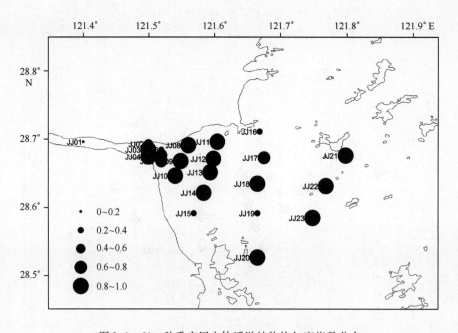

图 2.4-61　秋季表层水体浮游植物均匀度指数分布

②底层

底层水样浮游植物均匀度指数春季平均为 0.69 ± 0.22，JJ01 站最低（0.26），JJ21 站最高（0.97），从图 2.4 – 62 可知，除椒江口口门内较低外，其他调查海域均较高；秋季平均为 0.73 ± 0.27，JJ01 站最低（0.15），JJ22 站和 JJ23 站最高（均为 0.97），从图 2.4 – 63 可知，除椒江口口门内较低外，其他调查海域均较高。

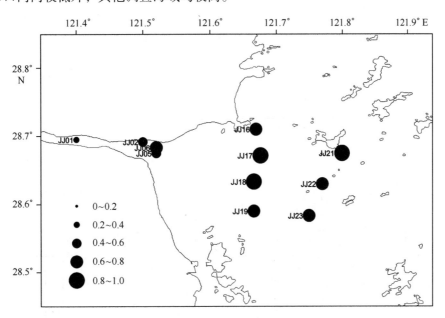

图 2.4 – 62　春季底层水体浮游植物均匀度指数分布

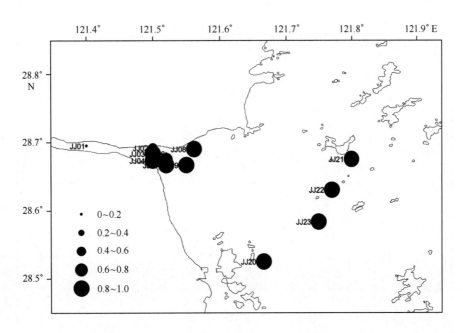

图 2.4 – 63　春季底层水体浮游植物均匀度指数分布

7) 聚类分析和多维尺度分析

春季网样浮游植物聚类分析（图2.4-64）和多维尺度分析（MDS）（图2.4-65）结果表明：不同站位浮游植物种类总体相似度较高，除相距较远（相似度较低）的JJ07站外，其余站位分为3个区，Ⅰ区（包括JJ16、JJ17、JJ18、JJ19、JJ15、JJ22、JJ23、JJ20和JJ21等站，位于椒江口外侧海域东部）、Ⅱ区（包括JJ11、JJ12、JJ13、JJ14、JJ10、JJ06和JJ09等站，主要位于调查区域中部）和Ⅲ区（包括JJ08、JJ01、JJ04、JJ05、JJ02和JJ13等站，位于椒江口内及口门处）。

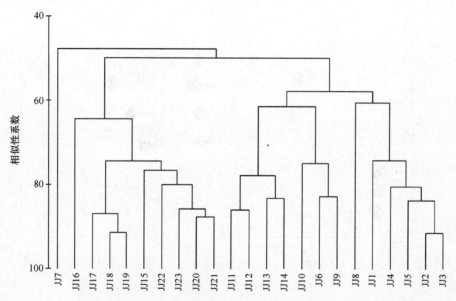

图2.4-64 春季网样浮游植物的聚类分析

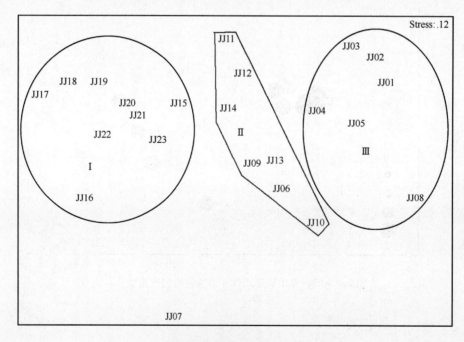

图2.4-65 春季网样浮游植物的多维尺度分析

秋季网样浮游植物聚类分析（图2.4-66）和多维尺度分析（MDS）（图2.4-67）结果表明：不同站位浮游植物种类总体相似度较高，分为4个区，Ⅰ区（包括 JJ01 和 JJ02 站，位于椒江口内）、Ⅱ区（包括 JJ20、JJ17、JJ18、JJ19、JJ11 和 JJ16 等站，位于调查海域中部）、Ⅲ区（包括 JJ08、JJ06、JJ03、JJ04、JJ05、JJ07、JJ15、JJ12、JJ13 和 JJ14 等站，主要位于近椒江口口门处及近口门处海域）和Ⅳ区（包括 JJ09、JJ10、JJ23、JJ21 和 JJ22 等站，主要位于椒江口及椒江口外东侧海域）。

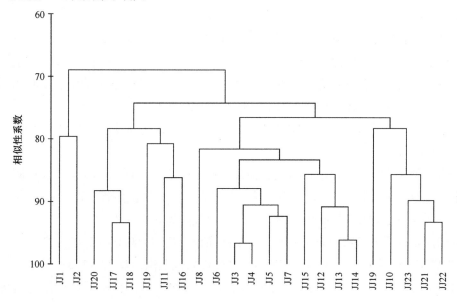

图2.4-66　秋季网样浮游植物的聚类分析

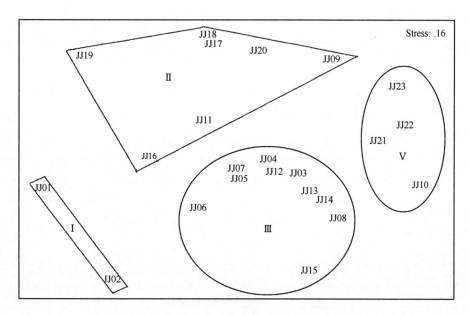

图2.4-67　秋季网样浮游植物的多维尺度分析

8）小结

（1）椒江口海域共鉴定出浮游植物 30 属 57 种（含变种、变型），春季 48 种，秋季

28 种。

（2）网采浮游植物春季平均细胞密度为 15 856.30 × 10³ 个/m³，丰度高值区集中在椒江口内和口门处，低值区位于外侧海域；秋季平均细胞密度为 19 668.39 × 10³ 个/m³，丰度高值区集中于口门处。

（3）浮游植物表层水样春季平均细胞密度为 204.66 × 10³ 个/dm³，丰度高值区位于椒江口门外向南一侧海域；秋季平均细胞密度为 29.04 × 10³ 个/dm³，丰度高值区位于椒江口内、口门处及北岸口门处。

（4）浮游植物底层水样春季平均细胞密度为 21.80 × 10³ 个/dm³，丰度高值区位于河道和口门处；秋季平均细胞密度为 29.39 × 10³ 个/dm³，丰度高值区位于椒江口内及口门处。

（5）网采浮游植物优势种春、秋季（优势度 $Y \geqslant 0.02$）有星脐圆筛藻、中心圆筛藻、琼氏圆筛藻、虹彩圆筛藻、辐射圆筛藻和中肋骨条藻6种。

（6）椒江口表层水体浮游植物优势种两季共出现星脐圆筛藻、琼氏圆筛藻、虹彩圆筛藻、辐射圆筛藻和中肋骨条藻5种。

（7）春、秋季底层水体浮游植物优势种共有星脐圆筛藻、琼氏圆筛藻、虹彩圆筛藻、辐射圆筛藻、弯菱形藻、中肋骨条藻、海链藻、裸甲藻和原多甲藻孢囊9种。

（8）网采浮游植物 Shannon-Wiener 多样性指数范围为 0.54 ~ 2.02。

（9）表层水样浮游植物 Shannon-Wiener 多样性指数范围为 0.03 ~ 2.07。

（10）底层水样浮游植物 Shannon-Wiener 多样性指数范围为 0.27 ~ 1.81。

（11）网样浮游植物聚类分析和多维尺度分析（MDS）表明：不同站位浮游植物种类总体相似度较高。

2.4.2.3 浮游动物

1）种类组成与分布

椒江口春秋两季共鉴定出浮游动物 106 种，分属于 16 大类，其中，桡足类种类最多，其次为浮游幼体，再次为水螅水母类（表2.4-6）。

表 2.4-6 椒江口春、秋季浮游动物种类组成

类群	种类数		
	春季	秋季	总计
水螅水母类（Hydromedusae）	6	6	12
管水母类（Siphonophora）	2	1	3
栉水母类（Ctenophora）	2	1	2
毛颚类（Chaetognatha）	4	5	6
桡足类（Copepoda）	13	30	39
涟虫类（Cumacea）	1	0	1
枝角类（Cladocera）	3	1	3
糠虾类（Mysidacea）	1	3	4
磷虾类（Euphausiacea）	1	3	3

类群	种类数		
	春季	秋季	总计
十足类（Decapoda）	1	3	4
等足类（Isopod）	0	1	1
端足类（Amphipoda）	1	2	2
被囊动物（Tunicata）	3	2	3
多毛类（Polychaeta）	0	1	1
软体动物（Mollusca）	2	0	2
浮游幼体（Pelagic larva）	10	14	20
合计	50	73	106

2）优势种

椒江口 5 月的浮游动物优势种只有卡玛拉水母（*Malagazzia carolinae*），丰度高，占浮游动物总丰度的 83.13%；10 月的浮游动物种类较多，丰度低且均匀，优势种有 6 种，它们的丰度仅占浮游动物总丰度的 62.47%（表 2.4 – 7）。

表 2.4 – 7　椒江口春、秋季浮游动物优势种的优势度及平均丰度

季节	优势种	优势度（Y）	平均丰度/（个/m³）	占浮游动物总丰度的百分比/%
春季	卡玛拉水母（*Malagazzia carolinae*）	0.72	1 449.43	83.13%
秋季	双生水母（*Diphyes chamissonis*）	0.07	4.22	62.47
	百陶箭虫（*Sagitta bedoti*）	0.15	5.17	
	肥胖箭虫（*Sagitta enflata*）	0.03	2.79	
	亚强真哲水蚤（*Eucalanus subcrassus*）	0.06	3.67	
	微刺哲水蚤（*Canthocalanus pauper*）	0.04	2.15	
	中华胸刺水蚤（*Centropages sinensis*）	0.03	1.96	

3）丰度与生物量

春季浮游动物的丰度范围为 9.7 ~ 25 575.00 个/m³，均值为 1 743.54 个/m³；秋季浮游动物的丰度范围为 3.57 ~ 88.43 个/m³，均值为 31.94 个/m³。春季浮游动物的生物量范围是 47.2 ~ 5 562.70 mg/m³，均值为 972.66 mg/m³；秋季浮游动物的生物量范围是 6.0 ~ 171.9 mg/m³，均值为 65.30 mg/m³（图 2.4 – 68 至图 2.4 – 71）。

4）生物多样性指数

椒江口浮游动物生物多样性指数见表 2.4 – 8，香农 – 韦纳指数、辛普森指数平均值秋季略高于春季，均匀度指数平均值秋季较高，种类丰度平均值春季较秋季高。

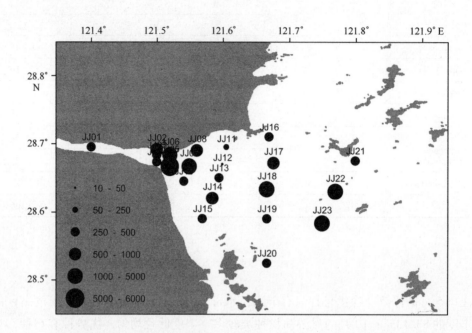

图 2.4 – 68　春季椒江口浮游动物生物量的平面分布（mg/m³）

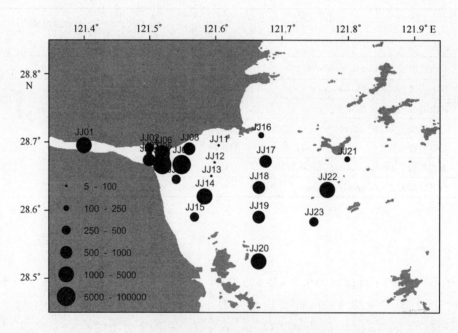

图 2.4 – 69　春季椒江口浮游动物密度的平面分布（个/m³）

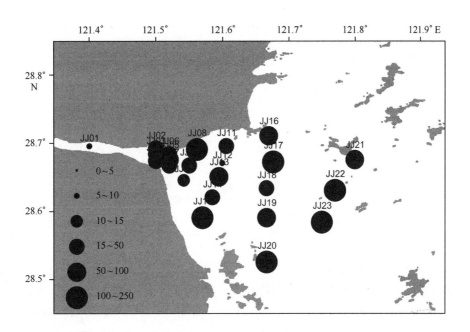

图 2.4 – 70　秋季椒江口浮游动物生物量的平面分布（mg/m³）

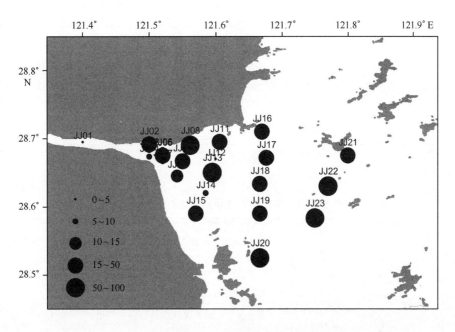

图 2.4 – 71　秋季椒江口浮游动物密度的平面分布（个/m³）

表 2.4 - 8　椒江口春、秋季浮游动物的多样性指数

季节	生物多样性指数	范围	均值
春季	香农 - 韦纳指数（Shannon-Wiener）	0.123 ~ 2.600	1.271
	辛普森指数（Simpson's DIVersity）	1.044 ~ 9.691	3.153
	均匀度指数（Evenness）	0.045 ~ 0.931	0.520
	种类丰度（Richness）	5 ~ 28	13
秋季	香农 - 韦纳指数（Shannon-Wiener）	0.898 ~ 2.691	1.792
	辛普森指数（Simpson's DIVersity）	2.279 ~ 9.998	5.428
	均匀度指数（Evenness）	0.738 ~ 1	0.883
	种类丰度（Richness）	3 ~ 29	10

5）浮游动物群落与环境因子的典范对应分析（CCA）

对春季和秋季各站位浮游动物群落与环境因子进行 CCA 排序，结果表明浮游动物群落在环境因子上的分布有明显的季节分化，春季样品主要分布在第一主轴的左侧，秋季样品均分布在第一主轴的右侧。叶绿素 a 与第一主轴呈很高的负相关，是影响春季样品的主要环境因子；氮硅营养盐浓度与第一主轴表现出正相关，是影响秋季样品的主要环境变量。

浮游动物群落与环境因子上的分布关系密切：①温度、营养盐与第二主轴呈正相关，盐度、溶解氧与第二主轴呈负相关；②两季的样品分别受盐度、DO、温度和营养盐影响而呈梯度分布（图 2.4 - 72）。

6）历史变化趋势分析

椒江口海区浮游动物的历史调查资料较少，较完整的只有 20 世纪 80 年代初四季和 90 年代初春季的调查结果，将其整理如表 2.4 - 9。由表 2.4 - 9 可见，20 世纪 80 年代，椒江口浮游动物的优势种类为桡足类和毛颚类；90 年代，浮游动物的优势种未变，但水母类数量增加；而本次调查中，桡足类比例明显减小，水母类（卡玛拉水母、双生水母）已成为该海区春秋季的优势种。

表 2.4 - 9　椒江口浮游动物的历史调查结果

调查时间		生物量 / (mg/m³)	丰度 / (个/m³)	优势种（及数量较高的种类）	参考文献
春季	1982 年 5 月	59.3	55.5	中华哲水蚤（拿卡箭虫、近缘大眼剑水蚤、针刺拟哲水蚤）	中国海湾志编纂委员会，1991
	1990 年 4 月	253.8	704.8	中华哲水蚤（短尾类溞状幼体、拿卡箭虫、真刺唇角水蚤、平滑真刺水蚤、五角水母）	徐韧等，2009
	2009 年 5 月	972.7	1 743.5	卡玛拉水母（近亲裸腹溞、球形侧腕水母、短尾类溞状幼体、中华哲水蚤、太平洋纺锤水蚤）	

调查时间		生物量 /（mg/m³）	丰度 /（个/m³）	优势种（及数量较高的种类）	参考文献
秋季	1981 年 10 月	115.1	269.8	针刺拟哲水蚤（肥胖箭虫、中华哲水蚤、拿卡箭虫、锥形宽水蚤、太平洋纺锤水蚤、长尾类幼体）	中国海湾志编纂委员会，1991
	2009 年 10 月	65.3	31.9	双生水母、百陶箭虫、肥胖箭虫、亚强真哲水蚤、微刺哲水蚤、中华胸刺水蚤	

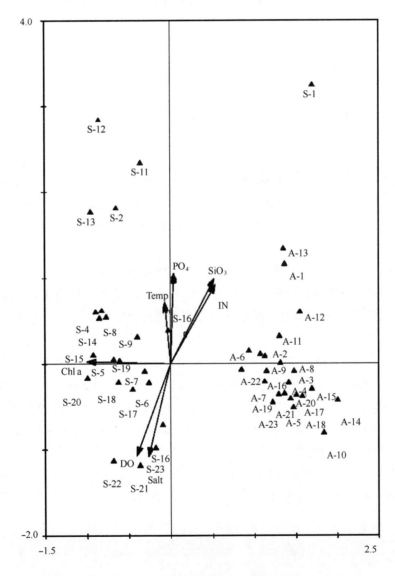

图 2.4 - 72　椒江口浮游动物群落和环境因子的典范对应分析

S - 1 ~ S - 22. 春季 1 ~ 22 站；A - 1 ~ A - 22. 秋季 1 ~ 22 站；Temp. 温度；

Salt. 盐度；DO. 溶解氧；IN. 无机氮；PiO₄. 活性磷酸盐；SiO₃. 硅酸盐

7）小结

（1）椒江口春季和秋季调查共检出浮游动物 16 大类 106 种，以桡足类和浮游幼体最多，其他类群相对较少，优势种累计 7 种。

（2）春季和秋季生物量平均值为 519.0 mg/m³，丰度平均值为 887.7 个/m³，各季节平面分布趋势不同。多样性指数平均值为 1.5，秋季略高于春季。

（3）椒江口春、秋季浮游动物 Shannon – Wiener 指数在 0.123 ~ 2.691；均匀度指数为 0.045 ~ 1。

（4）CCA 排序结果显示叶绿素 a 和氮硅营养盐浓度分别是影响春季和秋季样品的主要环境因子。

（5）与历史数据比较发现，春、秋季浮游动物群落中桡足类比例下降，水母类比例升高，这可能与污染上升有关。

2.4.2.4　大型底栖生物

1）种类组成、分布及优势种

椒江口大型底栖生物共鉴定出 80 种。其中，多毛类 31 种，占 38.7%；软体动物 18 种，占 22.5%；甲壳动物 16 种，占 20.0%；棘皮动物 7 种，占 8.8%；其他动物 8 种，占 10.0%。多毛类、软体动物和甲壳动物占总种数的 81.2%，三者构成了椒江口大型底栖生物的主要类群。

椒江口大型底栖生物种数分布不均匀。春季，种数最多（15 种）位于湾口的 JJ22 站，最少（未发现大型底栖生物样）位于湾底的 JJ02 站、JJ03 站和湾口的 JJ17 站；秋季，种数最多（15 种）位于湾口的 JJ22 站，最少（未发现大型底栖生物样）位于湾底的 JJ01 站。

在底栖生物群落中常有一种或几种生物的种群分布量较大，并在一定区域内控制着能量和食物量，极大地影响着其他物种的生境，这类物种常被称为群落的优势种，其特点为个体数多、生物量大，通常在群落中占有广泛的生境范围、利用较多资源、具有较多的生产力和较大容量。椒江口大型底栖生物的优势种调查结果如下：春季主要优势种有不倒翁虫（*Sternaspis scutata*）、丝鳃虫（*Cirratulidae* spp.）、焦河蓝蛤（*Potamocorbula ustulata*）、江户明樱蛤（*Moerella jedoensis*）、好斗埃蜚（*Ericthonius pugnax*）；秋季主要优势种有锯鳃鳍缨虫（*Branchiomma serratibranchis*）、厚鳃蚕（*Dasybranchus caducus*）、背蚓虫（*Notomastus latericeus*）、光滑河蓝蛤（*Potamocorbula laevis*）、白沙箸（*Virgularia gustaviana*）。

2）椒江口数量组成与分布

（1）数量组成

椒江口海域大型底栖生物的平均生物量为 58.77 g/m²（表 2.4 – 10）。各生物类群生物量组成中，多毛类平均生物量 5.10 g/m²、软体动物平均生物量 44.89 g/m²、甲壳动物平均生物量 3.92 g/m²、棘皮动物平均生物量 3.99 g/m²、其他动物平均生物量 0.87 g/m²。

椒江口海域大型底栖生物的平均栖息密度为 490 个/m²（表 2.4 – 11）。各生物类群栖息密度组成中，多毛类栖息密度 63 个/m²、软体动物栖息密度 412 个/m²、甲壳动物栖息密度

9 个/m²、棘皮动物栖息密度 2 个/m²、其他动物栖息密度 4 个/m²。软体动物为椒江口大型底栖生物各类群中生物量和栖息密度的主要类群。

表 2.4 – 10　椒江口大型底栖生物生物量季节变化　　　　　单位：g/m²

季节	多毛类	软体动物	甲壳动物	棘皮动物	其他动物	合计
春季	1.09	15.72	0.20	0.04	0.39	17.44
秋季	9.10	74.06	7.64	7.95	1.35	100.10
平均	5.10	44.89	3.92	3.99	0.87	58.77

表 2.4 – 11　椒江口大型底栖生物栖息密度季节变化　　　　　单位：个/m²

季节	多毛类	软体动物	甲壳动物	棘皮动物	其他动物	合计
春季	81	693	15	0	4	793
秋季	44	132	3	4	3	186
平均	63	412	9	2	4	490

（2）水平分布

椒江口春、秋季大型底栖生物生物量分布情况分别见图 2.4 – 73 和图 2.4 – 74。

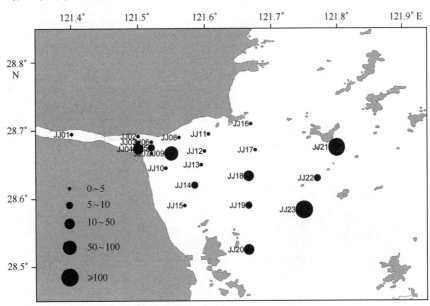

图 2.4 – 73　椒江口春季大型底栖生物生物量分布（g/m²）

　　春季，大型底栖生物生物量最高出现在 JJ06 站，达 126.20 g/m²，该站的主要物种为焦河蓝蛤，其生物量达 124.11 g/m²，而 JJ02、JJ03 和 JJ17 等站生物量均为 0；秋季，大型底栖生物生物量最高出现在 JJ22 站，达 1 348.04 g/m²，该站的主要物种为锥螺，其生物量达 1 213.50 g/m²，而 JJ01 站生物量为 0。

椒江口春、秋季大型底栖生物栖息密度分布情况分别见图 2.4 – 75 和图 2.4 – 76。

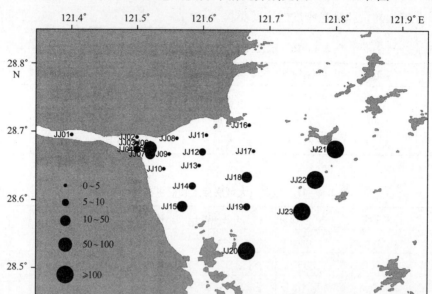

图 2.4 – 74 椒江口秋季大型底栖生物生物量分布（g/m²）

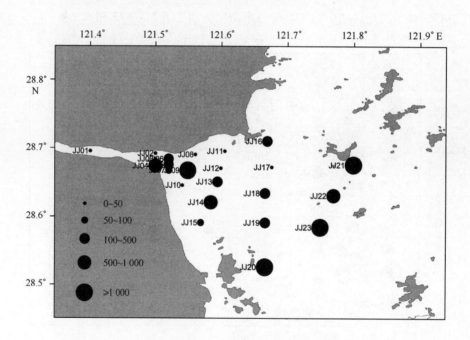

图 2.4 – 75 椒江口春季大型底栖生物栖息密度分布（个/m²）

春季，大型底栖生物栖息密度最高出现在 JJ06 站，达 8 640 个/m²，该站的主要物种为焦河蓝蛤，其栖息密度达 8 120 个/m²，而 JJ02、JJ03 和 JJ17 等站生物栖息密度均为 0；秋季，大型底栖生物栖息密度最高出现在 JJ04 站，达 1 150 个/m²，该站的主要物种为光滑河蓝蛤，其栖息密度达 1 080 个/m²，而 JJ01 站生物栖息密度为 0。

（3）季节分布

椒江口大型底栖生物生物量季节分布见表 2.4 – 10。大型底栖生物生物量季节变化明显，

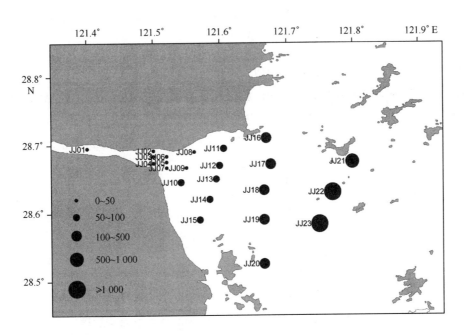

图 2.4 - 76 椒江口秋季大型底栖生物栖息密度分布（个/m²）

变化趋势为秋季大于春季。各生物类群生物量季节分布变化：春、秋季均为软体类生物量最大，分别为 15.72 g/m² 和 74.06 g/m²，春季棘皮类生物量最小，为 0.04 g/m²；秋季其他类生物量最小，为 1.35 g/m²。

椒江口大型底栖生物栖息密度季节分布见表 2.4 - 11。大型底栖生物栖息密度季节变化明显，变化趋势为春季大于秋季。各生物类群栖息密度季节分布变化为软体动物最大，棘皮动物和其他动物相对较小。

3）生物多样性分析

椒江口大型底栖生物生物多样性分析结果表明，多样性指数（H'）和均匀度指数（J）在各站和各季节差别较大，形成一定的时空分布格局（表 2.4 - 12）。

生物多样性指数（H)'：春季在 0.00 ~ 2.43 之间，最高出现在 JJ23 站，最低出现在 JJ02、JJ03、JJ04、JJ11、JJ12 和 JJ17 等站；秋季在 0.00 ~ 2.31 之间，最高出现在湾中 JJ15 站，最低出现在 JJ01、JJ02 和 JJ03 站。

均匀度指数（J)：春季在 0.13 ~ 1.00，最高出现在 JJ08 站位，最低出现在 JJ14 站；秋季在 0.19 ~ 1.00，最高出现在 JJ10、JJ12 和 JJ16 等站，最低出现在湾口 JJ04 站。

表 2.4 - 12　椒江口大型底栖生物生物多样性分析结果

季节	生物多样性指数（H'）		均匀度指数（J）	
	最小值	最大值	最小值	最大值
春季	0.00	2.43	0.13	1.00
秋季	0.00	2.31	0.19	1.00

4）群落结构聚类分析和 MDS 排序分析

椒江口春、秋季大型底栖生物种类相似性聚类分析结果见图2.4-77，图2.4-77 中各取样站位的生物群落种类组成根据 Bray-Curtis 相似性系数关联起来，各站位栖息的大型底栖生物群落之间的相似性都较低。由 MDS 排序图中呈现的不同程度分离的点阵可以看出（图2.4-78），该结果与群落分类聚类分析结果基本一致，进一步验证了聚类分析的结果。

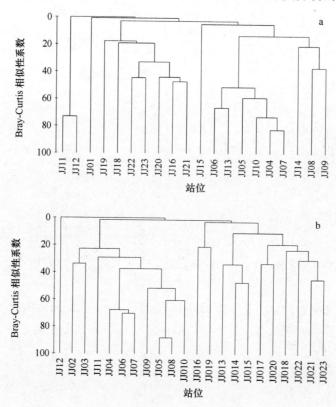

图2.4-77 椒江口大型底栖生物种类相似性聚类分析
a. 春季；b. 秋季

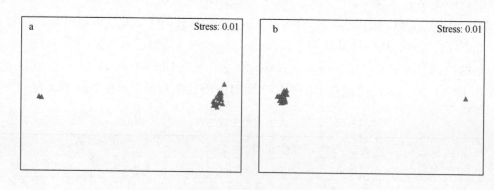

图2.4-78 椒江口站位种类相似性多维排序尺度
a. 春季；b. 秋季

5）群落稳定性分析

从椒江口春、秋两季大型底栖生物丰度/生物量比较曲线来看，春季椒江口大型底栖生物的生物量和丰度曲线存在明显的交叉现象，说明春季椒江口大型底栖生物受到明显污染或者富营养化扰动的趋势；而秋季生物量曲线均在丰度曲线之上，说明秋季污染还尚未给椒江口海域的大型底栖生物带来明显的影响（图 2.4 - 79）。

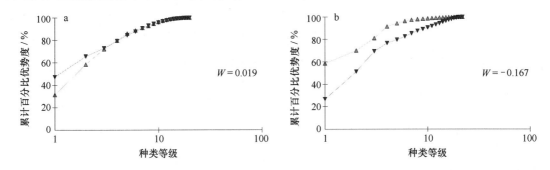

图 2.4 - 79　椒江口大型底栖生物丰度/生物量比较曲线

a. 春季；b. 秋季

6）变化趋势分析

2006 年 4 月调查底栖生物 15 种。其中多毛类 9 种、软体动物 5 种、其他类 1 种；2008 年 6 月调查底栖生物 14 种。其中多毛类 10 种；软体动物 4 种。本次调查底栖生物共鉴定出 80 种。其中，多毛类 31 种，软体动物 18 种，甲壳动物 16 种，棘皮动物 7 种，其他动物 8 种。

2006 年 4 月底栖生物平均生物量为 3.76 g/m²，平均栖息密度为 124 个/m²。生物量由多到少依次为多毛类（3.07 g/m²）、软体动物（0.67 g/m²）、其他类（0.02 g/m²）。栖息密度由多到少依次为多毛类（106 个/m²）、软体动物（16 个/m²）、其他类（2 个/m²）。

2008 年 6 月底栖生物平均生物量为 2.42 g/m²，平均栖息密度为 95 个/m²。其中多毛类平均生物量为 2.13 g/m²，软体动物平均生物量为 0.29 g/m²；多毛类平均栖息密度为 82 个/m²，软体动物平均栖息密度为 13 个/m²。

本次调查发现，椒江口海域大型底栖生物的平均生物量为 58.77 g/m²（表 2.4 - 10）。各生物类群生物量组成中，多毛类平均生物量 5.10 g/m²、软体动物平均生物量 44.89 g/m²、甲壳动物平均生物量 3.92 g/m²、棘皮动物平均生物量 3.99 g/m²、其他动物平均生物量 0.87 g/m²。平均栖息密度为 490 个/m²（表 2.4 - 11）。各生物类群栖息密度组成中，多毛类栖息密度 63 个/m²、软体动物栖息密度 412 个/m²、甲壳动物栖息密度 9 个/m²、棘皮动物栖息密度 2 个/m²、其他动物栖息密度 4 个/m²。

春季椒江口大型底栖生物生物量为 17.44 g/m²，平均栖息密度为 793 个/m²。生物量和生物密度均较 2006 年 4 月有明显增长。

7）小结

（1）椒江口共发现大型底栖生物 80 种，多毛类 31 种、软体动物 18 种、甲壳动物 16 种、其他类 35 种、棘皮动物 7 种。

（2）椒江口大型底栖生物的栖息密度年均为 490 个/m²。高密度区位于口门和外海。

（3）椒江口大型底栖生物生物量年均为 58.77 g/m²。春季高生物量区位于口门处，秋季高生物量区位于外海。

（4）椒江口大型底栖 Shannon-Wiener 生物多样性指数（H'）在 0～2.43，均匀度指数（J）在 0.13～1.00，平面分布和季节差异较大。

（5）聚类分析结果表明各站位栖息的大型底栖生物群落之间的相似性都较低。

（6）从丰度/生物量比较曲线来看，春季椒江口大型底栖生物受到明显污染或者富营养化扰动的趋势；秋季污染尚未给椒江口海域的大型底栖生物带来明显的影响。

（7）椒江口大型底栖生物生物量和密度较 2006 年有明显增长。

2.4.2.5 潮间带生物

1）种类组成与分布

（1）种类组成

春、秋两季椒江口潮间带生物共鉴定出 71 种（图 2.4－80），其中多毛类 21 种、软体动物 30 种、甲壳动物 16 种、其他类动物 4 种。软体动物、多毛动物、甲壳动物占调查区潮间带生物总种数的 94.4%，三者是构成调查区内潮间带生物的主要类群。

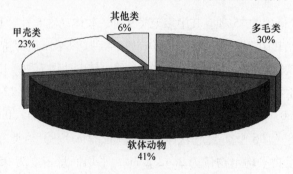

图 2.4－80 椒江口潮间带生物种类组成百分比

（2）种类分布

在岩礁和泥沙滩不同底质的潮间带中，生物的种类数分布呈现较大的差异，由于本次调查岩礁底质只出现在高潮区的水泥堤坝上，因此物种较少，而中、低潮区的泥沙滩发现的物种占绝大部分，椒江口两岸的潮间带生物主要以泥沙滩物种为主。椒江口潮间带生物春、秋两季调查显示，两季种类分布具有一定差异，秋季（52 种）多于春季（40 种）。

2）数量组成与分布

（1）数量组成

椒江口潮间带中生物调查断面的底质类型均为泥滩，该区春、秋季平均生物量为 220.39 g/m²、平均密度 614 个/m²。各类群数量组成见表 2.4－13。由表 2.4－13 可见，生物量软体动物居显著地位，约占两季平均生物量的 90.7%；其次为甲壳类动物，约占 8.9%；多毛类 0.3%；其他类极少。椒江口潮间带生物的栖息密度组成仍以软体动物为最大，约占两季平均生物量的 68.3%；其次为甲壳类动物，约占 26.3%；多毛类 5.3%。

表 2.4-13 春、秋季椒江口潮间带生物数量组成

项目	软体类	甲壳类	多毛类	其他类	合计
生物量/（g/m²）	199.90	19.64	0.77	0.09	220.39
栖息密度/（个/m²）	419	161	33	1	615

（2）数量平面分布

两季生物量分布秋季明显高于春季。生物量组成中软体动物的牡蛎是构成该断面生物量的主要物种，其次为甲壳类物种。两季栖息密度分布秋季高于春季，但是软体类动物春季高于秋季，此外，秋季甲壳类动物明显高于春季。各类群数量分布见表 2.4-14。

表 2.4-14 春、秋季椒江口潮间带生物数量分布

季节	项目	软体类	甲壳类	多毛类	其他类	合计
春	生物量	39.74	0.81	1.07	0.04	41.67
秋	/（g/m²）	360.06	38.46	0.47	0.13	399.12
平均		199.90	19.64	0.77	0.09	220.39
春	栖息密度	530	2	51	0	583
秋	/（个/m²）	309	321	14	0	644
平均		419	161	33	0	614

（3）数量垂直分布

椒江口生物数量垂直分布见表 2.4-15。由表 2.4-15 可见，潮区间生物量分布变化明显，春、秋季均呈现中潮区高，高、低潮区低的趋势，两季平均生物量由多到少依次为中潮区（705.72 g/m²）、低潮区（9.82 g/m²）、高潮区（4.22 g/m²）。栖息密度垂直分布与生物量垂直分布相似，同样呈现春、秋季均呈现中潮区高，高、低潮区低的趋势。由高潮向低潮，两季平均由多到少依次为中潮区（2 017 个/m²）、低潮区（287 个/m²）、高潮区（40 个/m²）。

表 2.4-15 春、秋季椒江口生物量数量垂直分布比较

季节	项目	高潮	中潮	低潮	平均
夏季	生物量	4.23	113.12	7.65	41.67
冬季	（g/m²）	4.22	1 298.32	11.99	438.18
平均		4.22	705.72	9.82	239.92
夏季	栖息密度	39	1 298	411	583
冬季	（个/m²）	41	2 736	163	980
平均		40	2 017	287	781

3）小结

（1）春、秋两季椒江口潮间带生物共有 71 种，软体动物、多毛动物、甲壳动物是构成

调查区内潮间带生物的主要类群。

（2）在岩礁和泥沙滩不同底质的潮间带中，生物的种类数分布呈现较大的差异，椒江口两岸的潮间带生物主要以泥沙滩物种为主。春、秋两季种类分布具有一定差异，秋季多于春季。

（3）椒江口潮间带春、秋季平均生物量为220.39 g/m²、平均密度614 个/m²。

（4）生物量和栖息密度分布均表现为秋季高于春季。

（5）椒江口生物数量垂直分布变化明显，春、秋季均呈现随中潮区高，高、低潮低的趋势。

2.4.3 小结

椒江口两岸是中国经济发展最为迅速的地区之一，医药化工行业、港口海运、船舶修造及水产品加工等多种临海临港工业及滨海旅游业成为椒江口经济发展的重要支撑，同时为椒江口带来了巨大的污染负荷。特别是在本次"908"专项调查过程中发现，在靠近椒江河口北岸水深较浅处存在一个营养盐的高值中心，这可能受工业、农业陆源污染物排放和地形抬升以及水动力条件多种影响形成。总体来讲，营养盐浓度在椒江口内部和北岸比较高，在口外浓度比较低，椒江口海域大部分调查站位水质符合国家四类海水水质标准及劣四类海水水质标准，氮磷比显示海水富营养化严重，有机污染严重。

同时对比历史调查数据，近20年来椒江口的化学需氧量呈现上升的趋势，磷酸盐浓度大幅增加，这与沿岸工业活动的增加和经济的不断发展有密切的关系，而重金属含量略有上升趋势。

对椒江口海域的特征污染物调查发现：椒江口PAHs主要来源是化石燃料高温下的不完全燃烧。椒江区域主要受台州火力发电厂燃煤产生烟气影响，煤燃烧产生的PAHs排放到大气中，再通过干、湿沉降作用等途径进入椒江口近海环境。沉积物中多环芳烃、苯胺、硝基苯污染物都未超标。生物体内的重金属、多环芳烃含量与站位中沉积物中的重金属、多环芳烃含量具有一致性，其生物富集能力达到几十倍甚至几百倍。

椒江口生物生态历史资料匮乏，表2.4-16为ZJ908-01-01-3课题的调查结果。春季和秋季叶绿素a平均值为2.46 μg/dm³，初级生产力均值为2.929 mg/（m³·h），群落多样性指数分别为浮游植物细胞0.54~2.02，浮游动物0.12~2.69，底栖生物0~2.43。根据蔡立哲（2002）多样性指数评价污染程度标准，椒江口海域受到轻度到重度不等的污染。

表2.4-16 椒江口生物与生态信息一览

项目	生物量	密度	优势种	多样性指数
叶绿素a	春、秋平均值（2.46±1.92）μg/dm³			
初级生产力	春季4.274 mg/（m³·h），秋季1.584 mg/（m³·h）			
浮游植物	春季15 856.30×10³ 个/m³，秋季19 668.39×10³ 个/m³		星脐圆筛藻、中心圆筛藻、琼氏圆筛藻、虹彩圆筛藻、辐射圆筛藻、中肋骨条藻	0.54~2.02
浮游动物	春、秋季平均值519.0 mg/m³	春、秋季平均值887.7 个/m³	卡玛拉水母、双生水母、百陶箭虫、肥胖箭虫、亚强真哲水蚤、微刺哲水蚤、中华胸刺水蚤	0.12~2.69
底栖生物	58.77 g/m²	490 个/m²	不倒翁虫、丝鳃虫、焦河蓝蛤、江户明樱蛤、好斗埃蜞；锯鳃鳍缨虫、厚鳃蚕、背蚓虫、光滑河蓝蛤、白沙箸	0~2.43
潮间带生物	220.39 g/m²	614 个/m²		

2.5　乐清湾海洋环境质量现状与趋势

用于评价乐清湾海洋环境质量的站位图见图 2.5 – 1。

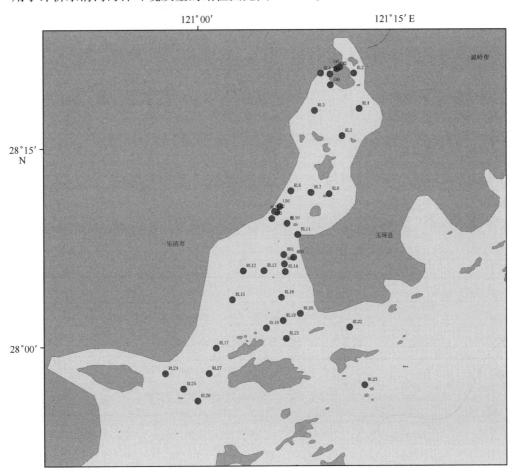

图 2.5 – 1　乐清湾海域评价站位

2.5.1　海洋化学

2.5.1.1　海水化学

1）调查结果及分布特征（表 2.5 – 1 和表 2.5 – 2）

表 2.5 – 1　春、夏季水质调查结果统计

序号	项目	春季			夏季		
		最大值	最小值	平均值	最大值	最小值	平均值
1	水温/℃	17.0	14.2	15.2	30.9	29.2	29.9
2	盐度	29.2	24.2	27.5	30.9	26.0	29.4

续表

序号	项目	春季			夏季		
		最大值	最小值	平均值	最大值	最小值	平均值
3	pH 值	8.03	7.97	8.00	7.96	7.88	7.93
4	悬浮物/（mg/dm³）	380	30	138	350	23	82
5	溶解氧/（mg/dm³）	8.92	8.07	8.63	7.27	5.93	6.41
6	活性磷酸盐/（mg/dm³）	0.035	0.026	0.030	0.051	0.019	0.029
7	无机氮/（mg/dm³）	1.180	0.729	0.789	0.536	0.204	0.332
8	非离子氨/（mg/dm³）	0.051	0.007	0.017	0.161	0.001	0.026
9	活性硅酸盐/（mg/dm³）	1.784	1.151	1.382	2.217	0.525	0.795
10	石油类/（mg/dm³）	0.180	0.053	0.104	0.131	0.033	0.066
11	铜/（μg/dm³）	2.35	1.02	1.51	2.11	1.14	1.50
12	铅/（μg/dm³）	0.89	0.37	0.64	0.98	0.37	0.68
13	镉/（μg/dm³）	0.132	0.032	0.071	0.095	0.050	0.073
14	锌/（μg/dm³）	7.24	2.64	4.87	8.95	4.26	6.53
15	汞/（μg/dm³）	0.051	0.025	0.037	0.095	0.012	0.048
16	砷/（μg/dm³）	4.87	1.53	3.31	5.70	2.00	3.38
17	总铬/（μg/dm³）	0.74	0.33	0.56	0.87	0.44	0.65

表 2.5 – 2   秋、冬季水质调查结果统计

序号	项目	秋季			冬季		
		最大值	最小值	平均值	最大值	最小值	平均值
1	水温/℃	26.0	24.2	24.8	11.5	9.4	10.9
2	盐度	29.3	27.1	28.7	29.2	22.6	27.7
3	pH 值	8.07	7.97	8.04	8.11	7.96	8.05
4	悬浮物/（mg/dm³）	376	30	118	372	62	206
5	溶解氧/（mg/dm³）	7.46	6.86	7.10	9.57	9.05	9.26
6	活性磷酸盐/（mg/dm³）	0.044	0.034	0.039	0.050	0.032	0.040
7	无机氮/（mg/dm³）	0.758	0.373	0.538	1.397	0.609	0.824
8	非离子氨/（mg/dm³）	0.016	0.006	0.010	0.073	0.008	0.029
9	活性硅酸盐/（mg/dm³）	2.165	1.050	1.434	1.757	0.928	1.220
10	石油类/（mg/dm³）	0.134	0.055	0.078	0.105	0.014	0.059
11	铜/（μg/dm³）	2.10	0.98	1.44	2.54	1.18	1.60
12	铅/（μg/dm³）	0.96	0.29	0.80	0.73	0.35	0.57
13	镉/（μg/dm³）	0.117	0.042	0.081	0.190	0.076	0.118
14	锌/（μg/dm³）	8.73	2.93	5.84	12.02	7.64	9.68
15	汞/（μg/dm³）	0.051	0.032	0.043	0.063	0.034	0.043
16	砷/（μg/dm³）	8.67	2.00	4.65	8.36	2.00	4.93
17	总铬/（μg/dm³）	1.04	0.62	0.89	1.12	0.74	0.96

（1）水温、盐度、悬浮物、pH 值

水温：春季水温测值介于 14.2 ~ 17.0℃，平均 15.2℃；夏季水温测值介于 29.2 ~ 30.9℃，平均 29.9℃；秋季水温测值介于 24.2 ~ 26.0℃，平均 24.8℃；冬季水温测值介于 9.4 ~ 11.5℃，平均 10.9℃。垂直分布上看，底层水温略低于表层水温；时间上看，冬春的温差大于夏秋的温差。

盐度：春季海水盐度测值介于 24.2 ~ 29.2，平均 27.5；夏季海水盐度测值介于 26.0 ~ 30.9，平均 29.4；秋季海水盐度测值介于 27.1 ~ 29.3，平均 28.7；冬季海水盐度测值介于 22.6 ~ 29.2，平均 27.7。

夏秋两季盐度高于冬春两季。从垂直分布上看，一年四季中都表现出了底层盐度高于表层；从水平分布上看，盐度由岸边向外海逐渐升高。

悬浮物：春季悬浮物测值介于 30 ~ 380 mg/dm³，平均 138 mg/dm³；夏季介于 23 ~ 350 mg/dm³，平均 82 mg/dm³；秋季介于 30 ~ 376 mg/dm³，平均 118 mg/dm³；冬季介于 62 ~ 372 mg/dm³，平均 206 mg/dm³。

冬季平均值最高，夏季最低，春秋两季比较接近。从垂直分布上看呈现出底层高于表层。

pH 值：春季 pH 值介于 7.97 ~ 8.03；夏季介于 7.88 ~ 7.96；秋季介于 7.97 ~ 8.07；冬季介于 7.96 ~ 8.11。

pH 值波动范围由小到大依次为夏季、春季、秋季、冬季。垂直分布上无明显差异。

（2）溶解氧

春季溶解氧含量介于 8.07 ~ 8.92 mg/dm³，平均 8.63 mg/dm³；夏季介于 5.93 ~ 7.27 mg/dm³，平均 6.41 mg/dm³；秋季介于 6.86 ~ 7.46 mg/dm³，平均 7.10 mg·dm⁻³；冬季介于 9.05 ~ 9.57 mg/dm³，平均 9.26 mg/dm³。

溶解氧含量平均值由小到大依次呈现出夏季、春季、秋季、冬季的趋势。

（3）石油类

春季石油类含量介于 0.053 ~ 0.180 mg/dm³，平均 0.104 mg/dm³；夏季介于 0.033 ~ 0.131 mg/dm³，平均 0.066 mg/dm³；秋季介于 0.055 ~ 0.134 mg/dm³，平均 0.078 mg/dm³；冬季介于 0.014 ~ 0.105 mg/dm³，平均 0.059 mg/dm³。

最高点出现在春季，平均值也是春季最高，其次是秋季，最低的是冬季。

（4）营养盐

无机氮：春季无机氮含量介于 0.729 ~ 1.180 mg/dm³，平均 0.789 mg/dm³；夏季介于 0.204 ~ 0.536 mg/dm³，平均 0.332 mg/dm³；秋季介于 0.373 ~ 0.758 mg/dm³，平均 0.538 mg/dm³；冬季介于 0.609 ~ 1.397 mg/dm³，平均 0.824 mg/dm³。

无机氮含量夏季最低，冬春两季相差不大，值都较高。垂直分布上看，四季基本上表现为底层小于表层的特性。

非离子氨：春季非离子氨含量介于 0.007 ~ 0.051 mg/dm³，平均 0.017 mg/dm³；夏季介于 0.001 ~ 0.161 mg/dm³，平均 0.026 mg/dm³；秋季介于 0.006 ~ 0.016 mg/dm³，平均 0.010 mg/dm³；冬季介于 0.008 ~ 0.073 mg/dm³，平均 0.029 mg/dm³。

冬季最高，夏季大部分点位含量都很低，个别几个点较高。垂直分布上，表现为表层大于底层。

活性磷酸盐：春季活性磷酸盐含量介于 0.026～0.035 mg/dm³，平均 0.030 mg/dm³；夏季介于 0.019～0.051 mg/dm³，平均 0.029 mg/dm³；秋季介于 0.034～0.044 mg/dm³，平均 0.039 mg/dm³；冬季介于 0.032～0.050 mg/dm³，平均 0.040 mg/dm³。

活性磷酸盐在夏季最高，春季最低。

活性硅酸盐：活性硅酸盐含量较高，春季活性磷酸盐含量介于 1.151～1.784 mg/dm³，平均 1.382 mg/dm³；夏季介于 0.525～2.217 mg/dm³，平均 0.795 mg/dm³；秋季介于 1.050～2.165 mg/dm³，平均 1.434 mg/dm³；冬季介于 0.928～1.757 mg/dm³，平均 1.220 mg/dm³。

活性硅酸盐含量在夏季最低，其他三季比较接近。水平分布上无明显差异，垂直分布上表层略高于底层。

（5）重金属

铜：春季铜含量介于 1.02～2.35 μg/dm³，平均值 1.51 μg/dm³；夏季铜含量介于 1.14～2.11 μg/dm³，平均值 1.50 μg/dm³；秋季铜含量介于 0.98～2.10 μg/dm³，平均值 1.44 μg/dm³；冬季铜含量介于 1.18～2.54 μg/dm³，平均值 1.60 μg/dm³。全年平均值比较接近，冬季略高。

铅：春季铅含量介于 0.37～0.89 μg/dm³，平均值 0.64 μg/dm³；夏季铅含量介于 0.37～0.98 μg/dm³，平均值 0.68 μg/dm³；秋季铅含量介于 0.29～0.96 μg/dm³，平均值 0.80 μg/dm³；冬季铅含量介于 0.35～0.73 μg/dm³，平均值 0.57 μg/dm³。平均值秋季最高，冬季最低。

锌：春季锌含量介于 2.64～7.24 μg/dm³，平均值 4.87 μg/dm³；夏季锌含量介于 4.26～8.95 μg/dm³，平均值 6.53 μg/dm³；秋季锌含量介于 2.93～8.73 μg/dm³，平均值 5.84 μg/dm³；冬季锌含量介于 7.64～12.02 μg/dm³，平均值 9.68 μg/dm³。平均值冬季明显高于其他三季，最低出现在春季。

镉：春季镉含量介于 0.032～0.132 μg/dm³，平均值 0.071 μg/dm³；夏季镉含量介于 0.050～0.095 μg/dm³，平均值 0.073 μg/dm³；秋季镉含量介于 0.042～0.117 μg/dm³，平均值 0.081 μg/dm³；冬季镉含量介于 0.076～0.190 μg/dm³，平均值 0.118 μg/dm³。

汞：春季汞含量介于 0.025～0.051 μg/dm³，平均值 0.037 μg/dm³；夏季汞含量介于 0.012～0.095 μg/dm³，平均值 0.048 μg/dm³；秋季汞含量介于 0.032～0.051 μg/dm³，平均值 0.043 μg/dm³；冬季汞含量介于 0.034～0.063 μg/dm³，平均值 0.043 μg/dm³。平均值全年比较接近，夏季略高，而春季略低。

砷：春季砷含量介于 1.53～4.87 μg/dm³，平均值 3.31 μg/dm³；夏季砷含量介于 2.00～5.70 μg/dm³，平均值 3.38 μg/dm³；秋季砷含量介于 2.00～8.67 μg/dm³，平均值 4.65 μg/dm³；冬季砷含量介于 2.00～8.36 μg/dm³，平均值 4.93 μg/dm³。时间上看，平均值春夏季较接近，偏低；秋冬季较高，冬季最高。

总铬：春季总铬含量介于 0.33～0.74 μg/dm³，平均值 0.56 μg/dm³；夏季总铬含量介于 0.44～0.87 μg/dm³，平均值 0.65 μg/dm³；秋季总铬含量介于 0.62～1.04 μg/dm³，平均值 0.89 μg/dm³；冬季铜含量介于 0.74～1.12 μg/dm³，平均值 0.96 μg/dm³。时间分布上平均值由小到大依次为春季、夏季、秋季、冬季。

2）现状评价

依据海水水质标准，计算13个调查项目四季的评价指数（表2.5－3至表2.5－14）。

表2.5－3　乐清湾大面站春季水质评价指数统计（一）

站号	层次	溶解氧	无机氮				非离子氮
		一类	一类	二类	三类	四类	一～四类
1	表	0.03	4.55	3.03	2.28	1.82	0.89
2	表	0.14	4.75	3.16	2.37	1.90	2.37
3	表	0.08	4.50	3.00	2.25	1.80	0.89
4	表	0.08	4.80	3.20	2.40	1.92	2.25
	底	0.02	3.95	2.64	1.98	1.58	1.35
5	表	0.06	4.63	3.09	2.32	1.85	0.55
	底	0.03	3.97	2.65	1.98	1.59	0.51
6	表	0.03	4.01	2.67	2.00	1.60	0.40
	底	0.06	3.98	2.65	1.99	1.59	0.64
7	表	0.04	4.20	2.80	2.10	1.68	0.75
	底	0.05	4.01	2.68	2.01	1.61	0.71
8	表	0.02	4.14	2.76	2.07	1.66	0.39
9	表	0.01	5.14	3.43	2.57	2.06	2.30
	5 m	0.00	4.44	2.96	2.22	1.78	1.57
	底	0.03	5.41	3.61	2.70	2.16	2.56
10	表	0.06	4.01	2.67	2.00	1.60	0.37
	5 m	0.04	4.37	2.91	2.18	1.75	0.37
	底	0.06	4.07	2.71	2.03	1.63	0.37
11	表	0.12	5.37	3.58	2.69	2.15	1.78
12	表	0.23	5.03	3.35	2.52	2.01	2.09
	5 m	0.09	4.38	2.92	2.19	1.75	0.87
	底	0.07	4.27	2.85	2.13	1.71	0.64
13	表	0.04	5.90	3.93	2.95	2.36	0.41
14	表	0.14	3.74	2.50	1.87	1.50	0.55
	5 m	0.09	3.69	2.46	1.85	1.48	0.51
	10 m	0.13	4.90	3.27	2.45	1.96	0.44
	底	0.07	5.41	3.61	2.71	2.16	0.54
15	表	0.04	5.12	3.42	2.56	2.05	0.45
	5 m	0.10	5.12	3.42	2.56	2.05	0.46
	底	0.08	4.24	2.83	2.12	1.70	0.63
16	表	0.06	4.07	2.72	2.04	1.63	0.69
	5 m	0.06	4.27	2.85	2.14	1.71	0.74
	底	0.11	4.05	2.70	2.02	1.62	0.65

站号	层次	溶解氧	无机氮				非离子氮
		一类	一类	二类	三类	四类	一~四类
17	表	0.16	4.32	2.88	2.16	1.73	0.49
	5 m	0.09	3.86	2.57	1.93	1.54	0.59
	10 m	0.09	3.64	2.43	1.82	1.46	0.40
	底	0.07	3.80	2.53	1.90	1.52	0.39
18	表	0.15	3.84	2.56	1.92	1.53	0.54
	5 m	0.13	3.88	2.59	1.94	1.55	0.41
	10 m	0.12	4.11	2.74	2.05	1.64	0.34
	底	0.15	4.34	2.89	2.17	1.74	0.48
超标率/%		0	100	100	100	100	20

表 2.5 – 4 乐清湾大面站春季水质评价指数统计（二）

站号	层次	活性磷酸盐			石油类		铜	铅
		一类	二、三类	四类	一、二类	三类	一类	一类
1	表	1.92	0.96	0.64	1.52	0.25	0.28	0.58
2	表	1.76	0.88	0.59	3.60	0.60	0.28	0.65
3	表	1.84	0.92	0.61	1.07	0.18	0.30	0.85
4	表	1.86	0.93	0.62	1.33	0.22	0.32	0.78
	底	1.86	0.93	0.62	—	—	—	—
5	表	1.98	0.99	0.66	1.09	0.18	0.34	0.42
	底	2.02	1.01	0.67	—	—	—	—
6	表	1.82	0.91	0.61	2.45	0.41	0.47	0.56
	底	1.88	0.94	0.63	—	—	—	—
7	表	2.19	1.10	0.73	1.28	0.21	0.2	0.88
	底	1.98	0.99	0.66	—	—	—	—
8	表	2.00	1.00	0.67	2.01	0.34	0.24	0.73
9	表	2.25	1.12	0.75	2.56	0.43	0.24	0.87
	5 m	2.06	1.03	0.69	—	—	—	—
	底	2.04	1.02	0.68	—	—	—	—
10	表	2.00	1.00	0.67	1.82	0.3	0.31	0.56
	5 m	2.02	1.01	0.67	—	—	—	—
	底	2.07	1.04	0.69	—	—	—	—
11	表	2.13	1.07	0.71	3.08	0.51	0.22	0.43
12	表	2.07	1.04	0.69	2.11	0.35	0.32	0.67
	5 m	2.02	1.01	0.67	—	—	—	—
	底	1.98	0.99	0.66	—	—	—	—
13	表	2.31	1.15	0.77	2.16	0.36	0.31	0.58

续表

站号	层次	活性磷酸盐			石油类		铜	铅
		一类	二、三类	四类	一、二类	三类	一类	一类
14	表	1.98	0.99	0.66	2.32	0.39	0.39	0.89
	5 m	2.07	1.04	0.69	—	—	—	—
	10 m	2.06	1.03	0.69	—	—	—	—
	底	2.06	1.03	0.69	—	—	—	—
15	表	2.21	1.11	0.74	2.26	0.38	0.30	0.45
	5 m	2.11	1.06	0.70	—	—	—	—
	底	2.23	1.11	0.74	—	—	—	—
16	表	2.04	1.02	0.68	2.21	0.37	0.26	0.37
	5 m	2.00	1.00	0.67	—	—	—	—
	底	1.96	0.98	0.65	—	—	—	—
17	表	2.13	1.07	0.71	3.42	0.57	0.25	0.52
	5 m	2.04	1.02	0.68	—	—	—	—
	10 m	2.07	1.04	0.69	—	—	—	—
	底	2.07	1.04	0.69	—	—	—	—
18	表	1.98	0.99	0.66	1.23	0.21	0.37	0.66
	5 m	1.96	0.98	0.65	—	—	—	—
	10 m	2.00	1.00	0.67	—	—	—	—
	底	2.11	1.06	0.70	—	—	—	—
超标率/%		100.00	66.00	0	100	0	0	0

表 2.5－5 乐清湾大面站春季水质评价指数统计（三）

站号	层次	镉	锌	砷	汞		总铬
		一类	一类	一类	一类	二、三类	一类
1	表	0.05	0.21	0.03	0.70	0.18	0.01
2	表	0.04	0.23	0.03	0.60	0.15	0.01
3	表	0.03	0.26	0.02	1.01	0.25	0.01
4	表	0.06	0.29	0.03	1.01	0.25	0.01
	底	—	—	—	—	—	—
5	表	0.05	0.31	0.03	0.70	0.18	0.01
	底	—	—	—	—	—	—
6	表	0.10	0.34	0.03	0.80	0.20	0.01
	底	—	—	—	—	—	—
7	表	0.07	0.36	0.03	0.70	0.18	0.01
	底	—	—	—	—	—	—
8	表	0.13	0.26	0.03	0.60	0.15	0.01

续表

站号	层次	镉	锌	砷	汞		总铬
		一类	一类	一类	一类	二、三类	一类
9	表	0.09	0.16	0.03	0.80	0.20	0.01
	5 m	—	—	—	—	—	—
	底	—	—	—	—	—	—
10	表	0.07	0.23	0.02	0.70	0.18	0.01
	5 m	—	—	—	—	—	—
	底	—	—	—	—	—	—
11	表	0.12	0.36	0.02	0.80	0.20	0.01
12	表	0.07	0.25	0.02	0.70	0.18	0.01
	5 m	—	—	—	—	—	—
	底	—	—	—	—	—	—
13	表	0.09	0.23	0.03	0.70	0.18	0.01
14	表	0.03	0.20	0.03	0.60	0.15	0.01
	5 m	—	—	—	—	—	—
	10 m	—	—	—	—	—	—
	底	—	—	—	—	—	—
15	表	0.09	0.17	0.03	0.60	0.15	0.01
	5 m	—	—	—	—	—	—
	底	—	—	—	—	—	—
16	表	0.08	0.13	0.02	0.80	0.20	0.01
	5 m	—	—	—	—	—	—
	底	—	—	—	—	—	—
17	表	0.05	0.18	0.04	0.50	0.12	0.01
	5 m	—	—	—	—	—	—
	10 m	—	—	—	—	—	—
	底	—	—	—	—	—	—
18	表	0.06	0.21	0.03	0.91	0.23	0.01
	5 m	—	—	—	—	—	—
	10 m	—	—	—	—	—	—
	底	—	—	—	—	—	—
超标率/%		0	0	0	11	0	0

表 2.5 - 6　乐清湾大面站夏季水质评价指数统计（一）

站号	层次	溶解氧	无机氮				非离子氨
		一类	一类	二类	三类	四类	一~四类
1	表	0.87	1.90	1.27	0.95	0.76	6.71
2	表	0.94	2.68	1.79	1.34	1.07	8.04
	底	0.74	1.85	1.23	0.92	0.74	6.07

续表

站号	层次	溶解氧	无机氮				非离子氨
		一类	一类	二类	三类	四类	一~四类
3	表	0.03	2.30	1.54	1.15	0.92	5.17
4	表	0.75	2.25	1.50	1.13	0.90	4.39
	5 m	0.63	1.59	1.06	0.79	0.63	4.53
	底	0.54	2.21	1.47	1.11	0.88	3.81
5	表	1.18	1.59	1.06	0.80	0.64	3.04
	5 m	0.24	1.44	0.96	0.72	0.58	2.47
	底	0.35	1.39	0.93	0.70	0.56	2.23
6	表	0.30	2.02	1.35	1.01	0.81	0.30
	底	0.59	1.27	0.84	0.63	0.51	0.22
7	表	0.95	1.40	0.93	0.70	0.56	1.12
8	表	0.31	1.28	0.85	0.64	0.51	0.14
	5 m	0.62	1.50	1.00	0.75	0.60	0.22
	底	0.37	1.36	0.91	0.68	0.54	0.29
9	表	0.04	1.69	1.12	0.84	0.67	0.52
	5 m	0.02	1.70	1.14	0.85	0.68	0.49
	10 m	0.06	1.57	1.05	0.79	0.63	0.48
	底	0.01	1.61	1.07	0.80	0.64	0.47
10	表	0.46	1.38	0.92	0.69	0.55	0.28
	5 m	0.31	1.69	1.13	0.84	0.68	0.35
	底	0.44	1.20	0.80	0.60	0.48	0.40
11	表	0.43	2.08	1.38	1.04	0.83	0.40
12	表	0.02	1.92	1.28	0.96	0.77	0.18
	5 m	0.21	1.45	0.97	0.73	0.58	0.05
	底	0.13	1.41	0.94	0.71	0.57	0.11
13	表	0.06	2.49	1.66	1.24	0.99	0.72
14	表	0.36	2.02	1.34	1.01	0.81	0.13
	5 m	0.26	2.02	1.35	1.01	0.81	0.24
	10 m	0.32	1.90	1.27	0.95	0.76	0.42
	底	0.36	1.28	0.85	0.64	0.51	0.26
15	表	1.01	1.80	1.20	0.90	0.72	0.09
	5 m	0.27	1.22	0.81	0.61	0.49	0.18
	10 m	0.25	1.41	0.94	0.70	0.56	0.22
	底	0.41	1.38	0.92	0.69	0.55	0.43
16	表	0.26	2.29	1.52	1.14	0.91	0.44
	底	1.60	2.21	1.47	1.10	0.88	0.35

续表

站号	层次	溶解氧	无机氮				非离子氨
		一类	一类	二类	三类	四类	一～四类
17	表	0.51	1.21	0.81	0.61	0.48	0.24
	5 m	0.24	1.03	0.69	0.52	0.41	0.26
	10 m	0.27	1.02	0.68	0.51	0.41	0.39
	底	0.81	1.04	0.69	0.52	0.42	0.31
18	表	0.67	1.97	1.32	0.99	0.79	0.64
	5 m	0.49	1.43	0.95	0.72	0.57	0.51
	10 m	0.08	1.32	0.88	0.66	0.53	0.35
	底	0.25	1.49	0.99	0.75	0.60	0.50
超标率/%		7	100	54	24	2	24

表 2.5-7 乐清湾大面站夏季水质评价指数统计（二）

站号	层次	活性磷酸盐			石油类		铜	铅
		一类	二、三类	四类	一、二类	三类	一类	一类
1	表	1.93	0.97	0.64	0.91	0.15	0.26	0.46
2	表	1.93	0.97	0.64	1.51	0.25	0.25	0.37
	底	1.86	0.93	0.62	—	—	—	—
3	表	1.86	0.93	0.62	2.62	0.44	0.38	0.54
4	表	1.75	0.87	0.58	1.65	0.27	0.28	0.86
	5 m	1.73	0.87	0.58	—	—	—	—
	底	1.75	0.87	0.58	—	—	—	—
5	表	1.75	0.87	0.58	1.59	0.26	0.33	0.58
	5 m	1.73	0.87	0.58	—	—	—	—
	底	1.77	0.88	0.59	—	—	—	—
6	表	1.80	0.90	0.60	1.60	0.27	0.23	0.59
	底	1.73	0.87	0.58	—	—	—	—
7	表	1.77	0.88	0.59	1.94	0.32	0.34	0.89
8	表	1.77	0.88	0.59	1.47	0.24	0.27	0.95
	5 m	1.73	0.87	0.58	—	—	—	—
	底	1.77	0.88	0.59	—	—	—	—
9	表	2.06	1.03	0.69	1.53	0.25	0.29	0.97
	5 m	2.04	1.02	0.68	—	—	—	—
	10 m	2.04	1.02	0.68	—	—	—	—
	底	2.06	1.03	0.69	—	—	—	—
10	表	1.79	0.89	0.60	1.39	0.23	0.24	0.46
	5 m	1.77	0.88	0.59	—	—	—	—
	底	1.77	0.88	0.59	—	—	—	—
11	表	2.40	1.20	0.80	0.95	0.16	0.29	0.50

续表

站号	层次	活性磷酸盐			石油类		铜	铅
		一类	二、三类	四类	一、二类	三类	一类	一类
12	表	1.42	0.71	0.47	1.22	0.20	0.28	0.62
	5 m	1.27	0.63	0.42	—	—	—	—
	底	1.27	0.63	0.42	—	—	—	—
13	表	2.75	1.37	0.92	1.01	0.17	0.24	0.56
14	表	1.77	0.88	0.59	0.86	0.14	0.42	0.98
	5 m	1.88	0.94	0.63	—	—	—	—
	10 m	1.77	0.88	0.59	—	—	—	—
	底	1.88	0.94	0.63	—	—	—	—
15	表	2.19	1.10	0.73	0.94	0.16	0.36	0.86
	5 m	1.97	0.99	0.66	—	—	—	—
	10 m	2.03	1.01	0.68	—	—	—	—
	底	2.04	1.02	0.68	—	—	—	—
16	表	3.41	1.71	1.14	0.95	0.16	0.32	0.92
	底	2.47	1.23	0.82	—	—	—	—
17	表	1.90	0.95	0.63	1.01	0.17	0.25	0.59
	5 m	1.82	0.91	0.61	—	—	—	—
	10 m	1.92	0.96	0.64	—	—	—	—
	底	1.84	0.92	0.61	—	—	—	—
18	表	2.27	1.13	0.76	0.66	0.11	0.36	0.62
	5 m	2.04	1.02	0.68	—	—	—	—
	10 m	1.86	0.93	0.62	—	—	—	—
	底	1.99	0.99	0.66	—	—	—	—
超标率/%		100	28	2	67	0	0	0

表 2.5-8 乐清湾大面站夏季水质评价指数统计（三）

站号	层次	镉	锌	砷	汞		总铬
		一类	一类	一类	一类	二、三类	一类
1	表	0.07	0.43	0.10	1.41	0.35	0.01
2	表	0.07	0.34	0.17	1.32	0.33	0.01
	底	—	—	—	—	—	—
3	表	0.09	0.45	0.14	1.32	0.33	0.01
4	表	0.07	0.28	0.14	1.22	0.30	0.01
	5 m	—	—	—	—	—	—
	底	—	—	—	—	—	—
5	表	0.08	0.31	0.10	1.02	0.26	0.02
	5 m	—	—	—	—	—	—
	底	—	—	—	—	—	—

续表

站号	层次	镉	锌	砷	汞		总铬
		一类	一类	一类	一类	二、三类	一类
6	表	0.09	0.42	0.25	0.63	0.16	0.01
	底	—	—	—	—	—	—
7	表	0.08	0.36	0.29	0.63	0.16	0.01
8	表	0.06	0.23	0.23	0.82	0.21	0.01
	5 m	—	—	—	—	—	—
	底	—	—	—	—	—	—
9	表	0.10	0.21	0.14	1.32	0.33	0.01
	5 m	—	—	—	—	—	—
	10 m	—	—	—	—	—	—
	底	—	—	—	—	—	—
10	表	0.06	0.27	0.19	0.73	0.18	0.02
	5 m	—	—	—	—	—	—
	底	—	—	—	—	—	—
11	表	0.08	0.41	0.27	0.73	0.18	0.01
12	表	0.05	0.31	0.19	0.24	0.06	0.01
	5 m	—	—	—	—	—	—
	底	—	—	—	—	—	—
13	表	0.05	0.43	0.25	0.92	0.23	0.01
14	表	0.08	0.28	0.08	0.63	0.16	0.01
	5 m	—	—	—	—	—	—
	10 m	—	—	—	—	—	—
	底	—	—	—	—	—	—
15	表	0.08	0.32	0.12	1.90	0.48	0.01
	5 m	—	—	—	—	—	—
	10 m	—	—	—	—	—	—
	底	—	—	—	—	—	—
16	表	0.07	0.29	0.14	1.12	0.28	0.01
	底	—	—	—	—	—	—
17	表	0.06	0.26	0.14	0.53	0.13	0.01
	5 m	—	—	—	—	—	—
	10 m	—	—	—	—	—	—
	底	—	—	—	—	—	—
18	表	0.08	0.26	0.12	0.73	0.18	0.01
	5 m	—	—	—	—	—	—
	10 m	—	—	—	—	—	—
	底	—	—	—	—	—	—
超标率/%		0	0	0	44	0	0

表 2.5 – 9　乐清湾大面站秋季水质评价指数统计（一）

站号	层次	溶解氧	无机氮				非离子氨
		一类	一类	二类	三类	四类	一～四类
1	表	0.19	2.92	1.95	1.46	1.17	0.37
2	表	0.02	2.52	1.68	1.26	1.01	0.78
3	表	0.04	2.68	1.79	1.34	1.07	0.54
4	表	0.30	2.52	1.68	1.26	1.01	0.67
	底	0.16	3.08	2.06	1.54	1.23	0.53
5	表	0.08	2.71	1.81	1.36	1.08	0.29
	底	0.03	2.41	1.61	1.21	0.96	0.36
6	表	0.09	2.44	1.63	1.22	0.98	0.33
7	表	0.09	2.93	1.95	1.46	1.17	0.71
	底	0.08	2.82	1.88	1.41	1.13	0.49
8	表	0.03	2.54	1.69	1.27	1.02	0.31
9	表	0.17	2.72	1.81	1.36	1.09	0.55
	5 m	0.25	2.80	1.86	1.40	1.12	0.47
	底	0.28	2.65	1.77	1.33	1.06	0.60
10	表	0.13	2.74	1.83	1.37	1.10	0.38
	底	0.14	2.94	1.96	1.47	1.18	0.42
11	表	0.44	3.47	2.32	1.74	1.39	0.38
	底	0.02	2.73	1.82	1.37	1.09	0.46
12	表	0.03	2.35	1.57	1.18	0.94	0.45
	5 m	0.06	2.43	1.62	1.21	0.97	0.39
	底	0.05	2.65	1.76	1.32	1.06	0.57
13	表	0.04	3.79	2.53	1.89	1.52	0.54
14	表	0.03	2.62	1.74	1.31	1.05	0.43
	5 m	0.07	2.11	1.40	1.05	0.84	0.60
	底	0.06	1.86	1.24	0.93	0.75	0.36
15	表	0.01	2.67	1.78	1.34	1.07	0.66
	底	0.33	2.38	1.58	1.19	0.95	0.62
16	表	0.07	2.66	1.77	1.33	1.06	0.94
17	表	0.07	2.66	1.77	1.33	1.06	0.42
	5 m	0.03	2.97	1.98	1.48	1.19	0.42
	10 m	0.01	2.77	1.85	1.39	1.11	0.58
	底	0.07	2.49	1.66	1.25	1.00	0.39
18	表	0.34	2.34	1.56	1.17	0.94	0.53
	5 m	0.24	3.05	2.03	1.52	1.22	0.41
	底	0.21	2.66	1.78	1.33	1.07	0.40
超标率/%		0	100	100	97	77	0

表 2.5 – 10   乐清湾大面站秋季水质污染指数统计（二）

站号	层次	活性磷酸盐			石油类		铜	铅
		一类	二、三类	四类	一、二类	三类	一类	一类
1	表	2.73	1.37	0.91	1.51	0.25	0.29	0.85
2	表	2.43	1.22	0.81	1.20	0.20	0.28	0.66
3	表	2.65	1.33	0.88	1.38	0.23	0.31	0.94
4	表	2.73	1.37	0.91	1.23	0.21	0.30	0.74
	底	2.65	1.33	0.88	—	—	—	—
5	表	2.55	1.28	0.85	1.93	0.32	0.29	0.91
	底	2.63	1.32	0.88	—	—	—	—
6	表	2.71	1.36	0.90	1.20	0.20	0.32	0.87
7	表	2.71	1.36	0.90	1.70	0.28	0.26	0.64
	底	2.69	1.35	0.90	—	—	—	—
8	表	2.63	1.32	0.88	2.67	0.45	0.42	0.89
9	表	2.77	1.39	0.92	2.47	0.41	0.24	0.89
	5 m	2.55	1.28	0.85	—	—	—	—
	底	2.45	1.23	0.82	—	—	—	—
10	表	2.75	1.38	0.92	1.11	0.18	0.34	0.82
	底	2.33	1.17	0.78	—	—	—	—
11	表	2.65	1.33	0.88	2.58	0.43	0.20	0.29
	底	2.63	1.32	0.88	—	—	—	—
12	表	2.69	1.35	0.90	1.12	0.19	0.28	0.71
	5 m	2.41	1.21	0.80	—	—	—	—
	底	2.63	1.32	0.88	—	—	—	—
13	表	2.92	1.46	0.97	1.49	0.25	0.25	0.80
14	表	2.25	1.13	0.75	1.32	0.22	0.29	0.96
	5 m	2.69	1.35	0.90	—	—	—	—
	底	2.55	1.28	0.85	—	—	—	—
15	表	2.96	1.48	0.99	1.51	0.25	0.34	0.85
	底	2.65	1.33	4.88	—	—	—	—
16	表	2.69	1.35	0.90	1.52	0.25	0.26	0.82
17	表	2.63	1.32	0.88	1.13	0.19	0.28	0.89
	5 m	2.37	1.19	0.79	—	—	—	—
	10 m	2.31	1.16	0.77	—	—	—	—
	底	2.41	1.21	0.80	—	—	—	—
18	表	2.63	1.32	0.88	1.18	0.20	0.26	0.94
	5 m	2.63	1.32	0.88	—	—	—	—
	底	2.59	1.30	0.86	—	—	—	—
超标率/%		100	100	0	100	0	0	0

表 2.5－11 乐清湾大面站秋季水质污染指数统计（三）

站号	层次	镉	锌	砷	汞		总铬
		一类	一类	一类	一类	二、三类	一类
1	表	0.09	0.28	0.10	0.89	0.22	0.01
2	表	0.09	0.35	0.21	0.77	0.19	0.02
3	表	0.11	0.29	0.16	1.01	0.25	0.02
4	表	0.08	0.26	0.21	0.89	0.22	0.02
	底	—	—	—	—	—	—
5	表	0.09	0.24	0.10	0.89	0.22	0.02
	底	—	—	—	—	—	—
6	表	0.07	0.34	0.27	0.77	0.19	0.02
7	表	0.07	0.31	0.27	0.89	0.22	0.02
	底	—	—	—	—	—	—
8	表	0.06	0.43	0.27	1.01	0.25	0.02
4	表	0.11	0.31	0.16	0.77	0.19	0.02
	5 m	—	—	—	—	—	—
	底	—	—	—	—	—	—
10	表	0.04	0.31	0.32	0.89	0.22	0.02
	底	—	—	—	—	—	—
11	表	0.12	0.44	0.38	0.89	0.22	0.02
	底	—	—	—	—	—	—
12	表	0.08	0.24	0.43	0.89	0.22	0.02
	5 m	—	—	—	—	—	—
	底	—	—	—	—	—	—
13	表	0.10	0.26	0.32	0.77	0.19	0.02
14	表	0.09	0.19	0.27	0.77	0.19	0.02
	5 m	—	—	—	—	—	—
	底	—	—	—	—	—	—
15	表	0.07	0.20	0.16	0.65	0.16	0.02
	底	—	—	—	—	—	—
16	表	0.06	0.15	0.21	0.77	0.19	0.02
17	表	0.07	0.33	0.21	0.89	0.22	0.02
	5 m	—	—	—	—	—	—
	10 m	—	—	—	—	—	—
	底	—	—	—	—	—	—
18	表	0.06	0.34	0.16	1.01	0.25	0.02
	5 m	—	—	—	—	—	—
	底	—	—	—	—	—	—
超标率/%		0	0	0	17	0	0

表 2.5 – 12　乐清湾大面站冬季水质污染指数统计（一）

站号	层次	溶解氧	无机氮				非离子氨
		一类	一类	二类	三类	四类	一～四类
1	表	0.01	3.22	2.14	1.61	1.29	1.96
2	表	0.00	3.37	2.25	1.68	1.35	2.26
	底	0.01	3.41	2.27	1.70	1.36	2.27
3	表	0.07	3.04	2.03	1.52	1.22	1.75
4	表	0.02	3.21	2.14	1.60	1.28	3.66
	5 m	0.01	3.48	2.32	1.74	1.39	3.67
	底	0.03	3.31	2.20	1.65	1.32	1.73
5	表	0.01	4.42	2.95	2.21	1.77	2.10
	底	0.00	4.48	2.98	2.24	1.79	2.14
6	表	0.00	3.88	2.58	1.94	1.55	0.82
	底	0.01	4.01	2.67	2.00	1.60	0.84
7	表	0.09	4.81	3.20	2.40	1.92	3.41
	底	0.01	4.03	2.69	2.01	1.61	2.40
8	表	0.00	4.05	2.70	2.03	1.62	1.12
	底	0.01	3.92	2.61	1.96	1.57	0.65
9	表	0.02	4.34	2.89	2.17	1.73	2.76
	5 m	0.02	4.97	3.32	2.49	1.99	2.75
	底	0.01	5.17	3.45	2.59	2.07	2.52
10	表	0.04	4.51	3.01	2.26	1.81	0.78
	5 m	0.03	5.22	3.48	2.61	2.09	0.69
	底	0.04	4.21	2.81	2.10	1.68	0.58
11	表	0.01	4.59	3.06	2.29	1.84	1.90
12	表	0.04	4.24	2.83	2.12	1.70	1.03
	5 m	0.05	3.91	2.61	1.96	1.57	0.97
	底	0.05	3.81	2.54	1.90	1.52	0.61
13	表	0.04	6.98	4.66	3.49	2.79	1.17
14	表	0.04	3.87	2.58	1.94	1.55	0.75
	5 m	0.04	3.73	2.49	1.86	1.49	0.52
	10 m	0.04	3.53	2.35	1.76	1.41	0.86
	底	0.01	4.35	2.90	2.18	1.74	0.52
15	表	0.09	5.27	3.51	2.64	2.11	1.37
16	表	0.00	5.21	3.47	2.60	2.08	1.33
17	表	0.01	4.12	2.75	2.06	1.65	0.60
	5 m	0.03	3.09	2.06	1.54	1.24	0.67
	10 m	0.01	3.51	2.34	1.75	1.40	0.73
	底	0.00	3.49	2.33	1.75	1.40	0.56

续表

站号	层次	溶解氧	无机氮				非离子氨
		一类	一类	二类	三类	四类	一～四类
18	表	0.01	4.52	3.01	2.26	1.81	0.38
	5 m	0.02	3.48	2.32	1.74	1.39	0.68
	底	0.02	4.00	2.67	2.00	1.60	0.43
超标率/%		0	100	100	100	100	51

表 2.5－13 乐清湾大面站冬季水质污染指数统计（二）

站号	层次	活性磷酸盐			石油类		铜	铅
		一类	二、三类	四类	一、二类	三类	一类	一类
1	表	2.16	1.08	0.72	0.86	0.14	0.30	0.64
2	表	2.16	1.08	0.72	1.20	0.20	0.26	0.56
	底	2.18	1.09	0.73	–	–	–	–
3	表	2.32	1.16	0.77	1.20	0.20	0.29	0.64
4	表	2.36	1.18	0.79	0.94	0.16	0.27	0.56
	5 m	2.43	1.22	0.81	–	–	–	–
	底	2.47	1.24	0.82	–	–	–	–
5	表	2.43	1.22	0.81	1.70	0.28	0.28	0.73
	底	2.43	1.22	0.81	–	–	–	–
6	表	2.63	1.31	0.88	1.78	0.30	0.24	0.52
	底	2.65	1.32	0.88	–	–	–	–
7	表	3.06	1.53	1.02	1.98	0.33	0.29	0.59
	底	2.92	1.46	0.97	–	–	–	–
8	表	2.65	1.32	0.88	1.90	0.32	0.28	0.57
	底	2.67	1.33	0.89	–	–	–	–
9	表	2.86	1.43	0.95	1.04	0.17	0.24	0.67
	5 m	2.84	1.42	0.95	–	–	–	–
	底	2.84	1.42	0.95	–	–	–	–
10	表	2.71	1.35	0.90	1.90	0.32	0.34	0.61
	5 m	2.69	1.34	0.90	–	–	–	–
	底	2.71	1.35	0.90	–	–	–	–
11	表	2.92	1.46	0.97	0.28	0.05	0.46	0.35
12	表	2.86	1.43	0.95	0.68	0.11	0.38	0.46
	5 m	2.75	1.37	0.92	–	–	–	–
	底	2.80	1.40	0.93	–	–	–	–
13	表	2.84	1.42	0.95	0.76	0.13	0.27	0.47

续表

站号	层次	活性磷酸盐			石油类		铜	铅
		一类	二、三类	四类	一、二类	三类	一类	一类
14	表	2.84	1.42	0.95	1.08	0.18	0.37	0.70
	5 m	2.61	1.30	0.87	–	–	–	–
	10 m	2.78	1.39	0.93	–	–	–	–
	底	2.65	1.32	0.88	–	–	–	–
15	表	3.33	1.66	1.11	0.90	0.15	0.32	0.44
16	表	2.90	1.45	0.97	0.36	0.06	0.29	0.49
17	表	2.78	1.39	0.93	2.10	0.35	0.38	0.58
	5 m	2.57	1.29	0.86	—	—	—	—
	10 m	2.75	1.37	0.92	—	—	—	—
	底	2.71	1.35	0.90	—	—	—	—
18	表	2.61	1.30	0.87	0.72	0.12	0.51	0.71
	5 m	2.78	1.39	0.93	—	—	—	—
	底	2.67	1.33	0.89	—	—	—	—
超标率/%		100	100	5	56	0	0	0

表 2.5－14　乐清湾大面站冬季水质污染指数统计（三）

站号	层次	镉	锌	砷	汞		总铬
		一类	一类	一类	一类	二、三类	一类
1	表	0.15	0.38	0.33	1.27	0.32	0.01
2	表	0.12	0.43	0.24	0.97	0.24	0.02
	底	—	—	—	—	—	—
3	表	0.15	0.51	0.19	0.97	0.24	0.02
4	表	0.10	0.44	0.19	0.83	0.21	0.02
	5 m	—	—	—	—	—	—
	底	—	—	—	—	—	—
5	表	0.13	0.46	0.15	0.83	0.21	0.02
	底	—	—	—	—	—	—
6	表	0.10	0.56	0.33	0.68	0.17	0.02
	底	—	—	—	—	—	—
7	表	0.11	0.43	0.42	0.68	0.17	0.02
	底	—	—	—	—	—	—
8	表	0.08	0.43	0.33	0.83	0.21	0.02
	底	—	—	—	—	—	—
9	表	0.13	0.39	0.19	0.83	0.21	0.02
	5 m	—	—	—	—	—	—
	底	—	—	—	—	—	—

续表

站号	层次	镉	锌	砷	汞		总铬
		一类	一类	一类	一类	二、三类	一类
10	表	0.10	0.44	0.28	0.83	0.21	0.02
	5 m	—	—	—	—	—	—
	底	—	—	—	—	—	—
11	表	0.09	0.47	0.37	0.68	0.17	0.02
12	表	0.09	0.44	0.28	0.83	0.21	0.02
	5 m	—	—	—	—	—	—
	底	—	—	—	—	—	—
13	表	0.13	0.46	0.33	0.83	0.21	0.02
14	表	0.11	0.60	0.10	0.97	0.24	0.02
	5 m	—	—	—	—	—	—
	10 m	—	—	—	—	—	—
	底	—	—	—	—	—	—
15	表	0.19	0.55	0.19	0.68	0.17	0.02
16	表	0.16	0.49	0.19	0.83	0.21	0.02
17	表	0.10	0.56	0.19	0.83	0.21	0.02
	5 m	—	—	—	—	—	—
	10 m	—	—	—	—	—	—
	底	—	—	—	—	—	—
18	表	0.10	0.47	0.15	0.97	0.24	0.02
	5 m	—	—	—	—	—	—
	底	—	—	—	—	—	—
超标率/%		0	0	0	3	0	0

pH 值：全年的全部测值符合一类海水水质标准。

溶解氧：夏季一类超标率为7%，符合二类海水水质标准；春季、秋季、冬季的全部测值均符合一类海水水质标准。

石油类：春季、秋季一类和二类超标率100%；夏季一类和二类超标率为67%；冬季一类和二类超标率56%。全年全部测值均符合三类海水水质标准。

无机氮：春季、冬季四类超标率100%；夏季一类超标率100%，二类超标率54%，三类超标率24%，四类超标率2%；秋季一类和二类超标率100%，三类超标率97%，四类超标率77%。

非离子氨：春季四类超标率为20%；夏季四类超标率为24%；秋季测值均符合四类海水水质标准；冬季四类超标率为51%。

活性磷酸盐：春季一类超标率100%，二类和三类超标率66%，均符合四类海水水质标准；夏季一类超标率100%，二类和三类超标率28%，四类超标率2%；秋季二类和三类超标率100%，但均符合四类海水水质标准；冬季二类和三类超标率100%，四类超标率5%。

铜：全年的全部测值均符合一类海水水质标准。

铅：全年的全部测值均符合一类海水水质标准。

锌：全年的全部测值均符合一类海水水质标准。

镉：全年调查海区含量普遍很低，均符合一类海水水质标准。

汞：春季一类超标率5%，均符合二类和三类海水水质标准；夏季汞一类超标率44%；秋季一类超标率17%；冬季一类超标率3%。全年测值汞含量均符合二类和三类海水水质标准。

砷：调查海区砷含量低，全年全部测值均符合一类海水水质标准。

总铬：调查海区总铬含量全部很低，全年全部测值均符合一类海水水质标准。

总之，调查区无机氮和活性磷酸盐污染严重，大部分海区已处于四类和劣四类水质状态；石油类也有所污染，大部分海区处于三类水质状态；非离子氨污染较严重，部分海域已处于劣四类水质状态；汞也有部分海区水质处于二类水质状态；其他水环境因子测值普遍较低，均在一类水质状态。在时间分布上，无机氮、活性磷酸盐和石油类在夏季都较低，而汞则在夏季较高，这表明水温对这几种水环境因子有影响。

3.5.1.2 沉积物化学

1）调查结果

沉积物质量调查结果见表2.5-15。

表 2.5-15 乐清湾沉积物质量调查结果统计   单位：$\times 10^{-6}$（干重）

项目	春季		秋季	
	范围	平均值	范围	平均值
石油类	4.69~32.52	20.66	20.55~48.38	32.50
硫化物	3.16~18.62	12.10	2.77~20.65	13.35
有机碳/%	1.14~1.35	1.26	1.06~1.34	1.21
总氮	350~693	589	367~778	588
总磷	156~220	190	187~268	250
铜	24~54	44	24~70	48
铅	28~34	31	35~48	42
镉	0.12~0.30	0.19	0.07~0.24	0.13
锌	105~131	123	103~145	124
砷	9.4~18.0	15.6	8.2~17	15.2
汞	0.044~0.071	0.057	0.042~0.055	0.049
总铬	94~115	106	47~74	61

石油类：春季石油类含量范围为 4.69×10^{-6} ~ 32.52×10^{-6}，平均 20.66×10^{-6}，YQ14站最大，YQ15站最小。

秋季石油类含量范围为 20.55×10^{-6} ~ 48.38×10^{-6}，平均 32.50×10^{-6}，YQ05站最大，YQ14站最小。

硫化物：春季硫化物含量范围为 3.16×10^{-6} ~ 18.62×10^{-6}，平均 12.10×10^{-6}，YQ14站最大，YQ11站最小。

秋季硫化物含量范围为 $2.77 \times 10^{-6} \sim 20.65 \times 10^{-6}$，平均 13.35×10^{-6}。YQ18 站最大，YQ11 站最小。

有机碳：春季有机碳含量范围为 $1.14\% \sim 1.35\%$，平均 1.26%，YQ14 站最大，YQ11 站最小。

秋季有机碳含量范围为 $1.06 \times 10^{-2} \sim 1.34 \times 10^{-2}$，平均 1.21×10^{-2}。YQ04 站最大，YQ14 站最小。

总氮：春季总氮含量范围为 $350 \times 10^{-6} \sim 693 \times 10^{-6}$，平均 589×10^{-6}，YQ05 站最大，YQ15 站最小。

秋季总氮含量范围为 $367 \times 10^{-6} \sim 787 \times 10^{-6}$，平均 588×10^{-6}。YQ05 站最大，YQ15 站最小。

总磷：春季总磷含量范围为 $156 \times 10^{-6} \sim 220 \times 10^{-6}$，平均 190×10^{-6}，YQ01 站最大，YQ11 站最小。

秋季总磷含量范围为 $187 \times 10^{-6} \sim 268 \times 10^{-6}$，平均 250×10^{-6}。YQ18 站最大，YQ14 站最小。

铜：春季铜含量范围为 $24 \times 10^{-6} \sim 54 \times 10^{-6}$，平均 44×10^{-6}，YQ11 站最大，YQ15 站最小。

秋季铜含量范围为 $24 \times 10^{-6} \sim 70 \times 10^{-6}$，平均 48×10^{-6}。YQ11 站最大，YQ15 站最小。

铅：春季铅含量范围为 $28 \times 10^{-6} \sim 34 \times 10^{-6}$，平均 31×10^{-6}，YQ04 站最大，YQ15 站最小。

秋季铅含量范围为 $35 \times 10^{-6} \sim 48 \times 10^{-6}$，平均 42×10^{-6}。YQ05 站最大，YQ15 站最小。

镉：春季镉含量范围为 $0.12 \times 10^{-6} \sim 0.30 \times 10^{-6}$，平均 0.19×10^{-6}，YQ11 站最大，YQ15 站最小。

秋季镉含量范围为 $0.07 \times 10^{-6} \sim 0.24 \times 10^{-6}$，平均 0.13×10^{-6}，YQ11 站最大，YQ15 站最小。

锌：春季锌含量范围为 $105 \times 10^{-6} \sim 131 \times 10^{-6}$，平均 123×10^{-6}，YQ07 站最大，YQ15 站最小。

秋季锌含量范围为 $103 \times 10^{-6} \sim 145 \times 10^{-6}$，平均 124×10^{-6}，YQ11 站最大，YQ15 站最小。

砷：春季砷含量范围为 $9.4 \times 10^{-6} \sim 18.0 \times 10^{-6}$，平均 15.6×10^{-6}，YQ01 站最大，YQ15 站最小。

秋季砷含量范围为 $8.2 \times 10^{-6} \sim 17 \times 10^{-6}$，平均 15.2×10^{-6}，YQ01 站最大，YQ15 站最小。

汞：春季汞含量范围为 $0.044 \times 10^{-6} \sim 0.071 \times 10^{-6}$，平均 0.057×10^{-6}，YQ18 站最大，YQ09 站最小。

秋季汞含量范围为 $0.042 \times 10^{-6} \sim 0.055 \times 10^{-6}$，平均 0.049×10^{-6}，YQ04 站最大，YQ11 站最小。

铬：春季铬含量范围为 $94 \times 10^{-6} \sim 115 \times 10^{-6}$，平均 106×10^{-6}，YQ09 站最大，YQ15 站最小。

秋季铬含量范围为 $47 \times 10^{-6} \sim 74 \times 10^{-6}$，平均 61×10^{-6}，YQ11 站最大，YQ15 站最小。

2）现状评价

沉积物质量评价采用单因子污染指数法，评价标准采用《海洋沉积物质量》（GB 18668—2002）的一类标准，对于未列入该标准的总氮、总磷，引用加拿大安大略省沉积物质量指南中的标准（表2.5－16）。沉积物质量各项指标的污染指数计算结果见表2.5－17（春季航次）和表2.5－18（秋季航次）。

表2.5－16　乐清湾沉积物质量评价标准　　　　　　　　　　单位：×10⁻⁶

指标	石油类 ≤	硫化物 ≤	有机碳 /% ≤	总氮 ≤	总磷 ≤	铜 ≤	铅 ≤	镉 ≤	锌 ≤	汞 ≤	砷 ≤	铬 ≤
标准	500	300	2	550	600	35	60	0.5	150	0.2	20	80

表2.5－17　乐清湾表层沉积物单因子评价指数（春季）

站位	石油类	硫化物	有机碳	总氮	总磷	铜	铅	镉	锌	汞	砷	铬
YQ01	0.03	0.04	0.65	1.16	0.37	1.26	0.52	0.36	0.81	0.32	0.90	1.28
YQ04	0.04	0.05	0.64	1.06	0.35	1.37	0.57	0.44	0.86	0.29	0.90	1.38
YQ05	0.06	0.02	0.63	1.26	0.33	1.09	0.52	0.42	0.75	0.30	0.80	1.18
YQ07	0.05	0.03	0.66	1.15	0.34	1.51	0.53	0.38	0.87	0.28	0.80	1.43
YQ09	0.05	0.03	0.67	1.14	0.30	1.37	0.55	0.36	0.86	0.22	0.85	1.44
YQ11	0.04	0.01	0.57	1.02	0.26	1.54	0.47	0.60	0.87	0.25	0.70	1.41
YQ14	0.07	0.06	0.68	1.18	0.26	1.43	0.55	0.36	0.87	0.26	0.80	1.44
YQ15	0.01	0.06	0.58	0.64	0.31	0.69	0.47	0.24	0.70	0.32	0.47	1.18
YQ18	0.03	0.06	0.62	1.02	0.34	1.17	0.52	0.34	0.77	0.36	0.80	1.23
超标率/%	0	0	0	89	0	89	0	0	0	0	0	100

表2.5－18　乐清湾表层沉积物单因子评价指数（秋季）

站位	石油类	硫化物	有机碳	总氮	总磷	铜	铅	镉	锌	汞	砷	铬
YQ01	0.04	0.05	0.60	1.10	0.43	1.31	0.72	0.26	0.82	0.22	0.85	0.83
YQ04	0.07	0.07	0.67	1.18	0.42	1.49	0.77	0.30	0.87	0.28	0.85	0.79
YQ05	0.10	0.04	0.66	1.43	0.42	1.54	0.80	0.26	0.87	0.26	0.85	0.80
YQ07	0.07	0.02	0.62	1.18	0.44	1.43	0.72	0.26	0.84	0.26	0.80	0.79
YQ09	0.09	0.03	0.60	1.03	0.43	1.40	0.73	0.22	0.81	0.25	0.85	0.76
YQ11	0.08	0.01	0.63	1.22	0.42	2.00	0.72	0.48	0.97	0.21	0.70	0.93
YQ14	0.04	0.06	0.53	0.80	0.31	1.26	0.65	0.24	0.76	0.26	0.75	0.66
YQ15	0.05	0.06	0.59	0.67	0.42	0.69	0.58	0.14	0.69	0.26	0.41	0.59
YQ18	0.05	0.07	0.54	1.00	0.45	1.34	0.68	0.24	0.80	0.23	0.80	0.74
超标率/%	0	0	0	78	0	89	0	0	0	0	0	0

春季9个沉积物测站中，总氮、铜和铬有超标现象，其中：重金属铬一类标准超标率为100%；总氮、铜一类标准超标率均为89%，两个因子均在YQ15站没超标。但上述各项指标均未超出二类沉积物质量标准。石油类、硫化物、有机碳、总磷、铅、镉、锌、汞、砷等则

符合一类沉积物质量标准。

秋季 9 个沉积物测站中，总氮和铜有超标现象：总氮超标率为 78%，只有 YQ14 和 YQ15 两个站点测值符合一类沉积物质量标准；铜超标率为 89%，只有 YQ15 站符合一类沉积物质量标准。石油类、硫化物、有机碳、总磷、铅、镉、锌、汞、砷、铬等各个站点测值全部符合一类沉积物质量标准。

2.5.1.3 主要污染物质入海量

陆源污染是造成我国近岸海域污染的重要原因。陆源污染源按空间分布可分为点源和非点源。一般认为，点源是指有固定排污口的工业污染源；非点源则主要包括生活污染、畜禽粪便污染、农业化肥污染和水土流失引起的污染 4 个方面。陆源污染物随地表径流、入海排污口排放等方式进入海洋，带来有机质、营养盐、油类、重金属等大量污染物，造成海域环境质量下降。

海水养殖污染是近岸海域污染的另一重要原因。海水养殖中投放的饵料不能被充分利用，残饵、养殖生物排泄物、生物体残骸等的分解大量消耗溶解氧，并为水体带来丰富的营养盐和有机质，造成水质恶化并污染底质。同时，丰富的营养盐使得浮游植物大量繁殖，易引发赤潮。

乐清湾沿岸地区人口稠密，工业发达，海水养殖业兴盛，因此乐清湾的污染主要来自于陆源污染和海水养殖污染两大部分。

1）工业污染

乐清湾沿岸三县市工业废水排放达标率较高，2005 年乐清市工业废水排放达标率达100%，温岭市工业废水排放达标率达 96%，玉环县工业废水排放达标率达 92%。一般情况下，工业废水经处理达标后，废水中残留的有机成分多为难降解有机物，在自然条件下较难通过生物作用等进一步净化，其去除多表现为吸附等物理作用，考虑上述因素，化学需氧量入海量以其排放量的 80% 计。

工业污染物排放状况根据汇水区各乡镇的实际调查结果确定。因按乡镇调查的数据获取难度较大，只得到部分乡镇的工业化学需氧量排放量。在此不再对工业污染源做进一步的推算，这是因为：①研究区大部分属于农村地区，工业污染源较少；②大量研究结果表明，工业污染源在近岸海域污染中的污染负荷总量相对较小，不会对陆源污染的总体估算结果造成太大的影响。如由荷兰、英国 3 家国际咨询公司于 1996 年完成的世界银行"杭州湾环境研究项目"，在对长江口、杭州湾及舟山渔场地区大范围河口海洋区域作了详细调查后认为：入海无机氮的 75% 来自粪肥和化肥，20% 来自生活和其他（非人为的陆上污染源），而只有 5% 来自工业；入海总磷的 27% 来自粪肥和化肥，14% 来自生活，59% 来自其他（指由于水土流失而进入水中附着于土壤上的磷），工业来源几乎为零。陈克亮等对 2005 年厦门市海岸带及其近岸海域污染负荷的估算表明，在工业废水、生活污水、农田废水、禽畜养殖废水、旅游业废水等各种污染源中，来自工业废水的污染物所占比例较低，化学需氧量占污染物总量的16.2%，氨氮占总量的 16.7%，总磷占总量的 6.9%。

2）生活污染

生活污染包括生活污水和人粪尿污染。近年来，随着工业废水处理率和达标排放率的不断提高，以及人们生活水平的改善，生活污染在陆源污染中所占的比例越来越大，在不少地区已超过工业废水，成为对环境质量的主要威胁。

生活污染的产生量有两种计算方法：一是排污系数法，即由试验研究得到的人均排污系数乘以人口得到；二是综合污水法，即根据调查得到人均综合用水量，再乘以人口和多年平均生活污水水质得到。本研究采用第一种方法。

生活污水入海量的计算应考虑到其产生量的处理率和净化率。因研究区尚无生活污水处理厂，处理率主要指化粪池的处理率；净化率是指污染物在入海前发生的物理、化学和生物的自然净化作用。参照文献中参数的确定和研究的经验，考虑到乐清湾周边陆域以农村居民为主，城镇居民所占比例小，人粪尿以10%进入水环境计算。生活污水的化粪池处理率和自然净化率分别以25%和30%计。

3）禽畜养殖污染

禽畜养殖污染也是农业面源污染的重要组成部分。和生活污染计算类似，畜禽养殖污染也采用排污系数法。根据原国家环保总局文件《关于减免家禽业排污费等有关问题的通知》（环发〔2004〕43号）中附表2禽畜养殖排污系数表，确定各类禽畜的污染物排放系数。

羊和兔因缺乏相关资料，根据浙江省地方标准《畜禽养殖业污染物排放标准》（DB 33/593—2005）中"对具有不同畜禽种类的养殖场和养殖区，其规模可将鸡、鸭、牛等畜禽种类的养殖量换算成猪的养殖量，换算比例为：30只蛋鸡、30只鸭、15只鹅、60只肉鸡、30只兔、3只羊折算成1头猪，1头奶牛折算成10头猪，1头肉牛折算成5头猪。根据换算后的总养殖量确定畜禽养殖场和养殖区的规模级别，并按本标准的规定执行"，在本书中将羊的污染物排放系数按猪的1/3计算，将兔的排放系数按家禽的排放系数计算（表2.5-19至表2.5-21）。

表2.5-19　畜禽粪便排泄系数

项目	单位	牛	猪	鸡	鸭
粪	kg/d	20.0	2.0	0.12	0.13
	kg/a	7 300.0	398.0	25.2	27.3
尿	kg/d	10.0	3.3	—	—
	kg/a	3 650.0	656.7	—	—
饲养周期	d	365	199	210	210

表2.5-20　畜禽粪便中污染物平均含量　　　　　　　　　单位：kg/t

项目	化学需氧量	生化需氧量	氨氮	总磷	总氮
牛粪	31.0	24.53	1.7	1.18	4.37
牛尿	6.0	4.0	3.5	0.40	8.0
猪粪	52.0	57.03	3.1	3.41	5.88

项目	化学需氧量	生化需氧量	氨氮	总磷	总氮
猪尿	9.0	5.0	1.4	0.52	3.3
鸡粪	45.0	47.9	4.78	5.37	9.84
鸭粪	46.3	30.0	0.8	6.20	11.0

表2.5－21　各禽畜污染物排放系数　　　　　　　　单位：kg/（a·头）

禽畜种类	化学需氧量	生化需氧量	总磷	总氮
牛	248.20	193.67	10.07	61.10
羊	8.87	8.66	0.57	1.50
猪	26.61	25.98	1.70	4.51
家禽	1.20	1.01	0.15	0.27
兔	1.20	1.01	0.15	0.27

和生活污染一样，计算禽畜污染物的入海量，要考虑各污染物的流失率和降解率。丁训静等在"太湖流域污染负荷模型研究"中通过调查和试验得到禽畜粪尿中污染物的流失率为5.06%～19.44%；刘智慧在"畜牧业对大伙房水库水质的影响"研究中通过调查得出该水库上游地区禽畜粪尿总体流失率在10%左右，在此取禽畜污染物流失率为15%。参考《宁波市象山港海洋环境容量及总量控制研究报告》，禽畜污染物的自然降解率取50%。计算得各禽畜污染物入海系数（表2.5－22）。将入海系数乘以调查得到的各汇水区的畜禽数，即可计算得出畜禽污染物入海总量。

表2.5－22　各禽畜污染物入海系数　　　　　　　　单位：kg/（a·头）

禽畜种类	化学需氧量	生化需氧量	总磷	总氮
牛	18.62	14.53	0.76	4.58
羊	0.67	0.65	0.04	0.11
猪	2.00	1.95	0.13	0.34
家禽	0.09	0.08	0.01	0.02
兔	0.09	0.08	0.01	0.02

4）农业化肥污染

化学肥料施入土壤后，通过淋溶、挥发、地表径流等方式损失，进入到土壤、水体或大气中，只有小部分被作物吸收。因此，农业化肥污染也是农村地区面源污染的重要组成之一。

调查资料给出了各乡镇的水田、旱地和园地面积，据参考文献"浙江省化肥、农药污染状况及防治对策研究"，2000年浙江省施用化肥水田面积占水田总面积的98.7%，施用化肥旱地面积占旱地总面积的94.4%，施用化肥园地面积占园地总面积的88.4%，单位面积氮肥、磷肥施用情况见表2.5－23。

表 2.5 – 23　化肥施用量　　　　　　　　　　　　　　单位：kg/hm²

项目	水田	旱田	园地
氮肥施用量（折纯）	313.69	257.47	231.79
磷肥施用量（折纯）	88.15	92.18	67.22

根据文献，氮肥、磷肥流失率分别取 20% 和 4.5%。计算时认为流失即进入水体。

由表 2.5 – 24 可见，内湾、中湾、外湾化学需氧量入海量分别占全湾的 50.1%、4.9% 和 45.0%；生化需氧量入海量分别占全湾的 46.1%、5.4% 和 48.4%；总氮入海量分别占全湾的 51.4%、5.8% 和 42.8%；总磷入海量分别占全湾的 50.7%、5.8% 和 43.4%。大致上以内湾所接纳的陆源污染物最多，外湾次之，中湾最少。内湾和外湾所接纳污染物之和占全湾的 90% 以上。

表 2.5 – 24　乐清湾各海区陆源污染估算结果　　　　　　　　　　单位：t/a

海区	汇水区	化学需氧量	生化需氧量	总氮	总磷
内湾	4	1 490.15	470.67	452.47	53.93
	5	2 264.36	547.51	493.99	57.95
	6	810.22	205.25	226.08	26.44
	7	856.72	276.22	285.99	37.59
	8	954.94	293.04	280.20	32.44
	合计	6 376.39	1 792.69	1 738.73	208.35
中湾	3	446.31	161.82	137.59	17.19
	9	177.77	52.98	60.18	6.84
	合计	624.08	214.80	197.77	24.03
外湾	1	2 629.77	1 017.44	696.79	86.73
	2	2 499.13	679.76	625.94	72.46
	10	605.25	183.48	123.44	19.35
	合计	5 734.15	1 880.68	1 446.17	178.54
全湾合计		12 734.62	3 888.17	3 382.67	410.92

5）海水养殖污染

乐清湾自然条件良好，海水养殖业发达。养殖残饵、养殖生物排泄物、生物体残骸等排放、沉积可加重水体营养度，引起水体富营养化，恶化底质，导致海域环境质量下降，并进一步引起养殖海域生态系统的紊乱、失衡等。

根据海水养殖污染对海域环境的影响分析，确定其主要污染因子为总氮、总磷和有机质（以化学需氧量表示）。

（1）鱼类养殖污染

网箱养鱼是完全依靠人工投饵的精养方式，其养殖密度高，投饵量大，养殖过程中的残饵及鱼类代谢过程中的可溶性废物流失到海水中，影响海水质量。网箱养鱼对水体的影响主要是残饵和有机代谢物。

对网箱养殖大马哈鱼的研究结果表明，投入的饲料约有80%的氮被鱼类直接摄食，摄食的部分中仅有约25%的氮用于鱼类生长，还有65%用于液态排泄、10%作为粪便排出体外。其他研究认为有52%~95%的氮进入水体。杨逸萍等研究发现以饵料和鱼苗形式人为输入海水网箱养鱼系统中的氮只有27%~28%通过鱼的收获而回收，有23%积累于沉积物中。国家海洋局第二海洋研究所（2000年）对象山港内主要养殖品种鲈鱼进行的研究表明，鲈鱼对饵料的摄食率为62.6%~82.2%，年平均为71.81%（低于Gowen等的结果）；平均排粪率（以POC记）为6.52%（此数据除以71.81%得9.08%，与Gowen等的结果接近）；但未做鱼类对饵料的真正利用率和鱼类的液态排泄率。宁波水产所也曾经做过大黄鱼对饵料的摄食率（膨化饲料92.89%，鱼浆饲料31.41%），但也未做鱼类对饵料的真正利用率。

综上所述，鱼类对饵料中碳、氮和磷的真正利用率取24%，未利用的碳、氮、磷最终有51%溶解在水中，25%以颗粒态沉于底部。

根据鱼类网箱养殖过程中饵料转移情况，分析养殖过程中残饵及有机废物的产出量。计算公式如下：

总投入饵料中氮、磷、碳的量 $T = TF \times K$

进入水体的氮、磷、碳的量 $UM = T \times 51\%$

式中：TF 表示总的投饵量；K 表示氮、磷、碳在饵料中的百分率。

参考象山港5种常用饵料的实测结果，饵料中的含量分别为：碳33.2%~64.7%，平均44.4%；磷0.7%~1.4%，平均1.04%；并参考厦门大学环科中心实验数据海马牌对虾配合饵料的含量为：氮6.83%，磷1.09%；在此取乐清湾氮、磷、碳在饵料中的百分率为：$K_N = 7\%$，$Kp = 1.04\%$，$Kc = 44.4\%$。

由公式：$C_nH_{2n+2} + \left(n + \dfrac{n+1}{2}\right)O_2 \rightarrow nCO_2 + (n+1)H_2O$，所以1个碳原子（原子量12）相当于3个氧原子（原子量48），所以由碳的量 $\times 48/12 = COD_{Cr}$ 的量。

则各污染物的计算公式为（TF 为投饵量）：

$COD_{Cr} = TF \times 44.4\% \times 51\% \times 48/12$；

$TN = TF \times 7\% \times 51\%$；

$TP = TF \times 1.04\% \times 51\%$。

鱼类养殖周期为1~12个月。养殖的日平均产量中，冬季（12月、1月、2月，即90 d）为春、夏、秋季（3—11月，即275 d）的20%；考虑污染源强与产量大致成正比，因此假设鱼类年污染源强为 A，春、夏、秋季日平均污染源强为 X。则鱼类各污染因子日平均污染源强可根据公式：$275X + 90 \times (20\% \cdot X) = A$。即春、夏、秋季日平均污染源强 X = 年污染源强 $A/293$ 进行计算，冬季日平均污染源强量 = 20%X。

（2）虾蟹类养殖污染

目前对虾养殖多采用半精养或精养的围塘养殖方式，主要依靠人工投饵，饵料多为人工配合饵料或鲜活饵料等高蛋白物质。与鱼类养殖相似，其投喂的饵料也只有部分被对虾摄食。据报道，即使在管理水平很高的养虾场，也仍会有高达30%的饵料没有被虾摄食。这些残饵和对虾的排泄物等部分溶于海水或经微生物分解产生可溶性营养物质进入养殖水体，还有一部分则沉积于底泥中。而富集于底泥中的这些污染物，在一定条件下又会重新释放出来，回归水体，成为水体污染的重要内源之一。

据报道，在对虾养殖中，人工投放的饵料中仅 19% 转化为虾体内的氮，其余大部分约 62% ~ 68% 积累于虾池底部淤泥中，此外尚有 8% ~ 12% 以悬浮颗粒氮、溶解有机氮、溶解无机氮等形式存在于水中。虾池残饵和排泄物所溶出的营养盐和有机质是影响养殖水环境营养水平以及造成虾池自身污染的重要因子。

综上所述，虾类投喂饵料中的碳、氮、磷，取 65% 积累于虾池底部淤泥中，取 10% 溶解在水中，所以有 25% 被虾所利用，其中 19% 转化为虾体，6% 作为排泄物排出，因此溶解在水体中的氮的百分含量为 16%（残饵与排泄物溶出之和）。蟹类由于缺乏相关数据，各数据取值情况同虾类。氮、磷、碳在饵料中的百分率同鱼类，即 $K_N = 7\%$，$K_P = 1.04\%$，$K_C = 44.4\%$。

则虾蟹类养殖各污染物的计算公式为：

$COD_{Cr} = TF \times 44.4\% \times 16\% \times 48/12$；

$TN = TF \times 7\% \times 16\%$；

$TP = TF \times 1.04\% \times 16\%$。

虾、蟹类养殖周期为 3—11 月（春、夏、秋季），则虾、蟹类各污染因子日污染源强 = 年污染源强/275。

（3）贝类养殖污染

贝类以滤食水体中浮游植物、有机颗粒等为生，其养殖不需要人工投饵。研究表明，贻贝养殖会滤掉海区 35% ~ 40% 的浮游生物和有机碎屑，这在一定程度上减少了水体的营养负荷，阻断局部氮循环、刺激初级生产、延缓水体的富营养化。但贝类养殖有内源代谢问题，在养殖过程中会排出大量粪便和假粪，即富含有机物的颗粒。其排泄物约 80% 是可溶性物质，其余为悬浮物。因此，贝类的代谢物会增加水体中氮、磷和碳的含量。贝类粪便和排泄物的长期积累，还会导致养殖区底质发生一系列的物理化学变化，如造成底质缺氧，加快硝酸盐的还原反应和硝化反应等，进而导致底栖生物群落结构的改变。

Kautshy 和 Evans 研究了自然种群贻贝污染物排泄情况，结果显示每年每克干重贻贝产生的粪便干重量约 1.76 g，其中含氮 0.001 7 g、磷 0.000 26 g。Rodhouse 研究了同种贻贝筏式养殖中的粪便产生情况，结果表明贻贝筏式养殖每年每平方米产生 8.5 kg 碳和 1.1 kg 氮，其碳/氮比值约为 8。楠木丰对长牡蛎的研究结果表明在 10 个月的养殖周期内，1 台筏（长 200 m）将产生 19.3 t 干重的粪便物，其碳/氮比值在 6 ~ 10 间。

根据上述文献，养殖贝类排泄物参考值为氮 0.001 7（t/t 贝）、磷 0.000 26（t/t 贝）。根据 Redfield 比值，C:N:P = 106:16:1，即质量比为 C:N:P =（106 × 12）:（16 × 14）:（1 × 31）= 41:7:1，由此估算贝类排泄物中碳含量为 0.010 7（t/t 贝）。

则贝类养殖中各污染物计算公式如下：

$COD_{Cr} = $ 贝类养殖量 $\times 0.010\ 7 \times 48/12$；

$TN = $ 贝类养殖量 $\times 0.001\ 7$；

$TP = $ 贝类养殖量 $\times 0.000\ 26$。

贝类养殖周期同鱼类，也是 1—12 月，日污染源强估算方法同鱼类，即春、夏、秋季日平均污染源强 $X = $ 年污染源强 $A/293$ 进行计算，冬季日平均污染源强 = 20% X。

（4）估算结果

乐清湾沿岸各乡镇海水养殖污染源强的估算结果见表2.5-25，化学需氧量、总氮、总磷的海源源强及其组成见图2.5-2至图2.5-4。

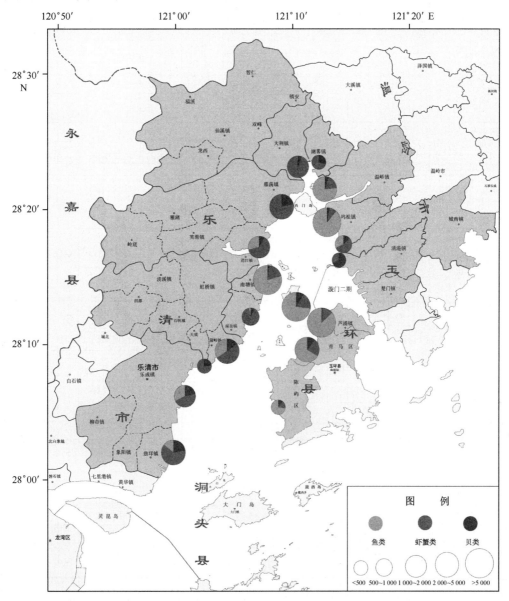

图2.5-2　乐清湾沿岸各乡镇化学需氧量海源源强及其组成

各乡镇中，坞根镇、南塘镇、芦浦镇、海山乡化学需氧量源强较大，均在5 000 t/a以上，源强组成中以鱼类养殖污染源强所占比例较大，占总源强一半以上；湖雾镇、珠港镇陈屿区、清港镇、天成乡化学需氧量源强较小，小于500 t/a，这些乡镇基本无鱼类养殖或鱼类养殖较少。

表 2.5-25　乐清湾沿海各乡镇海水养殖污染估算结果

单位：t/a

海区	乡镇	鱼类			虾蟹类			贝类			合计		
		化学需氧量	总氮	总磷	化学需氧量	总氮	总磷	化学需氧量	总氮	总磷	化学需氧量	总氮	总磷
内湾	湖雾镇	0.00	0.00	0.00	132.09	5.21	0.77	55.08	2.19	0.33	187.17	7.40	1.10
	大荆镇	11.77	0.46	0.07	1 310.13	51.64	7.67	78.69	3.13	0.48	1 400.59	55.23	8.22
	雁荡镇	0.00	0.00	0.00	1 569.47	61.86	9.19	434.34	17.25	2.64	2 003.81	79.11	11.83
	清江镇	518.04	20.42	3.03	1 127.57	44.44	6.60	149.82	5.95	0.91	1795.43	70.81	10.54
	南塘镇（部分）	2 825.70	111.37	16.55	698.02	27.51	4.09	56.65	2.25	0.34	3 580.37	141.13	20.98
	温峤镇	1 954.44	77.03	11.44	472.51	18.62	2.77	132.82	5.28	0.81	2 559.77	100.93	15.02
	坞根镇	9 324.80	367.53	54.60	880.58	34.71	5.16	283.27	11.25	1.72	10 488.65	413.49	61.48
	城南镇	200.15	7.89	1.17	335.05	13.21	1.96	78.69	3.13	0.48	613.89	24.23	3.61
	清港镇	0.00	0.00	0.00	84.30	3.32	0.49	187.68	7.45	1.14	271.98	10.77	1.63
	海山乡（部分）	1 966.21	77.50	11.51	512.78	20.21	3.00	209.62	8.33	1.27	2 688.61	106.04	15.78
	合计	16 801.11	662.20	98.37	7 122.5	280.73	41.70	1 666.66	66.21	10.12	25 590.27	1 009.14	150.19
中湾	南塘镇（部分）	3 334.87	131.44	19.53	752.71	29.67	4.41	81.60	3.24	0.50	4 169.18	164.35	24.44
	南岳镇	27.79	1.10	0.16	666.44	26.27	3.90	53.04	2.11	0.32	747.27	29.48	4.38
	海山乡（部分）	2 320.51	91.46	13.59	552.95	21.79	3.24	301.92	11.99	1.83	3 175.38	125.24	18.66
	芦浦镇	5 455.28	215.02	31.95	781.08	30.79	4.57	55.12	2.19	0.33	6 291.48	248	36.85
	珠港镇（部分）	2 362.20	93.10	13.83	800.77	31.56	4.69	400.11	15.89	2.43	3 563.08	140.55	20.95
	合计	13 500.65	532.12	79.06	3 553.95	140.08	20.81	891.79	35.42	5.41	17 946.39	707.62	105.28
外湾	蒲岐镇	896.46	35.33	5.25	1 357.86	53.52	7.95	390.04	15.49	2.37	2 644.36	104.34	15.57
	天成乡	0.00	0.00	0.00	239.62	9.44	1.40	74.69	2.97	0.45	314.31	12.41	1.85
	乐成镇	463.68	18.28	2.72	663.95	26.17	3.89	307.52	12.21	1.87	1 435.15	56.66	8.48
	翁垟镇	432.77	17.06	2.53	1 887.02	74.38	11.05	668.51	26.55	4.06	2 988.3	117.99	17.64
	珠港镇（部分）	154.56	6.09	0.91	36.44	1.44	0.21	21.44	0.85	0.13	212.44	8.38	1.25
	合计	1 947.47	76.76	11.41	4 184.89	164.95	24.50	1 462.2	58.07	8.88	7 594.56	299.78	44.79

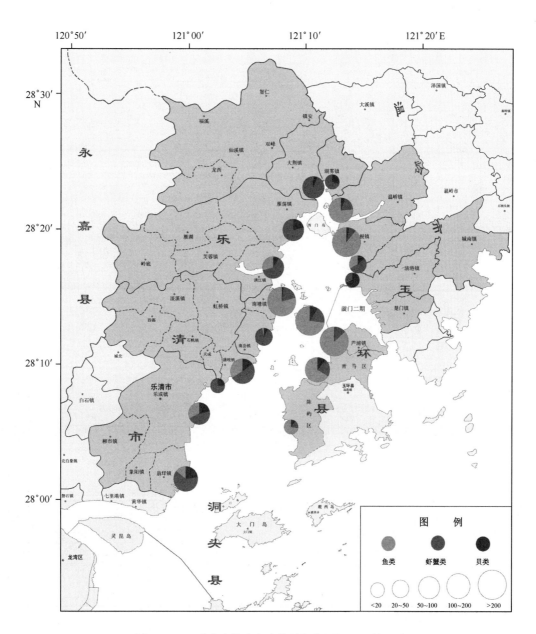

图 2.5 − 3 乐清湾沿岸各乡镇总氮海源源强及其组成

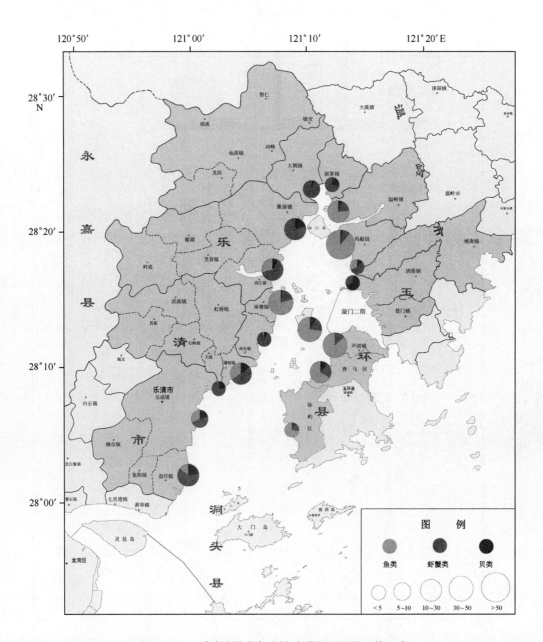

图 2.5 - 4 乐清湾沿岸各乡镇总磷海源源强及其组成

各乡镇中，坞根镇、南塘镇、芦浦镇、海山乡化学需氧量源强较大，在 200 t/a 以上，源强组成中以鱼类养殖污染源强所占比例较大，占总源强一半以上；湖雾镇、珠港镇陈屿区、清港镇、天成乡化学需氧量源强最小，小于 20 t/a。

各乡镇中，坞根镇总磷源强最大，大于 50 t/a；其次为南塘镇、芦浦镇、海山乡，大于 30 t/a，源强组成中以鱼类养殖污染源强所占比例较大，占总源强一半以上；湖雾镇、珠港镇陈屿区、清港镇、天成乡、城南镇、南岳镇总磷源强较小，小于 5 t/a。

各海区鱼类养殖年污染源强及日污染源强估算结果分别见表 2.5 - 26 和表 2.5 - 27，虾蟹类养殖年污染源强及日污染源强估算结果分别见表 2.5 - 28 和表 2.5 - 29，贝类养殖年污染源强及日污染源强估算结果分别见表 2.5 - 30 和表 2.5 - 31。

表 2.5 - 26　鱼类养殖年污染源强估算　　　　　　　　　　　单位：t/a

海区	化学需氧量	总氮	总磷
内湾	16 801.11	662.20	98.37
中湾	13 500.65	532.12	79.06
外湾	1 947.47	76.76	11.41
总计	32 249.23	1 271.08	188.84

表 2.5 - 27　鱼类养殖日污染源强估算　　　　　　　　　　　单位：t/d

海区	春夏、秋季（3—11 月）			冬季（12、1、2 月）		
	化学需氧量	总氮	总磷	化学需氧量	总氮	总磷
内湾	57.34	2.26	0.336	11.47	0.45	0.067
中湾	46.08	1.82	0.270	9.22	0.36	0.054
外湾	6.65	0.26	0.039	1.33	0.05	0.008
总计	110.07	4.34	0.645	22.02	0.86	0.129

表 2.5 - 28　虾蟹类养殖年污染源强估算　　　　　　　　　　单位：t/a

海区	化学需氧量	总氮	总磷
内湾	7 122.50	280.73	41.70
中湾	3 553.95	140.08	20.81
外湾	4 184.89	164.95	24.50
总计	14 861.34	585.76	87.01

表 2.5 - 29　虾蟹类养殖日污染源强统计　　　　　　　　　　单位：t/d

海区	春夏、秋季（3—11 月）		
	化学需氧量	总氮	总磷
内湾	25.90	1.02	0.152
中湾	12.92	0.51	0.076
外湾	15.22	0.60	0.089
总计	54.04	2.13	0.317

表 2.5–30　贝类养殖年污染源强估算　　　　　　　　　　单位：t/a

海区	化学需氧量	总氮	总磷
内湾	1 666.66	66.21	10.12
中湾	891.79	35.42	5.41
外湾	1 462.20	58.07	8.88
总计	4 020.65	159.70	24.41

表 2.5–31　贝类养殖日污染源强估算　　　　　　　　　　单位：t/a

海区	春夏、秋季（3—11 月）			冬季（12、1、2 月）		
	化学需氧量	总氮	总磷	化学需氧量	总氮	总磷
内湾	5.69	0.23	0.035	1.14	0.05	0.007
中湾	3.04	0.12	0.018	0.61	0.02	0.004
外湾	4.99	0.20	0.030	1.00	0.04	0.006
总计	13.72	0.55	0.083	2.75	0.11	0.017

　　各养殖品种年污染源强统计、各海区养殖年污染源强统计、各海区日污染源强统计见表 2.5–32 至表 2.5–34。

表 2.5–32　各养殖品种年污染源强统计

养殖品种	化学需氧量/（t/a）	百分比/%	总氮/（t/a）	百分比/%	总磷/（t/a）	百分比/%
鱼类	32 249.23	63.1	1 271.08	63.0	188.84	62.9
虾蟹类	14 861.34	29.1	585.76	29.0	87.01	29.0
贝类	4 020.65	7.9	159.70	7.9	24.41	8.1
总计	51 131.22	100.0	2 016.54	100.0	300.26	100.0

　　从表 2.5–32 可以看出鱼类养殖的污染源强最大，3 种污染因子（化学需氧量、总氮、总磷）源强均占各源强总量的 63% 左右，虾蟹类产生的污染源强约占 29%，贝类污染源强最小，约占 8%。

表 2.5–33　各海区养殖年污染源强统计

海区	化学需氧量/（t/a）	百分比/%	总氮/（t/a）	百分比/%	总磷/（t/a）	百分比/%
内湾	25 590.27	50.0	1 009.14	50.0	150.19	50.0
中湾	17 946.39	35.1	707.62	35.1	105.28	35.1
外湾	7 594.56	14.9	299.78	14.9	44.79	14.9
总计	51 131.22	100.0	2 016.54	100.0	300.26	100.0

　　从表 2.5–33 可以看出，各海区中以内湾养殖各污染因子污染源强最大，化学需氧量、总氮、总磷均占总量的 50%；中湾其次，化学需氧量、总氮、总磷均占总量的 35%；外湾最小，化学需氧量、总氮、总磷均占总量的 15%。

表 2.5 – 34   各海区养殖日污染源强统计   单位：t/d

海区	春夏、秋季（3—11 月）			冬季（12、1、2 月）		
	化学需氧量	总氮	总磷	化学需氧量	总氮	总磷
内湾	88.93	3.51	0.522	12.61	0.50	0.074
中湾	62.04	2.45	0.364	9.82	0.39	0.058
外湾	26.86	1.06	0.158	2.33	0.09	0.014
总计	177.83	7.02	1.044	24.76	0.98	0.146

从表 2.5 – 34 可以看出，各海区春、夏、秋季日污染源强明显高于冬季日污染源强，全湾化学需氧量、总氮、总磷春、夏、秋季日源强分别为冬季的 7.18、7.16 和 7.15 倍，其中内湾化学需氧量、总氮、总磷春、夏、秋季日源强分别为冬季的 7.05、7.02 和 7.05 倍；中湾分别为冬季的 6.32、6.28、6.28 倍；外湾分别为冬季的 11.53、11.78 和 11.29 倍。

综上所述，得出以下结论：

（1）3 个分海区中，以内湾接纳陆源污染物最多，外湾次之，中湾最少，汇入内湾、中湾、外湾的陆源污染物量分别为污染物总量的 50%、5% 和 45% 左右。

（2）化学需氧量陆源源强按大小排序依次为生活污染、水土流失污染、工业污染、禽畜养殖污染，分别占其总量的 44%、37%、14% 和 5%；生化需氧量陆源源强按大小排序依次为生活污染、禽畜养殖污染，分别占 84% 和 16%；总氮陆源源强按大小排序依次为农业化肥流失污染、生活污染、水土流失污染、禽畜养殖污染，分别占 58%、22%、16% 和 4%；总磷陆源源强按大小排序依次为生活污染、农业化肥流失污染、水土流失污染、禽畜养殖污染，分别占 39%、31%、16% 和 14%。

（3）乐清湾陆源污染物源强估算经河流污染物入湾通量验证，结果表明乐清湾通过河流入海的化学需氧量总量为 5 121.91 t/a，略大于估算值 5 093.85 t/a。考虑到工业污染、禽畜养殖污染等污染源统计不全或缺失等因素，可以认为本书中对乐清湾陆源入海总量的估算是基本正确、合理的。

（4）海水养殖污染源强估算结果表明，内湾养殖污染源强最大，化学需氧量、总氮、总磷均占总量的 50% 左右；中湾其次，化学需氧量、总氮、总磷均占总量的 35% 左右；外湾最小，化学需氧量、总氮、总磷均占总量的 15% 左右。

（5）乐清湾各沿岸乡镇中，坞根镇、南塘镇、芦浦镇、海山乡、珠港镇海水养殖污染源强较大；湖雾镇、清港镇、天成乡、城南镇、南岳镇海水养殖污染源强较小。

（6）海水养殖污染源强中，鱼类养殖污染源强最大，约占总源强的 63%，虾蟹类约占 29%，贝类污染源强最小，约占 8%。

（7）乐清湾陆源污染中，全湾化学需氧量春、夏、秋季日源强约为冬季日源强的 2.22 倍；总氮、总磷春、夏、秋季日源强约为冬季日源强的 2.65 倍。海源污染中，全湾化学需氧量、总氮、总磷春、夏、秋季日源强约为冬季日源强的 7.2 倍。对陆源与海源日源强总和来说，全湾化学需氧量、总氮、总磷春、夏、秋季分别为冬季的 5.08、3.50 和 3.67 倍。

2.5.1.4 海洋环境质量及其变化分析

1）生境变化趋势

（1）海湾水域面积持续缩小，进潮量相应减少，水体承载能力不断下降。

长期大规模的筑塘围涂，海水无法正常进入塘内海域，乐清湾水域面积因为人为开发活动的干扰正处于异常的缩小过程中。据统计，20世纪50年代至今，乐清湾内累计围涂总面积已达102 km²（合15.3万亩），围（填）海面积已达海涂总面积的47%和海域总面积的22%。2005—2008年，乐清湾新增围、填海面积约18.7 km²。20世纪70年代、90年代及2005—2008年，是乐清湾围涂的3个高峰期，围涂面积分别增加35.57 km²（5.34万亩）、34.69 km²（5.20万亩）和18.7 km²（2.8万亩）。

随着乐清湾水域面积的持续缩小，进入湾内的海水水量（进潮量）也相应减少，在一定程度上降低了乐清湾水体的生物承载能力和环境承载能力。

（2）冲淤加剧，湾内地形地貌重塑加快，沉积物物质组成发生变异。

围涂和堵坝人为改变了乐清湾的水动力条件，影响湾内的潮流结构和沉积环境，乐清湾长期以来比较稳定的冲淤环境遭到破坏。有关资料表明，1978年后乐清湾的年淤积量比之前增加约40%，而冲刷量增加近1倍（表2.5-35）。

表 2.5-35　1978 年前后乐清湾冲淤量　　　　　　　　　单位：×10⁶ m³

项目	1933—1978 年	1978—1992 年
全湾淤积量	168.20	73.36
年均淤积量	3.74	5.26
全湾冲刷量	117.03	70.88
年均冲刷量	2.6	5.06

资料来源：乐清市可持续发展研究报告，2004。

乐清湾冲淤加剧，必然加快湾内地形地貌的重塑和变化，以及沉积物物质的重新分配，原来的沉积环境遭到破坏。

2）生物种群与群落变化趋势分析

（1）群落结构变化趋势

①优势种类变化

20世纪80年代初，浙江省海岸带调查（简称海岸带调查）时，浮游植物优势种类有中肋骨条藻、菱形海线藻、圆筛藻、梭形角藻、角刺藻、弯角藻、角刺藻、菱形藻，但在2008年调查中占优势地位的近岸性暖温种菱形海线藻、梭形角藻、弯角藻、菱形藻等已经很少见甚至未检出，被沿岸种类丹麦细柱藻和适温范围更广的布氏双尾藻所取代，群落组成趋向于沿岸、广温、广盐种（表2.5-36）。

表 2.5 – 36　乐清湾浮游植物优势种类比较表

调查时间	浮游植物主要种类	细胞丰度 / (×10⁴ 个/m³)	参考文献
1979 年 9 月	中肋骨条藻、菱形海线藻、圆筛藻、梭形角藻、角刺藻	193	浙江省海岸带和海涂资源综合调查报告
1982 年 5 月	弯角藻，角刺藻、中肋骨条藻、菱形藻	—	浙江省海岸带和海涂资源综合调查报告
1982 年 7 月	中肋骨条藻、角刺藻、圆筛藻、菱形藻	516	浙江省海岸带和海涂资源综合调查报告
4 月*	中肋骨条藻、丹麦细柱藻、布氏双尾藻、圆筛藻、	110.9	
8 月*	中肋骨条藻、丹麦细柱藻、角刺藻、圆筛藻、布氏双尾藻	4 281.9	

注："*" 5 年的调查结果平均值（2004—2008 年）。

海岸带调查时浮游动物组成主要有中华哲水蚤、针刺拟哲水蚤、太平洋纺锤水蚤、海龙箭虫等暖温带种类和河口湿地物种，作为东海黑潮暖流的指示种，真刺唇角水蚤的量也较大；2008 年调查的优势种有：针刺拟哲水蚤、微驼隆哲水蚤、浮游幼虫、小拟哲水蚤、克氏纺锤水蚤、太平洋纺锤水蚤和针刺拟哲水蚤，近海或沿岸物种为多，在瓯江口水团交汇处微驼隆哲水蚤含量较丰富（表 2.5 – 37）。

表 2.5 – 37　乐清湾浮游动物优势种类比较

调查时间	浮游动物主要种类	细胞丰度 / (个/m³)	生物量 / (mg/m³)	参考文献
1982 年 5 月	中华哲水蚤，真刺唇角水蚤、针刺拟哲水蚤、海龙箭虫、长手沙蚕型幼体	314.7	197.3	浙江省海岸带和海涂资源综合调查报告
1982 年 7 月	太平洋纺锤水蚤、真刺唇角水蚤，背针胸刺水蚤、针刺拟哲水蚤、短尾类溞状幼虫	351.6	228.9	浙江省海岸带和海涂资源综合调查报告
4 月*	针刺拟哲水蚤、微驼隆哲水蚤、浮游幼虫	2 364.0	138.1	—
8 月*	小拟哲水蚤、克氏纺锤水蚤、太平洋纺锤水蚤、针刺拟哲水蚤	6 342.4	512.4	—

注："*" 5 年的调查结果平均值（2004—2008 年）。

历次调查中大型底栖生物种类栖息密度相当，生物量差异不大。主要种类中经济种类丰富，有小荚蛏、脊尾白虾、细螯虾、中国管鞭虾、三疣梭子蟹、棘头梅童鱼、龙头鱼等；而在 2004—2008 年的调查中仅发现小荚蛏、脊尾白虾、中国管鞭虾和中华绒螯蟹的零星分布，沿岸滩涂养殖的主要种类：彩虹明樱蛤和缢蛏在调查中较常见（表 2.5 – 38）。

②分布区域变化

海洋生物分布情况见表 2.5 – 39。从表 2.5 – 39 中可见，在 20 世纪 80 年代和 2008 年调查中浮游植物在内湾的栖息密度均较高。1982 年调查浮游动物的栖息密度和生物量在清江口和瓯江口含量最高，而 2008 年的调查中清江口浮游动物栖息密度和生物量最低；在 1982 年的调查中底栖生物生物量和栖息密度最高值在清江口附近，2008 年的调查的最高值则在西门岛附近海域。

表 2.5 – 38　乐清湾底栖生物群落结构比较

采样时间	主要种类	栖息密度 /（个/m²）	生物量 /（g/m³）	参考文献
1982 年 5 月	双鳃齿吻沙蚕、不倒翁虫、红带织纹螺、纵肋织纹螺、小荚蛏、脊尾白虾、细螯虾、中国管鞭虾、三疣梭子蟹、棘头梅童鱼、龙头鱼	53	3.9	浙江省海岸带和海涂资源综合调查报告
1982 年 7 月		41	4.7	浙江省海岸带和海涂资源综合调查报告
4 月*	小刀蛏、彩虹明樱蛤、缢蛏、织纹螺、棘刺锚参、沙蚕	53.1	26.4	
8 月*		80.9	33.7	

注："*" 5 年的调查结果平均值（2004—2008 年）。

表 2.5 – 39　乐清湾海洋生物密集区域统计

生物种类	调查时间	分布情况	栖息密度（全湾平均）	生物量（全湾平均）	参考文献
浮游植物	1979 年 9 月	漩门湾密集湾顶和中湾东侧较少	193 × 10⁴ 个/m³	—	浙江省海岸带和海涂资源综合调查报告
	1982 年 5 月	湾中部和湾顶，湾中部偏南最高			浙江省海岸带和海涂资源综合调查报告
	1982 年 7 月	坝头和翁垟之间水域，其他较平均	516 × 10⁴ 个/m³		浙江省海岸带和海涂资源综合调查报告
	2008 年 4 月	内湾	92.0 × 10⁴ 个/m³	—	本次调查
	2008 年 8 月	内湾	211.3 × 10⁴ 个/m³	—	本次调查
浮游动物	1982 年 5 月	清江口、瓯江口	314.7 个/m³	197.3 g/m³	浙江省海岸带和海涂资源综合调查报告
	1982 年 7 月	清江口、瓯江口	351.6 个/m³	228.9 g/m³	浙江省海岸带和海涂资源综合调查报告
	2008 年 4 月	内湾	3 474.2 个/m³	98.7 g/m³	本次调查
	2008 年 8 月	内湾	37 354.1 个/m³	1 749.2 g/m³	本次调查
底栖生物	1982 年 5 月	清江口	53 个/m²	3.9 g/m²	浙江省海岸带和海涂资源综合调查报告
	1982 年 7 月	清江口	41 个/m²	4.7 g/m²	浙江省海岸带和海涂资源综合调查报告
	4 月*	内湾	8.6 个/m²	4.3 g/m²	—
	8 月*	内湾	4.3 个/m²	5.4 g/m²	—

注："*" 5 年的调查结果平均值（2004—2008 年）。

（2）生物多样性降低

乐清湾生态系统类型多样，有河口生态系统、红树林生态系统、湿地生态系统等，但由于环境污染、过度捕捞和养殖以及不合理的围海造地和海岸工程等因素影响，部分生态系统已经失去了原有的功能和作用。

清江口为典型的河口生态系统，1977—1982年的调查资料显示，清江口的叶绿素a含量较高，浮游植物密集，为浮游动物的高生物量分布区，并达到全湾最高值，底栖生物的生物量在1980年的调查中为全湾最高。可见清江口原本是物种丰富、生产力水平、生物栖息密度较大的海区。但近年来清江口的生物种类和数量锐减，为全湾最低，丧失了河口生态系统应有的特征和功能。

西门岛1957年从福建引种栽植3万株红树林幼苗，从南岙山村的西北滩涂一直栽植到西南滩涂，其后因堤塘改建和渔船泊位增加，加之村民的海洋生态意识淡薄，缺乏科学管理，使南岙山村一带的红树林破坏殆尽，现仅存西北一隅上码道避风塘处约3亩的红树林，其他地方均为引种的秋茄小苗。受沿岸滩涂养殖和船舶航行等因素的影响，红树林幼苗成活率较低，红树林生态系统面临破坏和消失。

西门岛滨海湿地的滩涂，缢蛏、花蚶等产量较大，物种资源丰富，常见种类：岩礁性生物37种，泥滩生物92种，包括多毛类、软体类、甲壳类、棘皮类、腔肠类、藻类等，此外还有黑嘴鸥、黑脸琵鹭等世界濒危物种以及水鸭、天鹅、白鹭等湿地鸟类，是天然的基因库。但近年由于互花米草繁衍过快，致使滩涂面积减少，造成滩涂生物资源锐减和迁徙鸟类栖息地的丧失。

3）水环境变化趋势分析

近年来，乐清湾水质污染严重，大部分海域符合四类和劣四类海水水质标准，主要污染物为营养盐类。根据历年的监测资料，乐清湾海水中无机氮、无机磷、油类近20年来的浓度变化情况如表2.5-40所示。

表2.5-40　乐清湾水质主要污染物浓度变化

| 年份 | 监测结果/（mg/dm³） | | | 资料来源 |
	无机氮	无机磷	油类	
1981	0.201	0.022	0.07	浙江省海岸带和海涂资源综合调查
1985	—	—	0.08	浙江省环保部门设在乐清湾的两个省控断面的监测数据摘自《玉环漩门一期、二期工程回顾性评价》
1986	—	—	0.04	
1987	0.240	—	0.14	
1988	0.190	—	0.05	
1989	—	—	0.10	
1995	0.211	—	—	1995年为乐成镇排污工程所进行的乐清湾水质调查数据摘自《玉环漩门一期、二期工程回顾性评价》
1997	0.374	0.033	<0.05	1997年浙江省海洋生态站在湾内及湾口设立的常规水质监测站监测结果摘自《玉环漩门一期、二期工程回顾性评价》
1998	0.440	0.050	0.04	《第二次全国海洋污染基线调查报告》
2000	0.818	0.050	0.01	《玉环漩门一期、二期工程回顾性评价》中乐清湾水质现状监测
2004	0.886	0.045	—	《乐清湾生态监控区2004年海洋生态状况监测报告》
2005	0.489	0.040	0.03	《2005年乐清湾生态监控区专项监测报告》
2008	0.672	0.040	—	

由表2.5-40可以看出，1995年以前，乐清湾无机氮年均浓度在0.2 mg/dm³左右，低于

二类海水水质标准限值（0.3 mg/dm³），符合乐清湾主导功能海水养殖的要求。从1995年起，乐清湾无机氮浓度开始持续快速上升，1997年超出二类海水水质标准限值，1998年超出三类海水水质标准限值（0.4 mg/dm³），2000年已经超出四类海水水质标准限值（0.5 mg/dm³）。2000年后虽有所降低，但仍超过四类和劣四类水质0.4 mg/dm³以上。

无机磷浓度变化也显示出与无机氮相似的趋势，80年代浓度较低，符合二类和三类海水水质标准，90年代末开始迅速升高至劣四类水质，2000年后虽有所下降，但依然符合四类和劣四类海水水质标准范围。

20多年来乐清湾水质油类浓度变化不大。80—90年代浓度较高，略超过一类和二类水质标准限值，但90年代后期至今，油类浓度下降，均低于一类和二类水质标准限值。

总体而言，80年代乐清湾水质良好，除油类略有超标外，基本属于一类和二类水质；90年代中期以后，乐清湾富营养化明显，无机氮、无机磷超标严重；根据2004—2008年乐清湾生态监控区水质监测资料，乐清湾主要污染物依然为营养盐类，营养盐超标使得大部分海域符合四类和劣四类水质，铅有部分测值超出二类海水水质标准，其他各项水质指标情况良好。

2.5.2 海洋生物与生态

2.5.2.1 叶绿素a和初级生产力

1）叶绿素a

春季乐清湾表层海水叶绿素a的浓度范围为0.51~1.38 mg/m³，平均值为0.98 mg/m³，其中最高值出现在YQ09站，最小值出现在YQ18站。夏季乐清湾表层海水叶绿素a的浓度范围为1.44~5.51 mg/m³，平均值为2.78 mg/m³，其中最高值出现在YQ03站，最小值出现在YQ18站。秋季乐清湾表层海水叶绿素a的浓度范围为0.99~6.31 mg/m³，平均值为2.60 mg/m³，其中最高值出现在YQ02站，最小值出现在YQ09站。冬季乐清湾表层海水叶绿素a的浓度范围为0.3~2.91 mg/m³，平均值为0.76 mg/m³，其中最高值出现在YQ03站，最小值出现在YQ14站（表2.5-41）。

乐清湾表层海水叶绿素a的浓度值，夏季最高，冬季最低，呈现夏、秋季节高于冬春季节的特点。从乐清湾全年叶绿素a的地理分布来看，清江口附近海域是乐清湾叶绿素a的高值区，而大门岛和玉环县之间的海域叶绿素a浓度始终偏低。

表2.5-41　乐清湾表层海水叶绿素a的浓度

站位	春季	夏季	秋季	冬季
YQ01	0.98	4.24	2.05	1.22
YQ02	1.03	3.29	6.31	0.88
YQ03	0.98	5.51	2.81	2.91
YQ04	1.06	4.15	2.22	1.25
YQ05	1.31	3.53	3.01	0.89
YQ06	0.72	3.21	2.70	0.47
YQ07	1.07	4.04	2.97	0.77

站位	春季	夏季	秋季	冬季
YQ08	0.81	2.42	3.30	0.53
YQ09	1.38	2.06	0.99	0.76
YQ10	0.88	2.39	1.83	0.73
YQ11	1.25	2.38	3.53	0.67
YQ12	1.11	1.47	2.25	0.41
YQ13	0.67	2.54	3.11	0.64
YQ14	1.01	1.86	1.32	0.3
YQ15	1.03	1.84	2.78	1.46
YQ16	0.91	2.21	2.46	0.76
YQ17	0.84	1.51	1.68	0.53
YQ18	0.51	1.44	1.49	0.4

2）初级生产力

乐清湾春季初级生产力的范围为 0.379 ~ 3.211 mg/（m³·h），平均值为 2.134 mg/（m³·h）；夏季初级生产力的范围为 3.678 ~ 22.764 mg/（m³·h），平均值为 11.381 mg/（m³·h）；秋季乐清湾海水初级生产力范围为 6.559 ~ 38.967 mg/（m³·h），平均值为 14.348 mg/（m³·h）；冬季乐清湾海水初级生产力范围为 0.142 ~ 6.620 mg/（m³·h），平均值为 3.008 mg/（m³·h）；此海域初级生产力夏季最高，春季最低，夏、秋季节初级生产力明显高于冬春季节（表 2.5 - 42）。

表 2.5 - 42　乐清湾不同季节初级生产力统计表

站位	春季	夏季	秋季	冬季
YQ02	3.508	11.107	38.967	1.644
YQ03	3.211	22.764	6.71	6.620
YQ09	3.080	3.678	6.559	0.142
YQ16	0.379	11.231	9.829	5.416
YQ18	0.492	8.124	9.673	1.22

2.5.2.2　浮游植物

1）种类组成

根据 2006—2007 年乐清湾春、夏、秋、冬 4 个航次的调查数据，共鉴定浮游植物 4 门 96 种，其中硅藻门 78 种，占 81.3%；甲藻门 15 种，占 15.6%；蓝藻门 2 种，占 2.1%。裸藻门 1 种，占 1.0%。春季（4 月），乐清湾共有浮游植物 2 门 44 种，其中硅藻门 39 种，占 88.6%；甲藻门 5 种，占 11.4%。夏季（7 月）共有浮游植物 4 门 60 种，其中硅藻门 46 种，占 76.7%；甲藻门 11 种，占 18.3%；蓝藻门 2 种，占 3.3%；裸藻门 1 种，占 1.7%。秋季

（10 月），乐清湾共有浮游植物 4 门 62 种，其中硅藻门 52 种，占 83.9%；甲藻门 8 种，占 12.9%；蓝藻门 1 种，占 1.6%；裸藻门 1 种，占 1.6%。冬季（1 月），乐清湾共有浮游植物 2 门 49 种，其中硅藻门 44 种，占 89.8%；甲藻门 5 种，占 10.2%。

2）优势种

从表 2.5 -43 可以看出，乐清湾最主要的优势种为琼氏圆筛藻，在春、夏、秋、冬 4 个季节里，均为第一优势种，此藻种为偏暖性大洋及沿岸种类，是我国近海的常见种。

表 2.5 -43　乐清湾不同季节的浮游植物优势种统计

季节	优势藻种	优势度
春季	琼氏圆筛藻	0.369
	中华盒形藻	0.164
	星剂圆筛藻	0.022
夏季	琼氏圆筛藻	0.590
	中华盒形藻	0.068
	星剂圆筛藻	0.043
	梭角藻	0.024
秋季	琼氏圆筛藻	0.292
	高盒形藻	0.088
	丹麦细柱藻	0.080
	活动盒形藻	0.039
	苏氏圆筛藻	0.023
冬季	琼氏圆筛藻	0.369
	中华盒形藻	0.164
	星剂圆筛藻	0.022
	辐射圆筛藻	0.020

其他优势种，如中华盒形藻、星剂圆筛藻、高盒形藻、活动盒形藻、丹麦细柱藻、辐射圆筛藻均为东海近岸常见的浮游硅藻，以此为代表的各种浮游硅藻在乐清湾浮游植物群落结构中占据了统治地位；甲藻在乐清湾优势不明显，在整个乐清湾浮游植物群落结构中，不占主要地位，在夏季，梭角藻优势度曾达到 0.024，在乐清湾经常出现的甲藻还包括角藻、多甲藻和原甲藻等。

3）浮游植物细胞密度

根据 4 个季节的乐清湾表层海水浮游植物（水样）数据统计（表 2.5 -44），乐清湾春季各个站位表层浮游植物细胞密度平均值为 2.58×10^3 个/m³，最高值出现在 YQ12 站，为 12.0×10^3 个/m³，最低值出现在 YQ02 站，为 0.6×10^3 个/m³；小门岛西北即瓯江北出海口附近海域浮游植物细胞密度较高，乐清湾北部即西门岛附近海域浮游植物细胞密度偏低。

乐清湾夏季各个站位表层海水浮游植物细胞密度平均值为 5.42×10^3 个/m³，夏季表层浮游植物细胞浓度，最高值出现在 YQ04 站，为 21.1×10^3 个/m³，最低值出现在 YQ1 站，为

0.8×10^3 个/m³;清江口附近海域浮游植物细胞密度最高,由清江口开始从北到南,浮游植物细胞密度逐渐下降。

乐清湾秋季各个站位表层海水浮游植物细胞密度平均值为 4.37×10^3 个/m³,最高值出现在 YQ03 站,为 23.5×10^3 个/m³,最低值出现在 YQ17 站,为 0.5×10^3 个/m³;清江口附近海域浮游植物细胞密度较高,乐清湾湾口浮游植物细胞密度较低。

乐清湾冬季各个站位表层海水浮游植物细胞密度平均值为 2.47×10^3 个/m³,最高值出现在 YQ15 站,为 6.0×10^3 个/m³,最低值出现在 YQ07 站,为 1.3×10^3 个/m³;瓯江口北出海口附近海域浮游植物细胞密度较高,乐清湾北部浮游植物细胞密度较低。

全年乐清湾浮游植物细胞密度时空分布基本呈现以下特点:细胞密度夏、秋季明显高于春、冬季;乐清湾夏、秋季和春、冬季浮游植物地理分布有着显著的不同,夏、秋季呈现内湾高,湾口低的特点;而春、冬季则是内湾低,湾口高。

表2.5 – 44 乐清湾表层浮游植物细胞浓度   单位: $\times 10^3$ 个/m³

站位	春季	夏季	秋季	冬季
YQ1	0.8	0.8	4.4	1.5
YQ02	0.6	3.8	6.3	2.0
YQ03	1.6	3.8	23.5	1.5
YQ04	2.2	21.1	2.8	2.2
YQ05	2.0	10.2	6.0	2.4
YQ06	2.6	3.7	3.9	3.1
YQ07	1.0	7.6	2.4	1.3
YQ08	2.0	3.2	7.9	1.9
YQ09	3.4	6.5	5.6	1.9
YQ10	3.0	2.8	2.6	4.0
YQ11	3.6	4	1.7	2.8
YQ12	12.0	2.2	2.4	2.7
YQ13	1.3	3.1	1.5	2.6
YQ14	1.3	2.7	1.6	1.6
YQ15	0.9	7.0	1.0	6.0
YQ16	1.9	5.5	3.4	2.8
YQ17	2.2	7.4	0.5	1.8
YQ18	4.1	2.2	1.2	2.3
平均值	2.58	5.42	4.37	2.47

4) 多样性指数

乐清湾春、夏、秋、冬4个季节,浮游植物生物多样性指数(Shannon – Wiener 指数)差别不大(表2.5 – 45 至表2.5 – 48),其中春季各站平均值为2.13,夏季为2.07,秋季为2.05,冬季为2.23,乐清湾全年浮游植物生物多样性指数为2.12。

乐清湾春、夏、秋、冬4个季节,春季各站浮游植物均匀度平均值为0.83,夏季为0.58,秋季为0.66,冬季为0.80,乐清湾全年浮游植物均匀度为0.72。

乐清湾春、夏、秋、冬4个季节，春季各站浮游植物种类丰度平均值为0.82，夏季为1.13，秋季为0.70，冬季为0.80，乐清湾全年浮游植物均匀度指数为0.86。

表2.5-45　春季乐清湾生物多样性指数统计

站位	种类数	生物多样性指数	均匀度	种类丰度
YQ1	5	2.23	0.96	0.49
YQ02	7	2.55	0.91	0.75
YQ03	2	0.92	0.92	0.13
YQ04	3	1.56	0.98	0.42
YQ05	6	2.28	0.88	0.85
YQ06	9	2.59	0.82	1.21
YQ07	8	2.2	0.73	0.99
YQ08	3	1.36	0.86	0.33
YQ09	5	2.19	0.94	0.79
YQ10	5	1.59	0.68	0.55
YQ11	5	2.2	0.95	0.62
YQ12	8	2.18	0.73	0.96
YQ13	4	1.5	0.75	0.37
YQ14	9	2.19	0.69	0.85
YQ15	12	2.47	0.69	1.23
YQ16	10	2.65	0.80	1.07
YQ17	10	2.58	0.78	1.11
YQ18	12	3.18	0.89	2.11

表2.5-46　夏季乐清湾生物多样性指数统计

站位	种类数	生物多样性指数	均匀度	种类丰度
YQ1	10	2.09	0.63	0.81
YQ02	13	1.59	0.43	0.98
YQ03	12	2.27	0.63	0.86
YQ04	19	1.78	0.42	1.50
YQ05	13	2	0.54	1.06
YQ06	13	2.59	0.70	1.16
YQ07	11	1.5	0.43	0.86
YQ08	13	2.5	0.68	1.29
YQ09	12	2.16	0.60	1.07
YQ10	10	2.3	0.69	1.09
YQ11	10	1.91	0.57	0.84
YQ12	7	1.43	0.51	0.67
YQ13	8	0.82	0.27	0.73
YQ14	10	2.58	0.78	1.09
YQ15	16	2.79	0.70	1.70
YQ16	17	2.02	0.49	1.57
YQ17	12	2.56	0.71	1.28
YQ18	15	2.45	0.63	1.85

表 2.5 - 47　秋季乐清湾生物多样性指数统计

站位	种类数	生物多样性指数	均匀度	种类丰度
YQ01	12	2.53	0.71	0.85
YQ02	7	2.13	0.76	0.42
YQ03	10	2.83	0.85	1.00
YQ04	5	0.85	0.37	0.40
YQ05	10	1.64	0.49	0.78
YQ06	9	2.35	0.74	0.63
YQ07	7	2.44	0.87	0.60
YQ08	9	2.12	0.67	0.57
YQ09	9	2.31	0.73	0.71
YQ10	10	2.2	0.66	0.78
YQ11	9	2.74	0.86	0.83
YQ12	5	0.9	0.39	0.43
YQ13	12	2.56	0.71	0.96
YQ14	8	2.11	0.70	0.71
YQ15	5	0.71	0.31	0.38
YQ16	6	2.3	0.89	0.51
YQ17	12	2.25	0.63	1.13
YQ18	10	2	0.60	0.87

表 2.5 - 48　冬季乐清湾生物多样性指数统计

站位	种类数	生物多样性指数	均匀度	种类丰度
YQ01	7	1.77	0.63	0.75
YQ02	3	1.24	0.78	0.37
YQ03	5	2.01	0.87	0.46
YQ04	10	2.34	0.70	0.95
YQ05	9	2.51	0.79	0.90
YQ06	13	3.12	0.84	1.64
YQ07	9	2.67	0.84	1.05
YQ08	8	2.3	0.77	1.05
YQ09	10	3.06	0.92	1.04
YQ10	10	2.26	0.68	0.91
YQ11	4	1.83	0.91	0.48
YQ12	4	1.48	0.74	0.55
YQ13	5	2	0.86	0.49
YQ14	10	2.38	0.72	0.95
YQ15	6	2.12	0.82	0.57
YQ16	7	2.69	0.96	0.78
YQ17	8	2.12	0.71	0.66
YQ18	7	2.25	0.80	0.73

2.5.2.3 浮游动物

1）浮游动物种类组成和群落结构

乐清湾4个季节共鉴定浮游动物17大类99种，包括15种浮游幼虫。其中桡足类是优势类群，共30种，水螅水母类14种，管水母类、浮游软体动物和毛颚类各5种，十足类4种，原生动物和多毛类各3种，栉水母类、介形类、端足类、涟虫类、磷虾类、糠虾类和被囊类各两种，钮形动物1种。浮游动物种类数有明显的季节变化，夏、秋季种类最多，春季次之，冬季最少（表2.5-49）。

表2.5-49 乐清湾四季浮游动物种类组成　　　　　　　　　　单位：种

季节	桡足类	水母类	毛颚类	浮游幼虫	其他类群	总计
春季（2007年4月）	10	2	4	3	6	25
夏季（2007年7月）	13	10	3	11	14	51
秋季（2006年10月）	16	14	2	7	12	51
冬季（2007年1月）	10	—	1	2	4	17

乐清湾浮游动物大致可分为4个生态类群：

①半咸水河口生态类群，该类群数量和种类均很少，以长额刺糠虾等为代表，主要分布在靠近瓯江口的相对低盐水域，在乐清湾夏、秋季有出现。

②近海暖温生态类群，适应相对低温的环境，以中华哲水蚤、腹针胸刺水蚤等为代表，这一类群种类较少，通常在浙闽沿岸水强势的冬、春季具有一定的数量，而在水温较高的夏、秋季数量稀少或者绝迹。

③近海暖水生态类群，绝大多数桡足类和水母类均属于该类群，相对于暖温种，它们能适应更高的水温，因此在乐清湾全年均有出现，并占有主导地位，特别是在夏、秋季，数量和种类会达到高峰。

④大洋广布生态类群，这一类群适应能力强，分布很广，通常可伴随外海高温、高盐水扩散至沿岸水域，以亚强真哲水蚤、精致真刺水蚤、海洋真刺水蚤、肥胖箭虫等为代表，夏、秋季数量较多，春季没有发现，但在冬季仍有亚强真哲水蚤和奥氏胸刺水蚤偶尔出现。

2）浮游动物优势种的季节演替

以优势度大于0.02的种类为浮游动物的优势种，不同季节优势种和优势度详见表2.5-50。调查结果显示，乐清湾不同季节浮游动物优势种类组成差异较大，除个别沿岸暖水种如真刺唇角水蚤几乎为全年优势种外，其他种类则有明显的季节演替现象，在冬、春季受西北季风的影响，浙闽沿岸水强势，暖温种如中华哲水蚤等有一定的数量优势；而在水温较高的夏、秋季，许多暖水种大量繁殖，占据主导地位，但秋季与夏季相比，一些大洋广布种的优势度有明显上升，如亚强真哲水蚤、海洋真刺水蚤和肥胖箭虫；还有一些浮游幼虫在春季优势度很高，夏、秋季逐渐降低，进入冬季后逐渐消失，这与一些生物的繁殖习性有关。

表 2.5 – 50　浮游动物优势种及其优势度

优势种	优势度（Y）			
	春季	夏季	秋季	冬季
球形侧腕水母（*Pleurobrachia globosa*）			0.04	
中华哲水蚤（*Calanus sinicus*）	0.13			0.04
亚强真哲水蚤（*Eucalanus subcrassus*）			0.04	
微刺哲水蚤（*Canthocalanus pauper*）			0.12	
海洋真刺水蚤（*Euchaeta marina*）			0.11	
背针胸刺水蚤（*Centropages dorsispinatus*）				0.09
汤氏长足水蚤（*Calanopia thompsoni*）		0.15	0.04	
真刺唇角水蚤（*Labidocera euchaeta*）	0.11	0.05		0.07
太平洋纺锤水蚤（*Acartia pacifica*）		0.02		
三叶针尾涟虫（*Diastylis tricincta*）				0.05
中华假磷虾（*Pseudeuphausia sinica*）		0.03		
百陶箭虫（*Sagitta bedoti*）		0.03	0.15	
肥胖箭虫（*S. enflata*）			0.05	
长尾类幼体（Macrura larva）		0.06	0.02	
短尾类幼体（Brachyura larva）	0.55	0.21	0.08	
仔鱼（Fish larva）		0.02		

3）浮游动物丰度和生物量的季节变化和平面分布

乐清湾浮游动物年平均丰度为 80.84 个/m³，夏、秋季环境条件适宜，浮游动物种类最多，但夏季通常是生物的繁殖盛期，浮游动物群落中充斥着大量各类生物的幼虫，因此丰度为全年最高，其值为 193.37 个/m³；秋季次之，丰度值为 68.50 个/m³；春季较秋季略低，丰度值为 51.73 个/m³；冬季由于水温低，浮游动物种类稀少，丰度也是全年最低，其值仅为 9.77 个/m³。

乐清湾浮游动物年平均生物量为 82.73 mg/m³，其季节变化与丰度类似，但夏、秋季浮游动物生物量比较接近，分别为 121.08 mg/m³ 和 119.24 mg/m³，这主要是因为秋季浮游动物群落中一些个体较大的水母类和毛颚类优势度上升，它们对浮游动物总生物量的贡献较大；春、冬季生物量分别为 48.45 mg/m³ 和 42.16 mg/m³，冬季浮游动物丰度值虽然明显低于春季，但由于浮游动物群落中三叶针尾涟虫较占优势，该种个体较大，因此生物量只是略低于春季（图 2.5 – 5）。

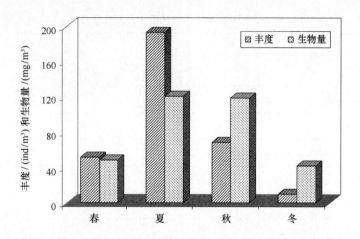

图 2.5 – 5　乐清湾浮游动物丰度和生物量季节变化

乐清湾不同季节浮游动物丰度的平面分布如图 2.5 – 6 所示。

春季，浮游动物出现两处较明显的密集区，一处在乐清湾中北部清江口南侧，形成一个小范围丰度值高于 180 个/m³ 的区域，由此向东，丰度逐渐降低；另一处在乐清湾口处略靠近玉环县一侧，形成一个丰度值为 100 个/m³ 的等值区。

夏季，浮游动物丰度自东向西明显下降，最高值出现在 YQ02 站，为 820.75 个/m³，而乐清市岸线附近海区丰度值普遍较低。

秋季，浮游动物丰度分布与夏季呈现相反的变化趋势，自东向西丰度值逐渐升高，此外在湾顶海区，丰度值也较高。

冬季，浮游动物丰度从湾口向湾内大致呈现下降的趋势，在大门岛西北侧有一处小范围丰度值为 70 个/m³ 的高值区。

乐清湾不同季节浮游动物生物量的平面分布如图 2.5 – 7 所示。

春季，浮游动物生物量平面分布规律与丰度分布类似，清江口南侧有一处 140 mg/m³ 的高值区，另外，玉环县南侧乐清湾口处浮游动物生物量也相对较高。

夏季，浮游动物生物量大致从湾口向内逐渐降低，但在大门岛西北侧以及湾顶海区出现小范围 250 mg/m³ 的高值区。

秋季，浮游动物生物量分布与丰度分布一致，自东向西，逐渐升高，湾顶海区生物量也较高，低值区出现在大门岛西北部。

冬季，浮游动物生物量从湾口向内逐渐下降，但在清江口南侧局部海区有一处 50 mg/m³ 的等值区，由此向外，生物量也是逐渐下降。

从全年来看，乐清湾浮游动物数量在不同季节的分布规律差异明显，但也有共同之处，从湾口向内，浮游动物数量大致上是逐渐下降的，但在湾顶局部海区又有较明显的升高，这些现象跟乐清湾的水文地理环境是密切相关的。自 20 世纪 70 年代，温岭和玉环之间的漩门口被堵截以来，乐清湾更加封闭，湾内湾外水体交换不畅，纳潮能力下降，此外，瓯江口外的洞头列岛等众多岛屿也影响到外海水团的进入，所以湾口海区浮游动物数量和种类通常高于湾内；湾顶海区由于一些较小的淡水径流输入，加上水体交换较差，逐渐形成一个相对稳定的营养物质又较为充足的水环境，这可能是导致该区域浮游动物数量较高但种类组成单调的重要原因。

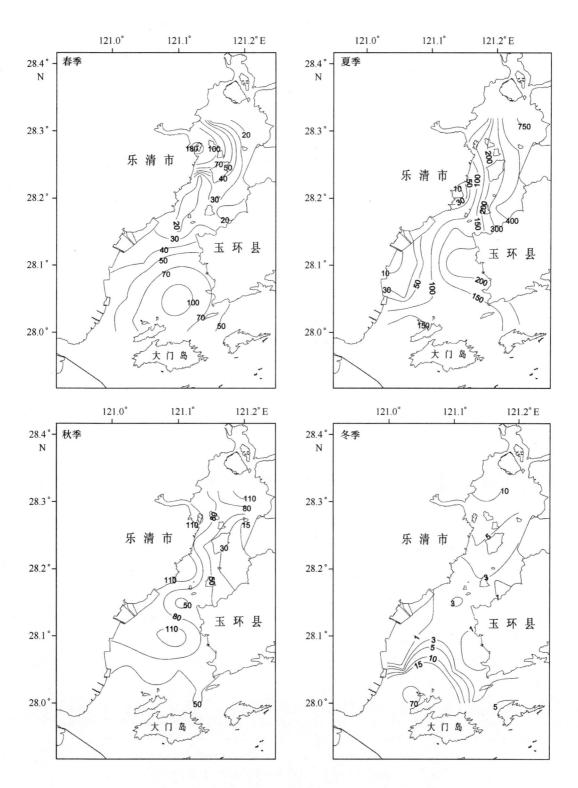

图2.5-6　乐清湾不同季节浮游动物的丰度分布（个/m³）

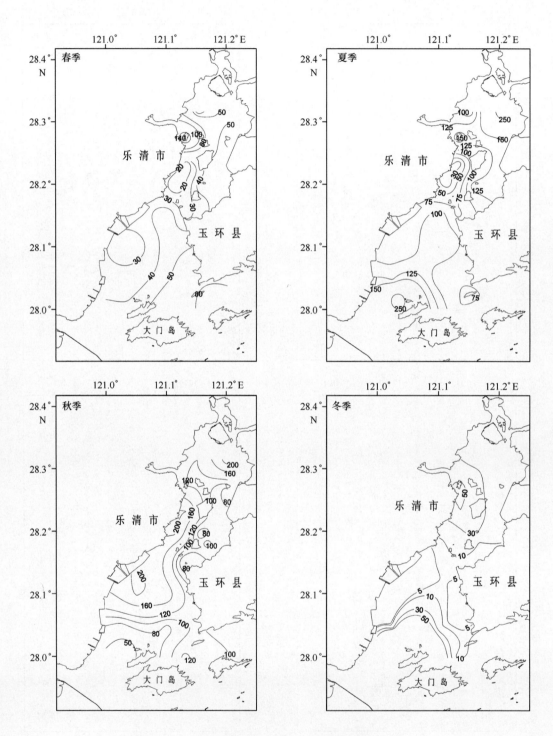

图 2.5-7 乐清湾不同季节浮游动物的生物量分布（mg/m³）

4）浮游动物物种多样性

乐清湾浮游动物多样性有明显的季节变化，均匀度、种类丰度与多样性指数变化规律一致，由大到小依次均表现为秋季、夏季、春季、冬季，这一点与浮游动物种类数和数量的季节变化有所不同，主要表现在夏、秋两季，夏季和秋季种类数相同，生物数量夏季高于秋季，但多样性水平却秋季高于夏季，主要是因为夏季浮游动物群落中个别种类如短尾类幼虫的优势度较为突出，种间丰度值的差异大于秋季，因此多样性要略低于秋季（表2.5－51）。

表 2.5－51　乐清湾浮游动物平均多样性指数、均匀度和种类丰度

	春季	夏季	秋季	冬季
多样性指数（H'）	1.6	2.98	3.38	1.16
均匀度（J'）	0.66	0.78	0.85	0.61
种类丰度（D）	0.93	2.05	2.54	0.71

2.5.2.4　底栖生物

1）种类组成和分布

乐清湾海域4个季节调查结果共鉴定出底栖生物232种。其中种类组成为软体动物63种（占27.2%）；甲壳类61种（占26.3%）；多毛类49种（占21.1%）；鱼类23种（占9.9%）；棘皮动物和腔肠动物各13种（分别占5.6%）；大型海藻类4种（占1.7%）；纽形动物3种（占1.3%）；星虫动物1种（占0.4%）；其他类两种（占0.9%）（图2.5－8）。

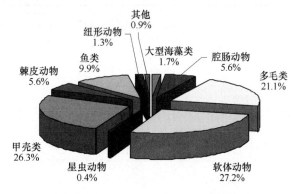

图2.5－8　底栖生物类群百分比

春季调查共鉴定出底栖生物82种。其中种类组成为软体动物29种（占35.4%）；多毛类24种（占29.3%）；甲壳类15种（占18.3%）；棘皮动物和鱼类各4种（分别占4.9%）；腔肠动物和纽形动物各两种（分别占2.4%）；星虫动物和其他类各1种（分别占1.2%）。

夏季调查共鉴定出底栖生物125种。其中种类组成为甲壳类38种（占30.4%）；软体动物30种（占24.0%）；多毛类26种（占20.8%）；鱼类17种（占13.6%）；棘皮动物7种（占5.6%）；腔肠动物4种（占3.2%）；纽形动物1种（占0.8%）；其他类两种（占1.6%）。

秋季调查共鉴定出底栖生物109种。其中种类组成为软体动物和甲壳类各29种（分别占26.6%）；多毛类17种（占15.6%）；棘皮动物12种（占11.0%）；腔肠动物和鱼类各9种（分别占8.3%）；纽形动物两种（占1.8%）；星虫动物和其他类各1种（分别占0.9%）。

冬季调查共鉴定出底栖生物78种。其中种类组成为软体动物26种（占33.3%）；多毛类19种（占24.4%）；甲壳类18种（占23.1%）；大型海藻类4种（5.1%）；鱼类3种（占3.8%）；腔肠动物、棘皮动物和纽形动物各两种（分别占2.6%）；星虫动物和其他类各1种（分别占1.3%）。

2）优势种

春季，乐清湾海域底栖生物栖息密度优势种主要为不倒翁虫、棘刺锚参等；生物量优势种主要为歪刺锚参、不倒翁虫和红带织纹螺等。

夏季，乐清湾海域底栖生物栖息密度优势种较为集中，不倒翁虫所占比例较高，另外还有婆罗囊螺、纵肋织纹螺等；生物量优势种主要为棘刺锚参、不倒翁虫和海葵类等。

秋季，乐清湾海域底栖生物栖息密度优势种主要以小头虫、不倒翁虫和索沙蚕等多毛类为主；生物量优势种主要为中型三强蟹、隆背张口蟹、毛盲蟹等蟹类和红带织纹螺、纵肋织纹螺等。

冬季，乐清湾海域底栖生物栖息密度优势种主要为不倒翁虫、西奈索沙蚕、斑孔纽虫、裸体方格星虫等；生物量优势种主要为红带织纹螺、西格织纹螺、半褶织纹螺以及不倒翁虫和棘刺锚参等（表2.5-52和表2.5-53）。

表2.5-52　乐清湾底栖生物栖息密度优势种分布

站位	春季		夏季		秋季		冬季	
	优势种	在总密度中所占的百分比/%	优势种	在总密度中所占的百分比/%	优势种	在总密度中所占的百分比/%	优势种	在总密度中所占的百分比/%
YQ01	裸体方格星虫	25.0	婆罗囊螺	14.8	小头虫	42.7	裸体方格星虫	25.0
YQ02	棘刺锚参	50.0	焦河蓝蛤	33.3			裸体方格星虫	64.1
YQ03	棘刺锚参	21.4	短拟沼螺	60.0	—	—	多齿围沙蚕	75.0
YQ04	—	—					不倒翁虫	37.5
YQ05	薄云母蛤	23.5	巢沙蚕未定种	31.8	棘刺锚参	47.1	不倒翁虫	46.7
YQ06	不倒翁虫	33.3	—	—	短鳃树蛰虫	45.8	斑孔纽虫	50
YQ07	不倒翁虫	73.3	不倒翁虫	44.4			不倒翁虫	34.8

续表

站位	春季		夏季		秋季		冬季	
	优势种	在总密度中所占的百分比/%	优势种	在总密度中所占的百分比/%	优势种	在总密度中所占的百分比/%	优势种	在总密度中所占的百分比/%
YQ08	—	—	不倒翁虫	55.9	小头虫	28.6	后指虫	21.4
YQ09	不倒翁虫	33.3	不倒翁虫	39.1	不倒翁虫	40.0	不倒翁虫	92.0
YQ10	东方长眼虾	56.3	不倒翁虫	37.5	东方长眼虾	52.2	斑孔纽虫	60.0
YQ11	厚鳃蚕	50.0	不倒翁虫	68.1	短拟沼螺	56.3	—	—
YQ12	不倒翁虫	40.0	不倒翁虫	28.6	索沙蚕未定种	33.3	西奈索沙蚕	57.1
YQ13	—	—	婆罗囊螺	84.6	丽核螺	28.6	须丝鳃虫	25.0
YQ14	纵肋织纹螺	25.0	树蛰虫	33.3	泥蚶	92.3	不倒翁虫	33.3
YQ15	绒螯近方蟹	57.1	纵肋织纹螺	23.5	锯眼泥蟹	52.0	短拟沼螺	28.6
YQ16	—	—	短拟沼螺	28.6	东方长眼虾	55.0	—	—
YQ17	棘刺锚参	39.1	不倒翁虫	66.7	—	—	—	—
YQ18	—	—	不倒翁虫	33.3	—	—	—	—

表 2.5－53　乐清湾底栖生物生物量优势种分布

站位	春季		夏季		秋季		冬季	
	优势种	在总生物量中所占的百分比/%	优势种	在总生物量中所占的百分比/%	优势种	在总生物量中所占的百分比/%	优势种	在总生物量中所占的百分比/%
YQ01	歪刺锚参	61.5	中华仙影海葵	44.8	彩虹明樱蛤	43.6	半褶织纹螺	31.7
YQ02	歪刺锚参	49.9	尖刀蛏	49.3	丽核螺	52.5	棘刺锚参	70.9
YQ03	海地瓜	91.3	短拟沼螺	64.8	白沙箸	88.9	长足长方蟹	51.6
YQ04	西奈索沙蚕	35.1	紫纹芋参	82.2	纵肋织纹螺	49.7	滩栖阳遂足	60.8

续表

站位	春季		夏季		秋季		冬季	
	优势种	在总生物量中所占的百分比/%	优势种	在总生物量中所占的百分比/%	优势种	在总生物量中所占的百分比/%	优势种	在总生物量中所占的百分比/%
YQ05	海地瓜	96.1	巢沙蚕未定种	49.0	海地瓜	72.1	不倒翁虫	72.4
YQ06	不倒翁虫	53.4	蛇尾未定种	64.3	中型三强蟹	65.1	西格织纹螺	64.7
YQ07	不倒翁虫	73.3	不倒翁虫	64.1	红带织纹螺	68.4	红狼牙虾虎鱼	89.1
YQ08	毛盲蟹	59.4	不倒翁虫	51.5	毛盲蟹	51.5	纵肋织纹螺	50.0
YQ09	棘刺锚参	93.9	纵肋织纹螺	37.3	中型三强蟹	38.1	不倒翁虫	94.1
YQ10	东方长眼虾	43.9	马丁海稚虫	50.0	东方长眼虾	41.7	红带织纹螺	80.0
YQ11	长吻吻沙蚕	30.1	海仙人掌	92.1	短拟沼螺	65.2	纵带织纹螺	55.9
YQ12	不倒翁虫	51.4	棘刺锚参	73.2	正环沙鸡子	41.1	不倒翁虫	67.7
YQ13	婆罗囊螺	38.5	婆罗囊螺	90.7	巢沙蚕未定种	99.9	锯眼泥蟹	32.5
YQ14	纵肋织纹螺	60.0	纵肋织纹螺	55.0	泥蚶	32.6	纵肋织纹螺	32.5
YQ15	绒螯近方蟹	95.1	棘刺锚参	49.4	隆背张口蟹	80.6	长吻吻沙蚕	50.2
YQ16	厚鳃蚕	40.0	滩栖阳遂足	66.7	蛇尾未定种	51.7	红带织纹螺	84.9
YQ17	歪刺锚参	81.7	星虫状海葵	80.0	红带织纹螺	50.0	日本丁香珊瑚	45.8
YQ18	红带织纹螺	81.5	棘刺锚参	69.5	后指虫	43.6	孔虾虎鱼	31.7

3）丰度与生物量

乐清湾底栖生物栖息密度全年平均值为 88 个/m², 季节变化不大, 其中夏、秋季节栖息密度较高, 分别为 99 个/m² 和 88 个/m², 这与夏、秋季节气温较高, 环境条件适宜, 底栖生物生长繁殖较快有关, 冬、春季节栖息密度较低, 分别为 83 个/m² 和 82 个/m² (表 2.5 – 54)。

春季, 乐清湾底栖生物栖息密度变化范围在 15 ~ 260 个/m² 之间, 平均为 82 个/m², 最高值在 YQ02 站, 最低值在 YQ16 站。其中个体栖息密度以环节动物占优势, 为 34 个/m², 其次为棘皮动物和软体动物，栖息密度分别为 16 个/m² 和 13 个/m²。

夏季，乐清湾底栖生物栖息密度变化范围在 15 ~ 235 个/m² 之间，平均为 99 个/m²，最高值在 YQ11 站，最低值在 YQ06 站。其中个体栖息密度以环节动物占优势，为 47 个/m²；其次为软体动物，栖息密度 36 个/m²。

秋季，乐清湾底栖生物栖息密度变化范围在 15 ~ 375 个/m² 之间，平均为 88 个/m²，最高值在 YQ15 站，最低值在 YQ03 站和 YQ04 站。其中个体栖息密度以软体动物占优势，为 27 个/m²；其次为甲壳动物和环节动物，栖息密度分别为 25 个/m² 和 22 个/m²。

冬季，乐清湾底栖生物栖息密度变化范围在 20 ~ 195 个/m² 之间，平均为 83 个/m²，最高值在 YQ02 站，最低值在 YQ16 站。其中个体栖息密度以环节动物占优势，为 40 个/m²；其次为棘皮动物和软体动物，栖息密度分别为 13 个/m² 和 12 个/m²。

表 2.5 - 54　乐清湾底栖生物主要生物门类栖息密度季节分布　　　单位：个/m²

季节	环节动物	软体动物	甲壳类动物	棘皮动物	其他
春季	34	13	12	16	8
夏季	47	36	2	6	8
秋季	22	27	25	8	6
冬季	40	12	8	13	10

乐清湾底栖生物生物量全年平均值为 28.51 g/m²，其中春、夏、秋季生物量较高，分别为 37.19 g/m²、29.88 g/m² 和 34.49 g/m²，冬季气温低，生物量较低，只有 12.49 g/m²（表 2.5 - 55）。

春季，乐清湾底栖生物生物量变化范围在 0.50 ~ 135.50 g/m²，平均为 37.19 g/m²，最高值在 YQ02 站，最低值在 YQ16 站。其中个体生物量以棘皮动物占绝对优势，为 30.72 g/m²；其次为甲壳动物和环节动物，生物量分别为 2.62 g/m² 和 1.33 个/m²。

夏季，乐清湾底栖生物生物量变化范围在 0.70 ~ 295.85 g/m²，平均为 29.88 g/m²，最高值在 YQ04 站，最低值在 YQ06 站。其中个体生物量以棘皮动物占绝对优势，为 17.70 g/m²；其次为软体动物和环节动物，生物量分别为 5.04 g/m² 和 2.45 个/m²。

秋季，乐清湾底栖生物生物量变化范围在 0.80 ~ 363.40 g/m²，平均为 34.49 g/m²，最高值在 YQ14 站，最低值在 YQ18 站。其中个体生物量以软体动物占绝对优势，为 23.40 g/m²；其次为棘皮动物和环节动物，生物量分别为 4.51 g/m² 和 3.02 个/m²。

冬季，乐清湾底栖生物生物量变化范围在 0.95 ~ 54.15 g/m²，平均为 12.49 g/m²，最高值在 YQ02 站，最低值在 YQ10 站。其中个体生物量以软体动物占优势，为 4.06 g/m²；其次为棘皮动物和环节动物，生物量分别为 4.00 g/m² 和 1.62 个/m²。

表 2.5 - 55　乐清湾底栖生物主要生物门类生物量季节分布　　　单位：g/m²

季节	环节动物	软体动物	甲壳类动物	棘皮动物	其他
春季	1.33	1.15	2.62	30.72	1.38
夏季	2.45	5.04	0.29	17.7	4.39
秋季	3.02	23.4	2.92	4.51	0.64
冬季	1.62	4.06	0.97	4	1.71

4) 底栖生物多样性指数

乐清湾底栖生物多样性指数年平均为2.30，季节变化由大到小依次为夏季、春季、冬季、秋季；均匀度指数年平均为0.85，季节变化由大到小依次为春季、秋季、夏季、冬季；种类丰度指数年平均为0.98，季节变化由大到小依次为夏季、春季、冬季、秋季（表2.5-56）。

表2.5-56 乐清湾底栖生物生态指数统计

项目	春季	夏季	秋季	冬季
多样性指数（H'）	1.24~3.32	0.91~3.76	0.39~2.52	0.48~3.25
	2.45	2.51	2.03	2.2
均匀度（J'）	0.62~1.00	0.39~1.00	0.39~1.00	0.30~1.00
	0.88	0.84	0.84	0.83
种类丰度（D）	0.39~1.63	0.51~2.11	0.14~1.52	0.29~1.52
	1.03	1.17	0.8	0.92

2.5.2.5 潮间带生物

1) 种类组成和分布

乐清湾海域9条潮间带调查断面春、秋两个季节调查共鉴定出潮间带生物186种（图2.5-9）。其中种类组成为软体动物85种（占45.7%）；甲壳类35种（占18.8%）；多毛类22种（占11.8%）；大型海藻类14种（占7.5%）；鱼类12种（占6.5%）；棘皮动物8种（占4.3%）；星虫动物3种（占1.6%）；腔肠动物两种（占1.1%）；纽形动物1种（占0.5%）；其他类4种（占2.2%）。

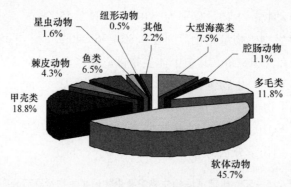

图2.5-9 底栖生物类群百分比

春季调查共鉴定出潮间带生物116种。其中种类组成为软体动物60种（占51.7%）；甲壳类18种（占15.5%）；多毛类15种（占12.9%）；大型海藻类8种（占6.9%）；棘皮动物6种（占5.2%）；腔肠动物、鱼类和星虫动物各两种（分别占1.7%）；其他类3种（占2.6%）。

秋季调查共鉴定出潮间带生物 138 种。其中种类组成为软体动物 62 种（占 44.9%）；甲壳类 28 种（占 20.3%）；多毛类 15 种（占 10.9%）；鱼类 11 种（占 8.0%）；大型海藻类 9 种（占 6.5%）；棘皮动物 6 种（占 4.3%）；星虫动物 3 种（占 2.2%）；纽形动物 1 种（占 0.7%）；其他类 3 种（占 2.2%）。

2）优势种

春季，乐清湾海域潮间带生物泥质滩涂主要优势种为兰蛤、婆罗囊螺、彩虹明樱蛤、绯拟沼螺、珠带拟蟹守螺、福氏乳玉螺、泥螺、西格织纹螺、淡水泥蟹、长脚长方蟹、沙蚕和不倒翁虫等；岩礁主要优势种为短滨螺、中间拟滨螺、齿纹蜒螺、疣荔枝螺、青蚶、日本笠藤壶、嫁蝛和棘刺牡蛎等。

秋季，乐清湾海域潮间带生物泥质滩涂主要优势种为彩虹明樱蛤、短拟沼螺、婆罗囊螺、绯拟沼螺、珠带拟蟹守螺、西格织纹螺、淡水泥蟹、日本大眼蟹、巢沙蚕和不倒翁虫等；岩礁主要优势种为短滨螺、中间拟滨螺、齿纹蜒螺、疣荔枝螺、青蚶、粒屋顶螺、隔贻贝、日本笠藤壶和鼠尾藻等。

3）丰度与生物量

春、秋两季潮间带生物栖息密度各站位差异分别见图 2.5 - 10 和图 2.5 - 11。

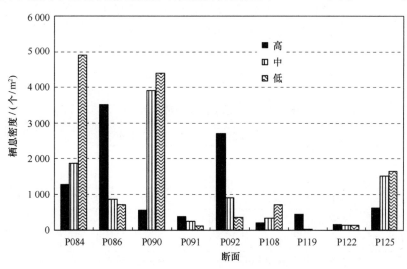

图 2.5 - 10 春季潮间带生物栖息密度分布

春季，乐清湾潮间带生物平均栖息密度为 1 206 个/m²，其中高潮区平均栖息密度为 1 093 个/m²，中潮区平均栖息密度为 1 088 个/m²，低潮区平均栖息密度为 1 438 个/m²。P084（湖雾）、P086（南塘）、P090（翁垟）、P091（黄华）、P092（永中）、P108（西门岛）、P119（灵昆岛）断面高、中、低潮均为泥滩，其高潮区平均栖息密度为 1 297 个/m²，中潮区平均栖息密度为 1 165 个/m²，低潮区平均栖息密度为 1 594 个/m²。P122（小门岛）、P125（鹿西岛）断面高、中、低潮区均为岩礁，其高潮区平均栖息密度为 378 个/m²，中潮区平均栖息密度为 818 个/m²，低潮区平均栖息密度为 892 个/m²。各调查站位具体值见表 2.5 - 57。

秋季，乐清湾潮间带生物平均栖息密度为 263 个/m²，远低于春季平均栖息密度，其中高

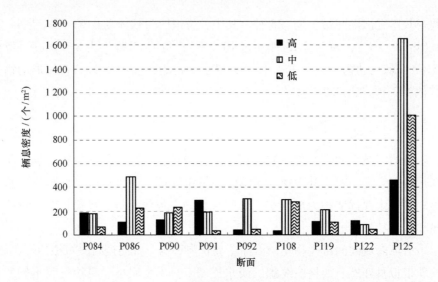

图 2.5 - 11　秋季潮间带生物栖息密度分布

潮区平均栖息密度为 163 个/m²，中潮区平均栖息密度为 399 个/m²，低潮区平均栖息密度为 227 个/m²。P084（湖雾）、P086（南塘）、P090（翁垟）、P091（黄华）、P092（永中）、P108（西门岛）断面高中低潮区和 P119（灵昆岛）断面高潮区均为泥滩，其高潮区平均栖息密度为 127 个/m²，中潮区平均栖息密度为 274 个/m²，低潮区平均栖息密度为 146 个/m²。P122（小门岛）、P125（鹿西岛）断面的高中低潮区，P119（灵昆岛）断面的中低潮区均为岩礁，其高潮区平均栖息密度为 290 个/m²，中潮区平均栖息密度为 648 个/m²，低潮区平均栖息密度为 388 个/m²。各调查站位具体值见表 2.5 - 57。

表 2.5 - 57　乐清湾潮间带生物统计

站位	区域	季节	高潮带		中潮带		低潮带	
			生物量 / (g/m²)	密度 / (个/m²)	生物量 / (g/m²)	密度 / (个/m²)	生物量 / (g/m²)	密度 / (个/m²)
P108	西门岛	春季	59.12	204	27.80	328	32.02	696
P119	灵昆岛	春季	7.08	436	8.86	19	0	0
P122	小门岛	春季	138.56	125	97.57	123	138.56	125
P125	鹿西岛	春季	208.35	605	2 590.48	1512	2 667.57	1 659
P084	湖雾	春季	149.55	1 283	174.15	1 875	226.29	4 906
P086	南塘	春季	184.51	3 515	57.25	867	34.16	45
P090	翁垟	春季	77.02	554	82.32	3914	155.49	4 347
P091	黄华	春季	7.42	137	82.32	333	155.49	115
P092	永中	春季	91.37	2 693	22.32	907	5.63	352
P108	西门岛	秋季	33.24	124	24.57	318	17.81	281
P119	灵昆岛	秋季	15.24	112	673.28	212	1 055.12	104
P122	小门岛	秋季	15.33	120	56.16	83	56.32	48
P125	鹿西岛	秋季	86.27	461	1 962.61	1 652	752.06	1 012
P084	湖雾	秋季	53.28	184	113.17	181	28.96	64

续表

站位	区域	季节	高潮带		中潮带		低潮带	
			生物量 /（g/m²）	密度 /（个/m²）	生物量 /（g/m²）	密度 /（个/m²）	生物量 /（g/m²）	密度 /（个/m²）
P086	南塘	秋季	19.23	98	38.43	492	40.75	223
P090	翁垟	秋季	23.02	126	13.19	184	6.93	232
P091	黄华	秋季	7.55	290	16.88	187	0.88	32
P092	永中	秋季	4.61	38	26.32	286	14.53	61

春秋两季潮间带生物量各站位差异分别见图 2.5 – 12 和图 2.5 – 13。

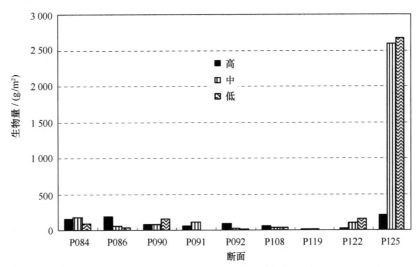

图 2.5 – 12　春季潮间带生物量分布

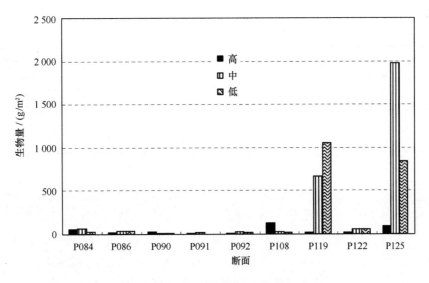

图 2.5 – 13　秋季潮间带生物生物量分布

春季，乐清湾潮间带生物平均生物量为 265.03 g/m²，其中高潮区平均生物量为 94.21 g/m²，中潮区平均生物量为 351.99 g/m²，低潮区平均生物量为 348.89 g/m²。P084（湖雾）、P086（南塘）、P090（翁垟）、P091（黄华）、P092（永中）、P108（西门岛）、P119（灵昆岛）断面高中低潮区均为泥滩，其高潮区平均生物量为 88.00 g/m²，中潮区平均生物量为 68.55 g/m²，低潮区平均生物量为 45.18 g/m²。P122（小门岛）、P125（鹿西岛）断面高中低潮区均为岩礁，其高潮区平均生物量为 115.95 g/m²，中潮区平均生物量为 1 344.02 g/m²，低潮区平均生物量为 1 411.86 g/m²。各调查站位具体值见表 2.5 – 57。

秋季，乐清湾潮间带生物平均生物量为 196.45 g/m²，低于春季平均生物量，其中高潮区平均生物量为 38.96 g/m²，中潮区平均生物量为 321.62 g/m²，低潮区平均生物量为 228.77 g/m²。P084（湖雾）、P086（南塘）、P090（翁垟）、P091（黄华）、P092（永中）、P108（西门岛）断面高、中、低潮区和 P119（灵昆岛）断面高潮区均为泥滩，其高潮区平均生物量为 35.29 g/m²，中潮区平均生物量为 31.02 g/m²，低潮区平均生物量为 18.26 g/m²。P122（小门岛）、P125（鹿西岛）断面的高中低潮区，P119（灵昆岛）断面的中低潮区均为岩礁，其高潮区平均生物量为 51.80 g/m²，中潮区平均生物量为 902.81 g/m²，低潮区平均生物量为 649.79 g/m²。各调查站位具体值见表 2.5 – 57。

4）多样性指数

乐清湾潮间带生物多样性指数范围在 0.00 ~ 3.81，春季潮间带生物多样性指数范围在 0.00 ~ 3.19，平均值为 1.64；秋季潮间带生物多样性指数范围在 0.10 ~ 3.81，平均值为 2.10。乐清湾潮间带生物均匀度指数范围在 0.00 ~ 1.00，春季潮间带生物均匀度指数范围在 0.00 ~ 0.85，平均值为 0.50；秋季潮间带生物均匀度指数范围在 0.10 ~ 1.00，平均值为 0.66。乐清湾潮间带生物种类丰度范围在 0.00 ~ 2.83，春季潮间带生物种类丰度范围在 0.00 ~ 2.30，平均值为 1.05；秋季潮间带生物种类丰度范围在 0.11 ~ 2.83，平均值为 1.27（表 2.5 – 58）。乐清湾潮间带生物多样性指数、均匀度指数和种类丰度季节变化规律相同，均是秋季大于春季。

表 2.5 – 58　乐清湾潮间带生物生态指数统计

季节	项目	多样性指数（H'）	均匀度（J'）	种类丰度（D）
春季	范围	0.00 ~ 3.19	0.00 ~ 0.85	0.00 ~ 2.30
	平均	1.64	0.50	1.05
秋季	范围	0.10 ~ 3.81	0.10 ~ 1.00	0.11 ~ 2.83
	平均	2.10	0.66	1.27

2.5.3　小结

乐清湾是浙江省三大半封闭性海湾之一，地理位置适中，区位优势明显，资源丰富多样，开发历史悠久。千百年来，乐清湾源源不断地为沿岸地区人民的生存、繁衍以及社会经济发展提供了可靠保障，也是乐清湾沿岸地区未来可持续发展的重要空间和物质基础，生态价值突出。

然而，近几十年来，尤其是 20 世纪 70 年代以来，人们对乐清湾环境与资源的"干预"、"干扰"甚至破坏越演越烈，乐清湾的生态问题随之日益显露和加重。乐清湾生态环境现状主要体现在以下 3 个方面。

①生境条件变异加剧。水域面积迅速缩小，纳潮量相应减少；流场改变，水动力减弱；冲淤加剧，地形地貌演变加速。生境变异速度超出了生物种群和群落的适应能力。

②乐清湾海水水质受无机氮、无机磷污染严重，大部分海域水质常年处在四类和劣四类状态，海水富营养化和有机污染程度较高。

③生物多样性下降，物种减少，种群衰退，生物资源结构严重失衡。处于食物链较高层次的经济鱼种（如大黄鱼等）越来越少，有的近于灭绝，而斑鰶等饵料性低值鱼类比例逐渐增高，一些经济价值较低的虾蟹类则上升为主要渔获种类。

2.6　瓯江口海洋环境质量变化趋势综合评价

用于评价瓯江口海域海洋环境质量的站位见图 2.6 – 1。

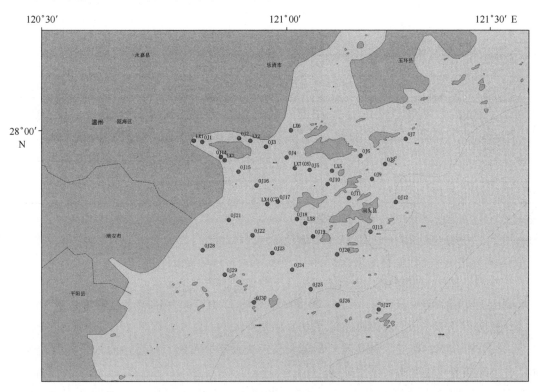

图 2.6 – 1　瓯江口海域评价站位

2.6.1　海洋化学

2.6.1.1　海水化学

1）调查结果及分布特征

30 个大面站大、小潮海水水质调查统计结果见表 2.6 – 1。

表 2.6-1　大面站水质调查结果统计

站号	项　　目	小潮期			大潮期		
		最大值	最小值	平均值	最大值	最小值	平均值
1	水温/℃	20.7	14.4	17.9	21.9	16.4	17.8
2	盐度	29.528	6.697	23.219	30.640	3.931	25.737
3	pH	8.11	7.65	7.95	8.15	7.84	8.02
4	悬浮物/（mg/dm³）	340.3	0.7	42.4	446.7	12.0	62.2
5	溶解氧/（mg/dm³）	8.58	6.02	7.47	9.23	5.46	8.19
6	COD/（mg/dm³）	1.88	0.56	1.03	1.63	0.50	0.79
7	活性磷酸盐/（mg/dm³）	0.072	0.022	0.042	0.066	0.020	0.037
8	无机氮/（mg/dm³）	2.055	0.473	0.909	2.141	0.310	0.864
9	非离子氨/（mg/dm³）	0.0029	0.0005	0.0012	0.0077	0.0005	0.0013
10	活性硅酸盐/（mg/dm³）	4.422	1.037	1.880	4.496	0.801	1.381
11	石油类/（mg/dm³）	0.37	*	0.06	1.50	*	0.16
12	铜/（μg/dm³）	5.2	0.5	2.1	3.5	*	1.3
13	铅/（μg/dm³）	4.3	*	1.0	3.0	*	0.7
14	镉/（μg/dm³）	0.343	*	0.083	0.144	*	0.037
15	锌/（μg/dm³）	46	11	20	24	8	17
16	汞/（μg/dm³）	0.055	0.005	0.013	0.135	0.011	0.037
17	砷/（μg/dm³）	18.8	3.6	9.2	16.2	3.4	7.6
18	挥发性酚/（μg/dm³）	*			*		
19	硫化物/（μg/dm³）	*			*		

注："＊"表示未检出. 未检出项目的检出限：铜（0.2 μg/dm³）、铅（0.03 μg/dm³）、镉（0.01 μg/dm³）、油类（3.5 μg/dm³），未检出的项目浓度以检出限的 1/2 进行统计分析，下同。

（1）水温、盐度、悬浮物、pH 值

水温：小潮期水温测值介于 14.4～20.7℃，平均 17.9℃；大潮期水温测值介于 16.4～21.9℃，平均 17.8℃。大、小潮期水温平均值相差不大。

从垂直分布上看，底层水温略低于表层水温；从水平分布看，水温由瓯江口向外海域逐渐降低，小潮期变化幅度略大于大潮期。

盐度：小潮期海水盐度测值介于 6.697～29.528，平均 23.219；大潮期介于 3.931～30.640，平均 25.737。

从垂直分布上看，无论大、小潮期底层盐度均高于表层；从水平分布上看，盐度由瓯江口向外海逐渐升高。

悬浮物：大、小潮期悬浮物含量分布不均匀。小潮期介于 0.7～340.3 mg/dm³，平均 42.4 mg/dm³；大潮期介于 12.0～446.7 mg/dm³，平均 62.2 mg/dm³。大潮期平均值略大于小潮期。总体呈由瓯江口向外海逐渐降低，灵昆岛东南侧有 1 个高值中心。

pH 值：小潮期 pH 值介于 7.65～8.11；大潮期介于 7.84～8.15。无论大潮期还是小潮期变化幅度都较小，时空分布规律不明显。

（2）溶解氧、化学需氧量

溶解氧：小潮期溶解氧含量介于 $6.02 \sim 8.58$ mg/dm³，平均 7.47 mg/dm³。最小值出现在 23 号站位，最大值出现在最东面 12 号站。

大潮期溶解氧含量介于 $5.46 \sim 9.23$ mg/dm³，平均 8.19 mg/dm³。最小值出现在瓯江口内 1 号站，最大值出现在 6 号站。

溶解氧含量大潮期高于小潮期。小潮、大潮调查海区溶解氧含量水平分布均表现为由东南向西北逐渐降低的趋势。

化学需氧量：小潮期化学需氧量含量介于 $0.56 \sim 1.88$ mg/dm³，平均 1.03 mg/dm³；大潮期含量介于 $0.50 \sim 1.63$ mg/dm³，平均 0.79 mg/dm³。

化学需氧量平均含量小潮期大于大潮期。小潮、大潮化学需氧量含量水平分布均呈由瓯江口向外海逐渐降低的趋势，但降幅不大。

（3）石油类

小潮期石油类含量介于未检出 ~ 0.37 mg/dm³，平均 0.06 mg/dm³；大潮期含量介于未检出 ~ 1.50 mg/dm³，平均 0.16 mg/dm³。

总的来看，大潮期含量明显高于小潮期。在水平分布上，小潮期洞头海区含量较高；大潮期瓯江口东部含量明显高于西部。

（4）营养盐

无机氮：小潮期无机氮含量值介于 $0.417 \sim 2.055$ mg/dm³，平均 0.909 mg/dm³。最小值出现在 12 号站表层，最大值出现在 14 号站。

大潮期无机氮含量介于 $0.310 \sim 2.141$ mg/dm³，平均值 0.864 mg/dm³。最小值出现在 27 号站底层，最大值出现在 1 号站。

无机氮含量小潮期略高于大潮期。在垂直分布上，大、小潮期基本上表现为底层小于表层的特性。在水平分布上表现为由瓯江口向外海逐渐降低的趋势（图 2.6 - 2 和图 2.6 - 3）。

非离子氨：非离子氨含量较低。小潮期浓度值介于 $0.000\,5 \sim 0.002\,9$ mg/dm³，平均 $0.001\,2$ mg/dm³；大潮期含量范围 $0.000\,5 \sim 0.007\,7$ mg/dm³，平均 $0.001\,3$ mg/dm³。

水平分布无明显差异，同时大潮期和小潮期比较接近。

活性磷酸盐：小潮期活性磷酸盐含量介于 $0.022 \sim 0.072$ mg/dm³，平均 0.042 mg/dm³。最小值出现在 26 号站，最大值出现在 16 号站。

大潮期活性磷酸盐含量介于 $0.020 \sim 0.066$ mg/dm³，平均值 0.037 mg/dm³。最小值出现在 26 号站，最大值出现在 16 号站。小潮期活性磷酸盐平均含量略高于大潮期。水平分布表现为由瓯江口向外海方向逐渐降低的趋势。

活性硅酸盐：活性硅酸盐含量较高，小潮期活性硅酸盐含量介于 $1.037 \sim 4.422$ mg/dm³，平均 1.880 mg/dm³；大潮期含量介于 $0.801 \sim 4.496$ mg/dm³，平均 1.381 mg/dm³。

小潮期活性硅酸盐含量高于大潮期。水平分布表现为由瓯江口向外海方向逐渐降低的趋势。

（5）重金属

铜：小潮期铜含量介于 $0.5 \sim 5.2$ μg/dm³，平均值 2.1 μg/dm³；大潮期铜含量介于未检出 ~ 3.5 μg/dm³，平均值 1.3 μg/dm³。小潮期平均含量略高于大潮期。

铅：小潮期铅含量介于未检出 ~ 4.3 μg/dm³，平均值 1.0 μg/dm³；大潮期铅含量介于未检

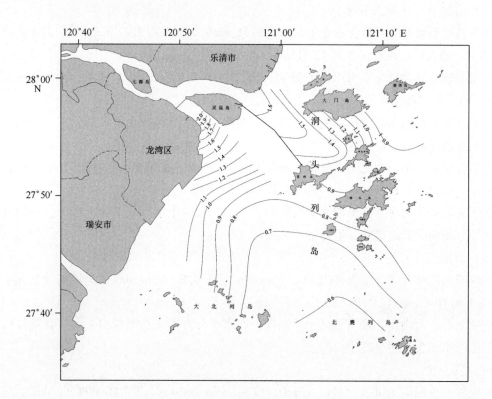

图 2.6 - 2　小潮期无机氮含量分布（mg/L）

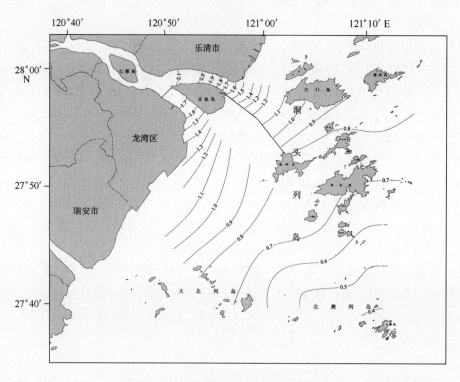

图 2.6 - 3　大潮期无机氮含量分布（mg/L）

出 ~3.0 μg/dm³，平均值 0.7 μg/dm³。

锌：小潮期锌含量介于 11 ~ 46 μg/dm³，平均值 20 μg/dm³；大潮期锌含量介于 8 ~ 24 μg/dm³，平均值 17 μg/dm³。大、小潮期间含量变化不大，水平分布比较均匀。

镉：小潮期镉含量介于未检出 ~0.343 μg/dm³，平均值 0.083 μg/dm³；大潮期镉含量介于未检出 ~0.144 μg/dm³，平均值 0.037 μg/dm³。大、小潮期调查海区镉含量普遍很低。

汞：小潮期汞含量介于 0.005 ~ 0.055 μg/dm³，平均值 0.013 μg/dm³；大潮期汞含量介于 0.011 ~0.135 μg/dm³，平均值 0.037 μg/dm³。大潮期含量略高于小潮期。

砷：小潮期砷含量介于（3.6 ~18.8）μg/dm³，平均值 9.2 μg/dm³；大潮期砷含量介于 3.4 ~16.2 μg/dm³，平均值 7.6 μg/dm³。大潮期含量略低于小潮期。调查海区砷含量低。

（6）挥发性酚和硫化物

大面调查 3 ~6 号站挥发性酚和硫化物均未检出。

2）现状评价

计算 13 个调查项目大、小潮的污染指数见表 2.6 -2 和表 2.6 -3。

表 2.6 -2　大面站水质污染指数统计（小潮）

站号	层次	pH 值		溶解氧	化学需氧量	石油类		非离子氨
		一类、二类	三类、四类	一类	一类	一类、二类	三类	一 ~ 四类
1	表	1.11	0.04	0.63	0.80	1.40	0.23	0.11
2	底	1.43	0.15	0.74	0.94	1.20	0.20	0.10
3	表	1.37	0.13	0.45	0.84	1.20	0.20	0.11
4	表	1.17	0.06	0.41	0.83	1.00	0.17	0.12
5	表	0.74	0.09	0.39	0.74	1.00	0.17	0.12
6	表	0.66	0.12	0.57	0.55	5.40	0.90	0.05
7	表	0.63	0.13	0.09	0.51	0.20	0.03	0.05
8	表	0.63	0.13	0.03	0.49	0.60	0.01	0.04
	底	0.69	0.11	0.01	0.50	—	—	0.03
9	表	0.57	0.15	0.11	0.55	1.00	0.17	0.05
10	表	0.54	0.16	0.51	0.62	1.20	0.20	0.15
11	表	0.60	0.14	0.10	0.59	0.80	0.13	0.06
12	表	0.51	0.17	0.18	0.54	0.60	0.10	0.05
	底	0.69	0.11	0.00	0.44	—	—	0.04
13	表	0.66	0.12	0.31	0.55	1.00	0.17	0.03
	底	0.74	0.09	0.04	0.48	—	—	0.04
14	表	0.77	0.08	0.89	0.78	1.00	0.17	0.13
15	表	0.71	0.10	0.82	0.77	1.00	0.10	0.10
16	表	0.54	0.16	0.86	0.74	0.60	0.07	0.10

续表

站号	层次	pH 值		溶解氧	化学需氧量	石油类		非离子氨
		一类、二类	三类、四类	一类	一类	一类、二类	三类	一~四类
17	表	0.40	0.21	0.61	0.50	0.40	0.07	0.09
18	表	0.51	0.17	0.98	0.32	0.40	0.03	0.04
19	表	0.57	0.15	0.60	0.28	0.04	0.01	0.04
	底	0.60	0.14	0.45	0.35	—	—	0.03
20	表	0.80	0.07	0.01	0.47	7.40	1.23	0.03
	底	0.71	0.10	0.75	0.41	—	—	0.03
21	表	0.37	0.22	0.08	0.52	1.40	0.23	0.07
22	表	0.28	0.25	0.11	0.49	5.00	0.83	0.06
23	表	0.51	0.17	0.99	0.28	0.04	0.01	0.03
24	表	0.54	0.16	0.73	0.34	0.20	0.00	0.03
	底	0.54	0.16	0.11	0.35	—	—	0.03
25	表	0.20	0.28	0.07	0.41	1.00	0.17	0.05
	底	0.26	0.26	0.05	0.42	—	—	0.04
26	表	0.26	0.26	0.34	0.34	1.20	0.20	0.06
	底	0.17	0.29	0.17	0.38	—	—	0.04
27	表	0.34	0.23	0.49	0.31	1.60	0.27	0.03
	底	0.26	0.26	0.35	0.33	—	—	0.05
28	表	0.40	0.21	0.06	0.53	1.20	0.20	0.06
29	表	0.17	0.29	0.11	0.46	1.40	0.23	0.07
30	表	0.11	0.31	0.28	0.39	1.00	0.17	0.06
	底	0.17	0.29	0.27	0.41	—	—	0.05
超标率/%		13	0	0	0	40	0	0

站号	层次	无机氮				活性磷酸盐		
		一	二类	三类	四类	一类	二类、三类	四类
1	表	7.23	4.82	3.61	2.89	2.80	1.40	0.93
2	表	8.30	5.53	4.15	3.32	3.13	1.57	1.04
3	表	8.23	5.49	4.12	3.29	3.13	1.57	1.04
4	表	7.83	5.22	3.92	3.13	3.20	1.60	1.07
5	表	7.45	4.96	3.72	2.98	3.13	1.57	1.04
6	表	4.33	2.88	2.16	1.73	3.33	1.67	1.11
7	表	4.00	2.66	2.00	1.60	3.27	1.63	1.09
8	表	4.10	2.73	2.05	1.64	3.20	1.60	1.07
	底	3.16	2.11	1.58	1.26	2.93	1.47	0.98
9	表	4.56	3.04	2.28	1.82	3.33	1.67	1.11
10	表	8.78	5.85	4.39	3.51	3.53	1.77	1.18
11	表	4.94	3.29	2.47	1.98	2.93	1.47	0.98

续表

站号	层次	无机氮				活性磷酸盐		
		一	二类	三类	四类	一类	二类、三类	四类
12	表	4.89	3.26	2.45	1.96	3.07	1.53	1.02
12	底	2.09	1.39	1.04	0.83	2.53	1.27	0.84
13	表	3.46	2.31	1.73	1.38	2.60	1.30	0.87
13	底	2.76	1.84	1.38	1.10	2.67	1.33	0.89
14	表	10.28	6.85	5.14	4.11	4.00	2.00	1.33
15	表	6.81	4.54	3.40	2.72	4.60	2.30	1.53
16	表	7.03	4.69	3.52	2.81	4.80	2.40	1.60
17	表	4.37	2.91	2.19	1.75	3.73	1.87	1.24
18	表	3.30	2.20	1.65	1.32	3.13	1.57	1.04
19	表	3.69	2.46	1.84	1.47	3.07	1.53	1.02
19	底	2.98	1.99	1.49	1.19	2.80	1.40	0.93
20	表	3.47	2.31	1.73	1.39	2.53	1.27	0.84
20	底	2.78	1.85	1.39	1.11	2.33	1.17	0.78
21	表	5.00	3.33	2.50	2.00	2.33	1.17	0.78
22	表	3.71	2.47	1.86	1.48	2.07	1.03	0.69
23	表	3.18	2.12	1.59	1.27	3.13	1.57	1.04
24	表	2.92	1.94	1.46	1.17	2.60	1.30	0.87
24	底	2.79	1.86	1.39	1.11	2.67	1.33	0.89
25	表	3.19	2.13	1.60	1.28	1.67	0.83	0.56
25	底	2.63	1.75	1.31	1.05	1.53	0.77	0.51
26	表	2.56	1.71	1.28	1.02	1.47	0.73	0.49
26	底	2.37	1.58	1.18	0.95	1.53	0.77	0.51
27	表	3.13	2.09	1.57	1.25	1.67	0.83	0.56
27	底	2.41	1.60	1.20	0.96	2.20	1.10	0.73
28	表	5.94	3.96	2.97	2.37	2.27	1.13	0.76
29	表	4.93	3.28	2.46	1.97	2.13	1.07	0.71
30	表	3.52	2.35	1.76	1.41	1.80	0.90	0.60
30	底	2.72	1.81	1.36	1.09	1.87	0.93	0.62
超标率/%		100	100	100	100	100	90	57

站号	层次	铜		铅		镉
		一类	二类	一类	二类	一类
1	表	0.54	0.27	2.20	0.44	—
2	表	0.80	0.4	1.20	0.24	0.05
3	表	0.74	0.37	3.30	0.66	0.08
4	表	0.58	0.29	1.10	0.22	0.08
5	表	0.56	0.28	0.02	0.00	0.04
6	表	0.78	0.39	0.90	0.18	0.08

续表

站号	层次	铜		铅		镉
		一类	二类	一类	二类	一类
7	表	0.28	0.14	2.90	0.58	0.04
8	表	0.34	0.17	1.50	0.30	0.07
	底	0.48	0.24	0.40	0.08	0.08
9	表	0.22	0.11	1.00	0.20	0.08
10	表	0.50	0.25	2.10	0.42	0.00
11	表	0.64	0.32	3.60	0.72	0.00
12	表	0.40	0.2	0.02	0.00	0.10
	底	0.30	0.15	0.30	0.06	0.07
13	表	0.22	0.11	3.40	0.68	0.05
	底	0.10	0.05	0.90	0.18	0.05
14	表	1.04	0.52	4.30	0.86	0.34
15	表	0.52	0.26	0.02	0.00	0.13
16	表	0.66	0.33	0.02	0.00	0.12
17	表	0.38	0.19	0.02	0.00	0.12
18	表	0.36	0.18	0.50	0.10	0.10
19	表	0.30	0.15	1.00	0.20	0.07
	底	0.28	0.14	0.15	0.03	0.05
20	表	0.20	0.10	2.80	0.56	0.05
	底	0.30	0.15	1.20	0.24	0.12
21	表	0.58	0.29	0.02	0.00	0.08
22	表	0.40	0.20	0.30	0.06	0.10
23	表	0.28	0.14	0.40	0.08	0.13
24	表	0.30	0.15	0.15	0.03	0.05
	底	0.20	0.10	1.60	0.32	0.09
25	表	0.48	0.24	0.20	0.04	0.10
	底	0.32	0.16	1.50	0.30	0.10
26	表	0.40	0.2	0.02	0.00	0.07
	底	0.30	0.15	0.02	0.00	0.10
27	表	0.30	0.15	0.02	0.00	0.06
	底	0.34	0.17	0.02	0.00	0.10
28	表	0.50	0.25	0.02	0.00	0.07
29	表	0.42	0.21	0.70	0.14	0.09
30	表	0.26	0.13	0.15	0.03	0.07
	底	0.26	0.27	0.02	0.00	0.07
超标率/%		3	0	43	0	0

续表

站号	层次	砷	汞		锌	
		一类	二类	一类	二类	一类
1	表	0.20	0.60	0.15	0.95	0.38
2	底	0.43	0.64	0.16	0.95	0.38
3	表	0.57	1.10	0.28	1.10	0.44
4	表	0.47	0.64	0.16	0.95	0.38
5	表	0.41	0.28	0.07	1.05	0.42
6	表	0.39	0.18	0.05	1.05	0.42
7	表	0.25	0.16	0.04	0.95	0.38
8	表	0.21	0.14	0.04	1.05	0.42
	底	0.49	0.14	0.04	0.65	0.26
9	表	0.62	0.14	0.04	0.85	0.34
10	表	0.34	0.60	0.15	1.05	0.42
11	表	0.54	0.32	0.08	0.95	0.38
12	表	0.53	0.32	0.08	0.95	0.38
	底	0.21	0.18	0.05	0.75	0.30
13	表	0.60	0.18	0.05	1.10	0.44
	底	0.59	0.24	0.06	0.75	0.30
14	表	0.49	0.18	0.05	2.30	0.92
15	表	0.55	0.14	0.04	0.65	0.26
16	表	0.86	0.28	0.07	0.75	0.30
17	表	0.87	0.36	0.09	0.75	0.30
18	表	0.68	0.10	0.03	0.75	0.30
19	表	0.48	0.14	0.04	0.85	0.34
	底	0.39	0.14	0.04	1.30	0.52
20	表	0.38	0.24	0.06	0.95	0.38
	底	0.34	0.18	0.05	1.50	0.60
21	表	0.39	0.18	0.05	1.30	0.52
22	表	0.36	0.24	0.06	1.10	0.44
23	表	0.67	0.14	0.04	0.55	0.22
24	表	0.34	0.18	0.05	0.55	0.22
	底	0.34	0.10	0.03	0.85	0.34
25	表	0.33	0.14	0.04	1.30	0.52
	底	0.53	0.14	0.04	1.05	0.42
26	表	0.43	0.18	0.05	1.10	0.44
	底	0.18	0.16	0.04	0.95	0.38
27	表	0.59	0.14	0.04	0.75	0.30
	底	0.48	0.24	0.06	1.05	0.42
28	表	0.94	0.14	0.04	1.75	0.70
29	表	0.51	0.14	0.04	1.10	0.44
30	表	0.24	0.18	0.05	0.55	0.22
	底	0.37	0.16	0.04	1.05	0.42
超标率/%		0	3	0	57	0

表 2.6-3 大面站水质污染指数统计（大潮）

站号	层次	pH	溶解氧		化学需氧量	石油类			非离子氨
		一类、二类	一类	二类	一类	一类、二类	三类	四类	一～四类
1	表	0.40	1.18	0.88	0.65	1.20	0.20	0.12	0.07
2	表	0.46	0.77	0.57	0.63	1.40	0.23	0.14	0.04
3	表	0.66	0.51	0.36	0.64	1.00	0.17	0.1	0.04
4	表	0.80	0.19	0.13	0.34	1.20	0.23	0.12	0.03
5	表	0.83	0.21	0.14	0.31	1.00	0.17	0.1	0.03
6	表	0.29	0.66	0.44	0.82	4.20	0.70	0.42	0.06
	底	0.31	0.17	0.12	0.43	–	–	–	0.06
7	表	0.49	0.24	0.16	0.39	30.00	5.00	3	0.04
	底	0.46	0.24	0.17	0.34	–	–	–	0.05
8	表	0.57	0.21	0.14	0.40	5.00	0.83	0.5	0.05
	底	0.51	0.13	0.09	0.40	–	–	–	0.04
9	表	0.34	0.39	0.25	0.40	5.00	0.83	0.5	0.06
	底	0.31	0.09	0.06	0.37	–	–	–	0.06
10	表	0.89	0.42	0.28	0.33	1.00	0.17	0.1	0.03
11	表	0.31	0.19	0.13	0.36	6.60	1.10	0.66	0.07
12	表	0.63	0.34	0.23	0.52	4.40	0.73	0.44	0.04
	底	0.57	0.25	0.17	0.35	—	—	—	0.04
13	表	0.74	0.43	0.29	0.36	5.20	0.87	0.52	0.03
	底	0.80	0.20	0.13	0.40	—	—	—	0.04
14	表	0.54	0.49	0.35	0.60	4.20	0.70	0.42	0.39
15	表	0.31	0.10	0.07	0.63	0.20	0.00	0.02	0.27
16	表	0.00	0.37	0.26	0.41	9.20	1.53	0.92	0.10
17	表	0.11	0.15	0.10	0.34	1.20	0.20	0.12	0.08
18	表	0.17	0.24	0.16	0.35	1.40	0.23	0.14	0.05
	底	0.17	0.16	0.11	0.32	—	—	—	0.06
19	表	0.03	0.16	0.11	0.31	8.20	1.37	0.82	0.07
	底	0.06	0.15	0.10	0.32	—	—	—	0.05
20	表	0.40	0.17	0.12	0.40	0.60	0.10	0.06	0.04
	底	0.20	0.17	0.12	0.34	—	—	—	0.05
21	表	0.14	0.11	0.07	0.42	19.0	3.20	1.9	0.08
22	表	0.17	0.00	0.00	0.50	0.60	0.10	0.06	0.09
23	表	0.31	0.01	0.01	0.35	0.04	0.01	0.00	0.05
24	表	0.40	0.30	0.20	0.27	0.04	0.01	0.00	0.06
	底	0.17	0.21	0.00	0.25	—	—	—	0.07
25	表	0.34	0.21	0.14	0.31	0.04	0.01	0.00	0.04
	底	0.37	0.01	0.01	0.30	—	—	—	0.05

续表

站号	层次	pH	溶解氧		化学需氧量	石油类			非离子氨
		一类、二类	一类	二类	一类	一类、二类	三类	四类	一～四类
26	表	0.31	0.64	0.42	0.40	0.40	0.07	0.04	0.05
	底	0.34	0.03	0.02	0.27	—	—	—	0.06
27	表	0.17	0.10	0.07	0.29	0.20	0.00	0.02	0.06
	底	0.11	0.12	0.08	0.26	—	—	—	0.06
28	表	0.23	0.10	0.06	0.50	3.20	0.53	0.32	0.13
29	表	0.23	0.13	0.09	0.39	0.04	0.01	0.00	0.06
30	表	0.17	0.32	0.21	0.31	0.04	0.01	0.00	0.10
	底	0.17	0.16	0.11	0.28	—	—	—	0.05
超标率/%		0	3	0	0	57	17	3	0

站号	层次	活性磷酸盐			无机氮			
		一	二类、三类	四类	一类	二类	三类	四类
1	表	2.35	1.18	0.78	10.71	7.14	5.35	4.28
2	表	2.89	1.44	0.96	9.80	6.53	4.90	3.92
3	表	2.74	1.37	0.91	7.64	5.09	3.82	3.05
4	表	2.73	1.36	0.91	6.00	4.00	3.00	2.40
5	表	2.63	1.31	0.88	4.96	3.31	2.48	1.98
6	表	2.75	1.37	0.92	4.18	2.79	2.09	1.67
	底	2.51	1.25	0.84	3.53	2.35	1.77	1.41
7	表	2.61	1.30	0.87	4.23	2.82	2.12	1.69
	底	2.71	1.35	0.90	4.09	2.72	2.04	1.63
8	表	2.83	1.41	0.94	4.12	2.74	2.06	1.65
	底	3.26	1.63	1.09	3.69	2.46	1.84	1.47
9	表	2.71	1.35	0.90	3.97	2.65	1.99	1.59
	底	2.83	1.41	0.94	4.35	2.90	2.17	1.74
10	表	2.33	1.17	0.78	3.80	2.53	1.90	1.52
11	表	2.39	1.20	0.80	4.66	3.11	2.33	1.86
12	表	2.45	1.23	0.82	3.66	2.44	1.83	1.46
	底	3.67	1.83	1.22	3.46	2.31	1.73	1.38
13	表	4.23	2.11	1.41	3.13	2.08	1.56	1.25
	底	4.42	2.21	1.47	3.18	2.12	1.59	1.27
14	表	3.43	1.72	1.14	8.63	5.75	4.32	3.45
15	表	2.89	1.44	0.96	5.05	3.36	2.52	2.02
16	表	2.75	1.37	0.92	6.78	4.52	3.39	2.71
17	表	2.57	1.28	0.86	4.48	2.99	2.24	1.79
18	表	2.33	1.17	0.78	3.70	2.46	1.85	1.48
	底	2.15	1.08	0.72	3.79	2.53	1.90	1.52

站号	层次	活性磷酸盐			无机氮			
		一	二类、三类	四类	一类	二类	三类	四类
19	表	2.73	1.36	0.91	3.98	2.65	1.99	1.59
	底	1.90	0.95	0.63	3.78	2.52	1.89	1.51
20	表	2.75	1.37	0.92	3.38	2.25	1.69	1.35
	底	2.39	1.20	0.80	2.77	1.85	1.39	1.11
21	表	2.45	1.23	0.82	5.37	3.58	2.69	2.15
22	表	1.53	0.76	0.51	5.39	3.59	2.69	2.15
23	表	1.41	0.70	0.47	3.85	2.56	1.92	1.54
24	表	1.35	0.67	0.45	3.26	2.17	1.63	1.30
	底	1.41	0.70	0.47	2.84	1.89	1.42	1.14
25	表	1.53	0.76	0.51	2.59	1.72	1.29	1.03
	底	2.02	1.01	0.67	2.49	1.66	1.24	0.99
26	表	2.07	1.04	0.69	2.15	1.43	1.07	0.86
	底	1.96	0.98	0.65	2.15	1.43	1.07	0.86
27	表	1.61	0.80	0.54	1.94	1.29	0.97	0.78
	底	1.57	0.78	0.52	1.55	1.03	0.78	0.62
28	表	2.35	1.18	0.78	6.03	4.02	3.01	2.41
29	表	2.89	1.44	0.96	4.02	2.68	2.01	1.61
30	表	2.74	1.37	0.91	3.71	2.47	1.85	1.48
	底	2.73	1.36	0.91	3.26	2.17	1.63	1.30
超标率/%		100	87	13	100	100	97	93

站号	层次	铜	铅		镉
		一类	一类	二类	一类
1	表	0.02	0.00	0.00	0.00
2	表	0.02	0.02	0.00	0.00
3	表	0.02	0.02	0.00	0.00
4	表	0.02	0.02	0.00	0.00
5	表	0.32	0.02	0.00	0.00
6	表	0.46	0.02	0.00	0.00
	底	0.18	0.02	0.00	0.00
7	表	0.70	0.02	0.00	0.02
	底	0.26	0.02	0.00	0.02
8	表	0.56	1.20	0.24	0.00
	底	0.26	0.20	0.04	0.00
9	表	0.44	0.02	0.00	0.00
	底	0.32	0.20	0.04	0.00
10	表	0.02	0.00	0.00	0.00
11	表	0.44	2.80	0.56	0.00

续表

站号	层次	铜	铅		镉
		一类	一类	二类	一类
12	表	0.60	0.02	0.00	0.00
	底	0.18	0.02	0.00	0.00
13	表	0.60	1.50	0.30	0.00
	底	0.20	0.70	0.14	0.00
14	表	0.16	0.02	0.00	0.14
15	表	0.02	0.00	0.00	0.07
16	表	0.28	1.10	0.22	0.09
17	表	0.30	1.00	0.20	0.08
18	表	0.38	1.60	0.32	0.09
	底	0.24	0.60	0.12	0.08
19	表	0.28	1.30	0.26	0.09
	底	0.32	3.00	0.60	0.10
20	表	0.20	1.30	0.26	0.04
	底	0.12	1.40	0.28	0.05
21	表	0.32	1.90	0.38	0.11
22	表	0.38	0.30	0.06	0.10
23	表	0.40	0.20	0.04	0.06
24	表	0.22	0.02	0.00	0.07
	底	0.02	0.00	0.00	0.00
25	表	0.18	0.02	0.00	0.04
	底	0.16	1.20	0.24	0.00
26	表	0.16	0.02	0.00	0.00
	底	0.06	1.50	0.30	0.02
27	表	0.56	0.80	0.16	0.03
	底	0.20	2.60	0.52	0.02
28	表	0.46	2.70	0.54	0.12
29	表	0.24	0.50	0.10	0.02
30	表	0.34	0.02	0.00	0.02
	底	0.18	0.02	0.00	0.06
超标率/%		0	40	0	0

站号	层次	砷	汞		锌	
		一类	一类	二类、三类	一类	二类
1	表	0.29	0.34	0.09	0.70	0.28
2	表	0.22	0.28	0.07	0.75	0.30
3	表	0.26	1.84	0.46	0.75	0.30

续表

站号	层次	砷	汞		锌	
		一类	一类	二类、三类	一类	二类
4	表	0.56	2.58	0.65	0.60	0.24
5	表	0.32	1.18	0.30	0.75	0.30
6	表	0.45	2.70	0.68	0.75	0.30
	底	0.33	1.08	0.27	0.75	0.30
7	表	0.36	0.34	0.09	0.85	0.34
	底	0.37	0.28	0.07	0.85	0.34
8	表	0.22	0.30	0.08	0.75	0.30
	底	0.52	0.38	0.10	0.85	0.34
9	表	0.39	0.28	0.07	0.85	0.34
	底	0.32	0.22	0.06	1.00	0.40
10	表	0.29	0.56	0.14	0.75	0.30
11	表	0.46	0.82	0.21	1.10	0.44
12	表	0.25	0.38	0.10	1.00	0.40
	底	0.45	0.72	0.18	1.20	0.48
13	表	0.20	1.08	0.27	0.95	0.38
	底	0.54	0.72	0.18	1.10	0.44
14	表	0.57	0.28	0.07	1.20	0.48
15	表	0.54	0.30	0.08	1.00	0.40
16	表	0.20	0.38	0.10	0.95	0.38
17	表	0.28	0.60	0.15	0.85	0.34
18	表	0.34	0.76	0.19	1.00	0.40
	底	0.30	0.82	0.21	0.75	0.30
19	表	0.28	1.12	0.28	1.10	0.44
	底	0.51	0.44	0.11	1.10	0.44
20	表	0.33	2.08	0.52	0.60	0.24
	底	0.34	1.58	0.40	0.75	0.30
21	表	0.20	0.22	0.06	1.00	0.40
22	表	0.42	0.22	0.06	0.85	0.34
23	表	0.66	0.28	0.07	0.95	0.38
24	表	0.77	0.22	0.06	0.95	0.38
	底	0.54	0.22	0.06	0.75	0.30
25	表	0.41	1.20	0.30	0.75	0.30
	底	0.26	0.76	0.19	0.75	0.30
26	表	0.33	0.22	0.06	0.70	0.28
	底	0.25	0.22	0.06	0.70	0.28

续表

站号	层次	砷	汞		锌	
		一类	一类	二类、三类	一类	二类
27	表	0.40	1.58	0.40	0.40	0.16
	底	0.36	1.04	0.26	0.75	0.30
28	表	0.17	0.44	0.11	1.10	0.44
29	表	0.29	0.34	0.09	0.50	0.20
30	表	0.81	0.92	0.23	1.10	0.44
	底	0.42	0.66	0.17	0.70	0.28
超标率/%		0	30	0	23	0

由表 2.6 - 2 和表 2.6 - 3 可得知以下结论。

pH 值：小潮期一类超标率 13%，超标测站为 1 ~ 4 号站；大潮期全部测值符合一类海水水质标准。

溶解氧：小潮期全部测值符合一类海水水质标准；大潮期除 1 号站表层外，也均符合一类海水水质标准。

化学需氧量：大、小潮期全部测值均符合一类海水水质标准。

石油类：小潮期一类、二类超标率 40%，但均符合三类海水水质标准；大潮期一类、二类超标率为 57%，三类超标率为 17%，四类超标率为 3%，21 号站表层石油类含量超四类标准限值。

无机氮：小潮期四类超标率 100%；大潮期一类、二类超标率 100%，三类超标率 97%，四类超标率 93%。

非离子氨：大、小潮期均符合海水水质标准。

活性磷酸盐：小潮期一类超标率 100%，二类、三类超标率 90%，四类超标率 57%；大潮期一类超标率 100%，二类、三类超标率 87%，四类超标率 13%。

铜：小潮期除 14 号站表层外，其余均符合一类海水水质标准；大潮期均符合一类海水水质标准。

铅：小潮期一类超标率 43%，但均符合二类海水水质标准；大潮期一类超标率 40%，但均符合二类海水水质标准。

锌：小潮期一类超标率 57%，但均符合二类海水水质标准；大潮期锌一类超标率 23%，但均符合二类海水水质标准。

镉：大、小潮期调查海区含量普遍很低，均符合一类海水水质标准。

汞：小潮期一类超标率 3%；大潮期汞一类超标率 30%。大、小潮期汞含量均符合二类海水水质标准。

砷：调查海区砷含量低，均符合一类海水水质标准。

总之，调查区无机氮和活性磷酸盐污染严重，大部分海区已处于四类和劣四类水质状态，但其他水环境因子测值普遍较低。在时间分布上，大潮期含量略低于小潮期；在空间分布上，营养盐和有机污染指标（化学需氧量）均呈现由瓯江口向外海逐渐递减的趋势，表明瓯江及沿岸排污对海区水质有明显的影响（图 2.6 - 4 和图 2.6 - 5）。

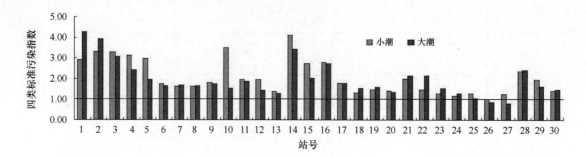

图 2.6 - 4　各站无机氮污染状况

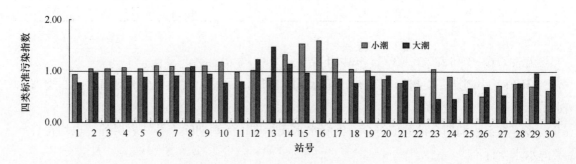

图 2.6 - 5　各站活性磷酸盐污染状况

2.6.1.2　沉积物化学

1）调查结果及分布特征

沉积物质量调查结果统计见表 2.6 - 4。

表 2.6 - 4　沉积物质量调查结果统计　　　　　　　单位：$\times 10^{-6}$（干重）

项目	浅海区		潮间带	
	范围	平均值	范围	平均值
石油类	未检出 ~ 87.9	26.5	28.0 ~ 61.9	43.4
硫化物	0.6 ~ 91.1	14.0	5.0 ~ 25.2	15.2
有机碳/%	0.120 ~ 1.420	0.550	0.467 ~ 0.746	0.599
总氮	319.8 ~ 822.5	524.7	321.9 ~ 381.9	351.9
总磷	1.9 ~ 118.0	36.6	4.9 ~ 36.5	20.0
铜	22.6 ~ 69.6	35.7	28.1 ~ 55.8	43.4
铅	6.4 ~ 41.6	22.2	27.8 ~ 49.6	38.2
镉	0.063 ~ 0.805	0.181	0.138 ~ 0.951	0.374
锌	69.9 ~ 186.8	109.3	99.7 ~ 179.9	144.1
砷	12.1 ~ 25.5	19.4	18.9 ~ 28.3	23.5
汞	未检出 ~ 0.274	0.069	0.012 ~ 0.020	0.016

注：3 号、5 号站底质为砂，除硫化物外，其他各项目未测，未测项目不参与表中统计。浅海区包括 15 个大面测站和 LX1 ~ LX8 连续站。

石油类：浅海区（大面站及 LX1～LX8 站）石油类含量范围为未检出～87.9×10^{-6}，平均 26.5×10^{-6}，LX8 站最大，13 站最小。

潮间带 4 个测站中，石油类含量范围为 $28.0 \times 10^{-6} \sim 61.9 \times 10^{-6}$，平均 43.4×10^{-6}。T1 潮间带石油类平均含量高于 T2 潮间带。

硫化物：浅海区硫化物含量范围为 $0.6 \times 10^{-6} \sim 91.1 \times 10^{-6}$，平均 14.0×10^{-6}，LX7 站最大，3 号、5 号站最小（底质为砂）。

潮间带 4 个测站中，硫化物含量范围为 $5.0 \times 10^{-6} \sim 25.2 \times 10^{-6}$，平均 15.2×10^{-6}。T2 潮间带硫化物平均含量高于 T1 潮间带。

有机碳：浅海区有机碳含量范围为 $0.120 \times 10^{-2} \sim 1.420 \times 10^{-2}$，平均 0.550×10^{-2}，LX3 站最大，13 站最小。

潮间带 4 个测站中，有机碳含量范围为 $0.467 \times 10^{-2} \sim 0.746 \times 10^{-2}$，平均 0.599×10^{-2}。T1 潮间带有机碳平均含量高于 T2。

总氮：浅海区总氮含量范围为 $319.8 \times 10^{-6} \sim 822.5 \times 10^{-6}$，平均 524.7×10^{-6}，LX3 站最大，LX7 站最小。

潮间带 4 个测站中，总氮含量范围为 $321.9 \times 10^{-6} \sim 381.9 \times 10^{-6}$，平均 351.9×10^{-6}。T1 潮间带总氮平均含量略高于 T2 潮间带。

总磷：浅海区总磷含量范围为 $1.9 \times 10^{-6} \sim 118.0 \times 10^{-6}$，平均 36.6×10^{-6}，1 号站（灵昆岛西侧）最大，8 号站（鹿西岛南侧）最小。

潮间带 4 个测站中，总磷含量范围为 $4.9 \times 10^{-6} \sim 36.5 \times 10^{-6}$，平均 20.0×10^{-6}。T1 潮间带总磷平均含量高于 T2 潮间带。

铜：浅海区铜含量范围为 $22.6 \times 10^{-6} \sim 69.6 \times 10^{-6}$，平均 35.7×10^{-6}，1 号站最大，21 号站最小。

潮间带 4 个测站中，铜含量范围为 $28.1 \times 10^{-6} \sim 55.8 \times 10^{-6}$，平均 43.4×10^{-6}。T1 潮间带铜平均含量高于 T2 潮间带。

铅：浅海区铅含量范围为 $6.4 \times 10^{-6} \sim 41.6 \times 10^{-6}$，平均 22.2×10^{-6}，LX3 站最大，13 号站最小。

潮间带 4 个测站中，铅含量范围为 $27.8 \times 10^{-6} \sim 49.6 \times 10^{-6}$，平均 38.2×10^{-6}。T1 潮间带铅平均含量高于 T2 潮间带。

镉：浅海区镉含量范围为 $0.063 \times 10^{-6} \sim 0.805 \times 10^{-6}$，平均 0.181×10^{-6}，15 号站最大，21 号站最小。

潮间带 4 个测站中，镉含量范围为 $0.138 \times 10^{-6} \sim 0.951 \times 10^{-6}$，平均 0.374×10^{-6}。T1 潮间带镉平均含量高于 T2 潮间带。

锌：浅海区锌含量范围为 $69.9 \times 10^{-6} \sim 186.8 \times 10^{-6}$，平均 109.3×10^{-6}，LX3 站最大，11 号站最小。

潮间带 4 个测站中，锌含量范围为 $99.7 \times 10^{-6} \sim 179.9 \times 10^{-6}$，平均 144.1×10^{-6}。T1 潮间带锌平均含量高于 T2 潮间带。

砷：浅海区砷含量范围为 $12.1 \times 10^{-6} \sim 25.5 \times 10^{-6}$，平均 19.4×10^{-6}，27 号站最大，LX1 站最小。

潮间带 4 个测站中，砷含量范围为 $18.9 \times 10^{-6} \sim 28.3 \times 10^{-6}$，平均 23.5×10^{-6}。T1、T2

潮间带砷平均含量差别不大。

汞：浅海区汞含量范围为未检出~0.274×10^{-6}，平均0.069×10^{-6}，LX1 站最大，LX8 站最小。

潮间带 4 个测站中，汞含量范围为0.012×10^{-6} ~ 0.020×10^{-6}，平均0.016×10^{-6}。T1、T2 汞含量相差不大。

2）现状评价

沉积物质量评价采用单因子污染指数法，评价标准采用《海洋沉积物质量》（GB 18668—2002）的一类标准，对于未列入该标准的总氮、总磷，引用加拿大安大略省沉积物质量指南中的标准（表 2.6–5）。沉积物质量各项指标的污染指数计算结果见表 2.6–6（浅海区）和表 2.6–7（潮间带）。

表 2.6–5　沉积物质量评价标准　　　　　　　　　　单位：$\times 10^{-6}$

指标	石油类 ≤	硫化物 ≤	有机碳 (%) ≤	总氮 ≤	总磷 ≤	铜 ≤	铅 ≤	镉 ≤	锌 ≤	汞 ≤	砷 ≤
标准	500	300	2	550	600	35	60	0.5	150	0.2	20

表 2.6–6　表层沉积物单因子污染指数（浅海区）

站号	石油类	硫化物	有机碳	总氮	总磷	铜	铅	镉	锌	汞	砷
1	0.06	0.01	0.10	1.11	0.20	1.99	0.33	0.20	0.83	1.30	0.81
3	—	0.00	—	—	—	—	—	—	—	—	—
5	—	0.00	—	—	—	—	—	—	—	—	—
7	0.08	0.02	0.07	0.62	0.01	0.83	0.11	0.23	0.65	0.50	0.99
9	0.02	0.02	0.07	1.40	0.00	0.98	0.16	0.22	0.77	0.15	1.11
11	0.12	0.05	0.08	0.59	0.01	0.91	0.38	0.39	0.47	0.38	0.94
13	0.00	0.02	0.06	1.17	0.00	0.84	0.11	0.23	0.68	0.11	1.07
15	0.04	0.10	0.52	0.66	0.12	0.71	0.63	1.61	0.63	0.07	1.08
17	0.05	0.02	0.24	0.70	0.03	0.96	0.55	0.26	0.75	0.07	1.01
19	0.02	0.01	0.27	1.29	0.00	0.95	0.53	0.20	0.73	0.07	1.08
21	0.08	0.14	0.54	0.80	0.00	0.65	0.40	0.13	0.50	0.17	0.67
23	0.01	0.07	0.23	0.62	0.00	0.79	0.47	0.17	0.59	0.00	0.88
25	0.02	0.02	0.38	0.96	0.00	1.01	0.15	0.19	0.67	0.06	0.77
27	0.04	0.06	0.43	1.05	0.00	0.91	0.16	0.30	0.81	0.07	1.28
29	0.01	0.02	0.53	1.33	0.01	0.92	0.13	0.33	0.81	0.08	1.15
LX1	0.07	0.01	0.07	0.99	0.16	1.58	0.39	0.77	1.23	1.37	0.61
LX2	0.05	0.02	0.13	0.86	0.19	1.15	0.37	0.43	0.64	0.47	0.74
LX3	0.05	0.02	0.71	1.50	0.09	1.47	0.69	0.42	1.25	0.09	1.11
LX4	0.05	0.01	0.70	1.40	0.03	1.11	0.66	0.34	0.99	0.09	1.28
LX5	0.02	0.01	0.07	0.61	0.10	1.07	0.32	0.17	0.56	0.67	0.76

续表

站号	石油类	硫化物	有机碳	总氮	总磷	铜	铅	镉	锌	汞	砷
LX6	0.02	0.00	0.09	1.10	0.14	0.90	0.39	0.61	0.63	0.25	0.81
LX7	0.14	0.30	0.09	0.58	0.14	0.88	0.36	0.18	0.47	1.31	1.07
LX8	0.18	0.15	0.37	0.70	0.00	0.83	0.49	0.22	0.66	0.06	1.15
最小值	0.00	0.00	0.06	0.58	0.00	0.65	0.11	0.13	0.47	0.00	0.61
最大值	0.18	0.30	0.71	1.50	0.20	1.99	0.69	1.61	1.25	1.37	1.28
平均值	0.05	0.05	0.27	0.95	0.06	1.02	0.37	0.36	0.73	0.35	0.97
超标率/%	0	0	0	43	0	33	0	5	10	14	52

注：3 号、5 站底质为砂，除硫化物外，其他各项目未测，未测项目不参与表中平均值及超标率等的计算。

表 2.6 - 7　表层沉积物单因子污染指数（潮间带）

站号	石油类	硫化物	有机碳	总氮	总磷	铜	铅	镉	锌	汞	砷
T1 低潮带	0.12	0.02	0.37	0.68	0.06	1.59	0.83	1.90	1.15	0.07	1.01
T1 中潮带	0.10	0.03	0.33	0.69	0.05	1.58	0.72	0.28	1.20	0.10	1.34
T2 低潮带	0.06	0.08	0.27	0.60	0.01	0.80	0.46	0.75	0.66	0.06	0.95
T2 中潮带	0.06	0.08	0.23	0.59	0.01	0.98	0.54	1.00	0.83	0.08	1.42
最小值	0.06	0.02	0.23	0.59	0.01	0.80	0.46	0.28	0.66	0.06	0.95
最大值	0.12	0.08	0.37	0.69	0.06	1.59	0.83	1.90	1.20	0.10	1.42
平均值	0.09	0.05	0.30	0.64	0.03	1.23	0.64	0.98	0.96	0.08	1.18
超标率/%	0	0	0	0	0	50	25	50	0	75

浅海区 23 个沉积物测站中，总氮、砷、铜、汞、锌、镉均有超标现象，其中，总氮超标率为 43%，超标测站为：1 号、9 号、13 号、19 号、27 号、29 号、LX3、LX4、LX6 站，超标测站的分布较分散。砷超标率为 52%，超标测站为：9 号、13 号、15 号、17 号、19 号、27 号、29 号、LX3、LX4 站，主要分布于灵霓北堤南侧直至北麂列岛。铜超标率为 33%，超标测站为：1 号、25 号、LX1、LX2、LX3、LX4、LX5 站，主要分布在灵昆岛附近。此外，汞超标率为 14%，超标测站为 1 号、LX1、LX7 站，主要分布于灵昆岛附近及灵霓大堤北侧；锌超标率为 10%，超标测站为灵昆岛附近的 LX1、LX3 站；镉超标率为 5%，仅 15 号站（灵昆岛南侧）超标。但上述各项指标均未超出二类沉积物质量标准。石油类、硫化物、有机碳、总磷、铅等则符合一类沉积物质量标准。

潮间带 4 个测站中：砷超标率为 75%，仅 T2 低潮带未超标；铜、锌超标率为 50%，超标测站均为 T1 低潮带和 T1 中潮带；镉超标率为 25%，超标测站为 T1 低潮带。但上述各项指标均未超出二类沉积物质量标准。石油类、硫化物、有机碳、总氮、总磷、铅、汞等指标均符合一类沉积物质量标准。总的来看，T1 潮间带表层沉积物质量较 T2 差。

2.6.2 海洋生物与生态

2.6.2.1 叶绿素 a

1) 平面分布

本次调查结果，表层海水叶绿素 a 含量的变化范围在 0.3 ~ 3.8 mg/m³ 之间，其中 17 号站含量最高，15 号站含量最低，灵霓北堤南侧明显高于北侧。全区平均为 1.6 mg/m³（图 2.6 − 6）。

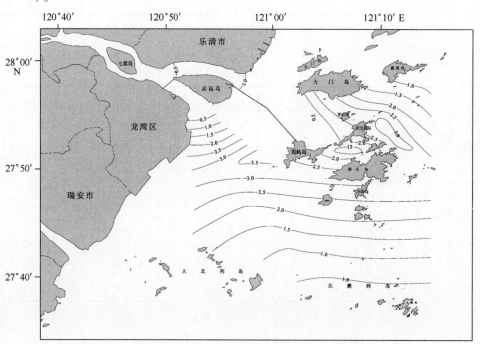

图 2.6 − 6　表层海水叶绿素 a 含量平面分布（2007 年 4 月）

2) 周日变化

各站位表层叶绿素 a 含量周日变化如下：

LX1 站表层叶绿素 a 含量变化在 0.4 ~ 1.5 mg/m³ 之间，其中以 4 月 24 日 21 时含量最高，4 月 25 日 09 时含量最低。平均值为 0.8 mg/m³（图 2.6 − 7 LX1 站）。

LX4 站表层叶绿素 a 含量变化在 0.5 ~ 1.9 mg/m³ 之间，其中以 4 月 25 日 00 时含量最高，4 月 24 日 15 时含量最低。平均值为 1.0 mg/m³（图 2.6 − 7 LX4 站）。

LX5 站表层叶绿素 a 含量变化在 0.3 ~ 1.2 mg/m³ 之间，其中以 4 月 24 日 15 时含量最高，4 月 25 日 00 时含量最低。平均值为 0.7 mg/m³（图 2.6 − 7 LX5 站）。

LX6 站表层叶绿素 a 含量变化在 0.2 ~ 1.0 mg/m³ 之间，其中以 4 月 26 日 16 时含量最高，4 月 26 日 01 时含量最低。平均值为 0.7 mg/m³（图 2.6 − 7 LX6 站）。

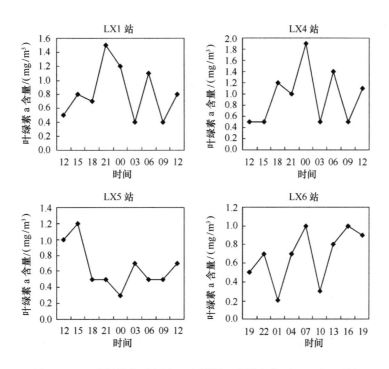

图 2.6 – 7　表层海水叶绿素 a 含量周日连续变化（2007 年 4 月）

2.6.2.2　浮游植物

1）种类组成

本次调查共出现浮游植物 133 种（附录），其中硅藻门 99 种，占 74%；甲藻门 14 种，占 11%；绿藻门 8 种，占 6%；蓝藻门 6 种，占 4%；裸藻门 4 种，占 3%；隐藻门和黄藻门各 1 种，分别占 1%（图 2.6 – 8）。

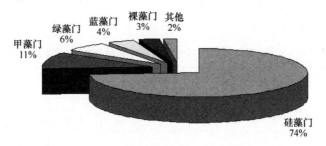

图 2.6 – 8　浮游植物种类组成（2007 年 4 月）

2）密度平面分布

浮游植物细胞密度变化范围在 $5.5 \times 10^3 \sim 2.4 \times 10^5$ 个/m³ 之间，其中 21 号站最高，25 号站最低（图 2.6 – 9）。全区平均为 4.82×10^4 个/m³。

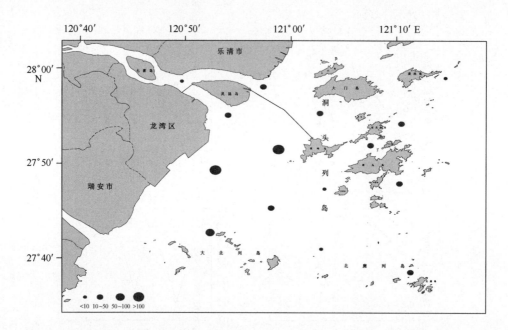

图 2.6－9　浮游植物细胞密度平面分布（2007 年 4 月）（个/m³）

3）优势种类

浮游植物优势种类有琼氏圆筛藻、中肋骨条藻、变异直链藻和中华盒形藻等。总体而言，琼氏圆筛藻、中肋骨条藻和变异直链藻在各站的优势度比较突出，琼氏圆筛藻在 9 号、23 号和 25 号 3 个站的优势度均在 70% 以上；中肋骨条藻在 21 号站的优势度达到 87%；变异直链藻在 1 号站的优势度达到 73%。

4）多样性指数

浮游植物多样性指数变化范围在 0.92～2.95 之间，其中 15 号站最高，21 号站最低（表 2.6－8）。全区平均为 2.11。

表 2.6－8　大面调查站的浮游植物多样指数分布（2007 年 4 月）

站号	1	3	5	7	9	11	13	15
种类数	11	17	16	14	14	15	19	23
多样性指数	1.66	2.92	2.66	2.57	1.46	2.87	2.57	2.95
站号	17	19	21	23	25	27	29	
种类数	24	5	15	16	4	20	18	
多样性指数	2.73	1.26	0.92	1.54	1.14	2.4	2.02	

2.6.2.3　浮游动物

1）种类组成和群落结构

2007 年 4 月瓯江口调查共鉴定出浮游动物 10 大类 49 种，包括 12 种浮游幼虫。其中桡足类种类最多，共 17 种，水螅水母类 8 种，毛颚类 5 种，栉水母类两种，管水母类、糠虾类、端足类、磷虾类和被囊类各 1 种。

瓯江口浮游动物大致分为 4 个生态类群：半咸水河口类群，以火腿许水蚤、华哲水蚤和长额刺糠虾为代表，主要分布在瓯江入海口区域；近海暖温类群，以中华哲水蚤、腹针胸刺水蚤等为代表，春季在瓯江口水域通常会达到鼎盛期；近海暖水类群，所有水母类以及大多数其他种类均属于该类群；大洋广布类群，以精致真刺水蚤、羽长腹剑水蚤、肥胖箭虫、凶形箭虫等为代表，春季在瓯江口水域常见但数量不多。

2）优势种

以优势度大于 0.02 的种类为浮游动物的优势种，中大型浮游动物（Ⅰ型网）和中小型浮游动物（Ⅱ型网）优势种和优势度详见表 2.6 – 9。通常优势种决定着群落的性质，春季瓯江口水域中大型浮游动物以中华哲水蚤占主导地位，而中小型浮游动物则以小拟哲水蚤和近缘大眼剑水蚤占主导地位，此外，长额刺糠虾在大型浮游动物中也占一定优势，但分布局限于靠近河口的区域，在个别站位数量很大，类似的种类还有华哲水蚤，但该种优势度较不明显，这些现象说明地处亚热带海区的瓯江口浮游动物以一些广泛分布的暖水种为主。同时，春季适宜的水温又为暖温种中华哲水蚤的大量繁殖提供有利条件，此外，河口半咸水种类也在局部水域占据优势地位。

表 2.6 – 9　瓯江口春季浮游动物优势种和优势度

优势种	优势度（Ⅰ型网）	优势度（Ⅱ型网）
五角水母（*Muggiaea atlantica*）	0.05	
中华哲水蚤（*Calanus sinicus*）	0.72	0.05
小拟哲水蚤（*Paracalanus parvus*）		0.48
双毛纺锤水蚤（*Acartia biffilosa*）		0.04
拟长腹剑水蚤（*Oithona similes*）		0.04
近缘大眼剑水蚤（*Corycaeus affinis*）		0.23
长额刺糠虾（*Acanthomysis longirostris*）	0.03	
桡足幼体（*Copepodite larva*）		0.02

3）丰度和生物量的平面分布和周日变化

2007 年春季瓯江口中大型浮游动物平均丰度为 124.37 个/m³，中小型浮游动物平均丰度为 5 318.83 个/m³，浮游动物平均生物量为 341.19 mg/m³，平面分布如图 2.6 – 10 和图 2.6 – 11 所示。

LX1 站浮游动物丰度周日变化范围在 117.4 ~ 1 232.4 个/m³，21 时最高，6 时最低；生物量变化范围在 95.2 ~ 485.3 mg/m³，21 时最高，15 时最低。

LX4 站浮游动物丰度周日变化范围在 3.4 ~ 83.3 个/m³，9 时最高，18 时最低；生物量变化范围在 63.6 ~ 231.5 mg/m³，12 时最低，次日 12 时最高。

LX5 站浮游动物丰度周日变化范围在 56.7 ~ 361.7 个/m³，3 时最高，15 时最低；生物量

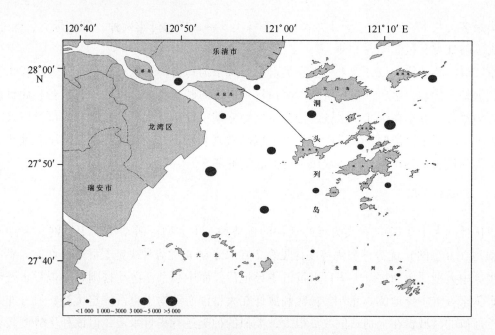

图 2.6 – 10　2007 年春季瓯江口浮游动物丰度平面分布（个/m³）

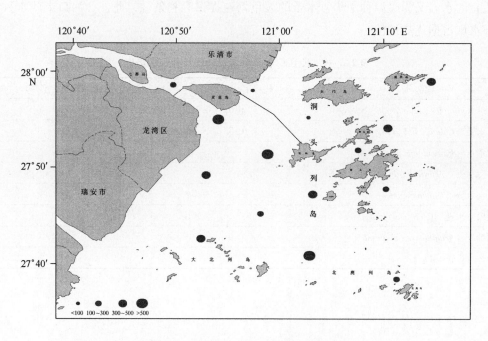

图 2.6 – 11　2007 年春季瓯江口浮游动物生物量平面分布（mg/m³）

变化范围在 61.2 ~ 197.1 mg/m³，次日 12 时最高，9 时最低。

　　LX6 站浮游动物丰度周日变化范围在 15.5 ~ 214.0 个/m³，次日 12 时最高，6 时最低；生物量变化范围在 71.4 ~ 326.9 mg/m³，15 时最高，6 时最低。

　　4）浮游动物物种多样性

　　2007 年 4 月瓯江口浮游动物多样性指数、均匀度和种类丰度平均值分别为 1.31、0.50 和

0.86，多样性高值区位于灵霓大堤东北侧洞头列岛邻近水域，其他区域浮游动物多样性较低，这可能是因为瓯江口灵昆岛南侧筑有潜坝，导致瓯江淡水径流主要通过北口外泄，因此调查海区北部各水团的交汇混合更加充分，浮游动物多样性相对较高，均匀度和种类丰度的分布规律与多样性指数类似（图2.6-12和表2.6-10）。

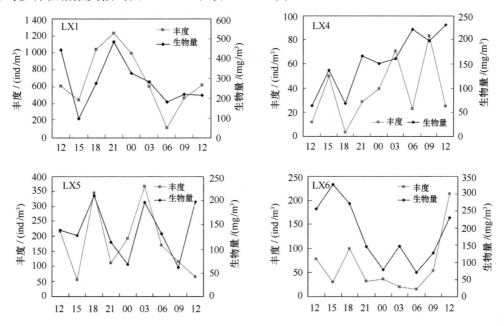

图2.6-12　瓯江口春季浮游动物丰度和生物量周日变化

表2.6-10　瓯江口春季浮游动物多样性指数、均匀度和种类丰度

站号	多样性指数（H'）	均匀度（J'）	种类丰度（D）
1	1.74	0.55	0.99
3	2.36	0.84	1.39
5	1.84	0.92	0.81
7	0.95	0.37	0.8
9	1.16	0.39	0.91
11	2.34	0.78	1.27
13	1.87	0.59	1.77
15	1.17	0.5	0.64
17	0.93	0.46	0.38
19	0.71	0.3	0.53
21	0.79	0.34	0.52
23	0.67	0.24	0.82
25	1.22	0.44	0.85
27	0.86	0.43	0.55
29	1.04	0.4	0.69
均值	1.31	0.5	0.86

2.6.2.4 底栖生物

1）种类组成和分布

本次调查共鉴定出底栖生物20种，其中软体动物11种，占总种数的55%；多毛类6种，占30%；甲壳类、棘皮动物和腔肠动物各1种，分别占5%。各种类百分比如图2.6-13所示。

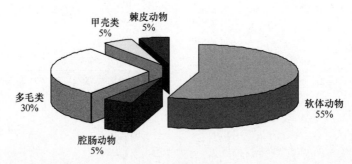

图2.6-13　大型底栖生物种类组成（2007年4月）

2）优势种

本次调查底栖生物优势种以多毛类和软体动物为主，主要有不倒翁虫、长吻沙蚕、绯拟沼螺和纵肋织纹螺等。

3）丰度与生物量

本次调查底栖生物栖息密度变化范围在0~50个/m²之间，最高值出现在23号站，为50个/m²。全区平均密度为20个/m²。其平面分布状况如图2.6-14所示。

各站底栖生物的生物量变化范围在0~84.4 g/m²之间，其中最高值出现在第25号站，为84.4 g/m²。全区平均生物量为9.9 g/m²。其分布状况如图2.6-15所示。

4）多样性指数

本次调查各站底栖生物多样性指数变化范围在0.00~2.00之间，其中21号站最高（表2.6-11）。各站平均为0.93。

表2.6-11　底栖生物多样性指数分布（2007年4月）

站号	5	7	9	11	13	15	17
多样性指数	0	1.5	1.5	1.58	0	0	0
站号	19	21	23	25	27	29	LX4
多样性指数	1	2	1.92	1	1.58	0	1

本次调查各站底栖生物均匀度指数变化范围在0.00~1.00之间（表2.6-12）。各站平均为0.56。

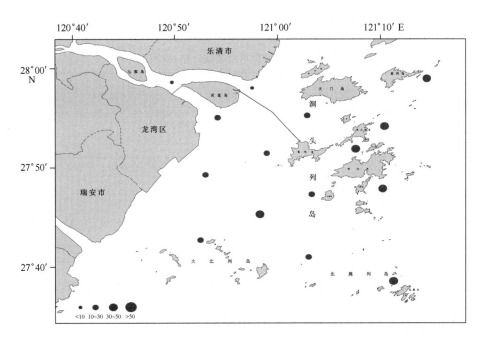

图 2.6 – 14　大型底栖生物栖息密度平面分布（2007 年 4 月）（个/m²）

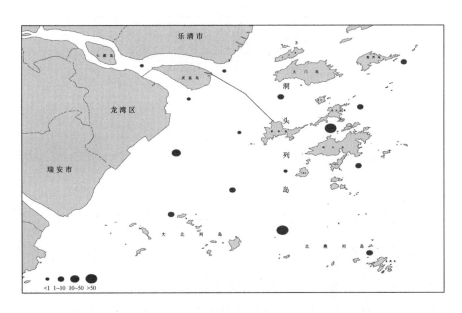

图 2.6 – 15　大型底栖生物生物量平面分布（2007 年 4 月）（g/m²）

表 2.6 – 12　底栖生物均匀度指数分布（2007 年 4 月）

站号	5	7	9	11	13	15	17
均匀度指数	0	0.95	0.95	1	0	0	0
站号	19	21	23	25	27	29	LX4
均匀度指数	1	1	0.96	1	1	0	0

　　本次调查各站底栖生物种类丰度指数变化范围在 0.00 ~ 0.56 之间，其中 20 号站最高

（表 2.6 – 13）。各站平均为 0.22。

表 2.6 – 13　底栖生物种类丰度指数分布（2007 年 4 月）

站号	5	7	9	11	13	15	17
种类丰度指数	0	0.38	0.38	0.41	0	0	0
站号	19	21	23	25	27	29	LX4
种类丰度指数	0.23	0.56	0.53	0.23	0.41	0	0

2.6.2.5　潮间带生物

1）种类组成和分布

本次两个断面调查共鉴定出潮间带生物 41 种，以软体动物、甲壳动物和多毛类动物的种数最多，软体动物 17 种（占 41.5%），甲壳动物 11 种（占 26.7%），多毛类动物 10 种（占 24.4%），其他 3 种（占 7.3%）（图 2.6 – 16）。

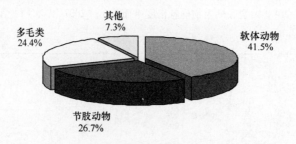

图 2.6 – 16　潮间带底栖生物种类组成（2007 年 5 月）

2）生物优势种

本次调查两个断面优势种类有绯拟沼螺、白脊藤壶、婆罗囊螺和弧边招潮等。

3）生物丰度与生物量

本次调查，两个断面潮间带生物平均栖息密度为 176 个/m²。其中，高潮区平均栖息密度为 160 个/m²，中潮区平均栖息密度为 200 个/m²，低潮区平均栖息密度为 168 个/m²（表 2.6 – 14）。

表 2.6 – 14　潮间带生物栖息密度分布（2007 年 5 月）

断面	T1			T2		
潮带	高	中	低	高	中	低
栖息密度/（个/m²）	104	224	152	216	176	184

本次调查，两个断面潮间带生物的平均生物量为 45.74 g/m²。其中，高潮区平均生物量为 33.56 g/m²，中潮区平均生物量为 53.92 g/m²，低潮区平均生物量为 49.72 g/m²（表

2.6 – 15）。

表 2.6 – 15　潮间带生物生物量分布（2007 年 5 月）

断面	T1			T2		
潮带	高	中	低	高	中	低
栖息密度/（g/m²）	21.76	72.32	53.76	45.36	35.52	45.68

4）生物多样性指数

本次调查潮间带生物多样性指数在 1.83~3.65（表 2.6 – 16），平均值为 3.21。

表 2.6 – 16　潮间带生物多样性指数统计（2007 年 5 月）

断面	T1			T2		
潮带	高	中	低	高	中	低
多样性指数	1.83	3.55	3.09	3.54	3.61	3.65

本次调查潮间带生物均匀度指数在 0.92~0.96（表 2.6 – 17），平均值为 0.94。

表 2.6 – 17　潮间带生物均匀度指数统计（2007 年 5 月）

断面	T1			T2		
潮带	高	中	低	高	中	低
均匀度指数	0.92	0.93	0.93	0.93	0.95	0.96

本次调查潮间带生物种类丰度指数在 0.45~1.74（表 2.6 – 18），平均值为 1.42。

表 2.6 – 18　潮间带生物种类丰度指数统计（2007 年 5 月）

断面	T1			T2		
潮带	高	中	低	高	中	低
种类丰度指数	0.45	1.67	1.24	1.68	1.74	1.73

2.6.3　小结

瓯江口位于温州市东部，东与东海相通。瓯江为浙江省第二大河流，年均入海径流量 1.695×10^4 m³。调查结果表明瓯江口海域海洋环境受瓯江径流影响明显。

（1）瓯江口海域无机氮和活性磷酸盐污染严重，大部分海区已处于四类和劣四类水质状态，但其他水环境因子测值普遍较低。在时间分布上，大潮期含量略低于小潮期；在空间分布上，营养盐和有机污染指标（化学需氧量）均呈现由瓯江口向外海逐渐递减的趋势。

（2）沉积物中总氮、砷、铜、汞、锌、镉均超一类海洋沉积物质量标准，但符合二类沉积物质量标准，其他监测指标：石油类、硫化物、有机碳、总磷、铅等则符合一类沉积物质量标准。

（3）瓯江口海域叶绿素 a 浓度平均为 1.6 mg/m³，浮游植物细胞密度平均为 4.82×10⁴ 个/m³，优势种类有琼氏圆筛藻、中肋骨条藻、变异直链藻和中华盒形藻等；浮游动物平均丰度为 5 443.2 个/m³，浮游动物平均生物量为 341.19 mg/m³，优势种类有中华哲水蚤、小拟哲水蚤和近缘大眼剑水蚤等；底栖生物平均密度为 20 个/m²，平均生物量为 9.9 g/m²。优势种类有不倒翁虫、长吻沙蚕、绯拟沼螺和纵肋织纹螺等；潮间带生物平均栖息密度为 176 个/m²，平均生物量为 45.74 g/m²。优势种类有绯拟沼螺、白脊藤壶、婆罗囊螺和弧边招潮等。

3 重点海湾环境容量研究

3.1 象山港

3.1.1 数值模型简介

采用目前广泛应用的荷兰 Delft 3D（2003）模型进行区域水流模拟。同其他所有的水流数学模型一样，Delft 3D 模型是对流体动力学偏微分方程组进行求解。本模型的优点在于：一是计算稳定性好；二是采用曲线坐标网格离散技术，对多岛屿海岸线曲折区域应用适应性较好；三是模型具有模拟漫滩功能，能快速进行模型网格绘制及水深等参数的插值；此外，还具有较强的计算后处理能力。

3.1.1.1 模型控制方程

本工作采用 Delft 3D 模型中的二维计算模块。其水动力方程组可表示为：

$$\frac{\partial \zeta}{\partial t} + u \frac{\partial uH}{\partial x} + v \frac{\partial vH}{\partial y} = 0 \qquad (3.1-1)$$

$$\frac{\partial u}{\partial t} + u \frac{\partial u}{\partial x} + v \frac{\partial u}{\partial y} - fv + g \frac{\partial \zeta}{\partial x} + \frac{1}{\rho H}\tau_{bx} = A_x \left(\frac{\partial^2 u}{\partial x^2} + \frac{\partial^2 u}{\partial y^2} \right) \qquad (3.1-2)$$

$$\frac{\partial v}{\partial t} + u \frac{\partial v}{\partial x} + v \frac{\partial v}{\partial y} + fu + g \frac{\partial \zeta}{\partial y} + \frac{1}{\rho H}\tau_{by} = A_y \left(\frac{\partial^2 v}{\partial x^2} + \frac{\partial^2 v}{\partial y^2} \right) \qquad (3.1-3)$$

式中：ζ——潮位，m；

u，v——x，y 方向上的垂线平均流速分量，m/s；

h——水深，m；$H = \zeta + h$；

t——时间，s；

c——谢才系数，$c = \frac{1}{n}H^{\frac{1}{6}}$，$n$ 为糙率系数，$H = h + \zeta$；

f——柯氏系数，$f = 2w\sin\varphi$，w 为地转角速度，φ 为纬度；

g——重力加速度，m/s²；

τ_{bx}、τ_{by}——x，y 方向底应力，$(\tau_{bx}, \tau_{by}) = \dfrac{\rho g(U,V)\sqrt{U^2 + V^2}}{c^2}$；

A_x、A_y——水平涡动黏滞系数，m²/s。

3.1.1.2 曲线坐标系下的基本控制方程组

考虑边界及周边地形较为复杂，为了较好地模拟地形，对上述方程组求解采用正交曲线坐标。若对笛卡尔 $X - Y$ 坐标中的不规则区域 Ω 进行网格划分，并将区域 Ω 按保角映射原理，变换到新的坐标系 $\xi - \eta$ 中，形成矩形域 Ω'。这样在 Ω' 区域进行划分时，得到等间距的网格，对应每一个网格节点可以在 $X - Y$ 坐标系中找到其相应的位置。

正交变换 $(x, y) \rightarrow (\xi, \eta)$ 应用于方程（3.1－1）至方程（3.1－3），流速取沿 ξ、η 方向的分量 u^* 和 v^*，其定义为：

$$u^* = \frac{ux_\xi + vy_\xi}{g_\xi}$$

$$v^* = \frac{ux_\eta + vy_\eta}{g_\eta} \tag{3.1－4}$$

其中，$g_\xi = \sqrt{x_\xi^2 + y_\xi^2} = \sqrt{\alpha}$，$g_\eta = \sqrt{x_\eta^2 + y_\eta^2} = \sqrt{\gamma}$，分别对应于曲线网格的两个边长。

由于本研究区域采用的是平面二维模型，故在垂向上的动量方程在此不予考虑。把方程组重新组合成关于 u^*、v^* 的方程，则变换后的控制方程为（略去新速度分量的上标"$*$"，仍记作 u, v）：

$$\frac{\partial \xi}{\partial t} + \frac{1}{g_\xi g_\eta}\left(\frac{\partial(Hug_\eta)}{\partial \xi} + \frac{\partial(Hvg_\xi)}{\partial \eta}\right) = 0 \tag{3.1－5}$$

$$\frac{\partial u}{\partial t} + \frac{u}{g_\xi}\frac{\partial u}{\partial \xi} + \frac{v}{g_\eta}\frac{\partial u}{\partial \eta} = fv - \frac{g}{g_\xi}\frac{\partial \zeta}{\partial \xi} - \frac{g}{C^2 H}u\sqrt{u^2 + v^2}$$

$$+ \frac{v}{g_\xi g_\eta}\left(v\frac{\partial g_\eta}{\partial \xi} - u\frac{\partial g_\xi}{\partial \eta}\right) + A_\xi\left(\frac{1}{g_\xi^2}\frac{\partial^2 u}{\partial \xi^2} + \frac{1}{g_\eta^2}\frac{\partial^2 u}{\partial \eta^2}\right) \tag{3.1－6}$$

$$\frac{\partial v}{\partial t} + \frac{u}{g_\xi}\frac{\partial v}{\partial \xi} + \frac{v}{g_\eta}\frac{\partial u}{\partial \eta} = -fu - \frac{g}{g_\eta}\frac{\partial \zeta}{\partial \eta} - \frac{g}{C^2 H}v\sqrt{u^2 + v^2}$$

$$+ \frac{u}{g_\xi g_\eta}\left(u\frac{\partial g_\xi}{\partial \eta} - v\frac{\partial g_\eta}{\partial \xi}\right) + A_\eta\left(\frac{1}{g_\xi^2}\frac{\partial^2 v}{\partial \zeta^2} + \frac{1}{g_\eta^2}\frac{\partial^2 v}{\partial \eta^2}\right) \tag{3.1－7}$$

3.1.1.3 模型初始及边界条件

潮流初始条件：$\begin{cases} \zeta(x,y,t)\mid_{t=0} = \zeta(x,y) = \zeta_0 \\ u(x,y,t)\mid_{t=0} = v(x,y,t)\mid_{t=0} = 0 \end{cases}$

边界条件如下：

采用水位控制，即用潮位预报的方法得到开边界条件。开边界采用潮位预报边界条件（图 3.1－1 至图 3.1－3）：

$$\zeta = A_0 + \sum_{i=1}^{11} H_i F_i \cos[\sigma_{it} t - (v_0 + u)_i + g_i]$$

其中，A_0 为平均海面；F_i、$(v_0 + u)_i$ 为天文要素；H_i、g_i 为调和常数。

调和常数选用 11 个分潮，其中日分潮 4 个（Q_1，O_1，P_1，K_1），半日分潮 4 个（N_2，M_2，S_2，K_2），浅水分潮 3 个（M_4，MS_4，M_6）。

小区域计算的开边界条件由大范围计算结果得到。

3.1.1.4 计算方法和差分格式

新坐标系下的控制方程与原方程相比，除增加了一些系数之外，其形式上是完全类似的，这也正是正交变换的优点（式3.1－5～式3.1－8）。在原直角坐标系下适用的各种离散方法如ADI法，在曲线坐标系下完全适用。对于上述方程，利用传统的ADI法求解，其离散格式与矩形网格下基本一致。

3.1.1.5 区域概化

采用曲线网格对计算域进行剖分，与一般的矩形网格剖分相比，曲线网格可以更好地贴近边界，从而可以较好地模拟边界处的流态，减小边界造成的影响。

计算分别采用大范围计算网格，有针对性的小范围计算网格。①大范围网格在于把握大范围海域的流态和潮汐特征，并为小范围计算模型提供开边界条件。②小范围网格的计算，目的在于得到围区附近海域较精确的流场。

1）计算网格

用曲线坐标网格对计算域进行剖分，计算域内剖分成1 000×400（包括岸界上的废网格），总共有400 000个网格，最大的网格边长取200 m左右，岸线变化较剧烈的岛礁水道区域网格尺度控制在50 m左右，计算时间步长为1 min。模型计算网格见图3.1－1。

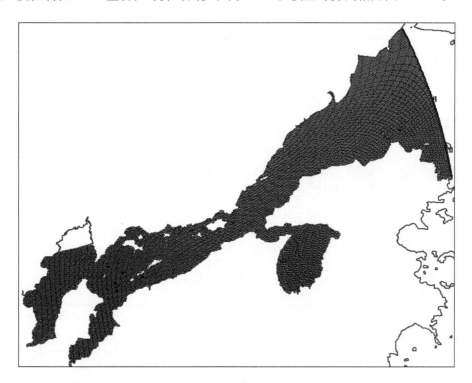

图3.1－1　大范围数模计算网格布置图

2）水深资料

数值模拟的水下地形资料：2009年8—9月，国家海洋局第二海洋研究所在象山奉化水域附近进行了大范围的水下地形测量（图3.1－2）。另外本次数模专题还搜集了2006年国华电厂水下地形观测资料，以及2009年9月西店镇政府在铁港底部附近进行水下地形测量的资料

（图3.1－3）。

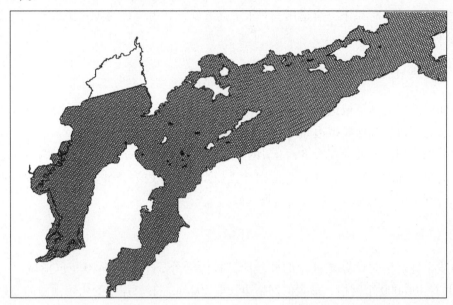

图3.1－2　象山港内（铁港、奉化水域）数模计算网格布置图

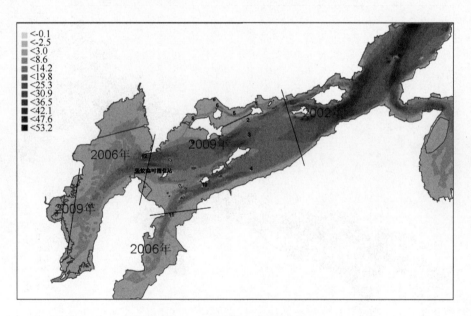

图3.1－3　计算区域水深地形

3.1.2　模拟流程及验证

本书中采用象山港水域的潮位和潮流的实测观测资料，对模型进行验证，从而评估模型的可靠性。

3.1.2.1　潮位验证

验证资料：横山码头2004年10月的潮位资料；西泽潮位站2009年3月的潮位资料（图

3.1-4）。强蛟临时潮位站2009年8月的潮位资料，潮位验证结果见图3.1-5。由图3.1-5可见，大、小潮期间实测潮位与模拟计算的潮位之间拟合得较好，最高、最低潮位的模拟误

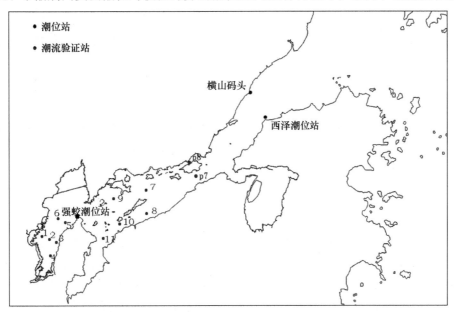

图3.1-4　潮流、潮位站示意图

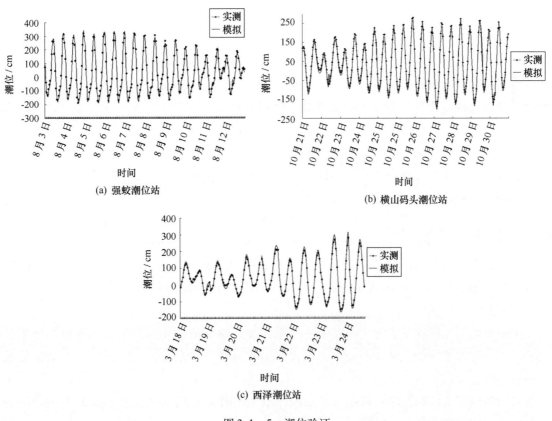

图3.1-5　潮位验证

差一般在 5 cm 以内,个别在 15 cm 左右。高低潮位误差均在 5% 以内。从潮位验证结果看,计算潮水位相位与实测相当吻合,高、低潮水位与实测值基本接近,一般误差在 10 ~ 20 cm 左右,误差在 10% 以内。

3.1.2.2 潮流验证

1)验证资料

潮流验证资料选择 2009 年 8 月水文测验期间其中 12 个潮流站的资料(图 3.1 – 4)。潮流资料验证结果如图 3.1 – 6 至图 3.1 – 7。还搜集了两个历史潮流资料进行验证,验证结果如图 3.1 – 8 所示。

2)流向的验证

由于研究港区附近海域岛屿众多,水道交叉,海底地形复杂,且滩涂面积也较大,因此给潮流模拟带来一定的难度。从实测资料来看,研究区潮流流速较小,且流态不稳,因此流向拟合难度较大。本次模拟流向验证误差基本控制在 15° 以内。个别转流时刻的流向验证误差较大,但流向误差较大的时刻,流速一般较小,因此流向模拟的局部存在误差,但模型对整体流势的把握较好。总体来看,各点的流向变化趋势和主流向的模拟结果基本反映了研究区海域潮流的实际情况。

3)流速的验证

工程区水深较深,潮流流速较大。从验证结果来看,各点流速峰值验证误差基本在 10% 左右。由于大潮情况下流速峰谷形态较为明显,因此大潮流速的模拟误差较小。而小潮时,流速表现规律性较差,因此相对误差也相对较大,但由于绝对流速较小,因此小潮的绝对误差较小。总体而言,计算域内单站潮流模拟验证计算结果较好,基本反映了工程区海域潮流的实际变化,模型可用于模拟预测工作。

总体而言,单站流向和流速的模拟结果令人满意,模拟结果反映了工程区域的潮流特征,模型可应用于工程后的预测等各项工作。

3.1.2.3 模拟结果分析

计算域内单站潮流模拟验证计算结果较好,基本反映了工程区海域潮流的实际变化。为进一步了解计算域内总体流场分布,列出了计算域内大潮时涨急、落急流矢分布(图 3.1 – 9a 和图 3.1 – 9b)。

象山港的潮流以往复流为主,其中主槽上的涨、落潮流速相对较大,而接近边滩附近的潮流以及漫滩潮流的流速相对较小。从大范围的流矢分布来看,象山港的涨落潮流流速大小较为接近。

象山港底部水域的潮流:选取大潮潮况,象山港底部附近的涨急和落急时刻的流矢分布如图 3.1 – 9c 和图 3.1 – 9d 所示。

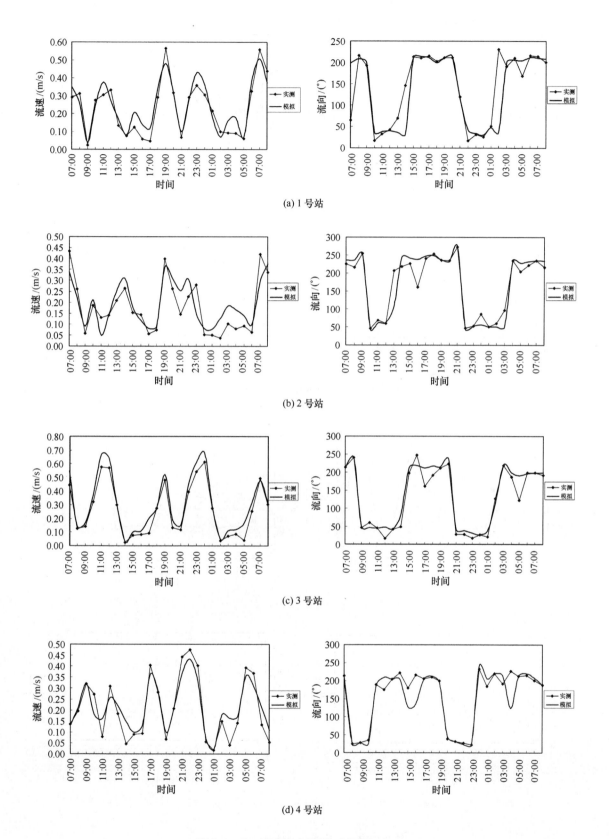

(a) 1 号站

(b) 2 号站

(c) 3 号站

(d) 4 号站

图 3.1 - 6　流速流向验证（大潮）（一）

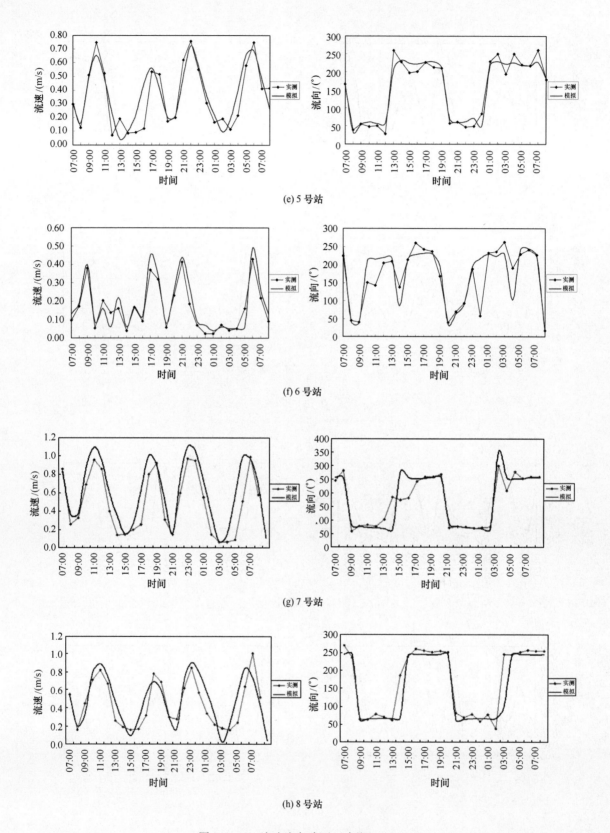

图 3.1-6　流速流向验证（大潮）（二）

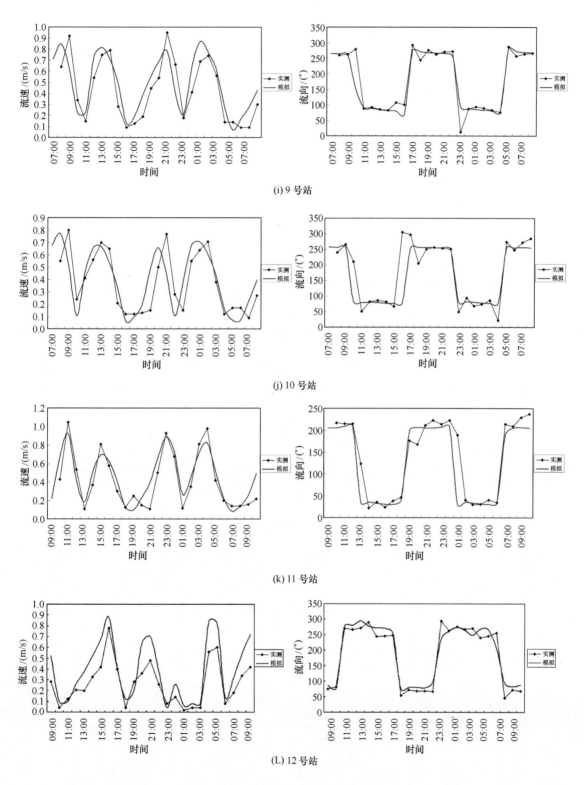

(i) 9 号站

(j) 10 号站

(k) 11 号站

(L) 12 号站

图 3.1-6　流速流向验证（大潮）（三）

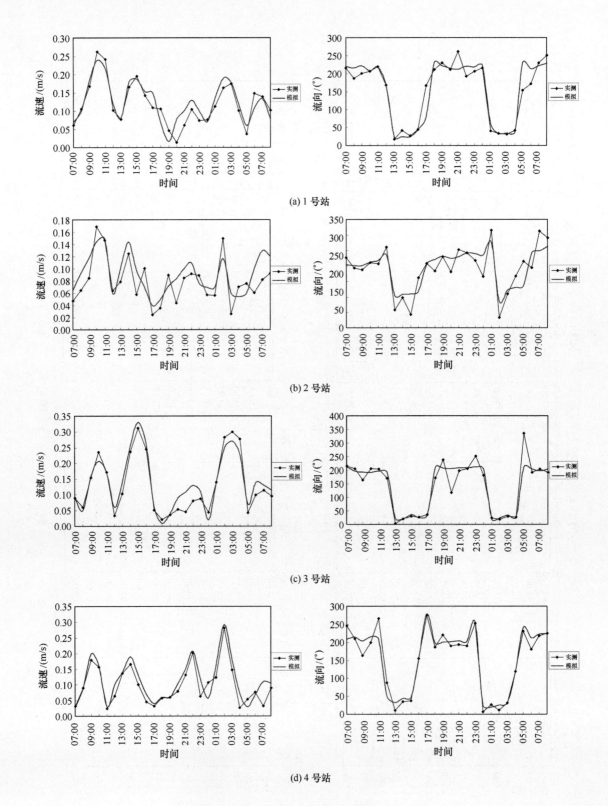

(a) 1 号站

(b) 2 号站

(c) 3 号站

(d) 4 号站

图 3.1-7　流速流向验证（小潮）（一）

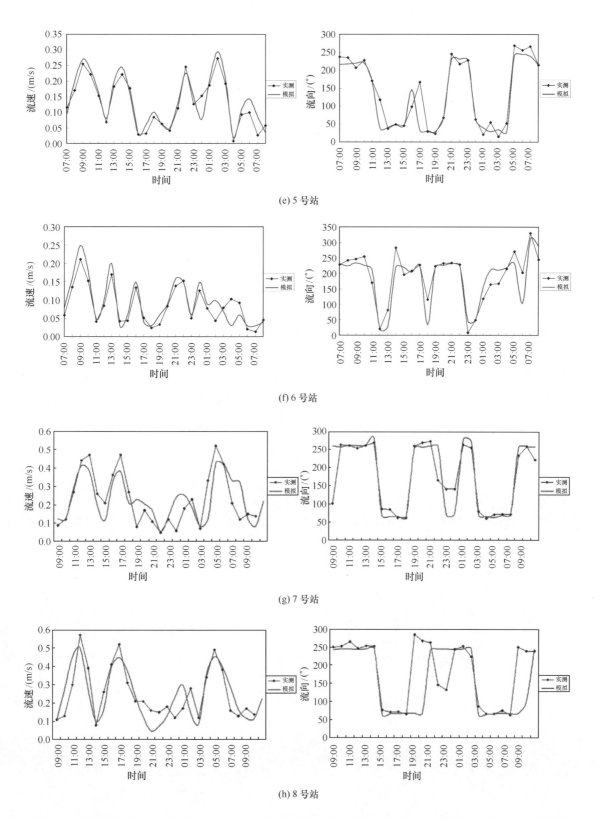

(e) 5 号站

(f) 6 号站

(g) 7 号站

(h) 8 号站

图 3.1 - 7　流速流向验证（小潮）（二）

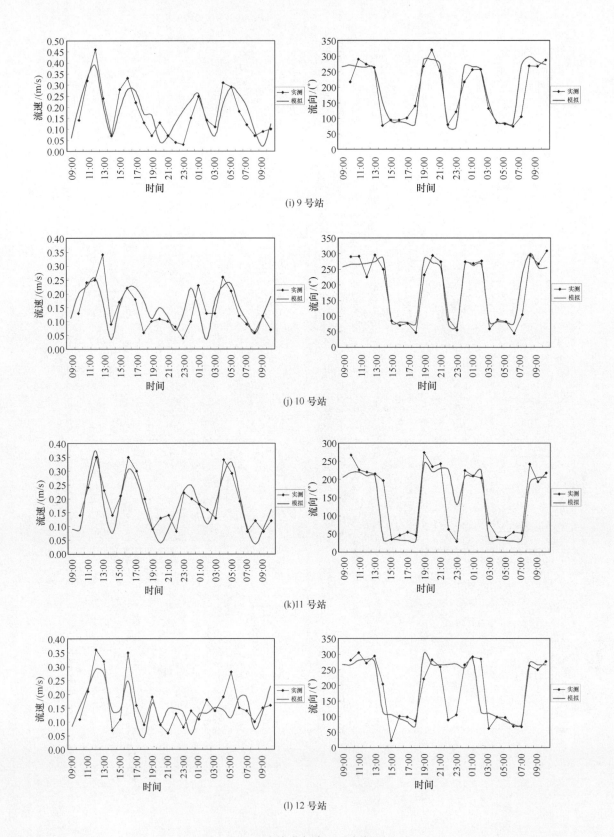

(i) 9 号站

(j) 10 号站

(k)11 号站

(l) 12 号站

图 3.1-7 流速流向验证（小潮）（三）

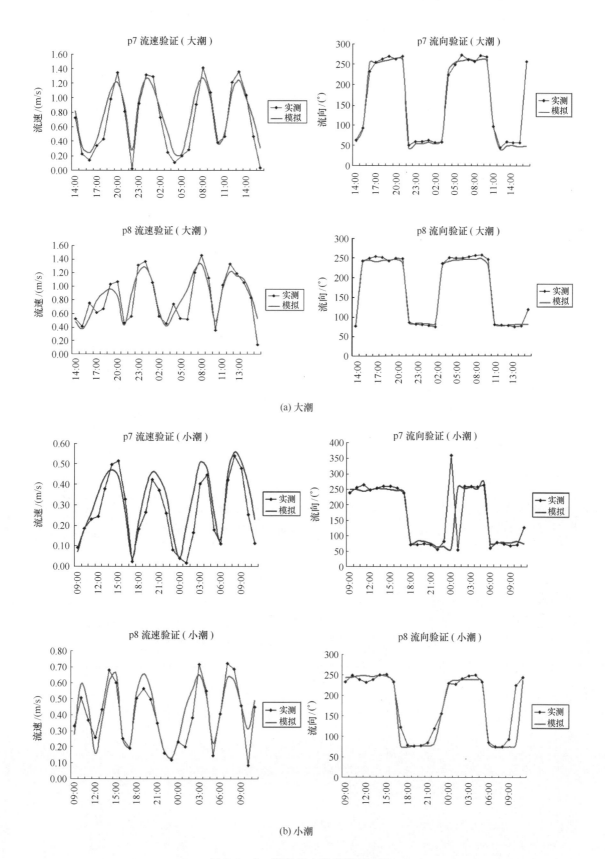

(a) 大潮

(b) 小潮

图 3.1 - 8　搜集历史潮流资料验证

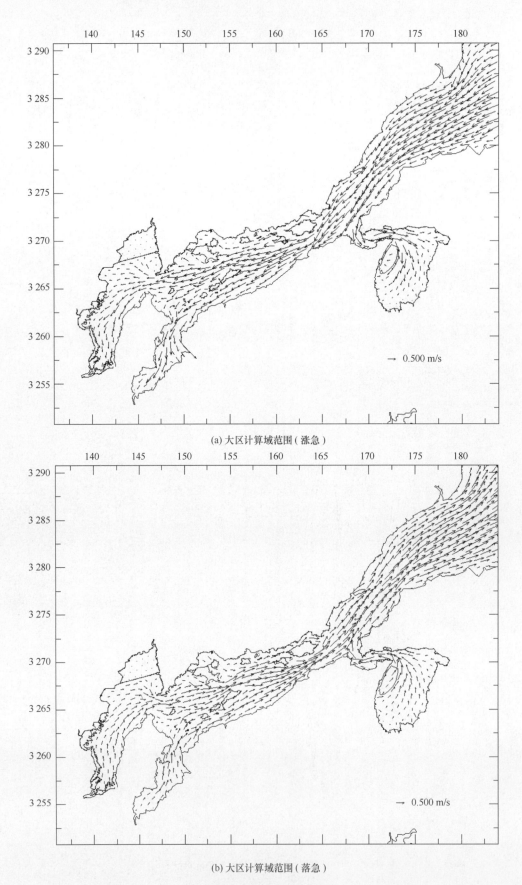

(a) 大区计算域范围（涨急）

(b) 大区计算域范围（落急）

图 3.1-9　流速矢量（一）

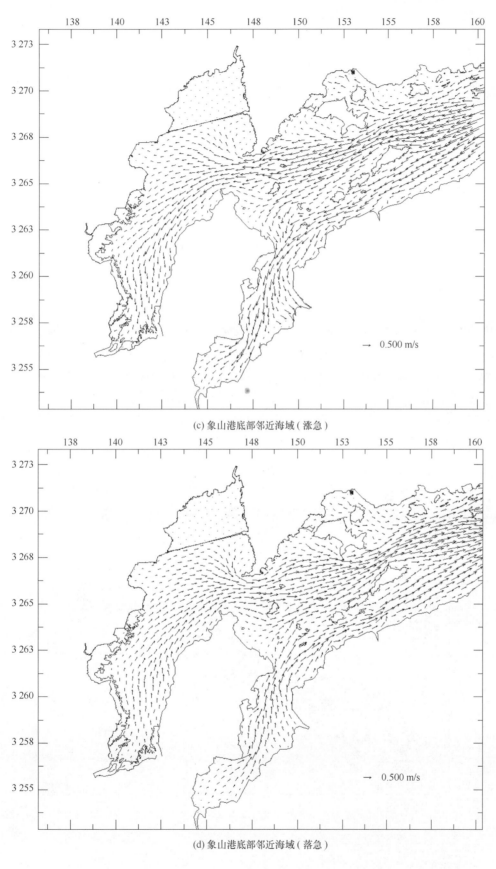

(c) 象山港底部邻近海域 (涨急)

(d) 象山港底部邻近海域 (落急)

图 3.1-9　流速矢量 (二)

总的看来，象山港底部（铁港）的流速不强，而象山港的铁港以东主要潮流通道内潮流相对较大。受海岬地形的影响，主槽的潮流以 E—W 向为主，基本沿着水道和岸线走向。

象山港底部附近海域有大面积的滩涂养殖区，低水位时刻存在大面积露滩。由图可见，在象山港底部滩涂面积较大，滩涂上的漫滩潮流大致为垂直岸线方向，涨潮流表现为漫滩潮流，流向指向岸线落潮流向为离岸方向。

在象山港内，岸线附近的潮流强度明显要小于前沿潮流主通道上的潮流强度。

3.1.3 海湾水交换及水体更新周期

3.1.3.1 水体交换计算方法

以溶解态的保守性物质作为湾内水的示踪剂，建立象山港海域对流—扩散型的水交换数值模式（董礼先等，1999）。湾内水示踪剂的控制方程为：

$$\frac{\partial c}{\partial t} + \frac{\partial}{\partial x_1}(u, v) = \frac{\partial}{\partial x_2}(k_t)\frac{\partial c}{\partial x_1} i = 1, 2$$

其中，(u, v) 深度平均流速在笛卡尔坐标 (x, y) 方向的分量；保守性溶解态湾内水的示踪剂浓度：$k = kh + ks + kt$，k 为扩散系数，kh 为垂向结构的余环流引起的水平输运的扩散系数，ks 为垂向剪切引起的水平输运的扩散系数，kt 为紊流扩散系数。

3.1.3.2 水体交换计算

模拟计算全潮过程中各区水体的交换情况。可以估算若干个全潮后，每个分区各水体的置换情况，具体见图 3.1 – 10 至图 3.1 – 19。

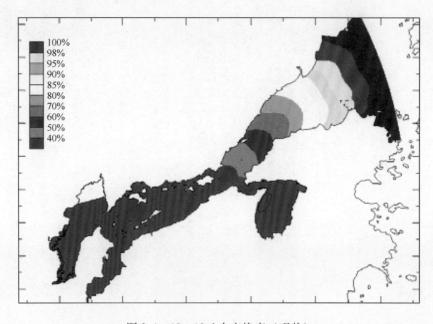

图 3.1 – 10   10 d 水交换率（现状）

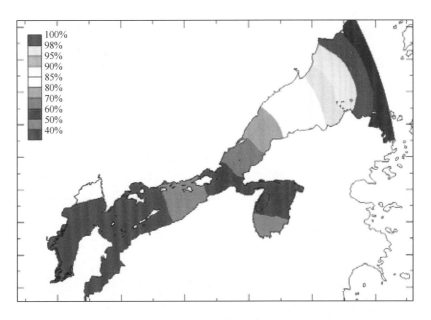

图 3.1 - 11　20 d 水交换率（现状）

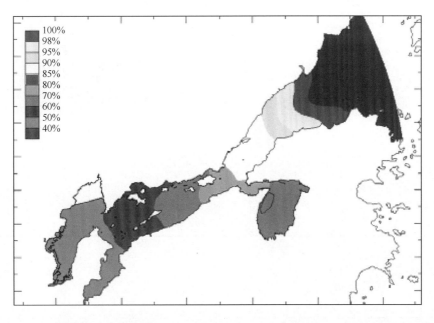

图 3.1 - 12　30 d 水交换率（现状）

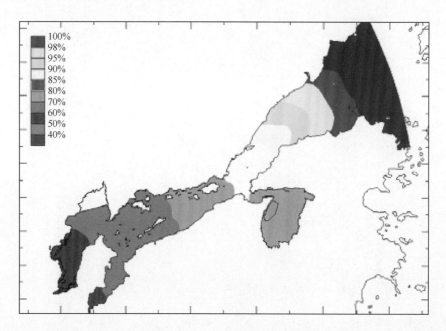

图 3.1 - 13　40 d 水交换率（现状）

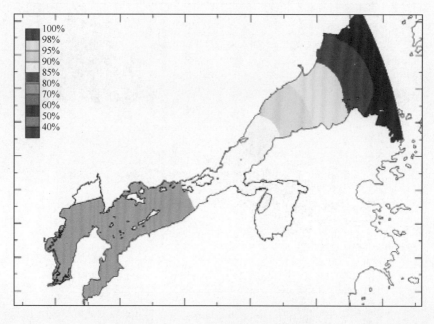

图 3.1 - 14　50 d 水交换率（现状）

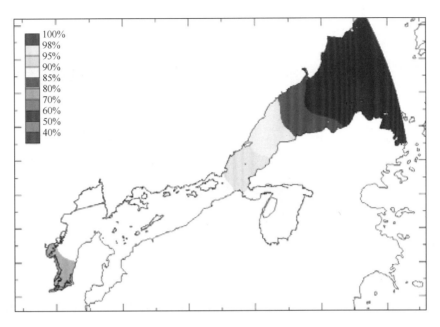

图 3.1 - 15　60 d 水交换率（现状）

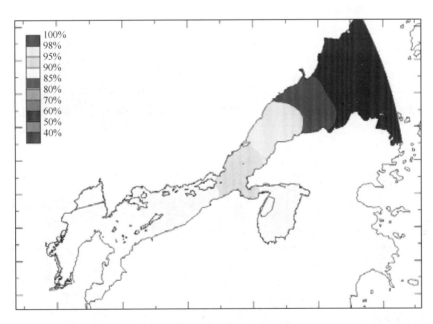

图 3.1 - 16　70 d 水交换率（现状）

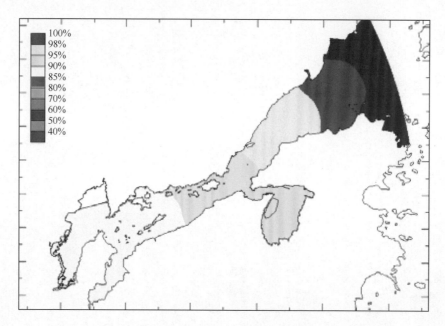

图 3.1 - 17　80 d 水交换率（现状）

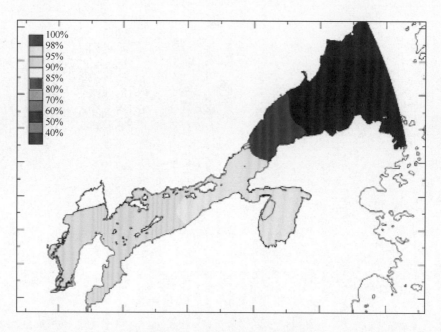

图 3.1 - 18　90 d 水交换率（现状）

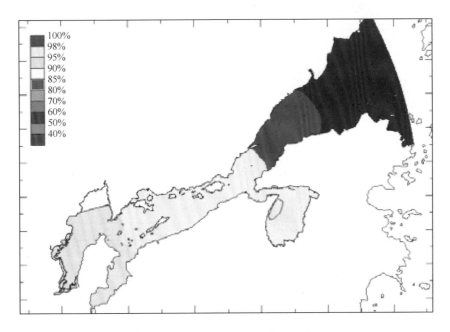

图 3.1 – 19　100 d 水交换率（现状）

在现状的边界条件下（2010 年岸线边界条件），在海湾中部水体与外海水体，30 d 的水交换率为 70% ~85%（西沪港口门附近水域），50 d 的水交换率为 80% ~85%，100 d 的水交换率为 96% ~98%。

在海湾底部水体（铁港附近）与外海水体，30 d 的水交换率为 40% ~50%，50 d 的水交换率为 70% ~80%，70 d 的水交换率为 80% ~85%，80 d 的水交换率为 85% ~90%，50 d 的水交换率为 70% ~80%，100 d 的水交换率为 91% ~95% 不等。

3.1.4　典型海湾污染物动力扩散模拟研究

3.1.4.1　污染物扩散数学模型

水流是污染物稀释、运移的动力，为了较好地完成海域环境影响评价，需对评价海域的水动力有充分的了解。根据评价海域的水流特点，水流计算模型为非恒定平面二维水流模型。水质计算模型为平面二维非恒定对流、扩散模型，污染因子均先用保守物质计算。

本书中，污染物扩散的方程表达式如下：

$$\frac{\partial c}{\partial t} + u\frac{\partial c}{\partial x} + v\frac{\partial c}{\partial y} = \frac{1}{H}\left[\frac{\partial}{\partial x}\left(HK_x\frac{\partial c}{\partial x}\right) + \frac{\partial}{\partial y}\left(HK_y\frac{\partial c}{\partial y}\right)\right] + f_c$$

$$\frac{\partial c}{\partial t} + u\frac{\partial c}{\partial x} + v\frac{\partial c}{\partial y} = 0$$

式中：c——Q 物质的浓度；

K_x，K_y——分别为 x，y 方向的湍流扩散系数；

f_c——污染源的污染强度。

上述方程的初始条件：$c(x, y) \mid t = 0 = c0(x, y)$；

边界条件：闭边界上，由于没有物质通量，取其浓度值为零；

开边界上，当流向向外时，要求满足 $\frac{\partial c}{\partial t} + u\frac{\partial c}{\partial x} + v\frac{\partial c}{\partial y} = 0$；当外海向内流时，取边界值为零。

3.1.4.2 象山港汇入的环境因子扩散模型计算

模型计算中，径流汇入源强主要有虾塘源强、工业源强和径流源强。径流源强分别如下表 3.1 - 1。象山港沿海的各主要溪流和鱼类养殖源强见图 3.1 - 20。

表 3.1 - 1 径流源强

名称	对应站位	径流量 /（m³/a）	COD_{Mn} /（mg/dm³）	TN 浓度 /（mg/dm³）	TP 浓度 /（mg/dm³）
珠溪	X3	38 329 200	1.9	1.87	0.177
东塘河	X4	63 882 000	1.9	1.87	0.177
黄避岙水系	X8	45 100 692	1.9	1.87	0.177
蔡仓溪	X14	24 148 800	1.42	1.003	0.069
墙头溪	X15	25 925 445	1.9	1.87	0.177
淡港	X19	55 896 750	3.14	1.76	0.099
西周港	X20	34 070 400	0.38	1.12	0.073
下沈港	X22	42 588 000	2.41	3.605	0.6
石门溪	X27	32 193 000	1.09	1.327	0.159
汶溪 + 颜公河	X31	97 292 000	2.77	2.692	0.372
凫溪	X39	161 406 000	1.25	1.056	0.201
紫溪	X41	12 083 000	1.78	2.373	0.335
下陈江	X47	11 310 000	1.9	1.87	0.177
黄贤溪	X53	9 802 000	1.05	1.139	0.105
峻壁溪	X56	47 125 000	1.9	1.87	0.177
大嵩江	X68	103 000 000	3.74	2.58	0.177

在模型输入源强时，各径流量按照平均状态进行计算，即把 "m³/a" 平均为 "m³/s" 输入。各径流的排放浓度如表 3.1 - 1 所示。

各虾塘源强的总量如表 3.1 - 2 所示，源强浓度分别概化为 COD 3.00 mg/dm³、总氮 2.50 mg/dm³、总磷 0.13 mg/dm³。

工业源强如表 3.1 - 3 所示。源强浓度概化为 COD 50.00 mg/dm³。

鱼类养殖源强如表 3.1 - 4 所示。源强排放单位转化为 "t/a"，模型设计按平均排放速度计算。鱼类源强的分布如图 3.1 - 20 所示。

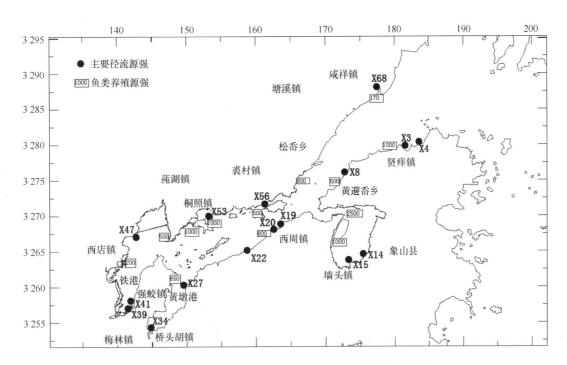

图 3.1－20　象山港沿海的主要径流源强及鱼类养殖源强

表 3.1－2　虾塘源强　　　　　　　　　　　　　　　　单位：t/a

地名	COD	TN	TP
莼湖镇	11.4	2.8	0.3
裘村镇	267.6	65.6	6.6
松岙镇	106.1	26.0	2.6
贤庠镇	99.4	24.4	2.4
县政府	129.7	31.8	3.2
西周镇	96.5	23.6	2.4

表 3.1－3　工业源强　　　　　　　　　　　　　　　　单位：t/a

地名	乡镇	COD
奉化	松岙乡	84.0
	裘村镇	26.7
	桐照村	29.6
象山	爵溪街道	344.4
	墙头镇	95.5
	县城	58.7
	西周镇	2.5
	贤庠镇	47.8
宁海	县城	430.4
	深圳镇	68.1
	西店镇	1.3

表 3.1-4 鱼类源强 单位：t/a

地名	TP	TN	COD
西店	86.00	13.56	1.70
桐照1	215.00	33.90	4.25
桐照2	430.00	67.80	8.50
桐照3	430.00	67.80	8.50
裘村镇	215.00	33.90	4.25
西周镇	344.00	54.24	6.80
松岙乡	344.00	54.24	6.80
黄避岙1	430.00	67.80	8.50
黄避岙2	1 075.00	169.50	21.25
西沪港	430.00	67.80	8.50
贤庠镇	430.00	67.80	8.50
咸祥镇	73.10	11.53	1.45

3.1.4.3 计算参数

在数值模型中，选取的参数如表 3.1-5 所示。

表 3.1-5 计算参数选取一览表

参　数	取　值	参　数	取　值
柯氏力 (f)	$2\omega * \sin\ (29.2°)\ s^{-1}$	水容重 (ρ)	$1\ 020\ kg/m^3$
黏滞系数 (A)	$20\ m^2/s$、$5\ m^2/s$	糙率系数 (n)	0.028
扩散系数 (k)	$150 \sim 200\ m^2/s$		

其中黏滞系数 A 的取值参考《Delft 3D-FLOW User Manual》，大范围网格取 $20\ m^2/s$，小范围网格取 $5\ m^2/s$。

3.1.4.4 污染源概化情况（分区概化）

根据物质输运特征，可将象山港分为 7 个动力单元：铁港区块、黄墩港区块、桐照区块、裘村区块、西周区块、松岙区块、西沪港区块和贤庠区块（图 3.1-21）。

由于象山港中部以往复流为主，因此基本以主槽中心线分为南北区块，并结合行政区划和排污源强的特点，在象山港中部分为桐照区块、裘村区块、西周区块和松岙区块。

在象山港底部的铁港和黄墩港是相对独立的水动力单元，因此分为铁港区块、黄墩港区块。同样西沪港也是相对独立的水动力单元。

在象山港的口门附近主要是南侧的贤庠镇和北侧的咸祥镇，而南侧的贤庠镇岸线相对较长且排放源强较大，而北侧咸祥镇的排污源强较小，因此这两个行政区块合并为贤庠区块。

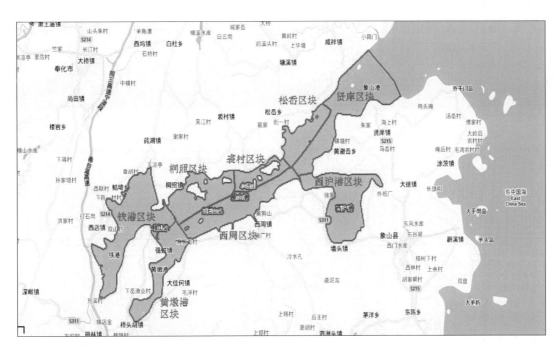

图 3.1 – 21　象山港各动力区块划分

3.1.4.5　计算结果分析与评价

1）浓度验证

由于实测各站的实测浓度差异较大，例如 X13 站和 X14 站虽然相距仅超过 200 m，但实测的 COD 浓度相差 3 倍多；而浓度测验的数据是某一时刻的数据，而不是连续观测序列，也具有一定的随机性，因此给模型计算浓度的验证带来较大的难度。本书中也将各浓度实测站点概化为不同的区块，使之与污染源强的区块相对应，测点的浓度如表 3.1 – 6 所示。

表 3.1 – 6　各区块对应的实测站点的浓度值　　　　单位：mg/dm³

区块	站位	COD	COD 平均值	TP	TP 平均值	TN	TN 平均值
贤庠区块	X01			0.070		1.263	
	X03	1.00		0.075		1.286	
	X04	0.82		0.063		1.103	
	X05	1.04	0.85	0.091	0.07	1.377	1.22
	X06	0.60		0.063		1.213	
	X07	0.44		0.054		1.125	
	X08	0.74		0.056		1.141	

续表

区块	站位	COD	COD 平均值	TP	TP 平均值	TN	TN 平均值
西沪区块	X10	0.82	0.83	0.062	0.06	1.258	1.11
	X11	0.77		0.063		1.096	
	X12			0.050		1.831	
	X13	0.44		0.053		0.889	
	X14	1.42		0.069		1.003	
	X15	0.85		0.050		0.673	
	X17	0.63		0.065		1.027	
	X18	0.91		0.075		1.087	
西周区块	X19		0.89	0.099	0.08		1.13
	X20			0.073		1.120	
	X21	0.80		0.076		1.087	
	X23	0.89		0.073		1.170	
	X24	0.98		0.067		1.118	
黄墩港区块	X29		0.94	0.112	0.11	0.915	1.12
	X33	1.03		0.134		1.222	
	X34	0.80		0.107		1.108	
	X35	0.97		0.092		1.122	
	X36	0.97		0.113		1.208	
铁港区块	X37	1.04	1.14	0.122	0.14	1.027	0.93
	X43	1.22		0.184		0.801	
	X44	1.28				0.889	
	X45	1.01		0.136		0.946	
	X50	1.13		0.099		0.987	
桐照区块	X52	1.05	0.99	0.105	0.09	1.139	1.10
	X53	0.82		0.078		1.027	
	X55	1.09		0.074		1.139	
裘村区块	X56	0.51	0.62	0.059	0.06	1.032	1.09
	X58	0.64		0.058		1.082	
	X59	0.71		0.064		1.148	
松岙区块	X60	0.75	0.77	0.066	0.06	1.187	1.22
	X61	0.64		0.065		1.165	
	X62			0.063		1.272	
	X63	0.88		0.066		1.255	

续表

区块	站位	COD	COD 平均值	TP	TP 平均值	TN	TN 平均值
咸祥区块	X64	0.90		0.072		1.301	
	X65	0.85		0.065		1.255	
	X67	0.83		0.058		1.303	
	X68	0.86	0.75	0.053	0.06	1.479	1.27
	X69	0.66		0.066		1.260	
	X71	0.60		0.053		1.153	
	X72	0.56		0.054		1.317	
	X73	0.77		0.043		1.118	

COD 浓度的模拟验证情况见表 3.1-7。由表 3.1-7 可见，除裘村和松岙区块验证误差较大，其他区块的浓度验证误差均在 15% 以内。从验证情况来看，象山港底部 COD 浓度较高，而口门附近浓度略低的特点得到较好的模拟。

表 3.1-7 COD 浓度验证

区块	COD 平均值	模拟计算平均浓度值	误差/%
贤庠区块	0.85	0.81	-4.7
西沪区块	0.83	0.96	15.7
西周区块	0.89	0.94	5.6
黄墩港区块	0.94	1.05	11.7
铁港区块	1.14	1.08	-5.3
桐照区块	0.99	1.02	3.0
裘村区块	0.62	0.84	35.5
松岙区块	0.67	0.81	20.9
咸祥区块	0.75	0.77	2.7

总磷浓度的模拟验证情况见表 3.1-8。由表 3.1-8 可见，各区块的总磷浓度验证误差均在 16% 以内。且铁港和黄墩港内 TP 浓度明显大于其他区块，其他区域的浓度相对较接近。

表 3.1-8 TP 浓度验证

区块	TP 平均值	模拟计算平均浓度值	误差/%
贤庠区块	0.070	0.065	-7.1
西沪区块	0.060	0.062	3.3
西周区块	0.080	0.079	-1.3
黄墩港区块	0.110	0.107	-2.7
铁港区块	0.140	0.118	-15.7
桐照区块	0.090	0.086	-4.4
裘村区块	0.060	0.067	11.7
松岙区块	0.060	0.058	-3.3
咸祥区块	0.060	0.052	-13.3

总氮浓度的模拟验证情况见表3.1－9。由表3.1－9可见，各区块的总氮浓度验证误差均在10%以内。总氮浓度分布较为均匀，模拟误差相对较小，且铁港内 TN 浓度较小的特点得到较好模拟。

表 3.1－9　TN 浓度验证

区块	TN 平均值	模拟计算平均浓度值	误差/%
贤庠区块	1.22	1.21	－0.8
西沪区块	1.11	1.06	－4.5
西周区块	1.12	1.07	－4.5
黄墩港区块	1.10	0.99	－10.0
铁港区块	0.93	0.90	－3.2
桐照区块	1.10	1.03	－6.4
裘村区块	1.09	1.07	－1.8
松岙区块	1.22	1.15	－5.7
咸祥区块	1.27	1.19	－6.3

2）模拟计算浓度分布

本报告所建立的水动力及扩散数值模型，进行 140 d 的模拟计算（模型时间），扩散模型基本达到平衡状态，此时模拟所得的各污染因子浓度分布见图 3.1－22 至图 3.1－24。从浓度分布图来看，基本符合海湾底部扩散速度较慢，养殖区附近浓度较高，口门区附近浓度较低的特征。

3.1.5　象山港环境容量估算

3.1.5.1　基本概念

环境容量的问题是由日本环境厅于 1968 年首先提出的，而海洋环境容量研究多始于 20 世纪 80 年代。1986 年联合国海洋环境保护科学问题专家组（GESAMP）对环境容量进行了定义：在充分利用海洋的自净能力和不造成污染损害的前提下，某一特定海域所能容纳的污染物质的最大负荷量。目前，欧美国家的学者较少使用环境容量这一术语，而是用同化容量、最大允许纳污量和水体允许排污水平等概念。我国于 20 世纪 70 年代引入环境容量概念，通常把环境容量定义为："一定水体在规定环境目标下所能容纳的污染物量"；周密等人则把环境容量分为两部分："即环境标准与环境本底之差确定的基本环境容量和由该环境单元的自净能力确定的变动环境容量（同化容量）"。

目前所谓的"环境容量"一般是指"剩余环境容量"，即环境标准与环境背景之间的差值。环境背景一般采用环境质量的现状，也即污染物的"背景浓度"。目前国内对"背景浓度"选取在方法上还不统一，大多是以现状外海浓度作为"背景浓度"，有的以整个研究海域现状监测出现的最高值作为"背景浓度"，也有的取整个海域的平均值作为"背景浓度"。对于这一问题，王君陛等（2009）提出采用以 80%～90% 保证率下的海域现状监测值作为环境容量计算的"本底浓度"较为合理。本项目欲采用 85% 的保证率进行计算。

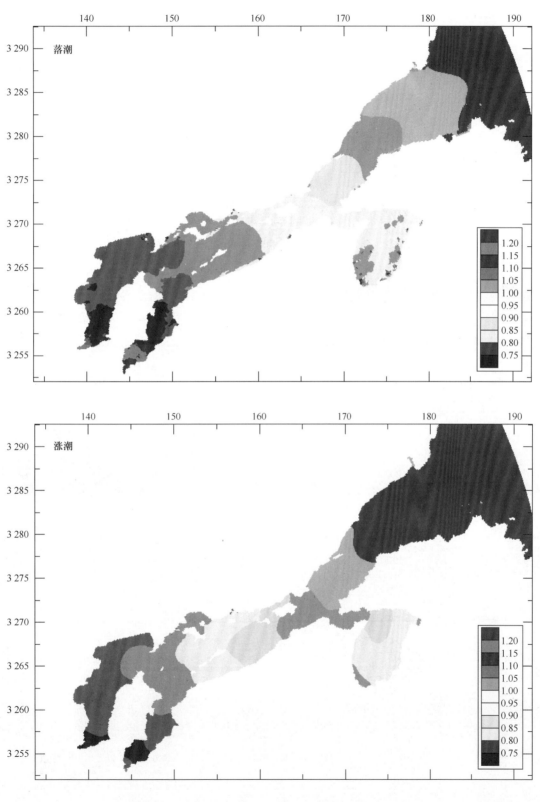

图 3.1 - 22 COD 浓度分布

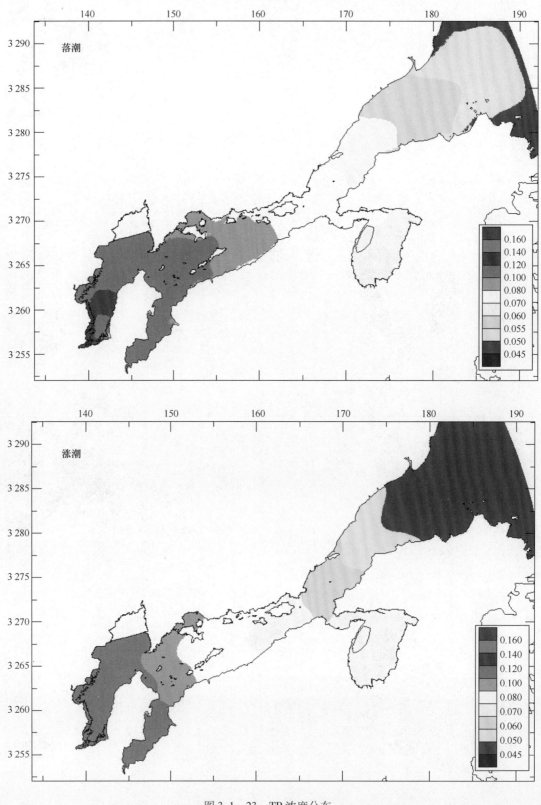

图 3.1 – 23　TP 浓度分布

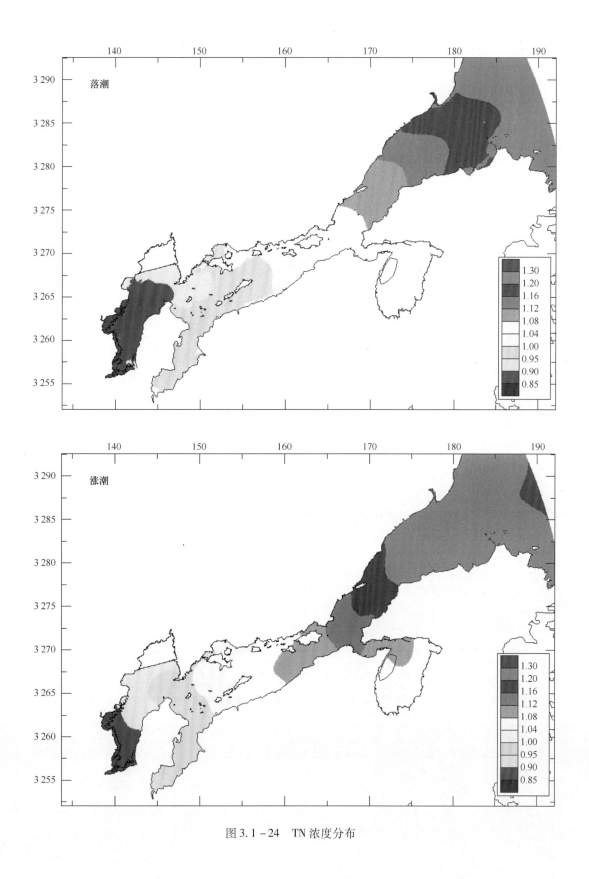

图 3.1 - 24　TN 浓度分布

环境标准值也就是一定意义上的环境容量限定值。那么到底采用什么样的环境标准来确定环境容量的限定值呢？海洋环境容量的研究主要是为海域管理提供科学依据，以更好地为海域规划、利用，海洋经济发展，海洋环境保护提供服务。因此，限定值的确定主要也是依据当前的海洋功能区划，参考今后海域利用的相关规划等，并考虑到海域的可持续发展，为今后海洋功能区的划定提供科学依据。

3.1.5.2 主要污染物环境容量估算

本专题根据二类水质标准进行环境容量计算，二类海水水质标准为 COD 不大于 3.0 mg/dm³，无机氮不大于 0.30 mg/dm³，活性磷酸盐不大于 0.03 mg/dm³。从实测资料来看，无机氮和活性磷酸盐已经严重超标，象山港口门处的无机氮和活性磷酸盐浓度分别超过标准 3 倍和 2 倍以上。因此，本专题对 COD 进行环境容量计算，对无机氮和活性磷酸盐则进行消减量计算。

1）化学需氧量（COD）环境容量

从各区块的实测浓度来看（表3.1-6），COD 浓度值均小于 2.0 mg/dm³，因此确定以一类海水为保护目标，进行环境容量计算。

为了研究各动力单元的排污对混合区的污染物浓度响应，在混合区域选取了 6 个代表性的点进行统计研究（图3.1-25 至图3.1-27）。通过模拟计算可得各单元对混合区的响应系数（表3.1-10）。

表 3.1-10　各区块相互间的化学需氧量浓度增量平均贡献值（即响应系数）

区块	铁港	桐照	裘村	松岙	黄墩港	西周	西沪港	贤庠
铁港	0.193	0.104	0.059	0.045	0.083	0.066	0.034	0.021
桐照	0.069	0.092	0.063	0.048	0.052	0.051	0.030	0.018
裘村	0.028	0.036	0.056	0.035	0.021	0.027	0.027	0.023
松岙	0.014	0.020	0.022	0.032	0.010	0.020	0.019	0.016
黄墩港	0.092	0.064	0.056	0.035	0.255	0.082	0.049	0.023
西周	0.032	0.036	0.037	0.032	0.042	0.055	0.034	0.026
西沪港	0.018	0.036	0.056	0.061	0.031	0.059	0.160	0.034
贤庠	0.009	0.008	0.015	0.026	0.010	0.012	0.023	0.088

根据模拟计算所得混合区单元的浓度增量及各单元对混合区的污染物浓度增量的贡献值，计算可得各单元区块的分担率场及对各代表性点的分担率（图3.1-25 至图3.1-28 和表3.1-11）。

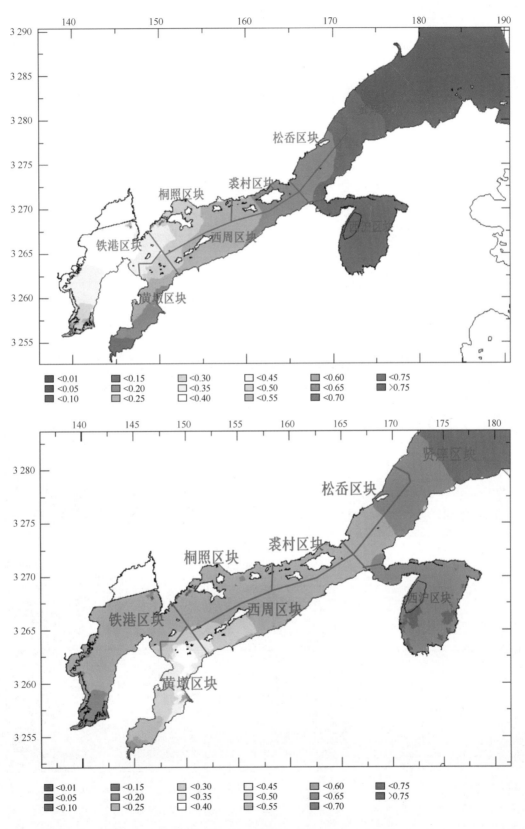

图 3.1 – 25 单元区块的浓度增量分担率（铁港、黄墩港区块）

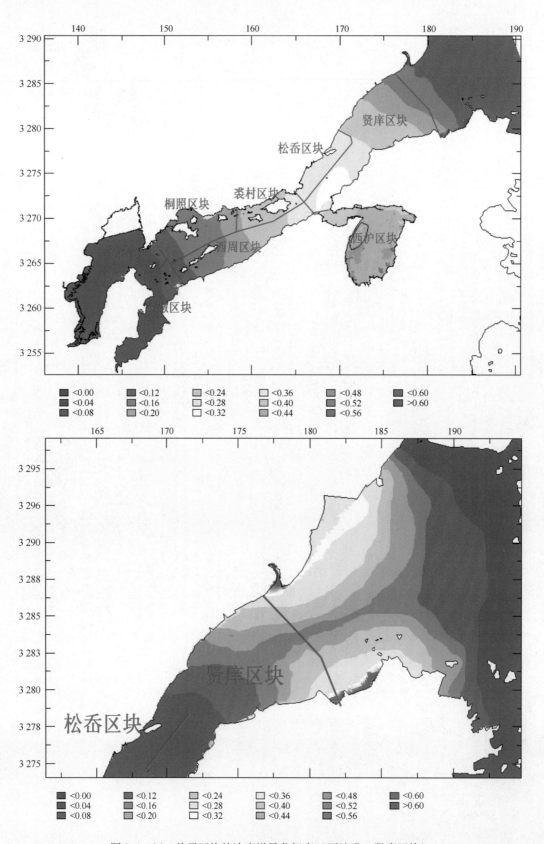

图 3.1-26　单元区块的浓度增量分担率（西沪港、贤庠区块）

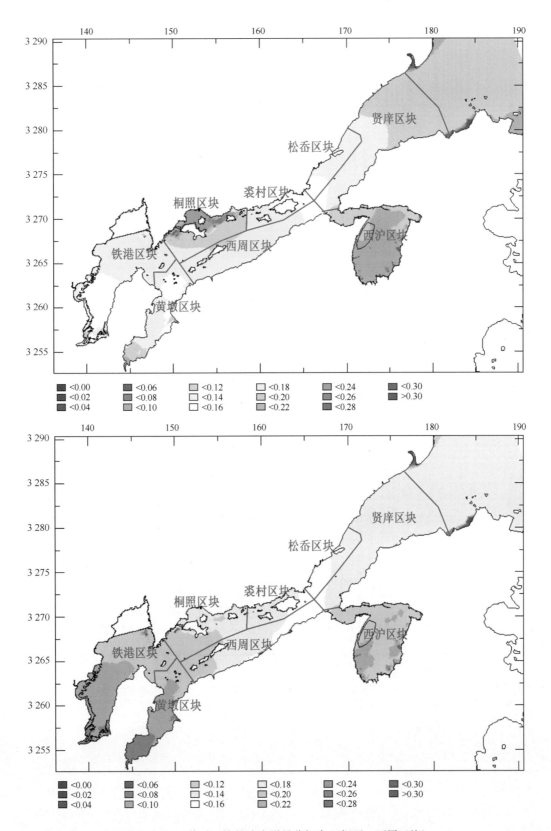

图 3.1 - 27　单元区块的浓度增量分担率（桐照、西周区块）

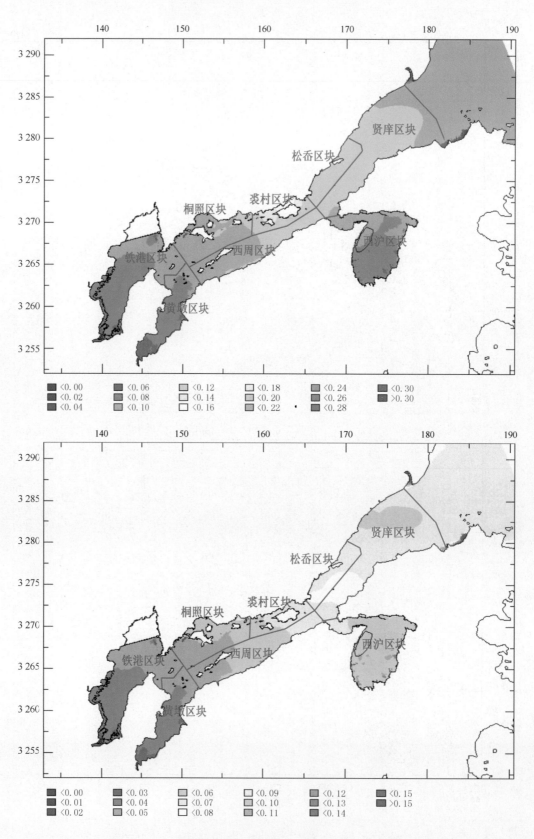

图 3.1-28　单元区块的浓度增量分担率（裘村、松岙区块）

表 3.1 – 11 单元块对混合区的分担率（%）（平均）

区块	铁港	桐照	裘村	松岙	黄墩港	西周	西沪港	贤庠
铁港	42	26	16	14	16	17	9	8
桐照	15	23	17	15	10	13	8	7
裘村	6	9	15	11	4	7	7	9
松岙	3	5	6	10	2	5	5	6
黄墩港	20	16	15	11	49	21	13	9
西周	7	9	10	10	8	14	9	10
西沪港	4	9	15	19	6	15	42	13
贤庠	2	2	4	8	2	3	6	34

根据各单元的控制目标浓度、分担率、响应系数计算可得各污染因子的容量或减排目标。

以上的分担率矩阵进行横向相加，可以得到各区块对象山港各区块 COD 浓度总的贡献系数（表 3.1 – 12）。系数越大，说明该区块的源强对象山港的影响越大。如铁港、黄墩港对象山港的 COD 浓度影响最大，其次是西沪港，而松岙区块对象山港的 COD 浓度影响最小。

表 3.1 – 12 各区块对象山港 COD 浓度的贡献系数

区块	COD 浓度贡献系数
铁港	1.48
桐照	1.08
裘村	0.68
松岙	0.42
黄墩港	1.54
西周	0.77
西沪港	1.23
贤庠	0.61

根据实测各区块的 COD 浓度值及一类海水水质标准，可以得到各区块的允许 COD 浓度增量值（表 3.1 – 13 和表 3.1 – 14）。

表 3.1 – 13 各区块允许 COD 浓度增量（根据浓度最大值计算）　　单位：mg/dm³

区块	实测 COD 最大值	一类海水水质标准	允许浓度增量
贤庠	1.04	≤2.00	0.96
西沪	1.42	≤2.00	0.58
西周	0.98	≤2.00	1.02
黄墩港	1.03	≤2.00	0.97
铁港	1.28	≤2.00	0.72
桐照	1.09	≤2.00	0.91
裘村	0.71	≤2.00	1.29
松岙	0.88	≤2.00	1.12

表 3.1 - 14　各区块允许 COD 浓度增量（根据浓度平均值计算）　　单位：mg/dm³

区块	COD 平均值	一类海水水质标准	允许浓度增量
贤庠	0.85	≤2.00	1.15
西沪	0.83	≤2.00	1.17
西周	0.89	≤2.00	1.11
黄墩港	0.94	≤2.00	1.06
铁港	1.14	≤2.00	0.86
桐照	0.99	≤2.00	1.01
裘村	0.62	≤2.00	1.38
松岙	0.67	≤2.00	1.33

根据各区块的允许 COD 浓度增量及各区块对应其他区块的浓度分担率，可以计算得到其他区块应当分担的浓度增量，而各区块之间的 COD 浓度贡献值如表 3.1 - 13 和表 3.1 - 14 所示。于是可以计算各区块间的允许增排幅度，如下：

$$P_{i,j} = C_{a,i} \cdot F_{i,j} / C_{j,i} \tag{3.1 - 8}$$

对应各区块的运行排放量，如下：

$$D_{i,j} = P_{i,j} \cdot D_j \tag{3.1 - 9}$$

综合各区块的情况，应该取"对应各目标区块的允许排放量的最小值"作为排放控制条件，如下：

$$P_j = \min(P_{i,j}, i = 1,2,3,\cdots) \tag{3.1 - 10}$$

海湾整体的排放容量（增量）P 取各区块对应海湾允许增排幅度的最小值，如下：

$$P = \min(P_j, j = 1,2,3,\cdots) \tag{3.1 - 11}$$

$P_{i,j}$——对应 i 区块的保护目标，j 区块的允许排放幅度（或减排幅度），%；

$F_{i,j}$——对应 i 区块 COD 浓度，j 区块的分担率系数；

$C_{a,i}$——i 区块的 COD 允许浓度增量；

$C_{j,i}$——现状条件下，j 区块对 i 区块的 COD 浓度贡献值；

$D_{i,j}$——对应 i 区块的保护目标，j 区块的允许排放量（或减排量）；

D_j——j 区块现状排放量；

P_j——j 区块综合控制增排幅度，%。

根据式（3.1 - 8）、式（3.1 - 10），可以计算对应各区块的允许增排幅度。分别针对 COD 浓度最大值和 COD 浓度平均值计算允许增排幅度（环境容量），计算结果见表 3.2 - 15 所示。

表 3.1 - 15　各区块的容量统计（%）

区块	根据 COD 浓度最大值计算	根据 COD 浓度平均值计算
铁港	156.5	187.0
桐照	227.5	252.5
裘村	348.6	373.0
松岙	350.0	415.6

续表

区块	根据 COD 浓度最大值计算	根据 COD 浓度平均值计算
黄墩港	186.5	203.8
西周	261.5	284.6
西沪港	152.6	307.9
贤庠	369.2	442.3

注：整体的排放容量（增量）取各区块对应海湾允许增排幅度的最小值，如式（3.2－4）计算。

由表 3.1－15 可知，保持目前的源强格局，根据 COD 浓度最大值计算，若要保持象山港各区块均为一类海水水质，则海湾整体的排放容量（增量）为目前排放量的 150% 左右。

保持目前的源强格局，根据 COD 浓度平均值计算，若要保持象山港各区块均为一类水质，则海湾整体的排放容量（增量）为目前排放量的 187% 左右。

2）总氮（TN）、总磷（TP）削减量

象山港总氮、总磷均为超标，因此本专题将计算它们的应削减量（以二类海水水质标准计算）。图 3.1－28 至图 3.1－31 所示的分担率场也可用于计算总氮、总磷削减量。总氮、总磷的平均值及其超标值见表 3.1－16 和表 3.1－17。

表 3.1－16　总氮的平均值及其超标值　　　　　　　　单位：mg/L

区块	TN 平均值	标准（二类）	超标
铁港	0.93	0.3	0.63
桐照	1.1	0.3	0.8
裘村	1.09	0.3	0.79
松岙	1.22	0.3	0.92
黄墩港	1.1	0.3	0.8
西周	1.12	0.3	0.82
西沪	1.11	0.3	0.81
贤庠	1.22	0.3	0.92

表 3.1－17　总磷的平均值及其超标值　　　　　　　　单位：mg/L

区块	TP 平均值	标准（二类）	超标
铁港	0.14	0.03	0.11
桐照	0.09	0.03	0.06
裘村	0.06	0.03	0.03
松岙	0.06	0.03	0.03
黄墩港	0.11	0.03	0.08
西周	0.08	0.03	0.05
西沪	0.06	0.03	0.03
贤庠	0.07	0.03	0.04

根据式（3.1-8）和式（3.1-10），可以计算对应各区块的允许增排幅度。分别针对总氮、总磷浓度平均值计算允许增排幅度（环境容量），总氮、总磷减排幅度的计算方法与COD容量的计算方法一致，对应各单元区的分区块总氮减排幅度见表3.1-18。

表3.1-18 对应各单元区的分区块总氮减排幅度（%）

区块	铁港减排	桐照减排	裘村减排	松岙减排	黄墩港减排	西周减排	西沪港减排	贤庠减排
铁港	24	10	4	2	12	5	3	1
桐照	16	17	7	4	10	7	7	1
裘村	11	12	11	4	9	7	11	3
松岙	9	11	8	8	8	8	14	6
黄墩港	10	7	3	1	30	6	4	1
西周	11	10	5	4	13	10	11	2
西沪	7	6	5	4	7	7	31	4
贤庠	6	5	7	5	5	8	10	26
总体减排幅度	94	78	50	31	94	56	90	45

注：横行为减排单元；纵列为对应单元。

对应各单元区的分区块总磷减排幅度见表3.1-19。

表3.1-19 对应各单元区的分区块总磷减排幅度（%）

区块	铁港减排	桐照减排	裘村减排	松岙减排	黄墩港减排	西周减排	西沪港减排	贤庠减排
铁港	32	12	5	2	15	6	3	2
桐照	14	15	6	3	11	6	6	1
裘村	8	9	8	3	7	5	8	2
松岙	7	8	6	5	6	5	10	4
黄墩港	12	7	3	1	33	6	4	1
西周	9	8	4	3	11	9	9	2
西沪	5	4	4	3	7	5	21	3
贤庠	5	4	5	3	5	6	7	19
总体减排幅度	91	67	40	24	93	46	68	35

各分区块总氮、总磷总体应减排幅度见表3.1-20。

表3.1-20 各分区块总氮、总磷总体应减排幅度（%）

区块	TN源强减排幅度	TP源强减排幅度
铁港	94	91
桐照	78	67
裘村	50	40
松岙	31	24
黄墩港	94	93
西周	56	46
西沪	90	68
贤庠	45	35

由表 3.1 – 20 可知，保持目前的源强格局，根据总氮、总磷浓度平均值计算，若要保持象山港各区块均符合二类海水水质标准，则各区块应削减总氮排放量的 31% ~ 94% 不等；各区块应削减总磷排放量的 24% ~ 91% 不等。

3.1.5.3 总量控制对策及建议

象山港具有资源丰富的比较优势和良好的区位条件，海洋生物、旅游、港口、滩涂等自然资源得天独厚。海洋生物资源具有全国性意义，港内浮游动物 167 余种，游泳生物 210 余种，潮间带生物 190 余种，是国家级意义的"大鱼池"。旅游资源十分丰富，港口资源地位独特。但是近年来，象山港区域生态环境质量趋于恶化，主要表现为象山港渔区超容养殖问题严重和陆源污染尤其是农业面源污染比较严重，从而引发水体富营养化和赤潮灾害。因此，对象山港各个区块根据其水文条件、地理特征和经济环境采取合理措施进行布局，对于减轻环境污染负荷、改善和提高环境质量、促进经济和生态协调发展具有十分重要的意义。

本次研究根据调查结果和数值模拟结果，结合当地经济社会发展情况，分区块给出下列建议：贤庠区块为象山港的口门区域，污染物迁移扩散能力强，环境容量大，可利用天然的岸线和深水区域发展集装箱运输物流产业以及码头和临港工业，但是需要注意监测洋沙山围海造地、七姓涂围涂工程等填海工程带来的水动力条件的改变，从而对营养盐等海水要素迁移扩散过程产生的影响，同时港口工业发展中需要加强污水处理设施的配套建设。松岙区块水动力条件较强，可以发展羊栖菜等海水养殖、海洋捕捞以及拓展休闲观光旅游等产业，同时加强污水管网建设，收集区域附近生活和工业污水进行集中处理达标后排放。西沪港区块养殖面积较广，滩涂资源丰富，锚地资源良好，可作为天然的避风锚地，但是该区块水体扩散能力较差，要注意控制养殖特别是网箱养殖规模，防止过度养殖带来水体富营养化和底质环境恶化，同时需要监测船只可能带来的油类污染。裘村区块和桐照区块旅游资源丰富，同时又是鱼、贝、藻混养的示范区域，可重点发展旅游观光产业以及滩涂海水养殖产业，但是在养殖过程中需要注意养殖方式和控制污染源，尽量选取混养方式来减轻营养盐对环境产生的负荷。西周区块目前以火电厂及港口航运为主，岸线较为平直，适度发展滩涂养殖和浅海养殖的同时需要注意对污水排放的控制，建立城镇污水处理厂以防止污水无序排放，同时火电厂周边海域应加强对温排水区域生态环境的监测。铁港区块和黄墩港区块位于象山港顶部，污染物扩散迁移能力极差，并且已经存在大量滩涂养殖和浅海养殖区域，这两个区块周边乡镇居住点众多，需要海陆统筹，陆地建立污水处理设施的同时削减海域养殖规模，同时发展污染较小的观光旅游休闲产业以增加当地居民收入。

为便于直观理解，本书将象山港 COD 环境容量和总氮、总磷消减幅度的研究结论绘制成图（图 3.1 – 29 至图 3.1 – 31）。

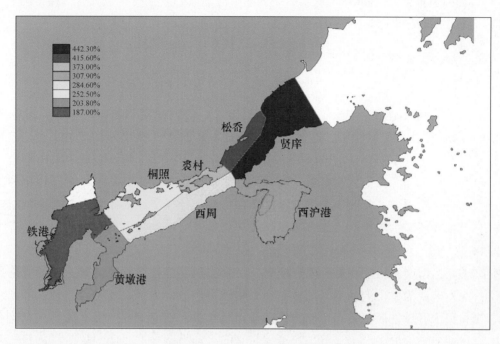

图 3.1 – 29 象山港 COD 排放控制

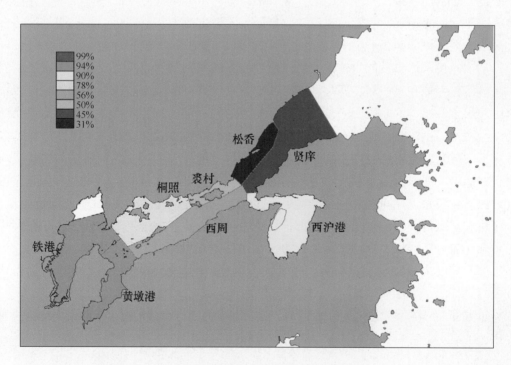

图 3.1 – 30 象山港总氮减排幅度分布

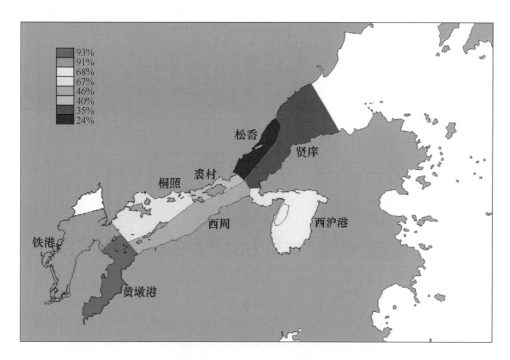

图 3.1 – 31　象山港总磷减排幅度分布

3.2　三门湾

为确定三门湾对污染物的容许负荷量，本节对三门湾的水动力条件及潮流特征进行分析和介绍，并采用数学模型模拟计算三门湾海域流态、分区水体交换率、高低潮水体容量，并对三门湾水体环境容量进行分析研究。

3.2.1　水文特征

该海域岸线蜿蜒曲折、水道纵横、岛礁罗列、港汊众多，潮差较大，流路变化也较为复杂。

3.2.1.1　潮汐

根据健跳长期水文站"1985 国家高程基准"的确定，来对 3 个站的实测同步一个月潮位资料进行分析计算，可以得到三站基准面的相互关系如下（图 3.2 – 1）。三门湾水域属正规半日浅海潮港类型。

在拟建测量区投放 RBR XR – 420 自动水位计，在 2009 年 4 月 16—27 日间进行了为期 11 d 的潮位观测。通过对实测资料的统计分析，将潮汐特征列于表 3.2 – 1，将 2009 年测得的逐时潮位过程曲线绘于图 3.2 – 2。从表 3.2 – 1 可知：测量区的潮位性质为非正规浅海半日潮类型；蛇蟠岛临时潮位站（2009 年 4 月 16—27 日）实测最高潮位为 3.67 m，实测最低潮位为 – 3.07 m；由本次 11 d 的观测得到的平均潮差为 3.73 m。落潮历时较之涨潮历时长 20 min。

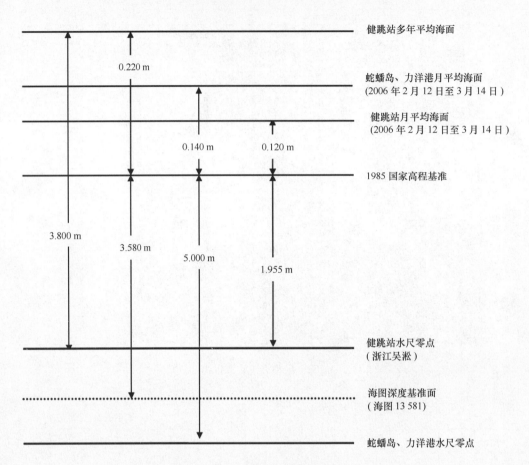

图 3.2 – 1　三站各基准面的关系

资料来源：甬台温高速复线——全潮水文泥沙测验分析报告

表 3.2 – 1　潮汐特征值的统计（平均海面）　　　　　　　　　　　　单位：m

测站潮汐特征		2009 年三门蛇蟠岛临时潮位站
（$H_{k1} + H_{O1}$）/H_{M2} 潮汐性质		0.26
主要浅海与主要半日分潮振幅比 H_{M4}/H_{M2}		0.02
潮位/m	实测最高潮位	3.67
	实测最低潮位	– 3.07
	平均高潮位	2.03
	平均低潮位	– 1.66
	平均潮位	0.14
潮差/m	最大潮差	6.27
	最小潮差	1.21
	平均潮差	3.73
涨落潮历时/（h：min）	涨潮历时	6 h 2 min
	落潮历时	6 h 26 min
基准面		1985 国家高程基准
资料长度		2009 – 4 – 16—2007 – 4 – 27

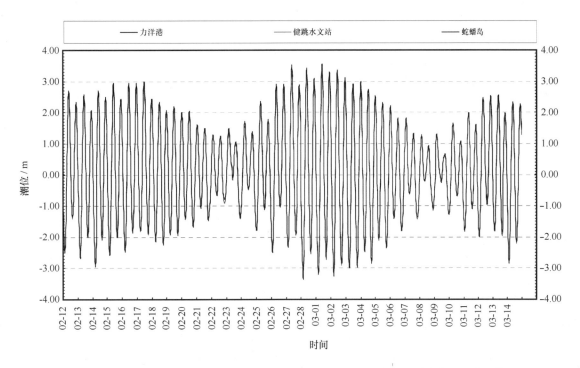

图 3.2 - 2　三站同步期间（2009 - 02 - 12—2009 - 03 - 14）实测逐时潮位过程线比较

本次测量所属三门湾水域属非正规半日浅海潮港类型，潮汐一日两涨、两落较为规则，平均涨、落潮历时相差不大，差值在 20 min 左右。

三门湾是强潮海域，潮差较大，此次实测月平均潮差在 3.73 m 左右，最大潮差达 6.27 m。测量区海域最高、最低潮位分别为 3.67 m 和 - 3.07 m；平均高、低潮位分别为 2.03 m 和 - 1.66 m。

3.2.1.2　潮流

三门湾水域潮流隶属非正规浅海半日潮流类型，潮流主要呈往复流运动形式（图 3.2 - 3）。

从实测资料来看，三门湾内测量水域潮流强度中等，流速大小随潮汛变化较为规律；大潮期间实测最大流速为 1.41 m/s，小潮期间实测最大流速为 0.91 m/s，均发生在 S8 测站；在涨、落潮流变化上，测量区域总体表现为落潮流强于涨潮流，但是在大潮期的 S8 测站表现为涨潮流强于落潮流；在垂向分布上，随水深的变化，流速递减的趋势不是很显著，总体上为表层流速最大，中层次之，底层最小。

测量水域 8 个测点潮流明显以往复流为主，其涨、落潮流流向相对都较为集中。各测站因处于较窄的港汊或水道中，其涨、落潮流流向完全为汊道地形控制，与港汊、水道的走向较为一致，主流向大都与等深线走向吻合得较好。

测量区水域各站平均涨、落潮流历时相差不大。大潮期除 S1、S2 测站表现为落潮历时长于涨潮历时的特点外，其余各测站都表现为涨潮历时长于落潮历时。在小潮期，各站都表现为涨潮历时长于落潮历时。

潮波进入三门湾后，受到封闭端的反射，从而产生潮波驻振动，使最大潮流流速发生

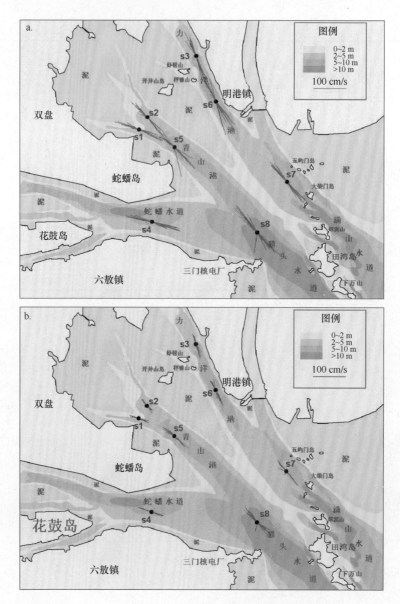

图 3.2 - 3　垂向平均流矢图

a. 大潮　b. 小潮

在中潮位（即半潮面）附近；而憩流或转流则出现在高平或低平潮附近，由此本测量海域的潮波运动以驻波形式为主，总体表现为中潮位附近流速较大，高平或低平潮时段流速较小。

采用实测资料高调合分析并计算，结果表明：本次观测水域的潮流可能最大流速为 1.54 m/s，出现在 S8 测站表层。在力洋港水域的 S3 测站的最大可能流速为 1.42 m/s。青山港水域的 S5 测站最大可能流速为 1.30 m/s。蛇蟠水道的 S4 测站的最大可能流速为 1.40 m/s。

3.2.1.3 潮流与潮位的关系

从潮流和潮位的过程曲线上可以基本了解该测量区海域潮波的性质，该处海域潮位与流速的关系为：潮波进入三门湾后，受到封闭端的反射，从而产生潮波驻振动，使最大潮流流速发生在中潮位（即半潮面）附近；而憩流或转流则出现在高平或低平潮附近，由此本测量海域的潮波运动以驻波形式为主，总体表现为中潮位附近流速较大，高平或低平潮时段流速较小（图 3.2 - 4）。

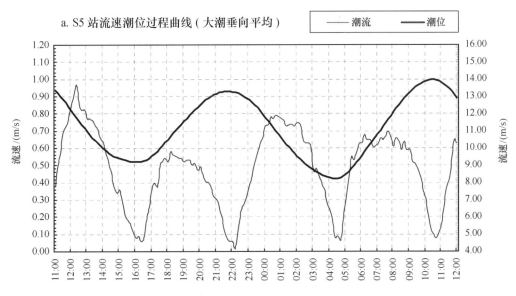

a. S5 站流速潮位过程曲线（大潮垂向平均）

时间 / (hh:mm) (2006 - 2 - 13—14 农历：正月十六—十七)

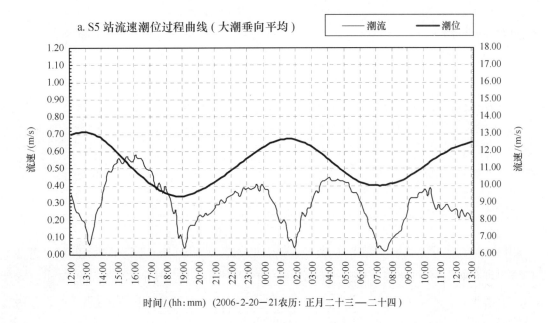

a. S5 站流速潮位过程曲线（大潮垂向平均）

时间 / (hh:mm) (2006 - 2 - 20—21 农历：正月二十三—二十四)

图 3.2 - 4 站位流速潮位过程曲线（一）

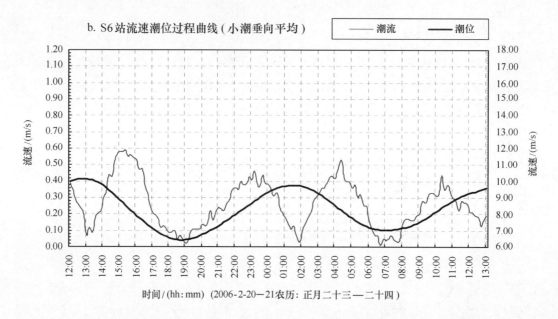

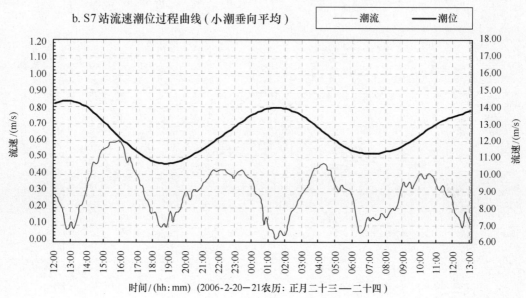

图 3.2 – 4　站位流速潮位过程曲线（二）

3.2.1.4　泥沙

测区水域含沙量不高，全潮平均含沙量分布在 0.254 1 ~ 0.316 6 kg/m³ 之间。其中含沙量高值区出现在满山水道附近，全潮平均含沙量为 0.316 6 kg/m³，其余水域按含沙量由高到低依次为青山水道 0.289 6 kg/m³、蛇蟠水道 0.276 7 kg/m³、猫头水道 0.264 7 kg/m³、力洋港 0.254 1 kg/m³。

实测含沙量最大值：蛇蟠水道为 0.944 0 kg/m³、力洋港为 0.934 0 kg/m³。青山水道为 0.954 0 kg/m³。满山水道为 0.933 1 kg/m³。猫头水域为 0.974 6 kg/m³。测区落潮含沙量、输沙量一般强于涨潮；大潮含沙量、净输沙量强于小潮。

测区全潮平均净输量在 4.4 ~ 24.6 t/（m·d）之间，平均净输量蛇蟠水道为 4.9 t/（m·d）、青山水道为 7.2 t/（m·d）、力洋港为 4.4 t/（m·d）、满山水道为 2.6 t/（m·d）、猫头水域为 24.6 t/（m·d）。

测区水域泥沙来自三门湾，测站区域悬沙随潮流在各水道往、返运移。蛇蟠、青山、力洋、满山水道和猫头水域，净输沙以向东输出为主。

3.2.1.5 海域悬浮体、表层沉积物粒度

悬沙粒径在 0.032 ~ 0.004 mm 段上出现频率最高，占 59.7% 左右，表明测量水域悬沙中粉砂占优。其次，悬沙粒径小于 0.004 mm 的约占 37.61%，悬沙中细砂、黏土成分也占有一定比例。悬浮体类型属黏土质粉砂。悬浮体平均粒径范围为 6.99 ~ 7.67 μm，平均 7.51 μm。悬浮体中值粒径范围为 5.12 ~ 8.15 μm，平均 5.76 μm。

各站表层沉积物粉砂含量为 60.73% ~ 78.19%，平均占 66.96%。黏土含量占 21.81% ~ 39.27%，平均 33.04%。因此，各测站表层沉积物为黏土质粉砂。沉积物中值粒径最大值为 8.56 μm（S7 站），最小值为 4.79 μm（S1 站），平均值为 5.84 μm。

3.2.1.6 潮流挟沙量能力以及潮流和泥沙的相关系数

背景含沙量 S_0 决定着挟沙力的下限，故而，可将该海域的挟沙能力关系用下式表示：

$$S^* = k \frac{V^2}{gH} + S_0^*$$

只需要求得 k/g 的值，即可得到一定流速下，潮流的挟沙量。因此本书参考《三门湾跨海大桥——数学模型试验报告》，以 2006 年 2 月在三门湾海域同步实测资料进行分析，求得 k/g 值。取 S2、S3 号站的潮流和含沙量资料进行分析。分析结果如图 3.2-5 和图 3.2-6 所示。各站位潮流、含沙量分析统计得到相关系数、系数 k/g、背景含沙量 S_0 见表 3.2-2。该分析结果用于冲淤计算。

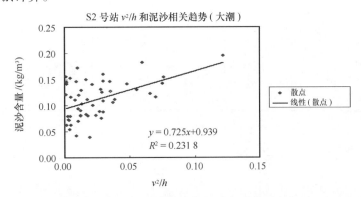

图 3.2-5 S2 号站（沥洋港南）流速泥沙相关关系

表 3.2-2 各站潮流、泥沙的相关关系

区域	S 与 V^2 相关系数平方 R^2	系数 k/g	背景含沙量 S_0
沥洋港南	0.232	0.73	0.094
沥洋港北	0.288	0.94	0.123

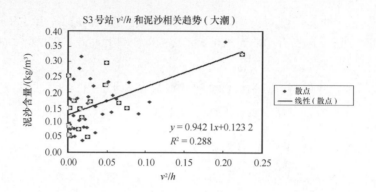

图 3.2 - 6　S3 号站（沥洋港北）流速泥沙相关关系

3.2.2　水动力数学模型

3.2.2.1　水动力数学模型的建立

采用目前广泛应用的荷兰 Delft 3D（2003）模型进行区域水流模拟。同其他所有的水流数学模型一样，Delft 3D 模型是对流体动力学偏微分方程组进行求解。本模型的优点在于：一是计算稳定性好；二是采用曲线坐标网格离散技术，对多岛屿海岸线曲折区域应用适应性较好（图 3.2 - 7）；三是模型具有模拟漫滩功能，能快速进行模型网格绘制及水深等参数的插值；此外，还具有较强的计算后处理能力。

1）模型控制方程

本工作采用 Delft 3D 模型中的二维计算模块。其水动力方程组可表示为：

$$\frac{\partial \zeta}{\partial t} + u\frac{\partial uH}{\partial x} + v\frac{\partial vH}{\partial y} = 0 \tag{3.2-1}$$

$$\frac{\partial u}{\partial t} + u\frac{\partial u}{\partial x} + v\frac{\partial u}{\partial y} - fv + g\frac{\partial \zeta}{\partial x} + \frac{1}{\rho H}\tau_{bx} = A_x\left(\frac{\partial^2 u}{\partial x^2} + \frac{\partial^2 u}{\partial y^2}\right) \tag{3.2-2}$$

$$\frac{\partial v}{\partial t} + u\frac{\partial v}{\partial x} + v\frac{\partial v}{\partial y} + fu + g\frac{\partial \zeta}{\partial y} + \frac{1}{\rho H}\tau_{by} = A_y\left(\frac{\partial^2 v}{\partial x^2} + \frac{\partial^2 v}{\partial y^2}\right) \tag{3.2-3}$$

式中：ζ ——潮位，m；

U,V ——x,y 方向上的垂线平均流速分量，m/s；

h ——水深，m；$H = \zeta + h$；

t ——时间，s；

c ——谢才系数，$c = \frac{1}{n}H^{\frac{1}{6}}$，$n$ 为糙率系数，$H = h + \zeta$；

f ——柯氏系数，$f = 2w\sin\varphi$，w 为地转角速度，φ 为纬度；

g ——重力加速度，m/s^2；

τ_{bx}、τ_{by} ——x，y 方向底应力，$(\tau_{bx},\tau_{by}) = \frac{\rho g(U,V)\sqrt{U^2 + V^2}}{c^2}$；

A_x、A_y ——水平涡动黏滞系数，m^2/s。

2）曲线坐标系下的基本控制方程组

考虑边界及周边地形形状较为复杂，为了较好地模拟地形，对上述方程组求解采用正交曲线坐标。若对笛卡尔 $X-Y$ 坐标中的不规则区域 Ω 进行网格划分，并将区域 ω 按保角映射原理，变换到新的坐标系 $\xi-\eta$ 中，形成矩形域 Ω'。这样在 Ω' 区域进行划分时，得到等间距的网格，对应每一个网格节点可以在 $X-Y$ 坐标系中找到其相应的位置。

正交变换 $(x,y)\to(\zeta,\eta)$ 应用于方程（3.2-5）至方程（3.2-7），流速取沿 ξ、η 方向的分量 u^* 和 v^*，其定义为：

$$u^* = \frac{ux_\xi + vy_\xi}{g_\xi}$$

$$v^* = \frac{ux_\eta + vy_\eta}{g_\eta} \qquad (3.2-4)$$

其中，$g_\xi = \sqrt{x_\xi^2 + y_\xi^2} = \sqrt{\alpha}$，$g_\eta = \sqrt{x_\eta^2 + y_\eta^2} = \sqrt{\gamma}$，分别对应于曲线网格的两个边长。

由于本研究区域采用的是平面二维模型，故在垂向上的动量方程在此不予考虑。把方程组重新组合成关于 u^*、v^* 的方程，则变换后的控制方程为（略去新速度分量的上标"$*$"，仍记作 u，v）：

$$\frac{\partial \xi}{\partial t} + \frac{1}{g_\xi g_\eta}\left(\frac{\partial(Hug_\eta)}{\partial \xi} + \frac{\partial(Hvg_\xi)}{\partial \eta}\right) = 0 \qquad (3.2-5)$$

$$\frac{\partial u}{\partial t} + \frac{u}{g_\xi}\frac{\partial u}{\partial \xi} + \frac{v}{g_\eta}\frac{\partial u}{\partial \eta} = fv - \frac{g}{g_\xi}\frac{\partial \zeta}{\partial \xi} - \frac{g}{C^2 H}u\sqrt{u^2+v^2} +$$

$$\frac{v}{g_\xi g_\eta}\left(v\frac{\partial g_\eta}{\partial \xi} - u\frac{\partial g_\xi}{\partial \eta}\right) + A_\xi\left(\frac{1}{g_\xi^2}\frac{\partial^2 u}{\partial \xi^2} + \frac{1}{g_\eta^2}\frac{\partial^2 u}{\partial \eta^2}\right), \qquad (3.2-6)$$

$$\frac{\partial v}{\partial t} + \frac{u}{g_\xi}\frac{\partial v}{\partial \xi} + \frac{v}{g_\eta}\frac{\partial u}{\partial \eta} = -fu - \frac{g}{g_\eta}\frac{\partial \zeta}{\partial \eta} - \frac{g}{C^2 H}v\sqrt{u^2+v^2} +$$

$$\frac{u}{g_\xi g_\eta}\left(u\frac{\partial g_\xi}{\partial \eta} - v\frac{\partial g_\eta}{\partial \xi}\right) + A_\eta\left(\frac{1}{g_\xi^2}\frac{\partial^2 v}{\partial \xi^2} + \frac{1}{g_\eta^2}\frac{\partial^2 v}{\partial \eta^2}\right) \qquad (3.2-7)$$

3）模型初始及边界条件

潮流初始条件：$\begin{cases}\zeta(x,y,t)\mid_{t=0} = \zeta(x,y) = \zeta_0 \\ u(x,y,t)\mid_{t=0} = v(x,y,t)\mid_{t=0} = 0\end{cases}$

悬浮泥沙初始条件：取工程区域实测的泥沙平均浓度为泥沙初始条件。

边界条件如下：

采用水位控制，即用潮位预报的方法得到开边界条件。开边界采用潮位预报边界条件（图3.2-7）：

$$\zeta = A_0 + \sum_{i=1}^{11} H_i F_i \cos\left[\sigma_{it}t - (v_0+u)_i + g_i\right] \qquad (3.2-8)$$

其中，A_0 为平均海面，F_i，$(v_0+u)i$ 为天文要素，H_i、g_i 为调和常数。

调和常数选用 11 个分潮，其中日分潮 4 个（Q_1，O_1，P_1，K_1），半日分潮 4 个（N_2，M_2，S_2，K_2），浅水分潮 3 个（M_4，MS_4，M_6）。

小区域计算的开边界条件由大范围计算结果得到。

4) 计算方法和差分格式

新坐标系下的控制方程与原方程相比,除增加了一些系数之外,其形式上是完全类似的,这也正是正交变换的优点(式3.2-5至式3.2-8)。在原直角坐标系下适用的各种离散方法如 ADI 法,在曲线坐标系下完全适用。对于上述方程,利用传统的 ADI 法求解,其离散格式与矩形网格下基本一致。

5) 区域概化

为了便于给定边界条件,本模型计算边界见图3.2-7。

采用曲线网格对计算域进行剖分,与一般的矩形网格剖分相比,曲线网格可以更好地贴近边界,从而可以较好地模拟边界处的流态,减小边界造成的影响。

计算分别采用大范围计算网格,有针对性的小范围计算网格。①大范围网格在于把握大范围海域的流态和潮汐特征,并为小范围计算模型提供开边界条件。②小范围网格的计算,目的在于得到围区附近海域较精确的流场,并预测围区周围的潮流、冲淤变化情况。

大范围计算网格:并用曲线坐标网格对计算域进行剖分,计算域内剖分成 800×800(包括岸界上的废网格),总共有 640 000 个网格,最大的网格边长取 200 m 左右,工程区附近的网格尺度控制在 30 m 左右,狭窄水道区域的网格步长控制在 15 m 左右(如健跳港),计算时间步长为 2 min。模型计算网格见图3.2-7。

小范围计算网格:用曲线坐标网格对计算域进行剖分,各网格计算域内剖分成 500×500(包括岸界上的废网格),总共有 250 000 个网格,最大的网格边长取 120 m 左右,工程区附近的网格尺度控制在 15 m 左右,计算时间步长为 2 min。

水深资料:在三门湾底部及下洋涂附近水域分别选取 2009 年和 2005 年的实测地形资料,比例为 1:2 000;在其他区域采用最新的海图地形资料(图3.2-8)。

6) 参数选取

在数值模型中,选取的参数如表3.2-3所示。

表3.2-3 计算参数选取一览

参　数	取　值	参　数	取　值
柯氏力(f)	$2\omega \times \sin(29.2°) \text{ s}^{-1}$	水容重(ρ)	1 020 kg/m³
黏滞系数(A)	20 m²/s、5 m²/s	糙率系数(n)	0.028

其中黏滞系数 A 的取值参考《Delft 3D-FLOW User Manual》,大范围网格取 20 m²/s,小范围网格取 5 m²/s。

3.2.2.2 水动力数学模型的验证

本工作采用工程区水域的潮位和潮流的实测观测资料,对模型进行验证,从而评估模型的可靠性。

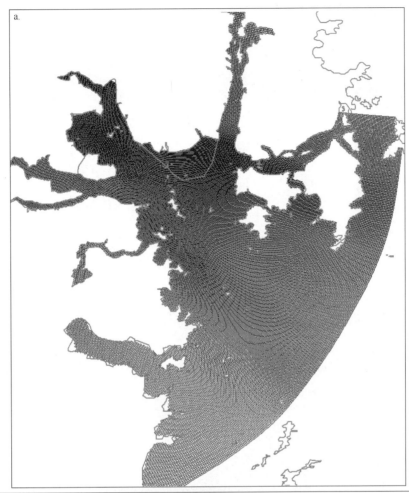

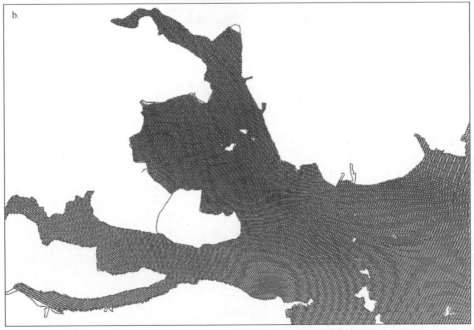

图 3.2 - 7　数模计算网格布置图

a. 大范围　b. 三门湾（沥洋港、蛇蟠附近）

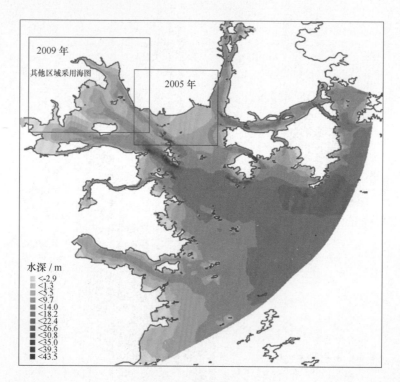

图 3.2 - 8 计算区域水深地形

1）潮位验证

验证资料，选择 2006 年 2 月水文测验期间获取的 4 临时潮位站的潮位观测资料（图 3.2 - 9），潮位验证结果见图 3.2 - 10。由潮位验证图可见，大、小潮期间实测潮位与模拟计算的潮位之间拟合得较好，最高、最低潮位的模拟误差一般在 0.05 m 以内，个别在 0.10 m 左右。可见，潮位的模拟结果是令人满意的。

2）潮流验证

在 2009 年 4 月水文测验的资料中，选取了 9 个潮流站的资料。潮流资料验证结果见图 3.2 - 11。

流向的验证：流向的拟合较好。除 3 号站小潮涨潮流向误差 13°以外，其他各点的涨落急流向误差均在 10°以内，且多数站位的误差在 5°以内。

流速的验证：涨、落潮流的主峰拟合得较好。平均流速、流速极值误差较小。

大潮期间，各点实测和模拟涨、落急流速差值均在 0.10 m/s 以内，相对误差一般在 10% 左右。涨急流向实测与模拟差值基本控制在 8°以内，落急流向实测与模拟差值 5°以内的占 80%。

小潮期间，实测与模拟涨急流速差值均在 0.05 m/s 以内；仅 3 个站的落急流速误差超过 0.05 m/s（0.07 ~ 0.08 m/s）。涨急流向实测与模拟差值 5°以内的占 67%，落急流向实测与模拟差值 5°以内的占 67%；差值最大 13°，仅有一个站的涨急流向误差超过 10°。

总体而言，单站流向和流速的模拟结果令人满意，模拟结果反映了三门湾区域的潮流特征，模型可应用于本海湾的预测工作。

3.2.2.3 潮流场分析

计算域内单站潮流模拟验证计算结果较好，基本反映了三门湾海域潮流的实际变化。为进一步了解计算域内总体流场分布，列出了计算域内大潮时涨急、落急流矢分布（图3.2－12）。

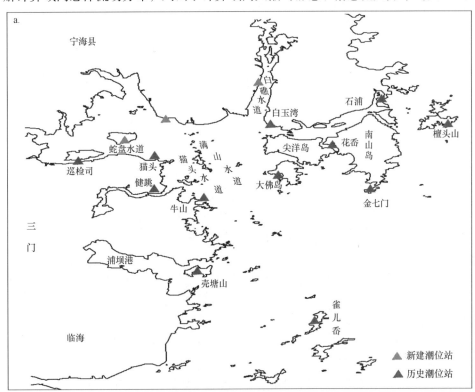

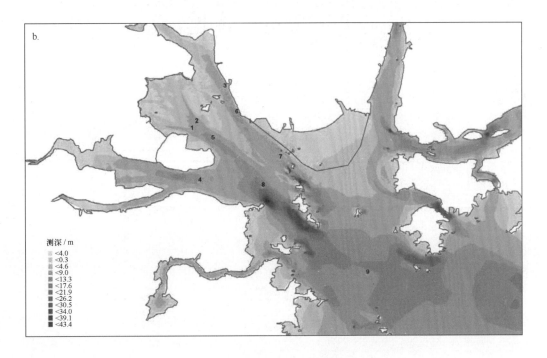

图 3.2－9　站位示意图

a. 潮位站示意图　b. 潮流站

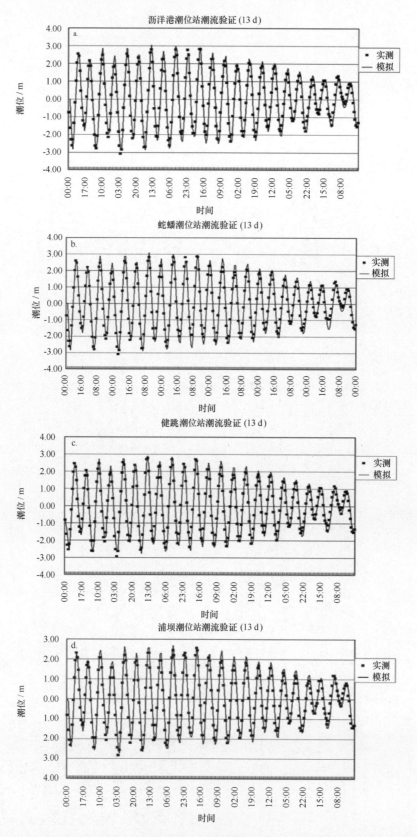

图 3.2 – 10 潮流验证

a. 潮流验证 b. 蛇蟠潮流验证 c. 健跳港 d. 浦坝港

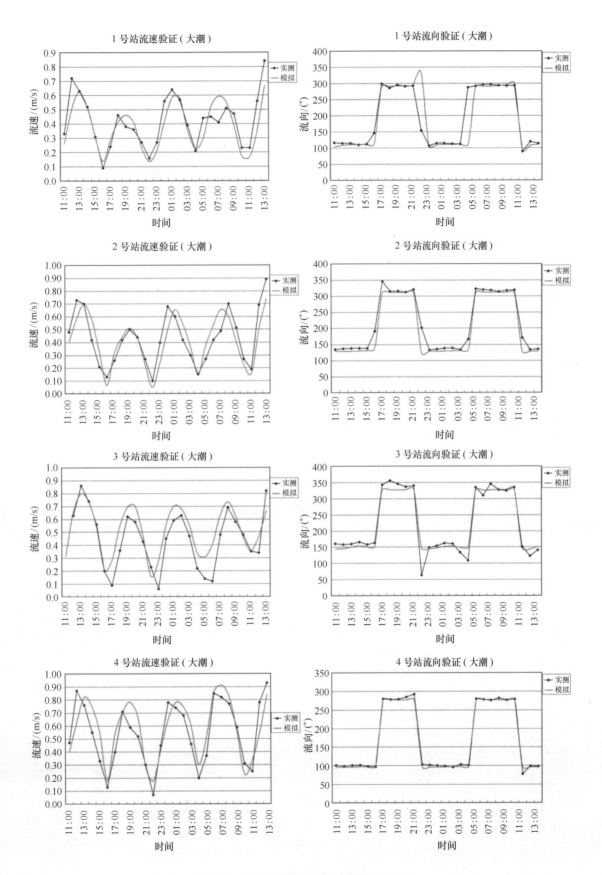

图 3.2－11　流速流向验证（大潮）（一）

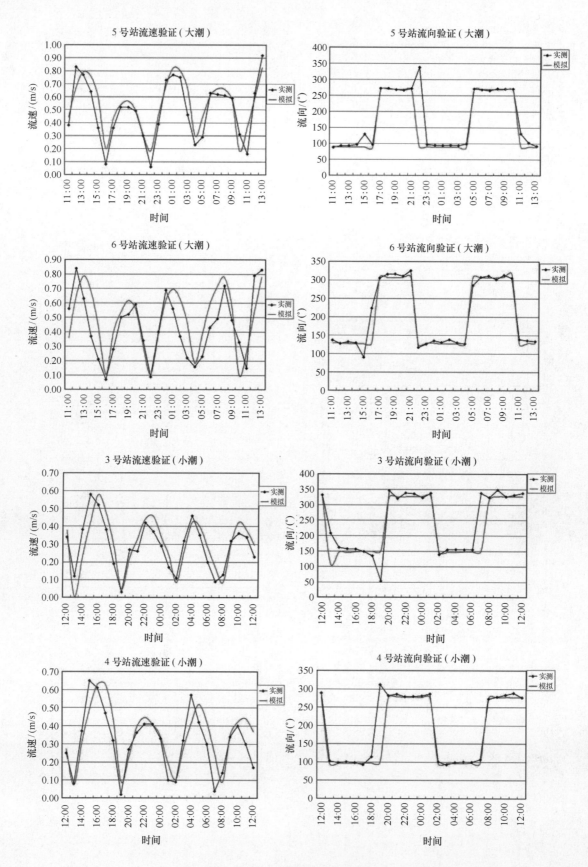

图 3.2－11　流速流向验证（二）

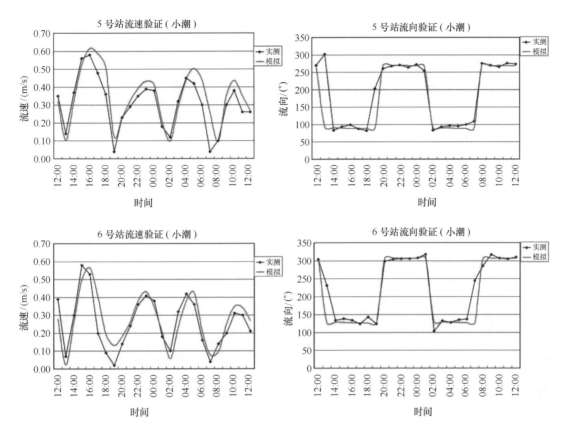

图 3.2 - 11 流速流向验证（三）

三门湾海域的涨、落潮流流路大致如下。

涨潮流：由 SE—NW 向传入的外海潮波主要从三门湾口门区的三门—花岙岛之间进入湾内，然后经猫头水道和满山水道进入蛇蟠水道、青山港和沥洋港等各支港汊，进入港汊的涨潮流大致依港汊走势或岸线走向上溯，由于港汊顶部一般为宽阔潮滩的湾顶腹地，具有较大的纳潮空间，涨潮时水流漫滩呈扩散状，故涨潮流相对较缓（图 3.2 - 12a）。

落潮流：落潮时，湾顶腹地的水下地形为顺比降，滩水归槽下泻。该区还具有舌状沙咀并列而生的地貌形态特征，这些沙咀又与港汊相隔而存，即两港汊间必有一沙咀，细长的沙咀阻碍了水流的横向流动，且沙咀舌尖指向深水区，故落潮流顺港汊走势下泄后形成向湾中水深处汇聚的趋势（图 3.2 - 12b）。

三门湾底部潮流矢量：由于三门湾大部分为滩涂区，因此只有在中高潮位时刻才能得到较完整的涨潮或落潮流矢。滩涂区的潮流主要指向深水区下泄，或向滩涂上漫滩；而深水区的潮流流向大致沿等深线方向，为往复流状态。

3.2.3 扩散数学模型

3.2.3.1 可溶性污染因子扩散预测方程

水流是污染物稀释、运移的动力，为了较好地完成海域环境影响评价，需对评价海域的水动力有充分的了解。根据评价海域的水流特点，水流计算模型为非恒定平面二维水流模型。

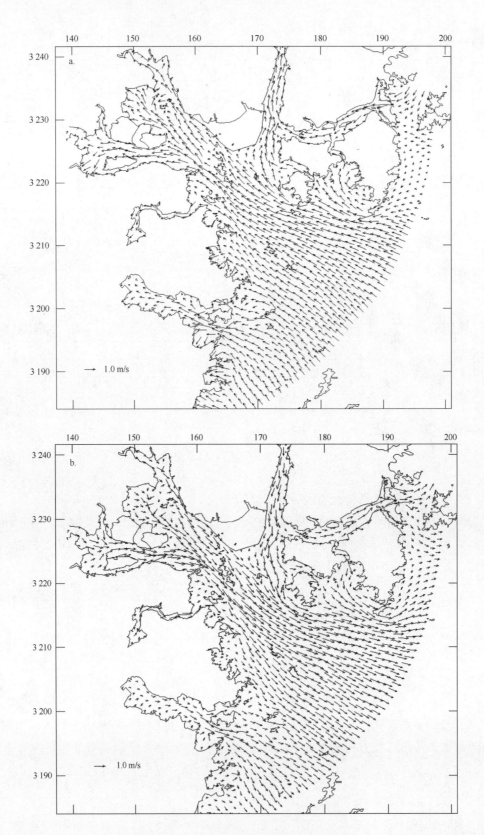

图 3.2 - 12　大区计算域范围流速矢量图

a. 涨急；b. 涨落

水质计算模型为平面二维非恒定对流、扩散模型，污染因子均先用保守物质计算。

本书中，污染物扩散的方程表达式如下：

$$\frac{\partial c}{\partial t} + u\frac{\partial c}{\partial x} + v\frac{\partial c}{\partial y} = \frac{1}{H}\left[\frac{\partial}{\partial x}\left(HK_x\frac{\partial c}{\partial x}\right) + \frac{\partial}{\partial y}\left(HK_y\frac{\partial c}{\partial y}\right)\right] + f_c \qquad (3.2-9)$$

$$\frac{\partial c}{\partial t} + u\frac{\partial c}{\partial x} + v\frac{\partial c}{\partial y} = 0 \qquad (3.2-10)$$

式中：c——Q 物质的浓度；

K_x，K_y——分别为 x，y 方向的湍流扩散系数；

f_c——污染源的污染强度；

上述方程的初始条件：$c(x, y)\mid t = 0 = c0(x, y)$；

边界条件：闭边界上，由于没有物质通量，取其浓度值为零；

开边界上，当流向向外时，要求满足：

$$\frac{\partial c}{\partial t} + u\frac{\partial c}{\partial x} + v\frac{\partial c}{\partial y} = 0 \qquad (3.2-11)$$

当外海向内流时，取边界值为零。

3.2.3.2　三门湾内径流汇入环境因子扩散模型计算

模型计算中，径流汇入源强见表 3.2-4 所示。

表 3.2-4　三门湾汇入径流源强

溪流	流域面积 /km²	主流长 /km	年径流量 /×10⁸ m³	TP / (mg/dm³)	TN / (mg/dm³)	COD / (mg/dm³)
白溪	627	66.5	6.9	0.07	1.15	0.72
清溪	183	28	3.89	0.07	1.2	0.7
珠游溪	365	32.6	4.02	0.1	1.25	1.5
中堡溪	78.8	14	0.8	0.07	1.1	0.7
茶院溪	67.5	18.5	0.8	0.07	1.1	0.7

大潮高潮位和低潮位径流源强总氮的扩散范围见图 3.2-13。大潮高潮位和低潮位径流源强总磷的扩散范围见图 3.2-14。

3.2.4　三门湾环境容量计算

3.2.4.1　环境容量因子选择

三门湾目前主要的化学污染物为氮、磷和石油类。但是海水水质现状评价显示，三门湾海水中氮、磷及石油类的含量已经远远超过了该海域功能区划所规定的水质标准，已经没有多余的剩余环境容量，也就是说，环境容量值为负值，必须根据污染总量控制的需要，对污染源进行削减及合理的分配。因此，选择氮、磷及石油类作为海域环境容量因子的实际意义不大，我们将在下文重点探讨如何对其进行总量控制。

化学需氧量（COD）是海域有机污染的一个重要的指示因子，很多研究也将其作为海域

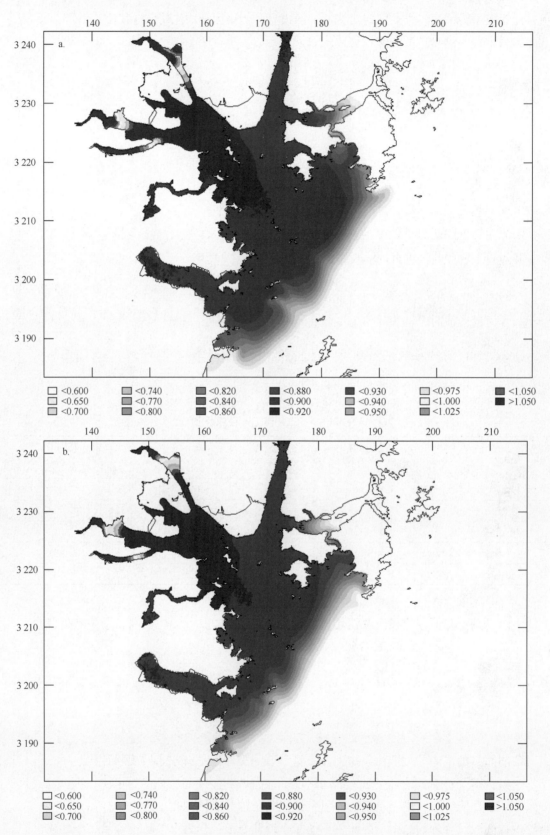

图 3.2 – 13　总氮

a. 低平潮；b. 高平潮

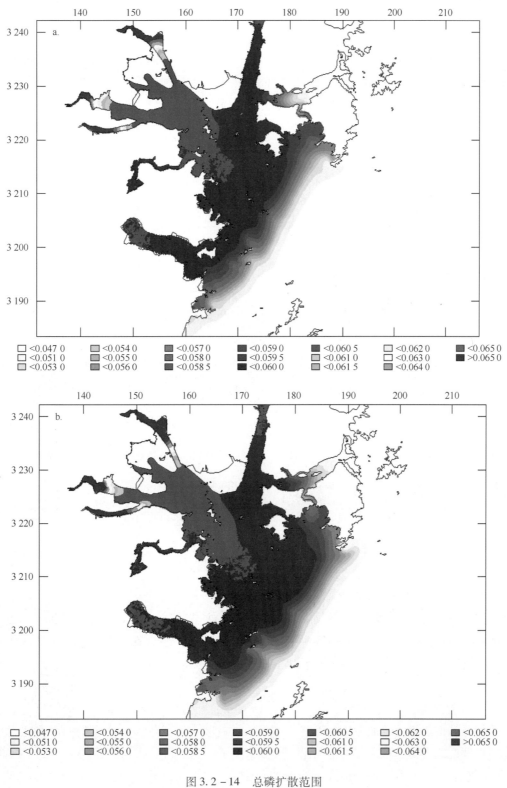

图 3.2 – 14　总磷扩散范围

a. 高平潮；b. 低平潮

富营养化的重要指标之一。富营养化是三门湾海域水体的一个主要环境问题，因此本书将化学需氧量作为三门湾的主要环境容量因子进行环境容量的计算。

3.2.4.2 污染源强估算

对三门湾周边径流、养殖以及工农业污染物的调查，是弄清和正确认识三门湾海域污染来源的基础，也是科学合理制定总量控制目标和实现污染物削减的关键。本项目根据行政区划、自然地理属性和汇水特征，将三门湾划分为7个区块，分别为健跳单元、蛇蟠单元、青山单元、沥洋港单元、岳井洋石浦单元、混合区块及口门区块（图3.2-15），分区块对污染源的类别、性质、组成和数量进行调查和判断，弄清主要污染物的来源和特征。

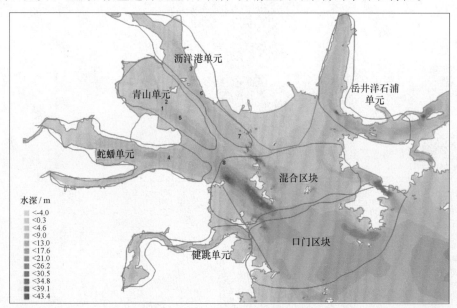

水深/m
■ <-4.0
■ <0.3
■ <4.6
■ <9.0
■ <13.0
■ <17.6
■ <21.0
■ <26.2
■ <30.5
■ <34.8
■ <39.1
■ <43.4

图3.2-15　三门湾功能区块划分

1）健跳单元

主要涉及行政区域为健跳镇、浬浦镇和沿赤乡，主要产业为蔬果种植业、水产捕捞养殖业、港口航运业及船舶修造业（图3.2-16）。

（1）港口航运业与船舶制造业

根据三门县海洋功能区划，健跳港口区分为下沙塘作业区、龙山深水港作业区、七市塘作业区、洋市涂作业区和牛山作业区5个作业区。健跳港临港工业区主要分为3个区块，即下沙塘临港工业区、七市塘临港工业区和呑口临港工业区。其中下沙塘临港工业区位于健跳港口北岸，主要以发展船舶修造业和冶金工业为主。七市塘临港工业区位于健跳港口南岸，主要功能为港口工业区，其岸线首先发展港口码头和物流仓储业，其次发展船舶修造业及建材、机械业和造船相关的加工工业等。呑口临港工业区位于健跳大桥南岸的西面。建设主要以发展机电、轻工、建材和食品等工业。下沙塘作业区规划利用1240m岸线，布置1000~5000吨级码头泊位10个，形成通过能力240万吨。龙山深水港作业区位于健跳港口外的龙山岛，水深条件适宜建设万吨级以上深水泊位，可建设两个5万吨级的集装箱码头泊位和4个2万吨级杂货泊位。七市塘作业区布置3000吨级码头泊位6个，形成通过能力150万吨。洋市涂作业区建设一两个5000吨级以下油品码头泊位和建设5个3.5万~5万吨级的通用散货泊位，形成通过能力约1700万吨。牛山作业区可建设4个5万吨级散货泊位，形成通

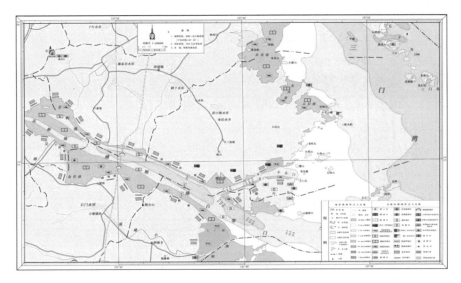

a. 浦坝港至五子岛区域

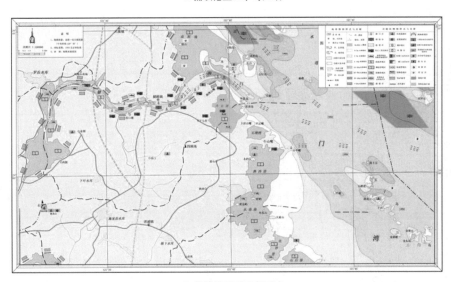

b. 健跳港至五子岛区域

图 3.2 – 16 浦坝与健跳单元海洋功能区划

过能力约 1 500 万吨。最终使健跳港区发展成为以大宗散货运输为主、客货兼备及内外贸和工商贸结合，大、中、小泊位配套的多功能综合性港区。

（2）水产捕捞养殖业

健跳港和浦坝港内的浅海海域是三门县重点发展浅海养殖的海域。浅海养殖区主要包括旗门港、健跳港浅海养殖区和浦坝港浅海养殖区等 3 个。主要采用筏式牡蛎养殖和网箱养殖，养殖品种主要有美国红鱼、鲈鱼、黑鲷、梭子蟹、河鲀鱼和欧鳗等。浦坝港为重点滩涂养殖区，主要以养殖缢蛏、青蟹、脊尾白虾、青蛤、彩虹明樱蛤、杂色蛤、毛蚶、泥蚶、牡蛎和泥螺等贝类为主，同时进行蛏苗和蛤苗的繁育。滩涂养殖区主要包括旗门港近域、健跳港近域、浬浦—沿赤近域和浦坝港滩涂养殖区 4 个。同时该区块还有健跳港沿岸围塘养殖区和浦坝港沿岸围塘养殖区。

445

（3）其他工程用海区

猫头山嘴—牛山电力工程用海区。猫头山嘴—牛山沿岸区域，群山环抱，岸线曲折，地质构造稳定，拥有得天独厚的深水岸线资源，是建设大型核电站、火电厂的理想厂址。三门核电厂址规划容量为6台百万千瓦级核电机组，分三期实施。一期工程为两台机组，分别于2012年和2013年建成。牛山和洋市涂的火电厂址，其装机容量设计可建240万千瓦火电厂多座。随着国家和地方经济实力的不断增强，逐步把猫头山牛山沿岸区域建成华东电力能源基地。

根据台州市环保局2008年环境质量监测数据及评价情况，健跳港的主要污染因子为总磷（表3.2-5）。

表3.2-5　2008年度入海河口水质监测结果　　　　　　　　单位：mg/dm³

名称	水质类别	定类项目	水质类别	主要污染因子
海游港	劣四类	DO、氨氮、总磷	超四类	DO、COD$_{Mn}$、氨氮、总磷
健跳港	三类	BOD$_5$	超四类	总磷
清溪	二类	DO、COD$_{Mn}$、氨氮、六价铬、总磷	超四类	总磷

2）蛇蟠单元

涉及行政区域包括沙柳镇、蛇蟠乡、海游镇、六敖镇、亭旁镇、珠岙镇等6个乡镇，主要产业包括港口工业、旅游业、养殖捕捞业以及电力能源工业（图3.2-17）。

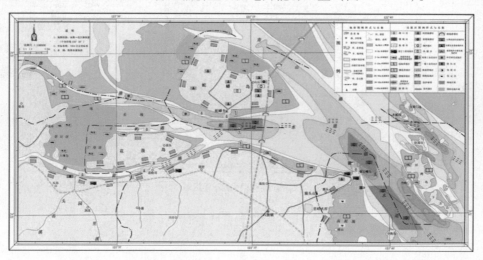

图3.2-17　海游—蛇蟠单元功能区划

（1）港口工业

浦西港口区由花鼓岛、海游、浦西和蛇蟠4个码头区组成。其中花鼓岛北面正屿水域水深较好，可建设两个千吨级码头泊位。海游港内可建设两个300吨级码头泊位。浦西作业区现有300吨级码头泊位两个。蛇蟠港拥有10 m水深岸线4.5 km，港口尚有较大的发展潜力。

（2）旅游业

该区块单元的仙岩洞风景旅游区、蛇蟠岛风景旅游区是三门县重点旅游区。

（3）养殖业

旗门港浅海海域是三门县重点发展浅海养殖的海域，围塘养殖区含海游—沙柳镇沿岸围塘养殖区、六敖镇沿岸围塘养殖区，其中海游—沙柳镇沿岸为三门县围塘重点养殖区。

（4）电力能源工业

三门县沿海区域具备建成华东电力能源（核电、火电和潮汐电能）基地的优越自然条件。健跳到猫头山岸段多属基岩海岸，区域地质稳定，地震活动微弱，水资源充足，是建设大型核电和火电厂的理想厂址。猫头山嘴的三门核电厂址设计装机容量为 600 万千瓦。海游—蛇蟠单元由于沿岸居住点多，有较多工业及农业点源与面源，海游镇周边工业污染源的化学需氧量当量约占三门湾周边工业污染源当量的一半，因此在台州市环保局对该区域的环境监测中主要污染因子为化学需氧量、氨氮和总磷。

3）青山单元

涉及主要行政区域为越溪乡，该单元位于蛇蟠岛北，平均水深只有 2～4 m，大量区域在落潮期间变为滩涂裸露，水动力交换较弱，且该区域在未来几年将工程围垦大面积海域，因此在本项目的环境容量计算中单独列为一个单元，并单独估算该单元污染源排放情况下化学需氧量、氨氮和总磷的浓度增量及范围。该单元主要产业为养殖捕捞业，围塘养殖包括越溪围塘养殖区面积约为 1 783 hm²，力洋围塘养殖区面积约为 1 450 hm²。滩涂养殖包括力洋滩涂养殖区，面积约为 64 hm²，主要为滩涂贝类养殖（图 3.2-18）。

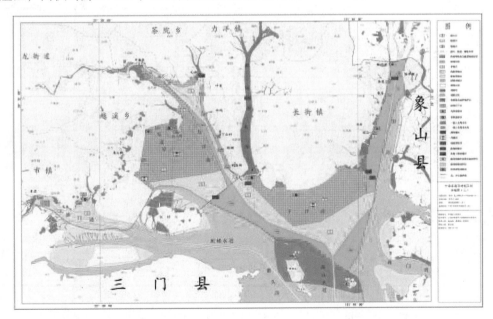

图 3.2-18 青山单元及沥洋港单元海洋功能区划

4）沥洋港单元

主要涉及行政区划包括越溪乡、力洋镇、长街镇等 4 个乡镇。该单元沿三门湾区域主要支柱产业为港口及航运业、渔业与养殖业和食品加工业。

（1）航运及港口工业

胡陈港所在地的钓鱼礁岸线，港宽 1 000 m，码头前沿水深 5 m，航道水深 10 m。现有最大靠泊能力为 200 吨级的泊位 4 个，规划建设 3 000 吨级泊位 1 个，年吞吐量可达 10×10⁴ t。梅岙港口区码头前沿水深 3 m。现有 300 吨级泊位 1 个，设计年吞吐量为 10×10⁴ t，主要为石油类和液化煤气的转运站。

（2）渔业和养殖业

包括力洋港底部的叶家渔港码头和力洋港中部的前横埠头渔港码头，同时是三门湾重要的避风锚地区域，主要有叶家锚地、前横埠头锚地和竹屿锚地。国家二级渔港钓鱼礁渔港区，航道长度8 400 m，宽度500 m。现有码头长度150 m，年进出船数2 200艘。长街浅海养殖区，面积约为2 007 hm²，主要为网箱养殖和牡蛎筏式养殖区。

5）岳井洋石浦单元

主要涉及行政区划包括胡陈乡、泗洲头镇、新桥镇、晓塘乡、高塘岛乡、石浦镇和鹤浦镇8个乡镇，该单元主要产业包括水产加工业、观光旅游业、港口航运业以及特殊工业区。环石浦港海洋经济中心区是象山县重点打造的渔港综合经济区。包括渔港和渔业基础设施建设，港口航运、临海工业、水产加工、观光旅游、兼顾渔业资源养护和利用（养殖、海洋捕捞）。白礁水道也是三门湾的重点航道之一，其中的岳井洋港口区包括1 000吨级岳井洋货运码头一个及伍山汽轮渡码头。特殊工业区：包括鹤浦金七门海水淡化区、高塘珠门海水淡化区等两个特殊工业用水区（图3.2-19）。

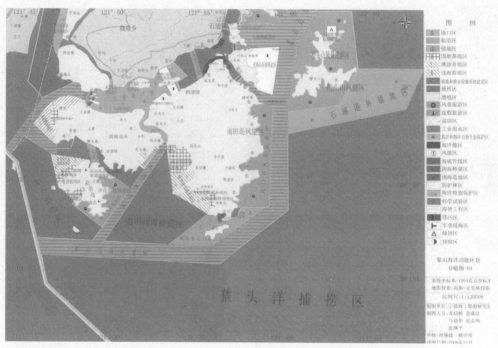

图3.2-19　岳井洋石浦单元海洋功能区划

3.2.4.3　污染源叠加计算与验证

三门湾海水养殖主要分为围塘养殖、滩涂养殖和浅海养殖，其中滩涂养殖和浅海养殖主要以贝类和紫菜为主，对氮、磷以及化学需氧量的贡献比例不大，而围塘养殖中的虾类养殖是近年来三门湾主要的养殖方式（表3.2-6），也是对三门湾氮、磷以及化学需氧量具有较大贡献的污染物。根据三门湾海域周边县市的养殖面积统计以及虾类养殖塘的现场取样，获得了表中的各海区与三门湾年交换水量及养殖污染源贡献量，虾塘采样获得的化学需氧量平均浓度为

2. 93 mg/dm³, 总氮为 2. 44 mg/dm³, 总磷为 0. 13 mg/dm³, 三门湾多个采样点（图 3. 2 - 20）获取的数据平均本底值化学需氧量为 0. 89 mg/dm³, 总氮为 1. 44 mg/dm³, 总磷为 0. 10 mg/dm³。

表 3. 2 - 6 三门湾虾塘养殖与三门湾的年交换水量

地区		养殖面积/m²	日换水量 /m³	年换水量 / × 10⁹ m³（80 d 计）	进入水域
宁海（2008）	长　街	13 017 172	1 301 717. 2	1. 041 373 76	白礁水道
	力　洋	2 754 710	275 471	0. 220 376 8	胡陈港、力洋港
	茶　院	2 574 620	257 462	0. 205 969 6	力洋港北支
	越　溪	9 604 800	960 480	0. 768 384	力洋港南支
	一　市	8 427 545	842 754. 5	0. 674 203 6	青山港
象山（2010）	石浦镇	34 470 000	3 447 000	2. 757 6	石浦港
	新桥镇	17 600 000	1 760 000	1. 408	蟹钳港
	鹤浦镇	247 860 000	24 786 000	19. 828 8	石浦港
	泗洲头镇	8 330 000	833 000	0. 666 4	蟹钳港
	定塘镇	16 680 000	1 668 000	1. 334 4	白礁水道
	高塘岛乡	40 820 000	4 082 000	3. 265 6	珠门港
	晓塘乡	10 380 000	1 038 000	0. 830 4	石浦港
三门湾（2010）	旗门港	5 669 500	566 950	0. 453 56	旗门港
	海游港	9 204 600	920 460	0. 736 368	海游港
	田湾岛	667 000	66 700	0. 053 36	田湾岛
	健跳港顶	5 002 500	500 250	0. 400 2	健跳港顶
	牛山涂附近	4 802 400	480 240	0. 384 192	牛山涂附近
	浦坝港	9 338 000	933 800	0. 747 04	浦坝港
	蛇蟠岛	11 005 500	1 100 550	0. 880 44	蛇蟠岛

图 3. 2 - 20 三门湾实测站位采样分布

表 3. 2 - 7 是数值模拟的结果及对三门湾海域采样点的实测资料对比，除个别站位外，大部分站位的化学需氧量、总氮和总磷的实测值与模拟值接近。

表 3.2-7 数值模拟结果及与实测资料对比

区块	区块名称	站位	对应数模编号	实测化学需氧量/(mg/dm³)	实测总磷/(mg/dm³)	实测总氮/(mg/dm³)	模拟化学需氧量	模拟总磷	模拟总氮	误差化学需氧量/%	误差总磷/%	误差总氮/%
I	健跳单元	Z02	niusan2	1.462	0.107	1.807	1.150	0.105	1.593	-21.4	-2.3	-11.9
		J8	gjiant2	0.751	0.092	1.355	0.980	0.101	1.471	30.4	9.9	8.6
		J5	qx1	1.067	0.094	1.355	1.080	0.103	1.574	1.3	9.4	16.2
		DZ1	bx1	0.622	0.095	1.336	0.920	0.099	1.412	47.9	4.3	5.7
II	蛇蟠南单元	Z13	haiyougang1	2.408	0.135	2.036	2.300	0.125	1.967	-4.5	-7.5	-3.4
		J6	sepan4	0.873	0.090	1.533	0.930	0.100	1.498	6.6	11.1	-2.3
		Z09	gliuao	0.808	0.077	1.567	0.878	0.101	1.485	8.7	31.6	-5.2
		Z12	qimen2	0.881	0.089	1.530	0.967	0.101	1.502	9.8	13.2	-1.8
III	青山单元	Z16		1.115	0.091	1.496	0.960	0.102	1.515	-13.9	12.4	1.2
IV	沥洋单元	Z18	yuexi1	0.541	0.070	0.884	0.990	0.100	1.384	82.9	42.2	56.6
		Z17	liyang3	0.905	0.120	0.839	0.920	0.103	1.510	1.7	-14.4	-17.9
		Z34	gxiaotang	0.687	0.100	1.364	1.113	0.101	1.452	62.1	0.8	6.5
V	乐井洋石浦单元	Z33	dingtang1	1.689	0.123	1.519	1.210	0.106	1.556	-28.3	-14.1	2.4
		Z30	sizoutou3	1.115	0.091	1.496	1.180	0.102	1.531	5.8	12.4	2.3
		Z26	sizoutou	1.341	0.093	2.069	1.250	0.105	1.650	-6.8	12.4	-20.3
		Z35	xiaotang2	1.325	0.095	1.432	1.310	0.091	1.364	-1.1	-3.7	-4.8
		Z40	hepu2	0.687	0.090	1.295	0.703	0.085	1.265	2.4	-5.2	-2.3
VI	混合区域	Z50	gaotang1	1.414	0.097	1.158	1.350	0.105	1.459	-4.5	8.0	26.0
		J14		0.768	0.085	1.286	0.860	0.100	1.382	12.0	18.1	7.5
		Z55		0.671	0.076	1.208	0.850	0.098	1.383	26.7	29.5	14.5
VII	口门区域	Z54		0.703	0.077	1.212	0.860	0.097	1.390	22.3	25.2	14.7
		Z53		2.214	0.074	1.767		0.095	1.440		28.4	-18.5
		J1		1.123	0.101	1.345	0.940	0.100	1.411	-16.3	-0.9	4.9

3.2.4.4 污染物自净能力估算

1) 三门湾水交换周期

统计每一种潮型在一个涨潮落潮过程中各区水体的交换情况，进行递推计算，可以估算若干个全潮后，每个分区各水体的置换情况（图3.2-21）。

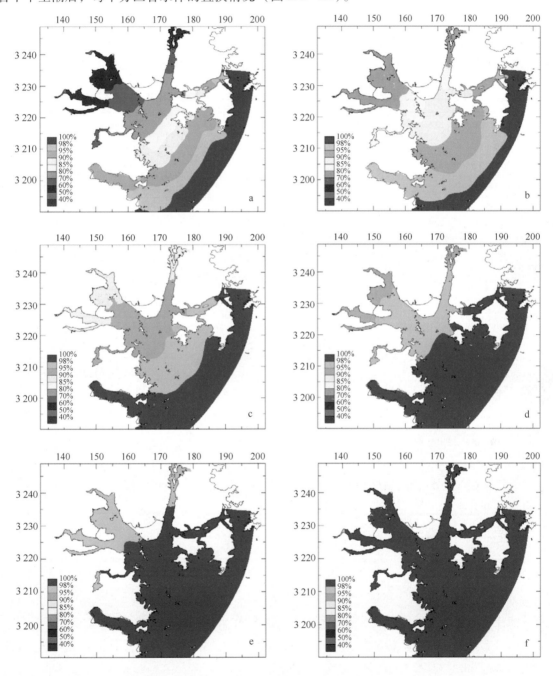

图 3.2-21 三门湾水交换率现状

a. 30 d；b. 40 d；c. 50 d；d. 60 d；e. 50 d；f. 60 d

在现状的边界条件下（已建成下洋涂围垦），在海湾底部水体与外海水体的交换速度较快，30 d 的水交换率为 50% ~ 60%，50 d 的水交换率约为 90% 左右。

从计算结果来看，现状的围垦状态下，双盘涂围垦和下洋涂围垦实施前，三门湾底部的半交换周期约 30 d；三门湾中部混合区的半交换周期约 20 d。

2）化学需氧量的降解实验

化学需氧量的降解实验于 2010 年 5 月进行。在三门湾现场采取不同的海水样品 5 份，在常温下（18 ~ 29℃）实验室模拟化学需氧量的生化降解过程。模拟降解实验进行 5 d，每天测定样品海水中的化学需氧量、pH 值和盐度。实验数据及处理结果见表 3.2 - 8。

表 3.2 - 8　化学需氧量降解实验数据及其处理结果　　　　单位：mg/dm³

测定日期	样品 1	样品 2	样品 3	样品 4	样品 5
2010 - 05 - 24	2.62	2.20	1.59	0.97	0.32
2010 - 05 - 25	2.48	2.01	1.5	0.92	0.29
2010 - 05 - 26	2.33	1.89	1.45	0.91	0.28
2010 - 05 - 27	2.29	1.88	1.38	0.88	0.28
2010 - 05 - 28	2.11	1.69	1.29	0.82	0.25
衰减常数 k	0.051 3	0.054 9	0.050 2	0.038 0	0.052 9
相关系数 R^2	0.973 8	0.940 9	0.988 9	0.941 4	0.893 6

根据化学动力学原理，化学反应方程式为：

$$dC/dt = -KC^n \qquad (3.2 - 12)$$

式中：C 为反应物质的浓度，单位为 mg/dm³；t 为反应时间，单位为 d；K 为衰减常数，单位 d^{-1}，其大小与反应物质的浓度无关；n 为反应级数。

实验结果表明，三门湾海水中化学需氧量的降解过程基本上符合一级反应动力学模式，即化学需氧量的衰减速率方程为：

$$\ln(C/C_0) = -Kt \qquad (3.2 - 13)$$

式中：C 为 COD 浓度，C_0 为 COD 初始浓度，单位均为 mg/dm³。经过计算，实验的化学需氧量衰减常数 K 的平均值为 0.049 5。

3.2.4.5　三门湾海域的环境容量

1）响应系数场及分担率

浙江近海强潮海区之一，潮差普遍较大，最大潮差达 722 cm（巡检司）。潮差具有明显的地理分布特点，即湾口潮差小，向湾顶沿程逐渐增大。实测最高、最低潮位分别为 355 ~ 386 cm 之间和 -293 ~ 342 cm 之间。

三门湾内潮差大、潮流急。最大涨、落潮流速分别为 176 cm/s 和 202 cm/s。潮流场的基本特征为落潮流速普遍大于涨潮流速，最大潮流速皆发生在落潮流中。流速的地理分布为湾口处最大，往里沿程逐渐递减。本项目在响应系数及潮交换周期计算中，考虑到沿三门湾各污染源区块在对污染的响应过程中区块与区块间响应系数较小。因此，主要就各区块污染源对混合区块以及口门区块的响应及污染物扩散进行了计算，以混合区块的分布点作为主要控制点进行污染物削减和环境容量的计算（表3.2-9）。

表3.2-9 各区块对混合区的响应系数

区块	点1	点2	点3	点4	点5	点6	均值
石浦岳井	0.021 6	0.064 7	0.188 7	0.002 5	0.021 6	0.026	0.054 2
田湾	0.018 9	0.052 9	0.061 8	0.031 9	0.070 1	0.170 6	0.067 7
青山沥洋	0.070 1	0.082 4	0.037 7	0.039 2	0.078 2	0.031 8	0.056 6
海游	0.091 7	0.032 4	0.006 9	0.068 6	0.024 3	0.008 7	0.038 7
健跳	0.043 1	0.008 8	0.006 9	0.061 3	0.029 7	0.005 8	0.025 9
浦坝港	0.002 7	0.002 9	0.003 4	0.004 9	0.005 4	0.005 8	0.004 2

根据响应系数场结合本项目区块的划分，可以得出各区块对混合区设定各点的分担率。从表3.2-10中可以看出，田湾、青山沥洋以及海游三个单元对混合区的平均分担率较高，也就是这三个区块的污染源排放将对混合区块的海水水质产生较为重要的影响。

表3.2-10 各区块单元对混合区划点的分担率（%）

区块	点1	点2	点3	点4	点5	点6	平均值
石浦岳井	8	22	55	1	8	9	17.2
田湾	7	18	18	13	26	59	23.5
青山沥洋	26	28	11	16	29	11	20.2
海游	34	11	2	28	9	3	14.5
健跳	16	3	2	25	11	2	9.8
浦坝港	1	1	1	2	2	2	1.5
合计	92	83	89	85	85	86	

2）化学需氧量容量计算

根据各区块对混合区块的分担率和响应系数以及混合区块需要达到的二类海水水质目标要求，可以计算出各区块化学需氧量和总氮、总磷的环境容量，由于三门湾海域在总氮、总磷的含量上已经远超过了四类海水水质标准，因此仅化学需氧量还有剩余环境容量，总氮和总磷都需要进行削减。但是本项目的计算值由于参考工业排放源主要数据来源于环保局，可能会与企业实际排放的化学需氧量存在一定的出入（表3.2-11、图3.2-22和图3.2-23）。

表3.2-11 化学需氧量允许浓度增量

区块	分担率/%	响应系数	浓度容量分配	源强容量分配	允许增量/（mg/dm³）	允许增排幅度/%	允许增量/（t/a）
石浦岳井	0.171 7	0.054 2	0.357 1	6.591 0	2.754	225	13 074.2
田湾	0.235 0	0.067 7	0.488 8	7.220 5	2.632	246	1 673.0

区块	分担率 /%	响应系数	浓度容量 分配	源强容量 分配	允许增量 /（mg/dm³）	允许增排 幅度/%	允许增量 /（t/a）
青山沥洋	0.201 7	0.056 6	0.419 5	7.415 2	1.738	253	2 972.9
海游	0.145 0	0.038 7	0.301 6	7.784 9	2.898	266	4 356.3
健跳	0.098 3	0.025 9	0.204 5	7.890 0	2.981	269	442.5
浦坝港	0.015 0	0.004 2	0.031 2	7.444 2	2.812	254	398.8

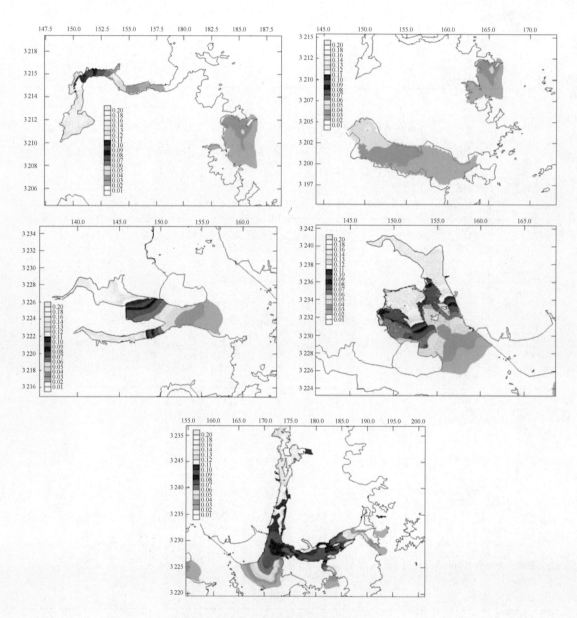

图 3.2－22　三门湾各区块响应系数场

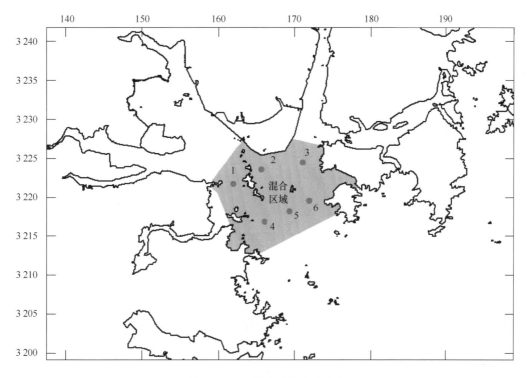

图 3.2 – 23 　混合区域代表性点

3.2.5　污染物总量控制

3.2.5.1　氮、磷总量削减控制

　　环境容量的概念主要应用于海洋环境质量管理，它在海洋环境管理中由开始的实行对个别污染物排放浓度的控制，逐渐过渡为现在的污染物总量排放控制。因为采取总量控制的办法，才能有效地消除或减少污染的危害。例如，排入某一海域的污染物如果只规定各个污染源容许排放污染物的浓度，而不考虑环境的最大负荷量，则有可能各个排放点污染物的排放量虽然符合标准，但特定海域的污染物总量却可能超过标准，造成污染损害。倘若将流入某一海域的污染物总量限制在允许容纳量之内，并在此总量下限制来自各种排放源的污染物负荷量，就可以使海域环境质量维持良好状态（表 3.2 – 12 和表 3.2 – 13）。

表 3.2 – 12　总氮源强削减分配及减排幅度

区块	分担率/%	响应系数	浓度削减分配	源强削减分配	减排幅度/%	减排量/（t/a）
石浦岳井	0.171 7	0.054 2	0.106 6	1.967 8	82	−42.6
田湾	0.235 0	0.067 7	0.145 9	2.155 7	90	−5.6
青山沥洋	0.201 7	0.056 6	0.125 2	2.213 9	92	−34.8
海游	0.145 0	0.038 7	0.090 0	2.324 2	97	−69.3
健跳	0.098 3	0.025 9	0.061 1	2.355 6	98	−1.4
浦坝港	0.015 0	0.004 2	0.009 3	2.222 5	93	−1.3

表 3.2 – 13　总磷源强削减分配及减排幅度

区块	分担率/%	响应系数	浓度削减分配	源强削减分配	减排幅度/%	减排量/（t/a）
石浦岳井	0.171 7	0.054 2	0.003 6	0.066 5	51	−2 285.1
田湾	0.235 0	0.067 7	0.004 9	0.072 9	56	−298.7
青山沥洋	0.201 7	0.056 6	0.004 2	0.074 9	58	−1 206.4
海游	0.145 0	0.038 7	0.003 0	0.078 6	60	−1 787.3
健跳	0.098 3	0.025 9	0.002 1	0.079 7	61	−76.9
浦坝港	0.015 0	0.004 2	0.000 3	0.075 2	58	−69.5

3.2.5.2　总量控制方案及政策措施建议

通过对三门湾各区块的实测结合环境功能区划分布，在化学需氧量环境容量的基础上提出以下一些对各区块的建议和意见，供管理部门参考。

健跳单元：发展养殖、港口及造船工业，注意污水管网的建设。

蛇蟠单元：重点发展核电工业以及旅游业，兼顾养殖业，加强沿海排放企业的污染整治。

青山单元和沥洋单元：发展养殖业和港口工业。

岳井洋单元：发展养殖捕捞业，削减和控制围塘养殖，控制造船工业污水的无序排放。

为便于直观管理，本书将三门湾的化学需氧量环境容量和总氮、总磷消减幅度的研究结论绘制成图（图 3.2 –24 至图 3.2 –26）。

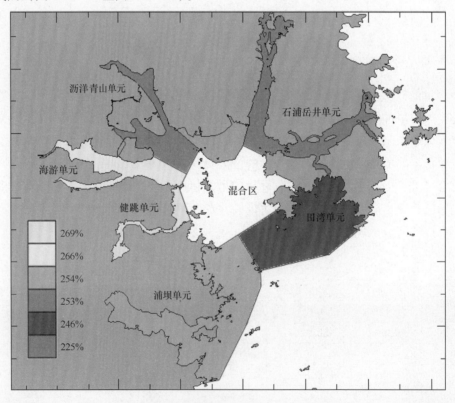

图 3.2 –24　三门湾化学需氧量排放容量控制

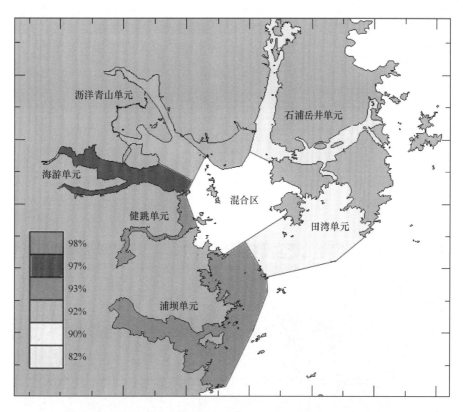

图 3.2 – 25　三门湾总氮减排幅度分布

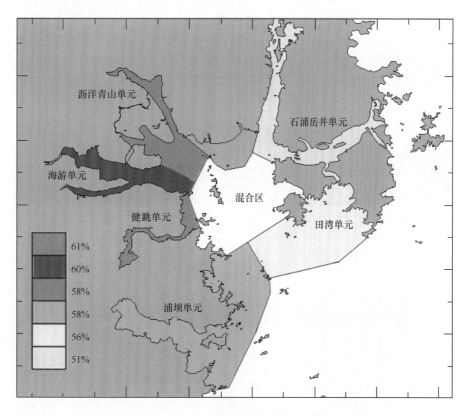

图 3.2 – 26　三门湾总磷减排幅度分布

3.3 乐清湾

3.3.1 水动力模型的建立

3.3.1.1 计算范围的确定

根据乐清湾周边的自然地理概况,水动力模型计算的区域为乐清湾口南侧瓯江口水域,模型东边界北起石塘经披山岛至北麂岛,其南边界由北麂岛一直向西北与西面的岸线相接,具体位置见图 3.3-1。

图 3.3-1　水动力模型计算范围示意

3.3.1.2 控制方程

模型采用不可压缩流体、浅水、Boussinnesq 假定下的 Navier Stokes 方程,方程中垂向动量方程中的垂向加速度相对水平方向上的分量是一小量,可忽略不计。因此,垂向上采用的是静水压力方程。考虑到计算区域温度变化梯度较小,可以近似认为对流场的影响可忽略。

1）连续方程

$$\frac{\partial \zeta}{\partial t} + \frac{1}{\sqrt{G_{\xi\xi}}\sqrt{G_{\eta\eta}}}\frac{\partial\left[\left(d+\zeta\right)u\sqrt{G_{\eta\eta}}\right]}{\partial \xi} + \frac{1}{\sqrt{G_{\xi\xi}}\sqrt{G_{\eta\eta}}}\frac{\partial\left[\left(d+\zeta\right)v\sqrt{G_{\xi\xi}}\right]}{\partial \eta} = Q$$

式中：Q 为单位面积由于排水、引水、蒸发或降雨等引起的水量变化；

$$Q = H\int_{-1}^{0}\left(q_{in} - q_{out}\right)d\sigma + P - E$$

其中，q_{in} 和 q_{out} 为单位体积内源和汇；u, v 为 ξ, η 方向上的速度分量，ζ 为水位，d 为水深。

2）水平方向的动量方程

$$\frac{\partial u}{\partial t} + \frac{u}{\sqrt{G_{\xi\xi}}}\frac{\partial u}{\partial \xi} + \frac{v}{\sqrt{G_{\eta\eta}}}\frac{\partial u}{\partial \eta} + \frac{\omega}{d+\zeta}\frac{\partial u}{\partial \sigma} + \frac{uv}{\sqrt{G_{\xi\xi}}\sqrt{G_{\eta\eta}}}\frac{\partial\sqrt{G_{\xi\xi}}}{\partial \eta} - \frac{v^2}{\sqrt{G_{\xi\xi}}\sqrt{G_{\eta\eta}}}\frac{\partial\sqrt{G_{\eta\eta}}}{\partial \xi} - fv$$

$$= -\frac{1}{\rho_0\sqrt{G_{\xi\xi}}}P_{\xi} + F_{\xi} + \frac{1}{(d+\zeta)^2}\frac{\partial}{\partial \sigma}\left(V_v\frac{\partial u}{\partial \sigma}\right) + M_{\xi}$$

$$\frac{\partial v}{\partial t} + \frac{u}{\sqrt{G_{\xi\xi}}}\frac{\partial v}{\partial \xi} + \frac{v}{\sqrt{G_{\eta\eta}}}\frac{\partial v}{\partial \eta} + \frac{\omega}{d+\zeta}\frac{\partial v}{\partial \sigma} + \frac{uv}{\sqrt{G_{\xi\xi}}\sqrt{G_{\eta\eta}}}\frac{\partial\sqrt{G_{\xi\xi}}}{\partial \eta} - \frac{u^2}{\sqrt{G_{\xi\xi}}\sqrt{G_{\eta\eta}}}\frac{\partial\sqrt{G_{\xi\xi}}}{\partial \eta} + fu$$

$$= -\frac{1}{\rho_0\sqrt{G_{\eta\eta}}}P_{\eta} + F_{\eta} + \frac{1}{(d+\zeta)^2}\frac{\partial}{\partial \sigma}\left(V_v\frac{\partial v}{\partial \sigma}\right) + M_{\eta}$$

式中：u，v，ω 为在正交曲线坐标系下 ξ，η，σ 三个方向上的速度分量，其中 ω 是定义在运动的 σ 平面的竖向速度，在 σ 坐标系中由以下的连续方程求得：

$$\frac{\partial \zeta}{\partial t} + \frac{1}{\sqrt{G_{\xi\xi}}\sqrt{G_{\eta\eta}}}\frac{\partial\left[\left(d+\zeta\right)u\sqrt{G_{\eta\eta}}\right]}{\partial \xi} + \frac{1}{\sqrt{G_{\xi\xi}}\sqrt{G_{\eta\eta}}}\frac{\partial\left[\left(d+\zeta\right)v\sqrt{G_{\xi\xi}}\right]}{\partial \eta} + \frac{\partial \omega}{\partial \sigma} = H\left(q_{in} - q_{out}\right)$$

ω 是同 σ 的变化相联系的，实际在 Cartesian 坐标系下的垂向速度 w 并不包含于模型方程之中，其与 ω 的关系式表示如下：

$$w = \omega + \frac{1}{\sqrt{G_{\xi\xi}}\sqrt{G_{\eta\eta}}}\left[u\sqrt{G_{\eta\eta}}\left(\sigma\frac{\partial H}{\partial \xi} + \frac{\partial \zeta}{\partial \xi}\right) + v\sqrt{G_{\xi\xi}}\left(\sigma\frac{\partial H}{\partial \eta} + \frac{\partial \zeta}{\partial \eta}\right)\right] + \left(\sigma\frac{\partial H}{\partial t} + \frac{\partial \zeta}{\partial t}\right)$$

式中：F_{ξ}，F_{η} 为 ξ，η 方向的紊动动量通量；M_{ξ}，M_{η} 为 ξ，η 方向的动量源或汇，包括建筑物引起的外力、波浪切应力，排引水产生的外力；ρ_0 为水体密度；V_v 为竖向涡动系数；f 为科氏力参数，取决于地理纬度和地球自转的角速度 Ω，f 可用下式表示：

$$f = 2\Omega\sin\varphi$$

式中：φ 为北纬纬度；P_{ξ} 和 P_{η} 为 (ξ, η, σ) 坐标系中 ξ，η 方向的静水压力梯度。

$$\frac{1}{\rho_0\sqrt{G_{\xi\xi}}}P_{\xi} = \frac{g}{\sqrt{G_{\xi\xi}}}\frac{\partial \zeta}{\partial \xi} + \frac{1}{\rho_0\sqrt{G_{\xi\xi}}}\frac{\partial P_{atm}}{\partial \xi}$$

$$\frac{1}{\rho_0\sqrt{G_{\eta\eta}}}P_{\eta} = \frac{g}{\sqrt{G_{\eta\eta}}}\frac{\partial \zeta}{\partial \eta} + \frac{1}{\rho_0\sqrt{G_{\eta\eta}}}\frac{\partial P_{atm}}{\partial \eta}$$

P_{atm} 包括浮体建筑物引起的压力在内的自由面压力，本计算中不作考虑。

正交曲线变换：$\xi = \xi(x, y)$，$\eta = \eta(x, y)$，$\sigma = \dfrac{z-\zeta}{d+\zeta}$，在自由水面处 $\sigma = 0$，在水底处 $\sigma = -1$。

459

定义部分变量：$\sqrt{G_{\xi\xi}} = \sqrt{x_\xi^2 + y_\xi^2}$，$\sqrt{g_{\eta\eta}} = \sqrt{x_\eta^2 + y_\eta^2}$，$\sqrt{G_{\xi\xi}}$ 和 $\sqrt{G_{\eta\eta}}$ 表示从曲线坐标系到直角坐标系的转换系数。

3.3.1.3　定解条件

1）初始条件

$$\begin{cases} \zeta(\xi,\eta,t)\big|_{t=0} = 0 \\ u(\xi,\eta,t)\big|_{t=0} = v(\xi,\eta,t)\big|_{t=0} = 0 \end{cases}$$

2）边界条件

（1）开边界

考虑到模型的范围较大，模型允许将边界分段处理，每段给定端点上的边界过程，中间点采用线性插值的方法计算。

本模型的开边界分成两条，具体见图 3.3 - 1。根据相关资料分析 $K_1 + O_1 + P_1 + Q_1 + M_2 + S_2 + K_2 + N_2 + M_4 + MS_4 + M_6$ 分潮调和常数，进而以预报的潮位过程给定各开边界条件。

（2）闭边界

考虑到研究区域范围较大，网格尺度亦较大，在闭边界处采用自由滑移边界条件，与闭边界垂直方向流速为零：

$$\frac{\partial \vec{v}}{\partial n} = 0$$

（3）运动边界

$$\begin{cases} \omega\big|_{\sigma=0} = 0 \\ \omega\big|_{\sigma=-1} = 0 \end{cases}$$

（4）底边界

$$\frac{V_v}{H}\frac{\partial u}{\partial \sigma}\bigg|_{\sigma=-1} = \frac{\tau_{b\xi}}{\rho_0}$$

$$\frac{V_v}{H}\frac{\partial v}{\partial \sigma}\bigg|_{\sigma=-1} = \frac{\tau_{b\eta}}{\rho_0}$$

式中，$\tau_{b\xi}, \tau_{b\eta}$ 为底部切应力在 ξ, η 方向上的分量，底部应力是水流和风共同作用的结果，底部应力的计算如下：

对垂线平均情况下的由紊流引起的底部切应力：

$$\tau_b = \frac{\rho_0 g}{C_{2D}^2 |U|^2}$$

对于三维流动：

$$\tau_b = \frac{\rho_0 g}{C_{3D}^2 |u_b|^2}$$

式中：$|U|$ 为垂线平均流速的大小；$|u_b|$ 表示近底第一层上水平速度的大小，竖向速度可忽略。鉴于乐清湾内避风条件好，风应力未予考虑；C_{2D} 为谢才系数，用曼宁公式计算：

$$C_{2D} = \frac{6\sqrt{H}}{n}$$

式中：H 为总水深，$H = d + \zeta$，n 为曼宁系数。

$$C_{3D} = C_{2D} + 2.5\sqrt{g}\ln\left(\frac{15\Delta z_b}{k_s}\right)$$

式中：g 为重力加速度；Δz_b 为底层厚度；k_s 为 Nikuradse 粗糙高度。

（5）自由表面边界条件

$$|\tau_s| = \rho_a C_d (U_{10}) U_{10}^2$$

式中：ρ_a 为大气密度；U_{10} 为自由表面以上 10 m 高处的风速；C_d 为风拖曳系数。风拖曳系数的大小取决于风速、随风速的增加而响应的海面粗糙度，可用以下经验关系来确定其大小：

$$C_d(U_{10}) = \begin{cases} C_d^A U_{10} \leqslant U_{10}^A \\ C_d^A + (C_d^A - C_d^B)\dfrac{U_{10}^A - U_{10}}{U_{10}^B - U_{10}^A} \quad U_{10}^B \leqslant U_{10} \leqslant U_{10}^B \\ C_d^A U_{10}^A \leqslant U_{10} \end{cases}$$

式中：C_d^A，C_d^B 为用户给定的在风速为 U_{10}^A，U_{10}^B 时的拖曳系数，U_{10}^A 和 U_{10}^B 为用户给定的风速。

3.3.1.4　差分格式

模型采用的是基于有限差分的数值方法，利用正交曲线网格对空间进行离散，对原偏微分方程组的求解就转化为求解在正交曲线网格上的离散点上的变量值。模型中水位、流速、水深等变量在正交曲线网格上的分布与在一般采用有限差分的网格上的分布不同，其变量在一个网格单元上的分布如图 3.3 - 2 所示。

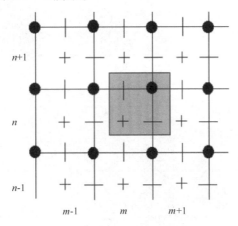

图 3.3 - 2　变量在网格上的分布

注：黑色实线代表网格线；+ 表示水位、浓度、盐度和温度；● 表示 X 方向的
水平流速分量；| 表示 Y 方向的水平流速分量；● 表示水深点

阴影区域代表此区域内所有的点具有相同的坐标。

模型采用 ADI 算法（Alternating Direction Implicit Method），将一个时间步长进行剖分分成两步，每一步为 1/2 个时间步长，前半个步长对 X 进行隐式处理，后半步则对 Y 方向进行隐式处理。ADI 算法的矢量形式如下。

前半步：$\dfrac{\overline{U}^{i+1/2} - \overline{U}^{i}}{\Delta t/2} + \dfrac{1}{2} A_x \overline{U}^{i+1/2} + \dfrac{1}{2} A_y \overline{U}^{i} = 0$

后半步：$\dfrac{\overline{U}^{i+1} - \overline{U}^{i+1/2}}{\Delta t/2} + \dfrac{1}{2} A_x \overline{U}^{i+1/2} + \dfrac{1}{2} A_y \overline{U}^{i+1} = 0$

$$A_x = \begin{bmatrix} u\dfrac{\partial}{\partial x} & -f & g\dfrac{\partial}{\partial x} \\[2mm] 0 & u\dfrac{\partial}{\partial x} & 0 \\[2mm] h\dfrac{\partial}{\partial x} & 0 & u\dfrac{\partial}{\partial x} \end{bmatrix}, \quad A_y = \begin{bmatrix} v\dfrac{\partial}{\partial y} & 0 & 0 \\[2mm] f & v\dfrac{\partial}{\partial y} & g\dfrac{\partial}{\partial y} \\[2mm] 0 & h\dfrac{\partial}{\partial y} & v\dfrac{\partial}{\partial y} \end{bmatrix}$$

模型稳定条件用 courant 数表示为：

$$CFL = 2\Delta t \sqrt{gh} \sqrt{\dfrac{1}{\Delta x^2} + \dfrac{1}{\Delta y^2}} < 1$$

3.3.1.5 计算区域的离散

根据图 3.3 - 1 界定的计算区域，采用三维水动力模型，对区域采用正交曲线网格进行离散。模型区域南北长约 90 km，东西长约 60 km。乐清湾内，网格在 ξ 方向和 η 方向上的分辨率约在 100 m。在湾外海域，网格的最大间距约为 700 m，垂直分为 5 层，计算的时间步长取 60 s。网格的具体分布见图 3.3 - 3 和图 3.3 - 4。

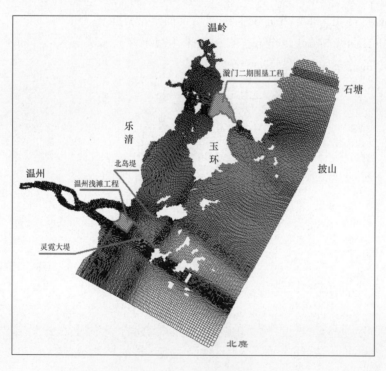

图 3.3 - 3　计算全域网格

模型的地形概化：模型地形资料大部分取自历史海图，1937 年水下地形图（1∶1 000 比例尺）、1968 年水下地形图（1∶50 000 比例尺）、1982 年水下地形图（1∶50 000 比例尺），在

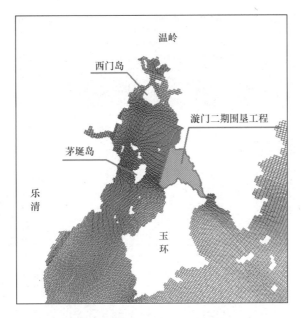

图 3.3 – 4　乐清湾海域附近网格

滩涂区域采用年份较近的实测水深数据加以完善。资料统一换算成同一个坐标系、投影和基面（即莫卡托坐标系，中央纬度 30°，水深基面统一换算至国家 85 黄海高程）。通过矢量化的方法从历史海图得到计算区域水深数据的采样点，与实测水深数据结合插值获得网格点上的水深数据。插值大体上分成两种方法，在原始水深较多，密度较大的地方，采用平均的方法；而在原始数据相对网格尺度而言较少的区域则采用三角插值。

3.3.1.6　模型验证

为了研究整个乐清湾的水环境容量，分别在湾顶、湾中和湾口布设了潮位和潮流的验证点，对水动力模型进行验证。模型验证的站位具体分布如图 3.3 – 5 所示，2006 年 8 月和 2007 年 4 月的实测潮位站相同，分别是东门、沙头港、大门和坎门。2006 年 8 月实测潮流站为 RL4、RL10 和 RL19 站。2007 年 4 月的实测潮流站增至 4 个，增加的实测站位于小门岛西北方向，北导堤附近。潮流实测站位名称分别为 LX1、LX2、LX3 和 LX4 站。

1）潮位验证

潮位的验证采用 2006 年 8 月 2 日—14 日以及 2007 年 4 月 1—15 日的潮位实测资料，验证的结果如图 3.3 – 6 所示。由图 3.3 – 6 可知，潮位过程的计算与实测结果的对比表明，计算的潮位过程与实测结果基本吻合，整个过程的相对误差基本可以控制在 10% 以内。从半个月的验证结果来看，计算结果可以基本反映乐清湾的潮波变化过程。

2）潮流验证

按照图 3.3 – 5 中潮流验证点的分布，水动力模型的潮流验证分别选取与潮位实测过程同期的大潮期（2006 年 8 月 12—13 日、2007 年 4 月 3—4 日）和小潮期（2006 年 8 月 3—4 日、2007 年 4 月 10—11 日）的实测数据，对乐清湾湾顶、湾中和湾口的潮流进行了分层验证。图 3.3 – 7 至图 3.3 – 12 为 2006 年 8 月大、小潮期的潮流验证结果，图 3.3 – 13 至图 3.3 – 20

图 3.3 - 5　水动力模型验证点

为 2007 年 4 月的潮流验证结果。

从图 3.3 - 7 至图 3.3 - 20 中可以看出，两个测次的各个验证点的计算流速、流向过程和实测的过程总体吻合良好，尤其是大潮期，误差基本可以控制在 20% 以内。在 2006 年 8 月的潮流验证中，RL10 的小潮期表层和底层的实测和计算值有一定的差值，但中层的验证吻合仍良好，究其原因，是由于表层和底层在实测的过程中可能出现一些模型无法模拟的边界条件造成的流速异常波动，而它们对中层的影响相对较小。因此，从整个水动力模型对于区域潮流的模拟情况来看，可以认为模拟的流场基本能反映这两个时期计算区域水动力的情况，其计算结果可以进一步作为乐清湾水交换以及水环境容量研究的基础。

3.3.1.7　潮流流场模拟结果

1）瓯江口重大工程及其影响

乐清湾湾口以南的瓯江口水域，地处资源条件优良的浙东南海岸带与瓯江的交合处，近年来经济飞速发展，海岸工程的建设相对频繁，主要的工程有温州（洞头）半岛工程以及瓯江口航道治理一期工程（具体位置见图 3.3 - 1）。

温州（洞头）半岛工程是一项以灵昆大桥，灵霓海堤及洞头五岛相连的工程形式，将洞头（本）岛和温州市区陆域相连的综合性基础工程；是一项开发利用瓯江河口区—洞头列岛的滩涂、港口、岛屿、旅游、近海资源，发展温州市乃至浙东南沿海区域经济、海洋经济的重大基础设施建设项目。目前，半岛工程一期围涂工程和灵霓海堤工程已经基本完工。

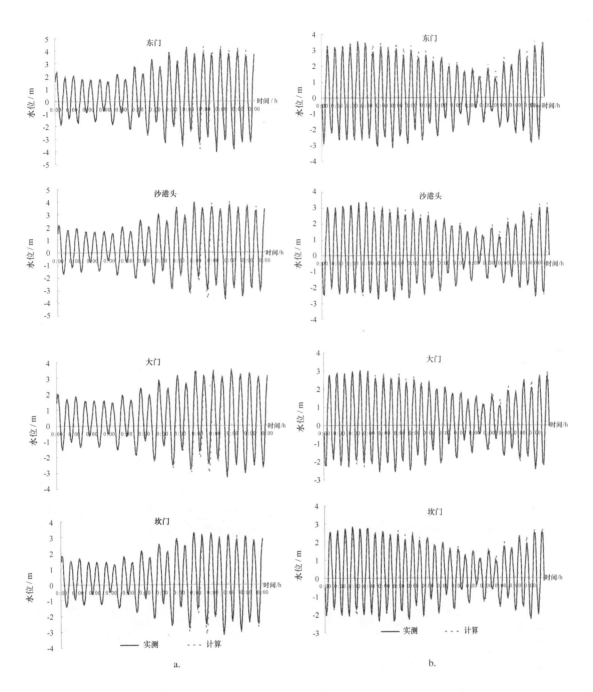

图 3.3 - 6 潮位过程验证结果

a. 2006 年 8 月；b. 2007 年 4 月

瓯江口航道进行治理一期工程主要由航道疏浚和北导堤整治建筑物工程组成，治理目标为长度 16.8 km，设计水深 6.0 m，宽 140 m 单向航道，满足 2 万吨级集装箱船和 3.5 万吨级肥大型浅吃水散货船乘潮进港。

根据南京水利科学研究院河港研究所已作的物模试验和数模研究表明：乐清湾的纳潮水体主要由玉环岛—横趾岛之间的涨潮流提供，其次由鹿西岛和大门岛之间的黄大峡水道的部分涨潮流补给；落潮水体亦从此两水道流出乐清湾。温州浅滩以及灵霓海堤工程不会影响到

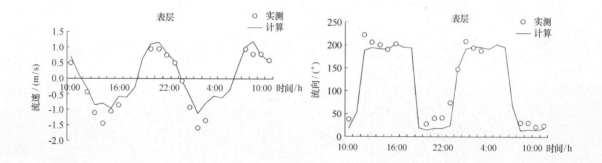

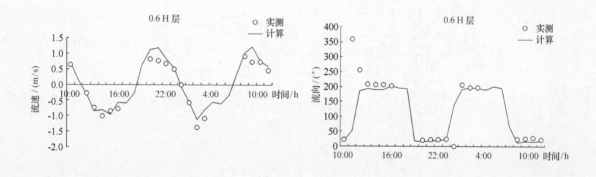

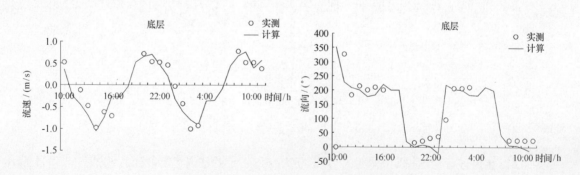

图 3.3-7　RL4 潮流测站大潮期（2006 年 8 月 12—13 日）流速、流向验证结果

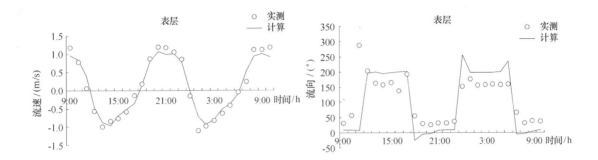

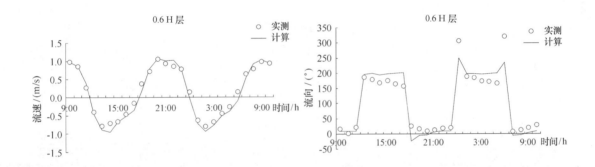

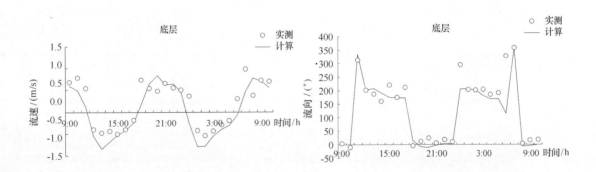

图 3.3 - 8 RL10 潮流测站大潮期（2006 年 8 月 12—13 日）流速、流向验证结果

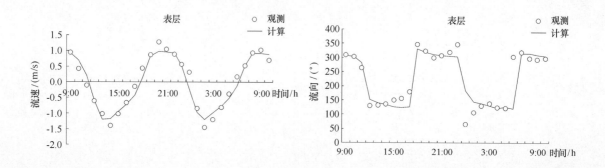

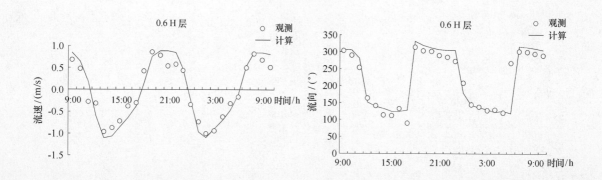

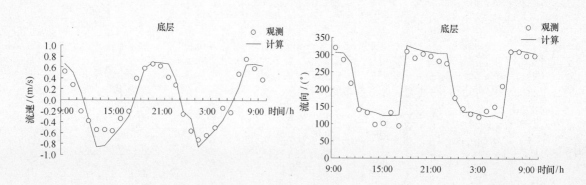

图 3.3 – 9 RL19 潮流测站大潮期（2006 年 8 月 12—13 日）流速、流向验证结果

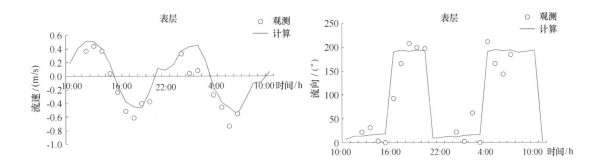

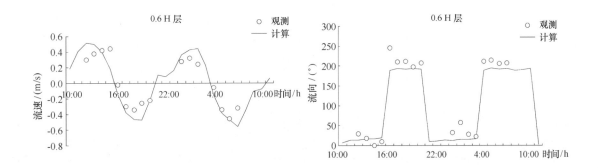

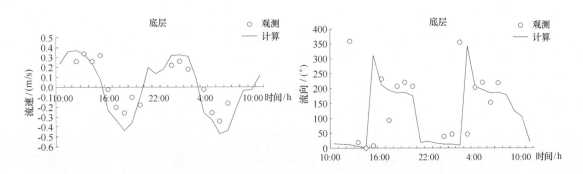

图 3.3－10　RL4 潮流测站小潮期（2006 年 8 月 3—4 日）流速、流向验证结果

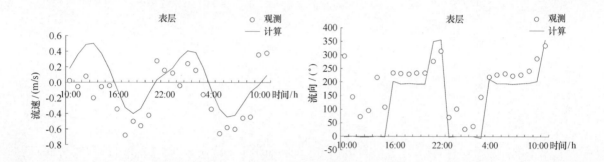

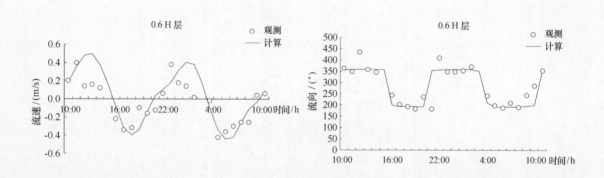

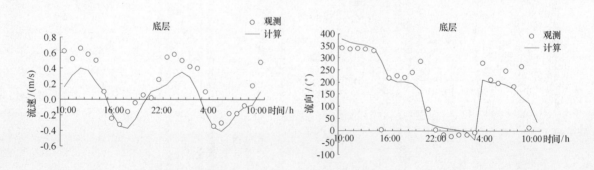

图 3.3 – 11　RL10 潮流测站小潮期（2006 年 8 月 3—4 日）流速、流向验证结果

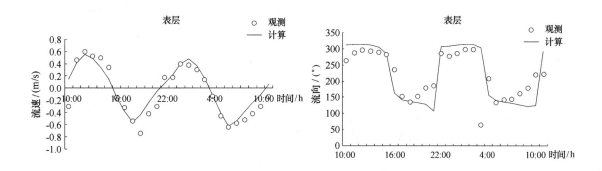

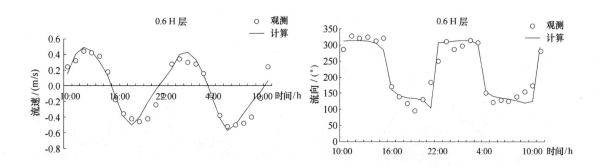

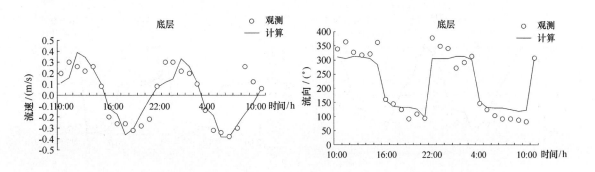

图 3.3 – 12 RL19 潮流测站小潮期（2006 年 8 月 3—4 日）流速、流向验证结果

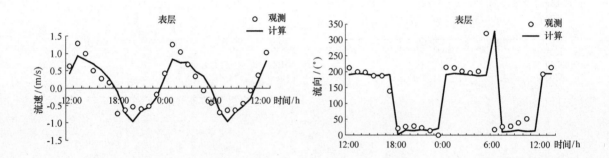

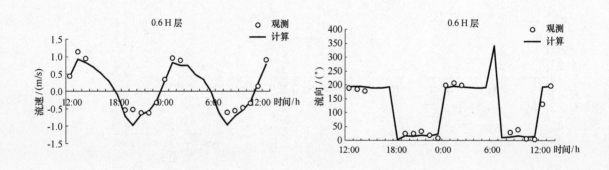

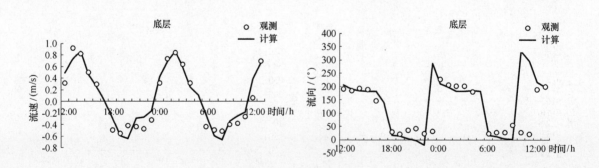

图 3.3－13　LX1 潮流测站大潮期（2007 年 4 月 3—4 日）流速、流向验证结果

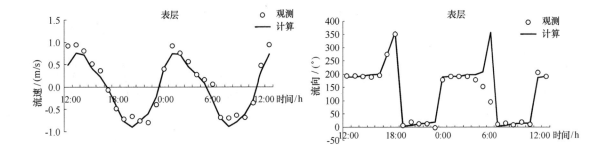

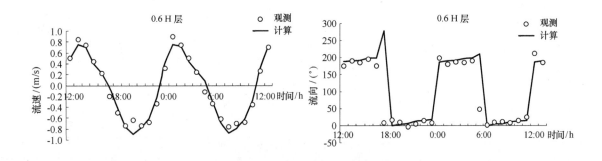

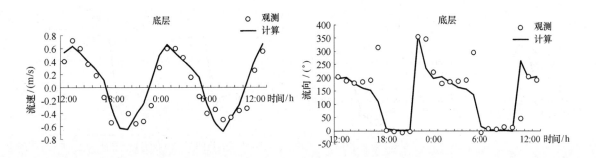

图 3.3 – 14   LX2 潮流测站大潮期（2007 年 4 月 3—4 日）流速、流向验证结果

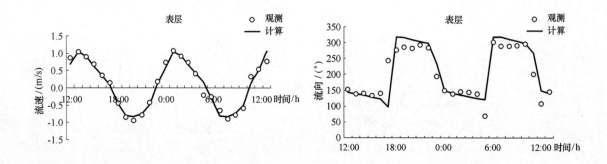

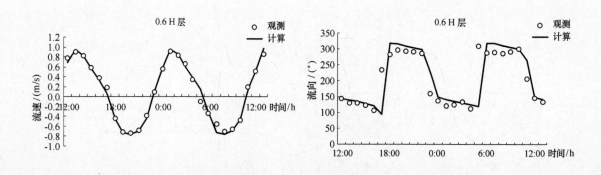

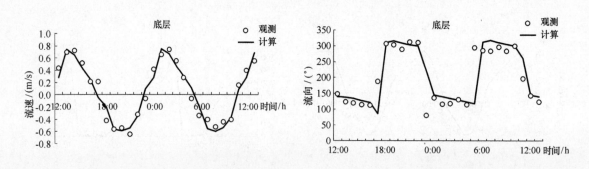

图 3.3－15　LX3 潮流测站大潮期（2007 年 4 月 3—4 日）流速、流向验证结果

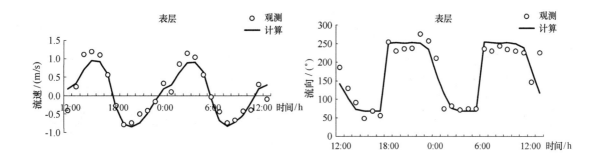

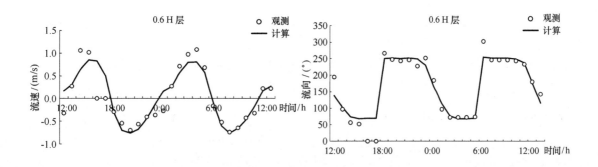

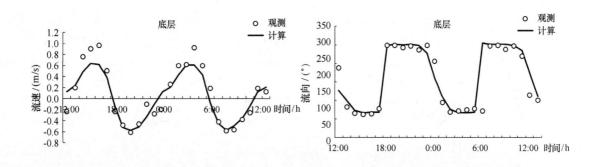

图 3.3 - 16　LX4 潮流测站大潮期（2007 年 4 月 3—4 日）流速、流向验证结果

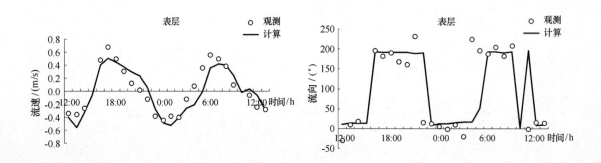

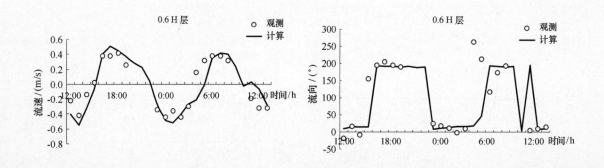

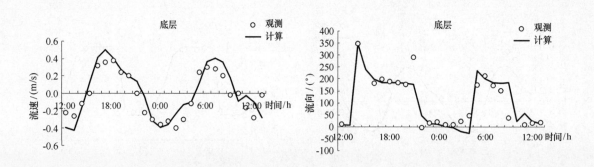

图 3.3 – 17　LX1 潮流测站小潮期（2007 年 4 月 10—11 日）流速、流向验证结果

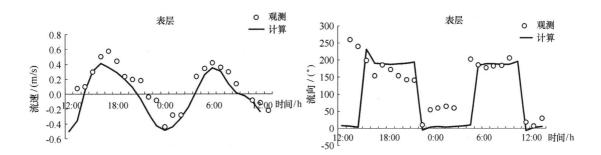

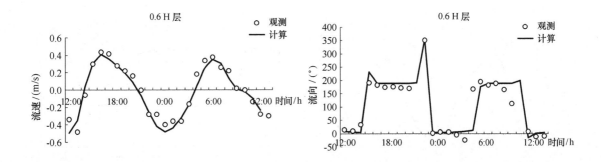

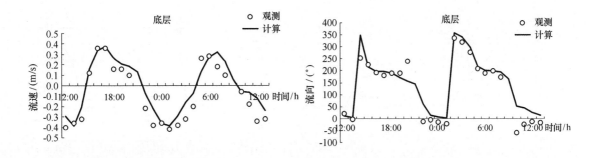

图 3.3 – 18 LX2 潮流测站小潮期（2007 年 4 月 10—11 日）流速、流向验证结果

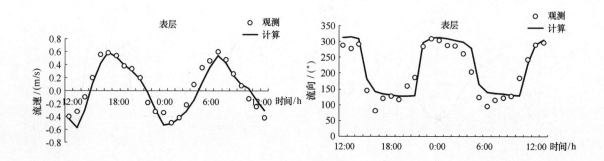

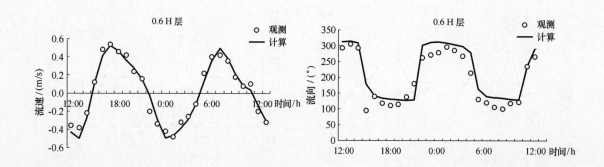

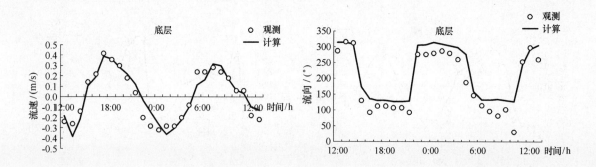

图 3.3 - 19 LX3 潮流测站小潮期（2007 年 4 月 10—11 日）流速、流向验证结果

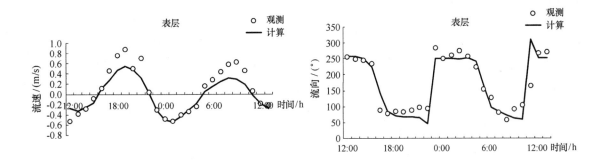

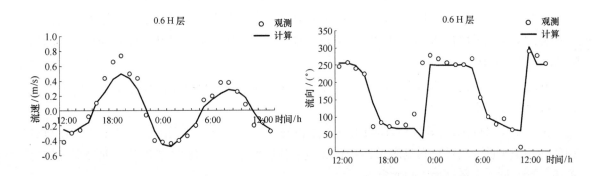

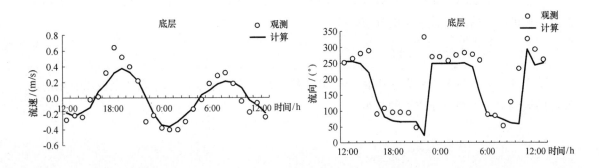

图 3.3 - 20 LX4 潮流测站小潮期（2007 年 4 月 10—11 日）流速、流向验证结果

大门岛、青山岛和状元岙一线以外的潮流结构。大麦屿港区以及乐清湾潮流场和盐度场不会因围涂工程发生变化。

同时，浙江省环境保护科学设计研究院2003年的《瓯江口航道治理一期工程环境影响报告书》中，通过计算工程引起周边各个水道进出潮量的变化对瓯江口航道治理一期工程以及温州浅滩工程对附近水域的影响也作了相关的研究，结果表明：

①北导堤工程为顺流向的整治建筑物，对瓯江北口进出潮量的影响微乎其微，小于0.1%；温州浅滩工程完工之后瓯江北口落潮量减小0.8%～1.4%，涨潮量基本没有变化。

②使黄大岙断面进出潮量减小1.1%～1.3%；温州浅滩工程完工之后黄大岙断面落潮量减小4.1%～6.0%，涨潮量减小15.5%～17.7%。

③北导堤工程使沙头水道落潮量增加0.5%，涨潮量增加1%；温州浅滩工程完工后，沙头水道落潮量基本没有变化，涨潮量减少3.2%。

④北导堤工程使大门水道落潮量增加4.0%～5.7%，涨潮量增加2.2%～2.7%，大门水道涨落潮量增加的原因应当与大门岛乌仙头局部流态改变有关，天然情况下，乌仙头前沿流态具有旋转流的特点，三角沙顺堤建成后，该处流态基本为往复流，使得进入大门水道的水流更顺畅；温州浅滩工程完工后，该水道落潮量增加2.2%～3.8%，涨潮量减少1.2%。

⑤小门水道离工程相对较远，其影响要小于黄大岙、沙头及大门水道。北导堤工程使小门水道的涨落潮量增加0.4%～1.8%，温州浅滩工程完工后，落潮量基本没有变化，涨潮量减少0.6%～1.1%。

⑥北导堤工程使乐清湾连屿断面流速变化小于0.1%，温州浅滩工程完工后，乐清湾连屿断面流速变化小于0.8%。

由以上结果可见，乐清湾水体与工程已经相隔有一段距离，工程的影响主要集中在与之相邻的几个水道（具体分布见图3.3-21），且总体影响不大。因此，可以认为北导堤工程对于乐清湾水域的流场结构影响亦很小。

2）2006年8月潮流流场模拟结果

图3.3-22至图3.3-29分别给出了2006年8月的大、小潮期计算区域全域以及乐清湾附近局域的涨、落潮急流流矢的分布。

3）2007年4月潮流流场模拟结果

图3.3-30至图3.3-37分别给出了2004年7月的大、小潮期计算区域全域以及乐清湾附近局域的涨、落潮急流流矢的分布。

4）流场模拟结果比较

从3.3-24至图3.3-37可知，全域以及局域的流矢分布来看，2006年8月和2007年4月的潮流在流态结构上基本一致：整个乐清湾内的潮流流向大体呈NS走向，即涨潮向北，落潮向南。涨潮时外海潮波经玉环岛—横趾山水道和大门岛—鹿西岛水道两股入湾水流，主流在乐清湾南部沿东侧向NNW方向前进，经连屿与南岳镇下岸线突起（华秋洞）断面顺势靠西侧北行，当涨潮流流入乐清湾内后，水流漫滩呈缓流扩散状态；落潮时，束水归槽竞相外泄，在湾顶水域尤其明显，落潮主流基本上沿涨潮流路流出乐清湾，从玉环岛—横趾山水

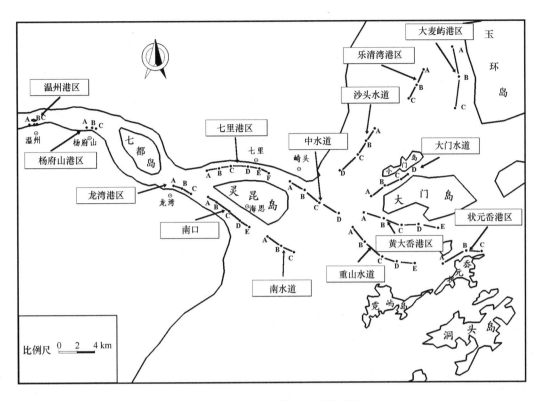

图 3.3 - 21　瓯江口附近水道平面分布

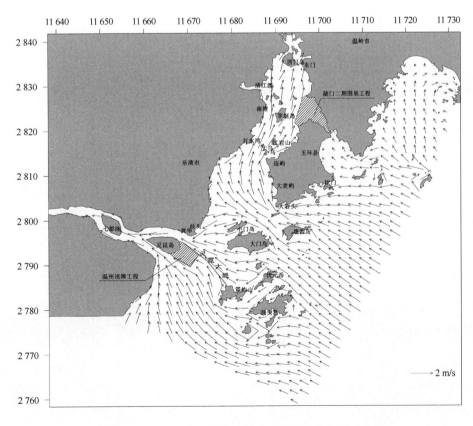

图 3.3 - 22　2006 年 8 月大潮涨急垂线平均流矢图（全域）

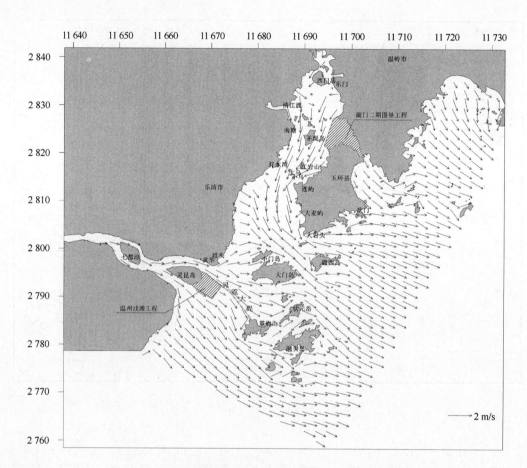

图 3.3－23 2006 年 8 月大潮落急垂线平均流矢图（全域）

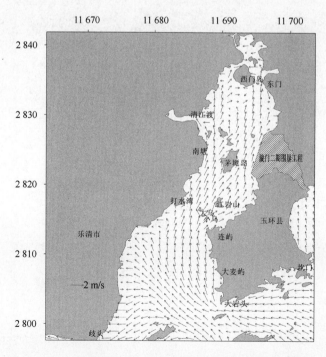

图 3.3－24 2006 年 8 月大潮涨急垂线平均流矢图（局域）

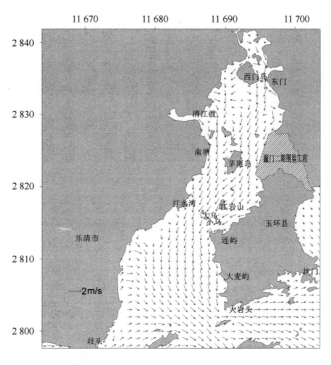

图 3.3 – 25　2006 年 8 月大潮落急垂线平均流矢图（局域）

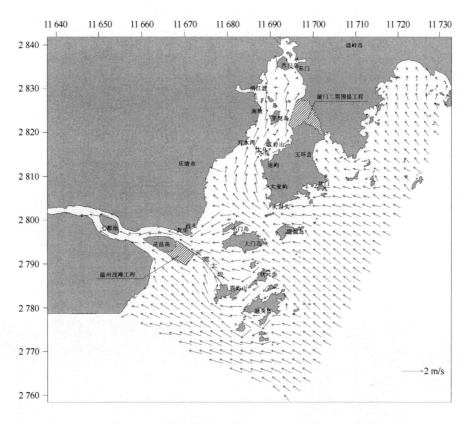

图 3.3 – 26　2006 年 8 月小潮涨急垂线平均流矢图（全域）

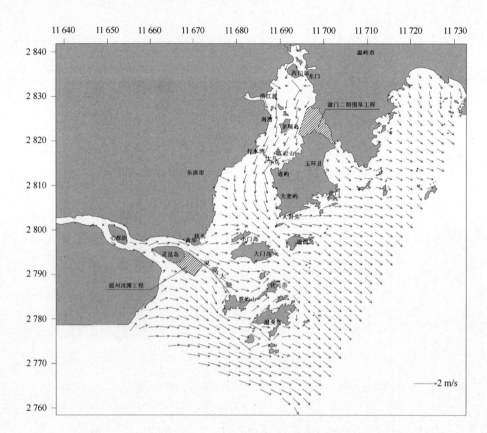

图 3.3 – 27　2006 年 8 月小潮落急垂线平均流矢图（全域）

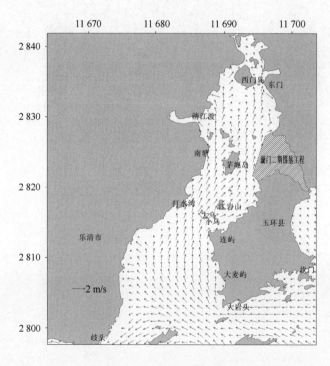

图 3.3 – 28　2006 年 8 月小潮涨急垂线平均流矢图（局域）

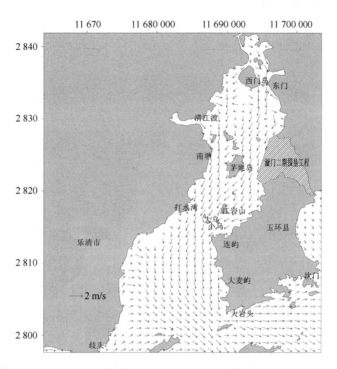

图 3.3 – 29　2006 年 8 月小潮落急垂线平均流矢图（局域）

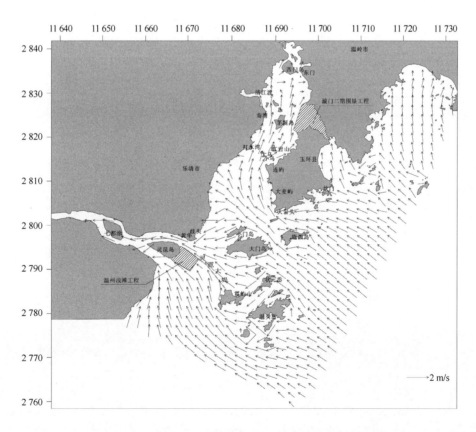

图 3.3 – 30　2007 年 4 月大潮涨急垂线平均流矢图（全域）

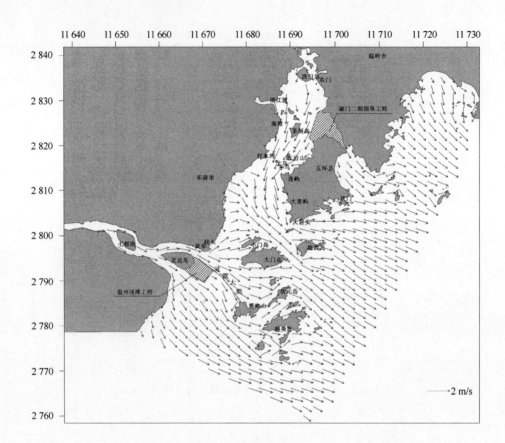

图 3.3 - 31　2007 年 4 月大潮落急垂线平均流矢图（全域）

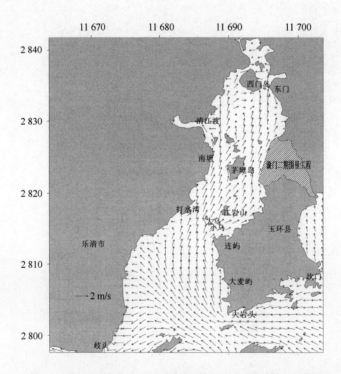

图 3.3 - 32　2007 年 4 月大潮涨急垂线平均流矢图（局域）

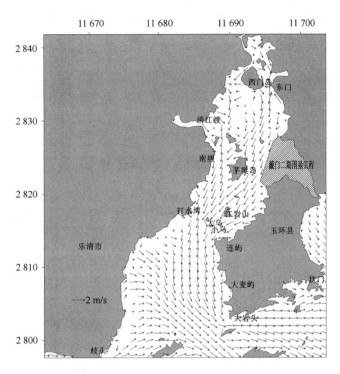

图 3.3 - 33　2007 年 4 月大潮落急垂线平均流矢图（局域）

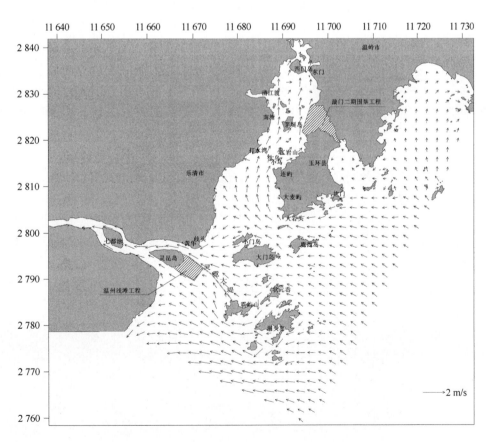

图 3.3 - 34　2007 年 4 月小潮涨急垂线平均流矢图（全域）

487

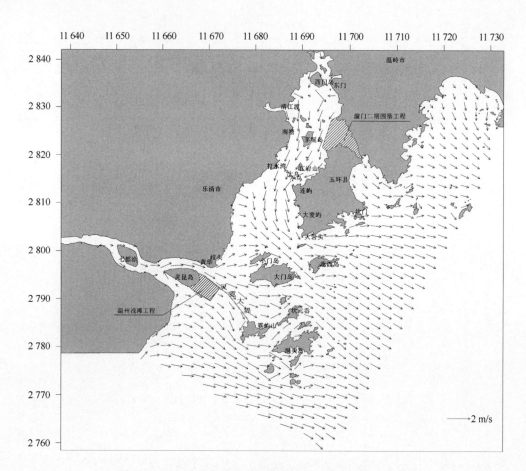

图 3.3 - 35　2007 年 4 月小潮落急垂线平均流矢图（全域）

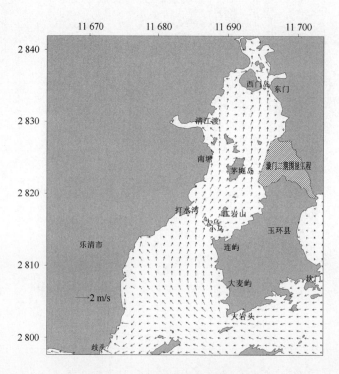

图 3.3 - 36　2007 年 4 月小潮涨急垂线平均流矢图（局域）

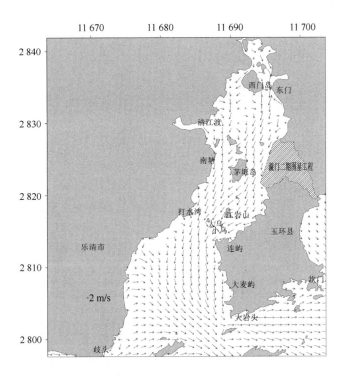

图 3.3-37　2007 年 4 月小潮落急垂线平均流矢图（局域）

道和大门岛—鹿西岛水道进入东海。下面从潮差和平均流速这两个方面入手，对 2006 年 8 月和 2007 年 4 月这两个计算时期的潮流模型计算结果进行比较说明。

（1）潮差分布

图 3.3-38a 和图 3.3-38b 显示了 2006 年 8 月大、小潮期的潮差在乐清湾的分布以及在整个计算时间跨度（即 2006 年 8 月 3—13 日）的平均潮差分布，图 3.3-39a 和图 3.3-39b 则显示了 2007 年 4 月的各相应潮差分布。

从图 3.3-38 中可见，2006 年 8 月大潮时，乐清湾湾内的潮差自湾口向湾内逐渐变大，变化范围为 6.6~8.2 m，2007 年 4 月的大潮潮差的分布趋势和 2006 年 8 月的一致，但其量值有所减小，为 5.2~6.2 m。小潮潮差在两个计算时期的差异则与大潮期相反，在 2006 年 8 月湾内的小潮潮差变化幅度为 2.8~3.2 m，2007 年 4 月乐清湾内小潮潮差则大于 2006 年 8 月，其具体量值为 3.6~4.2 m。因此，两个计算时期的大、小潮潮差呈现的趋势为：2006 年 8 月的潮汐不等现象较 2007 年 4 月明显，具体表现为前者大潮潮差大，而小潮潮差小，后者大、小潮潮差的差异则相对不明显。

为了进一步了解两个计算时期的潮差情况，本研究以潮流模型模拟结果为基础，进一步计算了 2006 年 8 月和 2007 年 4 月相应时段的平均潮差，选取的时段包括大、中、小潮连续过程，结果分别见图 3.3-38c 和图 3.3-39c。由图 3.3-38c 和图 3.3-39c 可见，两个计算时期的平均潮差无论在分布形态和分布量值上都较为近似。

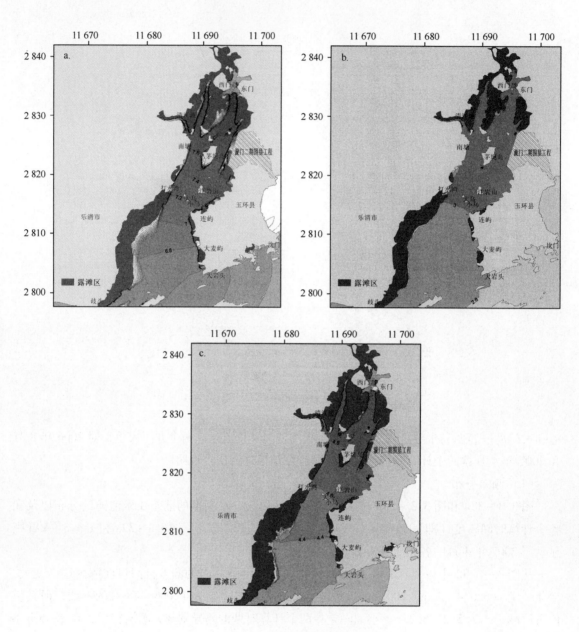

图 3.3 – 38　潮差分布

a. 大潮潮差分布（2006 年 8 月 12—13 日）；b. 小潮潮差分布（2006 年 8 月 3—4 日）；

c. 平均潮差分布（2006 年 8 月 3—13 日）

（2）平均流速分布

　　为了更全面地分析比较两个计算时期的潮动力情况，在潮流模型模拟结果的基础上，计算了两个时期中一定时段（包括大、中、小潮期在内）的平均流速的量值及分布，具体情况见图 3.3 – 40 和图 3.3 – 41。由图 3.3 – 40 和图 3.3 – 41 可见，2006 年 8 月和 2007 年 4 月的平均流速在湾内的分布形态基本一致，这说明流场结构在这两个计算期的变化很小，且此形态与本节开始对流态的描述相一致。在平均流速的具体量值分布上，2007 年 4 月的分布中平均流速为 0.4 m/s 的等值线包络范围较 2006 年 8 月略宽，尤其在湾口附近。在湾顶西门岛的东南侧，2007 年 4 月的平均流速为 0.4 m/s 的等值线包络区域较 2006 年 8 月略大，湾内其余

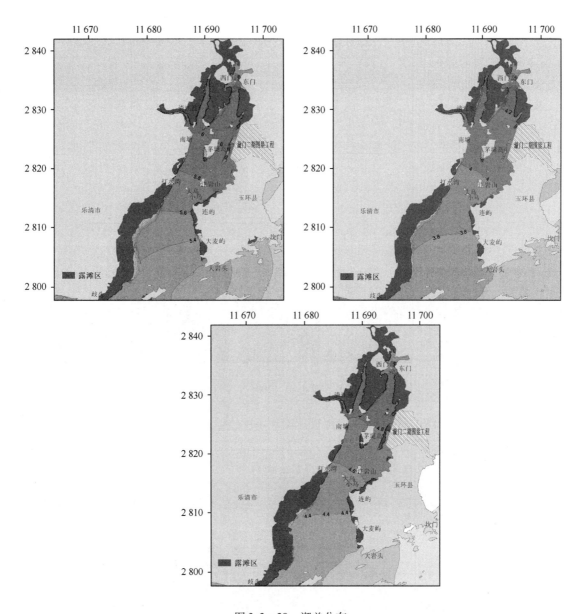

图 3.3 – 39　潮差分布

a. 大潮潮差分布（2007 年 4 月 3—4 日）；b. 小潮差分布（2007 年 4 月 9—10 日）

c. 平均潮差分布（2007 年 4 月 1—11 日）

水域的平均流速等值线量值相同。

　　由以上的分析比较可见，较之 2007 年 4 月和 2006 年 8 月的潮差不等现象略为显著，前者大潮的潮差在 6.6 ~ 8.2 m，小潮的潮差则为 2.8 ~ 3.2 m；而后者相应的潮差量值分别为 5.2 ~ 6.2 m 和 3.6 ~ 4.2 m。而从平均潮差上来看，两个时期的潮差分布形态与量值则很相近，湾内潮差由湾口的 4.2 m 左右增大至湾顶的 5.0 m 左右。可见两个计算期的潮动力情况虽然有所不同，但从连续和整体的角度来看，潮动力在两个计算时期的区别并不大。两个计算时期平均流速的分布亦证明了这点。平均流速在两个计算时期的分布形势基本一致，除在湾口西侧海岸以及湾顶西门岛东南侧的平均流速分布量值略有不同外，其余水域的平均流速

491

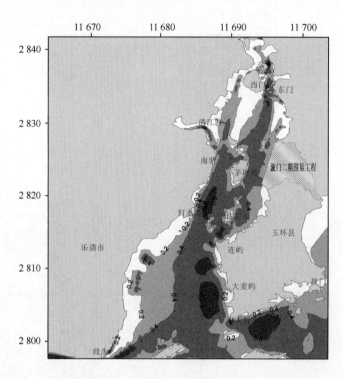

图 3.3 - 40　平均流速分布（2006 年 8 月 3—13 日）

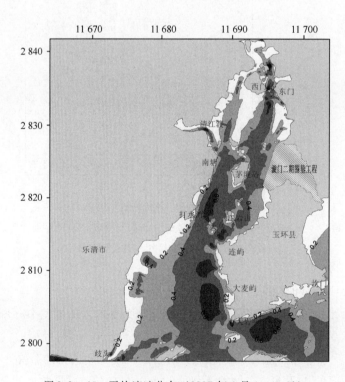

图 3.3 - 41　平均流速分布（2007 年 4 月 1—11 日）

量值在两个计算时期的分布均相近。

综上可见，两个计算时期（2006 年 8 月和 2007 年 4 月）的潮动力情况总体变化不大。

3.3.2 纳潮量的计算与分析

在上述潮流模型计算的基础上，进一步计算了乐清湾全湾和外湾、中湾以及内湾的纳潮量。计算表明，乐清湾纳潮量较大，经过一个全潮，2006 年 8 月的纳潮量在 $11.654 \times 10^8 \sim 29.9 \times 10^8 \ \mathrm{m}^3$，平均纳潮量为 $19.135 \times 10^8 \ \mathrm{m}^3$；2007 年 4 月的纳潮量在 $13.47 \times 10^8 \sim 22.67 \times 10^8 \ \mathrm{m}^3$，平均纳潮量为 $18.137 \times 10^8 \ \mathrm{m}^3$。详细的结果见图 3.3 – 42 和图 3.3 – 43 以及表 3.3 – 1 和表 3.3 – 2。

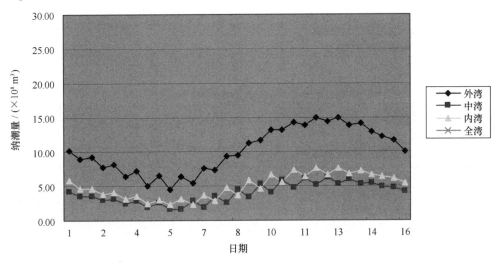

图 3.3 – 42 2006 年 8 月 1—16 日纳潮量变化过程

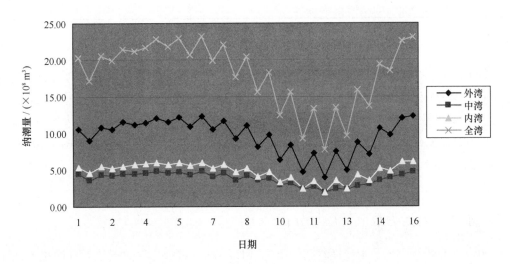

图 3.3 – 43 2007 年 4 月 1—16 日纳潮量变化过程

表 3.3 – 1 2006 年 8 月纳潮量计算结果

区块	外湾	中湾	内湾	全湾
平均纳潮量/ $\times 10^8$ m³	10.191	3.961	4.983	19.135
代表潮差/m	4.18			
潮差累积频率/%	48.00			
夏季小潮纳潮量/ $\times 10^8$ m³	6.274	2.443	2.937	11.654
代表潮差/m	2.61			
潮差累积频率/%	91.50			
夏季大潮纳潮量/ $\times 10^8$ m³	15.980	6.277	7.643	29.900
代表潮差/m	6.47			
潮差累积频率/%	0.90			

注：表中代表潮差及其累积频率计算数据采自坎门站。

表 3.3 – 2 2007 年 4 月纳潮量计算结果

区块	外湾	中湾	内湾	全湾
平均纳潮量/ $\times 10^8$ m³	9.620	3.755	4.761	18.137
代表潮差/m	3.85			
潮差累积频率/%	50.20			
春季小潮纳潮量/ $\times 10^8$ m³	7.280	2.838	3.352	13.470
代表潮差/m	2.62			
潮差累积频率/%	90.80			
春季大潮纳潮量/ $\times 10^8$ m³	12.230	4.720	5.720	22.670
代表潮差/m	4.78			
潮差累积频率/%	29.00			

注：表中代表潮差及其累积频率计算数据采自坎门站。

从以上图表给出的纳潮量计算结果，从空间上来看，两个计算时期乐清湾纳潮量的分布趋势相同，均为外湾最大，内湾和中湾较之外湾明显减少。从内湾和中湾的划分来看，内湾面积大于中湾，但由于中湾的潮差大于内湾，因此内湾和中湾的纳潮量量值总体相距不大。从时间上来看，2006 年 8 月的大潮纳潮量为 29.9×10^8 m³，大于 2007 年 4 月的 22.67×10^8 m³，而后者的小潮纳潮量（13.47×10^8 m³）则大于前者（11.654×10^8 m³），但两者的平均纳潮量较为相近，分别为 19.135×10^8 m³ 和 18.137×10^8 m³，变化在 5% 左右。

3.3.3 水体交换能力数值计算与分析

1996 年，Luff 等引入了半交换时间的概念（Half-life-time），类似于放射性同位素的半衰期，定义为某海域保守物质浓度通过对流扩散稀释为初始浓度一半所需的时间。该定义基于这样一个事实，海域内某物质的最终浓度为零几乎是不可能的。稀释的快慢代表了水质变化的速率，即代表了该海域的交换能力。

本研究在此半交换时间的概念基础上，利用保守物质的输移扩散模型，计算乐清湾海域内每个格点保守物质的扩散输移以及稀释的快慢，从而研究乐清湾海域的水体交换能力。

3.3.3.1　数值模型的建立

1）模型对流扩散方程

在上述水动力模型的基础上建立区域保守物质浓度输运的水交换模型，其控制方程如下：

$$\frac{\partial C}{\partial t} = \frac{\partial}{\partial x}\left(D_x \frac{\partial C}{\partial x} - v_x C\right) + \frac{\partial}{\partial y}\left(D_y \frac{\partial C}{\partial y} - v_y C\right)$$

式中：C——保守物质浓度，$\mathrm{mg/dm^3}$；

t——模拟时间，s；

D_x，D_y——分别是 x、y 方向的扩散系数，$D_x = D_y = 5.93 u_* h = 5.93\sqrt{g}\,|u|H/C$；

$v_x v_y$——分别是通过以上通过水动力模型计算得到的 x、y 方向的流速分量。

2）定解条件

（1）边界条件

闭边界条件：闭边界是流量和扩散为零的边界，且输移为零：$\dfrac{\partial C}{\partial n} = 0$

开边界条件：$\begin{cases} C(x_0, y_0, t) = 0 & \text{流入} \\ C(x_0, y_0, t) = \text{计算值} & \text{流出} \end{cases}$

水流条件自动从水流模型中得到。

（2）初始条件

图 3.3 – 44 显示了模型的初始条件情况。根据外海水质好于乐清湾水质的事实，以歧头—小门岛—大岩头一线为分界，在湾内选为 1 单位的浓度分布（图中显示为红色），湾外和边界均选为 0（图中显示为黄色）。

（3）其他条件

网格分布与水动力模型相同，时间步长为 60 s。

3.3.3.2　计算结果与分析

1）保守物质分布

根据上述保守物质模型，分别采用了两个计算时期大、中、小完整的连续潮汐过程作为计算潮型，计算得到了保守物质在计算水域中的扩散输移以及稀释过程。限于篇幅，图 3.3 – 45 至图 3.3 – 53 只显示了冬季（即 2006 年 8 月）整体 45 d 中每 5 天的保守物质分布情况。需要指出的是，每个格点上的保守物质的浓度值代表的不仅是其本身的浓度高低，同时也是此时当地水体交换程度的重要指标。

由图 3.3 – 45 可见，5 d 后，乐清湾外湾保守物质的浓度为 0.55 ~ 0.80 个单位，说明 5 d 后，外湾水域的交换达到 20% ~ 45%。中湾则在 0.8 ~ 0.95 个单位，相对于外湾，中湾的交换程度明显降低，只有 5% ~ 20%。内湾的绝大部分水域未能得到交换，保守物质浓度仍然为初始的 1 个单位。

10 d 后（图 3.3 – 46），外湾的浓度降低至 0.2 ~ 0.45 个单位，中湾为 0.40 ~ 0.60 个单

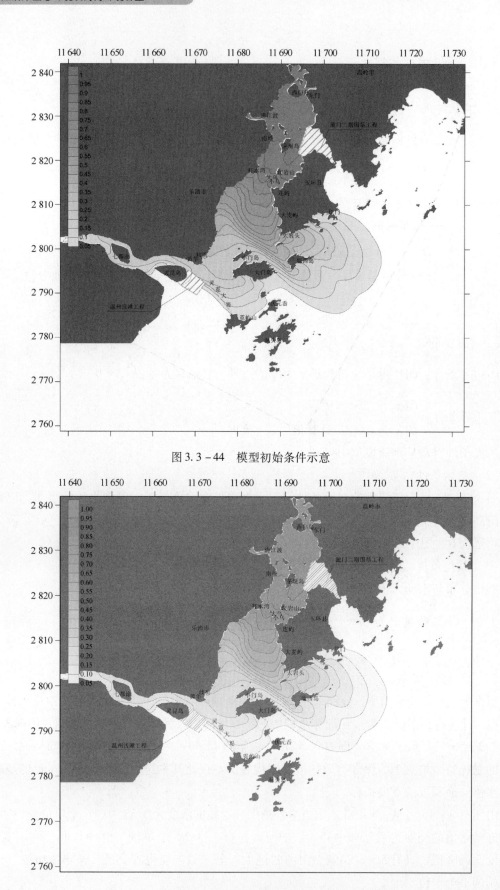

图 3.3 - 44　模型初始条件示意

图 3.3 - 45　5 d 后保守物质分布

位，内湾的水域已经得到一定的交换，浓度开始降低到 0.6 ~ 0.9 个单位。这个计算结果说明，外湾的水体交换率达到 55% ~ 80%，中湾也提高到 40% ~ 60%，内湾地区的交换率则为 10% ~ 40%。

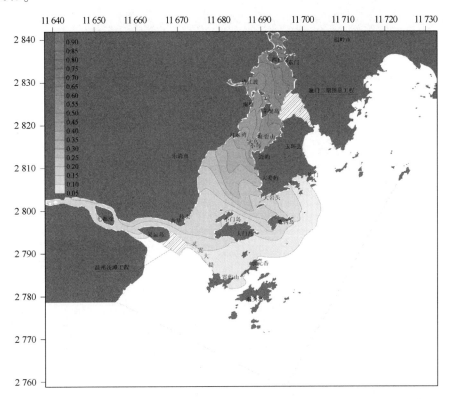

图 3.3 – 46　10 d 后保守物质分布

在半个月后，从图 3.3 – 47 中可见，湾内约 90% 以上水域的保守物质浓度已经降至 0.50 个单位以下，也就是说，这时，乐清湾内绝大多数水域的交换程度已经达到 50%。具体来说，外湾的浓度值为 0.15 ~ 0.25 个单位，交换率为 75% ~ 85%；中湾的浓度在 0.25 ~ 0.35 个单位，相应的交换率为 65% ~ 75%；内湾水域的浓度则为 0.35 ~ 0.55 个单位，其水体交换率为 45% ~ 65%。

到了 20 d 后（图 3.3 – 48），湾内水体的交换率全体达到了 50%，内湾的水体交换率相应升高的同时，外湾和中湾的浓度等值线一定程度上向外海推移。

经过 25 d 的水体交换过程（图 3.3 – 49），湾内的总体水交换程度已经达到 65% 以上。其中，外湾地区的浓度在 0.15 个单位以下，其水交换率已经超过 85%。中湾水域的浓度也控制在 0.2 个单位左右，水体交换率也可达 80 以上。内湾的交换程度相对外、中湾略低，为 70% 左右，具体的浓度值在 0.2 ~ 0.3 个单位。

图 3.3 – 50 显示了一个月后计算水域的保守物质浓度分布，其中浓度为 0.1 个单位的浓度等值线恰好在湾中，说明整个乐清湾 50% 的地区的水体交换率已经达到了 90%，外湾地区的浓度在 0.09 个单位以下，中湾为 0.09 ~ 0.12 个单位，内湾的最大浓度达到 0.18 个单位，相应的水体交换率分布为内湾 82% 以上，中湾 88% ~ 91%，外湾 91% 以上。

此后，在 30 ~ 35 d（图 3.3 – 51）的过程中，主要的水体交换变化在内湾水域，图 3.3 –

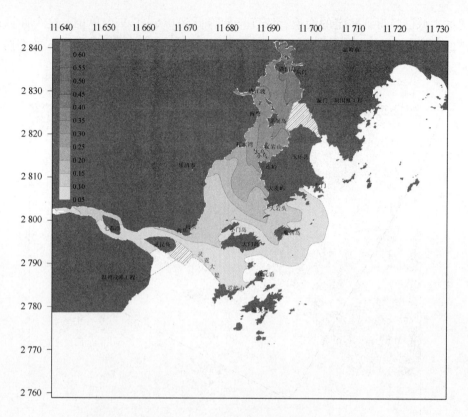

图 3.3 - 47　15 d 后保守物质分布

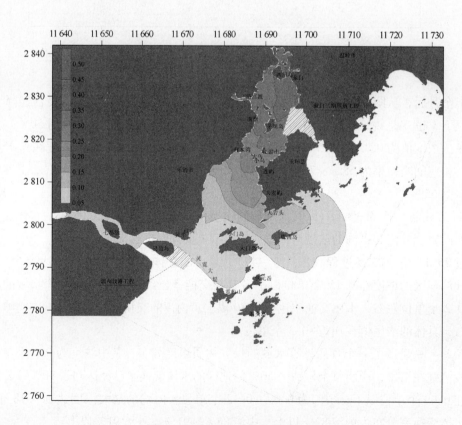

图 3.3 - 48　20 d 后保守物质分布

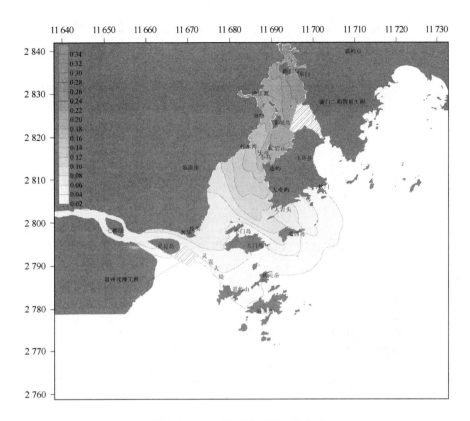

图 3.3 – 49 25 d 后保守物质分布

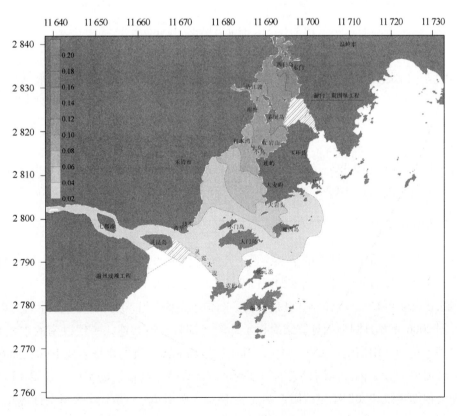

图 3.3 – 50 30 d 后保守物质分布

51 中浓度小于 0.1 个单位的等值线略向外推移，而内湾水域的浓度梯度明显降低，由一个月后的 0.12~0.18 个单位变化至 0.11~0.14 个单位，其相应的水交换率也由此升高至 86%。

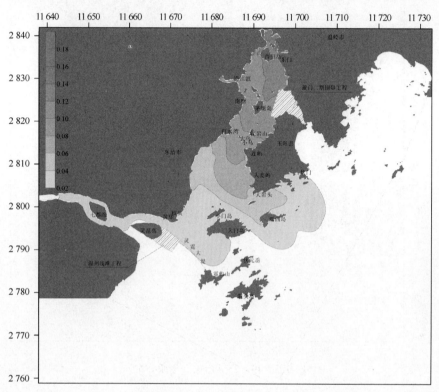

图 3.3 - 51　35 d 后保守物质分布

在 40 d 后（图 3.3 - 52），湾内除了湾顶绝小部分地区的浓度高于 0.1 个单位，其他都低于 0.1。外湾的浓度值降至 0.04 个单位左右，中湾为 0.06 个单位左右，内湾则大多在 0.08 个单位左右变化。这说明，外湾、中湾、内湾的水体交换率已经分别达到了 96%、94% 和 92% 左右。

经过漫长的 45 d（图 3.3 - 53），乐清湾湾内所有的浓度值都控制在了 0.1 个单位以下，绝大部分水域的浓度值在 0.02~0.04 个单位，相应的水交换率为 96%~98%。

2）水体交换时间

通过以上保守物质浓度计算的结果，进一步统计湾内水体交换率分别达到 50% 和 90% 的时间，称为水体交换时间。计算结果如下图 3.3 - 54 和图 3.3 - 55 所示。

由图 3.3 - 54 可知，乐清湾从湾口至湾顶水体交换率达到 50% 的时间自外湾向内湾逐渐增加。根据 2006 年 8 月潮型的计算结果显示外湾（即打水湾和连屿一线以南的水域）在 9 d 以内就可基本达到，中湾则需要 9~11 d，其中江岩岛北部附近的水域需要 10 d，而在茅埏岛左右的水域需要 11 d。内湾离湾口最远的湾顶区域，即西门岛以北的水域，需要 13 d 以上的时间，在湾顶湖雾镇和大荆镇岸线附近则需要 18 d。根据 2007 年 4 月的潮型计算结果表明，外湾和中湾的交界处，打水湾和连屿一线的水体交换率达到 50% 的时间在 9~10 d，此线以南的外湾水域所需的时间基本在 9 d 以内；中湾大、小乌岛需要 10 d，江岩山附近需要 11 d，

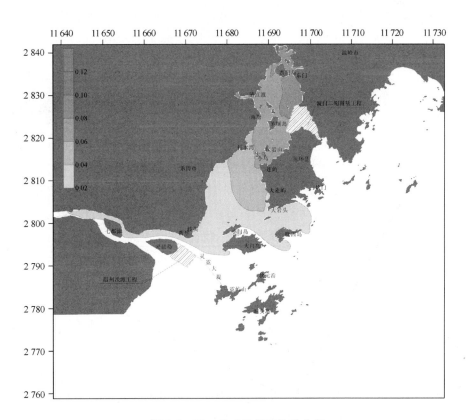

图 3.3 – 52　40 d 后保守物质分布

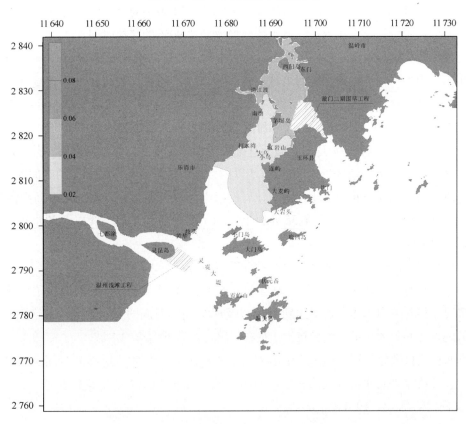

图 3.3 – 53　45 d 后保守物质分布

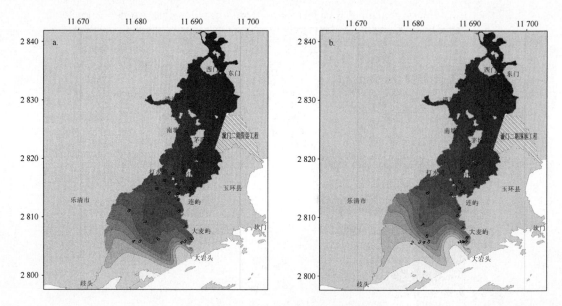

图 3.3 – 54　50% 水体交换时间分布（d）

a. 2006 年 8 月；b. 2007 年 4 月

到了茅埏岛附近则需要 12 ~ 13 d；内湾水体达到 50% 交换率的时间在 12 d 以上，西门岛附近已达 14 ~ 15 d，再往北的湾顶水域则需要 18 ~ 19 d。

　　图 3.3 – 55a 和图 3.3 – 55b 显示的是水体交换率达到 90% 的交换时间分布图。根据 2006 年 8 月潮型计算所得的结果显示，外湾水体交换率到达 90% 的交换时间在 27 d 以内，其中湾口西侧的黄华歧头附近仅需 6 d 左右，接近大、小乌岛附近的水域需要 27 d 才能达到 90% 的水体交换率。中湾，在江岩山以南的水域需要 27 ~ 29 d，而在江岩山以北至茅埏岛的水域则在 30 ~ 34 d，因此中湾水交换率达到 90% 需要 27 ~ 34 d。内湾的相应水体交换时间为 33 ~ 41 d。从图 3.3 – 55 中可以看出，在东门和西门岛的北面水域当到达 90% 的交换率时，需要 37 ~ 41 d 的时间。以 2007 年 4 月的潮型为基础进行水体交换的计算结果表明，外湾的大部分水域水体交换率到达 90% 所需的时间在 28 d 以内，其中黄华歧头一带所需的时间亦在 6 d 左右；中湾所需的时间随空间的变化较大，江岩山以南为 28 ~ 30 d，以北至茅埏岛则需 31 ~ 35 d；内湾所需的时间较长，基本都在 35 d 以上，到了西门岛和东门一线以北的水域，水体交换率达到 90% 的时间需要 38 ~ 41 d。

　　综合以上对乐清湾湾内水体交换时间的计算以及分析可以得到以下结论。

　　以两个计算时期（2006 年 8 月和 2007 年 4 月）的潮型为基础，分别模拟了乐清湾的水体交换情况，得到湾内水体交换率达到 50% 以及 90% 所需时间的空间分布基本趋于一致，且具体量值的差异亦不大，最大差异在 1 d 左右，出现在靠近内湾的水域。

　　根据水体交换数值计算的结果，乐清湾内水体交换率达到 50% 所需的时间由湾口至湾顶逐渐递增，外湾（即打水湾和连屿一线以南的水域）在 9 d 以内就可基本达到，中湾则需要 9 ~ 13 d，内湾需要 13 ~ 19 d。

　　水体交换率到达 90% 需要更长的时间，由水体交换数值计算的结果，乐清湾外湾的大部分水域能在 28 d 以内完成，中湾需要 31 ~ 35 d，内湾所需的时间为 34 ~ 41 d。

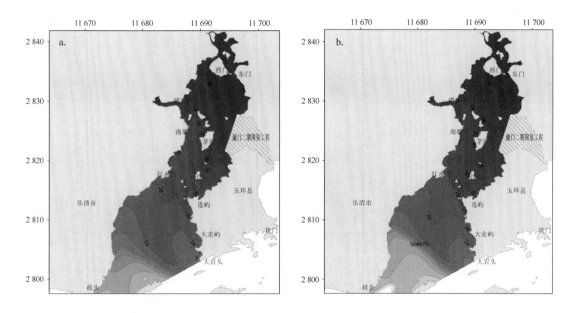

图 3.3 – 55　90% 水体交换时间分布（单位：h）

a. 2006 年 8 月；b. 2007 年 4 月

3.3.4　乐清湾污染源估算和预测

陆源污染是造成我国近岸海域污染的重要原因。陆源污染源按空间分布可分为点源和非点源。一般认为，点源是指有固定排污口的工业污染源；非点源则主要包括生活污染、畜禽粪便污染、农业化肥污染和水土流失引起的污染四个方面。陆源污染物随地表径流、入海排污口排放等方式进入海洋，带来有机质、营养盐、油类、重金属等大量污染物，造成海域环境质量下降。

海水养殖污染是近岸海域污染的另一重要原因。海水养殖中投放的饵料不能被充分利用，残饵、养殖生物排泄物、生物体残骸等的分解大量消耗溶解氧，并为水体带来丰富的营养盐和有机质，造成水质恶化并污染底质。同时，丰富的营养盐使得浮游植物大量繁殖，易引发赤潮。

乐清湾沿岸地区人口稠密，工业发达，海水养殖业兴盛。不例外的，乐清湾的污染主要来自于陆源污染和海水养殖污染两大部分。

3.3.4.1　陆源污染

1）计算方法

按自然属性，将研究区海区和周边陆域汇水区进行了划分，共分内湾、中湾、外湾 3 个海区和 10 个汇水区，汇水区划分详见图 3.3 – 56。

（1）工业污染

乐清湾沿岸三县市工业废水排放达标率较高，据各县市年鉴，2005 年乐清市工业废水排放达标率达 100%，温岭市工业废水排放达标率达 96%，玉环县工业废水排放达标率达 92%。一般情况下，工业废水经处理达标后，废水中残留的有机成分多为难降解有机物，在自然条件下较难通过生物作用等进一步净化，其去除多表现为吸附等物理作用，考虑上述因素，

503

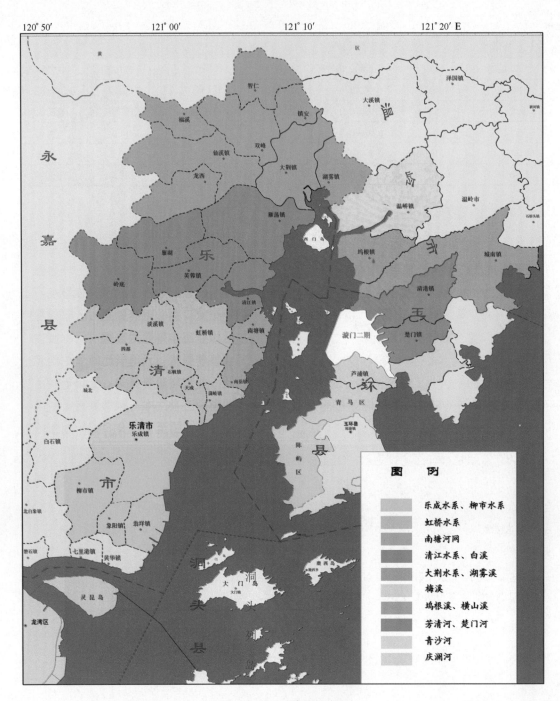

图3.3 - 56 乐清湾汇水区

COD_Cr 入海量以其排放量的80%计。

因按乡镇调查的数据获取难度较大，只得到部分乡镇的工业 COD_{Cr} 排放量。在此不再对工业污染源做进一步的推算，这是因为：①研究区大部分属于农村地区，工业污染源较少；②大量研究结果表明，工业污染源在近岸海域污染中的污染负荷总量相对较小，不会对陆源污染的总体估算结果造成太大的影响。如由荷兰、英国、美国3家国际咨询公司于1996年完成的世界银行"杭州湾环境研究项目"，在对长江口、杭州湾及舟山渔场地区大范围河口海洋区域作了详细调查后认为：入海无机氮的75%来自粪肥和化肥，20%来自生活和其他（非人为的陆上污染源），而只有5%来自工业；入海总磷的27%来自粪肥和化肥，14%来自生活，59%来自其他（指由于水土流失而进入水中附着于土壤上的磷），工业来源几乎为零。陈克亮等对2005年厦门市海岸带及其近岸海域污染负荷的估算表明，在工业废水、生活污水、农田废水、禽畜养殖废水、旅游业废水等各种污染源中，来自工业废水的污染物所占比例较低，COD_{Cr}占污染物总量的16.2%，氨氮占总量的16.7%，总磷占总量的6.9%。

（2）生活污染

生活污染包括生活污水和人粪尿污染。近年来，随着工业废水处理率和达标排放率的不断提高，以及人们生活水平的改善，生活污染在陆源污染中所占的比例越来越大，在不少地区已超过工业废水，成为对环境质量的主要威胁。

生活污染的产生量有两种计算方法：一是排污系数法，即由试验研究得到的人均排污系数乘以人口得到；二是综合污水法，即根据调查得到人均综合用水量，再乘以人口和多年平均生活污水水质得到。本节采用第一种方法。

生活排污系数主要参考水利部太湖流域管理局在"太湖流域河网水质研究"中和张大弟在上海郊区的相关研究中的结果（表3.3-3）。

表3.3-3　人粪尿和生活污水污染物排放系数　　　　　　　　　　单位：kg/（a·人）

污染源	COD_{Cr}	BOD_5	总氮	总磷
农村生活污水	5.84	3.39	0.584	0.146
城镇生活污水	7.30	4.24	0.730	0.183
人粪尿	13.52	7.84	2.816	0.483

生活污水入海量的计算应考虑到其产生量的处理率和净化率。因研究区尚无生活污水处理厂，处理率主要指化粪池的处理率；净化率是指污染物在入海前发生的复杂的物理、化学和生物的自然净化作用。参照文献中参数的确定和研究的经验，考虑到乐清湾周边陆域以农村居民为主，城镇居民所占比例小，人粪尿以10%进入水环境计算。生活污水的化粪池处理率和自然净化率分别以25%和30%计。

（3）禽畜养殖污染

禽畜养殖污染也是农业面源污染的重要组成部分。和生活污染计算类似，畜禽养殖污染也采用排污系数法。根据国家环保总局文件《关于减免家禽业排污费等有关问题的通知》（环发〔2004〕43号）中附表2禽畜养殖排污系数表（表3.3-4和表3.3-5），确定各类禽畜的污染物排放系数（表3.3-4）。

表3.3-4　畜禽粪便排泄系数

项目	单位	牛	猪	鸡	鸭
粪	kg/d	20.0	2.0	0.12	0.13
	kg/a	7 300.0	398.0	25.2	27.3
尿	kg/d	10.0	3.3	—	—
	kg/a	3 650.0	656.7	—	—
饲养周期	d	365	199	210	210

表 3.3 – 5　畜禽粪便中污染物平均含量　　　　　　　　　　　　单位：kg/t

项目	COD	BOD$_5$	NH$_3$ – N	总磷	总氮
牛粪	31.0	24.53	1.7	1.18	4.37
牛尿	6.0	4.0	3.5	0.40	8.0
猪粪	52.0	57.03	3.1	3.41	5.88
猪尿	9.0	5.0	1.4	0.52	3.3
鸡粪	45.0	47.9	4.78	5.37	9.84
鸭粪	46.3	30.0	0.8	6.20	11.0

　　羊和兔因缺乏相关资料，根据浙江省地方标准《畜禽养殖业污染物排放标准》（DB 33/593—2005）中"对具有不同畜禽种类的养殖场和养殖区，其规模可将鸡、鸭、牛等畜禽种类的养殖量换算成猪的养殖量，换算比例为：30 只蛋鸡、30 只鸭、15 只鹅、60 只肉鸡、30只兔、3 只羊折算成 1 头猪，1 头奶牛折算成 10 头猪，1 头肉牛折算成 5 头猪。根据换算后的总养殖量确定畜禽养殖场和养殖区的规模级别，并按本标准的规定执行"，在本文中将羊的污染物排放系数按猪的 1/3 计算，将兔的排放系数按家禽的排放系数计算。

　　和生活污染一样，计算禽畜污染物的入海量，要再考虑各污染物的流失率和降解率。丁训静等在"太湖流域污染负荷模型研究"中通过调查和试验得到禽畜粪尿中污染物的流失率为 5.06% ~ 19.44%，刘智慧在"畜牧业对大伙房水库水质的影响"研究中通过调查得出该水库上游地区禽畜粪尿总体流失率在 10% 左右，在此取禽畜污染物流失率为 15%。参考《宁波市象山港海洋环境容量及总量控制研究报告》，禽畜污染物的自然降解率取 50%。计算得各禽畜污染物排放系数（表 3.3 – 6）。将入海系数乘以调查得到的各汇水区的畜禽数，即可计算得出畜禽污染物入海系数（表 3.3 – 7）。

表 3.3 – 6　各禽畜污染物排放系数　　　　　　　　　　　单位：kg/（a·头）

禽畜种类	COD$_{Cr}$	BOD$_5$	总磷	总氮
牛	248.20	193.67	10.07	61.10
羊	8.87	8.66	0.57	1.50
猪	26.61	25.98	1.70	4.51
家禽	1.20	1.01	0.15	0.27
兔	1.20	1.01	0.15	0.27

表 3.3 – 7　各禽畜污染物入海系数　　　　　　　　　　　单位：kg/（a·只）

禽畜种类	COD$_{Cr}$	BOD$_5$	总磷	总氮
牛	18.62	14.53	0.76	4.58
羊	0.67	0.65	0.04	0.11
猪	2.00	1.95	0.13	0.34
家禽	0.09	0.08	0.01	0.02
兔	0.09	0.08	0.01	0.02

（4）农业化肥污染

化学肥料施入土壤后，通过淋溶、挥发、地表径流等方式损失，进入土壤、水体或大气中，只有小部分被作物吸收。因此，农业化肥污染也是农村地区面源污染的重要组成之一。

调查资料给出了各乡镇的水田、旱地和园地面积，据参考文献"浙江省化肥、农药污染状况及防治对策研究"，2000年浙江省施用化肥水田面积占水田总面积的98.7%，施用化肥旱地面积占旱地总面积的94.4%，施用化肥园地面积占园地总面积的88.4%，单位面积氮肥、磷肥施用情况见表3.3－8。

表3.3－8　化肥施用量　　　　　　　　　　　　　　　　　　　　单位：kg/hm²

施用量	水田	旱田	园地
氮肥（折纯）	313.69	257.47	231.79
磷肥（折纯）	88.15	92.18	67.22

根据文献，氮肥、磷肥流失率分别取20%和4.5%。计算时认为流失即进入水体。

（5）水土流失污染

泥沙既是污染物又是其他污染物的载体，泥沙量与污染物的发生量有一定的相关性，通过计算流失的土壤量、原土壤表层养分含量和流失土壤的养分富集比，就可得到氮、磷和COD_{Cr}等污染物的发生量。如果再考虑输送因子，就可获得最终进入受纳水体的面源负荷量。

①土壤流失量。一般情况下，影响土壤侵蚀的主要变量有气候、土壤特征、植被、降雨、气温、地势和人类活动等。本次工作采用《湖泊富营养化调查规范》上所给出的计算公式：

$$X = 1.29KE(LS)CP \tag{3.3－1}$$

式中：X——土壤流失量，t/hm^2；

　　　　E——降雨/径流侵蚀指数，$\times 10^2\ m \cdot t \cdot cm/(hm^2 \cdot h)$；

　　　　K——土壤侵蚀性参数，t/hm^2单位E；

　　　　LS——地形参数；

　　　　C——植被覆盖参数；

　　　　P——管理参数。

由于各汇水区域地形条件不一，对各汇水区参数确定均有难度，根据《浙江省水土保持总体规划》，该区域与象山港同属浙东沿海岛屿区，计算时，参阅东海海洋工程勘察设计研究院《宁波市象山港海洋环境容量及总量控制研究报告》，取E值为344.08，K值为0.32，LS为2.098，C为0.20，P为0.35，计算得X值为20.86，即乐清湾周边汇水区的平均土壤年侵蚀量为每20.86 t/hm^2，总体上属轻度侵蚀。

②污染物负荷计算。非点源流失的污染物可分为固态（吸附态）和溶解态两类。固态污染物常常是附着在泥沙颗粒上，随泥沙一起迁移。溶解态污染物质则溶于地表径流中。在本项目研究中，起主要作用的是溶解态污染物。吸附态氮、磷输入海域后一般将随泥沙沉降到海底，如果底质再悬浮时，可能释放部分的可溶污染物。在此，我们只计算溶解态的污染物。

为简化计算，用入海百分率计算溶解态污染物负荷。入海百分率是综合考虑污染物从土壤中溶出、随径流迁移转化吸附沉降，包括物理、化学和生物过程在内的污染物的最终入海量占其产生量之百分数。参照《宁波市象山港海洋环境容量及总量控制研究报告》，确定氮的入海百分比为40%，磷的入海百分比为20%。

汇水区各污染物入海量的计算公式如下：

$$L = X \cdot \rho \cdot \eta \cdot A \tag{3.3-2}$$

式中：L——污染物入海量，t/a；

X——单位面积侵蚀量，t/（$hm^2 \cdot a$）；

η——各污染物入海百分率，%；

A——土壤面积，hm^2；

ρ——土壤中污染物百分含量，%。

根据《玉环县农业区划数据集》，玉环县土壤中全氮含量范围为0.010%~0.259%；全磷含量范围为0.011%~0.069%；有机质含量范围为0.15%~4.14%；综合考虑参考文献研究结果，乐清湾地区土壤平均含氮率取0.18%，平均含磷率取0.043%，平均有机质含量取3.07%。

通常水土流失引起的非点源污染研究只考虑氮、磷营养盐，但在本项目研究中，COD_{Cr}将作为总量控制规划的重要污染物指标，因此有必要估算水土流失对COD_{Cr}的负荷贡献。

根据化学反应式：

$$C_nH_{2n+2} + \left(n + \frac{n+1}{2}\right)O_2 \rightarrow nCO_2 + (n+1)H_2O \tag{3.3-3}$$

可知，碳和氧的原子比约为1:3，重量比为1:4。即可通过土壤中碳含量推算其化学需氧量。

土壤碳含量可用土壤有机质含量计算。因为土壤有机质与有机化合物一样是由碳、氢、氧、氮和硫等非金属元素所组成。碳是有机质最主要的成分。

根据文献中土壤碳储量的计算方法，公式为：

碳含量 = 有机质含量 × Bemmelen换算系数

= 3.066 25% × 0.58 gC/gSOC = 1.778 45% （3.3-4）

此为有机碳中碳的百分比，另据文献上式中无机碳的转换系数为0.012，因其所占比例小，且无机碳以碳酸钙为主，难以从土壤中溶出，在计算时忽略不计。因此，水土流失引起的化学需氧量污染负荷计算公式为：

$$L = 4 \cdot X \cdot \rho \cdot \eta \cdot A \tag{3.3-5}$$

式中：4——碳和COD_{Cr}的转换系数；

ρ——土壤中的碳含量，%；

其他各字母意义同公式（3.3-2）。

一般来说，污水中的COD_{Cr}均由两部分组成：可生化降解有机物的化学需氧量COD_B与不可生化降解有机物的化学需氧量COD_{NB}，用数学表达式即为：

$$COD_{Cr} = COD_B + COD_{NB}$$

水土流失引起的泥沙中以大量生物难以降解的有机质为主，即COD_{NB}部分，仅对COD_{Cr}而不对BOD_5做贡献，因此不计算水土流失引起的BOD_5。

2）计算结果

陆源污染物入海量计算结果按乡镇列表见表3.3-9至表3.3-12，按汇水区列表见表3.3-13，按海区列表见表3.3-14。各汇水区COD_{Cr}、总氮、总磷入海量及其来源组成分别

508

如图 3.3 –57 至图 3.3 –59 所示。

表 3.3 –9 乐清湾汇水区各乡镇陆源污染源估算结果（COD_{Cr}）   单位：t/a

海区	汇水区	乡镇名称	工业	生活	禽畜	水土流失	合计
内湾	5	湖雾镇	20.7	88.49	8.18	115.4	232.77
		大荆镇	544.18	294.56	20.45	186.36	1045.55
		福溪乡	—	27.63	4.44	34.57	66.64
		仙溪镇	—	118.75	8.04	107.61	234.4
		镇安乡	—	65.21	6.05	51.98	123.24
		双峰乡	75.58	103.77	6.55	72.39	258.29
		智仁乡	—	86.26	8.44	64.85	159.55
		龙西乡	—	56.78	3.45	83.69	143.92
	4	雁荡镇	2.46	235.26	38.05	193.9	469.67
		清江镇	24.62	161.21	30.12	162.45	378.4
		芙蓉镇	36.06	114.97	15.54	110.07	276.64
		岭底乡	—	76.46	10.08	143.34	229.88
		雁湖乡	—	72.13	4.95	58.48	135.56
	6	温峤镇	142.12	276.36	49.82	341.92	810.22
	7	坞根镇	10.24	113.19	95.65	194.03	413.11
		城南镇（1/2）	—	163.8	30.55	249.26	443.61
	8	清港镇	39.52	210.39	24.14	263.42	537.47
		楚门镇	17.02	225.69	8.7	135.81	387.22
		海山乡（1/2）	—	15.07	0.88	14.3	30.25
中湾	3	南塘镇	9.62	98.4	29.46	86.16	223.64
		南岳镇	—	108.27	17.58	96.82	222.67
	9	芦浦镇（1/2）	1.52	36.36	3.14	38.02	79.04
		珠港镇部分（青马）	—	22.68	6.81	38.99	68.48
		海山乡（1/2）	—	15.07	0.88	14.3	30.25
外湾	2	淡溪镇	7.62	113.66	16.66	112.15	250.09
		虹桥镇	182.95	451.01	24.57	305.53	964.06
		石帆镇	333.37	146.76	11.84	175.44	667.41
		蒲岐镇	15.86	152.1	8.37	95.26	271.59
		四都乡	—	66.29	18.02	84.86	169.17
		天成乡	—	85.53	20.32	70.96	176.81
	1	乐成镇	38.12	704.56	53.06	277.98	1073.72
		翁垟镇	25.42	249.92	27.78	149.58	452.7
		柳市镇	113.44	456.06	22.02	209.23	800.75
		象阳镇	9.53	159.24	14.27	119.56	302.6
	10	珠港镇陈屿区	73.18	267.04	31.24	233.79	605.25

注："—"表示缺调查资料。由于城南镇、芦浦镇西濒乐清湾，东濒东海，估算时将其陆源污染按1/2汇入乐清湾计。海山乡由于跨内湾和中湾，故将其陆源污染一半计入内湾，一半计入中湾。表3.3 –10 至表3.3 –12 同。

表 3.3 – 10　乐清湾汇水区各乡镇陆源污染源估算结果（BOD$_5$）　　　　单位：t/a

海区	汇水区	乡镇名称	生活	禽畜	合计
内湾	5	湖雾镇	51.35	7.3	58.65
		大荆镇	170.94	18.53	189.47
		福溪乡	16.03	3.9	19.93
		仙溪镇	68.91	7.38	76.29
		镇安乡	37.84	5.39	43.23
		双峰乡	60.22	5.96	66.18
		智仁乡	50.06	7.84	57.9
		龙西乡	32.95	2.91	35.86
	4	雁荡镇	136.52	34.49	171.01
		清江镇	93.55	26.32	119.87
		芙蓉镇	66.72	14	80.72
		岭底乡	44.37	8.42	52.79
		雁湖乡	41.86	4.42	46.28
	6	温峤镇	160.38	44.87	205.25
	7	坞根镇	65.69	87.4	153.09
		城南镇（1/2）	95.05	28.08	123.13
	8	清港镇	122.09	22.07	144.16
		楚门镇	131	8.3	139.3
		海山乡（1/2）	8.75	0.83	9.58
中湾	3	南塘镇	57.1	26.68	83.78
		南岳镇	62.83	15.21	78.04
	9	芦浦镇（1/2）	21.1	2.82	23.92
		珠港镇部分（青马）	13.16	6.32	19.48
		海山乡（1/2）	8.75	0.83	9.58
外湾	2	淡溪镇	65.96	15.01	80.97
		虹桥镇	261.75	22.27	284.02
		石帆镇	85.17	10.65	95.82
		蒲岐镇	88.26	7.42	95.68
		四都乡	38.47	16.4	54.87
		天成乡	49.64	18.76	68.4
	1	乐成镇	408.93	47.89	456.82
		翁垟镇	145.03	25.52	170.55
		柳市镇	264.67	20.36	285.03
		象阳镇	92.41	12.63	105.04
	10	珠港镇陈屿区	155.01	28.47	183.48

表 3.3-11 乐清湾汇水区各乡镇陆源污染源估算结果（TN）　　　　单位：t/a

海区	汇水区	乡镇名称	生活	禽畜	化肥	水土流失	合计
内湾	5	湖雾镇	11.77	1.74	44.4	13.34	71.25
		大荆镇	39.06	4.23	79.92	21.54	144.75
		福溪乡	3.68	0.93	12.91	4	21.52
		仙溪镇	15.79	1.57	41.44	12.44	71.24
		镇安乡	8.68	1.24	21.29	6.01	37.22
		双峰乡	13.8	1.31	30.93	8.37	54.41
		智仁乡	11.48	1.63	25.57	7.49	46.17
		龙西乡	7.55	0.77	29.44	9.67	47.43
	4	雁荡镇	31.26	7.92	78.42	22.41	140.01
		清江镇	21.42	6.69	68.41	18.77	115.29
		芙蓉镇	15.28	3.24	44.85	12.72	76.09
		岭底乡	10.17	2.27	50.85	16.57	79.86
		雁湖乡	9.6	1	23.86	6.76	41.22
	6	温峤镇	36.7	10.48	139.38	39.52	226.08
	7	坞根镇	15.05	19.78	78.94	22.42	136.19
		城南镇	21.79	6.11	93.09	28.81	149.8
	8	清港镇	27.95	4.97	105.11	30.44	168.47
		楚门镇	29.41	1.59	55.47	15.7	102.17
		海山乡（1/2）	2	0.16	5.75	1.65	9.56
中湾	3	南塘镇	13.09	6.02	37.46	9.96	66.53
		南岳镇	14.41	3.89	41.58	11.19	71.07
	9	芦浦镇（1/2）	4.84	0.68	15.44	4.4	25.36
		珠港镇部分（青马）	3	1.33	16.42	4.51	25.26
		海山乡（1/2）	2	0.16	5.75	1.65	9.56
外湾	2	淡溪镇	15.12	3.48	45.32	12.96	76.88
		虹桥镇	59.54	5	136.41	35.31	236.26
		石帆镇	19.53	2.5	79.13	20.28	121.44
		蒲岐镇	20.23	1.78	44.51	11.01	77.53
		四都乡	8.82	3.68	34.21	9.81	56.52
		天成乡	11.38	3.98	33.75	8.2	57.31
	1	乐成镇	92.44	11	123.31	32.13	258.88
		翁垟镇	33.21	5.6	69.47	17.29	125.57
		柳市镇	60.44	4.27	95.66	24.18	184.55
		象阳镇	21.18	3.06	89.73	13.82	127.79
	10	珠港镇陈屿区	34.65	6.25	55.52	27.02	123.44

表 3.3－12　乐清湾汇水区各乡镇陆源污染估算结果（TP）　　　　单位：t/a

海区	汇水区	乡镇名称	生活	禽畜	化肥	水土流失	合计
内湾	5	湖雾镇	2.5	0.7	3.11	1.59	7.9
		大荆镇	8.32	1.78	5.4	2.57	18.07
		福溪乡	0.78	0.26	0.89	0.48	2.41
		仙溪镇	3.36	0.53	2.77	1.49	8.15
		镇安乡	1.84	0.38	1.4	0.72	4.34
		双峰乡	2.93	0.46	2.04	1	6.43
		智仁乡	2.44	0.63	1.76	0.9	5.73
		龙西乡	1.61	0.18	1.97	1.16	4.92
	4	雁荡镇	6.65	3.48	5.24	2.68	18.05
		清江镇	4.56	2.77	4.54	2.24	14.11
		芙蓉镇	3.25	1.35	2.91	1.52	9.03
		岭底乡	2.16	0.5	3.4	1.98	8.04
		雁湖乡	2.04	0.28	1.57	0.81	4.7
	6	温峤镇	7.81	4.51	9.4	4.72	26.44
	7	坞根镇	3.2	9.25	5.33	2.68	20.46
		城南镇	4.63	2.55	6.51	3.44	17.13
	8	清港镇	5.95	2.28	6.95	3.64	18.82
		楚门镇	6.33	0.65	3.67	1.87	12.52
		海山乡（1/2）	0.43	0.06	0.41	0.2	1.1
中湾	3	南塘镇	2.78	2.32	2.42	1.19	8.71
		南岳镇	3.06	1.38	2.7	1.34	8.48
	9	芦浦镇（1/2）	1.03	0.32	1.05	0.53	2.93
		珠港镇部分（青马）	0.64	0.54	1.09	0.54	2.81
		海山乡（1/2）	0.43	0.06	0.41	0.2	1.1
外湾	2	淡溪镇	3.21	1.43	2.95	1.55	9.14
		虹桥镇	12.71	1.93	8.72	4.22	27.58
		石帆镇	4.15	1.09	5.05	2.42	12.71
		蒲岐镇	4.3	0.67	2.87	1.31	9.15
		四都乡	1.87	1.51	2.27	1.17	6.82
		天成乡	2.42	1.52	2.14	0.98	7.06
	1	乐成镇	19.81	4.46	8.13	3.84	36.24
		翁垟镇	7.06	2.44	4.49	2.06	16.05
		柳市镇	12.87	1.6	6.2	2.89	23.56
		象阳镇	4.5	1.17	3.56	1.65	10.88
	10	珠港镇陈屿区	7.47	2.28	6.37	3.23	19.35

表 3.3－13 乐清湾各汇水区陆源污染估算结果

单位：t/a

污染物	污染源	汇水区 1	汇水区 2	汇水区 3	汇水区 4	汇水区 5	汇水区 6	汇水区 7	汇水区 8	汇水区 9	汇水区 10
COD_{Cr}	工业	186.51	539.8	9.62	63.14	640.46	142.12	10.24	56.54	1.52	73.18
	生活	1 569.78	1 015.35	206.67	660.03	841.45	276.36	276.99	451.15	74.11	267.04
	畜禽	117.13	99.78	47.04	98.74	65.6	49.82	126.2	33.72	10.83	31.24
	水土流失	756.35	844.2	182.98	668.24	716.85	341.92	443.29	413.53	91.31	233.79
	合计	2 629.77	2 499.13	446.31	1 490.15	2 264.36	810.22	856.72	954.94	177.77	605.25
BOD_5	生活	911.04	589.25	119.93	383.02	488.30	160.38	160.74	261.84	43.01	155.01
	畜禽	106.40	90.51	41.89	87.65	59.21	44.87	115.48	31.20	9.97	28.47
	合计	1 017.44	679.76	161.82	470.67	547.51	205.25	276.22	293.04	52.98	183.48
TN	生活	207.27	134.62	27.49	87.73	111.81	36.70	36.84	59.36	9.84	34.65
	畜禽	23.93	20.42	9.91	21.12	13.42	10.48	25.89	6.72	2.17	6.25
	化肥	378.17	373.33	79.04	266.39	285.9	139.38	172.03	166.33	37.61	55.52
	水土流失	87.42	97.57	21.15	77.23	82.86	39.52	51.23	47.79	10.56	27.02
	合计	696.79	625.94	137.59	452.47	493.99	226.08	285.99	280.2	60.18	123.44
TP	生活	44.24	28.66	5.84	18.66	23.78	7.81	7.83	12.71	2.10	7.47
	畜禽	9.67	8.15	3.70	8.38	4.92	4.51	11.80	2.99	0.92	2.28
	化肥	22.38	24.00	5.12	17.66	19.34	9.40	11.84	11.03	2.55	6.37
	水土流失	10.44	11.65	2.53	9.23	9.91	4.72	6.12	5.71	1.27	3.23
	合计	86.73	72.46	17.19	53.93	57.95	26.44	37.59	32.44	6.84	19.35

表 3.3-14　乐清湾各海区陆源污染估算结果　　　　　　　　　　单位：t/a

海区	汇水区	COD$_{Cr}$	BOD$_5$	TN	TP
内湾	4	1 490.15	470.67	452.47	53.93
	5	2 264.36	547.51	493.99	57.95
	6	810.22	205.25	226.08	26.44
	7	856.72	276.22	285.99	37.59
	8	954.94	293.04	280.20	32.44
	合计	6 376.39	1 792.69	1 738.73	208.35
中湾	3	446.31	161.82	137.59	17.19
	9	177.77	52.98	60.18	6.84
	合计	624.08	214.80	197.77	24.03
外湾	1	2 629.77	1 017.44	696.79	86.73
	2	2 499.13	679.76	625.94	72.46
	10	605.25	183.48	123.44	19.35
	合计	5 734.15	1 880.68	1 446.17	178.54
全湾合计		12 734.62	3 888.17	3 382.67	410.92

　　各汇水区中，COD$_{Cr}$ 入海量最大的为汇水区 1，其次为汇水区 2 和汇水区 5，均在 2 000 t/a 以上；COD$_{Cr}$ 入海量最小的为汇水区 9，其次为汇水区 3，均小于 500 t/a。各汇水区 COD$_{Cr}$ 源强组成有所不同，但基本以生活污染和水土流失污染为主，工业污染和禽畜养殖污染所占比例较小。

　　各汇水区中，总氮入海量最大的为汇水区 1，其次为汇水区 2 和汇水区 5，均在 500 t/a 以上；总氮入海量最小的为汇水区 9，小于 100 t/a，其次为汇水区 3 和汇水区 10，小于 200 t/a。各汇水区总氮源强组成有所不同，但基本以农业化肥污染所占比例最大，约 50% 强。

　　各汇水区中，总磷入海量最大的为汇水区 1，其次为汇水区 2、汇水区 5 和汇水区 4，均在 50 t/a 以上；总磷入海量最小的为汇水区 9，小于 10 t/a，其次为汇水区 3 和汇水区 10，小于 20 t/a。各汇水区总磷源强组成有所不同，但基本以生活污染和农业化肥污染为主，水土流失污染和禽畜养殖污染所占比例较小。

　　由表 3.3-14 可见，内湾、中湾、外湾 COD$_{Cr}$ 入海量分别占全湾的 50.1%、4.9% 和 45.0%，BOD$_5$ 入海量分别占全湾的 46.1%、5.4% 和 48.4%，总氮入海量分别占全湾的 51.4%、5.8%、42.8%，总磷入海量分别占全湾的 50.7%、5.8% 和 43.4%。大致上以内湾所接纳的陆源污染物最多，外湾次之，中湾最少。内湾和外湾所接纳污染物之和占全湾的 90% 以上。

　　将整个乐清湾周边汇水区的陆源污染按工业、生活、畜禽、化肥和水土流失分类汇总（表 3.3-15）。

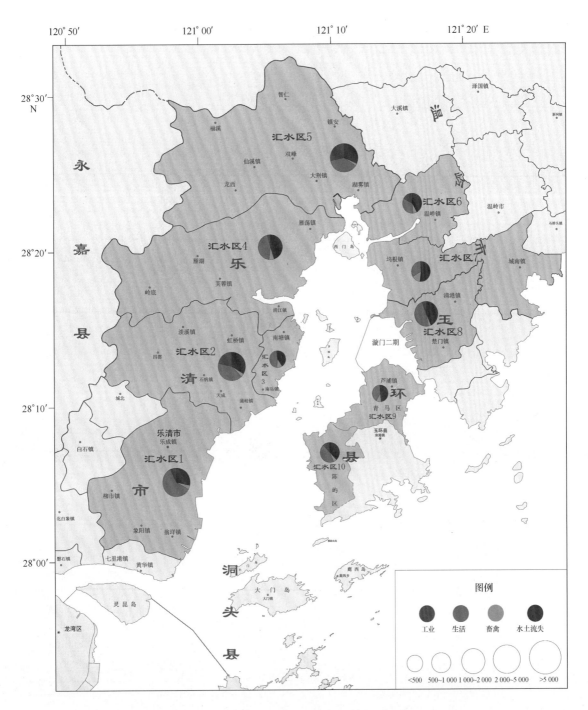

图 3.3-57 各汇水区 COD_{Cr} 入海量及其来源组成（t/a）

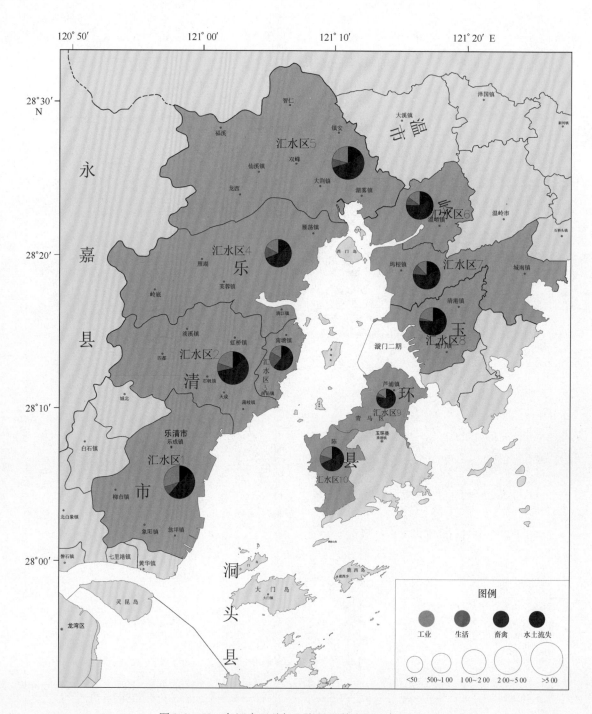

图 3.3 – 58　各汇水区总氮入海量及其来源组成（t/a）

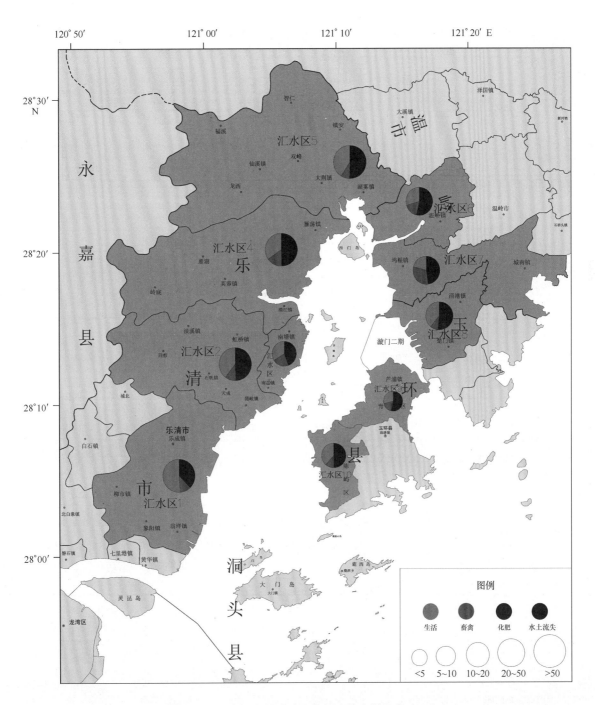

图 3.3-59　各汇水区总磷入海量及其来源组成（t/a）

表 3.3 – 15　乐清湾陆源污染物来源汇总　　　　　　　　单位：t/a

海区	污染源	项目 COD$_{Cr}$	BOD$_5$	总氮	总磷
内湾	工业	912.5	—	—	—
	生活	2 505.98	1 454.28	332.44	70.79
	畜禽	374.08	338.41	77.63	32.60
	化肥	—	—	1 030.03	69.27
	水土流失	2 583.83	—	298.63	35.69
	合计	6 376.39	1 792.69	1 738.73	208.35
中湾	工业	11.14	—	—	—
	生活	280.78	162.94	37.33	7.94
	畜禽	57.87	51.86	12.08	4.62
	化肥	—	—	116.65	7.67
	水土流失	274.29	—	31.71	3.80
	合计	624.08	214.80	197.77	24.03
外湾	工业	799.49	—	—	—
	生活	2 852.17	1 655.30	376.54	80.37
	畜禽	248.15	225.38	50.60	20.10
	化肥	—	—	807.02	52.75
	水土流失	1 834.34	—	212.01	25.32
	合计	5 734.15	1 880.68	1 446.17	178.54
全湾	工业	1 723.13	—	—	—
	生活	5 638.93	3 272.52	746.31	159.10
	畜禽	680.1	615.65	140.31	57.32
	化肥	—	—	1 953.70	129.69
	水土流失	4 692.46	—	542.35	64.81
	合计	12 734.62	3 888.17	3 382.67	410.92

由表 3.3 – 13 和图 3.3 – 60 可知：与其他相关研究的结论类似，工业污染源所占比例较小，约占 COD$_{Cr}$ 总量的 13.5%。生活污染占 COD$_{Cr}$、BOD$_5$、总氮和总磷污染物总量的百分比分别为 44.3%、84.2%、22.1% 和 38.7%。畜禽养殖污染占 COD$_{Cr}$、BOD$_5$、总氮和总磷污染物总量的百分比分别为 5.3%、15.8%、4.1% 和 13.9%。农业化肥的污染也相当严重，流失的总氮、总磷分别占其总量的 57.8% 和 31.6%。尽管乐清湾周边总体上只属轻度水土流失区，但因水土流失引起的 COD$_{Cr}$、总氮和总磷污染不容忽视，分别占各污染物总量的 36.8%、16.0% 和 15.8%。

在各污染物的工业、生活、畜禽养殖、化肥和水土流失污染源中，生活、畜禽养殖、化肥和水土流失均属面源污染，主要随地表径流入海，受降水影响较大。由于海水养殖污染物排放量随季节变化大，在海域污染源及养殖规划中，划分为春、夏、秋（3—11 月）和冬两季（12 月至翌年 2 月）计算其日排放量。为便于环境容量计算，相应地也对陆源污染物排放量按此两季分别计算。

春、夏、秋季和冬季降水量分别占全年降水量的 89% 和 11%。因此可以认为，生活、畜

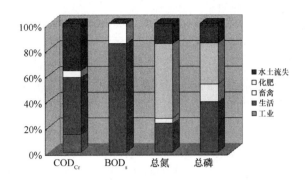

图 3.3 – 60　乐清湾陆源污染源组成

禽养殖、化肥和水土流失等面源污染物排放在春、夏、秋、季和冬季各占 89% 和 11%。按此比例计算结果见表 3.3 – 16 和表 3.3 – 17。

由表 3.3 – 17 可知，乐清湾 COD_{Cr} 春、夏、秋季陆源污染日源强约为冬季日源强的 2.22 倍，BOD_5、总氮、总磷春、夏、秋季陆源污染日源强约为冬季日源强的 2.65 倍。

表 3.3 – 16　乐清湾春、夏、秋季和冬季陆源污染物日排放量（汇水区）　　单位：t/d

季节	污染物	汇水区									
		1	2	3	4	5	6	7	8	9	10
春、夏、秋季	COD_{Cr}	8.42	7.82	1.44	4.79	7.01	2.55	2.77	3.06	0.58	1.92
	BOD_5	3.29	2.20	0.52	1.52	1.77	0.66	0.89	0.95	0.17	0.59
	总氮	2.26	2.03	0.45	1.46	1.60	0.73	0.93	0.91	0.19	0.40
	总磷	0.28	0.23	0.06	0.17	0.19	0.09	0.12	0.10	0.02	0.06
冬季	COD_{Cr}	3.50	3.87	0.56	1.92	3.74	1.21	1.06	1.25	0.22	0.85
	BOD_5	1.24	0.83	0.20	0.58	0.67	0.25	0.34	0.36	0.06	0.22
	总氮	0.85	0.77	0.17	0.55	0.60	0.28	0.35	0.34	0.07	0.15
	总磷	0.11	0.09	0.02	0.07	0.07	0.03	0.05	0.04	0.01	0.02

表 3.3 – 17　乐清湾春、夏季和秋、冬季陆源污染物日排放量（海区）　　单位：t/d

季节	污染物	海区			合法
		内湾	中湾	外湾	
春、夏、秋季	COD_{Cr}	20.18	2.02	18.16	40.36
	BOD_5	5.79	0.69	6.08	12.56
	总氮	5.63	0.64	4.69	10.96
	总磷	0.67	0.08	0.58	1.33
冬季	COD_{Cr}	9.18	0.78	8.22	18.18
	BOD_5	2.15	0.26	2.24	4.65
	总氮	2.13	0.24	1.78	4.15
	总磷	0.25	0.03	0.22	0.50

3）陆源污染物入海量估算结果的验证

乐清湾沿岸无入海排污口，陆源污染物进入乐清湾的主要途径为各水系河流径流。据本章估算，乐清海沿岸各汇水区的工业污染、生活污染、农业化肥流失、禽畜养殖和水土流失等引起的陆源 COD_{Cr} 总量为 12 734.62 t/a，以 4/10 计，折合成 COD_{Mn} 总量为 5 093.85 t/a。乐清湾主要入海河流径流量、COD_{Mn} 浓度及 COD_{Mn} 入海量计算结果见表 3.3 – 18。经计算，乐清湾通过河流径流入海的 COD_{Mn} 总量为 5 121.91 t/a，略大于估算值 5 093.85 t/a，考虑到部分乡镇工业污染、禽畜养殖污染等污染源统计不全或缺失等因素，可以认为本研究报告对乐清湾陆源污染物入海总量的估算是基本正确、合理的。

3.3.4.2 海水养殖污染

乐清湾自然条件良好，海水养殖业发达。养殖残饵、养殖生物排泄物、生物体残骸等的排放、沉积可加重水体营养度，引起水体富营养化，恶化底质，导致海域环境质量下降，并进一步引起养殖海域生态系统的紊乱、失衡等。

根据海水养殖污染对海域环境的影响分析，确定其主要污染因子为总氮、总磷和有机质（以 COD_{Cr} 表示）。

1）计算方法

（1）鱼类养殖污染

网箱养鱼是完全依靠人工投饵的精养方式，其养殖密度高，投饵量大，养殖过程中的残饵及鱼类代谢过程中的可溶性废物流失到海水中，影响海水质量。网箱养鱼对水体的影响主要是残饵和有机代谢物。

对网箱养殖大马哈鱼的研究结果表明，投入的饲料约有 80% 的氮被鱼类直接摄食，摄食的部分中仅有约 25% 的氮用于鱼类生长，还有 65% 用于液态排泄、10% 作为粪便排出体外。其他研究认为有 52%～95% 的氮进入水体。杨逸萍等研究发现以饵料和鱼苗形式人为输入海水网箱养鱼系统中的氮只有 27%～28% 通过鱼的收获而回收，有 23% 积累于沉积物中。国家海洋局第二海洋研究所（2000 年）对象山港内主要养殖品种鲈鱼进行的研究表明，鲈鱼对饵料的摄食率为 62.6%～82.2%，年平均为 71.81%（低于 Gowen 等的结果）；平均排粪率（以 POC 记）为 6.52%（此数据除以 71.81% 得 9.08%，与 Gowen 等的结果接近）；但未做鱼类对饵料的真正利用率和鱼类的液态排泄率。宁波市水产研究所也曾经做过大黄鱼对饵料的摄食率（膨化饲料 92.89%，鱼浆饲料 31.41%），但也未做鱼类对饵料的真正利用率。

综上所述，鱼类对饵料中碳、氮和磷的真正利用率取 24%，未利用的碳、氮、磷最终有 51% 溶解在水中，25% 以颗粒态沉于底部。

根据鱼类网箱养殖过程中饵料转移情况，分析养殖过程中残饵及有机废物的产出量。计算公式如下：

$$总投入饵料中氮、磷、碳的量 \qquad T = TF \times K \qquad (3.3 - 6)$$

$$进入水体中氮、磷、碳的量 \qquad UM = T \times 51\% \qquad (3.3 - 7)$$

式中：TF 表示总的投饵量；K 表示氮、磷、碳在饵料中的百分率。

表 3.3－18　乐清湾 COD_{Mn} 经流入海量

统计项目 汇水区	主要水系	入海径流量／×10⁸ m³			入海河流 COD_{Mn} 浓度／（mg／dm³）			入海 COD_{Mn} 量／t		
		年均径流量	春、夏、秋季（3—11 月）	冬季（12,1,2）	春、夏、秋季（3—11 月）	冬季（12 月至翌年 2 月）	春、夏、秋季（3—11 月）	冬季（12 月至翌年 2 月）	全年（1—12 月）
1	乐成、柳市水系	1.79	1.35	0.44	4.05	7.50	546.75	330.00	876.75
2	虹桥水系	2.32	1.77	0.55	4.10	7.1	725.70	390.50	1 116.20
3	南塘河网	—	—	—	—	—	—	—	—
4	清江、白溪	2.52	1.94	0.58	2.50	3.5	485.00	203.00	688.00
5	大荆溪、湖雾溪	3.94	2.98	0.96	2.10	3.00	625.80	288.00	913.80
6	梅溪	0.81	0.61	0.20	3.96	6.18	241.56	123.60	365.16
7	坞根溪、横山溪	0.84	0.64	0.20	2.50	4.00	160.00	80.00	240.00
8	芳清河、楚门河	1.25	0.95	0.30	4.20	9.10	399.00	273.00	672.00
9	青沙河	0.30	0.27	0.03	3.80	9.20	102.60	27.60	130.20
10	庆澜河	0.25	0.19	0.06	3.70	8.25	70.30	49.50	119.80
合计		14.02	10.70	3.32	—	—	3 356.71	1 765.20	5 121.91

参考象山港 5 种常用饵料的实测结果饵料中的含量分别为：碳 33.2% ~ 64.7%，平均 44.4%；磷 0.7% ~ 1.4%，平均 1.04%；并参考厦门大学环科中心实验数据：海马牌对虾配合饵料的含量为：氮 6.83%，磷 1.09%；在此取乐清湾氮、磷、碳在饵料中的百分率为：$K_N = 7\%$，$Kp = 1.04\%$，$Kc = 44.4\%$。

由公式：$C_nH_{2n+2} + \left(n + \frac{n+1}{2}\right)O_2 \rightarrow nCO_2 + (n+1)H_2O$，1 个碳原子（原子量 12）相当于 3 个氧原子（原子量 48），所以由碳的量 $\times 48/12 = COD_{Cr}$ 的量。

则各污染物的计算公式为（TF 为投饵量）：

$$COD_{Cr} = TF \times 44.4\% \times 51\% \times 48/12;$$

$$TN = TF \times 7\% \times 51\%;$$

$$TP = TF \times 1.04\% \times 51\%。$$

鱼类养殖周期为 1—12 月。养殖的日平均产量中，冬季（12 月至翌年 2 月，即 90 d）为春、夏、秋季（3—11 月，即 275 d）的 20%；考虑污染源强与产量大致成正比，因此假设鱼类年污染源强为 A，春、夏、秋季日平均污染源强为 X。则鱼类各污染因子日平均污染源强可根据公式：$275X + 90 \times (20\% \cdot X) = A$。即春、夏、秋季日平均污染源强 $X =$ 年污染源强 $A/$ 293 进行计算，冬季日平均污染源强量 $= 20\% X$。

（2）虾蟹类养殖污染

目前对虾养殖多采用半精养或精养的围塘养殖方式，主要依靠人工投饵，饵料多为人工配合饵料或鲜活饵料等高蛋白物质。与鱼类养殖相似，其投喂的饵料也只有部分被对虾摄食。据报道，即使在管理水平很高的养虾场，也仍会有高达 30% 的饵料没有被虾摄食。这些残饵和对虾的排泄物等部分溶于海水或经微生物分解产生可溶性营养物质进入养殖水体，还有一部分则沉积于底泥中。而富集于底泥中的这些污染物，在一定条件下又会重新释放出来，回归水体，成为水体污染的重要内源之一。

据报道，在对虾养殖中，人工投放的饵料中仅 19% 转化为虾体内的氮，其余约 62% ~ 68% 积累于虾池底部淤泥中，此外尚有 8% ~ 12% 以悬浮颗粒氮、溶解有机氮、溶解无机氮等形式存在于水中。虾池残饵和排泄物所溶出的营养盐和有机质是影响养殖水环境营养水平以及造成虾池自身污染的重要因子。

综上所述，虾类投喂饵料中的碳、氮、磷，65% 积累于虾池底部淤泥中，10% 溶解在水中，所以有 25% 被虾所利用，其中 19% 转化为虾体，6% 作为排泄物排出，因此溶解在水体中氮的百分含量为 16%（残饵与排泄物溶出之和）。蟹类由于缺乏相关数据，各数据取值情况同虾类。氮、磷、碳在饵料中的百分率同鱼类，即 $K_N = 7\%$，$K_P = 1.04\%$，$K_C = 44.4\%$。

则虾蟹类养殖各污染物的计算公式为：

$$COD_{Cr} = TF \times 44.4\% \times 16\% \times 48/12;$$

$$TN = TF \times 7\% \times 16\%;$$

$$TP = TF \times 1.04\% \times 16\%。$$

虾、蟹类养殖周期为 3—11 月（春、夏、秋季），则虾、蟹类各污染因子日污染源强 = 年污染源强/275。

（3）贝类养殖污染

贝类以滤食水体中浮游植物、有机颗粒等为生，其养殖不需要人工投饵。研究表明，贻贝养殖会滤掉海区 35% ~40% 的浮游生物和有机碎屑，这在一定程度上减少了水体的营养负荷，阻断局部氮循环、刺激初级生产、延缓水体的富营养化。但贝类养殖有内源代谢问题，在养殖过程中会排出大量粪便和假粪，即富含有机物的颗粒。其排泄物约 80% 是可溶性物质，其余为悬浮物。因此，贝类的代谢物会增加水体中氮、磷和碳的含量。贝类粪便和排泄物的长期积累，还会导致养殖区底质发生一系列的物理、化学变化，如造成底质缺氧，加快硝酸盐的还原反应和硝化反应等，进而导致底栖生物群落结构的改变。

Kautshy 和 Evans 研究了自然种群贻贝污染物排泄情况，结果显示每年每克干重贻贝产生的粪便量约 1.76 g（干重），其中含氮 0.001 7 g、磷 0.000 26 g。Rodhouse 研究了同种贻贝筏式养殖中的粪便产生情况，结果表明贻贝筏式养殖每年每平方米产生 8.5 kg 碳和 1.1 kg 氮，其碳/氮比值约为 8。楠木丰对长牡蛎的研究结果表明在 10 个月的养殖周期内，1 台筏（长200 m）将产生 19.3 t（干重）的粪便物，其碳/氮比值在 6 ~10 之间。

根据上述文献，养殖贝类排泄物参考值为氮 0.001 7（t/t 贝），磷 0.000 26（t/t 贝）。根据 Redfield 比值，碳：氮：磷 =106:16:1，即质量比为碳：氮：磷 = （106:12）:（16 × 14）:（1 × 31）=41:7:1，由此估算贝类排泄物中碳含量为 0.010 7（t/t 贝）。

则贝类养殖中各污染物计算公式如下：

$$CODcr = 贝类养殖量 × 0.010 7 × 48/12;$$

$$TN = 贝类养殖量 × 0.001 7;$$

$$TP = 贝类养殖量 × 0.000 26。$$

贝类养殖周期同鱼类，也是 1—12 月，日污染源强估算方法同鱼类，即春、夏、秋季日平均污染源强 X = 年污染源强 $A/293$ 进行计算，冬季日平均污染源强 = 20% X。

2）估算结果

根据乐清湾海水养殖调查结果，运用上述各公式进行估算，乐清湾沿岸各乡镇海水养殖污染源强的估算结果见表 3.3 - 19，CODcr、总氮、总磷的海源源强及其组成见图 3.3 - 61 至图 3.3 - 63。

各乡镇中，坞根镇、南塘镇、芦浦镇、海山乡 CODcr 源强较大，均在 5 000 t/a 以上，源强组成中以鱼类养殖污染源强所占比例较大，占总源强一半以上；湖雾镇、珠港镇陈屿区、清港镇、天成乡 CODcr 源强较小，小于 500 t/a，这些乡镇基本无鱼类养殖或鱼类养殖较少。

各乡镇中，坞根镇、南塘镇、芦浦镇、海山乡总氮源强较大，在 200 t/a 以上，源强组成中以鱼类养殖污染源强所占比例较大，占总源强一半以上；湖雾镇、珠港镇陈屿区、清港镇、天成乡总氮源强最小，小于 20 t/a。

各乡镇中，坞根镇总磷源强最大，大于 50 t/a；其次为南塘镇、芦浦镇、海山乡，大于30 t/a，源强组成中以鱼类养殖污染源强所占比例较大，占总源强一半以上；湖雾镇、珠港镇陈屿区、清港镇、天成乡、城南镇、南岳镇总磷源强较小，小于 5 t/a。

各海区鱼类养殖年污染源强及日污染源强估算结果分别见表 3.3 - 20 和表 3.3 - 21，虾蟹类养殖年污染源强及日污染源强估算结果分别见表 3.3 - 22；贝类养殖年污染源强及日污染源强估算结果分别见表 3.3 - 23 和表 3.3 - 25。

表3.3-19　乐清湾沿海各乡镇海水养殖污染估算结果

单位：t/a

海区	乡镇	鱼类			虾蟹类			贝类			合计		
		COD_{Cr}	TN	TP	COD_{Cr}	TN	TP	COD_{Cr}	TN	TP	COD_{Cr}	TN	TP
内湾	湖雾镇	0.00	0.00	0.00	132.09	5.21	0.77	55.08	2.19	0.33	187.17	7.40	1.10
	大荆镇	11.77	0.46	0.07	1 310.13	51.64	7.67	78.69	3.13	0.48	1 400.59	55.23	8.22
	雁荡镇	0.00	0.00	0.00	1 569.47	61.86	9.19	434.34	17.25	2.64	2 003.81	79.11	11.83
	清江镇	518.04	20.42	3.03	1 127.57	44.44	6.60	149.82	5.95	0.91	1 795.43	70.81	10.54
	南塘镇（部分）	2 825.70	111.37	16.55	698.02	27.51	4.09	56.65	2.25	0.34	3 580.37	141.13	20.98
	温峤镇	1 954.44	77.03	11.44	472.51	18.62	2.77	132.82	5.28	0.81	2 559.77	100.93	15.02
	坞根镇	9 324.80	367.53	54.60	880.58	34.71	5.16	283.27	11.25	1.72	10 488.65	413.49	61.48
	坡南镇	200.15	7.89	1.17	335.05	13.21	1.96	78.69	3.13	0.48	613.89	24.23	3.61
	清港镇	0.00	0.00	0.00	84.30	3.32	0.49	187.68	7.45	1.14	271.98	10.77	1.63
	海山乡（部分）	1 966.21	77.50	11.51	512.78	20.21	3.00	209.62	8.33	1.27	2 688.61	106.04	15.78
	合计	16 801.11	662.20	98.37	7 122.5	280.73	41.70	1 666.66	66.21	10.12	25 590.27	1 009.14	150.19
中湾	南塘镇（部分）	3 334.87	131.44	19.53	752.71	29.67	4.41	81.60	3.24	0.50	4 169.18	164.35	24.44
	南岳镇	27.79	1.10	0.16	666.44	26.27	3.90	53.04	2.11	0.32	747.27	29.48	4.38
	海山乡（部分）	2 320.51	91.46	13.59	552.95	21.79	3.24	301.92	11.99	1.83	3 175.38	125.24	18.66
	芦浦镇	5 455.28	215.02	31.95	781.08	30.79	4.57	55.12	2.19	0.33	6 291.48	248	36.85
	珠港镇（部分）	2 362.20	93.10	13.83	800.77	31.56	4.69	400.11	15.89	2.43	3 563.08	140.55	20.95
	合计	13 500.65	532.12	79.06	3 553.95	140.08	20.81	891.79	35.42	5.41	17 946.39	707.62	105.28
外湾	蒲岐镇	896.46	35.33	5.25	1 357.86	53.52	7.95	390.04	15.49	2.37	2 644.36	104.34	15.57
	天成乡	0.00	0.00	0.00	239.62	9.44	1.40	74.69	2.97	0.45	314.31	12.41	1.85
	乐成镇	463.68	18.28	2.72	663.95	26.17	3.89	307.52	12.21	1.87	1 435.15	56.66	8.48
	翁垟镇	432.77	17.06	2.53	1 887.02	74.38	11.05	668.51	26.55	4.06	2 988.3	117.99	17.64
	珠港镇（部分）	154.56	6.09	0.91	36.44	1.44	0.21	21.44	0.85	0.13	212.44	8.38	1.25
	合计	1 947.47	76.76	11.41	4 184.89	164.95	24.50	1 462.2	58.07	8.88	7 594.56	299.78	44.79

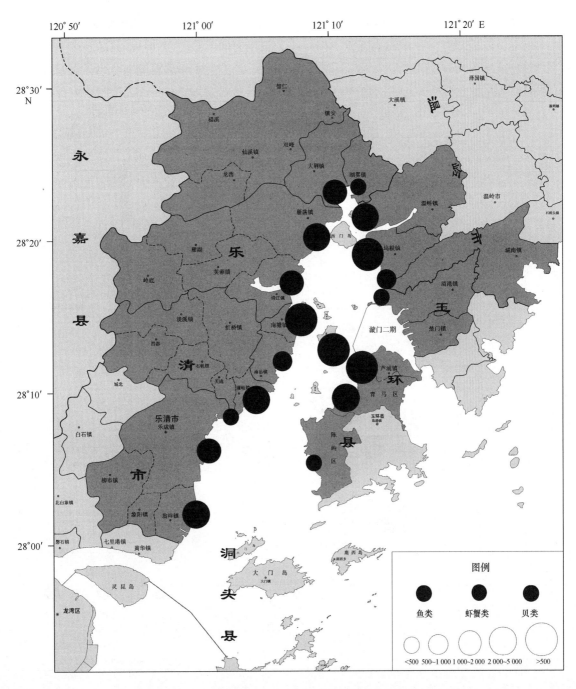

图 3.3 - 61　乐清湾沿岸各乡镇 COD_{Cr} 海源源强及其组成（t/a）

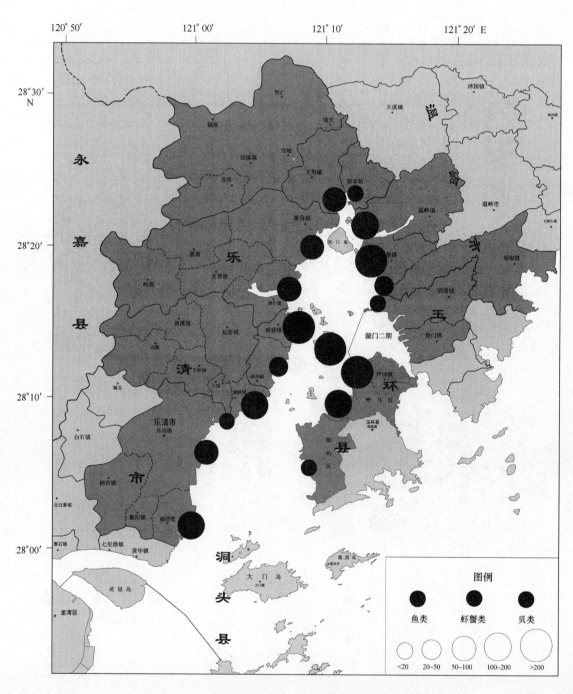

图 3.3-62　乐清湾沿岸各乡镇总氮海源源强及其组成（t/a）

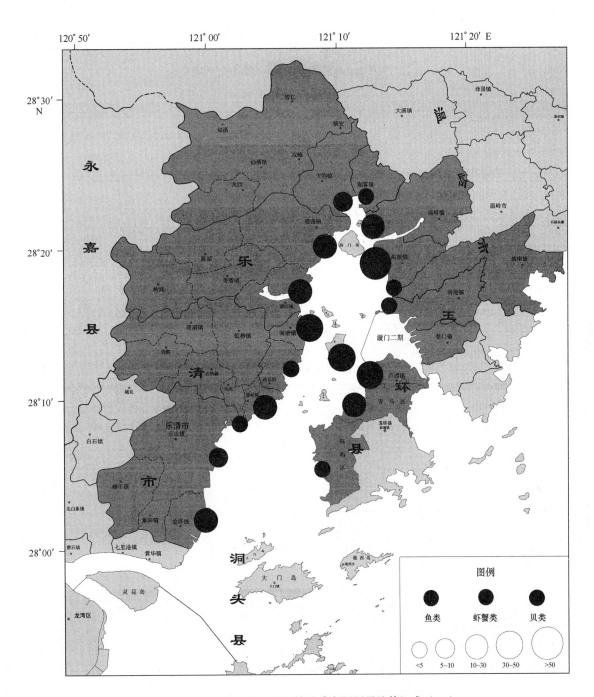

图 3.3 – 63　乐清湾沿岸各乡镇总磷海源源强及其组成（t/a）

表 3.3 – 20　鱼类养殖年污染源强估算

单位：t/a

海区	COD_Cr	总氮	总磷
内湾	16 801.11	662.20	98.37
中湾	13 500.65	532.12	79.06
外湾	1 947.47	76.76	11.41
总计	32 249.23	1 271.08	188.84

表3.3-21 鱼类养殖日污染源强估算 单位：t/d

海区	春、夏、秋季（3—11月）			冬季（12月至翌年2月）		
	COD_{Cr}	总氮	总磷	COD_{Cr}	总氮	总磷
内湾	57.34	2.26	0.336	11.47	0.45	0.067
中湾	46.08	1.82	0.270	9.22	0.36	0.054
外湾	6.65	0.26	0.039	1.33	0.05	0.008
总计	110.07	4.34	0.645	22.02	0.86	0.129

表3.3-22 虾蟹类养殖年污染源强估算 单位：t/a

海区	COD_{Cr}	总氮	总磷
内湾	7 122.50	280.73	41.70
中湾	3 553.95	140.08	20.81
外湾	4 184.89	164.95	24.50
总计	14 861.34	585.76	87.01

表3.3-23 虾蟹类养殖日污染源强统计 单位：t/d

海区	春夏、秋季（3—11月）		
	COD_{Cr}	总氮	总磷
内湾	25.90	1.02	0.152
中湾	12.92	0.51	0.076
外湾	15.22	0.60	0.089
总计	54.04	2.13	0.317

表3.3-24 贝类养殖年污染源强估算 单位：t/a

海区	COD_{Cr}	总氮	总磷
内湾	1 666.66	66.21	10.12
中湾	891.79	35.42	5.41
外湾	1 462.20	58.07	8.88
总计	4 020.65	159.70	24.41

表3.3-25 贝类养殖日污染源强估算 单位：t/a

海区	春夏、秋季（3—11月）			冬季（12月至翌年2月）		
	COD_{Cr}	总氮	总磷	COD_{Cr}	总氮	总磷
内湾	5.69	0.23	0.035	1.14	0.05	0.007
中湾	3.04	0.12	0.018	0.61	0.02	0.004
外湾	4.99	0.20	0.030	1.00	0.04	0.006
总计	13.72	0.55	0.083	2.75	0.11	0.017

各养殖品种年污染源强统计见表3.3-26，各海区养殖年污染源强统计见表3.3-27，各

海区日污染源强统计见表 3.3 - 28。

表 3.3 - 26　各养殖品种年污染源强统计

养殖品种	COD_{Cr}/（t/a）	百分比/%	总氮/（t/a）	百分比/%	总磷/（t/a）	百分比/%
鱼类	32 249.23	63.1	1 271.08	63.0	188.84	62.9
虾蟹类	14 861.34	29.1	585.76	29.0	87.01	29.0
贝类	4 020.65	7.9	159.70	7.9	24.41	8.1
总计	51 131.22	100.0	2 016.54	100.0	300.26	100.0

表 3.3 - 27　各海区养殖年污染源强统计

海区	COD_{Cr}/（t/a）	百分比/%	总氮/（t/a）	百分比/%	总磷/（t/a）	百分比/%
内湾	25 590.27	50.0	1 009.14	50.0	150.19	50.0
中湾	17 946.39	35.1	707.62	35.1	105.28	35.1
外湾	7 594.56	14.9	299.78	14.9	44.79	14.9
总计	51 131.22	100.0	2 016.54	100.0	300.26	100.0

表 3.3 - 28　各海区养殖日污染源强统计　　　　　　　　　　单位：t/d

海区	春、夏、秋季（3—11 月）			冬季（12 月至翌年 2 月）		
	COD_{Cr}	总氮	总磷	COD_{Cr}	总氮	总磷
内湾	88.93	3.51	0.522	12.61	0.50	0.074
中湾	62.04	2.45	0.364	9.82	0.39	0.058
外湾	26.86	1.06	0.158	2.33	0.09	0.014
总计	177.83	7.02	1.044	24.76	0.98	0.146

从表 3.3 - 26 可以看出，鱼类养殖的污染源强最大，3 种污染因子（COD_{Cr}、总氮、总磷）源强均占各源强总量的 63% 左右，虾蟹类产生的污染源强约占 29%，贝类污染源强最小，约占 8%。

从表 3.3 - 27 可以看出，各海区中以内湾养殖各污染因子污染源强最大，COD_{Cr}、总氮、总磷均占总量的 50%；中湾其次，COD_{Cr}、总氮、总磷均占总量的 35%；外湾最小，COD_{Cr}、总氮、总磷均占总量的 15%。

从表 3.2 - 28 可以看出，各海区春、夏、秋季日污染源强明显高于冬季日污染源强，全湾 COD_{Cr}、总氮、总磷春、夏、秋季日源强分别为冬季的 7.18、7.16 和 7.15 倍，其中内湾 COD_{Cr}、总氮、总磷春、夏、秋季日源强分别为冬季的 7.05、7.02 和 7.05 倍，中湾分别为冬季的 6.32、6.28、6.28 倍，外湾分别为冬季的 11.53、11.78、11.29 倍。

3.3.4.3　小结

综上所述，得出以下结论：

（1）3 个分海区中，以内湾接纳陆源污染物最多，外湾次之，中湾最少，汇入内湾、中湾、外湾的陆源污染物量分别为污染物总量的 50%、5% 和 45% 左右。

（2）陆域 10 个汇水区中，汇水区 1、汇水区 2 和汇水区 5 陆源污染源强较大，汇水区 9、汇水区 3 较小。

（3）COD_{Cr} 陆源源强由大到小依次为生活污染、水土流失污染、工业污染、禽畜养殖污染，分别占其总量的 44%、37%、14% 和 5%；BOD_5 陆源源强由大到小依次为生活污染、禽畜养殖污染，分别占 84% 和 16%；总氮陆源源强由大到小依次为农业化肥流失污染、生活污染、水土流失污染、禽畜养殖污染，分别占 58%、22%、16% 和 4%；总磷陆源源强由大小排序为生活污染、农业化肥流失污染、水土流失污染、禽畜养殖污染，分别占 39%、31%、16% 和 14%。

（4）乐清湾陆源污染物源强估算经河流污染物入湾通量验证，结果表明乐清湾通过河流入海的 COD_{Mn} 总量为 5 121.91 t/a，略大于估算值 5 093.85 t/a。考虑到工业污染、禽畜养殖污染等污染源统计不全或缺失等因素，可以认为本研究报告对乐清湾陆源入海总量的估算是基本正确、合理的。

（5）海水养殖污染源强估算结果表明，内湾养殖污染源强最大，COD_{Cr}、总氮、总磷均占总量的 50% 左右；中湾其次，COD_{Cr}、总氮、总磷均占总量的 35% 左右；外湾最小，COD_{Cr}、总氮、总磷均占总量的 15% 左右。

（6）乐清湾各沿岸乡镇中，坞根镇、南塘镇、芦浦镇、海山乡、珠港镇海水养殖污染源强较大；湖雾镇、清港镇、天成乡、城南镇、南岳镇海水养殖污染源强较小。

（7）海水养殖污染源强中，鱼类养殖污染源强最大，约占总源强的 63%；虾蟹类约占 29%；贝类污染源强最小，约占 8%。

（8）乐清湾陆源污染中，全湾 COD_{Cr} 春、夏、秋季日源强约为冬季日源强的 2.22 倍，总氮、总磷春、夏、秋季日源强约为冬季日源强的 2.65 倍。海源污染中，全湾 COD_{Cr}、总氮、总磷春、夏、秋季日源强约为冬季日源强的 7.2 倍。对陆源与海源日源强总和来说，全湾 COD_{Cr}、总氮、总磷春、夏、秋季分别为冬季的 5.08、3.50 和 3.67 倍。

3.3.5　乐清湾环境容量计算相关分析方法

3.3.5.1　环境容量计算污染物的确定

根据污染源和乐清湾水质现状以及与陆源污染物控制指标的衔接，乐清湾主要污染物为氮、磷等营养盐类，化学需氧量（COD_{Cr}）为水体污染程度的综合指标，因此确定化学需氧量（COD_{Cr}）、总氮（TN）和总磷（TP）为环境容量或削减量的计算污染物。

1）化学需氧量（COD_{Cr}）

根据污染源调查结果，在乐清湾各汇水区中，COD_{Cr} 入海量最大的为汇水区 1，其次为汇水区 2 和汇水区 5，均在 2 000 t/a 以上；COD_{Cr} 入海量最小的为汇水区 9，其次为汇水区 3，均小于 500 t/a。各汇水区 COD_{Cr} 源强组成有所不同，但基本以生活污染和水土流失污染为主，工业污染和禽畜养殖污染所占比例较小。

化学需氧量是表征水体有机污染的一个综合污染物，也是描述污染源的重要指标之一，在水环境评价、管理和规划中被普遍采用，本次研究选择化学需氧量（COD_{Cr}）作为乐清湾水环境容量的计算污染物。

2）总氮（TN）

根据污染源调查结果，氮类营养盐是乐清湾污染排放中的主要污染物。在乐清湾各汇水区中，总氮入海量最大的为汇水区1，其次为汇水区2和汇水区5，均在500 t/a以上；总氮入海量最小的为汇水区9，小于100 t/a，其次为汇水区3和汇水区10，小于200 t/a。各汇水区总氮源强组成有所不同，但基本以农业化肥污染所占比例最大，约50%强。

根据环境质量现状结果，8月乐清湾总氮浓度范围为0.72~1.19 mg/dm³，平均为0.96 mg/dm³；4月总氮浓度范围为2.35~4.14 mg/dm³，平均为3.29 mg/dm³，水体中总氮含量高。

本次研究选择总氮作为削减量计算污染物，从削减总氮排放量角度出发，分析源强削减对乐清湾水环境的影响，进行削减控制。

3）总磷（TP）

根据污染源调查结果，磷类营养盐是乐清湾污染排放中的主要污染物。在乐清湾各汇水区中，总磷入海量最大的为汇水区1，其次为汇水区2、汇水区5和汇水区4，均在50 t/a以上；总磷入海量最小的为汇水区9，小于10 t/a，其次为汇水区3和汇水区10，小于20 t/a。各汇水区总磷源强组成有所不同，但基本以生活污染和农业化肥污染为主，水土流失污染和禽畜养殖污染所占比例较小。

根据环境质量现状结果，乐清湾水体中8月乐清湾总磷浓度范围为0.082~0.226 mg/dm³，平均0.124 mg/dm³，含量较高，目前主要的环境问题为水体富营养化。

本次研究选择总磷作为削减量计算污染物，从削减总磷排放量角度出发，分析源强削减对乐清湾水环境的影响，进行削减控制。

3.3.5.2 海域水质控制目标及容量计算控制指标的确定

1）控制目标

根据各级海洋功能区划，乐清湾海域的主要功能是海水养殖，执行二类海水水质标准；同时局部如大麦屿附近海域还有港口航道、电厂取水排水等对水质要求较低的功能，执行四类海水水质标准，不同的功能区和水质标准所对应的控制目标不同。但是，乐清湾海域潮强流急，水体流动性强，污染物易随流在不同功能区输移扩散，若根据功能区的不同而制定不同的控制目标，在实际操作时难以保证各控制目标都能实现。海水水质变化是连续的，不可能由四类海水水质突变到二类海水水质，因此在乐清湾内根据海域功能制定不同的控制目标不具可操作性。而且，根据各功能区制定不同的控制目标，在管理上也不方便。因此，本课题根据乐清湾的主要功能，将乐清湾作为整体考虑，在整个海域制定统一的控制目标。

另外，在整个潮周期内，乐清湾水体中污染物浓度分布是变化的。一般而言，涨潮期污染物高浓度区集中在近岸浅水滩涂和湾顶，而落潮期污染物高浓度区可随流至水深较大处。因此，仅以某一个时刻的浓度值来描述乐清湾水环境状况并不合适，本次研究以全潮平均浓度值与控制目标对比分析，进行环境容量计算。

（1）COD_{Mn}控制目标

根据浙江省近岸海域环境功能区划的规定，乐清湾的主导功能应为水产养殖，海水水质应执行《中华人民共和国海水水质标准》（GB 3097—1997）。海水水质标准中化学需氧量（COD_{Mn}）的标准值不大于 3.0 mg/dm³。但根据课题组的经验，厦门西海域（1986 年）和厦门同安湾（1997 年）刚开始出现赤潮时，海域的 COD_{Mn} 浓度都是从低于 2.0 mg/dm³ 逐渐上升为较多出现高于 2.0 mg/dm³ 的状况。因此，2.0 mg/dm³ 的 COD_{Mn} 浓度值看来是暖水内湾出现赤潮的一个最重要的指标。为了乐清湾社会经济和自然环境的持续发展，按照预警预防原理，乐清湾海域的 COD_{Mn} 浓度应控制不大于 2.0 mg/dm³ 的范围内。目前浙江省象山港、福建省厦门西海域和同安湾也是这样控制的。

（2）无机氮控制目标

二类海水水质标准中无机氮的标准值不大于 0.3 mg/dm³，因此海域无机氮浓度应控制在不大于 0.3 mg/dm³ 范围内。

（3）活性磷酸盐控制目标

二类海水水质标准中活性磷酸盐的标准值不大于 0.03 mg/dm³，因此海域活性磷酸盐浓度应控制不大于 0.03 mg/dm³ 范围内。

因此，乐清湾环境容量计算以 COD_{Mn} 的含量不大于 2.0 mg/dm³，无机氮的含量不大于 0.3 mg/dm³，活性磷酸盐的含量不大于 0.03 mg/dm³ 为环境容量计算的控制目标。

2）控制指标

（1）COD_{Mn}控制指标

资料显示，乐清湾到目前为止未观测到赤潮发生，因此，可以适当放宽条件，即允许局部海域 COD_{Mn} 浓度超过 2.0 mg/dm³。另外，水质调查结果代表的是采样时刻的污染物含量，而污染物随着潮流在湾内不断往复输移，其浓度值也在不断变化，在某些时刻出现浓度值大于 2.0 mg/dm³ 是完全可能的。因此，海域的 COD_{Mn} 浓度严格控制在不大于 2.0 mg/dm³ 的范围内不尽合理，可适当放宽 COD_{Mn} 浓度小于 2.0 mg/dm³ 的条件，即允许乐清湾局部海域 COD_{Mn} 浓度可大于 2.0 mg/dm³，但 COD_{Mn} 浓度大于 2.0 mg/dm³ 的海域面积应控制在全湾总面积的 10% 以内。

COD_{Mn} 的控制指标是海域水体中污染物浓度超过 2.0 mg/dm³ 的区域面积小于乐清湾总面积的 10.0%。乐清湾海域面积原来约为 464 km²，由于近期湾内已建成的围垦工程等海岸工程众多，海域面积有所减小，本章将乐清湾海域总面积以 401.0 km² 计。因此，COD_{Mn} 的控制指标是海域水体中污染物浓度超过 2.0 mg/dm³ 的区域面积小于乐清湾总面积的 10.0%，约为 40 km²。

（2）无机氮控制指标

由于乐清湾海水中无机氮含量高，要显著改善环境质量，不仅需大幅度削减污染源强，还要依赖湾外进入的海水，短期内难以实现明显改善水质的期望。因此无机氮削减量的控制分为三期目标：通过削减各海区源强，使近期乐清湾海域无机氮达标面积达到 22.5%，中期达到 25%，远期达到 27.5%。根据水质模型模拟结果，乐清湾海域无机氮现状全潮平均浓度达标面积约为 78.79 km²，占全湾总面积的 19.3%，结合三期目标，无机氮削减量的控制指标如下。

近期：无机氮达标面积约占全湾总面积的22.5%，约90.0 km²；

中期：无机氮达标面积约占全湾总面积的25%，约100.0 km²；

远期：无机氮达标面积约占全湾总面积的27.5%，约110.0 km²。

（3）活性磷酸盐控制指标

由于乐清湾海水中活性磷酸盐含量高，要显著改善环境质量，不仅需大幅度削减污染源强，还要依赖湾外进入的海水水质，短期内难以实现明显改善水质的期望。因此活性磷酸盐削减量的控制分为三期：通过削减各海区源强，使近期乐清湾海域活性磷酸盐达标面积增加约10%，中期增加约20%，远期增加至50%。根据水质模型模拟结果，乐清湾海域活性磷酸盐现状全潮平均浓度达标面积约为48.5 km²，占全湾总面积的12.41%，结合三期目标，活性磷酸盐削减量的控制指标如下。

近期：活性磷酸盐达标面积约占全湾总面积的20%，约80.0 km²；

中期：活性磷酸盐达标面积约占全湾总面积的30%，约120.0 km²；

远期：活性磷酸盐达标面积约占全湾总面积的50%，约200.0 km²。

综上所述，乐清湾环境容量计算控制指标和控制目标如表3.3-29所示。

表3.3-29 海域水质控制指标和控制目标

控制污染物	总体控制目标	分期控制指标	占全湾百分比/%
COD_Mn	≤2.0 mg/dm³	大于2.0 mg/dm³的面积小于40 km²	约10.0
无机氮	≤0.3 mg/dm³	达标面积约90 km²	约22.5
		达标面积约100 km²	约25.0
		达标面积约110 km²	约27.5
活性磷酸盐	≤0.03 mg/dm³	达标面积约80 km²	约20.0
		达标面积约120 km²	约30.0
		达标面积约200 km²	约50.0

3）计算基准期确定

环境容量的计算基于实际的水动力条件、污染源强和水环境状况，不同时期的水动力条件、污染源强与水质状况不同，对应的环境容量也不一样，因此必须确定一个典型时期进行乐清湾环境容量计算并进行分析。本课题于2006年8月和2007年4月分别进行了水环境现状调查与海洋水文观测，对两次调查期间的污染源强、水环境质量现状、水动力条件进行比较，确定乐清湾环境容量计算的基准期。

（1）污染物排放源强分析

根据污染源调查结果，乐清湾点源源强的变化与降水量之间无直接联系，而水土流失量和农业面源等随着降水量的增大而增大，因此丰水期的源强大于枯水期源强。温州地区4月为春雨期，8月为夏雨期，降雨量较大，均为丰水期，水土流失量和农业面源源强也较大。而常年资料与2006年资料均显示8月的降水量大于4月降水量，因此水土流失量和农业面源源强也应是8月较大。因此，从污染源强分析，8月的源强大于4月的源强，选取8月作为环境容量的计算基准期是合适的。

（2）水环境现状分析

分析 2006 年 8 月和 2007 年 4 月两次水质调查的结果（表 3.3 – 30）：4 月水质调查值中
RL1 站的 COD_{Mn} 值超出正常范围，可能是由于内湾滩涂宽广，水深小，采样时扰动底泥或者
碰到污染物瞬时排放。作为歧异样本（异常值）将其剔除后，COD_{Mn} 平均浓度为 0.93 mg/dm³，
而 8 月 COD_{Mn} 平均浓度为 1.03 mg/dm³；4 月活性磷酸盐平均浓度为 0.037 mg/dm³，8 月份活
性磷酸盐平均浓度为 0.036 mg/dm³。从两次实测的污染物浓度分布图可以看出，乐清湾 4 月
的 COD_{Mn} 浓度比 8 月的要低，COD_{Mn} 浓度大于 1.0 mg/dm³ 的面积 4 月小于 8 月；内湾 4 月活
性磷酸盐的浓度要略高于 8 月，可能与采样时碰到瞬时污染源排放有关，除此之外，两次调
查结果接近。因此，从乐清湾水质调查结果分析，两次水质调查的结果接近，差异不明显，
总体上看 8 月的水质要比 4 月水质略差，选取 8 月作为环境容量的计算基准期是合适的。无
机氮情况较为特殊，从两次水质调查结果看，4 月平均浓度为 1.050 mg/dm³，而 8 月平均浓
度为 0.381 mg/dm³，4 月水质比 8 月水质差很多。两次水质调查结果均表明乐清湾无机氮已
经没有环境容量，只能进行减排以削减源强，分析不同削减量情况下对水质的改善程度。由
于 8 月水质更接近二类海水水质标准，因此以 8 月作为计算基准期能更好地表述削减源强的
效果。同时还应对 4 月无机氮进行源强削减分析。

表 3.3 – 30　乐清湾水质调查结果　　　　　　　　　　单位：mg/dm³

调查站位	COD_{Mn}		活性磷酸盐		无机氮	
	4 月	8 月	4 月	8 月	4 月	8 月
RL1	3.77 *	1.31	0.169 6 *	0.048	1.188	0.592
RL2	1.13	1.01	0.031	0.061	1.247	0.639
RL3	1.09	1.54	0.083 1	0.055	1.069	0.591
RL4	0.71	1.85	0.035 6	0.048	1.004	0.558
RL5	1.05	1.27	0.033 5	0.050	1.056	0.511
RL6	0.76	0.67	0.035 3	0.037	1.133	0.308
RL7	1.00	1.08	0.035	0.037	0.987	0.335
RL8	0.62	1.47	0.036 9	0.035	0.963	0.365
RL9	0.98	1.97	0.036	0.032	1.173	0.345
RL10	0.94	1.18	0.038 1	0.032	0.960	0.299
RL11	1.05	0.95	0.032 9	0.036	0.896	0.300
RL12	0.78	0.78	0.033 5	0.030	1.127	0.385
RL13	1.23	0.8	0.033 5	0.028	1.020	0.294
RL14	1.13	0.42	0.035 3	0.026	0.891	0.246
RL15	0.84	0.95	0.046 5	0.030	1.302	0.300
RL16	1.01	0.44	0.034 7	0.030	1.010	0.253
RL17	1.03	0.86	0.031 6	0.024	1.172	0.392
RL18	0.6	0.85	0.034 1	0.024	0.992	0.379
RL19	0.83	0.7	0.033 2	0.025	0.920	0.267
RL20	0.92	0.29	0.035 6	0.023	0.892	0.269
平均	0.93	1.02	0.037	0.036	1.050	0.381

备注："＊"为 4 月份 RL1 调查站水质歧高，剔除处理。

（3）水动力条件分析

由实测资料及水动力模型结果可知，2006年4月和8月的平均潮差分布形态与量值很相近，平均流速的分布形势基本一致；4月和8月的纳潮量空间上的分布趋势基本相同，两者平均纳潮量较为相近；4月和8月湾内水体交换率达到50%以及90%所需时间的空间分布趋势相近，且具体量值的差异亦不大。因此，从水动力条件看，乐清湾的水动力主要是潮流，在4月和8月差别不大，选取8月作为环境容量的计算基准期并无不妥之处。

此外，8月气温较高，悬浮物含量较低，乐清湾海域的生物生长和繁殖活动活跃，是生态敏感时期，又是养殖生产的高峰期。因此，8月污染物排放对生态环境的影响更为重要，选取8月作为环境容量的计算基准期较为合适。

综上所述，与4月相比，乐清湾在8月源强较大，水动力差别不大，生态系统相对脆弱，是该湾主要海洋功能渔业和养殖生物生长发育的活跃季节。因此，本课题选取2006年8月作为乐清湾环境容量计算的基准期。但无机氮还应对2007年4月进行源强削减效果评估。

3.3.5.3 污染物浓度场模型

为计算乐清湾在计算基准期的环境容量，分别对 COD_{Mn}、无机氮和活性磷酸盐进行了模拟；同时，为确定主要污染物之间的换算关系，还对 COD_{Cr}、总氮和总磷进行了模拟。

1）控制方程及主要技术参数

（1）控制方程及离散

乐清湾属强潮海域，潮差大，潮流强，水体垂向掺混充分，同时忽略污水排放对流场的干扰，故选取垂向平均二维浓度场模型。其控制方程表示为：

$$\frac{\partial C}{\partial t} + U \frac{\partial C}{\partial x} + V \frac{\partial C}{\partial y} = K_x \frac{\partial^2 C}{\partial x^2} + K_y \frac{\partial^2 C}{\partial y^2} + F - M \quad (3.3-8)$$

式中：C——污染物浓度；

K_x、K_y——x、y方向的扩散系数，m^2/s；

F——污染物排放源强；

M——污染物衰减项，$M = KCT_c$，其中 K 为降解系数，T_c 表示温度系数，取值1.0。

将（3.3-8）式应用加权余数法伽辽金逼近（其中二次项应用分部积分），且各时间导数取前差近似，整理后得到显式数值解如下：

$$C_j^{n+1} = C_j^n - C \left[u_j^n (\overline{\beta C}/2\lambda)^n \downarrow_{Txj} + v_j^n (\overline{\gamma C}/2\lambda)^n \downarrow_{Tyj} + \right.$$
$$\left. (E_x \beta \overline{\beta C} + E_y \gamma \overline{\gamma C})_j^n / 4\lambda^2 - \frac{F\Delta t}{\lambda H} + \frac{Mk_j \Delta t}{\lambda H} \right] \quad (3.3-9)$$

式中：λ、β、γ——三角形单元面积及单元形参数；

Δt——时间步长；

上横线"－"——节点j所在单元中所有节点值的叠加；

k_j——降解系数；

H——节点水深。

上述解的定解条件为：

初始条件: $C(x,y,0) = C_0$

陆边界条件: $\dfrac{\partial C}{\partial n} = 0$

水边界条件:
$$C(x_0,y_0,t) = C_b \qquad 流入$$
$$C(x_0,y_0,t) = 计算值 \qquad 流出$$

其中: 陆边界条件表示沿法线方向的浓度梯度为零。

（2）模型网格

水质模型的计算区域与流场模型的计算区域一致（图3.3-64a），由于计算区域固体边界复杂，为较好地模拟复杂的边界条件，采用三角形网格进行计算。为了能较准确地描述乐清湾内污染物输移扩散，对乐清湾海域的网格作加密处理（图3.3-64b），乐清湾外网格逐渐增大，以尽可能地提高计算精度并缩短计算时间。整个计算区域共有37 329个三角形单元，19 778个节点。计算最小空间步长约90.0 m，计算时间步长为60.0 s。

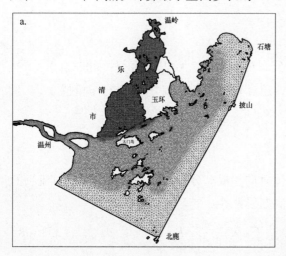
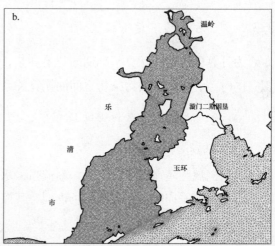

图3.3-64 研究区域与水质模拟计算网格

a. 研究区域；b. 乐清湾局部

（3）模型计算参数确定

模型中主要参数确定如下：

①降解系数。国内外研究认为河口海湾地区化学需氧量的降解系数要小于河流湖泊，一般小于0.1/d。如王泽良在渤海湾的研究中发现化学需氧量降解系数在0.023~0.076/d，刘浩在辽东湾取化学需氧量降解系数0.03/d，象山港环境容量计算时化学需氧量取为0.032/d。乐清湾陆源污染物经河口流入湾内，各河口均建有水闸，污染物并非随时入湾，而在河口停留较长时间，已经初步降解，进入乐清湾后较难降解，化学需氧量降解系数应较小。本书中通过模型率定取 COD_{Mn} 降解系数均为0.025/d。

水体中营养盐的输入主要通过水平输运、垂直混合和大气沉降3种途径，其在水体中的分布与变化不仅与其来源、水动力条件、沉积、矿化等过程有关，还与海水中的细菌、浮游动植物等有着密切的关系。其主要物质过程有浮游植物的吸收，在各级浮游动物及鱼类等食物链中传递，生物溶出、死亡、代谢排出等重新回到水体中，不同形态之间的化学转化，水体中磷营养盐的沉降，沉积物受扰动引起的再悬浮及沉积物向水体的扩散和释放等。

因此，营养盐在海水中的物质过程十分复杂，用降解系数反映上述所有过程实属不易。在莱州湾环境容量研究（国家海洋局第一海洋研究所报告）、宁波－舟山海域环境容量研究（中国海洋大学研究报告）时，将污染物均作为保守物质处理。富国等在研究伶仃洋时在实验室测得的数据为 0.1/d。刘浩在研究辽东湾时分别取总磷的降解系数为 0.1/d 和 0.01/d 进行模拟后，认为降解系数取为 0.01/d 更接近实测值。Wei H 等 1998—1999 年调查渤海生态系统时发现，将渤海中的无机氮视为保守物质和考虑无机氮的生物过程所得到的年平均浓度之间的误差不超过 20%。考虑到乐清湾悬浮物浓度较高，浮游植物对营养盐的吸收相对较慢，通过数模率定，取总磷的降解系数为 0.000 8/d，活性磷酸盐的降解系数为 0.007 5/d，总氮的降解系数为 0.001/d，无机氮的降解系数为 0.005/d，与上述成果中采用的降解系数接近。

②扩散系数。扩散系数由下述方法确定：

$$K_x = 5.93 \sqrt{g} \, |u| H/C;$$

$$K_y = 5.93 \sqrt{g} \, |v| H/C;$$

式中：H——水深；

u、v——分别是 x、y 方向的流速分量；

C——谢才系数。

③初始条件。初始条件对计算结果的影响一般在开始阶段，在计算稳定后，初始条件对计算结果的影响可忽略。本次研究以略小于实测水质的最小浓度值作为初始条件，即 COD_{Mn} 初始浓度为 1.0 mg/dm³，活性磷酸盐初始浓度为 0.035 mg/dm³，无机氮初始浓度为 0.2 mg/dm³。

④边界条件。水质模型的水边界条件的确定是在乐清湾水质现状及外海水质现状的基础上，由模型率定。

根据 2003—2006 年东海区海洋环境趋势性调查资料，温州—台州外海水质 D33JQ026 测站 2003 年、2004 年和 2006 年这 3 年 COD_{Mn} 平均浓度为 0.57 mg/dm³，2006 年平均浓度为 0.7 mg/dm³；活性磷酸盐 3 年平均浓度为 0.015 4 mg/dm³，2006 年平均浓度为 0.017 8 mg/dm³。D31JQ025 测站 2006 年 COD_{Mn} 平均浓度为 0.43 mg/dm³；活性磷酸盐平均浓度为 0.005 2 mg/dm³。

根据 2006 年 8 月水环境调查结果，COD_{Mn} 浓度在 0.29～1.97 mg/dm³，平均浓度为 1.03 mg/dm³；无机氮浓度在 0.029～0.203 mg/dm³，平均浓度为 0.095 mg/dm³；活性磷酸盐浓度在 0.023～0.061 mg/dm³，平均浓度为 0.036 mg/dm³。

根据 2007 年 8 月东海区海洋环境趋势性调查资料，总氮浓度在 0.846～1.804 mg/dm³，平均浓度为 1.132 mg/dm³；无机氮浓度在 0.131～0.352 mg/dm³，平均浓度为 0.214 mg/dm³。

通过数模率定，取化学需氧量水质模型的水边界条件为 0.35 mg/dm³，活性磷酸盐为 0.019 mg/dm³，总磷水质模型的水边界条件为 0.065 mg/dm³，无机氮为 0.20 mg/dm³，总氮为 1.2 mg/dm³，与乐清湾水质调查中外湾的浓度值以及外海水质调查的结果接近，取值合理（表 3.3 – 31）。

表 3.3 – 31　外海水质调查结果　　　　　　　　　　单位：mg/dm³

站位	年份	调查层次	COD$_{Mn}$	活性磷酸盐	无机氮
D33JQ026 (121°11′00″, 27°30′00″)	2003	表	0.5	0.027 1	
		底	0.35	0.015 5	
	2004	表	0.31	0.003 9	
		底	0.87	0.010 6	
	2006	表	0.63	0.015 6	
		底	0.76	0.019 9	
	3 年平均		0.57	0.015 4	
	2006 年平均		0.70	0.017 8	
D31JQ025 (122°00′00″, 28°00′00″)	2006	表	0.38	0.004 8	
		中	0.34	0.005 1	
		底	0.56	0.005 7	
	2006 年平均		0.43	0.005 2	
	2006 年平均				0.095
	2007 年平均				0.214
模型边界条件			0.35	0.0190	0.20

（4）污染源位置

乐清湾中不同地点水交换能力不同，环境容量会随着污染源位置不同而不同，因此不能离开污染源的位置讨论环境容量。由污染源调查结果可知，陆域污染物主要通过径流进入乐清湾，而海域污染物主要是海水养殖产生的污染物，因此，污染源应反映入湾径流及养殖区域的位置。乐清湾沿湾海水养殖主要分布见图 3.3 – 65。污染源位置及计算源点的布置应反映乐清湾海陆域污染源的现状。

不仅如此，污染源位置的确定，还要为下文环境容量的空间、行业分配做准备。根据乐清湾自然条件、社会经济条件的特点，将乐清湾分成内湾、中湾和外湾 3 个海区，10 个汇水区，每个汇水区的陆域、海域污染源均应有相应的计算源点。

综上所述，模型计算中污染源位置及计算污染源点的设置见图 3.3 – 66。陆域污染源按汇水区优化，部分源进行合并或位置移至理论深度基准面 0 m 附近；海域污染源位于海水养殖区。

（5）污染物源强

依据污染源调查结果，乐清湾污染源主要分为两部分：一是陆域污染源，包括各工业企业、居民生活、农业生产、畜禽养殖和水土流失来源；二是海水养殖源，主要有鱼类养殖、甲壳类养殖和贝类养殖来源。

①COD$_{Cr}$源强。各陆域污染源源点的源强按照污染物调查结果确定，部分源点的源强根据模型调试稍做调整。考虑到污染源调查时存在难以统计全部污染源的情况，模型陆域污染源 COD$_{Cr}$源强比污染源调查结果稍大，以尽可能接近实测结果。增加的这部分源强计入 L8 源点。L8 污染源代表的是乐清市乐成污水处理厂，该污水处理厂以处理生活污水为主，处理能

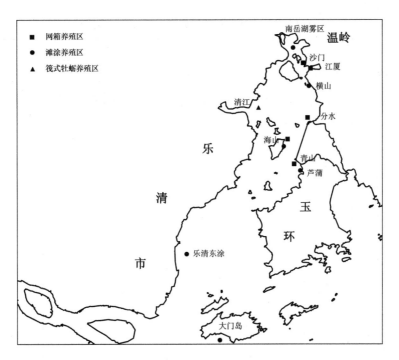

图 3.3 – 65　乐清湾主要海水养殖区域分布示意

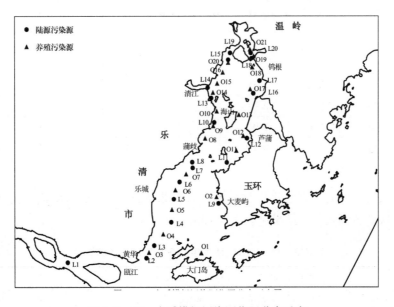

图 3.3 – 66　水质模拟污染源位置分布示意

力为 5 000 t/d。作为一个重要的点源，单独设置为一个污染源，L8 源点只用于对模型的验证计算，不参与容量计算。COD$_{Cr}$水质模型陆域污染源源强按海区、汇水区及各源点分配结果见表 3.3 – 32。

表 3.3 - 32　COD$_{Cr}$水质模型各陆源污染源的源强　　　　单位：t/d

排放源点		所属汇水区		所属海区		调查源强	备注
源点编号	源强	汇水区号	源强	海区	源强		
L1	304.5			瓯江			以多年平均流量及实测浓度估算
L2	0.969	汇水区1	8.42	外湾	22.48	18.16	
L3	1.449						
L4	2.564						
L5	3.438						
L6	3.171	汇水区2	7.82				
L7	4.649						
L8	4.320						
L9	1.920	汇水区10	1.92				
L10	1.440	汇水区3	1.44	中湾	2.02	2.02	
L11	0.226	汇水区9	0.58				
L12	0.354						
L13	1.216	汇水区4	4.79	内湾	20.18	20.18	
L14	1.510						
L15	2.064						
L19	5.398	汇水区5	7.01				
L20	1.612						
L18	2.550	汇水区6	2.55				
L17	2.770	汇水区7	2.77				
L16	3.060	汇水区8	3.06				
合计	44.68		44.68		44.68	40.36	不计入瓯江源强

各海水养殖污染源的源强大小以污染源调查结果为准。COD$_{Cr}$水质模型海域污染源源强按海区、汇水区及各源点分配结果见表3.3 - 33。

表 3.3 - 33　COD$_{Cr}$水质模型各养殖污染源的源强　　　　单位：t/d

排放源点		所属汇水区		所属海区		调查源强	备注
源点编号	源强	汇水区	源强	海区	源强		
O1	4.475			湾外			不计入外湾源强，以外湾平均取值
O2	5.616	汇水区10	5.62	外湾	26.85	26.85	
O3	4.956	汇水区1	14.64				
O4	4.956						
O5	3.786						
O6	0.942						
O7	6.594	汇水区2	6.59				

续表

排放源点		所属汇水区		所属海区		调查源强	备注
源点编号	源强	汇水区	源强	海区	源强		
O8	4.297	汇水区3	14.87	中湾	62.80	62.80	
O9	5.285						
O10	5.285						
O11	8.669	汇水区9	47.93				
O12	25.170						
O13	14.094						
O14	8.296	汇水区4	41.45	内湾	88.93	88.93	
O15	22.939						
O16	10.218						
O17	7.747	汇水区8	7.75				
O18	26.691	汇水区7	26.69				
O19	6.440	汇水区6	6.44				
O20	4.803	汇水区5	6.60				
O21	1.794		178.58				
合计	178.58				178.58	178.58	

②总氮源强。总氮水质模型陆域污染源源强按海区、汇水区及各源点分配结果见表3.3-34,湾顶处源强分配略做调整。

表3.3-34 总氮水质模型各陆源污染源的源强　　　　　　　　单位:t/d

排放源点		所属汇水区		所属海区		调查源强	备注
源点编号	源强	汇水区号	源强	海区	源强		
L1	92.54			瓯江			以多年平均流量及实测浓度估算
L2	0.710 2	汇水区1	2.28	外湾	4.76	4.69	
L3	0.710 2						
L4	0.419 8						
L5	0.439 8						源强略做调整
L6	1.065 0	汇水区2	2.08				源强略做调整
L7	1.015 0						
L9	0.400 0	汇水区10	0.40				
L10	0.470 0	汇水区3	0.47	中湾	0.66	0.64	源强略做调整
L11	0.110 3	汇水区9	0.19				
L12	0.079 7						

续表

排放源点		所属汇水区		所属海区		调查源强	备注
源点编号	源强	汇水区号	源强	海区	源强		
L13	0.372 0	汇水区4	1.46	内湾	5.63	5.63	
L14	0.636 3						
L15	0.451 7						
L19	1.369 3	汇水区5	1.60				湾顶源强略做调整
L20	0.230 7						
L18	0.73	汇水区6	0.73				
L17	0.93	汇水区7	0.93				
L16	0.91	汇水区8	0.91				
合计	11.05		11.05		11.05	10.96	不计入瓯江源强

各海水养殖污染源的源强大小以污染源调查结果为准。总氮水质模型海域污染源源强按海区、汇水区及各源点分配结果见表3.3-35。

表3.3-35 总氮水质模型各养殖污染源的源强　　　　　　　　　　　　单位：t/d

排放源点		所属汇水区		所属海区		调查源强	备注
源点编号	源强	汇水区	源强	海区	源强		
O1	0.178 3			湾外			不计入外湾源强，以外湾平均取值
O2	0.224 2	汇水区10	0.224 2	外湾	1.07	1.07	
O3	0.198 0	汇水区1	0.585 0				
O4	0.198 0						
O5	0.151 3						
O6	0.037 6						
O7	0.260 8	汇水区2	0.260 8				
O8	0.412 9	汇水区3	1.123 7	中湾	2.44	2.44	
O9	0.168 9						
O10	0.541 9						
O11	0.491 8	汇水区9	1.316 3				
O12	0.491 8						
O13	0.332 7						
O14	0.327 4	汇水区4	1.636 0	内湾	3.51	3.51	
O15	0.905 1						
O16	0.403 5						
O17	0.306 0	汇水区8	0.306 0				
O18	1.053 3	汇水区7	1.053 3				
O19	0.254 2	汇水区6	0.254 2				
O20	0.070 9	汇水区5	0.260 5				
O21	0.189 6						
合计	7.02		7.02		7.02	7.02	

③总磷源强。总磷水质模型陆域污染源源强按海区、汇水区及各源点分配结果见表3.3 – 36，湾顶处源强分配略做调整。

表 3.3 – 36　总磷水质模型各陆源污染源的源强　　　　　　　　　　单位：t/d

排放源点		所属汇水区		所属海区		调查源强	备注
源点编号	源强	汇水区号	源强	海区	源强		
L1	14.69			瓯江			以多年平均流量及实测浓度估算
L2	0.035	汇水区1	0.28	外湾	0.57	0.58	
L3	0.052						
L4	0.076						
L5	0.117						
L6	0.084	汇水区2	0.23				
L7	0.146						
L9	0.060	汇水区10	0.06				
L10	0.060	汇水区3	0.06	中湾	0.08	0.08	
L11	0.010	汇水区9	0.02				
L12	0.010						
L13	0.044	汇水区4	0.17	内湾	0.67	0.67	湾顶源强略做调整
L14	0.057						
L15	0.069						
L19	0.063	汇水区5	0.19				
L20	0.127						
L18	0.090	汇水区6	0.09				
L17	0.120	汇水区7	0.12				
L16	0.100	汇水区8	0.10				
合计	1.32		1.32		1.32	1.33	不计入瓯江源强

注：无 L8 排放源点。

各海水养殖污染源的源强大小以污染源调查结果为准，外湾部分源强略做修正。总磷水质模型海域污染源源强按海区、汇水区及各源点分配结果见表3.3 – 37。

表 3.3 – 37　总磷水质模型各养殖污染源的源强　　　　　　　　　　单位：t/d

排放源点		所属汇水区		所属海区		调查源强	备注
源点编号	源强	汇水区	源强	海区	源强		
O1	0.027			湾外			不计入外湾源强，以外湾平均取值
O2	0.020	汇水区10	0.020	外湾	0.162	0.16	略做修正
O3	0.030	汇水区1	0.103				
O4	0.030						
O5	0.023						
O6	0.020						略做修正
O7	0.039	汇水区2	0.039				

续表

排放源点		所属汇水区		所属海区		调查源强	备注
源点编号	源强	汇水区	源强	海区	源强		
O8	0.026	汇水区3	0.088	中湾	0.37	0.37	
O9	0.031						
O10	0.031						
O11	0.051	汇水区9	0.282				
O12	0.149						
O13	0.082						
O14	0.048	汇水区4	0.242	内湾	0.52	0.52	
O15	0.134						
O16	0.060						
O17	0.046	汇水区8	0.046				
O18	0.156	汇水区7	0.156				
O19	0.038	汇水区6	0.038				
O20	0.028	汇水区5	0.039				
O21	0.010						
合计	1.052		1.052		1.052	1.05	

④无机氮源强。无机氮水质模型陆域污染源源强按海区、汇水区及各源点分配结果见表3.3-38。

表3.3-38　无机氮水质模型各陆源污染源的源强　　　　　　　　　单位：t/d

排放源点		所属汇水区		所属海区		调查源强	备注
源点编号	源强	汇水区号	源强	海区	源强		
L1	30.538 2			瓯江			以多年平均流量及实测浓度估算
L2	0.234 4	汇水区1	0.746	外湾	1.548	—	
L3	0.234 4						
L4	0.138 5						
L5	0.138 5						
L6	0.335 0	汇水区2	0.670				
L7	0.335 0						
L9	0.132 0	汇水区10	0.132				
L10	0.148 5	汇水区3	0.149	中湾	0.212	—	
L11	0.036 4	汇水区9	0.063				
L12	0.026 3						

续表

排放源点		所属汇水区		所属海区		调查源强	备注
源点编号	源强	汇水区号	源强	海区	源强		
L13	0.122 8	汇水区 4	0.482	内湾	1.858	—	
L14	0.210 0						
L15	0.149 1						
L19	0.451 9	汇水区 5	0.528				
L20	0.076 1						
L18	0.240 9	汇水区 6	0.241				
L17	0.306 9	汇水区 7	0.307				
L16	0.300 3	汇水区 8	0.300				
合计	3.617		3.618		3.618		不计入瓯江源强

各海水养殖污染源的源强大小以污染源调查结果为准。无机氮水质模型海域污染源源强按海区、汇水区及各源点分配结果见表 3.3 - 39。

表 3.3 - 39　无机氮水质模型各养殖污染源的源强　　　　单位：t/d

排放源点		所属汇水区		所属海区		调查源强	备注
源点编号	源强	汇水区	源强	海区	源强		
O1	0.059 4			湾外			不计外湾源强，以外湾平均取值
O2	0.074 7	汇水区 10	0.074 7	外湾	0.356 6	—	
O3	0.066 0	汇水区 1	0.195				
O4	0.066 0						
O5	0.050 4						
O6	0.012 5						
O7	0.086 9	汇水区 2	0.086 9				
O8	0.137 6	汇水区 3	0.374 6	中湾	0.813 4	—	
O9	0.056 3						
O10	0.180 6						
O11	0.163 9	汇水区 9	0.438 8				
O12	0.163 9						
O13	0.110 9						
O14	0.109 1	汇水区 4	0.545 3	内湾	1.169 9	—	
O15	0.301 7						
O16	0.134 5						
O17	0.102 0	汇水区 8	0.102				
O18	0.351 1	汇水区 7	0.351 1				
O19	0.084 7	汇水区 6	0.084 7				
O20	0.023 6	汇水区 5	0.086 8				
O21	0.063 2						
合计	2.340 0		2.34		2.34		

⑤活性磷酸盐源强。活性磷酸盐水质模型陆域污染源源强按海区、汇水区及各源点分配结果见表3.3-40。

表3.3-40　活性磷酸盐水质模型各陆源污染源的源强　　　　　　　单位：t/d

排放源点		所属汇水区		所属海区		调查源强	备注
源点编号	源强	汇水区号	源强	海区	源强		
L1	4.406			瓯江			以多年平均流量及实测浓度估算
L2	0.009 9	汇水区1	0.079 5	外湾	0.161 9	—	
L3	0.014 8						
L4	0.021 6						
L5	0.033 2						
L6	0.023 9	汇水区2	0.065 4				
L7	0.041 5						
L9	0.017 0	汇水区10	0.017 0				
L10	0.018 0	汇水区3	0.018 0	中湾	0.024 0	—	
L11	0.003 0	汇水区9	0.006 0				
L12	0.003 0						
L13	0.014 1	汇水区4	0.054 4	内湾	0.214 5	—	湾顶源强略做调整
L14	0.018 2						
L15	0.022 1						
L19	0.040 6	汇水区5	0.060 9				
L20	0.020 3						
L18	0.028 8	汇水区6	0.028 8				
L17	0.038 4	汇水区7	0.038 4				
L16	0.032 0	汇水区8	0.032 0				
合计	0.400 4		0.400 4		0.400 4		不计入瓯江源强

注：无L8排放源点。

各海水养殖污染源的源强大小以污染源调查结果为准。活性磷酸盐水质模型海域污染源源强按海区、汇水区及各源点分配结果见表3.3-41。

表3.3-41　活性磷酸盐水质模型各养殖污染源的源强　　　　　　　单位：t/d

排放源点		所属汇水区		所属海区		调查源强	备注
源点编号	源强	汇水区	源强	海区	源强		
O1	0.007 8			湾外			不计入外湾源强，以外湾平均取值
O2	0.005 8	汇水区10	0.005 8	外湾	0.047 0	—	
O3	0.008 7	汇水区1	0.029 9				
O4	0.008 7						
O5	0.006 7						
O6	0.005 8						
O7	0.011 3	汇水区2	0.011 3				

续表

排放源点		所属汇水区		所属海区		调查源强	备注
源点编号	源强	汇水区	源强	海区	源强		
O8	0.007 5						
O9	0.009 0	汇水区 3	0.025 5				
O10	0.009 0			中湾	0.107 3	—	
O11	0.014 8						
O12	0.043 2	汇水区 9	0.081 8				
O13	0.023 8						
O14	0.013 9						
O15	0.038 9	汇水区 4	0.070 2				
O16	0.017 4						
O17	0.013 3	汇水区 8	0.013 3	内湾	0.150 7	—	
O18	0.045 2	汇水区 7	0.045 2				
O19	0.011 0	汇水区 6	0.011 0				
O20	0.008 1	汇水区 5	0.011 0				
O21	0.002 9						
合计	0.305 0		0.305 0		0.305 0		

2）模型验证

水质模拟结果必须符合实际情况，因此需对水质模型进行验证。根据水质实测资料，从3个角度进行验证：一是将实测的乐清湾水质总体分布与模拟的水质总体分布进行对比分析；二是将各验证点的实测值与计算值进行对比分析；三是将模拟的分海区全潮平均值与实测海区平均结果进行对比分析。

实测化学需氧量、无机氮和活性磷酸盐污染物浓度等值线分布见环境现状相关图件，总氮和总磷浓度等值线分布见图3.3-67和图3.3-68。由实测结果可知，乐清湾内浓度分布等值线弧顶均向湾顶伸展，表明采样时处于涨潮期，取不同潮时模型计算的总体分布也证明了涨潮期乐清湾内浓度分布与实测浓度分布较为接近。因此，对水质总体分布的验证，选取涨潮期接近高潮时刻的污染物浓度分布进行验证分析。

（1）COD_{Mn} 模型验证

模拟得到的乐清湾高潮时刻 COD_{Mn} 浓度分布见图3.3-69。由图3.3-69可见，COD_{Mn} 浓度分布在乐清湾总体呈现自湾口到湾顶浓度增大的趋势。外湾浓度较低，大部分区域浓度小于 $1.0\ mg/dm^3$，中湾和内湾浓度较高，基本大于 $1.0\ mg/dm^3$。湾内存在两个明显的高浓度区域，一个位于蒲歧打水湾附近海域，最大浓度在 $1.8\ mg/dm^3$ 以上；另一个在楚门附近海域，最大浓度值大于 $1.9\ mg/dm^3$，总体分布与实测 COD_{Mn} 浓度等值线分布基本一致，仅局部区域略有偏差。分析产生偏差的原因，除模型本身未能完全模拟乐清湾局部的源强和污染物物质过程外，还可能与水质调查时未能做到完全同步采样，以及因滩涂宽广、水深小、采样时扰动底泥导致实测值存在误差等有关。

547

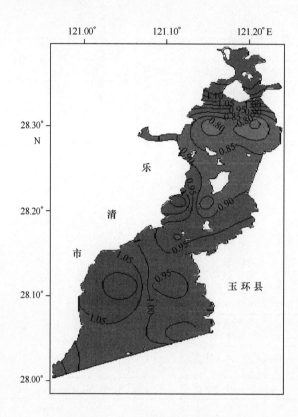

图 3.3 - 67   2006 年 8 月实测总氮浓度等值线分布（mg/dm³）

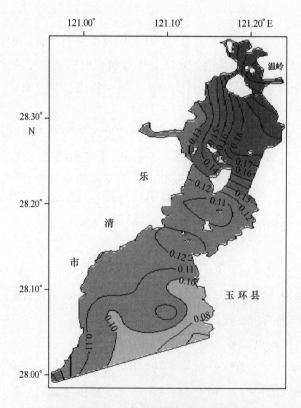

图 3.3 - 68   2006 年 8 月实测总磷浓度等值线分布（mg/dm³）

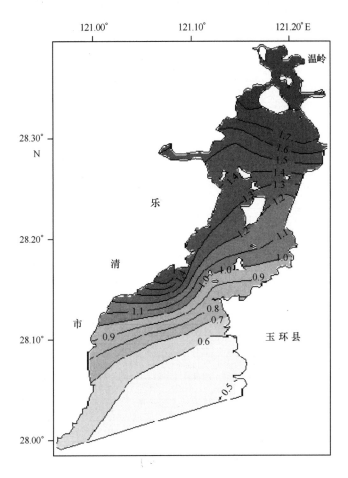

图 3.3 - 69 数值模拟高潮期 COD_{Mn} 浓度等值线分布（mg/dm^3）

将乐清湾湾内 20 个水质调查站的实测值与模型计算结果进行比较，结果列于表 3.3 - 42。由表 3.3 - 42 可知，低潮期间验证点浓度一般大于高潮期间的浓度值，全潮平均浓度则介于高、低潮浓度值之间。计算的最大浓度值略小于实测最大浓度值，而计算得到的最小浓度值稍大于实测最小浓度值，即计算的结果较为均匀，实测结果波动较大。20 个调查站的计算值与实测值基本吻合，误差较小，两者误差较大的区域主要位于湾顶、中湾南岳附近海域和湾口大麦屿附近海域。湾顶与中湾南岳海域的计算值大于实测值的原因，可能与采样时附近径流下泄较干净水流有关；而湾口大麦屿附近海域计算值大于实测值的原因，可能与未能完全正确地模拟湾外进入乐清湾海域潮流的水质有关。但从总体上看，水质调查站的实测值与模型计算结果之间相对误差小于 20% 的比例达 80%，这不仅表明模型基本符合乐清湾的动力条件和污染物物质过程的情况，而且说明污染源的统计和估算与实际情况差别不大。

表 3.3 - 42 COD_{Mn} 水质模型计算值与实测值对照表   单位：mg/dm^3

| 站位 | 海区 | 计算值 | | 平均值 | 实测值 | 相对误差/% |
		高潮	低潮			
RL1	内湾	1.88	1.78	1.80	1.31	43.51
RL2	内湾	1.84	1.63	1.80	1.01	82.18
RL3	内湾	1.43	1.61	1.59	1.54	-7.14

站位	海区	计算值		平均值	实测值	相对误差/%
		高潮	低潮			
RL4	内湾	1.72	1.87	1.86	1.85	−7.03
RL5	内湾	1.17	1.33	1.32	1.27	−7.87
RL6	中湾	1.25	1.34	1.27	0.67	86.57
RL7	中湾	1.19	1.21	1.21	1.08	10.19
RL8	中湾	1.26	1.43	1.32	1.47	−14.29
RL9	中湾	1.98	1.92	1.95	1.97	0.51
RL10	中湾	1.01	1.23	1.18	1.18	−14.41
RL11	中湾	0.91	1.11	0.99	0.95	−4.21
RL12	外湾	0.77	0.89	0.80	0.78	−1.28
RL13	外湾	0.79	0.93	0.84	0.80	−1.25
RL14	外湾	0.39	0.56	0.47	0.42	−7.14
RL15	外湾	0.86	0.91	0.90	0.95	−9.47
RL16	外湾	0.51	0.67	0.63	0.44	15.91
RL17	外湾	0.70	0.80	0.78	0.86	−18.60
RL18	外湾	0.69	0.72	0.71	0.85	−18.82
RL19	外湾	0.64	0.70	0.66	0.70	−8.57
RL20	外湾	0.48	0.58	0.52	0.29	65.52

注：平均值为全潮平均值。

分海区全潮平均浓度值与实测海区平均浓度值相差极小（表3.3−43），也表明水质模型在总体上较成功地模拟了乐清湾 COD_{Mn} 的浓度分布。

表3.3−43　分区全潮平均计算值与实测平均值对比　　　　　　单位：mg/dm^3

海区	COD_{Mn}	
	实测值	计算值
外湾	0.68	0.71
中湾	1.23	1.24
内湾	1.40	1.76

（2）总氮模型验证

由总氮水质模型模拟得到的总氮浓度分布见图3.3−70，由图3.3−70可见，总氮浓度分布总体由湾口到湾顶逐渐增大，呈现近岸区高于离岸区，浅水区高于深水区，养殖区高于非养殖区的分布格局。外湾大部分区域浓度在 0.85~1.15 mg/dm^3 之间，中湾大部分区域浓度在 0.95~1.05 mg/dm^3 之间，内湾浓度大于 1.0 mg/dm^3。与实测结果相比，两者浓度等值线形态相似，位置接近。外湾深水区计算浓度值略小于实测值，中湾南岳近岸海域计算值略小于实测值。另外，内湾实测浓度分布存在浓度小于 0.8 mg/dm^3 的低值区域，而模拟结果由湾口到湾顶浓度逐渐增大，究其原因，或与各调查站采样不能做到完全同步有关。

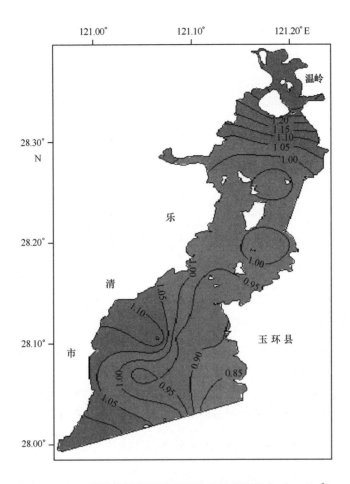

图 3.3 – 70 数值模拟高潮期总氮浓度等值线分布（mg/dm³）

将乐清湾湾内 20 个水质调查站的实测值与模型计算结果进行比较（表 3.3 – 44），高、低潮期间验证点浓度基本接近，仅在污染源点附近验证点浓度变化稍大。外湾与中湾计算结果与实测值接近，内湾中部计算结果与实测值有较大计算误差，最大相对误差为 56.94%（RL4站），主要原因是受附近污染源的影响。水质调查站的实测值与模型计算结果之间相对误差小于 20% 的比例达 85%，表明模型基本符合乐清湾的动力条件和污染物物质过程的情况，污染源的统计和估算与实际情况差别不大。

表 3.3 – 44　总氮水质模型计算值与实测值对比　　　　　　　　　　单位：mg/dm³

站位	海区	计算值		平均值	实测值	相对误差/%
		高潮	低潮			
RL1	内湾	1.21	1.33	1.28	1.17	9.40
RL2	内湾	1.35	1.45	1.40	1.19	17.65
RL3	内湾	1.03	1.12	1.08	0.77	40.26
RL4	内湾	1.07	1.18	1.13	0.72	56.94
RL5	内湾	0.92	0.96	0.94	0.88	6.82
RL6	中湾	0.95	0.97	0.96	1.09	– 11.93
RL7	中湾	0.98	1.03	1.01	0.80	26.25

站位	海区	计算值		平均值	实测值	相对误差/%
		高潮	低潮			
RL8	中湾	1.05	1.08	1.07	0.92	16.30
RL9	中湾	1.01	1.05	1.03	0.92	11.96
RL10	中湾	0.91	0.95	0.93	0.89	4.49
RL11	中湾	0.90	0.94	0.92	1.00	-8.00
RL12	外湾	1.16	1.28	1.22	1.15	6.09
RL13	外湾	0.92	0.97	0.95	0.94	1.06
RL14	外湾	0.91	0.95	0.93	0.93	0.00
RL15	外湾	0.92	1.07	0.99	1.06	-6.60
RL16	外湾	0.87	0.94	0.91	0.98	-7.14
RL17	外湾	1.12	1.15	1.14	1.04	9.62
RL18	外湾	1.04	1.05	1.05	1.04	0.96
RL19	外湾	0.84	0.86	0.85	0.91	-6.59
RL20	外湾	0.82	0.84	0.83	0.84	-1.19

将分海区全潮平均浓度值与实测海区平均浓度值相比较，两者较接近（表3.3-45），内湾误差稍大，表明水质模型在总体上较成功地模拟了乐清湾总氮的浓度分布。

表3.3-45 分区全潮平均计算值与实测值对比 单位：mg/dm^3

海区	总氮	
	实测值	计算值
外湾	0.988	0.992
中湾	0.937	0.985
内湾	0.946	1.033

（3）无机氮模型验证

由无机氮水质模型模拟得到的无机氮浓度分布见图3.3-71。由图3.3-71可见，由湾口到湾顶浓度逐渐增大，呈现近岸区高于离岸区，浅水区高于深水区，养殖区高于非养殖区的分布格局。外湾大部分区域浓度在 0.25～0.35 mg/dm^3，中湾大部分区域浓度在 0.35～0.4 mg/dm^3，内湾浓度大于 0.4 mg/dm^3。与实测结果相比，两者浓度等值线形态相似，位置接近。仅在瓯江口附近略有偏差，究其原因，与各调查站采样不能做到完全同步有关，另外，内湾的模拟结果略偏小。

将乐清湾湾内20个水质调查站的实测值与模型计算结果进行比较。由表3.3-46可见，水质调查站的实测值与模型计算结果相近，两者间相对误差小于20%的比例达95%，表明模型基本符合乐清湾的动力条件和污染物物质过程的情况，污染源的统计和估算与实际情况差别不大。

将分海区全潮平均浓度值与实测海区平均浓度值相比较，两者较为接近，仅中湾略偏大（表3.3-47），表明水质模型在总体上较成功地模拟了乐清湾无机氮的浓度分布。

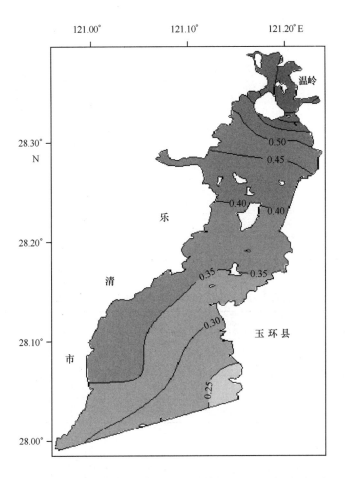

图 3.3 - 71　数值模拟高潮期无机氮浓度等值线分布（mg/dm³）

表 3.3 - 46　无机氮水质模型计算值与实测值对比　　　　单位：mg/dm³

站位	海区	计算值		平均值	实测值	相对误差/%
		高潮	低潮			
RL1	内湾	0.551	0.593	0.572	0.592	-3.38
RL2	内湾	0.675	0.679	0.677	0.639	5.95
RL3	内湾	0.475	0.516	0.496	0.591	-16.16
RL4	内湾	0.534	0.555	0.545	0.558	-2.42
RL5	内湾	0.446	0.448	0.447	0.511	-12.52
RL6	中湾	0.36	0.362	0.361	0.308	17.21
RL7	中湾	0.372	0.376	0.374	0.335	11.64
RL8	中湾	0.388	0.391	0.390	0.365	6.71
RL9	中湾	0.384	0.392	0.388	0.345	12.46
RL10	中湾	0.322	0.325	0.324	0.299	8.19
RL11	中湾	0.318	0.321	0.320	0.300	6.50
RL12	外湾	0.364	0.371	0.368	0.385	-4.55

续表

站位	海区	计算值		平均值	实测值	相对误差/%
		高潮	低潮			
RL13	外湾	0.316	0.320	0.318	0.294	8.16
RL14	外湾	0.284	0.286	0.285	0.246	15.85
RL15	外湾	0.323	0.329	0.326	0.300	8.67
RL16	外湾	0.262	0.266	0.264	0.253	4.35
RL17	外湾	0.301	0.346	0.324	0.392	-17.47
RL18	外湾	0.285	0.315	0.300	0.379	-20.84
RL19	外湾	0.273	0.280	0.277	0.267	3.56
RL20	外湾	0.246	0.248	0.247	0.269	-8.18

表 3.3 – 47　分区全潮平均计算值与实测值对比　　　　　　　　　单位: mg/dm³

海区	无机氮	
	实测平均	计算平均
外湾	0.309	0.322
中湾	0.325	0.361
内湾	0.578	0.539

（4）总磷模型验证

由总磷水质模型模拟得到的总磷浓度分布（图 3.3 – 72）可见，由湾口到湾顶浓度逐渐增大，呈现近岸区高于离岸区，浅水区高于深水区，养殖区高于非养殖区的分布格局。外湾大部分区域浓度在 0.08 ~ 0.12 mg/dm³，中湾大部分区域浓度在 0.11 ~ 0.14 mg/dm³，内湾浓度大于 0.14 mg/dm³。与实测结果相比，两者浓度等值线形态相似，位置接近，仅在中湾海域略有偏差，实测浓度分布在中湾存在一个浓度小于 0.11 mg/dm³ 的低值区域，而模拟结果由湾口到湾顶浓度逐渐增大，究其原因，或与各调查站采样不能做到完全同步有关。

将乐清湾湾内 20 个水质调查站的实测值与模型计算结果进行比较，由表 3.3 – 48 可见，高、低潮期间验证点浓度接近，说明在一个潮周期内总磷浓度值变化幅度不大。内湾与外湾计算结果与实测值接近，中湾中部计算结果与实测值有较大计算误差，最大相对误差为 29.13%（RL8 站）。水质调查站的实测值与模型计算结果之间相对误差小于 20% 的比例达 90%，表明模型基本符合乐清湾的动力条件和污染物物质过程的情况，污染源的统计和估算与实际情况差别不大。

将分海区全潮平均浓度值与实测海区平均浓度值相比较，两者较接近（表 3.3 – 49），中湾误差稍大，表明水质模型在总体上较成功地模拟了乐清湾总磷的浓度分布。

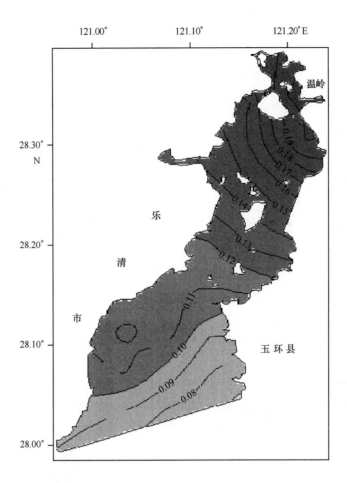

图 3.3 – 72　数值模拟高潮期总磷浓度等值线分布（mg/dm³）

表 3.3 – 48　总磷水质模型计算值与实测值对比　　　　　单位：mg/dm³

站位	海区	计算值		平均值	实测值	相对误差/%
		高潮	低潮			
RL1	内湾	0.159	0.163	0.161	0.145	11.16
RL2	内湾	0.199	0.199	0.199	0.226	– 11.78
RL3	内湾	0.152	0.151	0.149	0.127	16.93
RL4	内湾	0.199	0.194	0.197	0.19	3.46
RL5	内湾	0.158	0.182	0.170	0.188	– 9.57
RL6	中湾	0.120	0.143	0.132	0.11	19.55
RL7	中湾	0.125	0.137	0.131	0.107	22.63
RL8	中湾	0.132	0.138	0.133	0.103	29.13
RL9	中湾	0.111	0.120	0.116	0.12	– 3.57
RL10	中湾	0.111	0.122	0.117	0.123	– 5.17
RL11	中湾	0.107	0.122	0.115	0.13	– 11.83
RL12	外湾	0.108	0.107	0.108	0.117	– 7.85
RL13	外湾	0.121	0.114	0.117	0.106	10.84
RL14	外湾	0.090	0.109	0.100	0.091	9.40
RL15	外湾	0.112	0.110	0.111	0.098	13.18

续表

站位	海区	计算值		平均值	实测值	相对误差/%
		高潮	低潮			
RL16	外湾	0.083	0.106	0.096	0.118	−19.07
RL17	外湾	0.082	0.094	0.088	0.104	−15.60
RL18	外湾	0.074	0.088	0.081	0.092	−11.83
RL19	外湾	0.076	0.089	0.082	0.086	−4.10
RL20	外湾	0.072	0.084	0.078	0.08	−2.46

表 3.3−49　分区全潮平均计算值与实测值对比　　　　　　单位：mg/dm³

海区	总氮	
	实测平均	计算平均
外湾	0.102	0.104
中湾	0.116	0.139
内湾	0.175	0.182

（5）活性磷酸盐模型验证

由活性磷酸盐水质模型模拟得到的活性磷酸盐浓度分布见图 3.3−73。由图 3.3−73 可

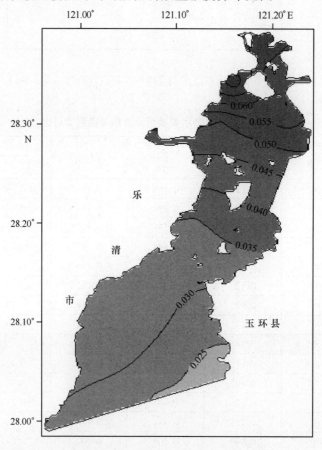

图 3.3−73　数值模拟高潮期活性磷酸盐浓度等值线分布（mg/dm³）

知，由湾口到湾顶浓度逐渐增大，呈现近岸区高于离岸区，浅水区高于深水区，养殖区高于非养殖区的分布格局。外湾大部分区域浓度在 0.02～0.035 mg/dm³ 之间，中湾大部分区域浓度在 0.035～0.04 mg/dm³ 之间，内湾浓度大于 0.04 mg/dm³。与实测结果相比，两者浓度等值线形态相似，位置接近。仅在瓯江口附近略有偏差，究其原因，与各调查站采样不能做到完全同步有关。

将乐清湾湾内 20 个水质调查站的实测值与模型计算结果进行比较。由表 3.3－50 可见，高、低潮期间验证点浓度接近，说明在一个潮周期内活性磷酸盐浓度值变化幅度不大。水质调查站的实测值与模型计算结果之间相对误差小于 20% 的比例达 100%，表明模型基本上符合乐清湾的动力条件和污染物物质过程的情况，污染源的统计和估算与实际情况差别不大。

将分海区全潮平均浓度值与实测海区平均浓度值相比较，两者极为接近（表 3.3－51），表明水质模型在总体上较成功地模拟了乐清湾活性磷酸盐的浓度分布。

表 3.3－50　活性磷酸盐水质模型计算值与实测值对比　　　　单位：mg/dm³

站位	海区	计算值		平均值	实测值	相对误差/%
		高潮	低潮			
RL1	内湾	0.055	0.054	0.055	0.048	14.58
RL2	内湾	0.057	0.057	0.057	0.061	－6.56
RL3	内湾	0.046	0.051	0.049	0.055	－16.36
RL4	内湾	0.050	0.055	0.053	0.048	4.17
RL5	内湾	0.044	0.052	0.048	0.050	－12.00
RL6	中湾	0.036	0.041	0.039	0.037	－2.70
RL7	中湾	0.037	0.039	0.038	0.037	0.00
RL8	中湾	0.037	0.041	0.039	0.035	5.71
RL9	中湾	0.034	0.035	0.035	0.032	6.25
RL10	中湾	0.033	0.035	0.034	0.032	3.13
RL11	中湾	0.032	0.035	0.034	0.036	－11.11
RL12	外湾	0.033	0.038	0.036	0.030	10.00
RL13	外湾	0.030	0.032	0.031	0.028	7.14
RL14	外湾	0.024	0.030	0.027	0.026	－7.69
RL15	外湾	0.030	0.032	0.031	0.030	0.00
RL16	外湾	0.026	0.029	0.028	0.030	－13.33
RL17	外湾	0.025	0.030	0.028	0.024	4.17
RL18	外湾	0.024	0.027	0.025	0.024	0.00
RL19	外湾	0.025	0.027	0.026	0.025	0.00
RL20	外湾	0.024	0.027	0.025	0.023	4.35

表 3.3－51　分区全潮平均计算值与实测值对比　　　　单位：mg/dm³

海区	活性磷酸盐	
	实测平均	计算平均
外湾	0.027	0.028
中湾	0.035	0.034
内湾	0.052	0.056

通过将实测的乐清湾水质总体分布与模拟的水质总体分布进行对比分析，各验证点的实测值与计算值进行对比分析，模拟的分海区全潮平均值与实测平均值进行对比分析。化学需氧量、总磷、总氮和无机氮水质模型模拟的结果与实测值偏差较小，活性磷酸盐水质模型模拟的结果与实测值极为接近。这不仅表明模型基本符合乐清湾的动力条件和污染物物质过程的情况，而且说明污染源的统计和估算与实际情况差别不大，较好地模拟了乐清湾海域的水环境现状。

3.3.5.4 主要污染物换算关系分析

本书选择化学需氧量（COD_{Cr}）、总氮（TN）和总磷（TP）用于进行环境容量或削减量的计算。在污染物源强调查与估算中，对化学需氧量、总氮和总磷进行了分析，但《中华人民共和国海水水质标准（GB 3097—1997）》中未列出三者的水质标准，故难以阐明化学需氧量、总氮和总磷源强增加或削减对乐清湾水体的影响。而《海水水质标准（GB 3097—1997）》中列有COD_{Mn}、无机氮和活性磷酸盐水质标准，但此三者缺乏污染源强的调查资料和估算结果。若能确定乐清湾 COD_{Cr} 和 COD_{Mn}、总氮和无机氮、总磷和活性磷酸盐源强与水体中浓度分布之间的换算关系，则可以通过两者之间的换算，以 COD_{Cr}、总氮和总磷进行源强的削减计算，以 COD_{Mn}、无机氮和活性磷酸盐阐述污染物源强增加或削减对海水水质的影响，从而确定乐清湾海域 COD_{Cr} 的环境容量或总氮和总磷的削减量。

乐清湾 COD_{Cr} 和 COD_{Mn}、总氮和无机氮、总磷和活性磷酸盐之间的换算系数，拟根据乐清湾水体中各污染物的现状浓度分布，采用模型计算与实测相结合的方法进行对比分析来确定。

1）COD_{Cr} 和 COD_{Mn}

COD_{Cr} 和 COD_{Mn} 是由不同测定方法求得的化学需氧量数值，在陆上以及污染源排放时化学需氧量以由重铬酸钾法测定的 COD_{Cr} 表达；在海水中化学需氧量以由碱性高锰酸钾法测定的 COD_{Mn} 表达。一般认为水体中 COD_{Cr} 的浓度是 COD_{Mn} 浓度的 2.5 倍。在涉及二者之间换算时采用此换算系数。

2）总氮和无机氮

与总磷和活性磷酸盐之间的换算系数一样，要确定总氮和无机氮之间的换算系数较为困难。在排放的污染源中，无机氮占总氮的比例受各种因素的影响而随时随地变化，因此难以确定。在海水中，氮类营养盐的存在形式与物质过程十分复杂，海水中氮营养盐的各种形式占总氮的比例一直没有令人信服的研究成果。

对于乐清湾总氮和无机氮之间的换算系数，本课题拟根据乐清湾水体中，总氮和无机氮的现状浓度分布，采用模型计算与实测相结合的方法进行对比分析来确定。

根据水质实测及计算结果分析（表 3.3－52），乐清湾海水中实测无机氮与总氮的浓度比值在 0.26～0.78，其中，内湾的比值在 0.51～0.78（共 5 个测点），平均为 0.633，中湾和外湾的比值在 0.26～0.42（共 15 个测点），平均为 0.328。乐清湾海水中模拟的无机氮与总氮的浓度比值在 0.27～0.50，其中，内湾的比值在 0.46～0.50（共 5 个测点），平均为 0.48，中湾和外湾的比值在 0.27～0.38（共 15 个测点），平均为 0.334。由总氮和无机氮的水质现状分布对比可知，在外湾和中湾，除了局部海域外，二者的浓度分布形态相近，仅在内湾存在偏差，总氮在内湾南部存在一个浓度较低的区域（小于 0.8 mg/dm³），而无机氮则越靠近湾顶浓度值越大。从水体中污染物浓度总体分布看，两者等值线分布形态近似。因此在计算总氮环境容量时，利用无机氮制定控制指标和控制目标，通过不同方案条件下无机氮的浓度变化规律间接确定总氮环境容量的方法是合理的。

表 3.3 − 52　水体中无机氮和总氮浓度值对比

站位	实测结果			计算结果		
	无机氮 / （mg/dm³）	总氮 / （mg/dm³）	无机氮/总氮	无机氮 / （mg/dm³）	总氮 / （mg/dm³）	无机氮/总氮
RL1	0.592	1.17	0.506	0.551	1.21	0.455
RL2	0.639	1.19	0.537	0.675	1.35	0.500
RL3	0.591	0.77	0.768	0.475	1.03	0.461
RL4	0.558	0.72	0.775	0.534	1.07	0.499
RL5	0.511	0.88	0.581	0.446	0.92	0.485
RL6	0.308	1.09	0.283	0.36	0.95	0.379
RL7	0.335	0.8	0.419	0.372	0.98	0.380
RL8	0.365	0.92	0.397	0.388	1.05	0.370
RL9	0.345	0.92	0.375	0.384	1.01	0.380
RL10	0.299	0.89	0.336	0.322	0.91	0.354
RL11	0.3	1	0.300	0.318	0.9	0.353
RL12	0.385	1.15	0.335	0.364	1.16	0.314
RL13	0.294	0.94	0.313	0.316	0.92	0.343
RL14	0.246	0.93	0.265	0.284	0.91	0.312
RL15	0.3	1.06	0.283	0.323	0.92	0.351
RL16	0.253	0.98	0.258	0.262	0.87	0.301
RL17	0.392	1.04	0.377	0.301	1.12	0.269
RL18	0.379	1.04	0.364	0.285	1.04	0.274
RL19	0.267	0.91	0.293	0.273	0.84	0.325
RL20	0.269	0.84	0.320	0.246	0.82	0.300
平均			0.328			0.334

注：平均值不包括内湾 5 个测点。

由水质模型验证结果看，总氮和无机氮的陆源和养殖源源强经模型略定后，两者在各海区的比值见表 3.3 − 53。由表 3.3 − 53 可见，无机氮和总氮的陆源源强比值在 0.321 ~ 0.33，养殖源源强比值为 0.333。总的源强比值，无机氮源强：总氮源强为 0.329∶1。这个结果，与根据实测结果分析得到的无机氮与总氮的浓度比值平均为 0.328 极为接近，与模型计算结果得到的水体中无机氮与总氮的浓度比值平均为 0.334 接近。

表 3.3 − 53　各海区无机氮和总氮的陆源和养殖源源强比值

污染物	陆源源强/ （t/d）			养殖源源强/ （t/d）			平均
	内湾	中湾	外湾	内湾	中湾	外湾	
无机氮	1.858	0.212	1.548	1.169 9	0.813 4	0.356 6	
总　氮	5.63	0.66	4.76	3.51	2.44	1.07	
无机氮/总氮	0.33	0.321	0.325	0.333	0.333	0.333	0.329

综上所述，取无机氮与总氮的源强及水体中浓度值的比值0.329，即总氮的源强及水体中浓度值是无机氮的3.04倍，在涉及两者之间换算时采用此换算系数。

3）总磷和活性磷酸盐

要确定总磷和活性磷酸盐之间的换算系数则较为困难，在排放的污染源中，活性磷酸盐占总磷比例受污染物的来源、气温、气压等多种因素的影响而随时随地变化，因此难以确定。在海水中，磷类营养盐的存在形式与物质过程也十分复杂，磷的各种形式占总磷的比例一直没有令人信服的研究成果。虽然已有部分研究成果，如黄自强对长江口的研究认为，水体中无机磷占总磷约20%。但乐清湾与长江口的条件不一样，不能直接引用。

对于乐清湾总磷和活性磷酸盐之间的换算系数，本课题拟根据乐清湾水体中，总磷和活性磷酸盐的现状浓度分布，采用模型计算与实测相结合的方法进行对比分析来确定。

根据水质实测及计算结果分析（表3.3-54），乐清湾海水中实测活性磷酸盐与总磷的浓度比值在0.25~0.43，平均为0.29，且比值多数在0.25~0.29。计算得到的活性磷酸盐与总磷的浓度比值在0.26~0.34，平均为0.299，由总磷和活性磷酸盐的水质现状分布对比可知，在外湾和中湾，除了局部海域外，两者的浓度分布形态相近，仅在内湾存在偏差，总磷的高浓度区域在内湾东部，而活性磷酸盐的高浓度区域在内湾西部。从实测结果看，总磷和活性磷酸盐之间的比例较为接近；从水体中污染物浓度分布看，等值线分布形态近似。因此在计算总磷环境容量时，利用活性磷酸盐制定控制指标和控制目标，通过不同方案条件下活性磷酸盐的浓度变化规律间接确定总磷的环境容量的方法是科学合理的。

表3.3-54　水体中活性磷酸盐、总磷浓度值对比

站位	实测结果			计算结果		
	活性磷酸盐 / (mg/dm^3)	总磷 / (mg/dm^3)	活性磷酸盐 /总磷	活性磷酸盐 / (mg/dm^3)	总磷 / (mg/dm^3)	活性磷酸盐 /总磷
RL1	0.048	0.145	0.33	0.055	0.161	0.34
RL2	0.061	0.226	0.27	0.057	0.199	0.29
RL3	0.055	0.127	0.43	0.049	0.149	0.33
RL4	0.048	0.190	0.25	0.053	0.197	0.27
RL5	0.050	0.188	0.27	0.048	0.17	0.28
RL6	0.037	0.110	0.34	0.039	0.132	0.30
RL7	0.037	0.107	0.35	0.038	0.131	0.29
RL8	0.035	0.103	0.34	0.039	0.133	0.29
RL9	0.032	0.120	0.27	0.035	0.116	0.30
RL10	0.032	0.123	0.26	0.034	0.117	0.29
RL11	0.036	0.130	0.28	0.034	0.115	0.30
RL12	0.030	0.117	0.26	0.036	0.108	0.33
RL13	0.028	0.106	0.26	0.031	0.117	0.26
RL14	0.026	0.091	0.29	0.027	0.1	0.27
RL15	0.030	0.098	0.31	0.031	0.111	0.28
RL16	0.030	0.118	0.25	0.028	0.096	0.29
RL17	0.024	0.104	0.23	0.028	0.088	0.32
RL18	0.024	0.092	0.26	0.025	0.081	0.31

续表

站位	实测结果			计算结果		
	活性磷酸盐 / (mg/dm³)	总磷 / (mg/dm³)	活性磷酸盐 /总磷	活性磷酸盐 / (mg/dm³)	总磷 / (mg/dm³)	活性磷酸盐 /总磷
RL19	0.025	0.086	0.29	0.026	0.082	0.32
RL20	0.023	0.080	0.29	0.025	0.078	0.32
平均			0.29			0.299

由水质模型验证结果看，总磷和活性磷酸盐的陆源和养殖源源强经模型确定后，两者在各海区的比值见表 3.3 – 55。由表 3.3 – 55 可见，活性磷酸盐和总磷的陆源源强比值在 0.284 ~ 0.32 之间，养殖源源强比值为 0.29。总的源强比值，活性磷酸盐源强：总磷源强为 0.297：1。这个结果，与根据实测结果分析得到的活性磷酸盐与总磷的浓度比值平均为 0.29 接近，与模型计算结果得到的水体中活性磷酸盐与总磷的浓度比值平均为 0.299 极为接近。

表 3.3 – 55　各海区活性磷酸盐和总磷的陆源和养殖源源强比值

污染物	陆源源强/ (t/d)			养殖源源强/ (t/d)			平均
	内湾	中湾	外湾	内湾	中湾	外湾	
活性磷酸盐	0.214 5	0.024	0.161 9	0.150 7	0.107 3	0.047	
总　磷	0.67	0.08	0.57	0.52	0.37	0.162	
活性磷酸盐/总磷	0.32	0.30	0.284	0.29	0.29	0.29	0.297

综上所述，取活性磷酸盐与总磷的源强及水体中浓度值的比值为 0.298，即总磷的源强及水体中浓度值是活性磷酸盐的 3.36 倍，在涉及两者之间换算时采用此换算系数。

3.3.6　乐清湾环境容量

水环境容量是指在保持水环境功能用途的前提下，受纳水体所能承受的最大污染物排放量，或者在给定的水质目标和水文设计条件下，水域的最大容许纳污量。水环境容量由稀释容量和自净容量两部分组成，分别反映污染物在水环境中的迁移转化的物理稀释与自然净化过程的作用。根据乐清湾水环境的现状，COD_{Cr} 进行环境容量计算。因此在环境容量计算时，应该得到尽可能大的环境容量计算值，但是环境容量也是污染控制和环境保护的重要管理手段，在确定环境容量时也要兼顾管理上的可操作性。总氮和总磷进行削减量计算，削减量计算得到的削减值越小越好，即尽可能小地对现状源强进行削减以达到控制目标的要求，同时也应兼顾容量管理上的可操作性。

在环境容量计算时，源强的增加量或削减量要细分到各海区、各汇水区及各个源点，不同的分配方式对容量计算的结果影响很大。因此，必须先确定源强的增加量或削减量在各海区、汇水区及源点的分配方式，然后再进行环境容量计算并进行方案的优选。源强的增加量或削减量在汇水区的分配是从现有的总污染物排放量、自然资源、经济发展和社会发展等四个方面，分层次通过专家咨询确定各层次各要素的权重系数，经层次分析计算各汇水区的组合权重，得出相应污染物在各汇水区的环境容量或削减量。

计算得到各汇水区各要素贡献率如表 3.3 – 56 至表 3.3 – 58 所示，源强的增加量或削减

表3.3-56　汇水区各因素现状值（CODcr）

海区	汇水区	乡镇总污染排放量				乡镇自然资源			乡镇经济发展			乡镇社会发展				
		工业污染/(t/a)	农业污染/(t/a)	生活污染/(t/a)	海上养殖污染/(t/a)	面积/km²	森林覆盖率/%	岸线/km	工业产值/亿元	农业产值/亿元	服务业产值/亿元	人口数量/人	排污效益/(万元/t)	劳动生产率/[万元/(人·a)]	科教水平/万人	发展规划/万人
外湾	1	186.51	873.48	1 569.78	3 895.81	192.10	215.39	21.27	343.16	4.95	0.08	343 446	3 825	36.61	330	210
	2	539.8	943.98	1 015.35	2 125.15	196.3	429.71	10.06	80.36	2.66	0.05	225 944	1 122	14.55	435	335
	10	73.18	265.03	267.04	1 597.17	70.93	80.07	22.46	60.9	2.23	0.002	54 246	287	11.64	90	70
中湾	3	9.62	230.02	206.67	6 637.77	34.77	124.38	14.99	6.04	1.85	0.03	46 618	24	3.31	165	90
	9	1.52	102.14	74.11	13 573.63	39.61	218.44	17.65	41.21	3.72	0.01	24 752	60	31.8	225	215
	4	63.14	766.98	660.03	9 541.21	264.51	438.45	23.32	15.11	2.42	0.037	148 452	315	5.54	375	330
内湾	5	640.46	782.45	841.45	1 899.12	351.3	735.86	14.29	15.03	1.85	0.028	188 941	411	5.45	570	490
	6	142.12	391.74	276.36	1 853.06	78.8	86.49	7.94	12.95	1.18	0.001	61 885	53	2.28	75	65
	7	10.24	569.49	276.99	7 680.4	143.69	164.68	11.69	6.67	3.91	0.001	99 419	165	3.18	150	130
	8	56.54	447.25	451.15	2 229.33	88.5	181.6	18.28	118.94	3.83	0.008	97 299	2 421	38.76	240	150

表3.3-57 汇水区各因素现状值（总氮）

海区	汇水区	乡镇总污染排放量			乡镇自然资源			乡镇经济发展			乡镇社会发展				
		农业污染/(t/a)	生活污染/(t/a)	海上养殖污染/(t/a)	面积/km²	1/森林覆盖率/%	岸线/km	工业产值/亿元	农业产值/亿元	服务业产值/亿元	人口数量/人	1/排污效益*10 000/(万元/t)	1/劳动生产率/[万元/(人·a)]	1/科教水平/万人	1/发展规划/万人
外湾	1	489.52	207.27	153.81	192.10	0.08	21.27	343.16	4.95	0.08	343 446	22.22	0.68	0.05	0.08
	2	491.32	134.62	83.88	196.30	0.09	10.06	80.36	2.66	0.05	225 944	138.30	3.80	0.08	0.11
	10	88.79	34.65	63.01	70.93	0.01	22.46	60.90	2.23	0.00	54 246	2.95	0.09	0.01	0.01
中湾	3	110.10	27.50	261.72	34.77	0.03	14.99	6.04	1.85	0.03	46 618	110.24	1.60	0.02	0.04
	9	50.34	9.84	535.32	39.61	0.04	17.65	41.21	3.72	0.01	8 399	104.20	0.28	0.03	0.03
内湾	4	364.74	87.73	376.22	264.51	0.06	23.32	15.11	2.42	0.04	148 452	1 009.89	25.17	0.07	0.08
	5	382.18	111.81	74.89	351.30	0.09	14.29	15.03	1.85	0.03	188 941	993.56	33.53	0.11	0.13
	6	189.38	36.70	73.07	78.80	0.01	7.94	12.95	1.18	0.00	61 885	21.17	0.44	0.01	0.02
	7	249.15	36.84	302.82	143.69	0.02	11.69	6.67	3.91	0.00	99 419	179.83	1.44	0.03	0.03
	8	220.84	59.36	87.97	88.50	0.05	18.28	118.94	3.83	0.01	97 299	56.87	0.34	0.04	0.06

表 3.3－58　汇水区各因素现状值（总磷）

海区	汇水区	乡镇总污染排放量			乡镇自然资源			乡镇经济评发展			乡镇社会发展				
		农业污染 /(t/a)	生活污染 /(t/a)	海上养殖污染 /(t/a)	面积 /km²	1/森林覆盖率 /%	岸线 /km	工业产值 /亿元	农业产值 /亿元	服务业产值 /亿元	人口数量 /人	1/排污效益＊10 000 (万元/t)	1/劳动生产率 /[万元/(人·a)]	1/科教水平 /万人	1/发展规划 /万人
外湾	1	42.49	44.24	23.01	192.10	0.08	21.27	343.16	4.95	0.08	343 446	22.22	0.68	0.05	0.08
	2	43.80	28.66	12.53	196.30	0.09	10.06	80.36	2.66	0.05	225 944	138.30	3.80	0.08	0.11
	10	11.88	7.47	9.39	70.93	0.01	22.46	60.90	2.23	0.00	54 246	2.95	0.09	0.01	0.01
中湾	3	11.35	5.84	38.94	34.77	0.03	14.99	6.04	1.85	0.03	46 618	110.24	1.60	0.02	0.04
	9	4.74	2.10	79.72	39.61	0.04	17.65	41.21	3.72	0.01	8 399	104.20	0.28	0.03	0.03
	4	35.27	18.66	55.99	264.51	0.06	23.32	15.11	2.42	0.04	148 452	1 009.89	25.17	0.07	0.08
	5	34.17	23.78	11.14	351.30	0.09	14.29	15.03	1.85	0.03	188 941	993.56	33.53	0.11	0.13
内湾	6	18.63	7.81	10.88	78.80	0.01	7.94	12.95	1.18	0.00	61 885	21.17	0.44	0.01	0.02
	7	29.76	7.83	45.05	143.69	0.02	11.69	6.67	3.91	0.00	99 419	179.83	1.44	0.03	0.03
	8	19.73	12.71	13.13	88.50	0.05	18.28	118.94	3.83	0.01	97 299	56.87	0.34	0.04	0.06

量在各汇水区的分配比例如表 3.3 – 59 所示。

表 3.3 – 59　各汇水区源强增量（削减量）分配比例

海区	汇水区	分配比例/%		
		COD_{Cr}	总氮	总磷
外湾	1	0.51	0.47	0.47
	2	0.34	0.39	0.39
	10	0.15	0.14	0.14
中湾	3	0.44	0.54	0.54
	9	0.56	0.46	0.46
内湾	4	0.25	0.30	0.30
	5	0.27	0.27	0.27
	6	0.07	0.08	0.08
	7	0.12	0.15	0.16
	8	0.29	0.19	0.18

3.3.6.1　COD_{Cr} 环境容量计算

影响乐清湾环境容量的因素多且复杂，要准确确定环境容量，必须对各种影响因素进行综合分析，进而确定计算方案，从理论上说，这样的计算方案可有无穷多个。为减少计算量，并且能够综合反映环境容量各影响因素，现分 3 步进行乐清湾环境容量计算：①在正式进行环境容量计算前，先进行若干预方案的计算，目的在于分析乐清湾各海区 COD_{Mn} 源强变化与海域浓度场变化响应规律，并初步确定乐清湾 COD_{Mn} 环境容量；②根据海域污染源及水质现状的特点，结合 COD_{Mn} 环境容量计算控制指标和水质控制目标，确定环境容量计算方案，并进行计算；③对各方案结果进行对比，选择其中最优者确定 COD_{Mn} 环境容量分区分布；④将计算得到的 COD_{Mn} 环境容量换算成 COD_{Cr} 环境容量。

1）COD_{Mn} 环境容量预计算

（1）各海区 COD_{Mn} 源强变化与海域浓度场变化响应规律分析

根据水动力的计算结果，乐清湾从湾口至湾顶水体交换率达到 50% 的时间相差较大。外湾水域在 9 d 以内就可基本完成，中湾则需要 11 ~ 12 d，内湾离湾口最远的湾顶区域则需要 18 d 的时间。水体交换率达到 90% 的交换时间湾口和湾顶有显著差异，湾口需 13 d 左右，中湾为 13 ~ 27 d，而湾顶则需 41 d。可见，乐清湾内的水体交换能力在空间上的差异是十分明显的。从乐清湾各海区水体交换能力可以看出，外湾净化能力最强，中湾次之，内湾净化能力最差。因此，在计算环境容量时，应分海区考虑污染物的增减。

为了解乐清湾各海区污染源强变化与海域浓度场变化之间的规律，并初步确定乐清湾环境容量，制定预计算方案如表 3.3 – 60 所示。

表 3.3 - 60　乐清湾环境容量预计算方案

方案	污染物	污染物源强增减		
		外湾	中湾	内湾
A - 1	COD_{Mn}	+50%		
A - 2	COD_{Mn}	+80%		
A - 3	COD_{Mn}		+30%	
A - 4	COD_{Mn}		+60%	
A - 5	COD_{Mn}			+20%
A - 6	COD_{Mn}			+30%
A - 7	COD_{Mn}	13.092 6 t/d		
A - 8	COD_{Mn}		13.092 6 t/d	
A - 9	COD_{Mn}			13.092 6 t/d

限于篇幅，各预计算方案污染源排放源强列于附表，海域污染物全潮平均浓度分布列于附图。

预计算结果表明，各海区单独增加源强时，COD_{Mn} 浓度值超过控制指标 2.0 mg/dm^3 的海域主要在内湾湾顶。这是由于内湾水体交换能力差，污染物随流输入并累积的缘故。各海区增加相同的源强时，在内湾产生的浓度超标海域面积大小不同，内湾增加源强产生的超标面积最大，中湾次之，外湾最小。

由于乐清湾不同海区的海域面积大小、地形条件、水动力条件、水体交换能力、污染物排放现状等各不相同，各海区污染物源强增加对整个乐清湾水环境的影响是不一样的。各海区在相同污染物源强增量（13.092 6 t/d，相当于内湾现状源强的 30%）条件下对整个乐清湾的影响见图 3.3 - 74，为直观计，将 3 个海区都一分为二，各分为南北两块区域。由图 3.3 - 74 可见，在外湾增加源强时，对外湾 COD_{Mn} 浓度的影响最大，越向内湾则影响逐渐减小；中湾增加源强时，对中湾北部浓度影响最大；内湾增加源强时，对内湾浓度的影响最大，而对外湾的影响很小。可见，加入污染物源强增量后，水体中的浓度分布距污染源越近则浓度增量越高，符合一般规律。另外，污染源的位置对海区浓度变化的影响也很大，由于靠近外湾—中湾分界处打水湾附近的外湾污染源较多且源强较大，而中湾的污染源多分布在中湾北部，因此反而是外湾污染源强增加对中湾南部水质的影响较大。

因此，在制定环境容量计算方案和计算环境容量时，不能忽视乐清湾各海区的差异而简单地作同样地处理，必须体现各海区的不同，使计算得到的环境容量符合乐清湾的特点。

（2）环境容量初步计算

由上节分析可知：各海区源强增加，浓度超标区域均出现在内湾；各海区单独增加源强，对乐清湾 3 个海区的水质影响不同。进一步研究发现，各海区单独增加源强时，内湾超标面积与源强增量、内湾全潮平均浓度与源强增量之间存在较好的相关性。其函数关系可表达为：

$$y = f(x)$$

式中：y 为内湾超标面积或内湾全潮平均浓度；x 为源强增量。

将此公式在 $x = 0$ 处按泰勒级数展开为：

$$y = f(0) + \frac{f'(0)(x-0)^1}{1!} + \frac{f''(0)(x-0)^2}{2!} + \frac{f''(0)(x-0)^3}{3!} + \cdots + \frac{f''(0)(x-0)^n}{n!}$$

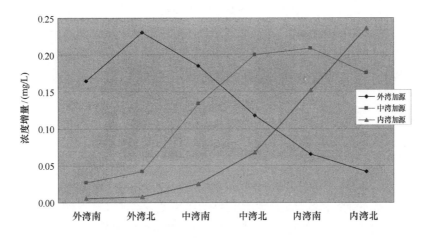

图 3.3 – 74　各海区单独增加源强对乐清湾 COD_{Mn} 浓度变化的影响

当 x 接近 0 时，高阶项很小，可略去，公式简化为：

$$y = f(0) + f'(0)x$$

因此，当源强增量 x 很小时，源强增量—内湾全潮平均浓度增量之间、源强增量—内湾超标面积之间可近似为线性关系，拟合曲线如图 3.3 – 75 和图 3.3 – 76 所示。

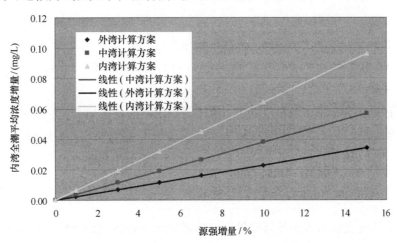

图 3.3 – 75　各海区源强增量—内湾全潮平均浓度增量关系拟合曲线

由图 3.3 – 75 可知，各海区单独增加源强对内湾全潮平均浓度增量的影响程度不一致，在增加相同源强的情况下，外湾源强增加使内湾全潮平均浓度增量最小，内湾源强增加使内湾全潮平均浓度增量最大，与上一节结论一致。

由图 3.3 – 76 可知，各海区单独增加相同的源强在内湾产生的超标面积大小不一，外湾源强增加时内湾超标面积最小，中湾次之，内湾最大。而各海区单独增加源强时，要达到相同的超标面积，外湾的源强增量最大。因此，可以初步计算出乐清湾在控制目标下的环境容量，即内湾全潮平均超标面积为 40.1 km^2 时，3 个海区的源强增量总和的最大值。在源强增量较小时（图 3.3 – 76 实线部分），3 个海区单独增加源强与内湾超标面积的拟合关系为：

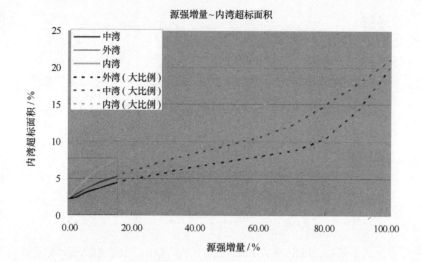

图 3.3 - 76　各海区源强增量—内湾超标面积关系拟合曲线

外湾单独增加源强：$Y_1 = 2.054\,4X_1 + 9.16$

中湾单独增加源强：$Y_2 = 2.602\,4X_2 + 9.16$

内湾单独增加源强：$Y_3 = 3.144\,5X_3 + 9.16$

式中：Y_1、Y_2、Y_3 为超标面积，km^2；X_1、X_2、X_3 为三海区单独增加的源强，t/d。

上述公式中，水质模型计算得到的全潮平均浓度已经有 9.16 km^2 的超标面积，X_1 的变化幅度为 0 ~ 15.06，X_2 的变化幅度为 0 ~ 11.89，X_3 的变化幅度为 0 ~ 9.84；Y_1、Y_2、Y_3 的变化幅度均为 9.16 ~ 40.1。

当 $\sum Y_i$ 等于 40.1 km^2 时，运用穷举法，可以得到 $\sum X_i$ 的最大值为 15.06 t/d，这就是当内湾超标面积为 40.1 km^2 时，3 个海区可以增加的最大源强。由于外湾增加源强在内湾产生的超标面积最大，此时计算得到的 X_1 等于 15.06，X_2 和 X_3 均等于 0.0。计算结果表明，当内湾超标面积为 40.1 km^2 时，所有的源强均增加在外湾，而中湾和内湾不增加源强时得到的源强增量最大。

上述得到的环境容量值等于外湾单独增加源强情况下内湾达到 40.1 km^2 超标面积时的源强增量。其结论符合环境容量定义，但在环境容量管理上缺乏可操作性。因为若只能在外湾增加源强，而中湾和内湾维持现状，显然是不合理的。因此，预计算得到的环境容量仅仅是理论上的最大环境容量，不能作为乐清湾环境容量计算的最终结果，只能作为环境容量计算方案优选的依据。

2）乐清湾海域 COD_{Mn} 环境容量计算方案

在预计算基础上，根据污染源及水质现状的特点，对各海区源强增量进行不同组合，确定环境容量计算方案如表 3.3 - 61 所示。COD_{Mn} 方案的控制目标是海域浓度超过 2.0 mg/dm^3 的面积小于乐清湾总面积的 10.0%。

表 3.3 - 61   乐清湾环境容量计算方案

方案	污染物	污染物源强增减/%		
		外湾	中湾	内湾
B - 1	COD$_{Mn}$	+5	+5	+23
B - 2	COD$_{Mn}$	+10	+10	+20
B - 3	COD$_{Mn}$	+15	+15	+15
B - 4	COD$_{Mn}$	+20	+15	+10
B - 5	COD$_{Mn}$	+25	+20	+10
B - 6	COD$_{Mn}$	+40	+10	+10
B - 7	COD$_{Mn}$	+35	+15	+8
B - 8	COD$_{Mn}$	+45	+5	+10
B - 9	COD$_{Mn}$	+50	+10	+5
B - 10	COD$_{Mn}$	+60	+5	+5
B - 11	COD$_{Mn}$	+5	+5	+5
B - 12	COD$_{Mn}$	+15	+10	+5
B - 13	COD$_{Mn}$	+10	+10	+10
B - 14	COD$_{Mn}$	+20	+20	+20
B - 15	COD$_{Mn}$	+25	+25	+25
B - 16	COD$_{Mn}$	+30	+30	+30

上述方案中各湾源强增加的幅度，既考虑了平均增加源强的情况（方案 B - 3），也考虑了源强主要增加在外湾（方案 B - 6 至方案 B - 10）或主要增加在内湾的情况（方案 B - 1 至方案 B - 2），方案 B - 11 至方案 B - 16 为对比分析用。

限于篇幅，文中仅列出方案 B - 6 各污染源排放源强（表 3.3 - 62 和表 3.3 - 63）。

表 3.3 - 62   方案 B - 6 COD$_{Mn}$ 水质模型各陆源污染源的源强   单位：t/d

污染源	海区	汇水区	计算源强	现状源强	增减量	备注
L1	瓯江		121.8	121.8	—	
L2	外湾	汇水区 1	0.758 1	0.387 6	0.370 5	
L3	外湾	汇水区 1	0.950 1	0.579 6	0.370 5	
L4	外湾	汇水区 1	1.396 1	1.025 6	0.370 5	
L5	外湾	汇水区 1	1.745 7	1.375 2	0.370 5	
L6	外湾	汇水区 2	1.762 4	1.268 4	0.494	
L7	外湾	汇水区 2	2.353 6	1.859 6	0.494	
L8	外湾	汇水区 2	—	—	—	不参与容量计算
L9	外湾	汇水区 10	1.203 9	0.768	0.435 9	
L10	中湾	汇水区 3	0.611 5	0.576	0.035 5	
L11	中湾	汇水区 9	0.113	0.090 4	0.022 6	
L12	中湾	汇水区 9	0.164 2	0.141 6	0.022 6	

续表

污染源	海区	汇水区	计算源强	现状源强	增减量	备注
L13	内湾	汇水区4	0.553 7	0.486 4	0.067 3	
L14	内湾	汇水区4	0.671 3	0.604	0.067 3	
L15	内湾	汇水区4	0.892 9	0.825 6	0.067 3	
L19	内湾	汇水区5	2.268 2	2.159 2	0.109	
L20	内湾	汇水区5	0.753 8	0.644 8	0.109	
L18	内湾	汇水区6	1.076 5	1.02	0.056 5	
L17	内湾	汇水区7	1.204 9	1.108	0.096 9	
L16	内湾	汇水区8	1.458 1	1.224	0.234 1	
合计			19.938	16.144	3.794	不计入瓯江源强

表3.3－63　方案B－6COD$_{Mn}$水质模型各养殖污染源的源强　　　　单位：t/d

污染源	海区	计算源强	现状源强	增减量	备注
O1	湾外	1.79	1.79	—	不计入外湾源强，以外湾平均取值
O2	外湾	2.890 8	2.246 4	0.644 4	
O3	外湾	2.530 1	1.982 4	0.547 7	
O4	外湾	2.530 1	1.982 4	0.547 7	
O5	外湾	2.062 1	1.514 4	0.547 7	
O6	外湾	0.924 5	0.376 8	0.547 7	
O7	外湾	4.098 2	2.637 6	1.460 6	
O8	中湾	2.087 2	1.718 8	0.368 4	
O9	中湾	2.482 4	2.114	0.368 4	
O10	中湾	2.482 4	2.114	0.368 4	
O11	中湾	3.936 5	3.467 6	0.468 9	
O12	中湾	10.536 9	10.068	0.468 9	
O13	中湾	6.106 5	5.637 6	0.468 9	
O14	内湾	3.614 8	3.318 4	0.296 4	
O15	内湾	9.472	9.175 6	0.296 4	
O16	内湾	4.383 6	4.087 2	0.296 4	
O17	内湾	4.130 3	3.098 8	1.031 5	
O18	内湾	11.103 2	10.676	0.426 8	
O19	内湾	2.825	2.576	0.249	
O20	内湾	2.401 4	1.921 2	0.480 2	
O21	内湾	1.197 8	0.717 6	0.480 2	
合计		81.795 8	71.430 8	10.364 6	

3）各方案计算结果

利用COD$_{Mn}$水质模型对各方案进行计算。限于篇幅，文中仅列出方案B－6的结果。方案

B−6条件下海域污染物全潮平均浓度分布见图3.3−77所示。

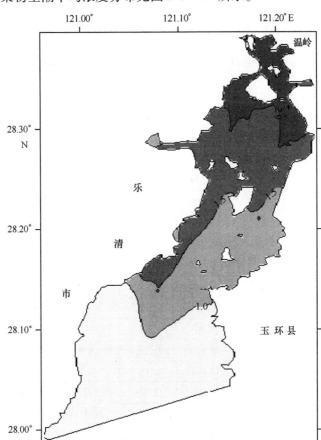

图3.3−77 方案B−6 COD_{Mn}全潮平均浓度分布（mg/dm³）

表3.3−64列出各计算方案条件下乐清湾COD_{Mn}浓度超过2.0 mg/dm³的海域面积、占全湾总面积的百分比以及对应的源强及其增量。

表3.3−64 各方案分海区COD_{Mn}日平均浓度与源强变化一览表

方案	海区	超标面积/km²	占全湾百分比/%	现状源强/（t/d）	计算源强/（t/d）	合计	增减值/（t/d）	合计	修正后环境容量/（t/d）
B−1	外湾	38.82	9.68	18.004	18.904 2	99.810 7	0.900 2	2.234 7	12.639 2
	中湾			25.928	27.224 4		1.296 4		
	内湾			43.644	53.682 1		10.038 1		
B−2	外湾	39.92	9.96	18.004	19.804 4	100.698	1.800 4	3.122 0	13.174 7
	中湾			25.928	28.520 8		2.592 8		
	内湾			43.644	52.372 8		8.728 8		
B−3	外湾	39.35	9.81	18.004	20.704 6	100.712 4	2.700 6	3.136 4	13.390 8
	中湾			25.928	29.817 2		3.889 2		
	内湾			43.644	50.190 6		6.546 6		

方案	海区	超标面积 /km²	占全湾 百分比/%	现状源强 /（t/d）	计算源强 /（t/d）	合计	增减值 /（t/d）	合计	修正后 环境容量 /（t/d）
B-4	外湾	36.85	9.19	18.004	21.604 8	99.430 4	3.600 8	1.854 4	12.899 2
	中湾			25.928	29.817 2		3.889 2		
	内湾			43.644	48.008 4		4.364 4		
B-5	外湾	38.88	9.70	18.004	22.505	101.627	4.501 0	4.051 0	14.485 6
	中湾			25.928	31.113 6		5.185 6		
	内湾			43.644	48.008 4		4.364 4		
B-6	外湾	39.98	9.97	18.004	25.205 6	101.734 8	7.201 6	4.158 8	14.201 4
	中湾			25.928	28.520 8		2.592 8		
	内湾			43.644	48.008 4		4.364 4		
B-7	外湾	39.19	9.77	18.004	24.305 4	101.258 1	6.301 4	3.682 1	14.004 2
	中湾			25.928	29.817 2		3.889 2		
	内湾			43.644	47.135 5		3.491 5		
B-8	外湾	39.25	9.79	18.004	26.105 8	101.338 6	8.101 8	3.762 6	14.057 8
	中湾			25.928	27.224 4		1.296 4		
	内湾			43.644	48.008 4		4.364 4		
B-9	外湾	38.79	9.67	18.004	27.006	101.353	9.002 0	3.777 0	14.247 2
	中湾			25.928	28.520 8		2.592 8		
	内湾			43.644	45.826 2		2.182 2		
B-10	外湾	39.86	9.94	18.004	28.806 4	101.857	10.802 4	14.281 0	14.367 2
	中湾			25.928	27.224 4		1.296 4		
	内湾			43.644	45.826 2		2.182 2		
B-11	外湾	24.01	5.99	18.004	18.904 2	91.954 8	0.900 2	4.378 8	—
	中湾			25.928	27.224 4		1.296 4		
	内湾			43.644	45.826 2		2.182 2		
B-12	外湾	29.3	7.31	18.004	20.704 6	95.051 6	2.700 6	7.475 6	—
	中湾			25.928	28.520 8		2.592 8		
	内湾			43.644	45.826 2		2.182 2		
B-13	外湾	32.4	8.08	18.004	19.804 4	96.333 6	1.800 4	8.757 6	—
	中湾			25.928	28.520 8		2.592 8		
	内湾			43.644	48.008 4		4.364 4		
B-14	外湾	46.49	11.59	18.004	21.604 8	105.091 2	3.600 8	17.515 2	—
	中湾			25.928	31.113 6		5.185 6		
	内湾			43.644	52.372 8		8.728 8		
B-15	外湾	55.72	13.90	18.004	22.505	109.47	4.501 0	21.894 0	—
	中湾			25.928	32.41		6.482 0		
	内湾			43.644	54.555		10.911 0		
B-16	外湾	64.03	15.97	18.004	23.405 2	113.848 8	5.401 2	26.272 8	—
	中湾			25.928	33.706 4		7.778 4		
	内湾			43.644	56.737 2		13.093 2		

由表 3.3 – 64 可见，方案 1 至方案 10 均能使 COD_{Mn} 浓度大于 2.0 mg/dm³ 的面积控制在 10% 左右。各方案中，外湾源强增幅在 5% ~ 60%，中湾源强增幅在 5% ~ 20%，内湾源强增幅在 5% ~ 25%。

从 COD_{Mn} 的计算结果看，外湾净化能力强，可以增加较大的污染负荷，特别是玉环西侧大麦屿附近海域，水深流急，污染物迁移扩散能力强，今后的发展潜力较大，因此可安排较大的污染负荷。中湾和内湾 COD_{Mn} 浓度分布已接近 2.0 mg/dm³ 的浓度限值，容量较小。另由预计算方案结果可知，源强增大对浓度超 2.0 mg/dm³ 面积大小的影响程度，内湾最大，中湾次之，外湾最小，因此，源强的增加宜外湾稍大，内湾稍小。

同样在 COD_{Mn} 浓度大于 2.0 mg/dm³ 的面积控制在 10% 左右的情况下，方案 B – 1 至方案 B – 10 的源强增量略有不同，在 11.854 4 ~ 14.281 0 t/d。各方案超标面积与环境容量见图 3.3 – 78。

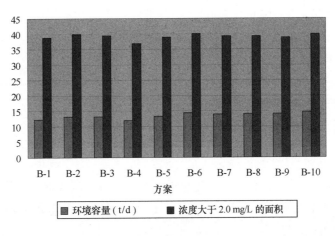

图 3.3 – 78　各方案计算结果

需要指出的是，上述数据是根据全潮平均浓度分布求得的结果，而实际情况是海域内污染物浓度随着潮涨潮落波动较大。目前乐清湾 COD_{Mn} 浓度值出现大于浓度限值 2.0 mg/dm³ 的频率已较高，部分方案条件下湾顶处污染物浓度稍大于浓度限值。究其原因：一是由于内湾湾顶处的水体交换较慢，净化能力弱，污染物极易在湾顶处积累，使得污染物浓度高于其他海域；二是本书没有涉及混合区问题，混合区的污染物浓度较周围海域大，有人认为可以将污染源附近的滩涂作为混合区处理，对模拟的结果影响不大。而湾顶大部分面积都是滩涂且污染源分布较多，污染物浓度稍大于浓度限值对讨论环境容量的影响不大。

方案 B – 11 至方案 B – 16 用来对比分析，其中方案 B – 11 至方案 B – 13 表示 COD_{Mn} 浓度大于 2.0 mg/dm³ 的面积小于 10% 的情况下，计算得到的海区源强增量；方案 B – 14 至方案 B – 16 表示在 COD_{Mn} 浓度大于 2.0 mg/dm³ 的面积大于 10% 的情况下，计算得到的海区源强增量。这 6 个方案不参与方案比选。

4）乐清湾海域 COD_{Mn} 环境容量优选分析

理论上的环境容量，应该是一个最大值，即在限制条件下能增加的最大的 COD_{Mn} 源强。

但是受各种自然和人为因素的影响，要精确地得到这个最大值无疑是一种奢望。同时，即使计算得到这个最大值，但可能使得各海区及各汇水区环境容量的分配极不均匀，脱离了乐清湾沿岸3个县市、10个汇水区、数十个乡镇行政划分的现实，反而容易对政府部门的决策及后续措施的实施产生困扰，在管理上不具可操作性。

因此，尽管可以制定无数种方案都能满足控制目标条件，仍然需对各方案的结果进行分析得到优选方案。优选分析基于两个基本原则：一是优选方案的环境容量越大越好，应尽可能地接近最大环境容量；二是从容量管理上看，各海区增加的源强越平均越容易管理，因此优选方案各海区源强增加与整个海湾平均增加源强的偏离程度应该尽可能小。对以上原则分别进行计算得到的环境容量逼紧最大环境容量的程度大小和环境容量空间分布的均匀度分析。

（1）各方案逼近最大环境容量程度分析

由预计算结果可知，乐清湾在控制目标下的环境容量，即内湾超标面积为10.0% （40.1 km²）时，3个海区的源强增量总和的最大值为15.06 t/d。

将方案B-1至方案B-10的源强增量与上述最大环境容量相比，其比值可以代表各方案条件下计算得到的环境容量与最大环境容量的逼近程度，以A值表示（表3.3-65）。

表3.3-65　各方案环境容量逼近最大环境容量程度一览表

方案	B-1	B-2	B-3	B-4	B-5	B-6	B-7	B-8	B-9	B-10
容量/(t/d)	12.639 2	13.174 7	13.390 8	12.899 2	14.485 6	14.201 4	14.004 2	14.057 8	14.247 2	14.367 2
A值	0.84	0.87	0.89	0.86	0.96	0.94	0.93	0.93	0.95	0.95

A值越接近1.0，表示该方案条件下计算得到的环境容量越接近最大值。由表3.3-65可见，方案B-10的A值最大，方案B-1的A值最小，表明，方案B-10计算得到的环境容量最大，方案B-1的结果最小。

（2）各方案环境容量均匀度分析

各方案条件下在3个海区的源强增量是否均匀（以B表示）按下式进行计算：

$$B = \frac{1}{1 + \dfrac{(x_1 - x_0)^2 + (x_2 - x_0)^2 + (x_3 - x_0)^2}{x_0^2}} \qquad (3.3-10)$$

式中，x_1、x_2、x_3分别表示各方案折算的外湾、中湾、内湾平均每千米岸线长度的源强，t/d；x_0表示各方案折算的全湾平均每千米岸线长度的源强，t/d。

将各方案计算得到的外湾、中湾、内湾及全湾平均的每千米岸线长度的源强代入式（3.3-10），可以得到各方案条件下在3个海区的源强增量的均匀程度（表3.3-66）。

表3.3-66　各方案环境容量均匀度一览表

方案	B-1	B-2	B-3	B-4	B-5	B-6	B-7	B-8	B-9	B-10
x_1	0.020 0	0.040 1	0.060 1	0.080 1	0.100 1	0.160 2	0.140 2	0.180 3	0.200 3	0.240 4
x_2	0.048 5	0.097 1	0.145 6	0.145 6	0.194 2	0.097 1	0.145 6	0.048 5	0.097 1	0.048 5
x_3	0.183 7	0.159 7	0.119 8	0.079 9	0.079 9	0.079 9	0.063 9	0.079 9	0.039 9	0.039 9
x_0	0.096 1	0.103 1	0.103 3	0.093 5	0.110 8	0.112 8	0.108 6	0.110 1	0.110 3	0.114 9
B值	0.37	0.60	0.73	0.74	0.60	0.78	0.73	0.56	0.48	0.34

B 值越大，表示该方案条件下各海区的源强增量越均匀。由表 3.3 – 66 可见，方案 B – 6 的 B 值最大而方案 B – 10 的 B 值最小。说明方案 B – 6 条件下各海区源强增量最均匀，而方案 B – 10 条件下各海区源强增量最不均匀。

（3）各方案环境容量优选分析

根据优选分析原则，将两个指标综合考虑，得到各方案的优选指标 C，按式（3.3.11）计算得到：

$$C = w_1 A + w_2 B \qquad (3.3 - 11)$$

式中，w_1、w_2 分别为逼近程度 A 值和偏离程度 B 值的权重。

方案 B – 1 至方案 B – 10 条件下计算得到的环境容量值大小接近，逼近指标 A 值在 0.80 ~ 0.98 之间；而偏离指标 B 值差异明显，在 0.37 ~ 0.78。因此，取逼近指标 A 值的权重为 0.2，偏离指标 B 值的权重为 0.8。

各方案的优选指标 C 值如表 3.3 – 67 所示。

表 3.3 – 67　各方案优化指标一览

方案	B – 1	B – 2	B – 3	B – 4	B – 5	B – 6	B – 7	B – 8	B – 9	B – 10
C 值	0.46	0.65	0.76	0.76	0.67	0.81	0.77	0.63	0.57	0.46

由表 3.3 – 67 可见，综合分析的结果表明，方案 B – 6 的综合优选指标值最大，为 0.81，表明该方案条件下计算得到的源强增量既接近最大环境容量值，同时 3 个海区的源强增量也较均匀。因此，选定方案 B – 6 作为最优方案，即在现状源强的基础上，分别在外湾、中湾和内湾增加 40%、10% 和 10% 的源强增量，对应的 COD_{Mn} 环境容量为 14.201 4 t/d。

方案 B – 6 条件下分海区、汇水区和各污染源点的 COD_{Mn} 源强分配见表 3.3 – 68 所示。

表 3.3 – 68　乐清湾 COD_{Mn} 环境容量计算结果　　　　　单位：t/d

海区		汇水区		污染源点		
海区名称	源强增量	汇水区号	源强增量	源点编号	源点类型	源强增量
外湾	7.201 6	汇水区 1	3.672 8	L2	陆源	0.370 5
				L3	陆源	0.370 5
				L4	陆源	0.370 5
				L5	陆源	0.370 5
				O3	海源	0.547 7
				O4	海源	0.547 7
				O5	海源	0.547 7
				O6	海源	0.547 7
		汇水区 2	2.448 6	L6	陆源	0.494 0
				L7	陆源	0.494 0
				L8	陆源	—
				O7	海源	1.460 6
		汇水区 10	1.080 2	L9	陆源	0.435 8
				O2	海源	0.644 4

海区		汇水区		污染源点		
海区名称	源强增量	汇水区号	源强增量	源点编号	源点类型	源强增量
中湾	2.592 6	汇水区3	1.140 7	L10	陆源	0.035 5
				O8	海源	0.368 4
				O9	海源	0.368 4
				O10	海源	0.368 4
		汇水区9	1.451 9	L11	陆源	0.022 6
				L12	陆源	0.022 6
				O11	海源	0.468 9
				O12	海源	0.468 9
				O13	海源	0.468 9
内湾	4.364 3	汇水区4	1.091 1	L13	陆源	0.067 3
				L14	陆源	0.067 3
				L15	陆源	0.067 3
				O14	海源	0.296 4
				O15	海源	0.296 4
				O16	海源	0.296 4
		汇水区5	1.178 4	L19	陆源	0.109 0
				L20	陆源	0.109 0
				O20	海源	0.480 2
				O21	海源	0.480 2
		汇水区6	0.305 5	L18	陆源	0.056 5
				O19	海源	0.249 0
		汇水区7	0.523 7	L17	陆源	0.096 9
				O18	海源	0.426 8
		汇水区8	1.265 6	L16	陆源	0.234 1
				O17	海源	1.031 5

5）乐清湾 COD_{Cr} 环境容量计算

将上节得到的 COD_{Mn} 环境容量进行换算，即可求出 COD_{Cr} 的环境容量。COD_{Cr} 环境容量的数值约为 COD_{Mn} 容量的2.5倍，由此得到的 COD_{Cr} 环境容量结果（表3.3－69），合计35.396 3 t/d。

表 3.3 - 69 乐清湾 COD$_{Cr}$环境容量计算结果 单位：t/d

海区		汇水区		污染源点		
海区名称	源强增量	汇水区号	源强增量	源点编号	源点类型	源强增量
外湾	18.004	汇水区 1	9.182	L2	陆源	0.926 3
				L3	陆源	0.926 3
				L4	陆源	0.926 3
				L5	陆源	0.926 3
				O3	海源	1.369 3
				O4	海源	1.369 3
				O5	海源	1.369 3
				O6	海源	1.369 3
		汇水区 2	6.121 5	L6	陆源	1.235 0
				L7	陆源	1.235 0
				L8	陆源	—
				O7	海源	3.651 5
		汇水区 10	2.700 5	L9	陆源	1.089 5
				O2	海源	1.611 0
中湾	6.481 5	汇水区 3	2.851 8	L10	陆源	0.088 8
				O8	海源	0.921 0
				O9	海源	0.921 0
				O10	海源	0.921 0
		汇水区 9	3.629 8	L11	陆源	0.056 5
				L12	陆源	0.056 5
				O11	海源	1.172 3
				O12	海源	1.172 3
				O13	海源	1.172 3
内湾	10.910 8	汇水区 4	2.727 8	L13	陆源	0.168 3
				L14	陆源	0.168 3
				L15	陆源	0.168 3
				O14	海源	0.741 0
				O15	海源	0.741 0
				O16	海源	0.741 0
		汇水区 5	2.946	L19	陆源	0.272 5
				L20	陆源	0.272 5
				O20	海源	1.200 5
				O21	海源	1.200 5
		汇水区 6	0.763 8	L18	陆源	0.141 3
				O19	海源	0.622 5
		汇水区 7	1.309 3	L17	陆源	0.242 3
				O18	海源	1.067 0
		汇水区 8	3.164 0	L16	陆源	0.585 3
				O17	海源	2.578 8

6）相关减排政策效果评估

由前文可知，乐清湾水体中 COD_{Mn} 现状浓度低于水质目标要求，水质较好。根据水质实测及模拟计算的结果，仅在乐清湾的近岸浅水区域（两侧滩涂及湾顶）存在高浓度分布区域（图3.3-79），表明前文计算得到的环境容量主要是乐清湾内深水区域的容量。而近岸浅水区的 COD_{Mn} 浓度较高甚至局部海域出现大于 2.0 mg/dm^3 的浓度分布，表明此区域内 COD_{Mn} 的环境容量较小甚至没有环境容量。

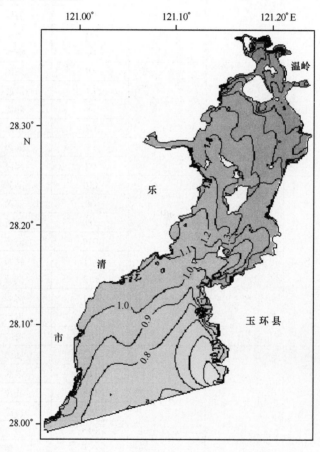

图3.3-79　乐清湾 COD_{Mn} 现状模拟结果（mg/dm^3）

同时，为确保完成浙江省"十一五"期间节能减排约束性指标，浙江省政府出台了《节能减排综合性工作实施方案》，规定到 2010 年"化学需氧量排放总量比 2005 年减少15.1%"；温州市政府出台的《温州市全面推进节能减排综合性工作实施方案》也规定，到2010 年，"化学需氧量（COD）排放总量由 2005 年的 12.56×10^4 t 下降到 10.67×10^4 t，下降15.1%"。

因此，基于近岸浅水区水质浓度较高的事实和省市各级政府的节能减排政策，本节对乐清湾化学需氧量进行源强削减分析，分析源强削减与近岸海域水质的响应关系，并对相关减排政策的效果进行预测评价。

（1）源强削减与海域浓度场变化响应规律分析

利用 COD_{Mn} 水质模型，对 COD_{Mn} 源强不同削减量情况进行模拟计算，得到相应的全湾超过 2.0 mg/dm³ 的浓度分布面积（表3.3-70）。由计算结果可见，源强削减量与超标面积减少值之间并非是线性关系。根据计算结果进行拟合（图3.3-80），发现源强削减量与超标面积之间符合指数关系：

$$S = 5.832e^{2.8664X} \qquad\qquad (3.3-12)$$

式中：S 为超标面积；X 为源强削减的百分比。相关系数为 0.98。

表 3.3-70　COD_{Mn} 源强削减计算结果

序号	源强削减率/%	>2.0 mg/dm³面积/km²
1	0	6.46
2	-5%	4.59
3	-10%	4.34
4	-15%	3.82
5	-20%	3.33
6	-25%	2.71
7	-30%	2.45
8	-35%	2.11
9	-40%	1.95

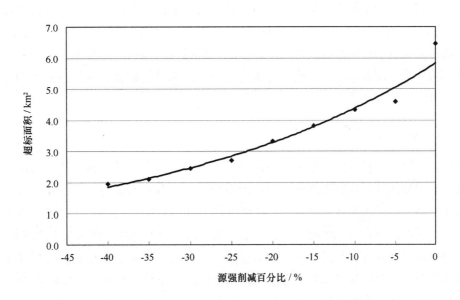

图 3.3-80　COD_{Mn} 源强削减与全湾超标面积拟合曲线

（2）减排政策效果评估

在上述计算的基础上，根据省、市相关减排政策，确定 COD_{Mn} 源强削减方案（表3.3-71）。利用式（3.3-12），可计算得到近岸浅水区与湾顶超标面积的大小。由表3.3-71可见，通过减排能使近岸浅水区 COD_{Mn} 超标面积减小，近岸水质得到改善。但从减排效果看，即使完成"到2010年化学需氧量排放总量由2005年的 12.56×10^4 t 下降到 10.67×10^4 t，下降

15.1%"的目标,对乐清湾水质改善的程度有限,COD_{Mn}全潮平均浓度超标的面积从现状的 6.46 km²减小到3.78 km²。若以全湾401 km²的面积计,只改善了约0.7%,整体收效并不明显,仅对排污口附近局部海域水质有一定成效。究其原因,主要是因为乐清湾COD_{Mn}浓度远低于海水水质标准,以COD_{Mn}论,水质较好,所以削减源强对水质的改善并不明显。

表3.3-71 COD_{Mn}削减方案与计算结果

方案	削减百分比/%	超标面积/km²
每年平均削减	第1年—3.02	5.35
	第2年—6.04	4.90
	第3年—9.06	4.50
	第4年—12.08	4.13
	第5年—15.10	3.78
分两期削减	第1期—7.55	4.70
	第2期—15.10	3.78

根据水质调查的结果,乐清湾海域的主要污染物是营养盐类,主要环境问题是水体富营养化。因此,减排政策以化学需氧量为指标进行衡量,并非最佳选择,应该根据乐清湾以及周边海域水质现状和环乐清湾源强状况,通过科学论证,选用更合适的污染物实施减排政策。

另外,由于乐清湾COD_{Mn}水质较好,因此通过污染物排放方式的改变,也能达到改善水质的目的。根据已建的水质模型预测,如污染物采用深水排放方式(排放口在理论深度基准面0 m以深),COD_{Mn}全潮平均浓度分布见图3.3-81。对比图3.3-81可见,两图大范围的浓度等值线分布接近,而深水排放条件下,排放口附近的污染物更易随水流输移扩散,近岸浅水区的高浓度分布面积很小。因此,若实行污染物深水排放措施,也可以有效地改善乐清湾浅水区COD_{Mn}环境现状。

3.3.6.2 总氮削减预测分析

由于乐清湾海域氮营养盐已超标,因此对无机氮应分析不同减排方案情况对海域水质的改善程度。采用分区分期控制法进行污染物削减量计算,分4步进行研究:第一步,进行预计算,分析乐清湾各区污染源强变化对海域浓度场分布的影响,为确定正式计算方案提供依据并初步确定达到控制目标需要的最小削减量;第二步,根据海域污染源及水质现状的特点,确定污染物削减量计算方案并进行计算;第三步,对各方案结果进行比选,并以满足乐清湾环境容量计算分区分期控制指标要求为依据,确定各海区分期无机氮污染物削减量;第四步,将无机氮的削减量换算为总氮削减量。

1)无机氮削减预计算

(1)各海区源强削减与海域浓度场变化响应规律分析

预计算的目的在于分析各海区单独削减源强对海域浓度场分布的影响,预计算方案见表3.3-72。

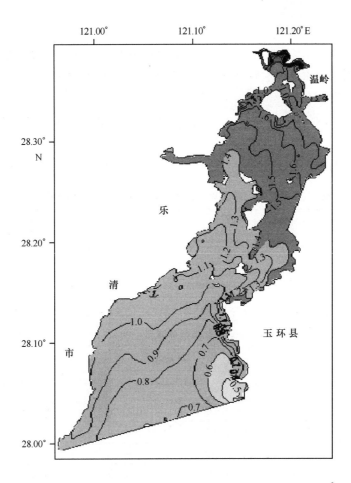

图 3.3 - 81　深水排放条件下 COD_{Mn} 全潮平均浓度分布（mg/dm^3）

表 3.3 - 72　预计算方案

方案	污染物	污染物源强增减/%		
		外湾	中湾	内湾
G - 1	无机氮	- 10		
G - 2	无机氮	- 30		
G - 3	无机氮		- 30	
G - 4	无机氮		- 50	
G - 5	无机氮			- 30
G - 6	无机氮			- 50
G - 7	无机氮	- 0.305 t/d		
G - 8	无机氮		- 0.305 t/d	
G - 9	无机氮			- 0.305 t/d

各方案计算结果汇总见表 3.3 - 73。需要说明的是，虽然现状无机氮水质恶劣，但在数模模拟的计算期内现状全潮平均浓度分布中，在外湾仍有 78.79 km² 的海域浓度低于 0.3 mg/dm³（二类海水水质标准），约占全湾总面积的 19%（注：氮营养盐计算时，模型重新建立，海域面积等参数略有差别）。

计算结果表明：

①无论在哪个海区削减无机氮源强，乐清湾水质达标的区域主要分布在外湾。

②外湾源强削减对乐清湾水质改善的影响程度最大，中湾次之，内湾最小。这主要与各海区水体交换能力强弱有关。

③各海区无机氮的削减，主要改善的是外湾浓度值较低的海域，对于中、内湾浓度值较高的海域影响较小。

④目前乐清湾无机氮超标严重，要达到控制目标，需对污染物排放源强进行大幅度削减。

表 3.3－73　各计算方案条件下无机氮模型海域达标面积汇总

方案	海区	现状源强/（t/d）	计算源强/（t/d）	浓度小于 0.3 mg/dm³ 海域	
				面积/km²	百分比/%
G－1	外湾	1.904 6	1.714 1	88.07	21.58
	中湾	1.025 4	1.025 4		
	内湾	3.027 9	3.027 9		
G－2	外湾	1.904 6	1.333 2	92.60	22.70
	中湾	1.025 4	1.025 4		
	内湾	3.027 9	3.027 9		
G－3	外湾	1.904 6	1.904 6	87.65	21.48
	中湾	1.025 4	0.717 8		
	内湾	3.027 9	3.027 9		
G－4	外湾	1.904 6	1.904 6	89.22	21.87
	中湾	1.025 4	0.512 7		
	内湾	3.027 9	3.027 9		
G－5	外湾	1.904 6	1.904 6	92.10	22.57
	中湾	1.025 4	1.025 4		
	内湾	3.027 9	2.119 5		
G－6	外湾	1.904 6	1.904 6	99.68	24.43
	中湾	1.025 4	1.025 4		
	内湾	3.027 9	1.514 0		
G－7	外湾	1.904 6	1.599 6	89.21	21.87
	中湾	1.025 4	1.025 4		
	内湾	3.027 9	3.027 9		
G－8	外湾	1.904 6	1.904 6	87.67	21.49
	中湾	1.025 4	0.720 4		
	内湾	3.027 9	3.027 9		
G－9	外湾	1.904 6	1.904 6	87.81	21.52
	中湾	1.025 4	1.025 4		
	内湾	3.027 9	2.722 9		

各海区在削减相同污染物源强（0.305 t/d，约为中湾源强的30%）条件下，对整个乐清湾的影响见图 3.3－82（方案 G－7 至方案 G－9），为直观计，将 3 个海区都一分为二，各分

为南北两块区域。由图 3.3-82 可见，在外湾削减源强时，对外湾无机氮浓度变化的影响最大，越向内湾则影响逐渐减小；中湾削减源强时，对中湾北部和内湾南部浓度较高的海域影响最大；内湾削减源强时，对内湾浓度较高的海域影响最大，而对外湾的影响很小。可见，污染物源强变化后，水体中的浓度分布距源点越近则浓度变化越大。由于无机氮达标区域在外湾，因此削减外湾的源强可以有效地实现不同时期控制目标的要求，而削减中、内湾源强对改善外湾水质效果不明显。

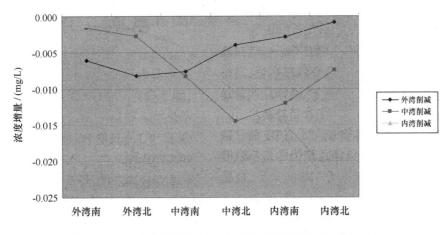

图 3.3-82　各海区削减源强对乐清湾无机氮浓度变化的影响

（2）无机氮削减预计算

由上节分析可知：各海区源强削减，浓度达标区域均出现在外湾；各海区单独削减源强，对乐清湾 3 个海区的水质影响不同。进一步研究发现，各海区单独削减源强时，源强削减量与外湾达标面积及外湾全潮平均浓度变化量之间存在较好的相关性。与 COD 一样，经泰勒展开分析可知，当源强削减量很小时，源强削减量—外湾全潮平均浓度变化量之间、源强削减量—外湾达标面积之间可近似为线性关系，拟合曲线如图 3.3-83 和图 3.3-84 所示。

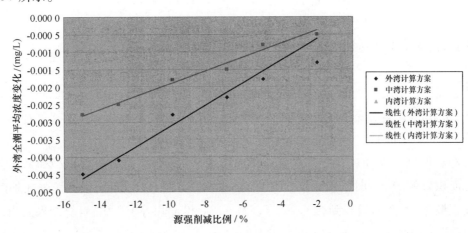

图 3.3-83　各海区源强增量—外湾全潮平均浓度变化关系拟合曲线

由图 3.3-83 可知，各海区单独削减源强对外湾全潮平均浓度变化的影响程度不一致，

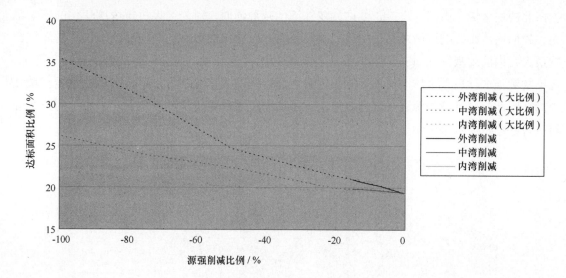

图3.3-84 各海区源强削减—达标面积关系拟合曲线

在削减相同源强的情况下，外湾削减源强使外湾全潮平均浓度减小的量值最大，内湾削减源强使外湾全潮平均浓度减小的量值最小。

由图3.3-84可知，3个海区削减源强对乐清湾无机氮达标面积的"贡献"程度不一。在削减同样的源强时，若在外湾削减源强，能较明显地增加乐清湾内无机氮的达标面积；若在内湾削减源强，则只能略微增加乐清湾内无机氮的达标面积；若在中湾削减源强，增加乐清湾内无机氮的达标面积居于上述两者之间。究其原因，如前文所述，在外湾削减源强对外湾的影响最大，在内湾削减源强对外湾的影响最小。

图3.3-84显示的3个海区单独削减源强与外湾达标面积的拟合关系，在削减源强较小时（图中实线部分）为：

$$外湾单独削减源强\ Y_1 = -50.509X_1 + 78.79$$
$$中湾单独削减源强\ Y_2 = -18.126X_2 + 78.79$$
$$内湾单独削减源强\ Y_3 = -10.864X_3 + 78.79$$

式中：Y_1、Y_2、Y_3为达标面积，km^2；X_1、X_2、X_3为3个海区单独削减的源强，t/d；负号表示削减。

上述公式中，水质模型计算得到的全潮平均浓度已经有78.79 km^2的达标面积，X_1的变化幅度为0~0.221 9，X_2的变化幅度为0~0.618 4，X_3的变化幅度为0~1.031 8；Y_1~Y_3的变化幅度均为78.79~90.0。

当$\sum Y_i$等于90.0 km^2时，运用穷举法，可以得到$\sum X_i$的最小值为0.221 9 t/d，这就是当外湾达标面积为90.0 km^2时，3个海区可以削减的最小源强。由于外湾削减源强在外湾产生的达标面积最大，此时计算得到的X_1等于0.221 9，X_2和X_3均等于0.0。计算结果表明，当外湾达标面积为90.0 km^2时，所有的源强均削减在外湾，而中湾和内湾不削减源强时得到的源强削减量最小。

同样运用穷举法可以计算达到中、远期控制目标条件下，需要削减无机氮的最小源强：要达到中期目标，需削减0.419 9 t/d；要达到远期目标，需削减0.617 9 t/d。

上述计算得到的无机氮的削减量都是仅在削减外湾源强，虽然上述计算得到的削减值为最小，但显然在管理上不具可操作性，因为若从外而内依次削减源强显然是不合理的。因此，预计算得到的无机氮源强削减值不能作为乐清湾削减计算的结果，只能用作各削减计算方案优选的依据。

2）无机氮近期削减预测分析计算

由前文可知，乐清湾营养盐类污染严重，要使水质得到改善，必须大幅削减污染物排放源强。而在短期内大幅减少农业面源排放和海域养殖源强的排放显然不可行，只能分期逐步进行减排。另外，本书中的计算基准期是 2006 年 8 月，中、远期距现在时间较长，期间乐清湾的自然条件、社会经济条件等都有可能发生重大变化，对中、远期的预测计算很可能会发生偏差。因此，本书将对无机氮近期削减进行详细的预测分析，而对中、远期则参照近期分析结果进行预测计算。

（1）计算方案

在预计算的基础上，根据海域污染源及水质现状的特点确定 10 个污染物削减量计算方案和 4 个对比分析方案（表 3.3 - 74）。其中方案 H - 1 至方案 H - 10 用于预测计算，各方案中外湾源强削减 20% ~ 45%。方案 H - 11 至方案 H - 14 为对比分析用。

限于篇幅，文中仅列出方案 H - 5 污染物排放源强（表 3.3 - 75 和表 3.3 - 76）。

表 3.3 - 74　无机氮削减计算方案

方案	污染物	污染物源强削减比例/%		
		外湾	中湾	内湾
H - 1	无机氮	- 6	- 6	- 14
H - 2	无机氮	- 6	- 9	- 12
H - 3	无机氮	- 8	- 9	- 12
H - 4	无机氮	- 9	- 6	- 12
H - 5	无机氮	- 9	- 9	- 9
H - 6	无机氮	- 9	- 9	- 11
H - 7	无机氮	- 11	- 6	- 12
H - 8	无机氮	- 11	- 12	- 6
H - 9	无机氮	- 12	- 9	- 6
H - 10	无机氮	- 14	- 6	- 6
H - 11	无机氮	- 15	- 15	- 15
H - 12	无机氮	- 20	- 20	- 20
H - 13	无机氮	- 3	- 3	- 3
H - 14	无机氮	- 5	- 5	- 5

表3.3-75　方案H-5无机氮各陆源污染源的源强　　　　　　　　　　单位：t/d

污染源	海区	汇水区	计算源强	现状源强	削减量	削减率/%
L1	瓯江		30.538 2	30.538 2	—	
L2	外湾	汇水区1	0.217 3	0.234 4	0.016 4	7.00
L3	外湾	汇水区1	0.217 3	0.234 4	0.016 4	7.00
L4	外湾	汇水区1	0.121 4	0.138 5	0.016 4	11.84
L5	外湾	汇水区1	0.121 4	0.138 5	0.016 4	11.84
L6	外湾	汇水区2	0.309 9	0.335	0.027 2	8.12
L7	外湾	汇水区2	0.309 9	0.335	0.027 2	8.12
L9	外湾	汇水区10	0.111 1	0.132	0.019 5	14.77
L10	中湾	汇水区3	0.141 4	0.148 5	0.010 3	6.94
L11	中湾	汇水区9	0.030 4	0.036 4	0.004 4	12.09
L12	中湾	汇水区9	0.020 3	0.026 3	0.004 4	16.73
L13	内湾	汇水区4	0.108 3	0.122 8	0.016 9	13.76
L14	内湾	汇水区4	0.195 5	0.21	0.016 9	8.05
L15	内湾	汇水区4	0.134 6	0.149 1	0.016 9	11.33
L19	内湾	汇水区5	0.436 9	0.451 9	0.022 9	5.07
L20	内湾	汇水区5	0.061 1	0.076	0.022 9	30.09
L18	内湾	汇水区6	0.225 9	0.240 9	0.013 8	5.73
L17	内湾	汇水区7	0.280 1	0.306 9	0.025 6	8.34
L16	内湾	汇水区8	0.248 5	0.300 3	0.031 2	10.39
合计			3.291 4	3.617	0.325 7	9.00

表3.3-76　方案H-5无机氮模型各养殖污染源的源强　　　　　　　　单位：t/d

污染源	海区	计算源强	现状源强	削减量	削减率/%
O1	湾外	0.059 4	0.059 4	—	
O2	外湾	0.069 9	0.074 7	0.004 5	6.02
O3	外湾	0.062 1	0.066	0.003 8	5.76
O4	外湾	0.062 1	0.066	0.003 8	5.76
O5	外湾	0.046 5	0.050 4	0.003 8	7.54
O6	外湾	0.008 6	0.012 5	0.003 8	30.40
O7	外湾	0.075 3	0.086 9	0.012 5	14.38
O8	中湾	0.128 6	0.137 6	0.013 2	9.59
O9	中湾	0.047 3	0.056 3	0.013 2	23.45
O10	中湾	0.171 6	0.180 6	0.013 2	7.31
O11	中湾	0.148 5	0.163 9	0.011 2	6.83
O12	中湾	0.148 5	0.163 9	0.011 2	6.83
O13	中湾	0.095 5	0.110 9	0.011 2	10.10

续表

污染源	海区	计算源强	现状源强	削减量	削减率/%
O14	内湾	0.1	0.109 1	0.010 6	9.72
O15	内湾	0.292 6	0.301 7	0.010 6	3.51
O16	内湾	0.125 4	0.134 5	0.010 6	7.88
O17	内湾	0.069 4	0.102	0.019 6	19.22
O18	内湾	0.334 3	0.351 1	0.016 2	4.61
O19	内湾	0.075 2	0.084 7	0.008 7	10.27
O20	内湾	0.014 1	0.023 6	0.014 4	61.02
O21	内湾	0.053 7	0.063 2	0.014 4	22.78
合计		2.129 4	2.34	0.210 5	9.00

注：O1 以外湾平均取值，但不计入总源强。

（2）各方案计算结果

各方案条件下，乐清湾海域无机氮源强削减量与无机氮浓度小于 0.3 mg/dm³ 的面积统计见表 3.3-77。限于篇幅，文中仅列出方案 H-10 的海域污染物全潮平均浓度分布见图 3.3-85。

表 3.3-77　各计算方案条件下海域达标面积汇总　　　　　单位：km²

方案	海区	现状源强 / (t/d)	计算源强 / (t/d)	削减值 / (t/d)	合计削减 / (t/d)	无机氮浓度 <0.3 mg/dm³ 面积/km²	无机氮浓度 <0.3 mg/dm³ 百分比/%
H-1	外湾	1.904 6	1.790 3	0.114 3	0.599 7	90.73	22.24
	中湾	1.025 4	0.963 9	0.061 5			
	内湾	3.027 9	2.604 0	0.423 9			
H-2	外湾	1.904 6	1.790 3	0.114 3	0.569 9	89.08	21.83
	中湾	1.025 4	0.933 1	0.092 3			
	内湾	3.027 9	2.664 6	0.363 3			
H-3	外湾	1.904 6	1.752 2	0.152 4	0.608 0	91.06	22.32
	中湾	1.025 4	0.933 1	0.092 3			
	内湾	3.027 9	2.664 6	0.363 3			
H-4	外湾	1.904 6	1.733 2	0.171 4	0.596 3	90.75	22.24
	中湾	1.025 4	0.963 9	0.061 5			
	内湾	3.027 9	2.664 6	0.363 3			
H-5	外湾	1.904 6	1.733 2	0.171 4	0.536 2	90.34	22.14
	中湾	1.025 4	0.933 1	0.092 3			
	内湾	3.027 9	2.755 4	0.272 5			
H-6	外湾	1.904 6	1.733 2	0.171 4	0.596 8	91.23	22.36
	中湾	1.025 4	0.933 1	0.092 3			
	内湾	3.027 9	2.694 8	0.333 1			

续表

方案	海区	现状源强 / (t/d)	计算源强 / (t/d)	削减值 / (t/d)	合计削减 / (t/d)	无机氮浓度 <0.3 mg/dm³ 面积/km²	百分比/%
H-7	外湾	1.904 6	1.695 1	0.209 5	0.634 4	91.28	22.37
	中湾	1.025 4	0.963 9	0.061 5			
	内湾	3.027 9	2.664 6	0.363 3			
H-8	外湾	1.904 6	1.695 1	0.209 5	0.514 2	90.92	22.28
	中湾	1.025 4	0.902 4	0.123 0			
	内湾	3.027 9	2.846 2	0.181 7			
H-9	外湾	1.904 6	1.676 0	0.228 6	0.502 5	91.26	22.37
	中湾	1.025 4	0.933 1	0.092 3			
	内湾	3.027 9	2.846 2	0.181 7			
H-10	外湾	1.904 6	1.638 0	0.266 6	0.509 8	91.15	22.34
	中湾	1.025 4	0.963 9	0.061 5			
	内湾	3.027 9	2.846 2	0.181 7			

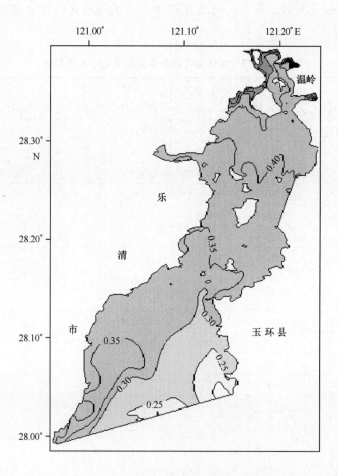

图 3.3-85 方案 H-5（近期）无机氮全潮平均浓度分布（mg/dm³）

由表 3.3-77 可见，方案 H-1 至方案 H-10 均能满足近期控制目标要求，即乐清湾海域无机氮浓度小于 0.3 mg/dm³ 的面积达到全湾总面积的 22.5% 左右（约 90 km²）。各方案中，外湾源强削减幅度在 6%~14% 之间，中湾源强削减幅度在 6%~12% 之间，内湾源强削减幅度在 6%~14% 之间。

从计算结果看，由于外湾源强削减对乐清湾海域无机氮达标面积的变化影响很大，使得各方案源强削减值差别较大。外湾源强削减比例较小的方案，需要大幅度削减中、内湾的源强，从而使总的削减量较大；而外湾源强削减比例较大的方案，仅需小幅度削减中、内湾的源强就可以达到控制目标，总的削减量较小。

在满足近期控制目标条件下，方案 H-1 至方案 H-10 的源强削减量在 0.502 5~0.634 4 t/d 之间。各方案源强削减量与达标面积柱状图见图 3.3-86 所示。

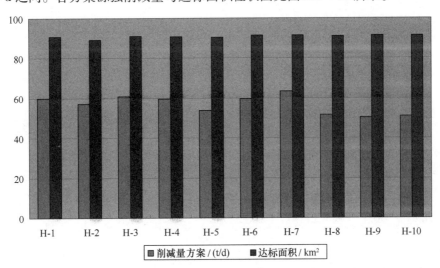

图 3.3-86　各方案计算结果

注：为清楚计，削减量数值放大 100 倍显示

方案 H-11 至方案 H-14 用来对比分析，其中方案 H-13 至方案 H-14 为尚未达到近期控制目标情况下计算得到的海区源强削减量和达标面积大小；其中方案 H-11 至方案 H-12 为超过近期控制目标要求情况下计算得到的海区源强削减量和达标面积的大小。这 4 个方案不参与方案比选。

3）近期无机氮削减方案优选分析

对各方案的优选分析基于两个基本原则：一是优选方案的削减量越小越好，应尽可能地接近最小削减；二是从容量管理上看，各海区的源强削减量越平均越容易管理，因此优选方案各海区源强削减量与全湾平均源强削减量的偏离程度应该尽可能小。

（1）各方案逼近最小削减量程度分析

由预计算结果可知，乐清湾在近期控制目标条件下，3 个海区的无机氮最小削减量为 0.221 9 t/d。

将最小削减量与方案 H-1 至方案 H-10 的源强削减量相比，其比值可以代表各方案条件下计算得到的源强削减量与最小削减量的逼近程度，以 A 值表示（表 3.3-78）。

表 3.3 – 78　各方案源强削减量逼近最小削减量程度一览

方案	H – 1	H – 2	H – 3	H – 4	H – 5	H – 6	H – 7	H – 8	H – 9	H – 10
削减量 / (t/d)	0.599 7	0.569 9	0.608 0	0.596 3	0.536 2	0.596 8	0.634 4	0.514 2	0.502 5	0.509 8
A 值	0.370 0	0.389 4	0.365 0	0.372 1	0.413 8	0.371 8	0.349 8	0.431 5	0.441 6	0.435 3

A 值越接近 1.0 表示该方案条件下计算得到的源强削减量越接近最小削减量。由表 3.3 – 78 可见，方案 H – 10 的 A 值最大，方案 H – 7 的 A 值最小，表明方案 H – 10 计算得到的无机氮源强削减量最接近满足近期控制目标条件下的源强最小削减量，方案 H – 7 的源强削减量最大。

（2）各方案源强削减均匀度分析

各方案条件下源强削减均匀程度（以 B 表示）按下式进行计算：

$$B = \frac{1}{1 + \frac{(x_1 - x_0)^2 + (x_2 - x_0)^2 + (x_3 - x_0)^2}{x_0^2}}$$

(3.3 – 13)

式中：x_1、x_2、x_3 分别表示各方案折算的外湾、中湾、内湾平均的每千米岸线长度的源强削减量，t/d；x_0 表示各方案折算的全湾平均每千米岸线长度的源强削减量，t/d。

将各方案计算得到的外湾、中湾、内湾及全湾平均的每千米岸线长度的源强削减量代入式（3.3 – 13），可以得到各方案条件下的削减源强与全湾平均削减源强之间的偏离程度（表 3.3 – 79）。

表 3.3 – 79　各方案源强偏离程度一览

方案	H – 1	H – 2	H – 3	H – 4	H – 5	H – 6	H – 7	H – 8	H – 9	H – 10
x_1	0.002 4	0.002 4	0.003 2	0.003 6	0.003 6	0.003 6	0.004 3	0.004 3	0.004 7	0.005 5
x_2	0.002 0	0.003 0	0.003 0	0.002 0	0.003 0	0.003 0	0.002 0	0.004 0	0.003 0	0.002 0
x_3	0.005 9	0.005 1	0.005 1	0.005 1	0.003 8	0.004 6	0.005 1	0.002 5	0.002 5	0.002 5
x_0	0.004 0	0.003 8	0.004 0	0.004 0	0.003 6	0.004 0	0.004 2	0.003 4	0.003 3	0.003 4
B 值	0.609	0.770	0.849	0.750	0.972	0.910	0.759	0.855	0.803	0.613

B 值越大，表示该方案条件下各海区的源强越均匀。由表 3.3 – 79 可见，方案 H – 5 的 B 值最大而方案 H – 1 的 B 值最小。说明方案 H – 5 条件下各海区源强最均匀，而方案 H – 1 条件下各海区源强最不均匀。

（3）各方案优选分析

根据优选分析原则，将两个指标综合考虑，得到各方案的优选指标 C，按式（3.3 – 14）计算得到：

$$C = w_1 A + w_2 B$$

(3.3 – 14)

式中，w_1、w_2 分别为逼近程度 A 和偏离程度 B 的权重。

方案 H – 1 至方案 H – 10 条件下计算得到的逼近最小削减量指标 A 在 0.349 8 ~ 0.435 3 之间，偏离指标 B 在 0.609 ~ 0.972 之间。因此，取逼近指标 A 的权重为 0.2，偏离指标 B 的权重为 0.8。

各方案的优选指标 C 如表 3.3 – 80 所示。

表 3.3 – 80　各方案优化指标一览

方案	H – 1	H – 2	H – 3	H – 4	H – 5	H – 6	H – 7	H – 8	H – 9	H – 10
C 值	0.56	0.69	0.75	0.67	0.86	0.80	0.68	0.77	0.73	0.58

综合分析的结果表明，方案 H – 5 的综合优选指标值最大，为 0.86，表明该方案条件下计算得到的源强削减量既接近最小值，同时 3 个海区的源强削减量也较均匀。因此，选定方案 H – 5 作为最优方案，即在现状源强的基础上，分别在外湾、中湾和内湾削减 9%、9% 和 9% 的源强，对应的无机氮源强削减量为 0.536 2 t/d。

方案 H – 5 条件下分海区、汇水区和各污染源点的无机氮源强分配见表 3.3 – 81，全潮平均浓度分布见图 3.3 – 85。

表 3.3 – 81　近期无机氮削减量空间分配　　　　　　　　单位：t/d

海区			汇水区			污染源点			
海区名称	削减量	削减率/%	汇水区号	削减量	削减率/%	源点	源点类型	削减量	削减率/%
外湾	0.171 7	9.02	汇水区 1	0.078 1	8.59	L2	陆源	0.016 4	7.00
						L3	陆源	0.016 4	7.00
						L4	陆源	0.016 4	11.84
						L5	陆源	0.016 4	11.84
						O3	海源	0.003 8	5.76
						O4	海源	0.003 8	5.76
						O5	海源	0.003 8	7.54
						O6	海源	0.003 8	30.40
			汇水区 2	0.066 9	8.84	L6	陆源	0.027 2	8.12
						L7	陆源	0.027 2	8.12
						O7	海源	0.012 5	14.38
			汇水区 10	0.024	11.61	L9	陆源	0.019 5	14.77
						O2	海源	0.004 5	6.02
中湾	0.092 3	9.01	汇水区 3	0.049 9	9.54	L10	陆源	0.010 3	6.94
						O8	海源	0.013 2	9.59
						O9	海源	0.013 2	23.45
						O10	海源	0.013 2	7.31
			汇水区 9	0.042 4	8.46	L11	陆源	0.004 4	12.09
						L12	陆源	0.004 4	16.73
						O11	海源	0.011 2	6.83
						O12	海源	0.011 2	6.83
						O13	海源	0.011 2	10.10

海区			汇水区			污染源点			
海区名称	削减量	削减率/%	汇水区号	削减量	削减率/%	源点	源点类型	削减量	削减率/%
内湾	0.272 3	8.99	汇水区 4	0.082 5	8.03	L13	陆源	0.016 9	13.76
						L14	陆源	0.016 9	8.05
						L15	陆源	0.016 9	11.33
						O14	海源	0.010 6	9.72
						O15	海源	0.010 6	3.51
						O16	海源	0.010 6	7.88
			汇水区 5	0.074 6	12.13	L19	陆源	0.022 9	5.07
						L20	陆源	0.022 9	30.09
						O20	海源	0.014 4	61.02
						O21	海源	0.014 4	22.78
			汇水区 6	0.022 5	6.91	L18	陆源	0.013 8	5.73
						O19	海源	0.008 7	10.27
			汇水区 7	0.041 8	6.35	L17	陆源	0.025 6	8.34
						O18	海源	0.016 2	4.61
			汇水区 8	0.050 8	12.63	L16	陆源	0.031 2	10.39
						O17	海源	0.019 6	19.22

4）中、远期无机氮削减预测计算

根据海域污染源及水质现状的特点确定乐清湾 8 个中、远期无机氮污染物削减量计算方案（表 3.3 - 82）。

表 3.3 - 82   中、远期无机氮削减计算方案

方案	污染物	污染物源强增减/%		
		外湾	中湾	内湾
I - 1	无机氮	- 30	- 25	- 35
I - 2	无机氮	- 40	- 30	- 25
I - 3	无机氮	- 25	- 30	- 40
I - 4	无机氮	- 30	- 30	- 30
I - 5	无机氮	- 45	- 35	- 35
I - 6	无机氮	- 45	- 30	- 40
I - 7	无机氮	- 35	- 45	- 45
I - 8	无机氮	- 41	- 41	- 41

由近期削减计算结果可知，选取外湾、中湾和内湾各削减 9%、9%、9% 的源强作为最优方案。因此在中、远期削减计算时，也采用外湾、中湾和内湾削减相同比例的源强方

案作为中、远期削减计算方案（方案Ⅰ-4和方案Ⅰ-8）。

各海区中、远期污染物削减量见表3.3-83和表3.3-84。由于中、远期距现在时间跨度较长，污染源、汇水区等将来会有所变化，削减量过细分配没有必要，因此中期削减量分配至汇水区，远期只分配到海区。换算成削减量，中期需削减1.787 3 t/d，远期需削减2.442 7 t/d。方案Ⅰ-4计算得到的中期源强削减相应的全潮平均无机氮浓度分布见图3.3-87，方案Ⅰ-8计算得到的远期源强削减相应的全潮平均无机氮浓度分布见图3.3-88。

表3.3-83　中期无机氮削减量空间分配　　　　　　　　　　单位：t/d

海区		汇水区		
海区名称	削减量	汇水区号	削减量	削减率/%
外湾	0.572 3	汇水区1	0.269 0	28.59
		汇水区2	0.223 2	29.49
		汇水区10	0.080 1	38.76
中湾	0.307 7	汇水区3	0.166 0	31.73
		汇水区9	0.141 7	28.25
内湾	0.907 7	汇水区4	0.275 2	26.79
		汇水区5	0.249 1	40.51
		汇水区6	0.074 9	23.00
		汇水区7	0.139 2	21.16
		汇水区8	0.169 3	42.08

表3.3-84　远期无机氮削减量空间分配　　　　　　　　　　单位：t/d

海区	削减量	现状源强
外湾	0.780 9	1.904 6
中湾	0.420 4	1.025 4
内湾	1.241 4	3.027 9

5）4月无机氮削减效果预测分析

虽然本次研究确定的计算基准期为2006年8月，但从水质实测结果看，2007年4月总氮和无机氮的浓度值很高，无机氮4月平均浓度为1.050 mg/dm³，远大于0.3 mg/dm³的二类海水水质标准，总氮浓度在3.0 mg/dm³之上，也远高于其他年份的实测值。根据瓯江口和乐清湾外的实测资料可知，湾外浓度均高于外湾，无机氮高值区出现在瓯江口，并由瓯江口向湾内递减。因此，4月乐清湾氮营养盐浓度高的原因主要是受瓯江和湾外海域随流带入乐清湾的大量污染物的影响。

关于乐清湾与瓯江和湾外海域之间的物质交换的研究，可作为后续的研究内容。本节只在现状条件下，初步分析削减乐清湾内源强与乐清湾水环境质量之间的响应关系。确定的计算方案如表3.3-85所示。各方案计算结果列于表3.3-86。

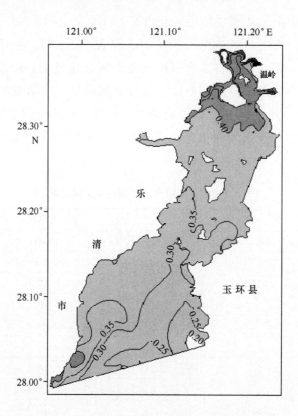

图 3.3 - 87　方案 I - 4（中期）无机氮全潮平均浓度分布（mg/dm³）

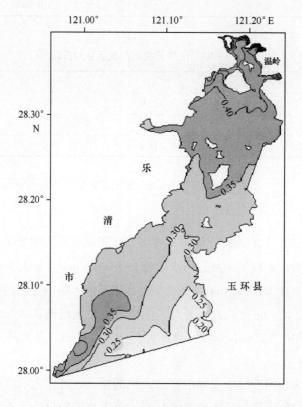

图 3.3 - 88　方案 I - 8（远期）无机氮全潮平均浓度分布（mg/dm³）

表 3.3 – 85　2007 年 4 月无机氮削减分析计算方案

方案	污染物	污染物源强增减/%		
		外湾	中湾	内湾
K – 1	无机氮	– 10	– 10	– 10
K – 2	无机氮	– 20	– 20	– 20
K – 3	无机氮	– 30	– 30	– 30
K – 4	无机氮	– 50	– 50	– 50
K – 5	无机氮	– 75	– 75	– 75
K – 6	无机氮	– 90	– 90	– 90

表 3.3 – 86　各计算方案条件下结果汇总

方案	现状源强 / (t/d)	计算源强 / (t/d)	削减值 / (t/d)	全湾全潮平均浓度 / (mg/dm³)	无机氮浓度 < 1.0 mg/dm³	
					面积/km²	百分比/%
K – 1	5.957 9	5.362 1	0.595 8	1.113	18.94	4.64
K – 2	5.957 9	4.766 3	1.191 6	1.089	45.54	11.16
K – 3	5.957 9	4.170 5	1.787 4	1.064	80.42	19.70
K – 4	5.957 9	2.979 0	2.979 0	0.987	322.81	79.07
K – 5	5.957 9	1.489 5	4.468 4	0.820	408.24	100.00
K – 6	5.957 9	0.595 8	5.362 1	0.718	408.24	100.00

由表 3.3 – 86 可知, 在 2007 年 4 月计算条件下, 即使大幅削减源强, 乐清湾全潮平均无机氮浓度值都在 0.7 mg/dm³ 以上, 远高于 0.3 mg/dm³ 的二类海水水质标准。在削减现状源强 10% 的情况下, 全湾全潮平均浓度为 1.113 mg/dm³, 小于浓度 1.0 mg/dm³ 的海域面积不到 5%。在削减现状源强 50% 的情况下, 全湾全潮平均浓度为 0.987 mg/dm³, 小于浓度 1.0 mg/dm³ 的海域面积接近 80%。与 2006 年 8 月计算条件相比, 2007 年 4 月在水动力条件接近, 现状源强基本相同的情况下, 海域无机氮浓度远远高于 2006 年 8 月的水平, 说明 4 月乐清湾氮营养盐浓度高的原因主要是受瓯江和湾外海域随流带入乐清湾的大量污染物的影响。

6) 总氮削减量计算

将前文得到的无机氮各期削减量进行换算, 即可求出总氮的相应削减量。总氮的削减量为无机氮削减量的 3.04 倍。由此得到总氮的削减量结果见表 3.3 – 87 至表 3.3 – 89。

表 3.3 – 87　近期总氮削减量空间分配　　　　　　　　　　　　　单位：t/d

海区			汇水区			污染源点			
海区名称	削减量	削减率/%	汇水区号	削减量	削减率/%	源点	源点类型	削减量	削减率/%
外湾	0.522 0	9.02	汇水区 1	0.237 4	8.59	L2	陆源	0.049 9	7.00
						L3	陆源	0.049 9	7.00
						L4	陆源	0.049 9	11.84
						L5	陆源	0.049 9	11.84
						O3	海源	0.011 6	5.76
						O4	海源	0.011 6	5.76
						O5	海源	0.011 6	7.54
						O6	海源	0.011 6	30.40
			汇水区 2	0.203 4	8.84	L6	陆源	0.082 7	8.12
						L7	陆源	0.082 7	8.12
						O7	海源	0.038 0	14.38
			汇水区 10	0.073 0	11.61	L9	陆源	0.059 3	14.77
						O2	海源	0.013 7	6.02
中湾	0.280 6	9.01	汇水区 3	0.151 7	9.54	L10	陆源	0.031 3	6.94
						O8	海源	0.040 1	9.59
						O9	海源	0.040 1	23.45
						O10	海源	0.040 1	7.31
			汇水区 9	0.128 9	8.46	L11	陆源	0.013 4	12.09
						L12	陆源	0.013 4	16.73
						O11	海源	0.034 0	6.83
						O12	海源	0.034 0	6.83
						O13	海源	0.034 0	10.10
内湾	0.827 8	8.99	汇水区 4	0.250 8	8.03	L13	陆源	0.051 4	13.76
						L14	陆源	0.051 4	8.05
						L15	陆源	0.051 4	11.33
						O14	海源	0.032 2	9.72
						O15	海源	0.032 2	3.51
						O16	海源	0.032 2	7.88
			汇水区 5	0.226 8	12.13	L19	陆源	0.069 6	5.07
						L20	陆源	0.069 6	30.09
						O20	海源	0.043 8	61.02
						O21	海源	0.043 8	22.78
			汇水区 6	0.068 4	6.91	L18	陆源	0.042 0	5.73
						O19	海源	0.026 4	10.27
			汇水区 7	0.127 1	6.35	L17	陆源	0.077 8	8.34
						O18	海源	0.049 2	4.61
			汇水区 8	0.154 4	12.63	L16	陆源	0.094 8	10.39
						O17	海源	0.059 6	19.22

表 3.3 - 88　中期总氮削减量空间分配　　　　　　　　　　单位：t/d

海区		汇水区		
海区名称	削减量	汇水区号	削减量	削减率/%
外湾	1.739 8	汇水区 1	0.817 7	28.59
		汇水区 2	0.678 5	29.49
		汇水区 10	0.243 6	38.76
中湾	0.935 4	汇水区 3	0.504 7	31.73
		汇水区 9	0.430 8	28.25
内湾	2.759 4	汇水区 4	0.836 7	26.79
		汇水区 5	0.757 2	40.51
		汇水区 6	0.227 7	23.00
		汇水区 7	0.423 3	21.16
		汇水区 8	0.514 6	42.08

表 3.3 - 89　远期总氮削减量空间分配　　　　　　　　　　单位：t/d

海区	削减量	
外湾	2.373 9	5.829 9
中湾	1.278 1	3.100 0
内湾	3.774 0	9.140 0

3.3.6.3　总磷削减预测分析

由于乐清湾海域营养盐已超标，因此对活性磷酸盐应分析不同削减方案情况对海域水质的改善程度。采用分区分期控制法进行污染物削减量计算，分 4 步进行研究：第一步，进行预计算，分析乐清湾各区活性磷酸盐源强变化对海域浓度场分布的影响，为确定正式计算方案提供依据，并初步确定达到控制目标需要的最小削减量；第二步，根据海域污染源及水质现状的特点确定活性磷酸盐削减量计算方案并进行计算；第三步，对各方案结果进行比选，并以满足乐清湾活性磷酸盐分区分期控制指标要求为依据，确定各海区分期污染物削减量；第四步，将活性磷酸盐的削减量换算为总磷削减量。

1）活性磷酸盐削减预计算

（1）各海区源强削减与海域浓度场变化响应规律分析

预计算的目的在于分析各海区单独削减源强对海域浓度场分布的影响，预计算方案见表 3.3 - 90。

表 3.3 – 90　预计算方案

方案	污染物	污染物源强增减		
		外湾	中湾	内湾
C – 1	活性磷酸盐	– 10%		
C – 2	活性磷酸盐	– 30%		
C – 3	活性磷酸盐		– 30%	
C – 4	活性磷酸盐		– 50%	
C – 5	活性磷酸盐			– 30%
C – 6	活性磷酸盐			– 50%
C – 7	活性磷酸盐	– 0.065 7 t/d		
C – 8	活性磷酸盐		– 0.065 7 t/d	
C – 9	活性磷酸盐			– 0.065 7 t/d

需要说明的是，虽然现状活性磷酸盐水质恶劣，但在数模模拟的现状全潮平均浓度分布中，在外湾仍有 48.5 km^2 的海域浓度低于 0.03 mg/dm^3（二类海水水质标准），约占全湾总面积的 12.09%。

计算结果表明：

①无论在哪个海区削减活性磷酸盐源强，乐清湾水质达标的区域主要分布在外湾。

②外湾源强削减对乐清湾水质改善的影响程度最大，中湾次之，内湾最小。这主要与各海区水体交换能力强弱有关。

③由表 3.3 – 91 列出的活性磷酸盐浓度小于 0.045 mg/dm^3 面积与百分比这一栏可以看出，各海区活性磷酸盐的削减，改善的是外湾浓度值较低的海域，对于中、内湾浓度值较高的海域影响较小。

④目前乐清湾活性磷酸盐超标严重，要达到控制目标，需对污染物排放源强进行大幅度削减。

表 3.3 – 91　各计算方案条件下活性磷酸盐模型海域等值线面积汇总

方案	海区	现状源强 / (t/d)	计算源强 / (t/d)	浓度小于 0.03 mg/dm^3		浓度小于 0.045 mg/dm^3	
				面积/km^2	百分比/%	面积/km^2	百分比/%
C – 1	外湾	0.208 9	0.188 0	62.63	15.62	293.61	73.22
	中湾	0.131 3	0.131 3				
	内湾	0.365 3	0.365 3				
C – 2	外湾	0.208 9	0.146 2	174.57	43.53	301.01	75.06
	中湾	0.131 3	0.131 3				
	内湾	0.365 3	0.365 3				
C – 3	外湾	0.208 9	0.208 9	56.62	14.12	308.35	76.90
	中湾	0.131 3	0.091 9				
	内湾	0.365 3	0.365 3				

续表

方案	海区	现状源强/(t/d)	计算源强/(t/d)	浓度小于0.03 mg/dm³		浓度小于0.045 mg/dm³	
				面积/km²	百分比/%	面积/km²	百分比/%
C-4	外湾	0.208 9	0.208 9	63.98	15.96	319.17	79.59
	中湾	0.131 3	0.065 7				
	内湾	0.365 3	0.365 3				
C-5	外湾	0.208 9	0.208 9	51.35	12.81	302.23	75.37
	中湾	0.131 3	0.131 3				
	内湾	0.365 3	0.255 7				
C-6	外湾	0.208 9	0.208 9	53.47	13.33	335.33	83.62
	中湾	0.131 3	0.131 3				
	内湾	0.365 3	0.182 7				
C-7	外湾	0.208 9	0.143 2	167.64	40.81	300.48	74.93
	中湾	0.131 3	0.131 3				
	内湾	0.365 3	0.365 3				
C-8	外湾	0.208 9	0.208 9	63.98	15.96	319.17	79.59
	中湾	0.131 3	0.065 7				
	内湾	0.365 3	0.365 3				
C-9	外湾	0.208 9	0.208 9	51.55	12.86	303.59	75.71
	中湾	0.131 3	0.131 3				
	内湾	0.365 3	0.299 6				

各海区在削减相同污染物源强（活性磷酸盐0.065 7 t/d，约为中湾源强的50%）条件下对整个乐清湾的影响见图3.3－89（方案C－7至方案C－9），为直观计，将3个海区都一分为二，各分为南北两块区域。由图3.3－89可见，在外湾削减源强时，对外湾活性磷酸盐浓度变化的影响最大，越向内湾则影响逐渐减小；中湾削减源强时，对中湾北部和内湾南部浓度较高的海域影响最大；内湾削减源强时，对内湾浓度较高的海域影响最大，而对外湾的影响很小。可见，污染物源强变化后，水体中的浓度分布距源点越近则浓度变化越大。由于活性磷酸盐达标区域在外湾，因此削减外湾的源强可以有效地实现不同时期控制目标地要求，

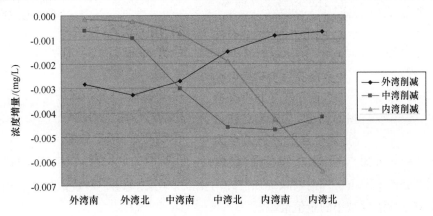

图3.3－89　各海区削减源强对乐清湾活性磷酸盐浓度变化的影响

而削减中、内湾源强对改善外湾水质效果不明显。

（2）活性磷酸盐削减预计算

由上节分析可知：各海区源强削减，浓度达标区域均出现在外湾；各海区单独削减源强，对乐清湾3个海区的水质影响不同。进一步研究发现，各海区单独削减源强时，源强削减量与外湾达标面积及外湾全潮平均浓度变化量之间存在较好的相关性。与COD一样，经泰勒展开分析可知，当源强削减量很小时，源强削减量—外湾全潮平均浓度变化量之间、源强削减量—外湾达标面积之间可近似为线性关系，拟合曲线如图3.3-90和图3.3-91所示。

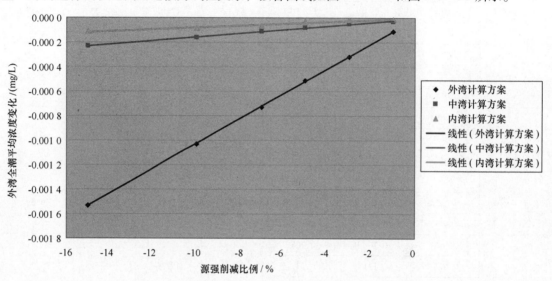

图3.3-90 各海区源强增量与外湾全潮平均浓度变化关系拟合曲线

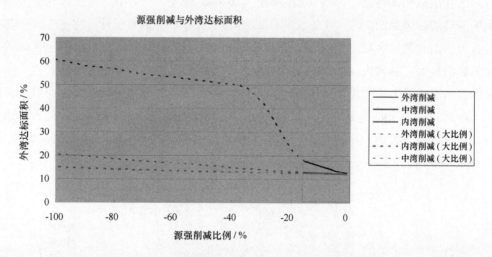

图3.3-91 各海区源强削减与达标面积关系拟合曲线

由图3.3-90可知，各海区单独削减源强对外湾全潮平均浓度变化的影响程度不一致，在削减相同源强的情况下，外湾削减源强使外湾全潮平均浓度减小的量值最大，内湾削减源强使外湾全潮平均浓度减小的量值最小。

由图3.3-91可知，3个海区削减源强对乐清湾活性磷酸盐达标面积的"贡献"程度不一。在削减同样的源强时，若在外湾削减源强，能大幅度地增加乐清湾内活性磷酸盐的达标面积；若在内湾削减源强，则只能略微增加乐清湾内活性磷酸盐的达标面积；若在中湾削减源强，增加乐清湾内活性磷酸盐的达标面积居于上述两者之间。究其原因，如前文所述，在外湾削减源强对外湾的影响最大，在内湾削减源强对外湾的影响最小。

图3.3-91显示的3个海区单独削减源强与外湾达标面积的拟合关系，在削减源强较小时（图3.3-91实线部分）为：

$$外湾单独削减源强 \ Y1 = -0.001\,4 \times (X1 - 48.5)$$
$$中湾单独削减源强 \ Y2 = -0.006\,5 \times (X2 - 48.5)$$
$$内湾单独削减源强 \ Y3 = -0.047\,7 \times (X3 - 48.5)$$

式中：$Y1$、$Y2$、$Y3$ 为3个海区单独削减的源强，t/d；$X1$、$X2$、$X3$ 为达标面积，km^2；负号表示削减。

上述公式中，水质模型计算得到的全潮平均浓度已经有 $48.5\ km^2$ 的达标面积，$Y1$ 的变化幅度为 $0 \sim 0.063\,4$，$Y2$ 的变化幅度为 $0 \sim 0.206\,1$，$Y3$ 的变化幅度为 $0 \sim 1.512\,1$；$X1$、$X2$、$X3$ 的变化幅度均为 $48.5 \sim 80.2$。

当 $\sum Xi$ 等于 $80.2\ km^2$ 时，运用穷举法，可以得到 $\sum Yi$ 的最小值为 $0.044\,4$ t/d，这就是当外湾达标面积为 $80.2\ km^2$ 时，3个海区可以削减的最小源强。由于外湾削减源强在外湾产生的达标面积最大，此时计算得到的 $Y1$ 等于 $0.044\,4$，$Y2$ 和 $Y3$ 均等于 0.0。计算结果表明，当外湾达标面积为 $80.2\ km^2$ 时，所有的源强均削减在外湾，而中湾和内湾不削减源强时得到的源强削减量最小。

同样运用穷举法可以计算得到达到中、远期控制目标条件下，需要削减活性磷酸盐的最小源强：要达到中期目标，需削减 $0.100\,5$ t/d；要达到远期目标，需削减 $0.227\,0$ t/d。

上述计算得到的活性磷酸盐近期和中期的削减量都是仅在削减外湾源强，而远期不仅需削减全部外湾源强，还要削减中湾部分源强。虽然上述计算得到的削减值为最小，但显然在管理上不具可操作性，因为若只在外湾（后期还有中湾）削减源强，而中湾和内湾维持现状，显然是不合理的。因此，预计算得到的活性磷酸盐源强削减值不能作为乐清湾削减计算的结果，只能用作各削减计算方案优选的依据。

2）活性磷酸盐近期削减预测分析

由前文可知，乐清湾营养盐类污染严重，要使水质得到改善，必须大幅削减污染物排放源强。而在短期内大幅减少农业面源排放和海域养殖源强的排放显然不可行，只能分期逐步进行削减。另外，本课题的计算基准期是2006年8月，中、远期距现在时间较长，期间乐清湾的自然条件、社会经济条件等都有可能发生重大变化，对中、远期的预测计算很可能会发生偏差。因此，本课题将对总磷近期削减进行详细的预测分析，而对中、远期则参照近期分析结果进行预测计算。

（1）计算方案

在预计算的基础上，根据海域污染源及水质现状的特点确定10个污染物削减量计算方案和4个对比分析方案（表3.3-92）。其中方案D-1至方案D-10用于预测计算，各方案中外湾源强削减 $5\% \sim 18\%$。方案D-11至方案D-14为对比分析用。

限于篇幅，文中仅列出方案D-10污染物排放源强（表3.3-93和表4.3-94）。

表 3.3 – 92　活性磷酸盐削减计算方案

方案	污染物	污染物源强削减比例/%		
		外湾	中湾	内湾
D – 1	活性磷酸盐	– 5	– 55	– 55
D – 2	活性磷酸盐	– 7	– 45	– 45
D – 3	活性磷酸盐	– 10	– 35	– 35
D – 4	活性磷酸盐	– 10	– 25	– 45
D – 5	活性磷酸盐	– 10	– 40	– 25
D – 6	活性磷酸盐	– 12	– 26	– 26
D – 7	活性磷酸盐	– 15	– 10	– 20
D – 8	活性磷酸盐	– 15	– 15	– 15
D – 9	活性磷酸盐	– 15	– 20	– 10
D – 10	活性磷酸盐	– 18	– 5	– 5
D – 11	活性磷酸盐	– 10	– 10	– 10
D – 12	活性磷酸盐	– 12	– 12	– 12
D – 13	活性磷酸盐	– 15	– 25	– 35
D – 14	活性磷酸盐	– 20	– 20	– 20

表 3.3 – 93　方案 D – 10 活性磷酸盐各陆源污染源的源强　　　　　　单位：t/d

污染源	海区	汇水区	计算源强	现状源强	削减量	削减率/%
L1	瓯江		4.406	4.406	—	
L2	外湾	汇水区 1	0.007 1	0.009 9	0.003 4	34.34
L3	外湾	汇水区 1	0.012	0.014 8	0.003 4	22.97
L4	外湾	汇水区 1	0.018 8	0.021 6	0.003 4	15.74
L5	外湾	汇水区 1	0.030 4	0.033 2	0.003 4	10.24
L6	外湾	汇水区 2	0.020 3	0.023 9	0.005 7	23.85
L7	外湾	汇水区 2	0.037 9	0.041 5	0.005 7	13.73
L9	外湾	汇水区 10	0.006 2	0.017	0.004 1	24.12
L10	中湾	汇水区 3	0.017 5	0.018	0.000 6	3.33
L11	中湾	汇水区 9	0.002 7	0.003	0.000 3	10.00
L12	中湾	汇水区 9	0.002 7	0.003	0.000 3	10.00
L13	内湾	汇水区 4	0.013 3	0.014 1	0.001 1	7.80
L14	内湾	汇水区 4	0.017 4	0.018 2	0.001 1	6.04
L15	内湾	汇水区 4	0.021 3	0.022 1	0.001 1	4.98
L19	内湾	汇水区 5	0.039 7	0.040 6	0.001 4	3.45
L20	内湾	汇水区 5	0.019 4	0.020 3	0.001 4	6.90
L18	内湾	汇水区 6	0.028	0.028 8	0.000 9	3.13
L17	内湾	汇水区 7	0.037	0.038 4	0.001 7	4.43
L16	内湾	汇水区 8	0.027 4	0.032	0.001 9	5.94
合计			0.359 1	0.400 4	0.040 9	10.21

表 3.3 – 94　方案 D – 10 活性磷酸盐模型各养殖污染源的源强　　　　单位：t/d

污染源	海区	计算源强	现状源强	削减量	削减率/%
O1	湾外	0.007 8	0.007 8	—	
O2	外湾	0.002 7	0.005 8	0.001 2	20.69
O3	外湾	0.007 9	0.008 7	0.001	11.49
O4	外湾	0.007 9	0.008 7	0.001	11.49
O5	外湾	0.005 9	0.006 7	0.001	14.93
O6	外湾	0.005	0.005 8	0.001	17.24
O7	外湾	0.009 2	0.011 3	0.003 3	29.20
O8	中湾	0.006 7	0.007 5	0.001	13.33
O9	中湾	0.008 2	0.009	0.001	11.11
O10	中湾	0.008 2	0.00 9	0.001	11.11
O11	中湾	0.013 8	0.014 8	0.000 8	5.41
O12	中湾	0.042 2	0.043 2	0.000 8	1.85
O13	中湾	0.022 8	0.023 8	0.000 8	3.36
O14	内湾	0.013 4	0.013 9	0.000 8	5.76
O15	内湾	0.038 4	0.038 9	0.000 8	2.06
O16	内湾	0.016 9	0.017 4	0.000 8	4.60
O17	内湾	0.010 1	0.013 3	0.001 4	10.53
O18	内湾	0.044 2	0.045 2	0.001 2	2.65
O19	内湾	0.010 5	0.011	0.000 6	5.45
O20	内湾	0.007 5	0.008 1	0.001	12.35
O21	内湾	0.002 3	0.002 9	0.001	34.48
合计		0.283 8	0.305	0.021 5	7.05

注：O1 以外湾平均取值，不计入总源强。

（2）各方案计算结果

各方案条件下，乐清湾海域活性磷酸盐源强削减量与活性磷酸盐浓度小于 0.03 mg/dm^3 的面积统计见表 3.3 – 95。限于篇幅，文中仅列出方案 D – 10 的海域污染物全潮平均浓度分布（图 3.3 – 92）。

由表 3.3 – 95 可见，方案 D – 1 至方案 D – 10 均能满足近期控制目标要求，即乐清湾海域活性磷酸盐浓度小于 0.03 mg/dm^3 的面积达到全湾总面积的 20% 左右（约 80 km^2）。各方案中，外湾源强削减幅度在 5% ~ 20% 之间，中湾源强削减幅度在 5% ~ 55% 之间，内湾源强削减幅度在 5% ~ 55% 之间。

表 3.3 - 95　各计算方案条件下海域达标面积汇总

方案	海区	现状源强 / (t/d)	计算源强 / (t/d)	削减值 / (t/d)	合计 / (t/d)	活性磷酸盐浓度 <0.03 mg/dm³	
						面积/km²	百分比/%
D - 1	外湾	0.208 9	0.198 5	0.010 4	0.283 6	82.73	20.63
	中湾	0.131 3	0.059 1	0.072 2			
	内湾	0.365 3	0.164 4	0.200 9			
D - 2	外湾	0.208 9	0.194 3	0.014 6	0.238 1	80.46	20.06
	中湾	0.131 3	0.072 2	0.059 1			
	内湾	0.365 3	0.200 9	0.164 4			
D - 3	外湾	0.208 9	0.188 0	0.020 9	0.194 7	81.07	20.22
	中湾	0.131 3	0.085 3	0.046 0			
	内湾	0.365 3	0.237 4	0.127 9			
D - 4	外湾	0.208 9	0.188 0	0.020 9	0.218 1	79.81	19.90
	中湾	0.131 3	0.098 5	0.032 8			
	内湾	0.365 3	0.200 9	0.164 4			
D - 5	外湾	0.208 9	0.188 0	0.020 9	0.164 7	82.47	20.57
	中湾	0.131 3	0.078 8	0.052 5			
	内湾	0.365 3	0.274 0	0.091 3			
D - 6	外湾	0.208 9	0.183 8	0.025 1	0.154 2	80.18	20.00
	中湾	0.131 3	0.097 2	0.034 1			
	内湾	0.365 3	0.270 3	0.095 0			
D - 7	外湾	0.208 9	0.177 6	0.031 3	0.117 5	79.51	19.83
	中湾	0.131 3	0.118 2	0.013 1			
	内湾	0.365 3	0.292 2	0.073 1			
D - 8	外湾	0.208 9	0.177 6	0.031 3	0.105 8	80.72	20.13
	中湾	0.131 3	0.111 6	0.019 7			
	内湾	0.365 3	0.310 5	0.054 8			
D - 9	外湾	0.208 9	0.177 6	0.031 3	0.094 1	81.31	20.28
	中湾	0.131 3	0.105 0	0.026 3			
	内湾	0.365 3	0.328 8	0.036 5			
D - 10	外湾	0.208 9	0.171 3	0.037 6	0.062 4	84.19	21.00
	中湾	0.131 3	0.124 7	0.006 6			
	内湾	0.365 3	0.347 0	0.018 3			
D - 11	外湾	0.208 9	0.188 0	0.020 9	0.070 6	67.50	16.83
	中湾	0.131 3	0.118 2	0.013 1			
	内湾	0.365 3	0.328 8	0.036 5			
D - 12	外湾	0.208 9	0.183 8	0.025 1	0.084 7	72.45	18.07
	中湾	0.131 3	0.115 5	0.015 8			
	内湾	0.365 3	0.321 5	0.043 8			

续表

方案	海区	现状源强 / (t/d)	计算源强 / (t/d)	削减值 / (t/d)	合计 / (t/d)	活性磷酸盐浓度 <0.03 mg/dm³	
						面积/km²	百分比/%
D-13	外湾	0.208 9	0.177 6	0.031 3	0.192 0	88.76	22.13
	中湾	0.131 3	0.098 5	0.032 8			
	内湾	0.365 3	0.237 4	0.127 9			
D-14	外湾	0.208 9	0.167 1	0.041 8	0.141 1	116.66	29.09
	中湾	0.131 3	0.105 0	0.026 3			
	内湾	0.365 3	0.292 2	0.073 1			

从计算结果看，由于外湾源强削减对乐清湾海域活性磷酸盐达标面积的变化影响很大，使得各方案源强削减值差别较大。外湾源强削减比例较小的方案，需要大幅度削减中、内湾的源强，从而使总的削减量较大；而外湾源强削减比例较大的方案，仅需小幅度削减中、内湾的源强就可以达到控制目标，总的削减量较小（图3.3-92）。

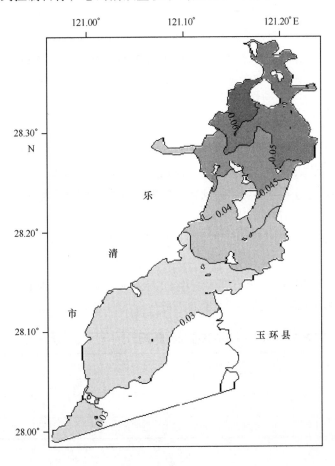

图 3.3-92　方案 D-10（近期）活性磷酸盐全潮平均浓度分布（mg/dm³）

在满足近期控制目标条件下，方案 D-1 至方案 D-10 的源强削减量在 0.062 4 ~ 0.283 6 t/d 之间，差异较大。各方案源强削减量与达标面积柱状图见图3.3-93。为清楚计，图3.3-

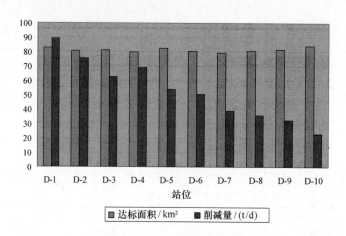

图 3.3 – 93　各方案计算结果

注：为清楚计，削减量数值放大 100 倍显示

93 中源强削减量单位为 kg/d。

方案 D – 11 至 D – 14 用来对比分析，其中方案 D – 11 和方案 D – 12 为尚未达到近期控制目标情况下计算得到的海区源强削减量和达标面积的大小；其中方案 D – 13 和方案 D – 14 为超过近期控制目标要求情况下计算得到的海区源强削减量和达标面积的大小。这 4 个方案不参与方案比选。

3）近期活性磷酸盐削减方案优选分析

对各方案的优选分析基于两个基本原则：一是优选方案的削减量越小越好，应尽可能地接近最小削减量；二是从容量管理上看，各海区的源强削减量越平均越容易管理，因此优选方案各海区源强削减量与全湾平均源强削减量的偏离程度应该尽可能小。

（1）各方案逼近最小削减量程度分析

由预计算结果可知，乐清湾在近期控制目标条件下，3 个海区的活性磷酸盐源强最小削减量为 0.044 4 t/d。

将最小削减量与方案 D – 1 至方案 D – 10 的源强削减量相比，其比值可以代表各方案条件下计算得到的源强削减量与最小削减量的逼近程度，以 A 表示（表 3.3 – 96）。

表 3.3 – 96　各方案源强削减量逼近最小削减量程度一览

方案	D – 1	D – 2	D – 3	D – 4	D – 5	D – 6	D – 7	D – 8	D – 9	D – 10
削减量 / (t/d)	0.283 6	0.238 1	0.194 7	0.218 1	0.164 7	0.154 2	0.117 5	0.105 8	0.094 1	0.062 4
A 值	0.16	0.19	0.23	0.20	0.27	0.29	0.38	0.42	0.47	0.71

A 值越接近 1.0 表示该方案条件下计算得到源强削减量越接近最小削减量。方案 D – 10 的 A 值最大，方案 D – 1 的 A 值最小，表明方案 D – 10 计算得到的活性磷酸盐源强削减量最接近满足近期控制目标条件下的源强最小削减量，方案 D – 1 的源强削减量最大。

（2）各方案源强削减均匀度分析

各方案条件下源强削减均匀程度（以 B 表示）按下式进行计算：

$$B = \frac{1}{1 + \dfrac{(x_1 - x_0)^2 + (x_2 - x_0)^2 + (x_3 - x_0)^2}{x_0^2}} \qquad (3.3-15)$$

式中：x_1、x_2、x_3 分别表示各方案折算的外湾、中湾、内湾平均的每千米岸线长度的源强削减量，t/d；x_0 表示各方案折算的全湾平均每千米岸线长度的源强削减量，t/d。

将各方案计算得到的外湾、中湾、内湾及全湾平均的每千米岸线长度的源强削减量代入式（3.3-15），可以得到各方案条件下的削减源强与全湾平均削减源强之间的偏离程度（表3.3-97）。

表3.3-97　各方案源强偏离程度一览

方案	D-1	D-2	D-3	D-4	D-5	D-6	D-7	D-8	D-9	D-10
x_1	0.000 3	0.000 5	0.000 7	0.000 7	0.000 7	0.000 8	0.001 0	0.001 0	0.001 0	0.001 2
x_2	0.003 7	0.003 0	0.002 3	0.001 7	0.002 7	0.001 7	0.000 7	0.001 0	0.001 3	0.000 3
x_3	0.004 8	0.003 9	0.003 0	0.003 9	0.002 2	0.002 3	0.001 7	0.001 3	0.000 9	0.000 4
x_0	0.002 9	0.002 5	0.002 0	0.002 3	0.001 7	0.001 6	0.001 2	0.001 1	0.001 0	0.000 7
B 值	0.44	0.49	0.58	0.47	0.57	0.70	0.70	0.95	0.89	0.52

B 值越大，表示该方案条件下各海区的源强越均匀。由表3.3-97可见，方案D-8的B值最大而方案D-1的B值最小。说明方案D-8条件下各海区源强最均匀，而方案D-1条件下各海区源强最不均匀。

（3）各方案优选分析

根据优选分析原则，将两个指标综合考虑，得到各方案的优选指标C，按下式计算得到：

$$C = w_1 A + w_2 B$$

式中，w_1、w_2 分别为逼近程度 A 和偏离程度 B 的权重。

方案D-1至方案D-10条件下计算得到的削减量差异很大（表3.3-96），逼近最小削减量指标A在0.16~0.71，偏离指标B在0.44~0.95之间。因此，取逼近指标A的权重为0.7，偏离指标B的权重为0.3。

各方案的优选指标C如表3.3-98所示。

表3.3-98　各方案优化指标一览

方案	D-1	D-2	D-3	D-4	D-5	D-6	D-7	D-8	D-9	D-10
C 值	0.26	0.30	0.35	0.30	0.38	0.43	0.50	0.60	0.61	0.65

综合分析的结果表明，方案D-10的综合优选指标值最大，为0.65，表明该方案条件下计算得到的源强削减量既接近最小值，同时3个海区的源强削减量也较均匀。因此，选定方案D-10作为最优方案，即在现状源强的基础上，分别在外湾、中湾和内湾削减18%、5%和5%的源强，对应的活性磷酸盐源强削减量为0.062 4 t/d。

方案D-10条件下分海区、汇水区和各污染源点的活性磷酸盐源强分配见表3.3-99，全潮平均浓度分布见图3.3-92。

表3.3-99　近期活性磷酸盐削减量空间分配　　　　　　　　　单位：t/d

海区			汇水区			污染源点			
海区名称	削减量	削减率/%	汇水区号	削减量	削减率/%	源点	源点类型	削减量	削减率/%
外湾	0.037 6	18.00	汇水区1	0.017 6	16.09	L2	陆源	0.003 4	34.34
						L3	陆源	0.003 4	22.97
						L4	陆源	0.003 4	15.74
						L5	陆源	0.003 4	10.24
						O3	海源	0.001	11.49
						O4	海源	0.001	11.49
						O5	海源	0.001	14.93
						O6	海源	0.001	17.24
			汇水区2	0.014 7	19.17	L6	陆源	0.005 7	23.85
						L7	陆源	0.005 7	13.73
						O7	海源	0.003 3	29.20
			汇水区10	0.005 3	23.25	L9	陆源	0.004 1	24.12
						O2	海源	0.001 2	20.69
中湾	0.006 6	5.03	汇水区3	0.003 6	8.28	L10	陆源	0.000 6	3.33
						O8	海源	0.001	13.33
						O9	海源	0.001	11.11
						O10	海源	0.001	11.11
			汇水区9	0.003	3.42	L11	陆源	0.000 3	10.00
						L12	陆源	0.000 3	10.00
						O11	海源	0.000 8	5.41
						O12	海源	0.000 8	1.85
						O13	海源	0.000 8	3.36
内湾	0.018 2	4.98	汇水区4	0.005 7	4.57	L13	陆源	0.001 1	7.80
						L14	陆源	0.001 1	6.04
						L15	陆源	0.001 1	4.98
						O14	海源	0.000 8	5.76
						O15	海源	0.000 8	2.06
						O16	海源	0.000 8	4.60
			汇水区5	0.004 8	6.68	L19	陆源	0.001 4	3.45
						L20	陆源	0.001 4	6.90
						O20	海源	0.001	12.35
						O21	海源	0.001	34.48
			汇水区6	0.001 5	3.77	L18	陆源	0.000 9	3.13
						O19	海源	0.000 6	5.45
			汇水区7	0.002 9	3.47	L17	陆源	0.001 7	4.43
						O18	海源	0.001 2	2.65
			汇水区8	0.003 3	7.28	L16	陆源	0.001 9	5.94
						O17	海源	0.001 4	10.53

4）中、远期活性磷酸盐削减预测计算

根据海域污染源及水质现状的特点确定乐清湾 10 个中、远期活性磷酸盐污染物削减量计算方案（表 3.3 - 100）。

表 3.3 - 100　中、远期活性磷酸盐削减计算方案

方案	污染物	污染物源强增减/%		
		外湾	中湾	内湾
E - 1	活性磷酸盐	- 20	- 20	- 20
E - 2	活性磷酸盐	- 20	- 20	- 30
E - 3	活性磷酸盐	- 20	- 25	- 20
E - 4	活性磷酸盐	- 23	- 7	- 7
E - 5	活性磷酸盐	- 30	- 30	- 30
E - 6	活性磷酸盐	- 30	- 28	- 50
E - 7	活性磷酸盐	- 40	- 25	- 20
E - 8	活性磷酸盐	- 37	- 10	- 10

由近期削减计算结果可知，选取外湾、中湾和内湾各削减 18%、5%、5% 的源强作为最优方案。因此在中、远期削减计算时也采用外湾、中湾和内湾削减相同比例的源强方案作为中、远期削减计算方案（方案 E - 4 和方案 E - 8）。

各海区中、远期污染物削减量见表 3.3 - 101 和表 3.3 - 102。由于中、远期距现在时间跨度较长，污染源、汇水区等将来会有所变化，削减量过细分配没有必要，因此中期削减量分配至汇水区，远期只分配到海区。换算成削减量，近期需削减 0.062 4 t/d，中期需削减 0.083 2 t/d，远期需削减 0.127 0 t/d。方案 E - 4 计算得到的中期源强削减相应的全潮平均活性磷酸盐浓度分布见图 3.3 - 94；方案 E - 8 计算得到的远期源强削减相应的全潮平均活性磷酸盐浓度分布见图 3.3 - 95。

表 3.3 - 101　中期活性磷酸盐削减量空间分配　　　　　　　单位：t/d

海区		汇水区		
海区名称	削减量	汇水区号	削减量	削减率/%
外湾	0.048 0	汇水区 1	0.022 6	20.64
		汇水区 2	0.018 7	24.43
		汇水区 10	0.006 7	29.50
中湾	0.009 2	汇水区 3	0.005 0	11.41
		汇水区 9	0.004 2	4.82
内湾	0.025 6	汇水区 4	0.007 7	6.16
		汇水区 5	0.006 9	9.60
		汇水区 6	0.002 0	5.14
		汇水区 7	0.004 1	4.89
		汇水区 8	0.004 6	10.16

表 3.3 – 102　远期活性磷酸盐削减量空间分配　　　　　　　　　　　　　　单位：t/d

海区	削减量	现状源强
外湾	0.077 3	0.208 9
中湾	0.013 1	0.131 3
内湾	0.036 5	0.365 3

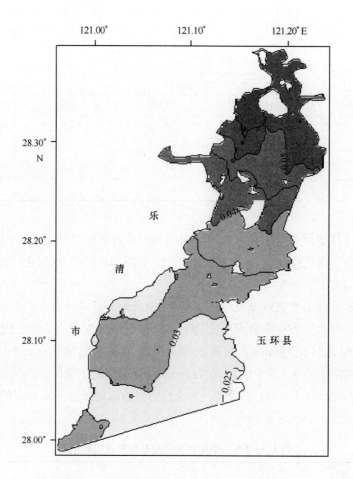

图 3.3 – 94　方案 E – 4（中期）活性磷酸盐全潮平均浓度分布（mg/dm³）

5）总磷削减量计算

将前文得到的活性磷酸盐各期削减量进行换算，即可求出总磷的相应削减量。总磷的削减量为活性磷酸盐削减量的 3.36 倍。由此得到总磷的削减量结果见表 3.3 – 103 至表 3.3 – 105。

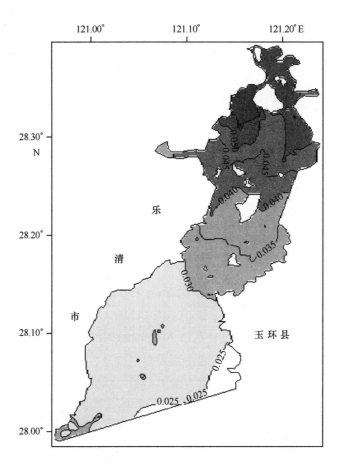

图 3.3 – 95 方案 E – 8（远期）活性磷酸盐全潮平均浓度分布（mg/dm³）

表 3.3 – 103 近期总磷削减量计算结果

海区			汇水区			污染源点			
海区名称	削减量	削减率/%	汇水区号	削减量	削减率/%	源点	源点类型	削减量	削减率/%
外湾	0.126 3	18.00	汇水区 1	0.059 1	16.09	L2	陆源	0.011 4	34.34
						L3	陆源	0.011 4	22.97
						L4	陆源	0.011 4	15.74
						L5	陆源	0.011 4	10.24
						O3	海源	0.003 4	11.49
						O4	海源	0.003 4	11.49
						O5	海源	0.003 4	14.93
						O6	海源	0.003 4	17.24
			汇水区 2	0.049 4	19.17	L6	陆源	0.019 2	23.85
						L7	陆源	0.019 2	13.73
						O7	海源	0.011 1	29.20
			汇水区 10	0.017 8	23.25	L9	陆源	0.013 8	24.12
						O2	海源	0.004 0	20.69

续表

海区			汇水区			污染源点			
海区名称	削减量	削减率/%	汇水区号	削减量	削减率/%	源点	源点类型	削减量	削减率/%
中湾	0.022 2	5.03	汇水区3	0.012 1	8.28	L10	陆源	0.002 0	3.33
						O8	海源	0.003 4	13.33
						O9	海源	0.003 4	11.11
						O10	海源	0.003 4	11.11
			汇水区9	0.010 1	3.42	L11	陆源	0.001 0	10.00
						L12	陆源	0.001 0	10.00
						O11	海源	0.002 7	5.41
						O12	海源	0.002 7	1.85
						O13	海源	0.002 7	3.36
内湾	0.061 2	4.98	汇水区4	0.019 2	4.57	L13	陆源	0.003 7	7.80
						L14	陆源	0.003 7	6.04
						L15	陆源	0.003 7	4.98
						O14	海源	0.002 7	5.76
						O15	海源	0.0027	2.06
						O16	海源	0.002 7	4.60
			汇水区5	0.016 1	6.68	L19	陆源	0.004 7	3.45
						L20	陆源	0.004 7	6.90
						O20	海源	0.003 4	12.35
						O21	海源	0.003 4	34.48
			汇水区6	0.005 0	3.77	L18	陆源	0.003 0	3.13
						O19	海源	0.002 0	5.45
			汇水区7	0.009 7	3.47	L17	陆源	0.005 7	4.43
						O18	海源	0.004 0	2.65
			汇水区8	0.011 1	7.28	L16	陆源	0.006 4	5.94
						O17	海源	0.004 7	10.53

表 3.3-104 中期总磷削减量空间分配 单位：t/d

海区		汇水区		
海区名称	削减量	汇水区号	削减量	削减率/%
外湾	0.161 3	汇水区1	0.076	20.64
		汇水区2	0.063	24.43
		汇水区10	0.023	29.50
中湾	0.030 9	汇水区3	0.017	11.41
		汇水区9	0.014	4.82
内湾	0.086 0	汇水区4	0.026	6.16
		汇水区5	0.023	9.60
		汇水区6	0.007	5.14
		汇水区7	0.014	4.89
		汇水区8	0.015	10.16

表 3.3 – 105　远期总磷削减量空间分配　　　　　　　　　　　　　　单位：t/d

名称	削减量	现状源强
外湾	0.259 7	0.701 9
中湾	0.044 0	0.441 2
内湾	0.122 6	1.227 4

3.3.7　小结

①经化学需氧量水质模型计算并进行优化后的结果表明，在满足控制目标条件下，乐清湾 COD_{Mn} 的环境容量为 14.201 4 t/d。在现状源强的基础上，外湾、中湾和内湾可分别增加 40.0%、10.0% 和 10.0% 的源强增量；COD_{Cr} 的环境容量为 35.396 3 t/d，外湾、中湾和内湾可分别增加 18.004 t/d、6.481 5 t/d 和 10.910 8 t/d 的源强增量。乐清湾的 COD 排放容量控制指标见图 3.3 – 96。

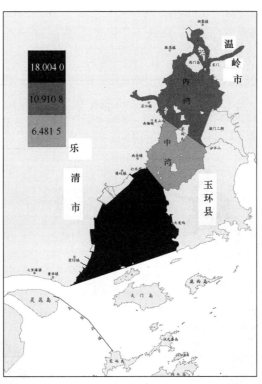

图 3.3 – 96　乐清湾 COD 排放容量分布（以 COD_{Cr} 计，t/d）

②经无机氮水质模型计算并进行优化后的结果表明，近期在外湾、中湾和内湾均需削减 9.0% 的源强，才能达到控制目标，即需削减 0.536 3 t/d；中期在外湾、中湾和内湾均需削减 30.0% 的源强，才能达到控制目标，即需削减 1.787 7 t/d；远期在外湾、中湾和内湾均需削减 41.0% 的源强，才能达到控制目标，即需削减 2.442 7 t/d。近期、中期和远期分别需削减总氮源强 1.630 4 t/d、5.434 6 t/d 和 7.426 0 t/d，才能达到各期控制目标。近、中、远期的总氮削减分布图见图 3.3 – 97 至图 3.3 – 102。

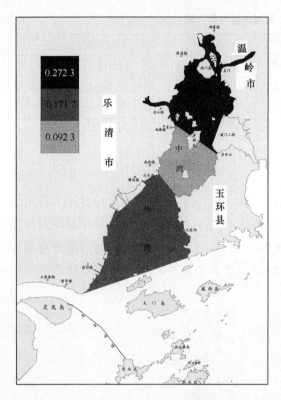

图 3.3 - 97　乐清湾近期总氮消减量分布（t/d）

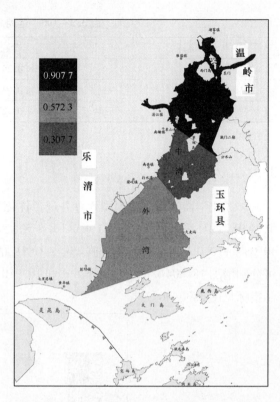

图 3.3 - 98　乐清湾中期总氮削减量分布（t/d）

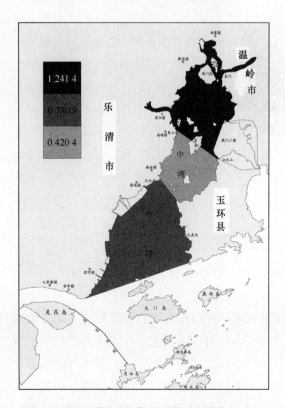

图 3.3 - 99　乐清湾远期总氮削减量分布（t/d）

图 3.3 - 100　乐清湾近期总氮消减量分布（t/d）

 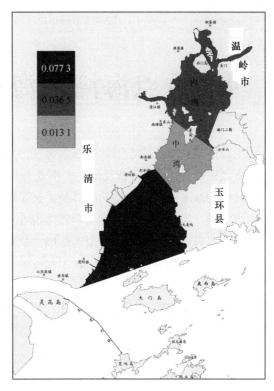

图 3.3 – 101　乐清湾中期总氮消减量分布（t/d）　　　图 3.3 – 102　乐清湾远期总氮消减量分布（t/d）

　　③经活性磷酸盐水质模型计算并进行优化后的结果表明，近期需分别在外湾、中湾和内湾削减 18.0%、5.0% 和 5.0% 的源强，才能达到控制目标，即需削减 0.062 4 t/d；中期需分别在外湾、中湾和内湾削减 23.0%、7.0% 和 7.0% 的源强，才能达到控制目标，即需削减 0.082 8 t/d；远期需分别在外湾、中湾和内湾削减 37.0%、10.0% 和 10.0% 的源强，才能达到控制目标，即需削减 0.126 9 t/d。近期、中期和远期分别需削减总磷源强 0.209 7 t/d、0.278 2 t/d 和 0.426 3 t/d，才能达到各期控制目标。

4 重点海湾与海岸带生态修复对策

生态修复技术是目前国际生态学研究的前沿和热点领域之一。国际生态恢复学会给出的生态恢复定义是："生态恢复是一个恢复并保持生态系统健康的过程"。功能群则是维系生态系统健康的基本要素，因此功能群是生态系统结构重建和功能恢复的基本目标单元，相关研究相当活跃。功能群分类的意义主要体现在：使复杂的生态系统简化，有利于认识系统的结构与功能；弱化物种的个性和个别作用，从而强调物种的集体作用。功能群的科学界定与研究有助于对关键物种的保护和生物多样性的保护，有利于生态系统功能的恢复。

4.1 重点海湾的生态保护与修复对策

4.1.1 象山港生态保护与修复对策

4.1.1.1 象山港功能定位

《浙江省海洋功能区划》（2006）对象山港功能的定位是：浙江省重要的鱼、虾、贝、藻类养殖基地和生态湿地。进一步细化描述是：海域的主要功能为生态养殖、海洋旅游和湿地保护功能，同时具有一定的临港产业功能和航道功能；重点功能区为：象山港海洋特别保护区、象山港养殖区、象山港增殖区、象山港港湾风景旅游区等。

根据甬政发〔2006〕42 号文件《关于印发象山港区域保护和利用规划纲要的通知》，象山港区域的空间结构布局根据区域战略定位和功能区划，并按照"长三角"经济一体化和环杭州湾产业带建设的要求，其空间发展形态主要呈现"一环两轴两片区"，即一个"C"形环、纵横两条"十"字形轴、东西两片区。

"C"形环是指以象山港南北两岸快速路系统为依托，形成环绕象山港的城镇组群发展带。"十"字形轴中的"竖"轴指以象山大桥、象山港高速公路、快速路为依托，纵贯南北的城镇群发展轴，"横"轴指东西向的象山港水景生态功能轴。"东部发展片"以春晓、贤庠为中心，包括梅山、瞻岐、涂茨等城镇。这一区域的特点是环境承载力相对较强，承担宁波北仑港的功能延伸。规划这一片区功能以港口、物流、旅游、清洁工业为主导，控制开发强度，严格限制产业门类。"西部发展片"以西周、莼湖、强蛟为中心，包括黄避岙、墙头、大佳何、西店、裘村、松岙等城镇。这一区域的特点是山海资源比较丰富，环境承载能力相对较弱。规划该片区功能以特色旅游、休闲度假、滩涂养殖为主，限制发展港口、工业等项目。

为更好地保护象山港渔业资源和确保象山港航道正常运行，宁波市人民政府以政府通告方式（甬政告〔2007〕2 号）规定。自 2007 年度起，取消在象山港海域内从事各类张网作业，从事规定时间内的鳗苗张网或虾子网作业的流网渔船必须取得特许证后，方能从事生产作业。同时规定各类捕捞渔船不能在航道内作业，养殖生产必须避开航道，确保航道畅通。

在2011年国务院批复的《浙江海洋经济发展示范区规划》中，进一步明确了象山港海域的基本功能："严格保护生态环境，重点加强湿地保护，合理布局涉海产业，形成生态保护等基本功能"。

4.1.1.2　象山港海洋生态环境威胁因素

象山港区域虽然是一个相对独立的地理单元，但分属5县（市）、区，包括21个乡镇，在资源利用、环境治理、产业布局、城镇体系等方面缺乏统一规划，资源综合开发与合理保护相脱节，区域开发功能定位不够明确，产业布局不太合理，条块分割比较严重。沿港各县（市）、区，以及沿港镇（乡）在引资争项目等方面竞争激烈，局部利益和整体利益的矛盾难以协调。因而其海洋生态环境面临着以下诸多威胁因素。

1）功能定位不够明确

象山港区域虽然确定了基本生态功能，但整体功能定位及各区块如何发挥其功能仍然不够明确。基于资源禀赋的功能分区仍然不够明晰，由此带来沿海土地资源、象山港岸线、海域等资源的无序化开发。

2）产业布局比较混乱

由于缺乏规划的统筹引导，区域主导产业不够明确，环港区域的产业发展和空间布局存在随意性和盲目性。受行政区划限制和局部利益驱动，部分地区要求发展临港工业的呼声甚高，局部区域产业布局趋于混乱。浅海滩涂的无序、无度、无偿开发，造成养殖布局不合理；滨海火电的强势入驻所带来的温排水，均在一定程度上制约了象山港海洋产业的可持续发展。

3）水质富营养化程度高

象山港海域受长江入海口海洋环境及陆源排污的影响，环境质量压力居高不下（冯辉强，2010）。近年来，象山港海域海水主要污染物为无机氮和磷酸盐，部分海域受到石油类污染；沉积物主要的超标因子为粪大肠菌群和重金属铜；养殖生物质量主要的超标因子为粪大肠菌群。象山港海域虽然呈富营养化状态，但大多数指标符合二类海水水质标准和渔业水质标准。由于象山港沿岸到目前为止没有完善的市政排水管网和污水处理设施，沿岸产业和居民生活用水借径流直接排放进入象山港，长期居高不下的营养指数和有机污染指数使得象山港海域生态环境压力不断增加，2009年海区营养盐指数和有机污染指数比2008年均有上升。

4）象山港海域围填海现状

象山港海域开发目前主要集中在港底部和港口门区域，其中港底部的红胜海塘围垦、国华电厂及配套设施建设、港口部的洋沙山开发区、鄞州滨海开发区、梅山国家保税区围填海最为突出，中部目前围填海较少，集中在浙江造船厂海域。据不完全统计，在"十一五"期间象山港沿岸主要大项目围填海面积约$0.42 \times 10^4 \, \text{hm}^2$，主要集中在港口部及港底部，随着土地平衡需求增大和海域开发进一步加大，港底部的黄墩港及港口部两岸围填海必将进一步扩大，海洋滩涂资源将不断减少。

5) 宁波市与环象山港县市之间的管理矛盾

宁波市对象山港的产业定位是依托"港、渔、岛、涂、景"五大资源优势，以省级中心镇建设为依托，以海洋文化为灵魂，以休闲旅游为载体，充分发挥港口和海岛优势，着力打造生态型滨海经济区和著名的生态型滨海旅游城镇，注重发展滨海观光休闲度假旅游、海景房产、生态清洁工业、现代渔业和生态滨海农业。

环象山港5区县市，21个乡镇由于地区发展差异大，经济相对落后的县区基础建设需求资金缺口大，缺乏有效的生态补偿或财政补贴措施，造成地方政府为了提高政府财政收入和地方人民收入，大力发展土地经济和填海经济，地方政府对于滨海休闲旅游度假区的理解则主要表现为建设海景房产，造成象山港局部海岸线有向房岸线演变的趋势。地方的发展需求与宁波市的象山港生态保护定位存在矛盾。

6) 象山港区域保护推进机制尚不够健全

宁波市对象山港区域保护和利用工作的指导主要是制定规划、工作计划和重点项目立项审批方面的支持，但从推进层面的工作上来说，这些措施还必须有具体政策和资金的配套。环象山港5区县市或多或少都存在着项目资金不到位，项目建设难以启动和为继。

象山港区域产业准入目录及对鼓励产业优惠政策尚未出台，影响到县市区招商引资工作。网箱养殖具体压缩指标未确定和分配、渔船及相关资产补偿等配套政策未确定，使得控制近海养殖的工作难以开展。

7) 工程叠加生态影响不明晰

象山港大桥、沿港的国华（强蛟）电厂、大唐（乌沙山）电厂、春晓油气田等一批能源和基础设施及沿港工业园区、开发园区的建设、梅山保税区避风锚地以及酝酿中的奉化避风锚地、象山西沪港开发项目，使象山港的海洋环境和海洋生态系统受到极大威胁。象山港的半封闭狭长形地貌特征，决定了其水动力条件较弱，港内与外海的水体交换周期长（约3个月），港内的海洋自净能力弱，环境容量小，生态脆弱。故而沿港高强度的建设开发，将对象山港区的生态环境造成极大的压力。虽然沿港各工程均进行了环境评价，但基于项目的环评毕竟是局部和零星的，各工程叠加后的海洋生态环境效应尚不明晰。鉴于象山港在宁波市乃至浙江省海洋经济与生态建设中的重要地位，有必要从整体上考虑象山港内各建设项目对象山港海洋生态系统中不同环境介质和生物群落的影响程度，并针对损害型影响研究修复措施和技术，以保障象山港的可持续利用。

4.1.1.3 保护与修复对策

象山港海域生态治理修复要结合海域环境现状，走保护治理修复与资源养护并举的道路，加强保护而不是先开发再治理，需要加强陆源物质输入的控制，减少海域养殖业污染，改善水体富营养化，加强污染治理的同时要加大海域资源养护力度，明确海域生态风险及应对方案。

较浙江省其他海域，象山港具有高透明度、高营养盐、高温和低交换率的"三高一低"特征，浙江国华宁海发电厂和大唐乌沙山电厂的冷却水排放使象山港海域的水温存在一定程度的上升。根据 2009 年《浙江省海洋环境公报》（浙江省海洋与渔业局，2010），象山港海域水环境中营养盐的污染程度较严重，主要污染物是无机氮和活性磷酸盐。基于其特点，提出海洋生态环境保护与修复对策如下。

1）开展岸线研究及区域规划编制，构建象山港海岸带生态涵养保护功能区

为了合理布局及统筹规划，为象山港区域开发提供科学支撑，必须加强对象山港海域岸线进行研究，按照功能区要求，提出岸线和滩涂保护发展规划，划分不同功能的可开发区域，提出禁止开发区域和保护措施，遏制盲目切块围填海现象，做到有度有序，符合规划发展需要。对环象山港区域进行统一规划，陆海联动，以海制陆，区域协调发展，逐步构建象山港海岸带生态涵养保护功能区，将象山港建设成为资源节约型和环境友好型社会的示范区域。对象山港内主要涉海项目建设运营加强监管，及时开展项目的后评价工作，确保海洋环境保护工作得到落实，降低事故风险。

2）加强象山港污染物排放总量控制，做好结构性减排

根据本书前文对象山港化学需氧量、总氮、总磷的容量及减排幅度研究成果，象山港内各行政区域应做好结构性减排工作，主要减排对象为总氮、总磷。

首先做好海域自身氮、磷的减排与提高自净能力。做好围塘、网箱养殖的氮、磷减排，控制池塘养殖数量，减少养殖业氮磷排放，改善象山港内养殖模式，用网箱颗粒饲料代替传统鱼虾饲料喂养。调整渔业养殖结构，提高水体对氮、磷的生物自净能力，通过养殖和收割海带、裙带菜、紫菜和羊栖菜等大型藻类来吸收水体氮、磷。通过投放人工渔礁、增殖放流和底播等方式，进一步加大渔业环境及渔业资源的保护养护力度，提高象山港不需人工投放饵料的渔业产出率来移除水体氮、磷。

其次做好环象山港区域的城镇生活污水截留与处理。在新农村建设进程中，提前布局，在原有城镇生活污水管网的基础上，做好乡村生活污水的管网收集，并将之纳入城镇污水厂进行处理，降低生活污水的氮、磷排放率。

利用象山港内化学需氧量容量的同时，为避免海湾生态系统受损，应加强控制重金属、难降解有机物等的伴随性排放，并尽快开展专项研究制定象山港的优先控制污染物和重金属排放总量指标。

3）严密监测监控象山港滨海电厂温排水排放，对海域生态环境进行长期跟踪监测与研究，避免生态风险事故

对已建电厂做好温排水的监测监控，避免企业违规排放高温冷却水和企业废水。对温排水引发的海洋生态环境变化进行长期监测，跟踪评价，掌握象山港海域生态变化动态，提供生态综合管理和应对保障方案。同时应对整个象山港海域进行突出因子的生态风险评价，明确风险管理，设置风险应对预案，以降低突发事件中潜在的生态危害后果。

4.1.2 三门湾生态保护与修复对策

三门湾海域水环境中营养盐的污染程度相对较轻，主要污染物是无机氮和活性磷酸盐；大部分海域水体重金属铜含量超一类海水水质标准，也是浙江省近岸海域水质重金属铜污染

较为明显的海域之一。

4.1.2.1　三门湾海域功能定位

三门湾海域中小型港湾众多，生态系统复杂，海洋地质地貌资源丰富，浅海资源和滩涂资源较多，生态环境保护较好，既是浙江省重要的鱼、虾、贝、藻类养殖基地和生态湿地，又是我国潮汐能储存丰富、岸线资源较为优越的区域。

根据《浙江省海洋功能区划》(2006)，三门湾海域具有多种功能，主要为生态养殖、湿地保护、港口海运、临港产业和海洋旅游等功能。重点功能区为：三门湾养殖区、台州港口区、石浦渔港区、台州临港产业区、三门湾风景旅游区等。

国务院批复的《浙江海洋经济发展示范区规划》中，三门湾作为重点海域，其海域基本功能定位是："控制围填海规模，探索建立跨行政区协调管理机制，保持良好生态环境，形成滨海旅游、湿地保护、生态型临港工业等基本功能。"

4.1.2.2　三门湾海洋生态环境威胁因素

三门湾区域海洋资源已过度开发利用，历史上的海洋开发活动无序、无度、无偿，加剧了海洋渔业资源的过快消耗，破坏了海洋生态平衡；各地各行业、各单位在开发利用海洋资源的活动中，存在着相当大的矛盾，冲突不断发生；环三门湾随着海洋战略地位的日益突出，三门湾区域间海洋划界和权益之争不断增加且日趋激烈。所有这些问题，都表明了在加强三门湾区域海洋管理的过程中，必须考虑其多种威胁因素。

1）海洋环境污染日益严重，环境质量下降

2006年度的《台州市海洋环境公报》对三门湾海洋环境发出了严重警报：三门湾海水增养殖区无机氮超四类海水水质标准，局部海域活性磷酸盐含量超二类海水水质标准，粪大肠菌群数超二类海洋沉积质量标准；陆源入海排污口污水超标排放，邻近海域均为劣四类水质，底栖环境在局部海域存在生态系统严重退化现象，近年来，海水养殖污损事件时有发生，造成养殖物质量安全得不到保障，病害频发甚至出现大量死亡，严重制约了渔业生产的发展（杨树军，2007）。

2）核电厂温排水对三门湾的潜在生态影响

温排水对海洋生态的影响具有复合型、持久性。温排水会导致浮游植物、浮游动物向小型化、耐高温的群落结构发展，影响鱼卵正常孵化，影响贝类的生长发育、缩短紫菜等大型经济海藻养殖期等一系列问题（曾江宁，2008；Jiang ZB et al.，2009）。对于后期仍在规划选址阶段或正在开展前期工作的火（核）电厂，应该选择海洋生态环境友好型的冷却工艺技术，避免对三门湾海洋生态造成更大影响。

3）多个围垦工程叠加生态影响

随着三门湾海洋开发利用活动的频繁和扩大，沿海港口城市化、工业化速度的不断加快，围海造地、吹砂填海，部分海域资源被无序开发，近岸海域的环境污染有所加重，加上海洋资源的不合理开发和过度利用，使得海洋资源环境状况有所恶化，并随着经济的发展越来越严重。多个上万亩的围填海项目集中在三门湾海域，其对海湾的叠加生态影响尚不清晰。

4）高投入、高耗能、高排放行业对三门湾的潜在环境风险

以石化、船舶制造等临港工业为主的海洋第二产业散布在环三门湾区域，该类产业对于国际市场的依赖性特别强，世界经济波动带来的风险较大，同时这些行业多为高投入、高耗能、高排放的重工业产业，增加了环三门湾海洋经济发展的环境风险。

5）电镀行业重金属污染风险

三门县电镀行业主要存在的问题是：分布散、规模小、工艺落后、设备简单、设施闲置、运行率低、地处敏感、无法扩大生产和进行全面环保改造。三门县处在经济快速发展时期，不加强对电镀行业的发展和管理，势必影响并制约当地经济发展和造成一定程度的环境污染（周继来，2010）。

4.1.2.3　保护与修复对策

1）严控围填海规模，跟踪评估累积生态效应

控制新建围填海建设规模，对于已经开始建设的围填海项目，应从三门湾整体海域和海湾生态系统流动性的角度出发，进行跟踪监测和后评估，重点关注海湾淤积、纳潮量、潮汐通道、航道、底质类型与生境、海洋生物产卵、孵化与生境等生态效应，并尽快开展多工程叠加生态影响评估和生态环境安全风险评估。

2）成立三门湾跨行政区域管理机构，强化环境准入门槛

成立包括省海洋行政主管部门在内的，由台州市、宁波市及三门县、宁海县、象山县行政主管部门组成的三门湾联合管理机构，共同管理三门湾开发与保护活动，加强环三门湾海域沿海企业环境监测管理，建立信息共享与环境通报制度。提高区域行业准入门槛，倒逼污染型企业转型升级，尽快实施生态环境功能区规划，通过设置三门湾区域经济开发的环境准入门槛（优化开发、重点开发、限制开发和禁止开发四类功能区），优化三门湾经济增长和生产力布局。不断完善环境准入制度，环境准入应与产业升级相结合。根据各园区的功能定位实施空间环境准入，稀缺的环境资源需服务于新兴产业发展；对传统产业及污染型产业实施总量环境准入，新项目必须实现污染总量削减替代；所有新建扩建项目全部实施项目环境准入制度，严格执行环境影响评价。对于"两高一资"项目，不论其投资来源及拉动效应大小，一律限制进入，防止落后产能、落后工艺和重污染行业向三门湾转移。

3）多管齐下，点面结合，做好氮、磷污水入海防控工作

一是防止和控制沿海城镇污染。调整不合理的城镇规划，加强城镇绿化和城镇沿岸海防护林建设，保护滨海湿地，加快沿海城镇污水收集管网和生活污水处理设施的建设，增加城镇污水收集和处理能力，提高城镇污水处理设施脱氮和脱磷能力，做好陆地排污源的污染控制。二是防止和控制沿海农业污染，积极发展生态农业，控制土壤侵蚀，减少农业面源污染和海水养殖自身污染，并做到长期坚持和有效控制。通过城镇污水处理厂、垃圾处理厂、生

态农业、生态林业、小流域治理等污染治理和生态建设工程，有效地削减河流入海污染负荷。通过提高人工颗粒饲料质量、优化水产养殖系统结构、加强集约化养殖排放水处理技术、控制海水养殖业，有效地消减海水养殖污染物排放。三是结合新农村建设，加快农村卫生基础设施建设，减少生活污染。四是防范污染事故风险。减少海洋污染事故，制定处理突发性污染损害事件的应急方案，尽可能降低污染事故造成的经济损失。

4.1.3 乐清湾生态保护与修复对策

乐清湾是一个天然良湾，与象山港、三门湾并列为浙江省著名的三大半封闭海湾，是浙江省重要的海水增养殖基地和贝类苗种基地。乐清湾位于浙江南部瓯江入海口北侧，原为潮流通行港湾，1977年湾顶东部漩门港堵口筑坝后，形成了现在一面出海的半封闭港湾。湾长42 km，宽4.5~21 km，海域总面积为463 km²。沿岸有清江、白溪、水涨、灵溪、江下等30余条江流入湾内。从地形结构上看，该湾可以划分为北、中、南3个部分：北部又称乐清澳，位于东山嘴、毛埏山和分水山一线以北，是滩涂贝类的重点养殖区；中部位于里塘至小山头一线以北，为窄形的水道区，东、西两侧均为基岩海岸，中央多岛屿，水较深而多水沟，西岸为乐清市规划中的万吨级泊位建设区；南部是本湾的口部，呈喇叭形，其东侧为基岩海岸，涂面很小，大麦屿深水港区就在其中，西侧为淤泥质海岸。

乐清湾的水体容量大，东临东海，因周边山地走势与海岸平行，北部有山地阻隔，形成热量、水分、温度条件较好的陆域港湾小气候，所以湾内冬季温暖，春季气温回升早，使乐清湾沿岸地区的气候条件比较优越。

4.1.3.1 乐清湾海域功能定位

《浙江省海洋功能区划》（2006）中指出，乐清湾海域为浙江省重要的鱼、虾、贝、藻类养殖基地和生态湿地，生态价值十分重要，同时有着较丰富的潮汐能资源。乐清湾海域的主要功能为海洋渔业、港口海运、临港产业和湿地保护等功能。重点功能区为：乐清湾养殖区、台州港口区（大麦屿港区）、温州港口区（乐清湾港区）、台州临港产业区和温州临港产业区、海山及江厦潮汐能区、西门岛海洋特别保护区、乐清湾海洋风景旅游区等。

2011年2月国务院批复的《浙江海洋经济发展示范区规划》中，乐清湾作为重点海域，其海域基本功能定位是："加强滩涂湿地保护，科学论证和利用围垦用地，形成湿地保护、滨海旅游、临港工业等基本功能。"

4.1.3.2 乐清湾海洋生态环境威胁因素

1）水质不断恶化、生态系统脆弱

乐清湾水体受无机氮和活性磷酸盐污染严重，富营养化程度显著，氮磷比失衡，春季全湾水质为劣四类，夏季76%的海域水质为四类或劣四类。生态系统处于亚健康状态，并已接近不健康边缘。生态系统极其脆弱，虽然其主要服务功能尚能发挥，但已不能满足海洋功能区划的要求，严重影响到海洋经济的可持续发展。乐清湾生态系统的脆弱性形成是由自然和人为多种复杂动力因素相互耦合作用下导致的，其脆弱性可分为固有脆弱性和特殊脆弱性两类。固有脆弱性主要由陆海动力作用形成，包括径流、气温、降水、波浪、潮流等环境因素。

特殊脆弱性由人类开发活动作用形成，主要包括海岸工程、滩涂围垦、水产养殖、污染等非环境因素（彭欣等，2009）。

2）岸线演替，纳潮量减少

海湾自然水域实际面积缩小近1/4，纳潮量相应减少了近5.79%（彭欣等，2009）。乐清湾岸线辽阔，沿岸优良港址多，但近期乐清湾各等深线所围水域面积持续减小，其中泥沙自然淤积和人类活动影响是乐清湾大部分岸线近期处于淤进状态的主要原因。开辟盐田和围垦造地等人类活动对海岸演变的影响尤为显著，自然岸线被人工岸线替代，加速了海湾淤积、萎缩，纳潮量减少造成了海域环境功能退化，如漩门二期工程前后落潮流相对挟沙能力降低为工程前的79%（季小梅等，2006），很大程度上降低了乐清湾的水体物理自净能力。海岸工程的建设不仅使海域水动力条件改变，带来水体交换不畅，而且使入海污染物的稀释能力下降，不同区域不同时间冲淤消长发生差异，演变机制复杂多样，对海湾的环境物理过程起着长期的、根本性的影响。

3）海洋生物量和物种数逐年下降、群落结构发生改变

近年来，乐清湾生物多样性降低，总生物量和物种数逐年下降，海洋食物链已经遭到严重破坏，生物群落结构发生明显改变（彭欣，2009）。20世纪70年代末和80年代初乐清湾浮游植物有102种，浮游动物有94种，底栖生物栖息密度为86个/m²；2004年生态监测结果显示，乐清湾浮游植物为54种，浮游动物为79种，底栖生物栖息密度为41个/m²。海洋鱼类物种数下降较快，20世纪80年代，乐清湾可捕获上百种鱼类，而且大部分都是经济价值较高的种类；如今乐清湾可捕获的鱼类不到50种，且大部分为低值鱼类，个体偏小，营养结构被打破。据张永普等1996年的调查，乐清湾潮间带贝类有73种；如今该湾大部分潮间带野生经济贝类已"难觅踪迹"。而潮间带的互花米草大面积蔓延，分布面积已达913 km²，严重破坏了贝类的栖息环境。另外海水养殖种群的近亲繁殖，导致养殖生物遗传多样性下降，优良性状衰退，已出现个体小型化、性早熟、生长缓慢、抗病力下降、肉质降低等不良后果，野生种群种质逐步退化。

4）养殖区沉积物质量下降，环境风险提高

乐清湾为强潮型海湾，潮流对底质冲刷剧烈，上覆水含氧量较高，沉积物质量一般都没有超标。但是，在鱼排网箱养殖区、牡蛎养殖区表层沉积物中由于大量的残饵、生物排泄物及残骸对底质环境产生了较大的影响，沉积物中有机碳、总氮、总磷和硫化物含量均高于全海域平均值，特别是养殖区底质的硫化物浓度，大大高于非养殖区。养殖区沉积物质量下降，在水动力作用下易造成二次污染（彭欣等，2009）。

5）乐清湾周边渔业经济下滑，传统渔民转产转业陷入困局

乐清湾海岸带地区在行政上隶属于乐清市、玉环县和温岭市，区域内辖有乡镇23个，土地总面积为84 816 km²。改革开放以来，发祥于本区的"温州模式"闻名全国，已形成了环乐清湾经济圈发展的态势，三县市连续几届跻身于"全国综合实力百强县"之列。经过20世纪80—90年代的快速发展，水产养殖业已成为乐清湾周边县市海洋经济的支柱产业，如玉

环县 2000 年渔业总产值达 24.15 亿元，占农业总产值的 86.17%，其中水产养殖占渔业总产量的 37%，达 11 102 × 10⁴ t，居全国首位。但是，伴随经济的发展，海湾环境的恶化，渔业经济在周边县市已经显示出"疲态"。以 2006 年玉环渔业经济产量为例，捕捞经济鱼类如小黄鱼、带鱼等品种比 2005 年大幅度减少，低值鱼类增多，渔获物个体偏小，小黄鱼同比减少了 16.26%，带鱼同比减少了 31.26%。另外养殖面积虽在继续增加，但是养殖产量和质量却停滞不前，甚至倒退，给当地的渔业经济带来了严重的影响。

乐清湾渔业资源的衰退和产业升级的进程迫使当地渔民转产转业。但实际进程中面临着许多困难，如传统观念束缚了渔民的转产转业、大量渔业沉淀资产导致渔民转业困难、渔民素质束缚了转产转业（王剑和韩兴勇，2007）。这些困难更加剧了失海渔民、失涂渔民与工业用海、港区用海之间的社会矛盾。

4.1.3.3　乐清湾生态系统修复的对策与建议

1）以西门岛海洋特别保护区为推手，做好乐清湾滩涂生境保护

乐清湾海涂因其面积大而平坦、稳定、底质细软，孕育了丰富的浮游生物和底栖动物资源，为湿地鸟类提供了良好的食物条件和栖息环境，是湿地鸟类，尤其是候鸟的重要越冬地和停歇地，如珍稀鸟类黑嘴鸥（丁平等，2003）。随着温州港乐清湾港区的开发进程，位于乐清湾西南侧的华岐潮滩将不复存在，影响这一区域鸟类分布和多样性因素的滩涂宽度、水动力条件以及有效潮上坪面积等都将发生巨大变化（杨月伟等，2005）。因此做好西门岛的保护工作，维系乐清湾内的泥质滩涂生境，对于生物多样性的保护、生态旅游产业、休闲渔业、观光渔业的推动则弥足珍贵。

2）构建跨区域海湾综合管理模式，组建海洋环境污染风险应急防护机构

乐清湾应成立包括浙江省海洋综合管理部门在内的、台州、温州二市及环乐清湾四县（市）参加的海洋开发和协调机构，把乐清湾看作一个统一的空间整体，安排和审核开发项目，协调各县（市）、各行业资源开发和环境保护，监督和管理海洋资源开发项目。同时需要组建乐清湾海洋环境污染风险应急防护机构，储备必需的海洋污染治理器械物资，主要防控因子为溢油、液体化学品等，以应对万一之举。

3）加强入海污染源控制，实施陆海同步监督

目前乐清湾污染主要来源于陆源污染排放，实施污染物排放全面达标工程，是建立和实施主要污染物排放总量控制的前提和条件。要加强对污染物排放总量的控制，确保各排污单位符合排放标准和总量控制的要求。建立清洁水产技术规范，指导、协调、监督企业实行清洁生产，深化工业污染防治管理。建设城市污水截污管网、提高城镇生活污水处理率，控制工业和城市排污总量，逐步削减主要入海污染物排放总量。同时，针对乐清湾主体功能开展其环境负荷的动态消减指标。以海定陆，源头把关，防治结合，综合治理。要切实加强海洋环保的协同执法，实施海陆同步监督管理。

4.2 海岸带开发活动的环境与生态效应研究

4.2.1 浙江省海岸带基本状况

4.2.1.1 浙江省海洋资源分布与开发潜力

浙江省地处中国东南沿海长江三角洲南翼,海域广阔,内海、领海连同我国主张的大陆架水域,海域总面积约 4.44×10^4 km²。沿海岛屿星罗棋布,面积大于 500 m² 的海岛有 3 453 个,占全国海岛总数的 40%。辽阔的海域蕴藏着丰富的生物和非生物资源、空间资源和环境资源,"港、涂、景、渔、油、能"等海洋资源得天独厚,组合匹配理想。

浙江省海岸曲折,海岸线总长 6 714.65 km,居全国首位,其中大陆海岸线 2 217.957 km,居全国第 5 位。深水岸线资源丰富,可建万吨级以上泊位的深水岸线 253 km,占全国的 1/3 以上,10 万吨级以上泊位的深水岸线 105.8 km。

浙江大陆海岸线北邻水量充沛和泥沙丰富的长江口。长江和浙江省的 6 条入海河流以及沿海内陆架底质为浙江省沿海滩涂带来了大量的泥沙,每年约为 1.6×10^9 t。据浙江省 "908" 专项前期调查,浙江省沿海潮间带面积为 2 285.138 84 km²,其中砂砾滩 64.836 27 km²,粉砂淤泥质滩 2 159.718 980 km²。《浙江省滩涂围垦总体规划(2010—2020)》指出,浙江省拥有理论深度基准面以上的海涂资源 25.88×10^4 hm²,其中适宜围垦造地的滩涂资源面积为 18.15×10^4 hm²。滩涂资源还以每年 2 530 hm² 的增长速度继续淤涨。

浙江旅游资源非常丰富,素有"鱼米之乡、丝茶之府、文物之邦、旅游胜地"之称。全省有重要地貌景观 800 多处、水域景观 200 多处、生物景观 100 多处,人文景观 100 多处,自然风光与人文景观交相辉映。沿海地区分布着普陀山、嵊泗列岛、岱山、洞头、滨海 – 玉苍山等国家级、省级风景名胜区。浙江滨海(海岛)旅游资源类型多样,兼有自然和人文、海域和陆域、古代和现代、观光与休闲等多种内容,特色明显。

浙江省历来渔业资源丰富,特别是位于 29°30′—31°00′N、121°30′—125°00′E,面积约 5.3×10^4 km² 的舟山渔场,是我国最大的近海渔场,与日本的北海道渔场、加拿大的纽芬兰渔场、秘鲁的秘鲁渔场齐名。渔民习惯按各作业海域把舟山渔场划分为大戢渔场、嵊山渔场、浪岗渔场、黄泽渔场、岱衢渔场、中街山渔场、洋鞍渔场和金塘渔场。地理、水文、生物等优越的自然条件,使舟山渔场及其附近海域成为适宜多种鱼类繁殖、生长、索饵、越冬的理想栖息地。其中大黄鱼、小黄鱼、带鱼和乌贼,为舟山渔场捕捞量最多的资源群体,被称为"四大渔产"。新中国成立以后,浙江、江苏、福建三省来舟山渔场捕捞的渔船不断增加,辽宁、河北、山东、天津等省(市)的部分渔船亦一度来舟山渔场捕捞。20 世纪 60—70 年代,当旺汛高峰时,集结在嵊山渔场捕冬季带鱼的渔船多达 1 万艘,渔民 15 万人以上。

东海陆架盆地具有生油岩厚度大、分布面积广、有机质丰度高、储集层发育好、圈闭条件优越等条件,是寻找大型油气田的有利地区。东海陆架盆地目前已探明石油储量 60×10^8 t、天然气近 $1 200 \times 10^9$ m³,是我国油气资源最具有开发前景的海域之一。

浙江省是中国沿海海洋能资源最为丰富的省份之一。在季风气候影响和日、月引潮力作用下,浙江沿海风大浪高,潮强流急,蕴藏着丰富的潮汐能、潮流能、波浪能等海洋能资源以及海岛风能资源。

4.2.1.2　浙江省海洋资源开发情况

改革开放30年来，浙江省海洋经济发展取得了令世人瞩目的成就，已经成为全省国民经济的重要组成部分。近年来，海洋经济工作越来越受到各级领导的重视，各地都把发展海洋经济放到十分重要的位置。省委、省政府和沿海各市立足国际国内新形势，从全局出发，围绕"发挥海洋资源优势，加快发展海洋经济"的总目标，进一步加大工作力度，积极推进海洋资源的综合开发和海洋经济的全方位发展。浙江省人民政府于2003年出台了《关于建设海洋经济强省的若干意见》，提出25条加快海洋经济强省建设的指导意见，各沿海城市也相应制定了海洋经济发展规划。宁波市提出了"以港兴市、以市促港"的发展战略，大力发展临港工业，努力建设海洋经济强市。温州市提出要加快实施"海上温州"战略，努力实现从滨江城市向滨海城市的跨越。台州市提出要综合开发"港、渔、涂、景、能"等海洋资源，加快建设海洋产业体系。嘉兴市提出要依托乍浦港，大力开发滨海产业带，使海洋经济成为新的增长点。舟山市提出要以大陆连岛工程为契机，主动接轨沪杭甬，发挥比较优势，振兴海岛经济。目前浙江省港口海运业高速增长，临港工业突飞猛进，海洋生物制药、海水淡化等新兴产业蓬勃发展。

2010年，全省海洋经济总产值达到3 500亿元，占GDP总重约13%。宁波－舟山港货物吞吐量达到6.29×10^8 t；全省渔业产值532.3亿元，水产品产量461.4×10^4 t，分别比上年增长8.6%和3.8%。2010年，浙江省核发海域使用权证书270本，确权海域面积4 932.38 hm^2；征收海域使用金88 711.41万元，比上年增加了238.21%。在确权海域中，工业用海面积占比52.24%（浙江省海洋与渔业局，2010）。

到2007年年底，全省沿海共有生产性泊位1 107个，港口通过能力4.5×10^8 t，其中万吨级以上深水泊位115个（不含洋山港区），并形成了以宁波－舟山港为核心，浙北、温台港口为两翼的浙江沿海港口群，以及与之配套的多种运输方式相结合的便捷高效港口集疏运网络。全省沿海港口完成货物吞吐量5.74×10^8 t，比2006年增长12%；集装箱吞吐量为987万标准箱，同比增长31.3%。

开发利用滩涂资源，扩大陆域面积，填海增加土地，是浙江省达到土地占补平衡的重要途径之一。2006年浙江省完成围垦面积再次超过10万亩，新中国成立后全省滩涂围垦面积突破了300万亩，达303万亩（合2 020 km^2），相当于6个绍兴市区的面积。根据《浙江省滩涂围垦总体规划》，预计到2015年，全省滩涂围垦总面积将达7.7×10^4 hm^2。

到2007年年底，全省水产品总产量500.14 $\times 10^4$ t，同比增长1.78%。其中海洋捕捞321.03 $\times 10^4$ t，增加3.08 $\times 10^4$ t（增0.97%）；海水养殖87.13 $\times 10^4$ t，减产1.48 $\times 10^4$ t（减1.67%）。国内捕捞量继续保持负增长，渔业资源进一步衰退。随着社会经济的快速发展，城市化进程加快，土地资源日趋紧张，因工业、城镇建设用地的需要，浅海、滩涂、鱼塘被征用现象日趋增多，海水养殖面积明显下降，其中宁波市海水养殖面积为40 362 hm^2，比2006年减少1 225 hm^2，同比减少2.95%；舟山海水养殖面积为8 411 hm^2，同比减少4.85%。

虽然浙江省海洋经济发展迅速，但随之而来的是近海海域资源急骤减少，用海矛盾日趋突出。浙江省拥有海域面积约26×10^4 km^2，但受目前技术经济条件制约，开发利用活动主要集中在近岸海域和海岸带等有限空间内，除海洋捕捞、海洋油气等少数产业外，大多数产业使用的海域主要集中在 3.09×10^4 km² 的内海。而这一海域原是传统渔业作业区，随着港区、航道、海底工程设施等建设用海面积的扩大，近海渔区空间不断压缩。舟山渔场目前已是"管线密布，航线纵横"，大轮碰撞渔船事故频发，成为渔业安全生产的最大隐患。浙江省深水岸线资源为全国之最，但近年来大部分岸线已被规划用于建设。以海洋资源最为丰富的舟山市为例，该市近岸海域面积为 2.1×10^4 km²，已使用和规划使用面积达 1×10^4 km² 以上，占总面积一半以上。全市深水岸线 246.7 km，在 2005 年已使用和规划使用 181.5 km，占总长度的 73.5%。由此可见，近岸海域和深水岸线已日益成为稀缺资源。

4.2.1.3 浙江省海洋环境与生态系统状况

2008 年，浙江省近岸海域环境质量总体上有所好转，近岸海域水质状况呈现好转的趋势，清洁、较清洁、轻度污染、中度污染和严重污染海域面积分别为 930 km²、10 040 km²、5 460 km²、4 390 km² 和 10 080 km²。与 2007 年相比，清洁、较清洁和轻度污染海域面积有较大幅度增加，分别增加了 250 km²、2 292 km² 和 2 100 km²，中度污染和严重污染海域面积有不同程度的减少，分别减少了 1 070 km² 和 3 572 km²；中度污染和严重污染海域面积占全省近岸海域面积的 47%，连续两年下降幅度达 15 个百分点；严重污染海域主要分布在杭州湾、甬江口、象山港、椒江口、瓯江口和鳌江口等港湾和河口海域。海水中主要污染物为无机氮和活性磷酸盐，部分海域受到石油类、重金属铅、铜、汞等不同程度的污染，部分海域还存在溶解氧含量偏低的现象。与 2007 年相比，全省近岸海域无机氮含量总体呈下降趋势，污染程度有所减轻，但活性磷酸盐含量总体呈上升趋势，石油类污染情况明显好转。

2008 年河流携带入海的污染物与 2007 年相比有所下降，但仍处于较高水平。入海排污口超标排放现象有所好转。重点入海排污口邻近海域生态环境质量处于极差和差的比例分别为 38.5% 和 15.4%，与 2007 年持平。

海洋赤潮发生次数较 2007 年有所减少。2008 年全省海域共发现赤潮 29 次，累计面积约 10 725 km²。有害赤潮 4 次，累计面积约 347 km²；超过 1 000 km² 的大面积赤潮 3 次；全省 5 个赤潮监控区共发现赤潮 9 次，累计面积约 1 568 km²。10 个重点海水增养殖区及其毗邻海域共发生赤潮 11 次，累计面积约 1 858 km²。

杭州湾生态系统监控面积约 5 000 km²，乐清湾生态系统监控面积约 420 km²。杭州湾和乐清湾生态系统健康状况未见好转，基本保持稳定。2008 年监测结果表明：杭州湾生态系统处于不健康状态，乐清湾生态系统处于亚健康状态。

2008 年，浙江省沿海发生了两次严重的风暴潮过程，出现 4 m 以上巨浪过程的天数为 44 d。因风暴潮灾、巨浪等海洋灾害造成海洋渔业直接经济损失 9 646.65 万元，死亡（失踪）8 人，其中灾害性海浪造成直接经济损失 206.65 万元，死亡（失踪）8 人。

2008 年，浙江省在宁波贤庠海滨地区、台州临海—椒江海滨地区和温州温瑞海滨地区实施了海水入侵监测，在贤庠海滨和温瑞海滨地区实施了土壤盐渍化监测。监测结果表明，各类区域海水入侵现象不明显。

2008 年，浙江省海域共发生海洋污染事件 79 起，其中码头装卸作业溢舱（围油栏内溢油）、船舶触礁泄油等油污染事故 9 起。

4.2.1.4 浙江海洋经济国家战略与区域性规划

1）浙江海洋经济发展示范区规划

2011 年 2 月 25 日，国务院正式批复浙江海洋经济发展示范区规划，标志着浙江海洋经济正式上升为国家战略，这对拓展浙江省发展空间、培育海洋新兴产业、形成新的经济增长点、推进海洋开发开放和经济结构转型升级具有重要意义。

《浙江海洋经济发展示范区规划》按照科学发展观要求，秉承开发与保护并重的理念，单设一章重点阐述加强海洋生态文明建设。

主要内容包括：

（1）合理利用海洋资源

一是集约开发利用海洋资源。树立集约开发利用的理念，有偿、有度、有序地利用海洋资源，加强海域、海岛、岸线和海洋地质等基础调查与测绘工作。科学修编浙江省海洋功能区划，实行海岛、岸线等资源分类指导和管理，依法有序开展围填海工程，合理开发利用海洋资源。

二是加强资源利用监管。加强涉海项目的区域规划论证和环境影响评价工作，规范海洋产业、海域围填、海洋工程的规划审批、建设监管和监测评估。加强无居民海岛管理，严格控制无居民海岛开发利用。健全公众参与机制，形成海洋科学开发长效机制。

（2）加强陆海污染综合防治

一是实施海陆污染同步监管防治。整合提升石化、钢铁等产业，强化污染企业治理。加强海岛地区污水、垃圾无害化处理。实施污染物总量控制计划，加快沿海城镇排水管网和污水处理厂建设，加大对工业、生活、种植业、养殖业等陆源污染物的综合整治力度，切实做到达标排放。2015 年前所有沿海城镇建设完成排水管网和污水处理设施并投产运行，所有规模以上养殖场（小区）完成污染整治并实现污染物达标排放。完成国家污染物减排任务，抓好氮、磷及重金属等区域特征污染物减排。加强对海岸工程、海洋工程和海洋倾废的监督管理，完善海洋环境监测评价体系。加大海洋面源污染防控力度，重点加强港田作业和船舶工业污染防治，完善配套防污设施，建设"清洁港区"。

二是推动跨区域海洋污染防治。加强沪、苏、浙两省一市协作，重点在入海污染源联合监控、海洋污染协同治理、重大海洋污损事件防范应对、海洋生态修复建设、涉海环境联合执法、废弃物海洋倾倒监管等领域开展广泛合作。把长江口及毗邻海域列为海洋环保重点海域，加大近海生态环境建设支持力度。

（3）关于推进海洋生态建设和修复

建设象山港海洋综合保护与利用示范区，要加强重要经济动物繁殖、索饵、洄游与栖息地保护，推进"海洋牧场"建设。加强红树林和湿地保护与修复工程建设。优化禁渔休渔制度，加大水生生物增殖放流力度，加强重点海域生态休养生息，加快生物多样性修复。实施海洋生态保护区建设计划，加强南麂列岛国家级自然保护区和西门岛、马鞍列岛等海洋特别保护区建设。建立洞头列岛东部等海洋渔业种质资源与濒危物种特别保护区、杭州湾河田海岸等滨海湿地保护区，维护重点港湾、湿地的水动力和生态环境，形成分布广泛、类型多样的海洋保护区网络。

2) 区域性规划

(1) 浙江省环杭州湾产业带发展规划

浙江省环杭州湾地区是长江三角洲地区的重要组成部分，包括杭州、宁波、绍兴、嘉兴、湖州、舟山六市，2002 年人口 2 304 万人，陆域面积近 $4.54 \times 10^4 \ km^2$，分别占全省的 51% 和 44%；国内生产总值 5 485 亿元，占全省的 70.4%；人均国内生产总值 23 806 元，是全省平均水平的 1.4 倍，是浙江现代化进程最快的区域。

环杭州湾产业带包括环杭州湾六市产业和城市新的成长空间，并涉及六市与产业发展密切相关的功能区域，是浙江融入全球经济大循环、提升区域国际竞争力的大平台，是浙江面向未来发展的一个整体性品牌。

规划提出强化生态功能区建设，改善区域生态环境品质，主要包括以下 3 个方面。

①保护和整治水环境。抓好重点饮用水源地和主要水域功能区的保护，地表水环境和主要流域水环境的污染整治工作，着力开展对钱塘江、甬江、苕溪、曹娥江、太湖、西湖、千岛湖、运河、余杭塘河、环杭州湾"四江三湖两河一湾"水环境保护与整治。

②设立环杭州湾万顷湿地保护带。保护舟山群岛、杭州湾、象山港等海岸湿地，西湖、太湖等通江湖泊湿地，鄞县东钱湖、绍兴鉴湖、萧山白马湖、德清下渚湖等封闭湖泊湿地，钱塘江河口滩涂湿地，西溪沼泽湿地，新安江水库湿地，钱塘江、曹娥江、苕溪、甬江泛洪平原湿地，湖州芦苇沼泽湿地，淳安千亩田沼泽化草甸湿地等资源，沿杭州湾形成万顷湿地保护带。

③构建城市绿色开敞空间。城市之间、城市各组团之间、城市与重点园区之间，利用自然山体、水体、绿地、农田等形成绿色开敞空间；杭州湾、主要水系、交通干线等两侧建设具有一定纵深的绿色廊道，严格控制产业开发和城市建设对相关用地的侵蚀。

(2) 温台沿海产业带发展规划

温台地区包括温州、台州两个地级市，陆域面积 $2.119 \times 10^4 \ km^2$，2003 年末人口 1 294.9 万，全年地区生产总值 2 221.4 亿元，分别占全省的 20.9%、28.4% 和 24%。该地区市场化水平高，民营经济活跃，块状经济发达，民间资金充裕，是著名的"温台模式"发源地。

充分发挥温台地区体制机制、民营经济及块状特色经济优势，培育温台沿海产业带，是增强区域经济国际竞争力、协同推进工业化和城市化、提高可持续发展能力的需要，对于全省建设先进制造业基地、加快新型工业化步伐，推进全面小康社会建设、提前基本实现现代化具有重要战略意义。

规划提出联动发展"蓝色产业"和"绿色产业"。呼应"金色产业带"的发展，加强国际性产业集群集聚区与山区、海岛的产业联系，充分发挥欠发达地区自然资源与生态环境优势，主动接受发达地区产业的辐射、转移，推动区域优势资源向现实的经济优势转化，强化生态屏障功能，形成"蓝色产业带"、"绿色产业带"与"金色产业带"协调发展的格局。

①依托海洋资源发展"蓝色产业"。充分发挥温台沿海岸线绵长、港口密集、岛屿众多、滩涂广阔、海洋生物和旅游资源丰富等优势，打造浙江省重要的临港工业与物流基地、海洋渔业与海产品精深加工基地和海洋旅游基地，构筑具有温台特色的海洋经济结构，把温台地区建设成为浙江省海洋经济强区。

临港工业与物流。依托港口条件适度发展石油化工、船舶修造、能源电力等临港工业。

以苍南芦浦、乐清翁垟、洞头大小门岛为核心区块，发展石油精细化工产业，建成在国内有重要影响的特色石化原料深加工基地。发展原油及成品油、煤炭、液化气等中转贮存和粮食储运加工。加快南岳物流基地、洞头物流基地、海门物流中心、大麦屿物流中心、大陈岛石油储运中转基地、健跳港煤炭专业码头等项目的规划建设。

海洋渔业与海产品精深加工。优化海洋渔业结构，压缩近海捕捞，积极、稳妥地发展远洋渔业，重视培育休闲渔业。通过开发浅海、改善滩涂、发展深水网箱、利用无人岛周围海域等途径进一步拓展养殖空间，加快海水养殖基地和先进种苗生产基地建设。有重点地建设健跳、椒江、松门、坎门等若干渔港经济区。加大放流增殖，建设人工鱼礁，实现海洋渔业的可持续发展。

扶持海产品精深加工与流通。充分利用区内外海产品资源，发展海产品加工出口，重点推进乐清蒲岐、苍南巴艚等海产品加工业的区块建设，形成一批海产品加工骨干企业和富有特色的海产品品牌。积极开发海洋药物和海洋保健食品，进一步拉长产业链。强化海产品流通环节，重点搞好若干海产品大型批发交易市场和骨干企业销售网络建设。

海洋旅游。做好海洋旅游的规划布局，进一步强化海岛与海岸带旅游联动。依托温州、台州两大旅游接待与集散中心，整合洞头列岛、南麂列岛、大陈岛、一江山岛、大鹿岛等海岛旅游资源，打造以休闲、度假为主，以"沙滩浴场、海滨乐园、海鲜特产、滨海别墅、海岛探险、休闲垂钓、海上运动"为特色的浙江省海洋旅游基地，促使海洋旅游成为温台"蓝色产业"发展的新增长点。

规划提出生态环境建设，坚持走新型工业化道路，积极推行清洁生产，大力发展循环经济，提高产业与生态环境协调发展水平。加强重点污染区域的综合整治，加大对生态脆弱区、自然保护区、矿山开采区等生态敏感区域的管制和保护力度，通过生态公益林建设、平原绿化和城镇绿化，构建多层次的生态绿地网络，形成区域一体化的生态环境保障体系，促进区域可持续发展。

②加强环境污染综合整治。全面加强对水、大气、固废和声环境的监控与治理，着重加强对医化、制革、废旧布料褪色加工、废旧电器拆解等重污染行业及区域的整治力度，取缔关停国家明令禁止的"十五小"和"新五小"企业。提高生产废弃物的减量化、无害化、资源化处置水平，加快重点企业和园区的 ISO 14000 环境管理体系认证。积极探索跨行政区合作治理模式，联合进行水污染防治、固体污染物越界转移和海洋环境治理。

加强城市环保设施建设。完善城镇垃圾、污水的收集和处理系统，合理布局垃圾填埋场、垃圾焚烧场所，使城镇垃圾无害化处理率和污水处理率均达到 100%。结合"千村示范、万村整治"工程，加强农村环境综合整治，加快农村改水、改厕、改灶，严格控制化肥和农药使用量，有效控制畜禽养殖污染和农村"白色污染"，采用集中与分散相结合的方式治理农业面源污染。

综合整治区域水环境。结合椒江外沙、岩头化工医药基地、黄岩化工医药基地、临海水洋化工医药基地等省级环境保护重点监管区的设立，实施"万里清水河道建设"工程，开展三门湾、乐清湾、椒江、瓯江、飞云江、鳌江"两湾四江"河道整治和小流域综合整治，改善温黄、温瑞平原等河网地区水环境质量。严格控制温黄、温瑞等平原地区地下水取用数量，启动地下水超采区生态治理保护工程，补充、涵养地下水源，逐步恢复潜水水位。

强化海洋环境管理。加强海域使用管理，加大入海污染物和海上污染源的控制和治理力度；全面推动以近岸海域环境整治和生态修复为重点的碧海建设工程，以乐清湾海域联合整治为突破口，加强两地在围垦、养殖、污染物排放等方面的统筹规划，使温台沿海的海洋环境恶化势头得到有效遏制。

控制大气与噪声污染。加强烟控区建设，禁止秸秆焚烧，治理机动车尾气、餐饮业油烟和扬尘污染；积极开展二氧化硫污染防治，在新建电厂、热电厂全面实施脱硫工程，严格控制酸雨污染；结合声控达标区建设，加强对工业、交通、生活等噪声源的控制。

③严格保护重要生态功能区。按照人与自然和谐发展的要求，依据生态环境的承载能力合理布局产业和城市的发展。加强对森林功能区、水源涵养区、饮用水源保护区、自然保护区、重要湿地等生态功能区的保护，实现自然生态环境系统的良性循环。

全面保护森林资源与植被。在水系源头、生态脆弱等敏感区块设立森林禁伐区，重视保护天然林资源，大力开展中幼林抚育，恢复森林生态系统。重点保护天台山、括苍山、雁荡山等山脉林地，实施封山育林、退耕还林和针叶林改造工程，扩大常绿阔叶林和针阔混交林面积，不断提高森林覆盖率与林分质量，增强森林生态功能。

重视生态功能保护区建设。保护有代表性的自然生态系统和珍稀濒危野生动植物，维持生态系统结构和功能的稳定。加强南麂列岛国家海洋自然保护区、乌岩岭国家自然保护区以及承天氡泉、括苍山、湫水山等省级自然保护区的管理。根据生态环境建设需要，规划和建设一批自然保护小区。

维护水源地水质安全。抓好重点饮用水源地和主要水域功能区的保护，建设水源涵养林，实施长潭水库、珊溪水库、牛头山、西岙、湖漫等重要水源区水质保护工程，重视水系源头及支流汇水区域的生态环境保护，维护水源地水质安全，力争使集中式饮用水水质达标率达到100%。

保护湿地生态系统。加强特种湿地保护，重点保护大罗山—三垟河网湿地，洞头列岛、三门湾、乐清湾等海岸湿地和瓯江、椒江、飞云江、鳌江等河口湿地。建设与湿地承载力相适应、保护与利用相结合、具有良性循环和生态经济增值效益的湿地保护与利用示范区。

④加快改善生态环境。以提高生态环境质量为重点，通过城市"绿心"塑造、生态廊道设计、水土保持、生态居住区建设、生态公益林建设等方式，促进产业带空间布局与自然环境相和谐。

合理建设生态景观。通过生态公益林建设，在主要水系、交通干线、海岸带和基本农田周边建设纵深的绿色廊道，江河两岸、主要公路沿线、旅游景区、城市周边等可视范围内以及生态敏感（脆弱）地区必须停止山石开采，限期复绿；做好矿山复垦、绿化，使矿区与周围环境更加协调；结合平原河网整治工程，对河流河道进行截污、疏浚、驳岸、引水、清障、美化，建设"河畅、水清、岸绿、景美"的生态景观。

积极推进城市绿化。优化公共绿地布局，通过以林为主，乔、灌、花、草合理配置，形成点、线、面相结合的城市绿化格局。城市之间、城市各组团之间、城市与重点园区之间，利用自然山体、水体、绿地、农田等形成绿色开敞空间，严格控制产业开发和城市建设时利用生态用地。温州市要以生态园建设为契机，打造城市"三环绿色生态圈"，形成都市远郊生态屏障；台州市要加快以永宁山为主体的山体和河网水系组成的城市"绿心"建设，构造都市"生态休闲庭院"。

⑤合理开发与保护自然资源。加强对自然资源的集约利用和综合保育，充分利用两种资

源、两个市场，建立资源节约型经济体系。

节约利用水资源。积极推广农田节水灌溉技术，加强对高耗水工业项目建设的控制，逐步推广在公共和民用建筑中采取节水、节能型工艺，合理构建产业、行业等水循环利用系统，在园林绿化、市政环卫、生态景观和洗车等行业推广使用再生水，提高城市生活用水的效率。

合理开发土地资源。实行最严格的耕地保护制度，严控农用地转用规模，加强征地用途管制和征地批后管理，提高耕地质量；加强土地整理，盘活存量土地，不断提高土地集约化利用水平，确保重点园区的土地产出率高于全省平均水平。正确处理好滩涂围垦与生态保护、河流整治、防洪御潮的关系，搞好项目的科学决策，推进玉环漩门二期、温岭东海塘、三门晏站、温州浅滩、温州海滨、瑞安丁山二期、乐清胜利塘、苍南江南和大渔湾、洞头等围涂工程。

保护与有序利用矿产资源。对各类矿产资源实行总量控制管理，实行矿产资源分区开采制度，合理规划矿产资源开采区、限采区和禁采区，实现禁采区内关停、限采区内收缩、开采区内聚集的要求。集约利用矿产资源，优矿优用，一矿多用，综合利用，实现矿产资源的开发利用方式由粗放型向集约型、由环境损坏型向改善型转变。严格执行矿产资源勘查登记、开采登记和探矿权、采矿权转让管理办法，全面推行采矿权的有偿使用，规范矿业权市场。

4.2.2　浙江省海岸带开发利用中存在的问题

4.2.2.1　自然海岸线减少

海岸线是海陆交接线，海陆交接地带的海岸地区，来自陆海双方的力量共同塑造着海岸地区的自然环境。无论是海域的改变，或是陆域的改变，都能直接或间接地影响海岸地区的环境，由于过度开发，浙江省的原始岸线保有率仅为34.9%，且几乎均为基岩型岸线。

围海造地是海洋开发活动中的一项重要的海洋工程，是人类向海洋拓展生存空间和生产空间的一种重要手段。我国早在汉代就开始围海。唐、宋时，江苏、浙江沿海围海规模逐年扩大。新中国成立以来，又先后兴起了三次大的围海造地高潮。第一次是新中国成立初期的围海晒盐；第二次是20世纪60年代中期至70年代，围垦海涂扩展农业用地；第三次是20世纪80年代中后期至90年代初的滩涂围垦养殖热潮。围海造地在给浙江省带来经济效益的同时，也带来了海岸线急剧缩短，海岸生态系统退化，重要渔业资源衰退，海岸防灾减灾能力降低等一系列严重问题，对海洋生态环境和海洋的可持续发展产生严重影响。

陈正华（2011）等利用4期卫星资料监测1986—2009年浙江省大陆海岸线变迁，结果表明浙江省在1986—2005年间，海岸线不断向海洋推进。1986—1995年期间，新增陆地面积205.24 km²。1995—2005年期间，新增陆地面积319.85 km²。2005—2009年期间，新增陆地面积484.75 km²。浙江省海岸线分数维较小，且最近20多年来其数值呈现下降趋势，表明浙江省大陆海岸线受人类活动影响大，复杂程度较低。

4.2.2.2　纳潮滩地减少

近年来随着高速发展的海洋经济与日益短缺的土地资源间矛盾的不断加剧，一些沿海地区盲目追求海洋经济发展，向大海要土地的热情高涨，低滩、浅海围填现象随处可见。沿海各地制定出台的地区发展规划中几乎都有围填海计划，规模小的几十、上百亩，大的则有几千亩，甚至上万亩。

众所周知，海陆交接处的海岸带对人类贡献巨大，它为聚集在沿海占全球半数以上的人口提供了捕捞养殖、港口运输、休闲旅游、各种工业等产业和排废纳污的场所。海岸带的这些贡献完全依赖于其以生物多样性为显著特色的生态系统的产出与服务功能。由于海岸带生态系统处于强动力环境中，加上其系统内部的密切关联性和高度相互作用，使得海岸带又具有非常脆弱的一面。

不合理的围填海工程造成的恶果，在浙江省一些地区也已初现端倪。如舟山市近年来在开发和建设过程中，一些重大围填海工程大都采用移山填海、围海造田的方式，这在一定程度上改变了岛屿之间潮流流速、流向和其他水文条件，使得航道淤积日渐严重。舟山群岛作为我国的四大渔场之一，近年来渔业资源急剧衰退，实际上与海洋环境的不断恶化也是分不开的。这里的每一座礁石、每一处滩涂，都是鱼类重要的洄游栖息地。海平面以下的地形、地貌一旦发生变化或遭到破坏，都会直接影响到鱼群的栖息环境，破坏鱼类的洄游规律。再如 1997 年动工建设的玉环县漩门二期围垦蓄淡工程，建成至今始终没有看到这座巨大的"淡水库"给严重缺水的玉环人民带来福音，却已成为一个即将失去生息的"死水潭"，或许还会变为"臭水潭"。

4.2.2.3 海湾面积缩小

海湾犹如镶在海岸带的明珠，其价值不言而喻。然而，由于自然淤积及不适当的开发，围海造陆人工倾倒、修堤造坝，使海湾水动力改变、纳潮量减少、水域面积缩小、生态环境恶化。这种恶果几乎程度不同地在所有海湾造成危害，也使不少潟湖淤塞。应加强治理和保护。

乐清湾是一个与东海相通的半封闭型强潮海湾，近年来由于开辟盐田和围垦造陆工程等人类活动，对乐清湾水动力条件和海岸演变的影响显著，引发了对乐清湾将消失的担忧（韩晓露，2003）。季小梅（2006）等通过对 1934 年、1968 年和 1992 年的海图对比研究表明：乐清湾各等深线所围水域面积持续减小，围垦使岸线推进速度加快，滩涂面积由前阶段的不断增加转变为不断减小。从 1934 年到漩门二期围垦工程后，乐清湾纳潮量减小了 22.57%。宋国利等对乐清湾湿地景观格局变化进行研究，研究结果表明，1993—2003 年间，该研究区的湿地景观格局在人类活动的影响下发生了较大变化，滩涂和耕作用地景观面积减小，建设用地景观面积大幅增加，湿地景观向非湿地景观转化趋势明显；湿地景观整体趋于破碎化，景观连通性下降；优势景观的优势地位下降，景观的均匀度上升。近 10 年来乐清湾湿地景观类型的转化导致该地区总体生态环境质量有所恶化。

4.2.2.4 工业转移，海湾、河口环境压力大

海岸带地处陆地和海洋两大生态系统的过渡带，受两者物质、能量、结构和功能体系的影响，一方面海岸带生态系统初级生产力丰富、生物多样性高，但同时受到来自海洋和陆地的扰动频率高，稳定性差，是典型的脆弱生态系统。浙江省自北向南拥有 1 840 km 的狭长海岸线，环杭州湾经济区、温台产业带等均位于海岸带区域内，集中了如杭州、温州、嘉兴、

宁波等大部分经济发达的城市。目前，海岸带生态系统不仅承受着自然界的影响，而且日益承受着来自人类社会的生态压力，海岸带的生态安全问题也愈来愈突出。海岸带生态安全是指海岸带生态系统自身组成、结构和功能保持完整和正常，同时提供给人类生存所需的资源和服务。

4.2.2.5 海产品食品安全问题渐显

海产品是人类食物的重要来源。近年来随着海洋环境污染的加剧，海产品的质量安全问题日趋严重。2011 年 5 月，宁波、舟山等地出现部分消费者因食用贻贝等贝类产品后腹泻、呕吐的情况，经证实为贻贝中"腹泻性贝毒"引起的食源性疾病。贝毒、多氯联苯和有机锡是污染海洋生态环境、危害海洋生物和人类健康的重要毒害物质。其中，多氯联苯和有机锡是人工合成的化学物质，贝毒虽然是天然毒素，但是生成贝毒的微生物引起的赤潮也与人类的活动密切相关。因此，人为因素是造成这 3 类物质对海洋污染的主要原因，提高人类自觉的环保意识是减少有关污染的根本途径。

4.2.2.6 生态环境安全风险提高

生态环境安全加剧了人们对于环境风险事故的担忧。浙江沿海海岸曲折，港口众多，是我国港口最密集的区域之一。浙江辖区内有各类危险货物码头 224 座。我国原油进口约 60% 在浙江宁波、舟山两地上岸，还有大量化工品从海上进出。由于极为复杂的通航环境、恶劣的气象条件、繁忙的水上交通，使浙江沿海成为我国水上交通事故的多发区，水上污染工作面临前所未有的压力和风险。其中宁波 – 舟山港作为我国原油战略储备基地和化学品主要中转基地，油轮等各类危险品船舶进出频繁，一旦发生溢油等重大事故将会酿成灾难性的后果。

2006 年 4 月 22 日，英国籍"现代独立"轮于舟山马峙锚地永跃船厂进坞过程中与船坞发生触碰，造成左舷破损，并导致第三燃油舱 477 t 燃油（重油）外溢。事故造成周围海域严重污染，经济损失数千万元；2007 年 6 月镇海炼化油罐雷击失火；2011 年 2 月 21 日，象山港内乌沙山电厂码头栈桥被"浙海 358"轮撞击坍塌。这些事故都警示着我们：面对浙江沿海星罗密布的原油石油储罐、液体化学品储罐、繁忙的海上交通航线、密集的临港化工业园区，企业、管理部门和公众都不能掉以轻心，应该做到未雨绸缪，防范海洋溢油事故于未然，避免生态安全事故的发生，为浙江省海洋可持续发展保驾护航。

4.2.2.7 渔业资源愈益衰退

近年来，海洋渔业资源衰退日益严峻。据资料统计，我国四大海区，历史上最高年产量曾经超过 10×10^4 t 的种类有 16 种，如今只剩下 8 种，其中大黄鱼、海蜇等已几近绝迹。而全国最大的渔场——舟山渔场也已陷入"无鱼"、"无渔"的困境。著名的披山渔场很少有经济鱼类，资源贫量化趋势不断加剧，近海生物链的重心不断下移，渔获物已从经济鱼类为主变为小杂鱼为主，高价值的经济鱼类普遍减少。

4.2.2.8 赤潮

近年来，随着工农业和生活污水的排放量逐年增加以及水产养殖业的自身污染，沿海水域日益趋于富营养化。统计数据表明，浙江省近岸海区是我国赤潮发生最为频繁、发生面积最大的区域。进入21世纪以来，浙江省海域连年发生面积上万平方千米的大规模赤潮，尤其值得关注的是近年来有毒赤潮不断出现。如2006年我国海域记录到赤潮93起，而浙江省海区记录到赤潮33起，占全国沿海赤潮发生总数的35.5%。赤潮发生面积累计超过9 100 km²，约占全国沿海赤潮发生面积的50%。2001—2008年，浙江省共发生赤潮263次，累计面积约76 325 km²，其中有毒有害赤潮33次，占12.5%，1 000 km²以上的大面积赤潮23次，直接经济损失9 000余万元。其中，2003年赤潮发现次数最多，达46次，2004年赤潮累计面积最大，约16 000 km²，仅当年5月，就连续发生了近30起赤潮，涉及海域从最北的舟山嵊泗海域到浙南的南麂列岛海域，赤潮面积小到几十平方千米，大到上千平方千米，累计达10 000 km²，赤潮发生面积之大为近年来罕见。

4.2.3　典型海岸带开发活动对近岸海洋生态环境的影响分析

4.2.3.1　围填海

　　滩涂围垦引起的环境问题比较复杂，表现突出的主要是对生态环境的影响。围涂造地工程前期的规划与研究及论证工作若做得不全面、系统和充分，就会对一些局部区域的生态环境构成不可逆转的影响与损失。围区内湿地范围的减少，生物种群的变化，使一些以湿地为栖息地的水鸟等生物的生存条件变得更加艰难，因为新淤涨出来涂面形成的湿地，生物种类一般需要数十年甚至上百年的时间才能逐步恢复。若按联合国统计的损失率来估算，其价值是相当可观的。在一些港湾内进行围垦势必会减少纳潮量，久而久之将会使潮汐通道淤积、航道萎缩。在一些重要的河口区域进行大面积围垦与促淤，会造成水动力的弱化，使输沙途径与沉积条件改变，从而破坏了河口的自然演变规律，造成汇聚流的消失，使溯河和降海洄游性生物的洄游通道受堵，鱼、虾、贝、蟹类栖息和产卵场所不断减少和湿地面积的萎缩，同时增加了水体浊度，影响了水体中的光合作用和浮游植物的正常生长，继而使局部海区产生初级生产力下降等一系列的负面效应，导致了沿海湿地环境的自然平衡机制难以维持。江苏射阳河口至东沙港口一带，1996年文蛤的平均密度为40个/m²，而实行围垦造地后的2002年已不足4个/m²。围垦造地使得潮间带生物量严重减少，影响了海岸带生物资源，破坏了生态环境。在珠江三角洲地区，1950—1997年间，沿海围垦和填海造地面积累计达79 712 hm²，相当于现有滩涂面积的70.2%，由此造成对珠江三角洲地区海岸带生态的严重破坏；近十几年来，红树林面积大幅度减少，1980年以来珠江三角洲被损坏的红树林面积高达1 082 hm²。另外，建坝围涂还使原来复杂曲折的岸线变得平直单调，降低了陆地社会生产、生活与海洋直接接触的几率。围海工程需要大量的土石方及填土，就近开山取石会破坏山体植被，构成景观影响及造成水土流失。

4.2.3.2　海水养殖

　　1）养殖贝类污染自身养殖环境

　　养殖贝类作为一种滤食性动物，具有很强的滤水能力。养殖过程中，贝类可通过滤水体摄取有机颗粒、浮游植物和污染物等，并产生生物沉降，实现有机物、污染物等出水体向底质搬运的过程。这样就使得大量的有机物和营养盐被滞留在底质中，底质中的微生物作用，主要是还原作用随之加强，消耗水底溶解氧，使得水体处于缺氧或无氧状态，还会产生 H_2S 等恶臭气体，使水体水质变差，不仅污染自身养殖环境，也严重影响周边的海域环境。

2）海水养殖可能会造成生物入侵

随着海水人工养殖业的发展，人为引进鱼、虾、贝、藻等物种成为一大发展趋势，但这种行为可能对原有的种群环境造成入侵，容易引发生态灾难。外来种会排挤掉原先的关键种，改变当地生物的遗传多样性，从而导致群落组成结构、营养结构的激烈变化，最终引起生物多样性下降和生态环境衰退等不良后果。

3）不合理养殖可诱发赤潮

滩涂养殖区、内湾网箱养殖、围塘养殖由于受到饵料残渣、养殖生物排泄物等的污染，富营养化水平很高。而为了保持较好的水质条件，通常要与近岸海水进行水交换，养殖区中颗粒和溶解的有机物质及无机营养盐大量排入外海区。在局部地区养殖面积过大、排出的废水超过原来该海区的自净能力时，将加速海区的富营养化进程，特别对于水流不畅的区域，会更频繁地出现赤潮现象。

4.2.3.3 冷却水排放

浙江省滨海电厂规模多建设在海湾内，特别是象山港内电厂集中，过分使用现有海水资源，并在容量有限的水中排进大量的热，使局部水温越来越高。电厂温排水对邻海水域造成的影响主要有以下4个方面：①水体增温造成溶解氧浓度下降，影响鱼类等海洋生物的生存；热排放会改变水体的理化性质，加速水体的富营养化过程。②热排放会造成底栖动物适宜栖息场所的减少，其中夏末至仲秋期间，影响最大。③核电站高温排放水体增温小于等于3℃时，会促进浮游动物种类数量和生物量的增加，冬季尤为明显。当水温超过一定范围，浮游动物数量会急剧减少。④鱼类喜欢比环境略高的温度，但热排放增加畸形鱼的比例，对有洄游习性的鱼类迁徙活动也会产生较大影响。

4.2.3.4 水运工程

"水运工程"是指为保证水路运输而建设和运营的港口、码头、航道、锚地、防波堤、疏港公路及桥梁等工程的人类活动的总称。码头和港口属于水运工程的一部分。水运工程建设过程中常会遇到陆域吹填、航道和港池疏浚、水下炸礁作业、构筑水工构筑物防波堤及桥墩等工程内容。这些作业不仅改变了工程附近水域的水下地形和水流条件，而且会对相关水域水质和水生生态环境及渔业资源带来一定的不利影响。随着我国水运事业进入了前所未有的发展高峰期。如何分析总结水运工程对海洋生态环境的不利影响，是实现我国水路运输事业可持续发展、保护我国海洋环境的重要前提。

水运工程施工过程中，对海洋生态系统的影响主要限定在构筑物施工范围内。港池挖掘、码头打桩和疏浚抛泥直接破坏底栖生物栖息地；施工局部海域悬浮物增加，施工过程带来的油污和重金属都对附近海域水生生物造成毒害。在具体项目投入使用运营期间，会带来诸如压载水、含油废水等污染源。大部分污染属于暂时的、可恢复的，采取相应的恢复、补偿措施后，其影响是可控的。所以运营期间主要是防范溢油风险和外来生物入侵风险，并进行海洋生态系统的生态恢复以及对生态破坏的预防，缓解或减少水运工程对海洋生态系统的影响。

4.3   浙江省海岸带及海洋开发利用原则

作为国家海洋经济发展战略示范区，浙江省要优化沿海空间布局，从自身优势出发，全面综合考虑资源条件、产业基础和体制机制等方面优势，发展"一个中心，四个示范"的国家战略。一个中心是"我国重要的大宗商品国际物流中心"，四个示范区的发展方向分别是海岛开发、现代海洋产业、海陆协调发展和资源环境保护。几个发展方向和定位之间相辅相成，协调发展，将是浙江海洋经济腾飞的重要基石。

海洋具有高度的开放性和流动性，其资源开发利用方式与陆地相比有其独特性，同时，浙江省海洋资源禀赋、开发需求、城市背景等有其自身特点，因此必须选择符合以上特点的开发利用模式，进行针对性开发利用。建议浙江省海岸带及海洋开发利用中遵循以下原则。

（1）集约开发

海洋是浙江省市经济发展和城市建设的重要物质基础，承载着浙江省市许多重要的产业，如港口、航运、信息港、空间资源等，但资源总量与需求相比并不丰富，其开发利用应走资源集约化的开发利用模式，在开发某项资源的同时，兼顾其他资源的开发利用，不但应做到高效节约，而且应实现相互之间优化配置。

（2）向外扩展

充分发挥资金、技术、市场的优势，资源的开发利用不仅局限于长江口杭州湾海域，更应面向东海，甚至于太平洋、全世界的海洋。瞄准公共海洋资源参与国际竞争不仅是浙江省自身发展的需要，也是浙江省体现龙头作用、实现国家利益的必然要求。

（3）和谐利用

海洋资源的利用应与海洋自然生态系统的健康发展相协调，以不破坏海洋环境为代价。要有计划地适度开发，注重长远利益与短期利益的协调。平衡各方利益、减少冲突与矛盾，在海域之间、海陆之间进行综合性一体化开发，努力营造"活力、生态、安全"高度和谐的良好开发氛围。例如，在滩涂围垦、航道整治方面，注重生态环境的保护与建设和长江来水来沙量的变化。在航运中心的建设方面，对内加大河道资源的整合力度、对外要协调好长三角港口群之间的功能定位。

（4）深入创新

海洋资源具有内涵丰富的特性，同一资源不同的开发利用形式体现出不同的功能和用途，深入的开发是挖掘其价值的有效途径。浙江省在海洋资源的开发上应依托先进的理念和创新的技术，避免进入低层次的开发与竞争的误区，走深入挖潜、自主创新的利用模式。沿海城市、县（市）区、乡镇应避免开发同质化，认真分析自身所辖海域的环境和资源类型、经济与人口比重、技术基础与潜力，充分了解自身的优劣势，高起点、有选择、有步骤地推进海洋经济与海洋生态文明的并肩发展。

4.4 海洋可持续发展建议

建设浙江海洋经济发展示范区，不仅是今后一个时期拓展浙江省发展空间的主阵地，也是提高浙江省发展质量的一个战略平台。坚持以科学发展观为统领，以生态文明和生态省建设为龙头，把海洋环境保护与海洋开发利用摆在同等重要的位置，在海洋经济示范区的建设过程中，正确处理好海洋资源开发和海洋生态保护、海洋经济发展与环境资源承载能力、海洋经济建设与海岛民生保障等关系问题，是海洋生态文明建设的关键。加强依法治海，加强海洋生态环境保护与建设，加快治理海洋污染，实现资源利用集约化、海洋环境生态化，为建设"海洋经济强省"和"促进人海和谐发展"提供有力保障。

（1）探索总量控制指标与生态补偿机制

探索建立重点海域入海污染物总量控制和海洋生态补偿（赔偿）机制，开展重要海湾环境容量研究和适时进行总量指标分配，加强海洋环境和海洋沉积物、生物体、水域环境的监测，特别要加强海洋倾废区监管，建立海上溢油和海洋污损事件应急响应机制，使海洋生态环境恶化趋势得到控制。

（2）实施近岸海域陆源污染物联防联治

首先是陆源污染入海控制工程。全面推进工业企业治理和监督，加强沿海地区产业结构转型升级，逐步淘汰高耗能、高污染的行业，发展以节能环保为代表的新兴产业，实行清洁生产和循环经济，工业企业的污染物排放全部实现废水达标排放；大力推进城镇环保基础设施建设，强化污水管网和处理能力建设。

其次是监测监管入海排污口工程。实现入海排污口的区域规划，规范工业企业排污口和清理下水系统排放口设置，完善清污分流；做好入海口水质监测，确保近岸海域生态环境保护与开发协调发展。

（3）加强涉海产业带环境管理

一是加强涉海产业布局优化及生态屏障工程。科学布局沿海产业集聚区。加强清洁生产审核，推动能源、石化、化工、制药等主导产业以循环经济集聚创新，建设循环经济基地，促进资源深度、节约集约利用。在沿海工业园区周边布局具有滨海湿地功能的生态缓冲区块。建设一批沿海生态系统恢复工程，进一步实施沿海防护林带、滨海湿地退养还滩、标准海塘等沿海生态环境防护治理工程，逐步形成海岸带滩、林、堤结合，潮间带生物多样性丰富的滨海立体生态走廊，改善和提高浙江省沿海地区的环境质量。

二是加强重大涉海工程环境影响评价和跟踪监测工程。加强对涉海工程的监督管理，重点监管新建、扩建的海岸重大工程建设。严格执行环境影响评价和"三同时"制度。对重点项目进行连续跟踪监测，加强对这些工程的运营监督力度。强化海洋倾倒监管工作，切实加强倾倒区监测，加强海洋倾废执法检查，进一步完善海洋倾废监管工作机制。

（4）海洋生态保护和修复

一是沿海地区生态示范区和海洋保护区建设工程。结合海区发展规划，继续加强生态示范区建设；开展已建海洋保护区生态、环境和资源综合调查，进行保护区建区成效评估。逐步完善海洋保护区规范化管理体系，在海洋保护区区内建立有效的生态保护和资源可持续利用的协调机制。

二是海洋生物资源养护工程。按照环境保护和生态修复的要求，加强水生生物资源调查评估，强化渔业水域环境监测，扩大增殖放流、人工鱼礁、人工藻场规模，加大资源管理力度。着力构建以种质资源保护区建设、海洋牧场、增殖放流等为主要内容的水生生物资源养护体系，统筹资源环境保护和渔业产业协调发展，进一步发挥渔业在蓝色海洋建设中的作用。适度发展沿海潮间带植物种植和浅海藻类养殖，实施"蓝色碳汇"行动。研究并控制沿海潮间带生境保留比例。

三是实施重点港湾、海域、海岛生态环境修复工程；积极开展滨海湿地修复与建设工程，加强对象山港等滩涂湿地的保护，改善滩涂湿地的生态环境；合理控制围填海工程及其规模，维持滩涂湿地面积和生态功能，维持海湾固有的自然海洋水动力条件和生态结构的完整性。

（5）海洋生态环境监测和赤潮预警体系及海上污染应急体系建设

一是海洋生态环境监测网络体系能力建设工程；进一步完善和优化省、市、县三级海洋环境监测网络体系，建成由省、市、县三级海洋生态环境监测体系；推进浙江省近岸海域浮标实时监测系统建设；重点加强入海污染源、重点港湾、重要海洋功能区、生态脆弱区监测。

二是赤潮灾害应急响应机制建设工程；依托已有监测力量，建立赤潮响应机制，提高有毒有害赤潮防灾减灾能力。

三是海上环境应急机制建设工程；建立健全跨区域、跨部门近岸海上环境应急机制建设工程；建立健全跨区域、跨部门近岸海上环境事故应急响应机制。组织实施近岸海域环境污染事故现场应急监测和污染处理，实施污染事故事后跟踪监测计划，确定事故对海域的损害程度，提出应急处置和生态修复措施；进一步完善突发性环境事故的应急响应机制，提升海上溢油及有毒化学品泄露等污染事故处置能力。

（6）加快海洋人才培养，建立灵活的用人机制

海洋生态文明建设与海洋经济的发展极大地增加了浙江省对海洋类相关人才的需求。如何更快地吸引海洋人才、培养海洋人才、发挥海洋人才的作用是浙江省在今后的海洋战略中的重要环节。

制订中长期涉海人才发展规划，实施涉海人才培养、高技能人才招聘、海外领军人才引进、企业家培训、人才留住与发展等计划。支持和引导高校开展重点学科重点专业建设，并以此为龙头，加强涉海类学科专业建设，做强现有的涉海类本科院校，提升浙江省涉海类高等教育综合实力。要继续调整涉海学科专业结构，凝练涉海学科专业方向，加强涉海重点学科专业建设，使涉海学科专业结构更加优化，定位更加准确，重点更加突出，特色更加鲜明。在调整涉海学科专业结构时，充分预见涉海学科专业发展趋势，瞄准海洋科学发展前沿和重大生产及社会实践问题。

海洋经济发展与海洋生态文明建设是高度复杂的综合体，涉海高校、研究所、企事业单位应加强产、学、研的联系。扩大海洋科技国际合作，进一步加强研究梯队的建设，提高全民族海洋意识和公众参与，营造科技成果转化和产业化环境。

参 考 文 献

蔡惠文,孙英兰,张越美,等.宁波-舟山海域污染物扩散的数值模拟[J].中国海洋大学学报,2006,36(6):975-980.

陈正华,毛志华,陈建裕.利用4期卫星资料监测1986—2009年浙江省大陆海岸线变迁[J].遥感技术与应用,2011,26(1):68-73.

冯辉强.2010.象山港生态环境修复治理探讨[J].海洋开发与管理,10.

国家海洋局.2010年中国海洋环境状况公报[Z].2011.5.

国家海洋局第二海洋研究所.2005.中化兴中石油转运(舟山)有限公司30万吨级油码头工程环境影响报告书(海域专题)[R].

国家海洋局第二海洋研究所.2010.舟山外钓岛光汇油库围填海工程海洋环境影响报告[R].

国家海洋局第二海洋研究所.宁波大榭开发区万华工业园海域基础调查报告[R].2003.12

韩晓露.乐清湾将消失[Z].http://news.sina.com.cn/c/2003-09-29/10401836227.shtml,2003-09-29/2011-06-25.

黄秀清,等.2008.象山港海洋环境容量及污染物总量控制研究[M].北京:海洋出版社,5-15.

季小梅,张永战,朱大奎.2006.乐清湾近期海岸演变研究[J].海洋通报,25(1):44-53.

金卫红,周小敏.2006.深水网箱养殖海域水质状况评价[J].浙江海洋学院学报(自然科学版),25(1):46-49.

林欧福,张立平,郑柏松,等.2011.开发三门湾重任在省政府——浅谈三门湾开发[Z].http://bbs.nhzj.com/thread-755650-1-1.html,2011-5-15/2011-6.25.

宁修仁,等.2005.乐清湾三门湾养殖生态和养殖容量研究与评价[M].北京:海洋出版社.

宁修仁,胡锡钢,等.2002.象山港养殖生态和望向养鱼的养殖容量研究与评价[J].北京:海洋出版社.

庞振刚,郑剑侠,徐瑞华.2004.象山港区域城镇空间布局规划建设的几点思考[J].上海城市规划,(2):31-35.

彭欣,仇建标,陈少波,等.2009.乐清湾生态系统脆弱性研究[J].海洋学研究,(3):111-117.

施建荣,张立,邹伟明,等.1999.舟山渔场近岸海水中营养盐的分布特征[J].海洋环境科学,18(2):43-48.

王剑,韩兴勇.2007.中国渔业经济,3:16-18.

王君陛,张珞平.2009.海湾环境质量评价以及环境容量研究中"本底浓度"确定的探讨[J].海洋环境科学,28(5):522-525.

谢挺,胡益峰,郭鹏军.舟山海域围填海工程对海洋环境的影响及防治措施与对策[J].海洋环境科学,2009,28(zl):105-108.

徐韧,李亿红,李志恩,等.2009.长江口不同水域浮游动物数量特征比较[J].生态学报,29(4):1688-1696.

杨丹,沈奕红,姚龙奎,等.2011.三门湾近五十年来富营养化的沉积记录[J].沉积学报,29(2):346-352.

杨树军.2007.加强陆域污染源管理保护三门湾生态环境[Z].http://www.nhnews.com.cn/gb/nhnews/zt2007/3menwan_2007/node2801/userobject1ai210797.html,2007-07-03,2011-06-25.

杨月伟,夏贵荣,丁平,等.2005.浙江乐清湾湿地水鸟资源及其多样性特征[J].生物多样性,13(6):507-513.

佚名.2011.宁波-舟山港[Z].http://www.nb-zsport.gov.cn/html/nb-zsport/index/index.html,2011-6-25.

曾江宁.2008.滨海电厂温排水对亚热带海域生态影响的研究[D].杭州:浙江大学.

浙江省海洋与渔业局.2010.2009年浙江省海洋环境公报[Z].http://www.zjoaf.gov.cn/attaches/2010/05/13/2010051300004.pdf,2010-03-01/2011-06-25.

浙江省海洋与渔业局.2011.《2010年浙江省海域使用管理公报》[Z].http://www.zjoaf.gov.cn/dtxx/zyxw/2011/03/29/2011032900009.shtml,2011-03-29/2011-06-25.

中国海湾志编纂委员会. 1992. 中国海湾志:第五分册 上海市和浙江省北部海湾[M]. 北京:海洋出版社.

周继来. 三门县电镀行业污染整治的分析报告[Z]. http://www.smepb.com/shows.asp? id = 116,2011 – 03 – 03/2011 – 06 – 25.

Ding P(丁平),liu AX(刘安兴),Chen ZH(陈征海),et al. 2003. Water birds in coastal wetland area of Zhejing Province. In：Proceedings of 5th Ornithological Symposium of Mainland and Taiwan(第五届海峡两岸鸟类学术研讨会论文集)[ed. Yan CW(颜重威)],241 –247. Taiwan Museum, Taizhou.

Zhibing Jiang, Jiangning Zeng, Quanzhen Chen, et al. 2008. Tolerance of copepods to short-term thermal stress caused by coastal power stations[J]. Journal of Thermal Biology,33(7):419 – 423.